普通高等教育化学化工类专业“十三五”系列教材

中国轻工业“十三五”规划教材

无机及分析化学

（第2版）

主编 李运涛

西安交通大学出版社
XI'AN JIAOTONG UNIVERSITY PRESS
国家一级出版社
全国百佳图书出版单位

图书在版编目(CIP)数据

无机及分析化学/李运涛主编. —2 版 —西安：西安交通大学出版社，2020.8

ISBN 978-7-5605-8990-9

Ⅰ.①无… Ⅱ.①李… Ⅲ.①无机化学—教材②分析化学—教材 Ⅳ.①061②065

中国版本图书馆 CIP 数据核字(2020)第 105412 号

书　　名　无机及分析化学(第 2 版)
主　　编　李运涛
责任编辑　郭鹏飞
责任校对　曹　昳

出版发行　西安交通大学出版社
(西安市兴庆南路 1 号 邮政编码 710048)
网　　址　http://www.xjtupress.com
电　　话　(029)82668357 82667874(发行中心)
(029)82668315(总编办)
传　　真　(029)82668280
印　　刷　西安五星印刷有限公司

开　　本　787 mm×1092 mm　1/16　**印张** 27.5　**字数** 654 千字
版次印次　2020 年 8 月第 2 版　2020 年 8 月第 1 次印刷
书　　号　ISBN 978-7-5605-8990-9
定　　价　59.80 元

如发现印装质量问题，请与本社发行中心联系调换。
订购热线：(029)82665248 (029)82665249
投稿热线：(029)82669097 QQ：8377981
读者信箱：lg_book@163.com

前言

“无机及分析化学”是化工和近化工各专业学生学习的第一门基础化学课。本课程在物质结构理论（原子结构、分子结构和晶体结构）和四大化学平衡（酸碱平衡、沉淀溶解平衡、氧化还原平衡和配位平衡）原理的基础上，讨论重要元素及其化合物的结构、组成、性质、变化规律及其测定的一般方法。教材内容尽可能和化工类各专业对化学基础知识的要求相结合，为学习后继课程及从事专业实践打下必要的基础。

本教材内容体系是以工科化学课程教学指导委员会修订的《无机化学课程教学基本要求》和《分析化学课程教学基本要求》为依据，将原工科无机化学和分析化学中的基本内容进行精选、优化组合成的。编写时注重以中学化学为基础，循序渐进，内容编排的深度、广度和知识的连贯性等方面力争符合学生的认知规律。教材内容努力做到加强基础、重点突出。同时，注重基础理论和生产实际相联系，尤其在元素部分，增加了大量无机物在皮革、造纸、材料、食品、生物等专业的应用知识，关注资源、能源、环境保护、食品健康等社会实际问题，强化学生的应用意识、加强学生的应用能力。它适合于高等院校化工、轻化工程、应用化学、生物工程、食品工程、材料工程等各专业及农、医等院校相近专业一年级学生使用。本教材一般需要 80 学时。本书第 1 版于 2010 年 7 月由化学工业出版社出版。

本书由李运涛教授任主编。其中李运涛教授编写第 3、4、5、6、7、11、12 章和附录；杨秀芳教授编写第8、9、10、13、14章；黄良仙教授编写第2、15、16章；苏秀霞教授编写第17章；张亚男副教授编写第1章。同时本书也得到陕西科技大学教务处、化学与化工学院支持及无机及分析化学教研室各位老师的大力帮助，在此一并表示衷心的感谢。

限于编者水平有限，不妥之处在所难免，敬请读者不吝批评指正。

编 者

2020年4月

目　录

第 1 章　气体和溶液

1.1　气体

物质处于气体状态时，分子之间相互间距较大，易被压缩，同时分子间的作用力非常小，而且各个分子都处于无规则的快速运动中，可以自动扩散，均匀充满整个容器。所以，气体的密度很小，温度及压力都会对气体的体积产生较大的影响。因此，气体的基本特征是它的扩散性及可压缩性。在科学研究和生产上，研究温度和压力对气体体积的影响十分重要。

1.1.1　理想气体状态方程

所谓理想气体，是指把气体分子看成是一个没有体积的质点，分子间也没有任何作用力的气体。它是人们对低压、高温下气体行为进行简化而建立的一种理想的模型。按照这一模型，实际气体在压力不太高和温度不太低的情况下的行为接近于理想气体。因此，可以按理想气体的有关规律近似处理实际气体的问题。一般可将温度不低于 0 ℃，压力不低于 101.325 kPa的实际气体近似看成是理想气体。

对一定量的理想气体来说，气体的压力(p)、体积(V)、温度(T)和物质的量(n)四者之间关系服从理想气体状态方程，即：

$$pV=nRT \tag{1-1}$$

式中，R 称为摩尔气体常数，又称气体常数，其数值与气体种类无关，一般取值为 $8.314\ \text{J}\cdot(\text{mol}\cdot\text{K})^{-1}$(或 8.314 焦·摩$^{-1}$·开$^{-1}$)；温度 T 为热力学温度，K；p 为压力，Pa；V 为体积，m^3；n 为物质的量，mol。

由于

$$n=\frac{m}{M}$$

则式(1－1)可改写为

$$pV=\frac{m}{M}RT \tag{1-2}$$

已知，在标准状态下，即气体的压力 $p=101.325$ kPa，温度 $T=273.15$ K 下，1 mol 理想气体的标准摩尔体积为 $22.414\times10^{-3}\ \text{m}^3$，据此可算出气体常数 R：

$$R=\frac{pV}{nT}=\frac{101325\ \text{Pa}\times22.414\times10^{-3}\ \text{m}^3}{1\ \text{mol}\times273.15\ \text{K}}$$

$$=8.314\ \text{Pa}\cdot\text{m}^3\cdot\text{mol}^{-1}\cdot\text{K}^{-1}$$
$$=8.314\ \text{J}\cdot\text{mol}^{-1}\cdot\text{K}^{-1}$$

在常温常压下，一般的真实气体可用理想气体状态方程式(1-1)进行计算。但在一些特殊条件下，如低温或高压时，式(1-1)必须进行修正方可使用。

根据理想气体状态方程式，可以进行一系列计算。

例 1-1 在容积为 20.0 L 的真空钢瓶内充入氯气，当温度为 298 K 时，测得钢瓶内气体的压强为 1.01×10^7 Pa。试计算钢瓶内氯气的质量。

解：由气态方程 $pV=nRT$，推出

$$m=\frac{MpV}{RT}$$
$$=\frac{71.0\times10^{-3}\times1.01\times10^{7}\times20.0\times10^{-3}}{8.314\times298}$$
$$=5.79(\text{kg})$$

所以，钢瓶内氯气的质量为 5.79 kg。

例 1-2 计算在 273 K 温度和 100 kPa 压强下，O_2 的密度是多少？是 H_2 的多少倍？

解：由气态方程 $pV=nRT$，推出 $\rho=\frac{pM}{RT}$。

$$\rho_{O_2}=\frac{100\times10^3\times32\times10^{-3}}{8.314\times273}=1.41(\text{kg}\cdot\text{m}^{-3})$$

$$\rho_{H_2}=\frac{100\times10^3\times2.0\times10^{-3}}{8.314\times273}=0.088(\text{kg}\cdot\text{m}^{-3})$$

$$\frac{\rho_{O_2}}{\rho_{H_2}}=\frac{1.41}{0.088}=16(\text{倍})$$

1.1.2 气体的分压定律和分体积定律

在生产和科学实验中，常遇到由多种气体组成的气体混合物。通过大量实验研究，1801 年道尔顿提出分压定律，1880 年阿马格提出分体积定律。严格说来，这两个定律均只适用于理想气体。

1. 分压定律

设在一体积为 V 的容器中，充有温度为 T 的 N 种气体，各组分气体的物质的量分别为 n_1、n_2、n_3、…、n_N。

若该混合气体遵守理想气体状态方程，则有

$$p=\frac{nRT}{V}=\frac{n_1RT}{V}+\frac{n_2RT}{V}+\cdots+\frac{n_NRT}{V}=\sum_{i=1}^{N}\frac{n_iRT}{V} \tag{1-3}$$

式(1-3)右边各项的温度为 T 时，组分 i 单独占据总体积 V 所具有的压力(称作混合气体中组分 i 的分压力)用 p_i 表示。上式变为：

$$p=p_1+p_2+\cdots+p_N=\sum_{i=1}^{N}p_i \tag{1-4}$$

$$p_i=\frac{n_iRT}{V} \tag{1-5}$$

式(1-4)就是道尔顿分压定律,可表述为在温度和体积恒定时,混合气体的总压力等于各组分气体分压力之和。将式(1-5)除以式(1-3),可得:

$$\frac{p_i}{p}=\frac{n_i}{n}=x_i \tag{1-6a}$$

或

$$p_i=x_i p \tag{1-6b}$$

式中,x_i为组分气体 i 的物质的量与总的物质的量之比,称为组分气体 i 的摩尔分数。混合气体中组分气体 i 的分压与气体总压之比(即压力分数)等于混合气体中该组分气体的摩尔分数;或混合气体中组分气体 i 的分压等于总压与该组分气体的摩尔分数的乘积。式(1-6)是分压定律的另一种形式。

例 1-3 在 290 K 和 1.01×10^5 Pa 时,水面上收集了 0.150 L 氮气,经干燥后重 0.172 g。已知 290 K 时,水的饱和蒸气压为 1.93×10^3 Pa,求氮气的相对分子质量和干燥后的体积(干燥后温度、压力不变)。

解:(1)收集得到的气体是氮气和饱和水蒸气的混合气体,即

$$\begin{aligned}p(N_2)&=p-p(H_2O)\\&=1.01\times10^5-1.93\times10^3\\&\approx1.01\times10^5(\text{Pa})\end{aligned}$$

由式(1-2)得

$$M(N_2)=\frac{m(N_2)RT}{p(N_2)V}=\frac{0.172\times8.314\times290}{1\times10^5\times0.150\times10^{-3}}=28.0\ (\text{g}\cdot\text{mol}^{-1})$$

所以氮气的相对分子质量为 28.0。

(2)经干燥后的氮气,在总压不变的情况下除去了水蒸气。因此,只具有分体积。由后面将讲到的分体积定律得

$$V(N_2)=\frac{p(N_2)}{p}V=\frac{1\times10^5\times0.150}{1.01\times10^5}=0.148(\text{L})$$

2. 分体积定律

同理,在温度和压力恒定时,由于

$$V=\frac{nRT}{p} \tag{1-7}$$

对于混合气体,有

$$V=V_1+V_2+\cdots+V_N=\sum_{i=1}^{N}V_i \tag{1-8}$$

$$V_i=\frac{n_iRT}{p} \tag{1-9}$$

式中,V_i 为温度 T 下,压力为 p 的组分气体 i 单独存在时占有的体积(混合气体中组分 i 的分体积)。

式(1-8)叫阿马格分体积定律,可表述为在温度和压力恒定时,混合气体的总体积等于各组分气体分体积之和。

将式(1-9)和式(1-7)相除,可得

$$\frac{V_i}{V}=\frac{n_i}{n}=y_i \tag{1-10a}$$

或 $$V_i = y_i V \tag{1-10b}$$

式中，$\frac{V_i}{V}$称为体积分数。联系式(1-10a)与式(1-6a)得

$$\frac{p_i}{p}=\frac{V_i}{V}=\frac{n_i}{n} \tag{1-11}$$

$$p_i=\frac{V_i}{V}p \tag{1-12}$$

式(1-11)、(1-12)说明混合气体中某一组分的体积分数等于其摩尔分数，组分气体分压等于总压与其体积分数之积。

分压定律与分体积定律广泛应用于混合气体的计算。应该注意的是当使用分压计算时，必须使用总体积，而使用分体积计算时，则应使用总压。

例 1-4 在 298 K 时，将压强为 3.33×10^4 Pa 的氮气 0.2 L 和压强为 4.67×10^4 Pa 的氧气 0.3 L 移入 0.3 L 的真空容器，问：混合气体中各组分气体的分压、分体积和总压各为多少？从答案中可以得到什么结论？

解：由 $p_1V_1=p_2V_2$ 得

氮气的分压 $$p_{N_2}=3.33\times10^4\times\frac{0.2}{0.3}=2.22\times10^4\ (\text{Pa})$$

氧气的分压 $$p_{O_2}=4.67\times10^4\times\frac{0.3}{0.3}=4.67\times10^4\ (\text{Pa})$$

混合气体的总压 $$\begin{aligned}p&=p(N_2)+p(O_2)\\&=2.22\times10^4+4.67\times10^4=6.89\times10^4\ (\text{Pa})\end{aligned}$$

氮气的分体积 $$V_{N_2}=0.3\times\frac{2.22\times10^4}{6.89\times10^4}=0.097\ (\text{L})$$

氧气的分体积 $$V_{O_2}=0.3\times\frac{4.67\times10^4}{6.89\times10^4}=0.203\ (\text{L})$$

结论：分体积并不一定是混合前气体的体积。

例 1-5 在 300 K，101.3 kPa 下，取 1.00 L 混合气体进行分析，各气体的体积分数 CO：0.600，H_2：0.100，其他气体为 0.300。求混合气体中(1)CO 和 H_2的分压；(2)CO 和 H_2的物质的量。

解：(1) 根据式(1-12)

$$p_{CO}=p\times\frac{V_{CO}}{V}=101.3\times0.600=60.8\ (\text{kPa})$$

$$p_{H_2}=p\times\frac{V_{H_2}}{V}=101.3\times0.100=10.1\ (\text{kPa})$$

(2) 由式(1-1)得

$$n_{CO}=\frac{p_{CO}V}{RT}=\frac{60.8\times10^3\times1.00\times10^{-3}}{8.314\times300}=2.40\times10^{-2}\ (\text{mol})$$

$$n_{H_2}=\frac{p_{H_2}V}{RT}=\frac{10.1\times10^3\times1.00\times10^{-3}}{8.314\times300}=4.00\times10^{-3}\ (\text{mol})$$

本题也可先求出 V_{CO}、V_{H_2}，然后根据式(1-9)，求出 n_{CO}、n_{H_2}。

1.2 溶液

溶液在工农业生产、科学实验和日常生活中都起着十分重要的作用。在自然界中，一切生命现象都和溶液有着密切的关系。许多化学反应都是在溶液中进行的。例如，把少量食盐放在水中，一段时间以后，盐溶解在水中。在食盐水里，钠离子和氯离子均匀地分散在水分子之间。这种凡由一种物质以其分子或离子状态均匀地分布在另一种物质中所得到的分散体系叫做溶液。包括气态溶液（如空气）、液态溶液（如糖水）和固态溶液（如某些合金）。通常所谓溶液是指液态溶液，溶液由溶质和溶剂组成，溶剂是一种介质，在其中均匀地分布着溶质的分子或离子。水是最常用的溶剂，如不特殊指明，通常说的溶液即指水溶液。酒精、汽油、液氨等也可作为溶剂，所得溶液统称为非水溶液。

1.2.1 溶液的浓度

由于多数化学反应在溶液中进行，因此研究这类反应的数量关系时，必须知道溶液中溶质和溶剂的相对含量。在一定量的溶液或溶剂中所含溶质的量叫做溶液的浓度。

溶液浓度的表示方法很多，通常可分为两类。第一类以一定体积的溶液中所含溶质的量来表示，第二类是以溶质和溶剂（或溶液）的相对量来表示。现将表示溶液浓度常用的方法分别介绍如下。

1. 质量摩尔浓度（*b*）

用 1000 g 溶剂中所含溶质 B 的物质的量（mol）来表示的溶液的浓度，叫做质量摩尔浓度，用符号 b_B 表示，单位为 $mol \cdot kg^{-1}$。

$$b_B = \frac{n_B}{m_A} \qquad (1-13)$$

例如，将 4 g NaOH 溶于 1000 g 水中，此溶液中 NaOH 的质量摩尔浓度为 $0.1\ mol \cdot kg^{-1}$。

2. 物质的量浓度（*c*）

物质的量浓度是指单位体积溶液中所含溶质 B 的物质的量，叫做物质的量浓度，单位为 $mol \cdot dm^{-3}$ 或 $mol \cdot L^{-1}$。物质的量浓度也可简称为浓度。

$$c_B = \frac{n_B}{V} \qquad (1-14)$$

物质的量浓度是最常用的一种浓度表示方法。

例 1-6　实验室中的试剂浓盐酸浓度为 $12\ mol \cdot L^{-1}$，现欲配制 $2\ mol \cdot L^{-1}$ 盐酸溶液 500 mL，应取浓盐酸多少毫升？怎样配制？

解：根据稀释前后溶质物质的量不变原则，有 $c_1V_1 = c_2V_2$，则

$$V_1 = \frac{c_2}{c_1}V_2 = \frac{2}{12} \times 0.5 = 0.08(L) = 80(mL)$$

因此，量取 80 mL 试剂浓盐酸，加水稀释至 500 mL，摇匀即可。

若要将质量浓度与体积浓度进行相互换算，则需知道溶液的密度（ρ），这也是实际应用中经常碰到的问题。

例 1-7　市售试剂浓硫酸质量分数为 98%，密度为 $1.84\ g \cdot mL^{-1}$。（1）求此硫酸

的物质的量浓度。(2)欲配制 2.0 mol·L^{-1}的硫酸 1.0 L,需试剂浓硫酸多少毫升?怎样配制?

解:(1)1.0 L 试剂浓硫酸所含 H_2SO_4 物质的量为

$$n_{H_2SO_4}=\frac{1.0\times1000\times1.84\times98\%}{98}=18.4(\text{mol})$$

则此试剂硫酸的浓度为 18.4 mol·L^{-1}。

(2)根据稀释前后溶质物质的量不变原则,设需试剂浓硫酸 x mL,则

$$1.0\times2.0=\frac{x\times1.84\times98\%}{98}$$

解得

$$x=109(\text{mL})$$

用量筒量取 109 mL 试剂硫酸,慢慢倒入装有大半杯水的 1000 mL 烧杯中,搅拌,待溶液冷却后再转入试剂瓶,加水稀释至 1.0 L,摇匀即可。

3. 摩尔分数

物质 B 的摩尔分数是指溶质 B 的物质的量 n_B 占溶液总物质的量 n 中的比例,用符号 x_B 表示。

$$x_B=\frac{n_B}{n}=\frac{n_B}{n_A+n_B} \tag{1-15}$$

若溶液由溶剂 A 和溶质 B 组成,则

$$x_A=\frac{n_A}{n}=\frac{n_A}{n_A+n_B}$$

$$x_B=\frac{n_B}{n}=\frac{n_B}{n_A+n_B}$$

显然溶液中各组分物质的摩尔分数之和等于 1。即

$$x_A+x_B=1$$

4. 质量分数

(1)溶质 B 的质量(m_B)在全部溶液质量(m_A+m_B)中所占比例,叫质量分数 w_B。即

$$w_B=\frac{m_B}{m_A+m_B}\times100\% \tag{1-16}$$

(2)百万分数浓度(p/m) 每 100 万份质量的溶液中溶质所占的质量分数,用 10^{-6} 表示。百万分数浓度过去又叫 p/m 浓度。

(3)十亿分数浓度(p/b) 每 10 亿份质量的溶液中溶质所占的质量分数,用 10^{-9} 表示。十亿分数浓度过去又叫 p/b 浓度。

p/m 或 p/b 可以指质量或物质的量,有时也可以指体积,对于液态溶液常指质量。例如某化工厂的污水中含水银量为 5 p/m,即指在 1 t 污水中含有 5 g 水银。对于气态溶液则常指物质的量或体积。例如空气中 SO_2 的浓度达 0.2 p/m 时,就会对植物生长造成很大伤害,还会对人的呼吸道产生强烈刺激,使支气管炎患者咳嗽不止。这里 0.2 p/m SO_2 就是指 1×10^6 mol(或体积)空气中含有 0.2 mol(或体积)SO_2。环境化学也常用 p/m 来表示微量有害元素和化合物的含量。

5. 密度

在工业上还常用密度来表示溶液的浓度。将密度计插入溶液，读出密度，便可从手册中查得溶液的浓度。常见市售试剂溶液的密度及有关浓度列于表 1－1 中。

表 1－1　常见试剂酸碱的密度及有关浓度

名称	密度(20 ℃)/($g\cdot cm^{-3}$)	质量分数/%	物质的量浓度/($mol\cdot L^{-1}$)
硫酸	1.84	98.0	18
硝酸	1.42	69.8	16
盐酸	1.19	37.2	12
氨水	0.90	25～27	15

应该指出，由于溶液的体积会因温度改变而略有变化，造成不同温度下溶液的密度和浓度稍有不同。在要求不太精确时，可以忽略温度变化的影响，并且可以将溶液的比重看作与其密度相等，用于有关计算。

6. 滴定度(*T*)

滴定度指每毫升标准溶液所相当的待测组分的质量，用 T(标准溶液/待测组分)表示，单位$g\cdot mL^{-1}$。例如，$T_{H_2SO_4/NaOH}=0.04212\ g\cdot mL^{-1}$，表示每毫升 H_2SO_4 标准溶液相当于 0.04212 g NaOH。滴定度(T)在滴定分析中经常使用。在生产实际中对大批量试样进行同一组分含量测定时，使用滴定度表示法计算待测组分的质量非常方便。

综上所述，化学中溶液浓度的表示方法多种多样，实际应用中可根据需要采用不同的表示方法。

1.2.2　电解质溶液

1. 强电解质和弱电解质

按电解质溶液导电性的强弱，电解质大体上可分为强电解质和弱电解质。通常强酸、强碱和大多数的盐都是强电解质，它们在水溶液中完全电离。例如：

$$HCl = H^+ + Cl^-$$

$$NaCl = Na^+ + Cl^-$$

弱酸、弱碱和少数盐类(如 $HgCl_2$、$Pb(Ac)_2$等)为弱电解质，它们在水溶液中部分电离。

$$HAc \rightleftharpoons H^+ + Ac^-$$

$$NH_3 + H_2O \rightleftharpoons NH_4{}^+ + OH^-$$

电解质的强弱分类是相对于某种溶剂而言的。强、弱电解质在水中电离程度的差别，决定于电解质的本性。溶剂不同，电解质的强弱情况会有所不同。例如，醋酸在水溶液中为弱电解质，但在液氨为溶剂的溶液中则为强电解质。因此，不要把电解质的分类绝对化。一般在讨论中未加说明，均指水作溶剂。

2. 强电解质溶液理论简介

1923年，德拜和休克尔研究了离子间的相互作用，确认强电解质在水溶液中虽已完全电离，但由于带电离子间的相互作用，每个离子都被异号电荷的离子所包围，形成“离子氛”(见图1-1)。由图可以看出，阳离子附近有较多的阴离子，阴离子附近同样有较多的阳离子，这样，离子在溶液中并不完全自由。假如让电流通过电解质溶液，这时，阳离子向阴极移动，但它的“离子氛”却向阳极移动。这样离子的速度显然就比假定没有离子氛时的离子慢些，因此就产生一种电离不完全的表面现象。

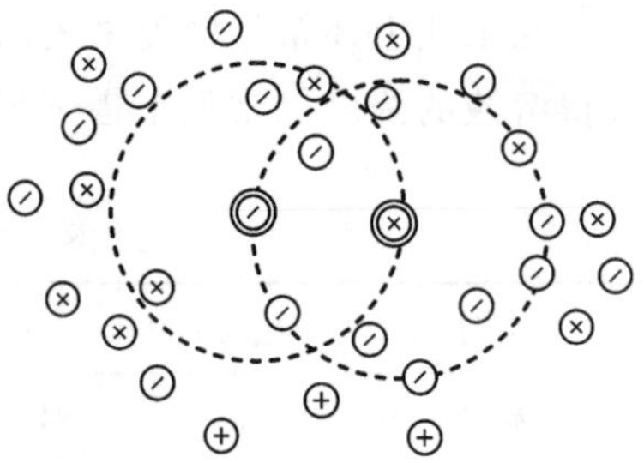

图1-1 离子氛示意图

可见，强电解质电离度的意义和弱电解质不同：弱电解质的电离度表示电离了的分子百分数；强电解质的电离度仅仅反映溶液中离子间相互牵制作用的强弱程度。因此，强电解质的电离度称为“表观电离度”。

3. 活度、活度系数和离子强度

由于溶液中“离子氛”的形成，从而影响了离子在溶液中的活动性，降低了离子在化学反应中的作用能力，相当于具有原作用能力的离子的浓度降低了，即有效浓度比实际浓度降低了。为了定量描述强电解质溶液中离子间的牵制作用，引入了活度的概念。单位体积电解质溶液中，表观上所含有的离子浓度称为有效浓度，也称为活度，用 α 表示。活度 α 与实际浓度 c 的关系为：

$$\alpha=\gamma\cdot c \tag{1-17}$$

式中，γ 为活度系数，$\gamma\leqslant1$，它反映了电解质溶液中离子相互牵制作用的大小。溶液的浓度越大，离子所带电荷越多，离子间的相互牵制作用就越大，γ 也就越小。γ 越小，活度和浓度间的差距越大；γ 越大，活度和浓度间的差距就越小。一般情况下，$\gamma<1$，$\alpha<c$。当溶液极稀时，离子间相互作用极小，活度系数 γ 接近于1，这时，α 与 c 基本相等。

某离子的活度系数，不仅受它本身浓度和电荷的影响，还受溶液中其他离子的浓度及电荷的影响，为了说明这些影响，引入“离子强度”的概念。离子强度 I 的定义为：

$$I=\frac{1}{2}(c_1Z_1^2+c_2Z_2^2+\cdots+c_nZ_n^2)=\frac{1}{2}\sum_{i=1}^{n}c_iZ_i^2 \tag{1-18}$$

式中，I 为离子强度；$c_1,c_2,\cdots,c_n$ 和 $Z_1,Z_2,\cdots,Z_n$ 等分别表示各离子的浓度及电荷数的绝对值。离子强度是溶液中存在的离子所产生的电场强度的量度。它仅与溶液中各离子的浓度和电荷有关，而与离子本性无关。

式(1-18)表明，溶液的离子浓度愈大，离子所带的电荷愈多，离子强度就愈大。离子强度愈大，离子的活度系数就愈小，相应离子的活度就愈低。

例1-8 计算0.1 $mol\cdot L^{-1}$ HCl和0.1 $mol\cdot L^{-1}$ $CaCl_2$混合溶液的离子强度。

解：根据式(1-18)

$$I=\frac{1}{2}(c_{H^+}Z_{H^+}^2+c_{Ca^{2+}}Z_{Ca^{2+}}^2+c_{Cl^-}Z_{Cl^-}^2+\cdots)$$

$$=\frac{1}{2}(0.1\times1^2+0.1\times2^2+0.3\times1^2)=0.4$$

由于稀溶液中，$\gamma\approx1$，所以本书中，一般计算都用浓度代替活度。

事物往往有两面性，离子强度增大，活度下降；但另一方面，离子强度增加，它对相互反应的离子间的碰撞起到了隔离的作用。因此，它对弱酸碱的电离又有促进作用，这种作用叫盐效应。有关盐效应知识，将在后续内容中介绍。

习　题

1. 计算下列气体在 25 ℃、总压强为 100 kPa 的混合气体中的分压：
   1.0 g O_2 __________，1.0 g H_2 __________，1.0 g N_2 __________。

2. 成年人每次呼吸时吸进大约 500 mL 空气，若其压强为 100 kPa，温度为 18 ℃，则其中有多少氧分子？

3. 潜水员的肺中可容纳 6.0 L 空气，在某深海中，压强为 980 kPa，在温度 37 ℃的条件下，如果潜水员很快升至海面，压强为 100 kPa，则他的肺将膨胀至多大体积？这样安全吗？

4. 300 K 温度下，氧气在 100 kPa 时体积为 2 L，氮气在 200 kPa 时体积为 1 L。现将这两种气体在 1 L 的容器中混合，如温度仍为 300 K，问混合气体的总压是否等于 300 kPa，为什么？

5. 对一定量的混合气体，试回答下列问题：

(1)恒压下，温度变化时各种组分气体的体积分数是否变化？

(2)恒温下，压力变化时各种组分气体的分压是否变化？

(3)恒温下，体积变化时各种组分气体的摩尔分数是否变化？

6. 合成氨原料气中氢气和氮气的体积比是 3∶1，除这两种气体外，原料气中还含有其他杂质气体 0.04(体积分数)。原料气总压强为 1.52×10^7 Pa，求氢气、氮气的分压。

7. 用锌与盐酸反应制备氢气，如果在 25 ℃时用排水集气法收集氢气，总压强为 98.6 kPa(已知 25 ℃时水的饱和蒸汽压为 3.17 kPa)，体积为 2.50×10^{-3} m^3。求：

(1)试样中氢气的分压是多少？

(2)收集到氢气的质量是多少？

8. 10.00 mL NaCl 饱和溶液的质量为 12.003 g，将其蒸干后得 NaCl 3.173 g，计算：

(1)NaCl 的溶解度；

(2)NaCl 的质量分数；

(3)NaCl 的物质的量浓度；

(4)NaCl 的质量摩尔浓度；

(5)溶液中 NaCl 的摩尔分数和水的摩尔分数。

9. 质量分数为 10%的盐酸，密度为 1.047 g·mL^{-1}。计算：

(1)盐酸的物质的量浓度；

(2)盐酸的质量摩尔浓度；

(3)盐酸的摩尔分数各为多少？

10. 把 30.3 g 乙醇(C_2H_5OH)溶于 50.0 g CCl_4 中，所配成溶液的密度为 1.28 g · mL^{-1}。计算：

(1)乙醇的质量分数；

(2)乙醇的摩尔分数；

(3)乙醇的质量摩尔浓度；

(4)乙醇的物质的量浓度。

11. 实验室中的试剂浓盐酸浓度为 37%，密度为 1.19 g · mL^{-1}。

(1)求此盐酸的物质的量浓度；

(2)欲配制 1.0 mol · L^{-1}的盐酸 1.0 L，需试剂浓盐酸多少？怎样配制？

12. 有一 NaOH 溶液，其浓度为 0.5450 mol · L^{-1}，取该溶液 100 mL，需加水多少毫升方能配成浓度为 0.5000 mol · L^{-1}的溶液？

13. 分析不纯的 $CaCO_3$时，称取试样 0.3000 g，加入浓度为 0.2500 mol · L^{-1}的 HCl 标准溶液 25.00 mL，煮沸除去 CO_2，用浓度为 0.2012 mol · L^{-1}的 NaOH 溶液返滴过量酸，消耗了 5.84 mL，计算试样中 $CaCO_3$的质量分数。

14. 取 0.1000 mg · mL^{-1} Mo 标准溶液 2.50 mL，于容量瓶中稀释至 1000 mL，计算 Mo 的浓度(p/m)。取此溶液 2.50 mL，再稀释至 1000 mL，计算 Mo 的浓度(p/b)。

15. 计算要加入多少毫升水到 1 L 0.2000 mol · L^{-1} HCl 溶液里，才能使稀释后的 HCl 溶液对 CaO 的滴定度 T=0.00500 g · mL^{-1}。

第2章 定量分析中的误差和分析结果的数据处理

定量分析的目的就是要准确测定试样中某物质的含量。但在测定中，即使使用最可靠的分析方法，使用最精密的仪器，由很熟练的分析者进行测定，也不可能得到绝对准确的结果。同一个人对同一个样品进行多次测定，结果也不尽相同。这说明在一定条件下，测量结果只能接近真实值，而不能达到真实值；分析过程中的误差是客观存在的，是不可避免的。因此，需要找出误差产生的原因，研究减免误差的方法，以提高分析结果的准确度。

2.1 误差的分类及表示方法

测定结果与真实值之间的差异称为误差。误差有正有负，当测定值大于真实值时为正误差，当测定值小于真实值时为负误差。客观存在的真实值不可能知道，实际工作中往往用"标准值"代替真实值。标准值是采用可靠的分析方法，由具有丰富经验的人员对试样经过反复多次测定得出的比较准确的结果。

2.1.1 系统误差和随机误差

按照误差的性质、来源不同，误差可分为系统误差和随机误差。

1. 系统误差(可测误差)

系统误差是由某些比较确定的原因引起的，对分析结果的影响比较固定，即误差的正、负通常是一定的，其大小也有一定的规律性，在重复测量的情况下，它有重复出现的性质。系统误差的特点：

(1)单向性　分析结果的影响比较恒定，要么都大，要么都小；

(2)重现性　同一条件下，重复测定，重复出现；

(3)可测性　可以消除。

系统误差影响准确度，不影响精密度。因大小方向可测定，因而可以校正。增加测量次数，不能使系统误差减小。

按照误差产生的原因，系统误差可分为下列几种：

(1)方法误差　由于分析方法本身不够完善所引起的误差。如滴定分析中反应进行不完全，滴定终点与化学计量点不相符；滴定分析中指示剂选择不当；重量分析中沉淀的溶解损失等。

(2)仪器误差　由于仪器本身的缺陷、不准确而引起的误差。如天平两臂不等长引起称量误差；砝码质量和滴定管刻度不准确，均能带来误差。

(3)试剂误差　由于试剂不纯或蒸馏水不纯而引起的误差。如所用试剂或蒸馏水中含有杂质带来误差；去离子水不合格；试剂纯度不够(含待测组份或干扰离子)等。

(4)操作误差(主观误差)　指在正常操作条件下，由于分析人员主观原因而引起的误差。如反应的某条件控制不当；滴定管读数偏低或偏高，对颜色的分辨能力不够敏锐；对指示剂颜色辨别偏深或偏浅；标准物干燥不完全进行称量；试样分解不完全等。

2. 随机误差(偶然误差，不可测误差)

随机误差是由一些偶然的或不确定的因素引起的误差。如测定过程中，环境温度、湿度、气压的微小波动；尘埃的影响；测量仪器自身的变动性；分析者处理各份试样时的微小差别等。其影响难以觉察也难以控制。这类误差在实验操作中无法完全避免。随机误差的特点：

(1)不可测性　难以预测和控制，有时大、有时小；有时正、有时负。

(2)可减小性　适当增加测量次数，偶然误差会减小。

(3)不可校正性。

(4)统计性　消除系统误差时，发现其符合正态分布曲线，具体参见 2.2.1 节。

注意：系统误差和偶然误差都是指在正常操作的情况下所产生的误差。至于因操作不细心而加错试剂、记错读数、溶液溅失等违犯操作规程所造成的错误称为过失。“过失”不属于误差，是完全可以避免的。

2.1.2 准确度与误差

测定值与真实值之间的接近程度称为准确度，可用误差衡量，误差越小，准确度越高。反之，准确度越低。误差可用绝对误差和相对误差表示。

$$绝对误差(E)=实验测得的数值(x)-真实值(T)$$

即

$$E=x-T$$

绝对误差有正负号。正号表示分析结果偏高，负号表示分析结果偏低。

相对误差(E_r)是指绝对误差占真实值之百分比

即

$$E_r=\frac{E}{T}\times 100\%$$

例如：称取某试样质量 1.8364 g，其真实质量 1.8363 g，则测定结果：绝对误差=0.0001 g，相对误差=0.005%；另称某试样质量 0.1836 g，其真实质量 0.1835 g，测定结果：绝对误差=0.0001 g，相对误差=0.05%。

两试样由于称量质量不同，尽管它们的绝对误差相同，但相对误差并不相同。显然，称量质量较大时，相对误差较小，测定的准确度就较高。由于相对误差能更好地反映出误差在测定结果中所占的比例多少，因此，一般用相对误差来表示分析结果的准确度更为确切。

准确度高低是系统误差和随机误差对测量结果综合影响的结果。

例 2-1　实验测得过氧化氢溶液的含量 $w_{(H_2O_2)}$ 为 0.2898，若试样中过氧化氢的真实值 $w_{(H_2O_2)}$ 为 0.2902，求绝对误差和相对误差。

解:绝对误差　$E=0.2898-0.2902=-0.0004$

相对误差　$E_r=\frac{-0.0004}{0.2902}\times100\%=-0.14\%$

例2-2　某黄铜标样中Pb和Zn的含量分别为2.00%、20.00%,实验测定结果分别为2.02%和20.02%。试比较两组分测定的准确度。

解:Pb的测定

绝对误差　$E_1=2.02\%-2.00\%=0.02\%$

相对误差　$E_{r1}=\frac{0.02\%}{2.00\%}\times100\%=1\%$　大

Zn的测定

绝对误差　$E_2=20.02\%-20.00\%=0.02\%$

相对误差　$E_{r2}=\frac{0.02\%}{20.00\%}\times100\%=0.1\%$　小

两者测定结果的绝对误差相同(0.02%),但相对误差不同。Pb测定的相对误差是Zn的10倍。显然,Zn测定的相对误差小,测定的准确度高。也就是说被测量的物质的质量较大时,相对误差较小,准确度较高。

2.1.3　精密度和偏差

实际工作中,试样中某组分的"真实值"往往不知道,真实值如何测得?它常常是人们采用各种可靠的分析方法,对同一试样进行多次平行测定,取其平均值来表示该组分的真实值。统计学已经证明,在一组平行测定值中,平均值是最可信赖的值,它反映了该组数据的集中趋势,因此人们常用平均值表示测定结果。

将同一样品多次平行测定,测定结果之间相互接近的程度称为精密度,可用偏差衡量。偏差越小,说明测定结果精密度越高;反之,则精密度越差。偏差有绝对偏差和相对偏差之分:

绝对偏差(d_i)是指个别测定值(x_i)与结果平均值($\bar{x}$)之差,即 $d_i=x_i-\bar{x}$。

相对偏差(d_r)是绝对偏差占平均值的百分率,即 $d_r=\frac{d_i}{x}\times100\%$。

为表示多次测量的总体偏离程度,可用平均偏差(又称算术平均偏差)来表示一组数据的精密度。

平均偏差($\bar{d}$)　$$\bar{d}=\frac{|d_1|+|d_2|+|d_3|+\cdots+|d_n|}{n}$$

式中,n 为测量次数。

由于各测量值的绝对偏差有正有负,取平均值时会相互抵消。只有取偏差的绝对值的平均值才能正确反映一组重复测定值之间的符合程度。平均偏差没有正负号。

相对平均偏差($\bar{d}_r$):平均偏差占平均值的百分比,即 $\bar{d}_r=\frac{\bar{d}}{\bar{x}}\times100\%$。

相对平均偏差特点:简单;缺点:大偏差得不到应有的反映。

标准偏差又称均方根偏差(s),标准偏差是表示精度较好的方法。当测定次数有限时,标准偏差常用下式表示:

$$s=\sqrt{\frac{\sum(x_i-\bar{x})^2}{n-1}}=\sqrt{\frac{\sum d_i^2}{n-1}}\quad(n-1\text{ 称为自由度})$$

相对标准偏差(s_r)也称为变异系数(CV),是标准偏差占平均值的百分比。即 $s_r=\frac{s}{\bar{x}}\times100\%$。

用标准偏差比用平均偏差更科学、更准确,因为它能反应较大偏差的存在和测定次数的影响。

例 2-3 测定铁矿石中铁的质量分数(以 $w_{Fe_2O_3}$ 表示),5 次结果分别为 67.48%,67.37%,67.47%,67.43%和 67.40%。

计算:(1)平均偏差;(2)相对平均偏差;(3)标准偏差;(4)相对标准偏差。

解:(1)$\bar{x}=\frac{67.48\%+67.37\%+67.47\%+67.43\%+67.40\%}{5}=67.43\%$

$$\bar{d}=\frac{1}{n}\sum|d_i|=\frac{0.05\%+0.06\%+0.04\%+0.03\%}{5}=0.04\%$$

(2)$\bar{d}_r=\frac{\bar{d}}{\bar{x}}\times100\%=\frac{0.04\%}{67.43\%}\times100\%=0.06\%$

(3)$s=\sqrt{\frac{\sum d_i^2}{n-1}}=\sqrt{\frac{(0.05\%)^2+(0.06\%)^2+(0.04\%)^2+(0.03\%)^2}{5-1}}=0.05\%$

(4)$s_r=\frac{s}{\bar{x}}\times100\%=\frac{0.05\%}{67.43\%}\times100\%=0.07\%$

例 2-4 甲乙两人用分光光度法测定铝合金中微量锌的含量,每人各测 5 次,结果如下:

甲:0.19,0.19,0.20,0.21,0.21(%)

乙:0.18,0.20,0.20,0.20,0.22(%)

比较甲乙二人测定结果的精密度,谁的好?

解:甲的分析结果:$\bar{x}=0.20\%\quad n=5\quad \bar{d}_1=0.008\%\quad \bar{d}_{r1}=4\%\quad s_1=0.010\%$

乙的分析结果:$\bar{x}=0.20\%\quad n=5\quad \bar{d}_1=0.008\%\quad \bar{d}_{r2}=4\%\quad s_2=0.014\%$

$$\bar{d}_1=\bar{d}_2,\ \bar{d}_{r1}=\bar{d}_{r2},\quad s_1<s_2$$

结果表明:二人测定结果的 $\bar{d}$ 和 $\bar{d}_r$ 相同,看不出谁的精密度好,但用 s 比较,$s_2>s_1$,说明甲的精密度好。计算表明:用标准偏差来表示精密度,能将较大的偏差更显著地表现出来。

2.1.4 准确度与精密度的关系

同样条件下,四个人对同一种样品分别测定了 6 次,结果如图 2-1 所示。

分析:

(1)甲测量结果之间相差很小,故精密度较高,说明随机误差较小,但平均值与真实值相差较大,故准确度不高,即系统误差较大。

(2)乙的精密度、准确度都很高,说明系统误差和随机误差均很小。

(3)丙的精密度很差,表明随机误差很大,但平均值接近真实值,这是由于正负误差抵消才接近于真实值。如再增加测定次数,因精密度很差,很难保证平均值再接近真实值。

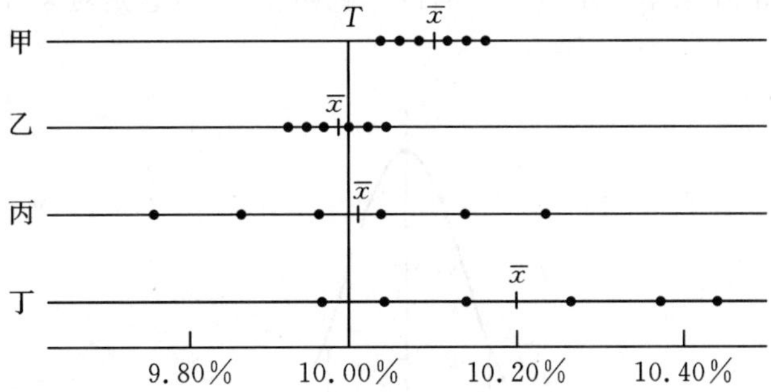

图 2-1　四人测定结果的比较

(4)丁的准确度和精密度都很差，即系统误差和随机误差都很大。

准确度表示测定值与真实值的符合程度，精密度反映的则是测定值与平均值的偏离程度，即表示测量的重现性。在评价分析结果时，只有精密度和准确度都好的方法才可取。在同一条件下，对样品多次平行测定中，精密度高，只表明偶然误差小，不能排除系统误差存在的可能性，即精密度高，准确度不一定高。只有在消除系统误差的前提下，才能以精密度的高低来衡量准确度的高低。如果精密度差，实验的重现性低，则该实验方法是不可信的，也就谈不上准确度。所以，准确度高一定要精密度好；精密度好是准确度好的前提；精密度高不一定准确度高；两者的差别主要是由于系统误差的存在。

2.2　有限实验数据的统计处理

分析结果的数据处理很重要。如果一个试样只测定 1～2 次是不能提供可靠信息的。因此，必须对一个试样进行多次重复实验，获得足够数据，然后进行统计处理并写出分析报告。

2.2.1　随机误差的正态分布

随机误差是由一些偶然的或不确定的因素引起的误差，在消除了系统误差后，多次重复测定仍然会有所不同，具有分散的特性，它的大小及方向仍难以预测，似乎没有什么规律性，随机误差概率分布见表 2-1，但如果用统计学方法处理，就会发现它服从一定的统计规律——正态分布规律。随机误差的正态分布曲线如图 2-2 所示。

表 2-1　随机误差概率分布

曲线下面积	$-\infty$～$+\infty$	$\mu\pm\sigma$	$\mu\pm2\sigma$	$\mu\pm3\sigma$
概率	100%	68.3%	99.5%	99.7%

注：μ 为无限次测量的算术平均值(作为真实值)，σ 为无限次测量的标准偏差。

从正态分布曲线发现：(1)绝对值相等的正、负误差出现的机会相等；(2)小误差出现的次数多，大误差出现的次数少，个别特别大的误差出现的次数极少。

测定结果(x)落在以真实值为中心的 $-\sigma$～σ 范围内的概率是 68.3%；落在 -2σ～2σ 范围内的概率是 95.5%；落在 -3σ～3σ 范围内的概率是 99.7%。此概率称为置信度或置信水平。所以，把测定值落在某一指定范围内的概率就叫置信度，它是对某件事情正确判断的把握程度。

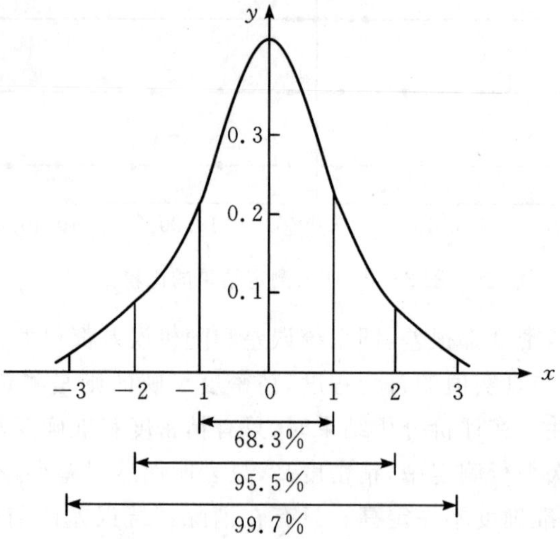

图 2-2 正态分布曲线

2.2.2 平均值的置信区间

我们知道随机误差服从正态分布，μ 为总体平均值，在消除了系统误差后，即为真实值。但真实值 μ 在绝大多数情况下是未知的，所以我们想根据有限的测定结果来估计 μ 可能存在的范围，因此必须讨论在一定概率下真实值 μ 的取值范围。

在一定条件下真实值 μ 的取值范围称为置信区间，即 $\mu=(x-z\sigma)\sim(x+z\sigma)$ 称置信区间，也就是说，在选定的置信度下，真实值在以测定值为中心的多大范围内出现。置信度高，置信区间范围就宽。

实际工作中不可能测量无限次，有限次测量的算术平均值为 $\bar{x}$，有限次测量的标准偏差为 s。真实值 μ 与平均值 $\bar{x}$ 之间的关系为：$\mu=(\bar{x}-\frac{ts}{\sqrt{n}})\sim(\bar{x}+\frac{ts}{\sqrt{n}})$，称为平均值的置信区间。式中 n 为测定次数，t 为某一置信度下的概率系数或统计量。t 值见表 2-2。

表 2-2 t 值表

自由度	$f(f=n-1)$	1	2	3	4	5	6	7	8	9	10	20	∞
置信度 P	90%	6.31	2.92	2.35	2.13	2.02	1.94	1.90	1.86	1.83	1.81	1.73	1.65
	95%	12.71	4.30	3.18	2.78	2.57	2.45	2.37	2.31	2.26	2.23	2.09	1.96
	99%	63.66	9.93	5.84	4.60	4.03	3.71	3.50	3.36	3.25	3.17	2.85	2.58

讨论：平均值的置信区间取决于测定次数、测定的精密度、置信度。

(1)置信度(置信水平)不变时：n 增加，t 变小，置信区间变小；

(2)n 不变时：置信度增加，t 变大，置信区间变大；

(3)置信度(置信水平)不变时,当 $n>20$ 时,t 值相差不大,说明再增加测定次数对提高测定结果的准确度已经没有什么意义。因此,在一定的测定次数范围内,分析数据的可靠性才随 n 增加而增加。

例 2-5 某分析工作者测定硫铵中氮的质量分数,4 次测定结果的 $\bar{x}=0.2085$、$s=0.0010$。计算置信水平为 90%和 99%的平均值的置信区间。

解:$\bar{x}=0.2085$,$s=0.0010$,$n=4$

(1)置信水平为 90%时,$n=4$ $t=2.35$

$$\mu=\bar{x}\pm\frac{ts}{\sqrt{n}}=0.2085\pm2.35\times0.0010/\sqrt{4}=0.2085\pm0.0012$$

即有 90%把握可断定平均值落在 0.2073~0.2097 区间内。

(2)置信水平为 99%时,$n=4$ $t=5.84$

$$\mu=\bar{x}\pm\frac{ts}{\sqrt{n}}=0.2085\pm5.84\times0.0010/\sqrt{4}=0.2085\pm0.0029$$

即有 99%把握可断定平均值落在 0.2056~0.2114 区间内。

置信水平高,置信区间大。也就是说,欲提高所作估计的可靠程度,只有放宽所估计的范围,但估计范围一放宽,估计的精密度必然降低。所以,n 一定时,置信水平并不是越高越好。一般分析上取 90%。若想提高置信度而又不放宽置信区间,则只有减小标准偏差,即改进测试方法。

例 2-6 某学生标定 HCl 溶液浓度,得到如下结果($mol\cdot L^{-1}$):0.1141,0.1140,0.1148,0.1142;再增加两次测定,其数据为 0.1145,0.1142。试分别按 4 次和 6 次标定的数据计算置信水平为 95%时,平均值的置信区间。

解:(1)4 次测定 $\bar{x}_4=0.1143$,$s=0.0004$,$n=4$,置信水平为 95%时 $t=3.18$,

$$\mu=\bar{x}\pm\frac{ts}{\sqrt{n}}=0.1143\pm\frac{3.18\times0.0004}{\sqrt{4}}=0.1143\pm0.0006$$

(2)6 次测定 $\bar{x}_4=0.1143$,$s=0.0003$,$n=6$,置信水平为 95%时 $t=2.57$,

$$\mu=\bar{x}\pm\frac{ts}{\sqrt{n}}=0.1143\pm\frac{2.57\times0.0003}{\sqrt{6}}=0.1143\pm0.0003$$

当测定次数较少时,适当增加测定次数,可使置信区间缩小,可使测定的平均值与真实值更接近。

例 2-7 在置信度为 95%时,欲使平均值的置信区间不超过 $\pm s$,问至少应平行测定几次?

解:由 $\mu=\bar{x}\pm\frac{ts}{\sqrt{n}}$ 知,欲使平均值的置信区间不超过 $\pm1s$,即

$$\pm t\cdot\frac{s}{\sqrt{n}}\leqslant\pm s \qquad \frac{t}{\sqrt{n}}\leqslant1$$

由 t 值表知

$$n=6,f=n-1=5,t=2.57,\text{则}\frac{2.57}{\sqrt{6}}=1.05>1$$

$$n=7,f=n-1=6,t=2.45,\text{则}\frac{2.45}{\sqrt{7}}=0.928<1$$

故至少应测定7次。

2.2.3 测定结果离群值的取舍

在实际分析工作中经常要遇到的另一问题是极端值的取舍问题。在一组平行测定的数据中，有时个别数据与其他数据相差较大，这样的数据称为可疑值，也叫极端值或离群值。如果确实知道此数据由实验差错引起，可以舍去，否则，应根据一定的统计学方法决定其取舍。例如，四次测定值：0.1010、0.1012、0.1014和0.1024，其中0.1024与其他值相差较远，称为离群值。由于离群值对平均值的影响较大，又不能随便舍弃。因此对待这个数据需按科学的统计方法来决定其取舍。

统计学处理取舍的方法有多种，下面仅介绍两种常用的方法。即Q检验法和格鲁布斯(Grubbs)检验法。

1. Q检验法

步骤：

(1)将测定值按由小到大顺序排列：$x_1 \quad x_2 \quad \cdots \quad x_n$，其中可疑值为$x_1$或$x_n$。

(2)求出最大与最小数据之差(即极差R)：$x_n - x_1$。

(3)求可疑数据与相邻数据之差：$x_n - x_{n-1}$或$x_2 - x_1$。

(4)计算Q：

$$Q=\frac{x_n-x_{n-1}}{x_n-x_1} \quad 或 \quad Q=\frac{x_2-x_1}{x_n-x_1}$$

(5)根据测定次数和要求的置信度，查Q值表(见表2-3)得$Q_{表}$。

(6)判断：将$Q_{计}$与$Q_{表}$相比较，

若$Q_{计}>Q_{表}$，舍弃该数据(过失误差造成)；

若$Q_{计}<Q_{表}$，保留该数据(偶然误差所致)。

当数据较少时，舍去一个后，应补加一个数据。

表2-3 不同置信度下舍弃可疑值的Q值表

n	3	4	5	6	7	8	9	10
$Q_{0.90}$	0.94	0.76	0.64	0.56	0.51	0.47	0.44	0.41
$Q_{0.95}$	0.98	0.85	0.73	0.64	0.59	0.54	0.51	0.48

2. 鲁布斯(Grubbs)检验法

基本步骤

(1)将测定值按由小到大顺序排列：$x_1 \quad x_2 \quad \cdots \quad x_n$，其中可疑值为$x_1$或$x_n$。

(2)求平均值$\bar{x}$和标准偏差s。

(3)计算G值。

$$G_{计算}=\frac{x_n-\bar{x}}{s} \quad 或 \quad G_{计算}=\frac{\bar{x}-x_1}{s}$$

(4)由测定次数和要求的置信度，查G值表(见表2-4)得$G_{表}$。

(5)比较 $G_{计算}$ 和 $G_{表}$ 的大小。若 $G_{计算}>G_{表}$，弃去可疑值，反之保留。

由于格鲁布斯(Grubbs)检验法引入了标准偏差，故准确性比 Q 检验法高。

表 2-4　不同置信度下舍弃可疑值的 G 值表

n	3	4	5	6	7	8	9	10
$G_{0.95}$	1.15	1.46	1.67	1.82	1.94	2.03	2.11	2.18
$G_{0.99}$	1.15	1.49	1.75	1.94	2.10	2.22	2.32	2.41

例 2-8　平行测定盐酸溶液浓度($mol \cdot L^{-1}$)，结果为0.1014，0.1021，0.1016，0.1013。试问：用 Q 检验法检验 0.1021 在置信度为 90%时是否应舍去。

解：(1)排序：0.1013，0.1014，0.1016，0.1021。

(2)$Q=(0.1021-0.1016)/(0.1021-0.1013)=0.63$。

(3)查 Q 值表得，当 $n=4$，$Q_{0.90}=0.76$。

因 $Q_{计}<Q_{0.90}$，故 0.1021 不应舍去。

例 2-9　某试样中铝的含量 w_{Al} 的平行测定值为 0.2172，0.2175，0.2174，0.2173，0.2177，0.2188。用格鲁布斯法判断，在置信度 95%时，0.2188 是否应舍去。

解：(1)排序：0.2172，0.2173，0.2174，0.2175，0.2177，0.2188。

(2)求出 $\bar{x}$ 和 s。$\bar{x}=0.2176$，$s=0.00059$。

(3)求 G 值。

$$G_{计}=\frac{|x_{疑}-\bar{x}|}{s}=\frac{0.2188-0.2176}{0.00059}=2.03$$

(4)查表 2-4，当 $n=6$，$G_{0.95}=1.82$。

因 $G_{计}>G_{0.95,6}$，故测定值 0.2188 应舍去。

2.2.4　显著性检验

在进行对照试验时，需对两份样品或两个分析方法的分析结果进行显著性检验，以判断是否存在系统误差。下面介绍两种常用的显著性检验方法。

1. 平均值与标准值(μ)的比较——t 检验法

当设计一种新的分析方法时，必须用已知含量的纯物质或标准试样进行对照分析，以检验方法的准确度，统计学上采用 t 检验法。

步骤：

(1)求出平均值 $\bar{x}$ 和标准偏差 s，计算 t 值。

$$t_{计}=\frac{|\bar{x}-\mu|}{\frac{s}{\sqrt{n}}}$$

(2)由要求的置信度和测定次数，查表 2-2 得 $t_{表}$。

(3)比较：$t_{计}>t_{表}$，表示有显著性差异，该方法存在系统误差，所得结果不可靠，方法还需要改进；$t_{计}<t_{表}$，表示无显著性差异，方法分析结果可靠，方法可以采用。

例 2-10　某人测定试样中 CaO 含量，结果为 20.60%，20.50%，20.70%，20.60%，

20.80%,21.00%。已知标样中CaO含量为20.10%。问该测定是否存在系统误差(置信度95%)。

解:$\bar{x}=20.70\%$　$s=0.18\%$　$n=6$

$$t_{计}=\frac{|\bar{x}-\mu|}{\frac{s}{\sqrt{n}}}=\frac{|20.70\%-20.10\%|}{\frac{0.18\%}{\sqrt{6}}}=8.16$$

$n=6$,置信水平为95%时,$t_{表}=2.57$。

因 $t_{计}>t_{表}$,说明测定值与真值之间存在显著性差异,表明该测定方法存在系统误差,数据不可靠。

2. 两组数据的平均值比较(同一试样)

(1)t 检验法。适用于两种分析方法[新方法和经典方法(标准方法)];或两个分析人员测定的两组数据;或两个实验室测定的两组数据。设第一组数据为 $\bar{x}_1, s_1, n_1$;第二组数据为 $\bar{x}_2, s_2, n_2$。其步骤如下:

①求合并标准偏差

$$s=\sqrt{\frac{s_1^2(n_1-1)+s_2^2(n_2-1)}{(n_1-1)+(n_2-1)}}$$

②计算 t 值

$$t=\frac{|\bar{x}_1-\bar{x}_2|}{s}\cdot\sqrt{\frac{n_1 n_2}{n_1+n_2}}$$

③查表2-2(自由度 $f=f_1+f_2=n_1+n_2-2$)得 t 值。

④比较:$t_{计}>t_{表}$,表示有显著性差异。

例2-11　两个人用同一种方法分析样品中的镁含量。甲的分析结果为1.23%,1.25%及1.26%;乙的分析结果为1.31%,1.34%,1.35%。试问:这两个人分析的镁含量是否有显著性差别($P=0.95$)?

解:$\bar{x}_1=1.25$　$s_1=0.015$;$\bar{x}_2=1.33$　$s_2=0.021$

$$s=\sqrt{\frac{(3-1)0.015^2+(3-1)0.021^2}{3+3-2}}=0.018$$

$$t=\frac{|1.25-1.33|}{0.018}\times\sqrt{\frac{3\times3}{3+3}}=5.4$$

$f=3+3-2=4$,查表2-2得 $t_{0.95}=2.78$。$t_{计}>t_{0.95}$。故两个人分析的镁含量有显著差别。

(2)F 检验法。标准差是反映测定结果的精密度,是衡量分析操作条件是否稳定的一个重要标志。如果两个分析人员用同一种分析方法测定同一种试样,或某人用两种方法测定同一样品中某组分含量,得到两组数据的标准差不同。那么就要检查这两组数据的精密度是否存在显著性差异。也就是说要研究差异是由随机误差引起的,还是测定结果有较大标准差的那位分析人员在工作中有了异常现象或过失。在工作中常用 F 检验法。F 检验法是比较两组数据的方差,可以确定精密度之间有无显著性差异。

步骤:

①计算 F 值:$F=\frac{s_{大}^2}{s_{小}^2}$[$s_{大}$、$s_{小}$ 为 s_1、s_2 两个中大的值和小的值]

②查置信度为 95%时的 F 值表(见表 2-5)得 $F_{表}$。

③比较:若 $F_{计}>F_{表}$,则两组数据的精密度存在显著性差异;

若 $F_{计}<F_{表}$,则两组数据的精密度不存在显著性差异。

表 2-5　置信度为 95%时的 F 值

自由度 f		$s_{大}$									
		2	3	4	5	6	7	8	9	10	∞
$s_{小}$	2	19.00	19.16	19.25	19.30	19.33	19.35	19.37	19.33	19.40	19.50
	3	9.55	9.28	9.12	9.01	8.94	8.89	8.85	8.81	8.79	8.53
	4	6.94	6.59	9.39	6.26	6.16	6.09	6.04	6.00	5.96	5.63
	5	5.79	5.41	5.19	5.05	4.95	4.88	4.82	4.77	4.74	4.36
	6	5.14	4.76	4.53	4.39	4.28	4.21	4.15	4.10	4.06	3.67
	7	4.74	4.35	4.12	3.97	3.87	3.79	3.73	3.68	3.64	3.23
	8	4.46	4.07	3.84	3.69	3.58	3.50	3.44	3.39	3.35	2.93
	9	4.26	3.86	3.63	3.48	3.37	3.29	3.23	3.18	3.14	2.71
	10	4.10	3.71	3.48	3.33	3.22	3.14	3.07	3.02	2.98	2.54
	∞	3.00	2.60	2.37	2.21	2.10	2.01	1.94	1.88	1.83	1.00

例 2-12　用两种方法测定同一样品中某组分。第 1 种方法,共测 6 次,$s_1=0.055$;第 2 种方法,共测 4 次,$s_2=0.022$。试问在 $p=0.95$ 下,这两种方法的精密度有无显著性差别。

解:$s_{大}=s_1=0.055$;$s_{小}=s_2=0.022$。

$$F=\frac{s_{大}^2}{s_{小}^2}=\frac{0.055^2}{0.022^2}=6.2$$

$f_1=6-1=5$;$f_2=4-1=3$。

查表 2-5,纵行 $f(s_{小})=3$,列 $f(s_{大})=5$,找到 $F_{表}=9.01$。因 $F<F_{表}$,因此,s_1 与 s_2 无显著性差别,即两种方法的精密度相当,没有显著性差异。

2.2.5　分析结果的数据处理与报告

举例说明:用硼砂作基准物质标定 HCl 溶液浓度,数据处理结果如下:

(1)根据实验纪录,将 6 个数据排序:

分析结果/($mol \cdot L^{-1}$)0.1020、0.1022、0.1023、0.1025、0.1026、0.1029

(2)用 Q 检验法检验有无离群值:

$$Q_1=\frac{x_n-x_{n-1}}{x_n-x_1}=\frac{0.1029-0.1026}{0.1029-0.1020}=0.3$$

$$Q_2=\frac{x_2-x_1}{x_n-x_1}=\frac{0.1022-0.1020}{0.1029-0.1020}=0.2$$

$n=6$,置信度 90%时,$Q_{表}=0.56$,因 $Q_{计}<Q_{表}$,所以 0.1020 和 0.1029 都应保留。

(3)求平均值：

$$\bar{x}=\frac{0.1020+0.1022+0.1023+0.1025+0.1026+0.1029}{6}=0.1024$$

(4)求平均偏差：

$$\bar{d}=\frac{1}{n}\sum|d_i|=\frac{0.0004+0.0002+0.0001+0.0001+0.0002+0.0005}{6}=0.0002$$

(5)求标准偏差：

$$s=\sqrt{\frac{\sum d_i^2}{n-1}}=\sqrt{\frac{(0.0004)^2+2\times(0.0002)^2+2\times(0.00001)^2+(0.0005)^2}{6-1}}=0.0003$$

(6)求变异系数：

$$CV=\frac{s}{\bar{x}}\times100\%=\frac{0.0003}{0.1024}\times100\%=0.3\%$$

(7)求置信度为95%的置信区间：

$$\mu=\bar{x}\pm\frac{ts}{\sqrt{n}}=0.1024\pm2.57\times0.0003/\sqrt{6}=0.1024\pm0.0003$$

报告分析结果：

$n=6$，$\bar{x}=0.1024$，$\bar{d}=0.0002$，$s=0.0003$，$CV=0.3\%$，$\mu=0.1024\pm0.0003$.

2.3 提高分析结果准确度的方法

定量分析结果的准确度直接受到各种误差的制约，只有了解了误差的来源，采取相应措施，才可以消除系统误差，减小随机误差，使测定结果的准确度提高。

2.3.1 选择合适的分析方法

根据待测组分的含量、性质、试样的组成及对准确度的要求，灵活选用恰当的分析方法。如常量组分分析，可选用滴定分析或重量分析。而微量组分测定则要选用仪器分析法。

2.3.2 减小测量的相对误差

为保证分析结果的准确度，应尽量减小测量误差。因此，对取样量、滴定剂体积等一般都有要求。

例如，分析天平一次的称量误差为0.0001 g，两次的称量误差为0.0002 g，相对误差为0.1%，最少称样量为多少？

因为$E_r=\frac{2\times0.0001}{w}\times100\%\leqslant0.1\%$，所以$w\geqslant0.2$ g。即分析天平称取试样质量最少应为0.2 g。

又如，滴定管一次的读数误差为0.01 mL，两次的读数误差为0.02 mL，相对误差为0.1%，最少移液体积为多少？

因为$E_r=\frac{2\times0.01}{V}\times100\%\leqslant0.1\%$，所以$V\geqslant20$ mL。即移取体积最少应为20 mL。

2.3.3　消除测定过程的系统误差

系统误差是引起测定值偏离真实值的主要原因。如何检查有无系统误差存在？常可用以下几种方法检查或消除。

1. 对照试验

对照试验是检查系统误差的有效方法。对照试验分标准样品对照试验和标准方法对照试验等。

标准样品对照试验是用已知准确含量的标准样品(或纯物质配成的合成试样)与待测样品按同样的方法进行平行测定,找出校正系数以消除系统误差。标准方法对照试验是用可靠的分析方法与被检验的分析方法对同一试样进行分析对照。若测定结果相同,则说明被检验的方法可靠,无系统误差。

许多分析部门为了了解分析人员之间是否存在系统误差或其他方面的问题,常将一部分样品安排给不同分析人员,用同一种方法进行分析,以资对照,这种方法称为内检。有时将部分样品送交其他单位进行对照分析,这种方法称为外检。

2. 空白试验

在不加样品的情况下,按照与样品相同的分析方法和步骤进行分析,得到的结果称为空白值。从样品分析结果中减掉空白值,这样可以消除或减小由蒸馏水及实验器皿带入的杂质引起的系统误差,得到更接近于真实值的分析结果。

3. 仪器校正

对仪器进行校准可以消除系统误差。例如,砝码、移液管、滴定管和容量瓶等,在精确的分析中,必须进行校正,并在计算结果时采用校正值。

4. 方法校正

例如:重量分析中,待测组分绝对完全沉淀是不可能的。但可将溶解于滤液中的少量待测组分用其他方法,如用比色法进行测定。两者相加,可提高分析结果的准确度。

2.3.4　增加平行测定次数,减小随机误差

随机误差是由偶然因素引起的,实验中不可避免,但增加平行测定次数可使随机误差减小。也就是说:在消除系统误差的前提下,增加平行测定的次数,可以减小偶然误差。一般要求平行测定 4～6 次,取算术平均值,便可以得到较准确的分析结果。

合理安排操作程序,使实验既准又快!

2.4　有效数字

为了得到准确的分析结果,不仅要准确地进行测定,也需正确地记录测定数据。因为记录的数字不仅表示数量的大小,而且要正确地反映测量时所用仪器的精确程度。

2.4.1　有效数字的含义及位数

分析工作中,实际上能测量到的数字称为有效数字。或者说,所有确定数字后加上一位

不确定性的数字就叫有效数字。对不确定性数字允许有±1个单位的误差。有效数字位数包括所有准确数字和一位估计读数。

例如，用普通分析天平称量某物的质量时，由于分析天平性能的限制，小数点后第四位的数字是由估计得到的，因此数据只能取到小数点后第四位。设称出的质量为12.1238 g，此数前面5位数字都是确定的，最后一位数字不确定，因此为六位有效数字。如果改用普通台称，由于台称的性能比分析天平差，小数点后第二位数字开始已不确定，因此，只能取到小数点后第二位。得到的质量应为12.12 g，则为四位有效数字。

又如，读取滴定管上的刻度，某人读为32.47 mL，数字7是估读得来的，是不准确的或可疑的，也有人可能读为32.46 mL或32.48 mL，而在绝大多数情况下，所得读数为32.46～32.48 mL。所以记录数据的正确写法：我们所写出数字的位数，除末位数字为可疑或不确定外，其余各位数字都是准确知道的。

定量分析中，在表示分析数据时，最重要的一点，就是只用有效数字。

2.4.2 有效数字的计位规则

1. 有效数字的位数直接与测定的相对误差有关，不能随意舍去最后一位数字

例如，用一般的分析天平称得某物体的质量为0.5180 g，这个数不仅表明该物体的具体质量，而且也表示最后一位数字“0”是可疑的，即实际质量是0.5180±0.0001 g范围内的某一数值，它是四位有效数字。（注意：不能把数据纪录为0.518）。此时称量的绝对误差为±0.0001 g。

$$相对误差=\frac{\pm 0.0001}{0.5180}\times 100\%=\pm 0.02\%$$

若将上述结果写成0.518 g，则该物体实际质量将为0.518±0.001 g范围内的某一数值，它是三位有效数字，绝对误差为±0.001 g。

$$相对误差=\frac{\pm 0.001}{0.518}\times 100\%=\pm 0.2\%$$

可见，准确度降低了90%。

2. 数据中“零”的作用——数字零在数据中具有双重作用

(1)作普通数字用，即数字中间的零和数字后面的零都是有效数值，如20.50 mL，两个零都是有效数字，此数据为4位有效数字。

(2)作定位用，即数字前面的零都不是有效数值，如0.02050 L，前两个零都不是有效数字，后两个零都是有效数字，为4位有效数字。

3. 改变单位，不改变有效数字的位数

如20.50 mL变为0.02050 L，均为四位有效数字。

4. 分数、比例系数、实验次数等不记位数

分数、比例系数、实验次数等不记位数。因不是实验测定所得到的，故可看成具有无限多位数字；常数亦可看成具有无限多位数。其有效数字位数，视为任意的(即无限多位)，需要几位就写几位。如

$$2HCl+Na_2CO_3=NaCl+H_2O+CO_2 \qquad n(HCl)=2n(Na_2CO_3)$$

5. 对数与指数的有效数字位数按尾数计

即有效数字的位数取决于小数部分(尾数)数字的位数,整数部分只代表该数的方次。如 pH=5.33,小数点后的数字位数为有效数字位数,故它为 2 位有效数字而非 3 位,其 $[H^+]=5.0\times10^{-6}\ mol\cdot L^{-1}$。又如 $pK_a^\ominus=4.75$,$lgK^\ominus=27.09$,均为 2 位有效数字而非 3 位。

6. 标准溶液的浓度

标准溶液的浓度,用 4 位有效数字表示,例如 $0.1000\ mol\cdot L^{-1}$。

7. 误差和偏差

误差和偏差一般只取一位有效数字,最多取两位有效数字。

8. 首位数≥8 的数据

首位数≥8 的数据,可在运算过程中多计一位有效数字,例如 0.0892,可按 4 位有效数字对待。

2.4.3 有效数字修约规则

在计算一组准确度不同(即有效数字位数不同)的数据时,应按照确定了的有效数字将多余的数字舍弃。舍弃多余数字的过程称为"数字修约"。

按四舍六入五成双规则修约。修约规则:四要舍,六要入,五后有数要进位,五后没数看前方,前为奇数就进位,前为偶数全舍光,无论舍去多少位,都要一次修停当。

例如:将下列数字修约成三位有效数字。

①	3.14159	3.14	②	2.71828	2.72
③	59.857	59.9	④	45.354	45.4
⑤	42.75	42.8	⑥	28.25	28.2
⑦	23.550	23.6	⑧	27.451	27.5

注:①一个数据的修约只能进行一次,不能分次修约。如,2.54546 修约为两位,应等于 2.5,不要 2.54546=2.5455=2.546=2.55=2.6。②使用计算器进行计算时,一般不对中间每一步骤的计算结果进行修约,仅对最后的结果进行修约,使其符合事先所确定的位数。

2.4.4 有效数字的运算规则

1. 加减运算

几个数据相加或相减时,它们的和或差的有效数字的保留,应该以小数点后位数最少的数字为准。换句话讲:结果的位数取决于绝对误差最大的数据的位数。例如

$$0.0121+25.64+1.057=0.01+25.64+1.06=26.71$$

绝对误差:　0.0001　0.01　0.001　　　　0.01

2. 乘除运算

在乘除法中,有效数字的保留应以有效数字位数最少的为准。换句话讲:有效数字的位数取决于相对误差最大的数据的位数,即与有效数字位数最少的一致。例如

$$(0.0325\times5.1003\times60.06)/139.8=0.0712$$

相对误差:0.0325　　$\pm0.0001/0.0325\times100\%=\pm0.3\%$

5.103	$\pm 0.0001/5.1003\times 100\%=\pm 0.002\%$
60.06	$\pm 0.01/60.06\times 100\%=\pm 0.02\%$
139.8	$\pm 0.1/139.8\times 100\%=\pm 0.07\%$

3. 复杂运算(对数、乘方、开方等)

所取对数的位数应与真数有效数字位数相同。例$[H^+]=9.5\times 10^{-6}\ mol\cdot L^{-1}$　$pH=5.02$

习　题

1. 指出在下列情况下，分别会引起哪种误差？如果是系统误差，应该采用什么方法减免？

(1)砝码被腐蚀；

(2)天平的两臂不等长；

(3)容量瓶和移液管不配套；

(4)试剂中含有微量的被测组分；

(5)天平的零点有微小变动；

(6)读取滴定体积时最后一位数字估计不准；

(7)滴定时不慎从锥形瓶中溅出一滴溶液；

(8)标定 HCl 溶液用的 NaOH 标准溶液中吸收了 CO_2。

2. 如果分析天平的称量误差为±0.2 mg，拟分别称取试样 0.1 g 和 1 g 左右，称量的相对误差各为多少？这些结果说明了什么问题？

3. 滴定管的读数误差为±0.02 mL。如果滴定中用去标准溶液的体积分别为 2 mL 和 20 mL 左右，读数的相对误差各是多少？从相对误差的大小说明了什么问题？

4. 测定某样品中氮的质量分数时，六次平行测定的结果是 20.48%、20.55%、20.58%、20.60%、20.53%、20.50%。

(1)计算这组数据的平均值、中位数、平均偏差、标准差、变异系数和平均值的标准差。

(2)若此样品是标准样品，其中氮的质量分数为 20.45%，计算以上测定结果的绝对误差和相对误差。

5. 标定浓度约为 $0.1\ mol\cdot L^{-1}$的 NaOH，欲消耗 NaOH 溶液 20 mL 左右，应称取基准物质 $H_2C_2O_4\cdot 2H_2O$ 多少克？其称量的相对误差能否达到 0.1%？若不能，可以用什么方法予以改善？若改用邻苯二甲酸氢钾为基准物，结果又如何？

6. 测定某铜矿试样，其中铜的质量分数为 24.87%、24.93%和 24.69%。真值为 25.06%，计算：(1)测定结果的平均值；(2)中位值；(3)绝对误差；(4)相对误差。

7. 测定铁矿石中铁的质量分数(以 $w_{Fe_2O_3}$ 表示)，5 次结果分别为 67.48%、67.37%、67.47%、67.43%和 67.40%。计算：平均偏差、相对平均偏差、标准偏差、相对标准偏差和极差。

8. 某铁矿石中铁的质量分数为 39.19%，若甲的测定结果(%)是 39.12、39.15、39.18；乙的测定结果(%)为 39.19、39.24、39.28。试比较甲乙两人测定结果的准确度和精密度(精密度以标准偏差和相对标准偏差表示)。

9. 当置信度为0.95时，测得Al_2O_3的置信区间μ为(35.21±0.10)%，其意义是(　　)。

A. 在所测定的数据中有95%在此区间内

B. 若再进行测定，将有95%的数据落入此区间内

C. 总体平均值μ落入此区间的概率为0.95

D. 在此区间内包含μ值的概率为0.95

10. 测定试样中蛋白质的质量分数(%)，5次测定结果的平均值为34.92、35.11、35.01、35.19和34.9。

(1)经统计处理后的测定结果应如何表示(报告n,$\bar{x}$和s)？

(2)计算$P=0.95$时的置信区间μ。

11. 6次测定某钛矿中TiO_2的质量分数，平均值为58.60%，$s=0.70\%$，计算：(1)置信区间；(2)若上述数据均为3次测定的结果，置信区间又为多少？比较两次计算结果，可得出什么结论(P均为0.95)？

12. 测定石灰中铁的质量分数(%)，4次测定结果为：1.59、1.53、1.54和1.83。(1)用Q检验法判断第四个结果应否弃去？(2)如第5次测定结果为1.65，此时情况又如何？(P均为0.90)

13. 用$K_2Cr_2O_7$基准试剂标定$Na_2S_2O_3$溶液的浓度($mol \cdot L^{-1}$)，4次结果为0.1029、0.1056、0.1032和0.1034。(1)用格鲁布斯法检验上述测定值中有无可疑值($P=0.95$)；(2)比较置信度为0.90和0.95时μ的置信区间，计算结果说明了什么？

14. 已知某清洁剂有效成分的质量分数标准值为54.46%，测定4次所得的平均值为54.26%，标准偏差为0.05%。问置信度为0.95时，平均值与标准值之间是否存在显著性差异？

15. 某药厂生产铁剂，要求每克药剂中含铁48.00 mg。对一批药品测定5次，结果为($mg \cdot g^{-1}$)：47.44、48.15、47.90、47.93和48.03。问这批产品含铁量是否合格($P=0.95$)？

16. 用电位滴定法测定铁精矿中铁的质量分数(%)，6次测定结果如下：

60.72　　60.81　　60.70　　60.78　　60.56　　60.84

用格鲁布斯法检验有无应舍去的测定值($P=0.95$)；已知此标准试样中铁的真实含量为60.75%，问上述测定方法是否准确可靠($P=0.95$)？

17. 下列数据各包括了几位有效数字？

(1)0.0330　(2)10.030　(3)0.01020　(4)8.7×10^{-5}

(5)$pK_a^{\ominus}=4.74$　(6)pH=10.00

18. 用返滴定法测定软锰矿中MnO_2的质量分数，其结果按下式进行计算：

$$w_{MnO_2}=\frac{\left(\frac{0.8000}{126.07}-8.00\times0.1000\times10^{-3}\times\frac{5}{2}\right)\times86.94}{0.5000}\times100\%$$

问测定结果应以几位有效数字报出？

19. 用加热挥发法测定$BaCl_2 \cdot 2H_2O$中结晶水的质量分数时，使用万分之一的分析天平称样0.5000 g，问测定结果应以几位有效数字报出？

20. 两位分析者同时测定某一试样中硫的质量分数，称取试样均为3.5 g，分别报告结果如下：

甲：0.042%，0.041%；乙：0.04099%，0.04201%。问哪一份报告是合理的，为什么？

21. 有两位学生使用相同的分析仪器标定某溶液的浓度（$mol \cdot L^{-1}$），结果如下：

甲：0.12、0.12、0.12（相对平均偏差 0.00%）；

乙：0.1243、0.1237、0.1240（相对平均偏差 0.16%）。

你如何评价他们的实验结果的准确度和精密度？

22. 根据有效数字的运算规则进行计算：

(1) $7.9936 \div 0.9967 - 5.02 = ?$

(2) $0.0325 \times 5.103 \times 60.06 \div 139.8 = ?$

(3) $1.276 \times 4.17 + 1.7 \times 10^{-4} - 0.0021764 \times 0.0121 = ?$

(4) $pH = 1.05$，$[H^+] = ?$

(5) $pH = 12.20$ 溶液的 $[H^+] = ?$

(6) $213.64 + 4.4 + 0.32442 = ?$

(7) $\dfrac{0.0982 \times (20.00 - 14.39) \times 162.206/3}{1.4182 \times 1000} \times 100 = ?$

第3章　化学反应中能量关系

化学是研究物质的组成、结构、性质及其变化规律的科学。化学研究的核心部分是化学反应，而化学反应的进行大多伴随有能量的变化，包括热能、电能等。一个化学反应能否发生、反应的程度如何以及反应过程中的能量变化情况，正是化学热力学研究的基本问题。

3.1　化学热力学概念

1. 体系和环境

化学热力学中，人为地把确定的研究对象称为体系。而体系以外的与体系密切相关的其他部分称为环境。例如，我们要研究烧杯中溶液的反应，则溶液就是我们的研究体系，溶液面上的空气，盛溶液的烧杯等都是环境。又如，某容器中充满空气，我们要研究其中的氧气，则其他气体如氮气、二氧化碳及水蒸气等均为环境。

按照体系与环境之间的物质和能量的交换关系，通常将体系分为三类：

(1)敞开体系　体系和环境之间既有能量交换又有物质交换。

(2)封闭体系　体系和环境之间有能量交换但没有物质交换。

(3)孤立体系　体系和环境之间既无能量交换，又无物质交换。

例如，在一敞开口杯中盛满热水，以热水为体系则是一敞开体系。热水降温过程中体系向环境放出热量，不断有水分子变为水蒸气逸出。若给口杯加盖避免水蒸发，则与环境无物质交换，于是得到一封闭体系。若将口杯换成一个理想的保温瓶，杜绝了能量交换，则得到一孤立体系。

在热力学中，我们主要研究封闭体系。

2. 状态和状态函数

一个体系的状态是由它的一系列物理量所确定的。例如压力、体积、温度和各组分的物质的量等，当这些物理量都有确定值时，该体系处于一定的状态。如果其中一个物理量发生改变，则体系的状态随之而变。这些决定体系状态的物理量称为状态函数。

例如，某理想气体是我们研究的体系，其物质的量 $n=1$ mol，压强 $p=1.01\times10^5$ Pa，体积 $V=22.4$ L，温度 $T=273.15$ K，我们说它处于标准状况。这里的 n、p、V 和 T 就是体系的状态函数。确定某一气体的状态，只需在压力、体积、温度和物质的量这四个状态函数中确定任意三个就行，因第四个状态函数可以通过气体状态方程式来确定。

体系发生变化前的状态称为始态，变化后的状态称为终态。显然，体系变化的始态和终态一经确定，各状态函数的改变量也就确定了。状态函数的改变量经常用 Δ 表示，如始态的温度为 T_1，终态的温度为 T_2，则状态函数 T 的改变量 $\Delta T=T_2-T_1$。同样我们可以理解状态函数改变量 ΔV 和 Δn 的含义。状态函数的改变量取决于过程的始态和终态，与采取哪种途径来完成这个过程无关。

3. 过程和途径

当体系的状态发生变化时，从始态变到终态，我们说体系经历了一个热力学过程，简称过程。完成这个过程可以采取许多不同的方式，我们把这每一种具体的方式称为一种途径。

热力学上经常遇到的过程有下列几种：

(1)恒压过程　体系的压力始终恒定不变($\Delta p=0$)。通常情况下，在敞口容器中进行的反应，可看作恒压过程，因体系始终受到相同的大气压力。

(2)恒容过程　体系的体积始终恒定不变($\Delta V=0$)。在容积不变的密闭容器中进行的过程，就是恒容过程。

(3)等温过程　体系终态和始态温度相同($\Delta T=0$)。

(4)绝热过程　体系和环境没有热量传递的过程。

4. 热和功

热和功是体系与环境之间能量传递的两种不同形式。

当体系和环境之间存在着温度差时，两者之间就会发生能量交换，热会自动地从高温的一方向低温的一方传递，直到温度相等而建立起热平衡为止。体系和环境之间因温度不同而传递的能量形式称为热(Q)，热力学规定：体系吸热，Q 为正值；体系放热，Q 为负值。例如，体系若吸收了 50 J 的热量，则表示为 $Q=50$ J；同理若 $Q=-40$ J，则表示体系在变化过程中放出热 40 J。

在热力学中，除热以外，其他各种被传递的能量都叫做功，用符号 W 表示。功有多种形式，通常分为体积功和非体积功两大类。由于体系体积变化反抗外力所做的功为体积功，其他如电功、表面功等都称为非体积功。在一般情况下，化学反应中体系只做体积功。本章的讨论都限于体系只作体积功。热力学规定：体系对环境做功，W 为正值；环境对体系做功，W 为负值。例如，$W=20$ J 表示体积对环境做功 20 J，如理想气体膨胀时就属于这种情况；若环境对体系做功 10 J，则表示为 $W=-10$ J。

功 W 和热量 Q 都不是体系的状态函数，不能谈体系在某种状态下有多少功或具有多少热。功和热只有在能量交换时才会有具体数值，且随着途径的不同，功和热的数值都有变化。

5. 内能

内能是体系内部一切形式能量的总和。它包括体系中原子、分子、离子运动的动能，各种粒子间的势能以及分子、原子内部所蕴藏的能量等。内能用符号 U 表示。内能是体系自身的一种性质，在一定的状态下应有一定的数值，因此，内能是体系的状态函数。

由于物质结构的复杂性和内部相互作用的多样性，内能的绝对值无法确定，但当体系的状态一定，则有一个确定的内能值，体系发生变化时，只要过程的始态和终态确定，则内能的改变量 ΔU 一定，$\Delta U=U_{终}-U_{始}$。

3.2 化学反应的热效应

3.2.1 热力学第一定律

人们在长期实践的基础上得出这样一个结论：能量具有各种不同的形式，它们之间可以相互转化，在转化的过程中能量的总值不变。这就是热力学第一定律，其实质就是能量守恒。

热力学第一定律指出，若某体系由状态Ⅰ（内能为 U_1）变化到状态Ⅱ（内能为 U_2），在这一过程中体系吸收热量为 Q，并对外做体积功 W，根据能量守恒定律，则有：

$$U_1+Q-W=U_2$$

用 ΔU 表示体系热力学能的改变量，它可用一个简单的方程式表示：

$$\Delta U=Q-W \tag{3-1}$$

其中，ΔU 是体系终态和始态的内能差。式(3-1)表明：体系内能的增量应等于环境以热的形式供给系统的能量与系统对环境做功的形式所交换的能量差。

3.2.2 恒容反应热、恒压反应热、焓和焓变的概念

反应热定义：当体系发生化学变化后，使生成物的温度回到反应前的温度（即等温过程），体系放出或吸收的热量就叫做这个反应的反应热。

1. 恒容反应热

若体系在变化过程中，体积始终保持不变（$\Delta V=0$），体系不做体积功，即 $W=0$。根据热力学第一定律可得：

$$Q_v=\Delta U+W=\Delta U \tag{3-2}$$

这就是说，恒容过程中，体系吸收的热量 Q_v（右下标 v 表示恒容过程）全部用来增加体系的内能。

2. 恒压反应热

若体系的压力在变化过程中始终不变，根据热力学第一定律，其反应热 Q_p（右下标 p 表示恒压过程）为：

$$\begin{aligned}Q_p&=\Delta U+W=\Delta U+p\Delta V=U_2-U_1+p(V_2-V_1)\\&=(U_2+pV_2)-(U_1+pV_1)\end{aligned} \tag{3-3}$$

即在恒压过程中，体系吸收的热量 Q_p 等于终态和始态的($U+pV$)值之差。

U，p，V 都是状态函数，它们的组合($U+pV$)当然也是状态函数。我们把这个新的状态函数叫做焓，用符号 H 表示，令

$$H=U+pV \tag{3-4}$$

这样，式(3-3)就可化简为

$$Q_p=H_2-H_1=\Delta H \tag{3-5}$$

这就是说，在恒压过程中，体系吸收的热量全部用来增加体系的焓。所以恒压反应热在数值上等于体系的焓变。

由于 $$\Delta H=\Delta U+p\Delta V \tag{3-6}$$

对于气体参加的反应，$p\Delta V=p(V_2-V_1)=(n_2-n_1)RT=(\Delta n)RT$

所以 $$\Delta H=\Delta U+(\Delta n)RT \tag{3-7}$$

例 3-1 在 373 K 和 101.3 kPa 下，2.0 mol 的 H_2 和 1.0 mol 的 O_2 反应，生成 2.0 mol 的水蒸气，总共放出 484 kJ 的热量。求该反应的 ΔH 和 ΔU。

解：因为 $2H_2(g)+O_2(g)=2H_2O(g)$　　反应在恒压下进行

所以 $\Delta H=Q_p=-484\ \text{kJ}\cdot\text{mol}^{-1}$

$\Delta U=\Delta H-(\Delta n)RT$

$=-484-[2-(2+1)]\times 8.31\times 10^{-3}\times 373=-481\ \text{kJ}\cdot\text{mol}^{-1}$

3.2.3 热化学方程式

表示化学反应及其热效应关系的化学方程式，叫做热化学方程式。例如，在 298.15 K 和 101.325 kPa 下，2 mol H_2和 1 mol O_2反应，生成 2 mol 气态水，放出 483.64 kJ 热量，其热化学方程式可写成

$$2H_2(g)+O_2(g)=2H_2O(g)\qquad \Delta_r H_m^{\ominus}=-483.64\ \text{kJ}\cdot\text{mol}^{-1}$$

由于反应的热效应受许多因素影响，正确书写热化学方程式必须注意以下几点：

(1)因反应热效应的数值与温度压力有关，在热化学方程式中必须注明反应的温度和压力，若不注明，通常指 $p^{\ominus}=101.325$ kPa，$T=298.15$ K。

(2)必须注明各反应物和生成物的聚集状态。通常气态用(g)表示，液态用(l)表示，固态用(s)表示。

(3)焓变必须和一个化学反应方程式相对应。

(4)正、逆反应的热效应，数值相同，符号相反，如

$$2H_2O(g)=2H_2(g)+O_2(g)\qquad \Delta_r H_m^{\ominus}=483.64\ \text{kJ}\cdot\text{mol}^{-1}$$

注意：在符号 $\Delta_r H_m^{\ominus}$ 中，H 左下标 r 表示“反应”(reaction)，右下标 m 与名称摩尔(molar)相对应，H 的右上标⊖(读作标准)，表示反应在标准状态下进行。热力学上的“标准状态”(简称为标准态)与讨论气体定律时所提到的“标准状况”含义不同。后者是指压力为 101.325 kPa 温度为 273.15 K 的状况，而前者实际上只涉及浓度(或压力)项，与温度无关。标准态不仅用于气体，也用于液体、固体或溶液。物质所处的状态不同，标准态的含义不同。

3.2.4 盖斯定律

1840 年俄国化学家盖斯从热化学实验中总结出一条规律：在恒压条件下，不论化学反应是一步完成，还是分步完成，其热效应总是相同的。这就是盖斯定律。例如：

已知 $$C(s)+O_2(g)=CO_2(g)\qquad \Delta H_1^{\ominus}=-393.5\ \text{kJ}\cdot\text{mol}^{-1} \tag{1}$$

$$CO(g)+\frac{1}{2}O_2(g)=CO_2(g)\qquad \Delta H_2^{\ominus}=-283\ \text{kJ}\cdot\text{mol}^{-1} \tag{2}$$

求反应 $C(s)+\frac{1}{2}O_2(g)=CO(g)$的 $\Delta H_3^{\ominus}$。

我们可以设想生成 CO_2 的途径，即从始态$(C+O_2)$、终态(CO_2)的途径有两条，如图 3-1所示。

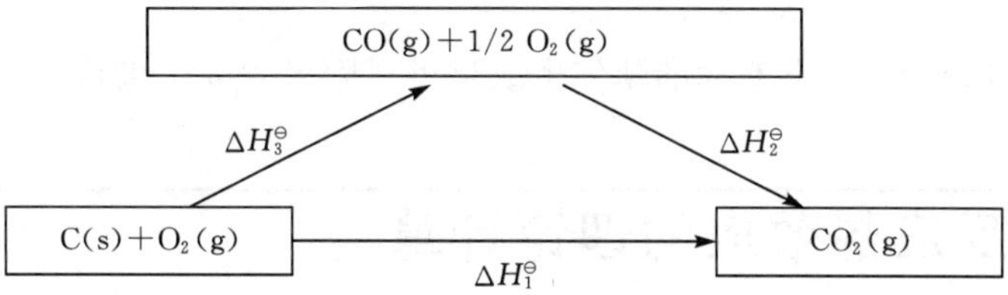

图 3-1　CO_2 生成途径

根据盖斯定律：

$$\Delta H_1^\ominus = \Delta H_2^\ominus + \Delta H_3^\ominus \quad (3-8)$$

所以　$\Delta H_3^\ominus = \Delta H_1^\ominus - \Delta H_2^\ominus = -393.5-(-283) = -110.5(\text{kJ}\cdot\text{mol}^{-1})$

由上述计算可知，根据盖斯定律，我们可以计算出一些不能用实验方法直接测定的热效应。

必须注意：在计算过程中，把相同物质项消去时，不仅物质种类必须相同，而且状态（即物态、温度、压力）也要相同，否则不能消去。

3.2.5　生成焓

1. 标准焓变

生成焓又称为生成热，它是反应热的一种。我们研究的化学反应一般都在常压（$p^\ominus$）下进行，为研究方便。化学上规定了物质的标准态：指标准压力 $p^\ominus$ 为 101.325 kPa 下的纯物质的状态。气体的标准态是指标准压力 $p^\ominus$ 下的理想气体状态，液体的标准态是指标准压力 $p^\ominus$ 下的纯液体状态，固体的标准态是指标准压力 $p^\ominus$ 下的稳定晶体状态，溶液的标准态是指标准压力 $p^\ominus$ 下浓度为标准浓度（$c^\ominus=1\ \text{mol}\cdot\text{L}^{-1}$）的理想溶液。

把反应中各物质处于标准态时的焓变，称为标准焓变，用 $\Delta_f H_T^\ominus$ 或 $\Delta H_T^\ominus$ 表示。“f”表示生成，“⊖”表示标准态，“T”表示温度（标准态未对温度作规定）。如 $T=298.15$ K 即反应在 298.15 K(25 ℃)时的标准焓变，就记为 $\Delta_f H_{298.15}^\ominus$ 或简记为 $\Delta_f H^\ominus$。

2. 标准摩尔生成焓

在标准条件下，由元素的最稳定单质化合生成单位物质的量的纯物质时反应的焓变叫做该物质的标准摩尔生成焓，用符号 $\Delta_f H_m^\ominus$ 表示，单位：$\text{kJ}\cdot\text{mol}^{-1}$。并规定：任何最稳定单质与水合 H^+ 离子的标准摩尔生成焓为零。如果一种元素有几种结构不同的单质，只有最稳定的一种其标准摩尔生成焓为零。如石墨和金刚石，红磷和白磷，氧和臭氧，其中石墨、白磷、氧为最稳定单质，它们的标准摩尔生成焓等于零。由稳定单质转变为其他形式单质时，也有焓变。

$$\text{C(石墨)} \rightarrow \text{C(金刚石)} \qquad \Delta H^\ominus = 1.89\ \text{kJ}\cdot\text{mol}^{-1}$$

生成焓是热化学计算中非常重要的数据，通过比较相同类型化合物的生成焓数据，可以判断这些化合物的相对稳定性。例如，Ag_2O 和 Na_2O 相比较，因 Ag_2O 生成时放出的热量小，因而比较不稳定（见表 3-1）。

表 3-1　Ag_2O、Na_2O 生成焓的比较

物质	$\Delta_f H_m^\ominus$(298.15 K)/($\text{kJ}\cdot\text{mol}^{-1}$)	稳定性
Ag_2O	−31.1	300 ℃以上分解
Na_2O	−414.2	加热不分解

一些物质在 298.15 K 下的标准摩尔生成焓可在附录表 3 中查得。

3.3 化学反应热效应的理论计算

3.3.1 由标准摩尔生成焓计算反应热

我们可以应用物质的标准摩尔生成焓的热力学数据，计算化学反应的热效应。一个化学反应，从参加反应的单质直接转变为生成物，与从参加反应的单质先生成反应物，再变化为生成物，两种途径的反应热相等，这是盖斯定律的结论。下面以氨的氧化反应为例加以说明。

例 3-2 计算氨的氧化反应 $4NH_3(g)+5O_2(g)=4NO(g)+6H_2O(g)$ 的标准反应热（即标准焓变）$\Delta_r H^\ominus_{298.15\,K}$。

解：由热力学数据表中查得：$\Delta_f H^\ominus_m(NH_3,g)=-46.11\ kJ\cdot mol^{-1}$

$\Delta_f H^\ominus_m(O_2,g)=0\ kJ\cdot mol^{-1}$

$\Delta_f H^\ominus_m(NO,g)=90.25\ kJ\cdot mol^{-1}$

$\Delta_f H^\ominus_m(H_2O,g)=-241.82\ kJ\cdot mol^{-1}$

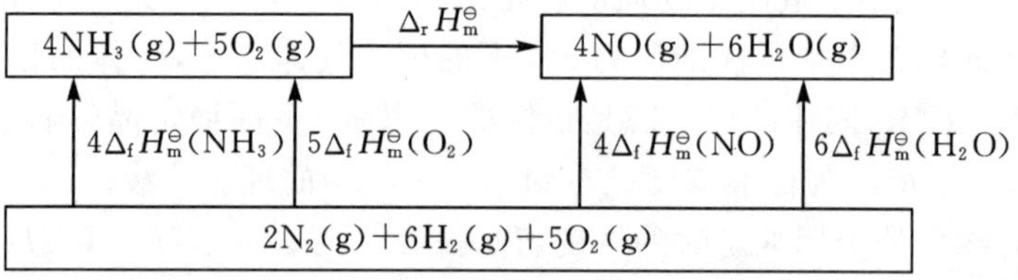

根据盖斯定律：

$$4\Delta_f H^\ominus_m(NH_3,g)+5\Delta_f H^\ominus_m(O_2,g)+\Delta_r H^\ominus_{298.15K}=4\Delta_f H^\ominus_m(NO,g)+6\Delta_f H^\ominus_m(H_2O,g)$$

$$\begin{aligned}\Delta_r H^\ominus_{298.15\,K}&=[4\Delta_f H^\ominus_m(NO,g)+6\Delta_f H^\ominus_m(H_2O,g)]-[4\Delta_f H^\ominus_m(NH_3,g)+5\Delta_f H^\ominus_m(O_2,g)]\\&=[4\times 90.25+6\times(-241.82)]-[4\times(-46.11)+0]\\&=-905.46(kJ\cdot mol^{-1})\end{aligned}$$

由上述例子可知，在相同温度和压力下，标准反应热等于生成物的标准生成焓总和减去反应物的标准生成焓总和。

即
$$\Delta H^\ominus=\sum\gamma_i\Delta_f H^\ominus_m(生成物)-\sum\gamma_i\Delta_f H^\ominus_m(反应物) \qquad (3-9)$$

式中，γ_i 为反应物和生成物的化学计量数。

例 3-3 计算下列反应 $2Na_2O_2(s)+2H_2O(l)=4NaOH(s)+O_2(g)$ 的 $\Delta_r H^\ominus_m$。

解：查表得各化合物的 $\Delta_f H^\ominus_m$ 如下

	$2Na_2O_2(s)$	$+2H_2O(l)$	$=4NaOH(s)$	$+O_2(g)$
$\Delta_f H^\ominus_m(kJ\cdot mol^{-1})$	-510.9	-285.8	-426.8	0

$$\begin{aligned}\Delta_r H^\ominus_m&=[4\Delta_f H^\ominus_m(NaOH,s)+\Delta_f H^\ominus_m(O_2,g)]-[2\Delta_f H^\ominus_m(Na_2O_2,s)+2\Delta_f H^\ominus_m(H_2O,l)]\\&=[4\times(-426.8)+0]-[2\times(-510.9)+2\times(-285.8)]\\&=-113.8(kJ\cdot mol^{-1})\end{aligned}$$

3.3.2　由键焓估算反应热

断裂旧的化学键要消耗能量，形成新的化学键要放出能量。因此，可以根据化学反应过程中化学键的断裂和形成情况，利用键焓数据来估算反应热。

热化学中把标准状态下，气态物质平均每断开单位物质的量的某化学键生成气态原子(或原子团)的焓变，称为该化学键的标准键焓(键能)。通过分析反应过程中化学键的断开和形成，应用键能的数据，可以计算化学反应的反应热，举例计算如下。

例3-4　计算乙烯与水反应制备乙醇的反应热。

解：有关反应式为　　$C_2H_4 + H_2O = C_2H_5OH$

反应过程中断开的键：4个C—H键，1个C═C键，2个O—H键。

形成的键：5个C—H键，1个C—C键，1个C—O键，1个O—H键。

有关化学键键能数据为：

$$E_{C-H} = 411\ kJ \cdot mol^{-1} \qquad E_{C=C} = 602\ kJ \cdot mol^{-1}$$

$$E_{O-H} = 458.8\ kJ \cdot mol^{-1} \qquad E_{C-C} = 345.6\ kJ \cdot mol^{-1}$$

$$E_{C-O} = 357.7\ kJ \cdot mol^{-1}$$

反应热为

$$\begin{aligned}\Delta H &= [4\times E_{C-H} + 1\times E_{C=C} + 2\times E_{O-H}] - [5\times E_{C-H} + 1\times E_{C-C} + 1\times E_{O-H} + 1\times E_{C-O}]\\ &= [4\times 411 + 1\times 602 + 2\times 458.8] - [5\times 411 + 1\times 345.6 + 1\times 458.8 + 1\times 357.7]\\ &= -53.3(kJ \cdot mol^{-1})\end{aligned}$$

这就是说，化学反应的热效应等于所有反应物键能的总和减去所有生成物键能的总和。

即

$$\Delta H = \sum \gamma_i E(\text{反应物}) - \sum \gamma_i E(\text{生成物}) \qquad (3-10)$$

不同化合物中，同一化学键的键能未必相同，例如在C_2H_4和C_2H_5OH中的C—H的键能实际上并不相等，H_2O和C_2H_5OH中的O—H的键能也不相等，因而由键能求得的反应热不能代替精确的热力学计算和反应热的测量。但是对于一些实验测量有困难的反应，由键能来估算反应热还是具有一定的实用价值。

习　题

1. 2.00 mol理想气体在350 K和152 kPa条件下，经恒压冷却至体积为35.0 L，此过程释放了1260 J热。试计算：

(1)起始体积；(2)终态温度；(3)系统做功；(4)热力学能的变化；(5)焓变。

2. 1.34 g CaC_2与H_2O发生如下反应：

$$CaC_2(s) + 2H_2O(l) \longrightarrow C_2H_2(g) + Ca(OH)_2(s)$$

产生的C_2H_2气体用排水集气法收集，体积为0.471 L。若此时温度为296 K，大气压力为99.0 kPa，计算该反应的产率为多少(296 K水的饱和蒸气压为2.8 kPa)？

3. 某理想气体在恒定外压(93.3 kPa)下膨胀，其体积从50 L变到150 L，同时吸收6.48 kJ的热量，试计算系统热力学能的变化。

4. 用热化学方程式表示下列内容：

(1)H_3PO_4(s)在 298 K 时的标准摩尔生成焓为$-128\ kJ \cdot mol^{-1}$。

(2)N_2O_4(g)在 298 K 时的标准摩尔生成焓为$9.16\ kJ \cdot mol^{-1}$。

(3)在 298 K、标准态下,1 mol 葡萄糖 ($C_6H_{12}O_6$,s)被完全氧化为CO_2(g)和H_2O(l)的热效应为-2815.8 kJ。

5. 利用 $\Delta_f H_m^\ominus$ 数据,计算下列各反应的 $\Delta_r H_m^\ominus$:

(1)$Fe_3O_4(s)+4H_2(g) \longrightarrow 3Fe(s)+4H_2O(g)$;

(2)$4NH_3(g)+5O_2(g) \longrightarrow 4NO(g)+6H_2O(g)$;

(3)$3NO_2(g)+H_2O(l) \longrightarrow 2HNO_3(l)+NO(g)$。

6. 铝热法的反应如下:

$$8Al+3Fe_3O_4 \longrightarrow 4Al_2O_3+8Fe$$

(1)利用 $\Delta_f H_m^\ominus$ 数据计算恒压反应热;

(2)在此反应中若用去 267.0 g 铝,问能释放出多少热量? 已知 $\Delta_f H_m^\ominus(Fe_3O_4)=-1118\ kJ \cdot mol^{-1}$,$\Delta_f H_m^\ominus(Al_2O_3)=-1676\ kJ \cdot mol^{-1}$。

7. 火箭推进器内的燃料为 N_2H_4(l)(联氨),氧化剂为 N_2O_4(g),燃烧后生成 N_2(g)和 H_2O(l)。写出热化学方程式,利用 $\Delta_f H_m^\ominus$ 计算燃烧 1 mol N_2H_4(l)的热效应 $\Delta_r H_m^\ominus$[该值即为 N_2H_4(l)的燃烧热]。

已知:$\Delta_f H_m^\ominus(N_2H_4, l)=50.63\ kJ \cdot mol^{-1}$,$\Delta_f H_m^\ominus(N_2O_4, g)=9.16\ kJ \cdot mol^{-1}$,$\Delta_f H_m^\ominus(H_2O, l)=-285.83\ kJ \cdot mol^{-1}$。

8. 已知 298 K、标准态下

(1)$Cu_2O(s)+\frac{1}{2}O_2(g) \longrightarrow 2CuO(s)$ $\qquad \Delta_{r1} H_m^\ominus=-146.02\ kJ \cdot mol^{-1}$;

(2)$CuO(s)+Cu(s) \longrightarrow Cu_2O(s)$ $\qquad \Delta_{r2} H_m^\ominus=-11.30\ kJ \cdot mol^{-1}$。

求反应:$2CuO(s) \longrightarrow 2Cu(s)+\frac{1}{2}O_2(g)$的 $\Delta_r H_m^\ominus$。

9. 已知 298 K、标准态下

(1)$Fe_2O_3(s)+3CO(g) \longrightarrow 2Fe(s)+3CO_2(g)$ $\qquad \Delta_{r1} H_m^\ominus=-27.77\ kJ \cdot mol^{-1}$;

(2)$3Fe_2O_3(s)+CO(g) \longrightarrow 2Fe_3O_4(s)+CO_2(g)$ $\qquad \Delta_{r2} H_m^\ominus=-52.19\ kJ \cdot mol^{-1}$;

(3)$Fe_3O_4(s)+CO(g) \longrightarrow 3FeO(s)+CO_2(g)$ $\qquad \Delta_{r3} H_m^\ominus=-39.01\ kJ \cdot mol^{-1}$。

求反应:$Fe(s)+3CO_2(g) \longrightarrow FeO(s)+CO(g)$的 $\Delta_r H_m^\ominus$。

第4章　化学反应速率和化学平衡

对于化学反应，人们除了关心反应的质量关系和能量关系外，还有化学反应进行的快慢、反应方向及反应程度，即化学反应速率和化学平衡问题。一个化学反应进行的快慢，及如何加快反应的速率，则属于化学动力学的范畴。而一个反应从始态到终态能否发生，反应的进行程度如何，这些都是化学平衡范畴（热力学）的内容。对这两个问题的讨论，无论对理论研究和生产实践都具有重要意义。

4.1　化学反应速率

研究化学反应的结果表明，各种化学反应的速率可以有很大的差别。有些反应速率极快，例如，火药的爆炸、照相胶片的感光、酸碱中和反应、溶液中某些离子的反应等几乎瞬间即可完成。有些反应速率极慢，例如，氢气和氧气化合成水的反应，在常温下几乎觉察不出来；其他像金属的腐蚀、橡胶和塑料的老化，需要长年累月才能观察到它的变化；煤和石油在地壳内的形成，更需要经过几十万年的时间。另外，即使同一反应，在不同的条件下，反应速率也不同。

为了比较化学反应进行的快慢，需要了解反应速率的表示方法。在化学反应过程中，反应物和生成物的量随着反应的进行都在变化。反应物的量随着反应的进行而不断减小，生成物的量则随着反应的进行而不断增加。因此，化学反应速率通常采用单位时间内任何一种反应物浓度的减少或生成物浓度的增加来表示。浓度的单位常以 $mol \cdot L^{-1}$ 表示，时间单位则按具体反应的快慢程度相应采用秒(s)、分(min)或小时(h)等来表示。即：

$$\bar{v}=\frac{\Delta c}{\Delta t} \tag{4-1}$$

此反应速率为反应的平均速率，单位可以是 $mol \cdot L^{-1} \cdot s^{-1}$，$mol \cdot L^{-1} \cdot min^{-1}$ 或 $mol \cdot L^{-1} \cdot h^{-1}$。

例 4-1　在某一定条件下，由 N_2 和 H_2 合成 NH_3 的反应为：

$$N_2+3H_2=2NH_3$$

设反应开始时 $c_{N_2}=1\ mol \cdot L^{-1}$，$c_{H_2}=3\ mol \cdot L^{-1}$，三秒钟后测得 $c_{N_2}=0.7\ mol \cdot L^{-1}$。求该反应的反应速率。

解：	N_2	+	$3H_2$	=	$2NH_3$
开始时各物质浓度/($mol \cdot L^{-1}$)	1		3		0
三秒钟后 c_{N_2}/($mol \cdot L^{-1}$)	0.7				

三秒钟内浓度的变化量	0.3	0.3×3=0.9	0.3×2=0.6
平均一秒钟内浓度的变化量/($mol \cdot L^{-1} \cdot s^{-1}$)	0.1	0.3	0.2

所以当以 N_2 的浓度变化来表示时，反应速率：$v(N_2)=0.1\ mol \cdot L^{-1} \cdot s^{-1}$

以 H_2 的浓度变化来表示时，反应速率：$v(H_2)=0.3\ mol \cdot L^{-1} \cdot s^{-1}$

以 NH_3 的浓度变化来表示时，反应速率：$v(NH_3)=0.2\ mol \cdot L^{-1} \cdot s^{-1}$

上述计算说明，同一个反应的反应速率，当用不同物质的浓度变化来表示时，其数值是不同的。但是，在化学反应中，由于反应物和生成物在数量上的变化有一定的关系，因此，在以各物质浓度变化表示的反应速率之间也就存在着一定的数量关系，它们之间的比，正好等于反应式中各物质的系数之比。如：

$$v(N_2):v(H_2):v(NH_3)=1:3:2$$

以各物质浓度的变化表示的反应速率数值虽然各异，但表示的其实是同一个反应的速率。采用哪种物质的浓度变化来表示反应速率，可以任意选择，一般根据测定的方便程度而定。实验结果表明，反应的速率不是固定不变的。对一般反应来说，反应速率随着反应物浓度的降低而越来越慢。因此反应速率分为在一定时间内的平均速率和在某一瞬间的瞬时速率两种。例如上述计算的数值，实际上表示的只是在三秒钟内这个反应的平均速率。通常我们所说的反应速率，一般是指瞬时速率，因为瞬时速率能确切地表示化学反应在某瞬间的实际速率。例如，对于 $A \rightarrow B$ 的反应，其瞬时速率可以写成：

$$v_A=-\frac{dc_A}{dt} \tag{4-2}$$

考虑到反应物的浓度随时间的变化不断减少（dc_A 为负值），为使反应速度为正值，故在表示式中应加"—"号。产物的瞬时速率可以写成：

$$v_B=\frac{dc_B}{dt} \tag{4-3}$$

4.2 反应的活化能

化学反应速率的快慢，首先取决于反应物的本性。例如，无机物的反应一般比有机物的反应快得多；对无机反应来说，分子之间进行的反应一般较慢，而溶液中离子之间进行的反应一般较快。对某一确定的反应来说，除了反应物的本性以外，反应速率还与反应物的浓度、温度和催化剂等外界条件有关。当外界条件改变时，反应速率就会发生不同程度的变化。

例如：$N_2+3H_2=2NH_3$　增加反应物 N_2、H_2 的浓度或压力，升高体系的温度，加入 Fe 催化剂，就可以大大加快 N_2 和 H_2 合成 NH_3 的反应速率。为了说明这些问题，需要介绍有效碰撞、活化分子和活化能的概念。

4.2.1 分子碰撞理论

1. 有效碰撞的概念

分子运动论认为：化学反应发生的必要条件是反应物分子（或原子、离子）之间发生相互碰撞。如果反应物分子间互不碰撞，那就谈不上发生反应。然而，是不是反应物分子之间的每一次碰撞都能发生反应呢？下面以气相反应为例加以说明。我们知道气体分子总是以很大的速率向各个方向作不规则的运动。如果计算一下在一定浓度和温度条件下，气体分子间在单位时间内的碰撞次数，得到的将是一个大得惊人的天文数字。例如，碘化氢气体的分解反应：

$$2HI(g) = H_2(g) + I_2(g)$$

如果 $c_{HI} = 10^{-3}$ mol·L^{-1}，则在 500 ℃时，在单位体积(L)内分子碰撞次数每秒可高达 3.5×10^{21} 次，这相当于每秒有 1.16×10^{3} mol 的分子在碰撞。若每次碰撞都是有效(都能发生反应)的，则其反应速率应是 1.16×10^{5} mol·L^{-1}·s^{-1}。因此，可以得出若反应物分子间每一次碰撞都能发生反应，那么一切气相反应似乎都能在瞬间完成。但实验表明在此条件下其反应速率仅为 1.2×10^{-8} mol·L^{-1}·s^{-1}，两者相差 9.7×10^{12} 倍。由此可见：绝大多数 HI 分子间的碰撞是无效(不发生反应)的，分子碰撞后又彼此分开；只有极少数 HI 分子间的碰撞才是有效的。为了解释这种现象，1918 年路易斯(Lewis)在阿仑尼乌斯(Arrhenius)研究的基础上提出了“有效碰撞”的概念，认为在化学反应中，反应物分子不断发生碰撞，但在千万次的碰撞中，大多数碰撞并不发生反应，只有一定数目的少数分子在碰撞时才能发生反应，我们把这种能发生反应的碰撞，叫有效碰撞。显然，化学反应速率的大小与单位时间内有效碰撞次数有着密切的关系。

2. 活化分子与活化能

气体分子运动论认为：在一定温度下，反应物分子具有一定的平均能量，但并不是所有分子都具有这样的能量。图 4-1 所表示的就是在一定的温度下分子能量的分布情况，图中横坐标(E)表示能量，纵坐标($\frac{dN}{NdE}$)表示单位能量范围内的分子分数。$E_{平均}$ 表示在该温度条件下分子的平均能量。能发生有效碰撞的分子和普通分子(碰撞而不发生反应的分子)的主要区别在于它们所具有的能量不同。从图 4-1 可以看出，具有很低能量或很高能量的分子都是很少的，大部分分子的能量接近于平均值($E_{平均}$)。只有当两个相碰撞的反应物分子的能量等于或大于某一特定的能量值 $E_{最低}$ 时，才有可能发生有效碰撞而导致反应的发生。这种具有等于或大于 $E_{最低}$ 能量的分子叫做活化分子。$E_{最低}$ 即为活化分子具有的最低能量。图中阴影部分的面积表示活化分子的分子分数，活化分子具有的最低能量与分子的平均能量之差就称为反应的活化能 E_a，即 $E_a = (E_{最低} - E_{平均})$。

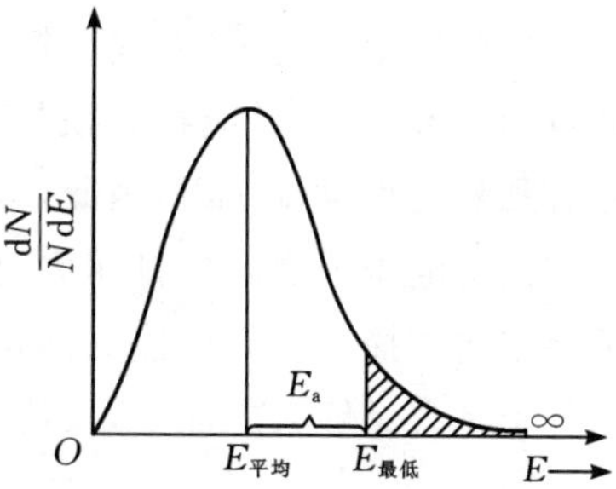

图 4-1　分子能量分布示意图

不同反应具有不同的活化能。从图 4-2 可以看出，若反应的活化能越大，$E_{最低}$ 在图中横坐标的位置(E_1，E_2，…)就越靠右，对应曲线下的面积就越小，活化分子分数就越小，单位时间内有效碰撞的次数越少，反应速率也就越慢。反之，活化能越小，活化分子

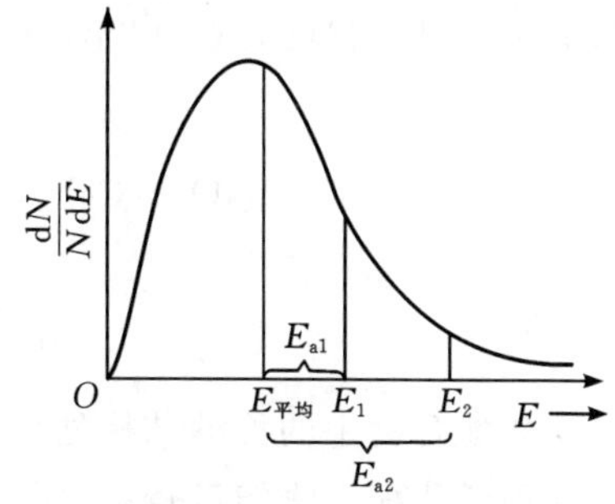

图 4-2　活化能与活化分子分数的关系

所占的比例越大,单位时间内有效碰撞的次数越多,反应速率就越快。

活化能可通过实验测定。一般化学反应的活化能约在 $42 \sim 420 \ kJ \cdot mol^{-1}$,大多数化学反应的活化能在 $63 \sim 250 \ kJ \cdot mol^{-1}$。活化能小于 $42 \ kJ \cdot mol^{-1}$ 的反应,反应速率很快,可瞬间进行,如中和反应等。活化能大于 $420 \ kJ \cdot mol^{-1}$ 的反应,其反应速率就非常慢,例如:

$$(NH_4)_2S_2O_8 + 3KI = (NH_4)_2SO_4 + K_2SO_4 + KI_3$$

（过二硫酸铵）

$E_a = 56.7 \ kJ \cdot mol^{-1}$ 活化能较小,反应速度快

$$2SO_2 + O_2 = 2SO_3$$

$E_a = 250.8 \ kJ \cdot mol^{-1}$ 活化能较大,反应速率慢

反应活化能是决定化学反应速率的重要因素,其值的大小是由反应物分子的性质所决定的。而反应物分子的性质则与分子的内部结构密切相关,因此,归根到底,反应物的内部结构是决定反应速率的内因。

随着科学的发展,在阿仑尼乌斯提出了活化分子和活化能的概念以后,历史上先后建立起两种化学反应速率理论。其一是建立在气体分子运动论基础上的分子碰撞理论;其二是在统计力学、量子力学的基础上建立起来的过渡状态理论(又称活化配合物理论)。

碰撞理论接受了"有效碰撞"的观点,同时进一步指出反应物分子要发生有效碰撞必须具备两个条件:①反应物必须具有足够大的能量。由于相互碰撞的分子的价电子云之间存在着强烈的静电排斥力,因此,只有能量足够大的分子在碰撞时,才能以足够大的动能去克服它们价电子云之间的排斥力,而导致原有化学键的断裂和新化学键的形成。②反应物分子要定向碰撞。如果碰撞的部位不对,没能有力地碰撞到该起反应的原子上,那么即使反应物分子具有足够大的能量,反应也不一定能发生。

4.2.2 过渡状态理论

过渡状态理论认为:化学反应不是只通过分子之间的简单碰撞就能完成的,而是在碰撞后会引起分子或原子内部结构的变化,使原来以化学键结合的原子间的距离变长,而没有结合的原子间的距离变短,形成了过渡态的结构,即首先形成一种活性集团(活化配合物),然后才分解为产物。例如在 CO 和 NO_2 的反应中,当能量足够高时 NO_2 和 CO 分子碰撞之后,就形成了一种活化配合物[ONOCO],如图 4-3 所示。

$$NO_2 + CO \Longrightarrow \left[\begin{array}{c} O \\ | \\ N \cdots O \cdots C-O \end{array} \right] \longrightarrow CO_2 + NO$$

（活化配合物）

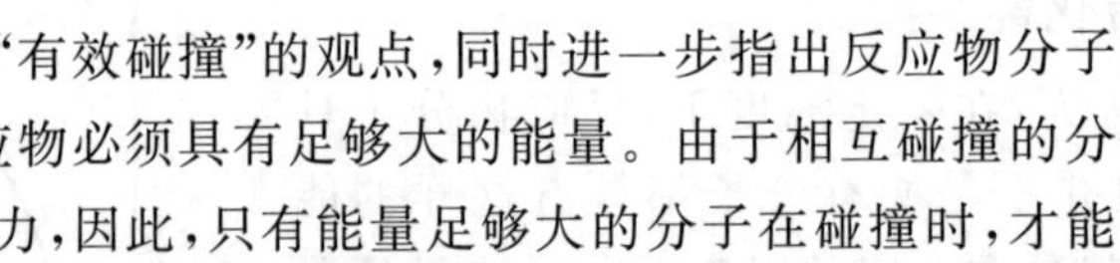

图 4-3 NO_2 和 CO 的反应过程

活化配合物中的价键结构处在原有化学键被削弱、新化学键正在形成的一种过渡状态。由于这种活化配合物能量较高,所以极不稳定。因此活化配合物一经形成就会分解,它既可以分解为产物 NO 和 CO_2,也可以分解为反应物。当活化配合物[ONOCO]中靠近 C 原子

的那一个 N—O 键完全断开，新形成的 O…C 键进一步强化时，便形成了产物 NO 和 CO_2，此时整个体系的能量降低，反应也就完成了。

过渡状态理论中，活化能可用过渡态或活化配合物的能量与反应物分子的平均能量之差来表示。例如上述反应，在整个反应过程中，体系能量的变化可以用图 4-4表示。

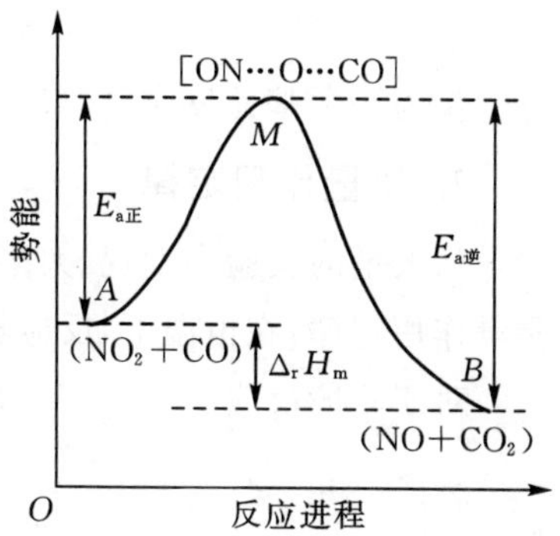

图 4-4　反应过程中能量变化示意图

从图可以看出，$E_{a正}$ 是上述正反应的活化能，$E_{a逆}$ 是逆反应的活化能。$E_{a正}$ 和 $E_{a逆}$ 之差就是化学反应热（ΔH）。即

$$\Delta H = E_{a正} - E_{a逆}$$

对此反应来讲，因为 $E_{a正} > E_{a逆}$，所以正反应是吸热反应，逆反应是放热反应。由此可见，在可逆反应中，吸热反应的活化能（$E_{a正}$）总是大于放热反应的活化能（$E_{a逆}$）。

4.3　影响化学反应速率的因素

本节主要讨论浓度、温度、催化剂等外界条件对反应速率的影响。

4.3.1　浓度对反应速率的影响

大量实验表明：在一定温度下，增加反应物的浓度可以加快反应速率。这个结论可以用活化分子概念加以解释。我们已经知道，在一定温度下，对某一化学反应来说，反应物的活化分子百分数是一定的。而且单位体积内反应物的活化分子数和反应物分子总数（即该反应物的浓度）又成正比，亦即

$$\frac{活化分子数}{体积} = \frac{反应物分子总数}{体积} \times (活化分子)\% \qquad (4-4)$$

所以当增加反应物的浓度时，单位体积内的活化分子数也必然相应地增多，从而增加了单位时间内反应物分子间的有效碰撞次数，导致反应速率加快。

1. 基元反应和非基元反应

实验表明，绝大多数化学反应并不是简单的一步反应就能完成的，而往往是分步进行的。所谓基元反应是指反应物分子在有效碰撞中一步直接转化为产物的反应。例如：

$$SO_2Cl_2 = SO_2 + Cl_2$$

$$2NO_2 = 2NO + O_2$$

$$NO_2 + CO = NO + CO_2$$

这些反应都是基元反应。

许多化学反应不是基元反应，而是由两个或多个基元步骤完成的复杂反应，这类反应称为非基元反应。例如在 1073 K 时发生的下列反应：

$$2NO(g) + 2H_2(g) = N_2(g) + 2H_2O(g)$$

实际上是分两步进行：

$$2NO + H_2 = N_2 + H_2O_2$$

$$H_2 + H_2O_2 = 2H_2O$$

每一步为一个基元反应。

2. 质量作用定律

从大量的实验中发现，大多数化学反应，反应物浓度增大，反应速率增大。因此得到了质量作用定律：在恒温下，反应速率与各反应物浓度的相应幂的乘积成正比。

对于一般反应

$$mA + nB = pC + qD$$

则

$$v = k \cdot c_A^{\alpha} \cdot c_B^{\beta} \tag{4-5}$$

式(4－5)称为反应速率方程。式中比例常数 k 称为反应的速率常数，当$[A]=[B]=1\ \text{mol}\cdot\text{L}^{-1}$时，则 $v=k$，故速率常数 k 就是某反应在一定温度下，反应物为单位浓度时的反应速率。显然，两个反应的反应物浓度都为单位浓度时，速率常数较大的反应，它的反应速率也就较快，因此速度常数亦称为比速率常数。这就体现出速率常数 k 的物理意义。其数值与浓度无关，但受反应温度、催化剂等因素的影响；不同的反应 k 值不同，同一反应 k 值与浓度无关，但同一反应不同温度下 k 值也不同。

式(4－5)中各浓度项的幂次的总和$(\alpha+\beta)$称为反应级数。反应级数可以是整数，也可以是分数，它表明了反应速率与各反应物浓度之间的关系，即某一反应物浓度的改变对反应速率的影响程度。

对于非基元反应，$\alpha \neq m$，$\beta \neq n$。因此，不能从反应方程式直接给出速率方程，必须通过实验确定反应级数，才能写出速率方程。但对于基元反应，$\alpha=m$、$\beta=n$。

3. 应用质量作用定律要注意的几个问题

(1)质量作用定律适用于基元反应，一般不适用于非基元反应。因为对非基元反应来说，它的反应方程式只是表示反应物和生成物在反应前后物量的变化关系，而并没有表示出反应过程中的具体步骤(机理)。例如 $C_2H_4Br_2$ 和 KI 的反应：

$$C_2H_4Br_2 + 3KI = C_2H_4 + 2KBr + KI_3$$

根据实验测定，该反应的反应速率和$[C_2H_4Br_2]$、$[KI]$有如下关系：

$$v = k \cdot c_{C_2H_4Br_2} \cdot c_{KI}$$

而不是

$$v = k \cdot c_{C_2H_4Br_2} \cdot c_{KI}^3$$

原因是上述反应实际上是分三步进行的。

即

$$C_2H_4Br_2 + KI = C_2H_4 + KBr + I + Br \qquad (1)\text{慢反应}$$

$$KI + Br = I + KBr \qquad (2)\text{快反应}$$

$$KI + 2I = KI \qquad (3)\text{快反应}$$

在这三步反应中，(2)、(3)步反应进行得很快，而(1)步反应进行得很慢，所以总反应速率取决于第一步慢反应的反应速率。因此，由实验所观察到的总反应速率，必然是与进行得比较慢的基元反应的反应速率相接近，即最慢的那一步反应决定整个反应的速率。

由此可见，如果未知某反应确为基元反应时，就不能根据反应方程式直接书写对应的质量作用定律数学表达式(速率方程)。从理论上说必须先通过实验确定该反应的反应机理。如果为非基元反应，则要根据整个过程中最慢的一步的基元反应来书写此反应的速率方程。但考虑到反应机理往往难以确定，所以实际上常常是通过实验测定反应级数后，直接写出该反应的速率方程。非基元反应速率方程中浓度的幂次数，与总反应式中反应物前面的系数一般是不同的。

(2)稀溶液中溶剂参与的反应，其速率方程不必标出溶剂的浓度。因为在稀溶液中，溶剂量很多而溶质量很少，在整个变化过程中，溶剂量变化甚微，这样溶剂的浓度可近似地看作常数而合并到速率常数项内。例如，在稀的蔗糖溶液中，蔗糖水解为葡萄糖和果糖的反应：

$$C_{12}H_{22}O_{11} + H_2O = C_6H_{12}O_6 + C_6H_{12}O_6$$

（蔗糖）（溶剂）（葡萄糖）（果糖）

根据质量作用定律：$v = k' \cdot c_{C_{12}H_{22}O_{11}} \cdot c_{H_2O}$，令 $k = k' \cdot c_{H_2O}$

可得
$$v = k \cdot c_{C_{12}H_{22}O_{11}}$$

(3)对于有固体或纯液体参加的多相反应，其反应速度与固体或纯液体的量(或浓度)无关。例如，在一定条件下，碳的燃烧反应：

$$C(s) + O_2(g) = CO_2(g)$$

$$v = k \cdot c_{O_2}$$

4.3.2　温度对反应速率的影响

温度是影响反应速率的重要因素之一，各种化学反应的速率和温度的关系比较复杂，一般来说，温度升高往往会加速反应进行。例如氢和氧化合成水的反应，在常温下几乎觉察不到其反应在进行，但是当温度升高到 600 ℃以上时，反应迅猛剧烈，甚至发生爆炸。对一般反应来说，在反应物浓度相同的情况下，温度每升高 10 ℃，反应速度大约增加 2～4 倍。相应的速率常数也按同样的倍数增加。

为什么升高温度会使反应速率加快呢？可以想象，温度升高，分子平均能量增加，分子运动速率加快，使分子间碰撞次数增多，其中有效碰撞次数也相应增加，反应速率当然会加快。但是，根据气体分子运动论的计算。温度升温 10 ℃，单位时间内分子的碰撞次数仅增加 2%左右，而实际上反应速率却往往加快 2～4 倍。显然，碰撞次数增多并不是反应加快的主要原因。进一步研究表明，温度升高，不仅能使分子间碰撞次数增加，更重要的是由于温度升高，在所有分子普遍获得能量的基础上，更多的分子成为活化分子，增加了活化分子的百分数，因而使单位时间内有效碰撞次数显著增加，故显著地加快了反应速率。

早在 1885 年阿仑尼乌斯研究蔗糖水解速率与温度的关系时就提出了反应速率常数与温度之间关系的经验关系式，简称阿仑尼乌斯方程：

$$k = Ae^{-E_a/RT} \tag{4-6}$$

用对数表示
$$\ln k = -E_a/RT + \ln A \tag{4-7}$$

或 $$\lg k=-E_a/2.303RT+\lg A \qquad (4-8)$$

式中，A 称为指前因子；E_a 是活化能；k 为反应速率常数。在温度变化不大的范围内，A 和 E_a 不随温度而变化，可看作常数。

若将两不同温度（T_1，T_2）下的速率常数（k_1，k_2）代入式（4-8），可得下式

$$\lg k_1=-E_a/2.303RT_1+\lg A$$

$$\lg k_2=-E_a/2.303RT_2+\lg A$$

两式相减得

$$\lg\frac{k_2}{k_1}=\frac{E_a}{2.303R}\left(\frac{1}{T_1}-\frac{1}{T_2}\right) \qquad (4-9)$$

根据式（4-9）即可通过两个不同温度下的速率常数计算反应的活化能，也可以在已知活化能和某一温度下反应速率时去求另一温度下的反应速率常数。

例 4-2 反应 $N_2O_5(g)=N_2O_4(g)+1/2\,O_2(g)$ 在 298 K 时速率常数 $k_1=3.4\times10^{-5}\,s^{-1}$，在 328 K 时速率常数 $k_2=1.5\times10^{-3}\,s^{-1}$，求反应的活化能和指前因子 A。

解：由式（4-9）可得到

$$E_a=\frac{2.303RT_1T_2}{T_2-T_1}\lg\frac{k_2}{k_1}$$

将上述数据代入式中得：

$$E_a=\frac{2.303\times8.31\times298\times328}{328-298}\lg\frac{1.5\times10^{-3}}{3.4\times10^{-5}}=103(kJ\cdot mol^{-1})$$

由公式 $$\lg k=-E_a/2.303RT+\lg A$$

可得 $$\lg A=\lg k+E_a/2.303RT$$

将 $T=298$ K，$k_1=3.4\times10^{-5}\ s^{-1}$，$E_a=103\ kJ\cdot mol^{-1}$，代入上式中得

$$\lg A=\lg3.4\times10^{-5}+\frac{103\times1000}{2.303\times8.31\times298}=13.6$$

$$A=3.98\times10^{13}(s^{-1})$$

4.3.3 催化剂对反应速率的影响

为了使反应速率加快，如上所说，可以提高温度。但是对某些反应来说，升高温度常会引起一些副反应发生或者加速其进行（这对有机反应来说更为突出），或者会使原有反应进行的程度降低。另外，有些反应即使在高温下反应速率也较慢。因此，在这些情况下使用升温的方法以提高反应速率，就受到了一定的限制，如果采用催化剂，则是提高反应速率的一种很有效的方法。

催化剂是一种能够改变反应速率而其本身在反应前后的组成、数量和化学性质保持不变的物质。其中能加快反应速率的催化剂称为正催化剂，这是最常见的情况；能减慢反应速率的催化剂，称为负催化剂，如减缓金属腐蚀的缓蚀剂，防止橡胶、塑料老化的防老剂等就是负催化剂。通常所说的催化剂一般是指正催化剂。

催化剂在现代化学、化工产业中占有极其重要的地位。据统计化工生产上约有 85%左右的化学反应需要使用催化剂。尤其在当前大型化工生产、石油化学工业中，很多化学反应

用于生产都是在找到了优良的催化剂后才得以实现的。例如，以乙苯脱氢来生产苯乙烯的工艺路线，就是在找到了 ZnO 系这样合适的催化剂以后才得以实现的。

催化剂具有两个基本性质：一是能显著地改变反应速率；二是具有特殊的选择性。现分述如下。

1. 催化剂可以显著的改变反应速度

例如，在常温下氢和氧化合成水的反应速度是非常慢的，但当有钯粉催化剂存在时，常温常压下氢气和氧气就可以迅速化合成水。故工业上就用这个方法来除去氢气中微量的氧气，以获得高纯度的氢气。又如硫酸工业生产中由 SO_2 制取 SO_3 的反应，只要加入少量 V_2O_5 作催化剂，就可以使反应速度提高一亿六千多万倍。

那么，催化剂的加入为什么能显著地改变化学反应速率呢？原因是催化剂的加入改变了反应机理，催化反应的历程同无催化反应的历程相比较，所需要的活化能降低了，相应增加了活化分子百分数，从而加快了反应速率。对于反应 $A+B \rightarrow C$，原反应历程为：$A+B \rightarrow [A \cdots B] \rightarrow C$，其反应活化能为 E_a，如图 4-5 所示。

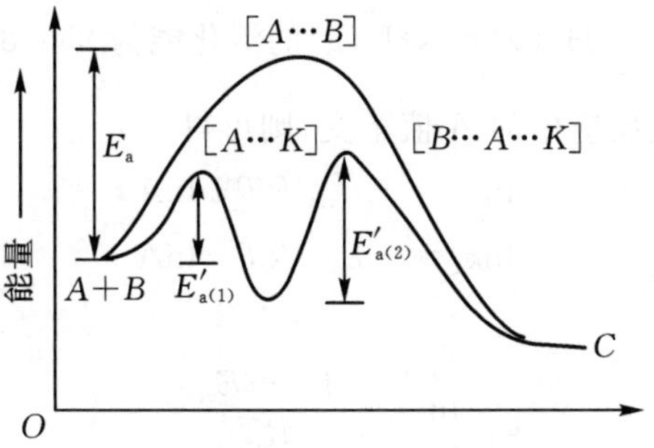

图 4-5 催化剂改变反应历程示意图

加入催化剂 K 后；改变了反应历程：

$A+K \rightarrow [A \cdots K] \rightarrow AK$ 反应的活化能为 $E_{a(1)}$

$AK+B \rightarrow [B \cdots A \cdots K] \rightarrow C+K$ 反应的活化能为 $E_{a(2)}$

由于 $E_{a(1)} < E_a$，$E_{a(2)} < E_a$，所以有催化剂 K 参与的反应是一个活化能较低的反应途径，因而反应速率加快了。

分析图 4-5 可以得出两个结论：①催化反应的反应热（ΔH）和无催化反应的反应热（ΔH）是相同的。②催化剂等同地降低了正、逆反应的活化能（均降低了 ΔE）。这表明一种催化剂对正、逆反应速率的影响是一样的。

2. 催化剂具有特殊的选择性

催化剂的选择性（又称专属性）表现在某一种催化剂对某一反应或一类反应有催化作用，而对其他反应或另一类反应大都没有催化作用。所以，对不同的反应要采用不同的催化剂。另外，当相互作用的反应物可以平行地同时发生几个不同的反应时，则某一种催化剂只对其中某一化学反应有催化作用。利用催化剂的选择性来加速有关反应的进行，就可以得到更多所需的产物。

例 4-3 氨分解反应：

$$NH_3(g)=\frac{1}{2}N_2(g)+\frac{3}{2}H_2(g)$$

反应的活化能约为 300 kJ·mol^{-1}。试估算合成氨反应的活化能。若温度为 298.15 K，加入铁作催化剂，反应活化能为 146 kJ·mol^{-1}，比较有铁催化剂和无催化剂，反应速率的变化。

解：(1)查阅氨分解反应中各物质的 $\Delta_f H^\ominus_{298.15}$ 的数据，先计算出该反应的 $\Delta_r H^\ominus_{298.15}$

$$\Delta_r H^\ominus_{298.15}=(\frac{1}{2}\Delta_f H^\ominus_{N_2(g)}+\frac{3}{2}\Delta_f H^\ominus_{H_2(g)})-(\Delta_f H^\ominus_{NH_3(s)})$$

$$=46.11(kJ\cdot mol^{-1})$$

(2)设氨分解反应为正反应，已知其活化能 $E_{a正}=300$ kJ·mol^{-1}，则合成氨反应为逆反应，其活化能为 $E_{a逆}$。可得：$\Delta H=E_{a正}-E_{a逆}$

$$E_{a逆}=E_{a正}-\Delta H$$

$$=300-46.11=253.89(kJ\cdot mol^{-1})$$

所以合成氨反应$\frac{1}{2}N_2(g)+\frac{3}{2}H_2(g)=NH_3(g)$的活化能为 253.89(kJ·mol^{-1})。

(3)根据式(4-7)并设反应中的 A 值不变，则可得

$$\ln k_1=-E_{a1}/RT+\ln A \quad ①$$

$$\ln k_2=-E_{a2}/RT+\ln A \quad ②$$

式②-式①得

$$\ln\frac{k_2}{k_1}=\frac{E_{a2}-E_{a1}}{RT}$$

由于

$$\ln\frac{v_2}{v_1}=\ln\frac{k_2}{k_1}$$

所以

$$\ln\frac{v_2}{v_1}=\frac{E_{a2}-E_{a1}}{RT}$$

$$=\frac{(253.89-146.11)\times 1000}{8.31\times 298.15}=43.57$$

$$\frac{v_2}{v_1}=8.0\times 10^{18}$$

从以上计算说明，有铁催化剂和无催化剂相比较，反应速率增大约 8.0×10^{18} 倍。

4.3.4 影响多相反应速率的因素

热力学上把体系中任何具有相同的物理性质和化学性质的部分叫做相。相与相之间由明确的界面隔开。

上面讨论了影响化学反应速度的主要因素，所涉及的反应主要是单相的反应。但实际中所遇到的许多化学反应是多相反应，例如煤炭的燃烧、金属的氧化等。对于多相反应(如气-固、气-液、固-液相反应)来说，由于反应总是在相和相之间的界面上进行的，因此多相反应的反应速度除了与上述几个因素有关外，还和彼此作用的相之间的接触面大小有关。例

如，在生产上常把固态物质破碎成小颗粒或磨成粉末，将液态物质淋洒成线流、滴流或喷成雾状的微小液滴，以增大相间的接触面，提高反应速度。此外，多相反应的速率还受着扩散作用的影响，因为加强扩散可以使反应物不断地进入界面，并使已经产生的生成物不断地离开界面。例如燃烧煤时，鼓风比不鼓风要烧得旺；金属与酸反应时，加强搅拌可以加快反应速率。这都是由于扩散作用加强的结果。

4.4　化学平衡

4.4.1　可逆反应与化学平衡

对于化学反应来说，在一定条件下，反应既能按反应方程式从左向右进行（正反应），也能从右向左进行（逆反应）的反应，称为可逆反应。例如 NO 和 O_2 相互作用生成 NO_2，同样条件下，NO_2 也可分解为 NO 和 O_2，这两个反应可用方程式表示为

$$2NO(g)+O_2(g) \rightleftharpoons 2NO_2(g)$$

在一定温度下，把定量的 NO 和 O_2 置于一密闭容器中，反应开始后，每隔一定时间取样分析，会发现反应物 NO 和 O_2 的分压逐渐减小，而生成物 NO_2 的分压逐渐增大。若保持温度不变，待反应进行到一定时间，将发现混合气体中各组分的分压不再随时间而变化，维持恒定，此时即达到化学平衡状态。这一过程可以用反应速率解释。反应刚开始，反应物浓度或分压最大，具有最大的 $v_{正}$，此时尚无生成物生成，故逆反应速率为零（$v_{逆}=0$）。随着反应的进行，反应物不断消耗，浓度或分压不断减小，正反应速率 $v_{正}$ 逐渐减小。另一方面，生成物浓度或分压不断增加，逆反应速率 $v_{逆}$ 逐渐增大，至某一时刻 $v_{正}=v_{逆}$（不等于 0），即反应达到平衡。

化学平衡的特征：

(1)体系达到的是一种动态平衡。当体系达到平衡时，各种物质的浓度或分压不再改变，从表面上看反应似乎停止了，但实际上正、逆反应仍在进行，只不过由于 $v_{正}=v_{逆}$，单位时间内正反应使反应物减少的量等于逆反应使反应物增加的量。

(2)化学平衡可以从两个方向达到，即不论从反应物开始或从生成物开始都能达到同一平衡。

(3)化学平衡是有条件的、相对的和可以改变的。当平衡条件改变时，体系内各物质的浓度或分压就会发生改变，原平衡状态随之破坏，将在新的条件下建立新的平衡。

4.4.2　化学平衡常数

1. 平衡常数

为了定量的研究化学平衡，必须找出平衡时，反应体系内各组分的量之间的相互关系，平衡常数就是衡量平衡状态的一种数量标志。现以下列实验说明。

例如，对反应　$2SO_2(g)+O_2(g) \rightleftharpoons 2SO_3(g)$

在 723 ℃达到平衡后，对各物质的浓度（或分压）数值进行分析，以期找出可逆反应处于平衡状态时的特征，表 4－1 所列实验数据即为一例。

表 4-1 $2SO_2(g)+O_2(g) \rightleftharpoons 2SO_3(g)$ 平衡系统实验数据(723 ℃)

编号	最初物质量之比			平衡时分压 p/kPa			$\frac{\{p(SO_3)\}^2}{\{p(SO_2)\}^2 \cdot p(O_2)}/(kPa)^{-1}$
	n_{SO_2}	n_{O_2}	n_{SO_3}	SO_3	SO_2	O_2	
1	1.24	1	0	34.25	31.31	35.77	0.0335
2	2.28	1	0	36.88	46.31	18.24	0.0347
3	2.44	1	0	36.17	49.04	16.72	0.0325
4	3.36	1	0	33.54	56.64	10.23	0.0343
5	3.62	1	3.74	12.97	25.13	8.11	0.0329

经过大量的实验,归纳总结出作为平衡特征的实验平衡常数(也称化学平衡常数)。

对于任意化学反应 $mA+nB \rightleftharpoons pC+qD$

则 $K_c=\frac{(C_C{}^{eq})^p \cdot (C_D{}^{eq})^q}{(C_A{}^{eq})^m \cdot (C_B{}^{eq})^n}$ 单位$(mol \cdot L^{-1})^{(p+q)-(m+n)}$, K_c为浓度平衡常数。

$K_p=\frac{(p_C{}^{eq})^p \cdot (p_D{}^{eq})^q}{(p_A{}^{eq})^m \cdot (p_B{}^{eq})^n}$ 单位$(atm)^{(p+q)-(m+n)}$, K_p为分压平衡常数。

由于 K_c和 K_p有单位,单位由 $\Delta n=(p+q)-(m+n)$决定,在使用中很不方便,现均改用标准平衡常数。

$$K^\ominus=\frac{\left(\frac{c_C{}^{eq}}{c^\ominus}\right)^p \cdot \left(\frac{c_D{}^{eq}}{c^\ominus}\right)^q}{\left(\frac{c_A{}^{eq}}{c^\ominus}\right)^m \cdot \left(\frac{c_B{}^{eq}}{c^\ominus}\right)^n} \quad 或 \quad K^\ominus=\frac{\left(\frac{p_C{}^{eq}}{p^\ominus}\right)^p \cdot \left(\frac{p_D{}^{eq}}{p^\ominus}\right)^q}{\left(\frac{p_A{}^{eq}}{p^\ominus}\right)^m \cdot \left(\frac{p_B{}^{eq}}{p^\ominus}\right)^n} \tag{4-10}$$

标准平衡常数 $K^\ominus$(又称热力学平衡常数),是没有单位的,在 $K^\ominus$ 表达式中,对气态物质,用相对分压$\frac{p_i{}^{eq}}{p^\ominus}$表示,溶液中的物质用相对浓度$\frac{c_i{}^{eq}}{c^\ominus}$表示,$p^\ominus$ 为标准压力,为 101 325 Pa,$c^\ominus$ 为标准浓度,为 1 $mol \cdot L^{-1}$。

标准平衡常数 $K^\ominus$,是衡量反应进行程度大小的一个常数。$K^\ominus$ 越大,表示反应进行程度越大,即反应进行得越完全;反之,$K^\ominus$ 越小,反应进行得越不完全。

化学平衡常数与体系的浓度(或分压)无关,它只是温度的函数。在一定的温度下,每个可逆反应均有其特定的平衡常数。

书写标准平衡常数时应注意:

(1)书写平衡常数表达式中各物质的浓度或分压,必须是在体系达到平衡状态时相应的值。生成物相对浓度(或相对分压)相应方次的乘积作为分子项,反应物相对浓度(或相对分压)相应方次的乘积作为分母项,式中各物质浓度或分压的指数,就是反应方程式中相应的化学计量数。

(2)标准平衡常数中,气态物质的量以相对分压表示,溶液中的物质(溶质)的量用相对浓度表示,纯液体、纯固体和溶剂水不出现在表达式中(或为 1)。

例如: $Zn(s)+2H^+(aq) \rightleftharpoons H_2+Zn^{2+}(aq)$

$$K^{\ominus}=\frac{\left(\frac{p_{H_2}^{eq}}{p^{\ominus}}\right)\left(\frac{c_{Zn^{2+}}^{eq}}{c^{\ominus}}\right)}{\left(\frac{c_{H^+}^{eq}}{c^{\ominus}}\right)^2}$$

(3)平衡常数表达式必须与化学方程式相对应，同一化学反应，方程式写法不同时，其平衡常数的数值也不相同。例如：

$$2SO_2(g)+O_2(g)\rightleftharpoons 2SO_3(g) \qquad K_1^{\ominus}=\frac{\left(\frac{p_{SO_3}^{eq}}{p^{\ominus}}\right)^2}{\left(\frac{p_{SO_2}^{eq}}{p^{\ominus}}\right)^2\left(\frac{p_{O_2}^{eq}}{p^{\ominus}}\right)}$$

$$SO_2(g)+\frac{1}{2}O_2(g)\rightleftharpoons SO_3(g) \qquad K_2^{\ominus}=\frac{\left(\frac{p_{SO_3}^{eq}}{p^{\ominus}}\right)}{\left(\frac{p_{SO_2}^{eq}}{p^{\ominus}}\right)\left(\frac{p_{O_2}^{eq}}{p^{\ominus}}\right)^{\frac{1}{2}}}$$

显然 $K_1^{\ominus}\neq K_2^{\ominus}$，而是 $K_1^{\ominus}=(K_2^{\ominus})^2$。

例 4-4 实验测得 SO_2 氧化为 SO_3 的反应在 1000 K 时，各物质的平衡分压 $p_{SO_2}^{eq}=27.2$ kPa，$p_{SO_3}^{eq}=92.9$ kPa，$p_{O_2}^{eq}=40.7$ kPa，计算 1000 K 时下列反应的 $K^{\ominus}$。

解：

$$2SO_2(g)+O_2(g)\rightleftharpoons 2SO_3(g)$$

$$K^{\ominus}=\frac{\left(\frac{p_{SO_3}^{eq}}{p^{\ominus}}\right)^2}{\left(\frac{p_{SO_2}^{eq}}{p^{\ominus}}\right)^2\left(\frac{p_{O_2}^{eq}}{p^{\ominus}}\right)}=\frac{\left(\frac{32.9}{101.325}\right)^2}{\left(\frac{27.7}{101.325}\right)^2\left(\frac{40.7}{101.325}\right)}=3.51$$

2. 多重平衡的平衡常数

在一个化学反应过程中，若有多个平衡同时存在，并且一种物质同时参与其中平衡，这种现象叫做多重平衡。

例如，气体 SO_2、SO_3、O_2、NO 和 NO_2 共存于同一反应器中，此时至少有三种平衡存在：

$$(1)\ SO_2(g)+\frac{1}{2}O_2(g)\rightleftharpoons SO_3(g) \qquad K_1^{\ominus}=\frac{\left(\frac{p_{SO_3}^{eq}}{p^{\ominus}}\right)}{\left(\frac{p_{SO_2}^{eq}}{p^{\ominus}}\right)\left(\frac{p_{O_2}^{eq}}{p^{\ominus}}\right)^{\frac{1}{2}}}$$

$$(2)\ NO_2(g)\rightleftharpoons NO(g)+\frac{1}{2}O_2(g) \qquad K_2^{\ominus}=\frac{\left(\frac{p_{NO}^{eq}}{p^{\ominus}}\right)\left(\frac{p_{O_2}^{eq}}{p^{\ominus}}\right)^{\frac{1}{2}}}{\left(\frac{p_{NO_2}^{eq}}{p^{\ominus}}\right)}$$

$$(3)\ SO_2(g)+NO_2(g)\rightleftharpoons SO_3(g)+NO(g) \qquad K_3^{\ominus}=\frac{\left(\frac{p_{NO}^{eq}}{p^{\ominus}}\right)\left(\frac{p_{SO_3}^{eq}}{p^{\ominus}}\right)}{\left(\frac{p_{NO_2}^{eq}}{p^{\ominus}}\right)\left(\frac{p_{SO_2}^{eq}}{p^{\ominus}}\right)}$$

可见方程式(3)=(1)+(2)，$K_1^{\ominus}\times K_2^{\ominus}=K_3^{\ominus}$。

由此得出多重平衡规则：在相同条件下，如有两个反应方程相加(或相减)得到第三个反应方程式，则第三个反应方程式的平衡常数为前两个反应方程式的平衡常数之积(或商)。

正反应和逆反应的平衡常数互为倒数。多重平衡规则在各种平衡体系的计算中颇为有用。

例 4-5 已知下列反应在 1123 K 时的平衡常数 $K^{\ominus}$：

(1) $C(s)+CO_2(g) \rightleftharpoons 2CO(g) \quad K_1^{\ominus}=1.3\times10^{14}$

(2) $CO(g)+Cl_2(g) \rightleftharpoons COCl_2(g) \quad K_2^{\ominus}=6.0\times10^{-3}$

计算反应 $2COCl_2(g) \rightleftharpoons C(s)+CO_2(g)+Cl_2(g)$ 在 1123 K 时的平衡常数 $K^{\ominus}$。

解：$2CO(g) \rightleftharpoons C(s)+CO_2(g) \quad K_1^{\ominus}=\dfrac{1}{1.3\times10^{14}}$

$2COCl_2(g) \rightleftharpoons 2CO(g)+Cl_2(g) \quad K_2^{\ominus}=\left(\dfrac{1}{6.0\times10^{-3}}\right)^2$

将上述两式相加得：

$$2COCl_2(g) \rightleftharpoons C(s)+CO_2(g)+Cl_2(g)$$

$$K^{\ominus}=K_1^{\ominus}\times K_2^{\ominus}=\frac{1}{1.3\times10^{14}}\times\left(\frac{1}{6.0\times10^{-3}}\right)^2=1.9\times10^{-10}$$

4.5 化学平衡的移动

可逆反应在一定条件下达到平衡时，其特征是 $v_{正}=v_{逆}$，反应体系中各组分的浓度（或分压）不再随时间而改变。化学平衡状态是在一定条件下的一种暂时稳定状态，一旦外界条件（如温度、压力、浓度等）发生改变，这种平衡状态就会遭到破坏，其结果必然是在新的条件下建立起新的平衡状态。这种因外界条件改变，使可逆反应从原来的平衡状态转变到新的平衡状态的过程叫做化学平衡的移动。下面分别讨论影响平衡移动的几种因素。

4.5.1 浓度对化学平衡的影响

在一定温度下，可逆反应：$mA(aq)+nB(aq) \rightleftharpoons pC(aq)+qD(aq)$ 达到平衡时，若增加 A 的浓度，正反应速率将增加，$v_{正}>v_{逆}$，反应向正方向进行。随着反应的进行，生成物 C 和 D 的浓度不断增加，反应物 A 和 B 的浓度不断减小。因此，正反应速率随之下降，而逆反应速率随之上升，当正、逆反应速率再次相等，即 $v'_{正}=v'_{逆}$ 时，体系又一次达到平衡。

显然在新的平衡中，各组分的浓度均已改变，但比值：

$$K^{\ominus}=\frac{\left(\dfrac{c_C^{\,eq}}{c^{\ominus}}\right)^p\cdot\left(\dfrac{c_D^{\,eq}}{c^{\ominus}}\right)^q}{\left(\dfrac{c_A^{\,eq}}{c^{\ominus}}\right)^m\cdot\left(\dfrac{c_B^{\,eq}}{c^{\ominus}}\right)^n}$$

保持不变。

在上述新的平衡系统中，生成物 C 和 D 的浓度有所增加，反应物 A 的浓度比增加后的有所减小，而比未增加前也有一定增加，但反应物 B 的浓度有所减小，反应向增加生成物的方向移动，即平衡向右移动。若增加生成物 C 和 D 的浓度，反应会向增加反应物 A 和 B 的方向移动，即平衡向左移动。若将生成物从平衡体系中取出，这时逆反应速率下降，平衡向右移动。

在一定温度下，上述平衡体系中，任意改变各物质浓度，设反应商 Q

$$Q=\frac{\left(\frac{c_C}{c^\ominus}\right)^p\cdot\left(\frac{c_D}{c^\ominus}\right)^q}{\left(\frac{c_A}{c^\ominus}\right)^m\cdot\left(\frac{c_B}{c^\ominus}\right)^n}$$

式中，c_A、c_B、c_C、c_D为任意条件下的浓度。

当 $Q=K^\ominus$ 平衡状态

$Q>K^\ominus$ 平衡向左移动

$Q<K^\ominus$ 平衡向右移动

例 4-6 $AgNO_3$和$Fe(NO_3)_2$两种溶液会发生下列反应：

$$Fe^{2+}+Ag^+\rightleftharpoons Fe^{3+}+Ag$$

在 25 ℃时，将$AgNO_3$和$Fe(NO_3)_2$溶液混合，开始时溶液中Fe^{2+}和Ag^+离子的浓度各为 0.100 mol·L^{-1}，达平衡时的Ag^+转化率为 19.4%。计算：(1)平衡时Fe^{2+}、Ag^+和Fe^{3+}各离子的浓度；(2)该温度下的平衡常数；(3)在上述平衡体系中再加入一定量的Fe^{2+}，使加入后Fe^{2+}离子浓度达到 0.181 mol·L^{-1}，维持温度不变。问平衡将向哪个方向移动？以及达新平衡后Ag^+转化率。

解：(1)

	Fe^{2+}	+ Ag^+	$\rightleftharpoons$ Fe^{3+}	+ Ag
起始浓度/mol·L^{-1}	0.100	0.100	0	
变化浓度/mol·L^{-1}	−0.1×19.4% =−0.0194	−0.1×19.4% =−0.0194	0.1×19.4% =0.0194	
平衡浓度/ mol·L^{-1}	0.1−0.0194	0.1−0.0194	0.0194	

平衡时：

$$c_{Fe^{2+}}=c_{Ag^+}=0.1-0.0194=0.0806\ \text{mol}\cdot\text{L}^{-1}$$

$$c_{Fe^{3+}}=0.0194\ \text{mol}\cdot\text{L}^{-1}$$

$$(2)K^\ominus=\frac{\left(\frac{c_{Fe^{3+}}}{c^\ominus}\right)}{\left(\frac{c_{Fe^{2+}}}{c^\ominus}\right)\cdot\left(\frac{c_{Ag^+}}{c^\ominus}\right)}=\frac{0.0194}{(0.0806)^2}=2.99$$

$$(3)Q=\frac{\left(\frac{c_{Fe^{3+}}}{c^\ominus}\right)}{\left(\frac{c_{Fe^{2+}}}{c^\ominus}\right)\cdot\left(\frac{c_{Ag^+}}{c^\ominus}\right)}=\frac{0.0194}{0.181\times0.0806}=1.33$$

由于 $Q<K^\ominus$ 所以平衡向右移动。

	Fe^{2+}	+ Ag^+	$\rightleftharpoons$ Fe^{3+}	+ Ag
起始浓度/ mol·L^{-1}	0.181	0.0806	0.0194	
变化浓度/ mol·L^{-1}	$-x$	$-x$	x	
平衡浓度/ mol·L^{-1}	$0.181-x$	$0.0806-x$	$0.0194+x$	

$$K^\ominus=\frac{\left(\frac{c_{Fe^{3+}}}{c^\ominus}\right)}{\left(\frac{c_{Fe^{2+}}}{c^\ominus}\right)\cdot\left(\frac{c_{Ag^+}}{c^\ominus}\right)}\qquad\frac{(0.0194+x)}{(0.181-x)(0.0806-x)}=2.99$$

解得 $x=0.0139$

$$c_{Fe^{2+}}=0.181-0.0139=0.167(mol \cdot L^{-1})$$

$$c_{Ag^+}=0.0806-0.0139=0.0667(mol \cdot L^{-1})$$

$$c_{Fe^{3+}}=0.0194+0.0139=0.0333(mol \cdot L^{-1})$$

Ag^+的转化率 $$\alpha_{Ag^+}=\frac{(0.100-0.0667)}{0.100}\times 100\%=33.3\%$$

加入 Fe^{2+} 后，Ag^+ 的转化率由 19.4%提高到 33.3%。

4.5.2 压力变化对化学平衡的影响

对于有气体物质参加的化学反应来说，压力变化对化学平衡的影响要根据具体情况来确定。

(1)对于一般的气相反应

$$mA(g)+nB(g) \rightleftharpoons pC(g)+qD(g)$$

体系达平衡时：
$$K^{\ominus}=\frac{\left(\frac{p_C{}^{eq}}{p^{\ominus}}\right)^p \cdot \left(\frac{p_D{}^{eq}}{p^{\ominus}}\right)^q}{\left(\frac{p_A{}^{eq}}{p^{\ominus}}\right)^m \cdot \left(\frac{p_B{}^{eq}}{p^{\ominus}}\right)^n}$$

在温度保持不变的情况下，如将已达平衡的反应体系压缩，使体积由 V 压缩到 $\frac{1}{x}\cdot V$，则由道尔顿分压定律，每一组分气体的分压由 p_i 增至 $x \cdot p_i$，则

$$Q=\frac{\left(\frac{x \cdot p_C{}^{eq}}{p^{\ominus}}\right)^p \left(\frac{x \cdot p_D{}^{eq}}{p^{\ominus}}\right)^q}{\left(\frac{x \cdot p_A{}^{eq}}{p^{\ominus}}\right)^m \left(\frac{x \cdot p_B{}^{eq}}{p^{\ominus}}\right)^n}=x^{(p+q)-(m+n)} \cdot K^{\ominus}$$

$$Q=x^{\Delta n} \cdot K^{\ominus}$$

式中，$\Delta n=(p+q)-(m+n)$为反应前后气体摩尔数的变化值。

当 $\Delta n>0$ 时，$Q>K^{\ominus}$，平衡应向逆反应方向(即气体分子数减少的方向)移动。

当 $\Delta n<0$ 时，$Q<K^{\ominus}$，平衡应向正反应方向(即气体分子数减少的方向)移动。

当 $\Delta n=0$ 时，$x^{\Delta n}=1$，$Q=K^{\ominus}$，此时压力变化对平衡没有影响。

(2)当反应体系中有不参加反应的气体(惰性组分)的压力发生变化时，压力对化学平衡的影响要视具体情况而定。

①若在恒温恒压下，在已达平衡的体系中加入惰性气体，由道尔顿分压定律可知：

$$p_{总}=\sum p_i=\sum p_{i(反应气体)}+\sum p_{惰性气体}$$

为了保持 $p_{总}$ 不变，由理想气体状态方程：

$$pV=nRT$$

只能使体积膨胀，使每一参与反应的气体的分压减少。当 $\Delta n \neq 0$ 时，$Q \neq K^{\ominus}$，平衡向气体分子数增多的方向移动。

②若在恒温恒容条件下，在已达平衡的体系中引入惰性气体。此时气体总压力 $p_{总}=\sum p_{i(反应气体)}+\sum p_{惰性气体}$，总压力增加，但每一参与反应的气体的分压并不发生变化，$Q=K^{\ominus}$，平衡不移动。

例 4-7 把 CO_2 和 H_2 的混合物加热至 1123 K，下列反应达到平衡：

$$CO_2(g)+H_2(g) \rightleftharpoons CO(g)+H_2O(g) \qquad K^{\ominus}=1$$

(1)假定到达平衡时，有90%的H_2转化为$H_2O(g)$，问原来的CO_2与H_2是按怎样的摩尔比混合的？

(2)如果在上述已达平衡的体系中加入H_2，使CO_2与H_2的摩尔比为$n_{CO_2}/n_{H_2}=1$，体系总压力为101 325 Pa，试判断平衡移动方向，并计算达平衡时各物质的分压及H_2的转化率。

(3)如果保持温度不变，将反应体系的体积压缩至原来的1/2，试判断平衡能否移动？

解：(1)

	$CO_2(g)$	+ $H_2(g)$	$\rightleftharpoons$ $CO(g)$	+ $H_2O(g)$
初始 n_o/mol	x	y	0	0
p_i/Pa	xRT/V	yRT/V	0	0
平衡 p_i^{eq}/Pa	$\frac{(x-0.9y)RT}{V}$	$\frac{0.1yRT}{V}$	$\frac{0.9yRT}{V}$	$\frac{0.9yRT}{V}$

$$K^{\ominus}=\frac{\left(\frac{p_{CO}^{eq}}{p^{\ominus}}\right)\cdot\left(\frac{p_{H_2O}^{eq}}{p^{\ominus}}\right)}{\left(\frac{p_{CO_2}^{eq}}{p^{\ominus}}\right)\cdot\left(\frac{p_{H_2}^{eq}}{p^{\ominus}}\right)}=\frac{\left(\frac{0.9yRT/V}{p^{\ominus}}\right)\left(\frac{0.9yRT/V}{p^{\ominus}}\right)}{\left(\frac{(x-0.9y)RT/V}{p^{\ominus}}\right)\left(\frac{0.1yRT/V}{p^{\ominus}}\right)}$$

$$\frac{(0.9y)^2}{(x-0.9y)(0.1y)}=1 \qquad x/y=9$$

即原来CO_2与H_2的摩尔比为9∶1。

(2)

	$CO_2(g)$	+ $H_2(g)$	$\rightleftharpoons$ $CO(g)$	+ $H_2O(g)$
原平衡 p_i^{eq}/Pa	$8.1yRT/V$	$0.1yRT/V$	$0.9yRT/V$	$0.9yRT/V$
初始 p_i/Pa	$8.1yRT/V$	$8.1yRT/V$	$0.9yRT/V$	$0.9yRT/V$
平衡 p_i^{eq}/Pa	$\frac{8.1y(1-\alpha)RT}{V}$	$\frac{8.1y(1-\alpha)RT}{V}$	$\frac{(0.9y+8.1y\cdot\alpha)RT}{V}$	$\frac{(0.9y+8.1y\cdot\alpha)RT}{V}$

加入H_2后，

$$Q=\frac{\left(\frac{p_{CO}}{p^{\ominus}}\right)\cdot\left(\frac{p_{H_2O}}{p^{\ominus}}\right)}{\left(\frac{p_{CO_2}}{p^{\ominus}}\right)\cdot\left(\frac{p_{H_2}}{p^{\ominus}}\right)}=\frac{\left(\frac{0.9yRT/V}{p^{\ominus}}\right)\left(\frac{0.9yRT/V}{p^{\ominus}}\right)}{\left(\frac{8.1yRT/V}{p^{\ominus}}\right)\left(\frac{8.1yRT/V}{p^{\ominus}}\right)}$$

$$Q=\frac{0.9^2}{8.1^2}=0.01\text{，}Q<K^{\ominus}$$

故平衡向正反应方向移动。

达新平衡时：

$$K^{\ominus}=\frac{\left(\frac{p_{CO}^{eq}}{\mathrm{p}^{\ominus}}\right)\cdot\left(\frac{p_{H_2O}^{eq}}{p^{\ominus}}\right)}{\left(\frac{p_{CO_2}^{eq}}{p^{\ominus}}\right)\cdot\left(\frac{p_{H_2}^{eq}}{p^{\ominus}}\right)}=\frac{\left[\frac{(0.9y+8.1y\cdot\alpha)RT/V}{p^{\ominus}}\right]^2}{\left[\frac{8.1y(1-\alpha)RT/V}{p^{\ominus}}\right]^2}$$

$$\left[\frac{0.9+8.1\cdot\alpha}{8.1(1-\alpha)}\right]^2=1.0 \qquad \left[\frac{0.9+8.1\cdot\alpha}{8.1(1-\alpha)}\right]=1.0$$

$$\alpha_{H_2}=44\%$$

设开始时H_2的摩尔数为$y=1.0$ mol，$p_{总}=\sum p_i=\frac{\sum n_i\cdot RT}{V}$，$V=\frac{\sum n_i\cdot RT}{p_{总}}$

$$V=\frac{(8.1+8.1+0.9+0.9)\times 8.314\times 1123}{101\ 325}=1.7(\mathrm{m^3})$$

$$p_{CO}^{eq}=p_{H_2O}^{eq}=\frac{n_i}{n}\cdot p_{总}=\frac{0.9+3.6}{18.0}\times 101\ 325=25\ 331(\mathrm{Pa})$$

$$p_{CO_2}^{eq}=p_{H_2}^{eq}=\frac{n_i}{n}\cdot p_{总}=\frac{8.1\times(1-0.44)}{18.0}\times 101\ 325=25\ 534(\mathrm{Pa})$$

两步平衡总的转化率：

$$\alpha_{总}=\frac{0.9+8.1\times 0.44}{1.0+(8.1-0.1)}\times 100\%=50\%$$

(3)当体系的体积压缩至原来的$\frac{1}{2}$时，压力增大一倍，此时每种组分气体的分压增大一倍

$$Q=\frac{\left(\frac{2p_{CO}}{p^{\ominus}}\right)\cdot\left(\frac{2p_{H_2O}}{p^{\ominus}}\right)}{\left(\frac{2p_{CO_2}}{p^{\ominus}}\right)\cdot\left(\frac{2p_{H_2}}{p^{\ominus}}\right)}=\frac{\left(\frac{p_{CO}}{p^{\ominus}}\right)\cdot\left(\frac{p_{H_2O}}{p^{\ominus}}\right)}{\left(\frac{p_{CO_2}}{p^{\ominus}}\right)\cdot\left(\frac{p_{H_2}}{p^{\ominus}}\right)}$$

$Q=K^{\ominus}$，所以平衡不移动。

4.5.3 温度对化学平衡的影响

浓度和压力对化学平衡的影响是通过改变体系的组成使 Q 改变，而 $K^{\ominus}$ 并不改变，此时，$Q\neq K^{\ominus}$，使平衡发生移动。而温度对化学平衡的影响与前两者截然不同，温度改变导致 $K^{\ominus}$ 发生变化，从而使平衡发生移动。

平衡常数 $K^{\ominus}$ 与浓度(或压力)无关，而与温度有关，主要是与化学反应的热效应有关。即：$\ln\frac{K_2^{\ominus}}{K_1^{\ominus}}=\frac{\Delta H^{\ominus}}{R}\left(\frac{1}{T_1}-\frac{1}{T_2}\right)$(参见 4.6.4)。如果某一反应是放热反应($\Delta H<0$)，当温度由 T_1 升高至 T_2 时，$T_2-T_1>0$，得 $\ln\frac{K_2^{\ominus}}{K_1^{\ominus}}<0$，$K_2^{\ominus}<K_1^{\ominus}$，平衡向逆反应方向(吸热方向)移动；如果某一反应是吸热反应($\Delta H>0$)，则温度由 T_1 升高至 T_2 时，$T_2-T_1>0$，得 $\ln\frac{K_2^{\ominus}}{K_1^{\ominus}}>0$，$K_2^{\ominus}>K_1^{\ominus}$，平衡向正反应方向(吸热方向)移动。总之，升高温度，平衡向吸热反应方向移动，降低温度，平衡向放热反应方向移动。

4.5.4 催化剂与化学平衡的关系

催化剂只能加快体系达到平衡的时间，而不能改变体系的平衡组成，因而催化剂对化学平衡移动没有影响

4.5.5 平衡移动原理

综上所述，由浓度、压力、温度对平衡的影响可知：体系处于平衡时，如果增加反应物的浓度，反应就向正反应方向(减少这一增加的方向)移动；如果增加体系的总压力(不包括惰性气体)，体系就向气体分子数减少的方向(降低体系总压的方向)移动；如果升高体系的温度，体系就向吸热反应方向(降低温度的方向)移动。以上这些结论，可用一条普遍的规律来

表示：假如改变影响平衡体系的条件之一，如温度、压力或浓度，平衡就向着能减弱这个变化的方向移动，这一平衡移动原理叫做吕查德里原理。

吕查德里原理可以用来判断平衡移动的方向，适用于所有的动态平衡（如相平衡等），但它只能用于已达到平衡的体系，而不适用于尚未达到平衡的体系。

4.6　化学反应的方向和限度

前面我们讨论了用反应商 Q 和平衡常数 $K^{\ominus}$ 进行比较来判断反应方向，用平衡常数 $K^{\ominus}$，平衡浓度 c^{eq}，转化率 α 来判断反应进行的程度。热力学研究表明，平衡常数与某些热力学函数有关，可以用热力学的判断标准来判断某一化学反应在给定条件下（通常大多数化学反应在恒压下进行）进行的方向和限度。

4.6.1　化学反应的自发性及其判断

自然界中发生的变化都有一定的方向，例如，当两个温度不同的物体相互接触时，热可以自动地从高温物体传给低温物体，经过足够长的时间后，两物体的温度趋于相等，这是一个自动进行的过程，又称自发过程（或自发变化）。而它的逆过程，即热从低温物体传给高温物体是不能自发进行的，但并不是不能进行的，借助于冷冻机做功可使这一过程进行下去。这种只有借助外力做功才能进行的过程叫非自发过程（或非自发变化）。又如，当两个电势不同的导体互相接触时，电流会从高电势自动流向低电势；水会自动从高处流向低处；暴露在空气中的铁会自动生锈；而这些变化的逆过程都不能自动地进行，由此可以得到以下结论：

（1）自发变化的逆过程是非自发变化。

（2）自发变化和非自发变化都是可以进行的，但区别在于，自发变化能自动发生，而非自发变化必须借助一定方式的外部作用才能发生。

（3）一定条件下的自发变化能一直进行到达平衡为止，也就是说，自发变化的最大限度是体系的平衡状态。

在长期的社会实践中人们发现，自然界中有两条基本规律，一是物质体系倾向于最低能量（能量最低原理），比如水自发从高处流向低处，其势能减少；二是物质体系倾向于取得最大混乱度，例如，将 N_2、O_2、$H_2O(g)$ 等充入一个密闭容器，最终得到的是混合气体。早在 19 世纪 70 年代法国化学家 P. Berthelot 和丹麦化学家 J. Thomson 就提出：自发变化的方向是体系的焓减少（即 $\Delta H<0$）的方向，这种以反应焓变作为判断反应方向的依据，简称焓变判据。

自然界中的大多数自发过程是满足这一判据的，例如热自动从高温物体传给低温物体，体系的能量降低；水自动从高处流向低处，势能降低；H_2 和 O_2 自动结合生成水，放出热量 $H_2(g)+\frac{1}{2}O_2(g)=H_2O(l)$　$\Delta H^{\ominus}=-286\ \mathrm{kJ\cdot mol^{-1}}$。但有些吸热反应（$\Delta H>0$）在常温下也能自发进行，例如，25 ℃时冰自动从环境吸收热量而融化成水；晶体 $NaNO_3$ 放入水中后自动溶解（溶液温度降低）而变成溶液；固体 $CaCO_3$ 在高温下吸收热量而自动分解成 CaO 和放出 CO_2 气体；N_2O_5 自动分解，都是吸热反应：

$$N_2O_5(g)=2NO_2(g)+\frac{1}{2}O_2(g) \qquad \Delta H^{\ominus}=+109.5\ kJ\cdot mol^{-1}$$

由此可见，焓变判据不能作为化学反应进行方向的唯一判据。

物质的宏观性质是与其内部微观结构有一定的联系的。上述几个吸热却能自发进行的过程有一个共同的特点：体系的混乱度增大了。例如，在冰的晶体中，H_2O 分子有规则地排列在一定的晶格点上，是一种有序的状态，而在液态水中，H_2O 分子可以自由移动，既没有确定的位置，也没有固定的分子间距离，是一种较冰更混乱的状态；盐类的溶解也是如此，溶解前是盐的晶体，而溶解后，盐分子进入液态水中，变成两种或多种分子和离子的混合状态，混乱度增加；在碳酸钙分解中，固体 $CaCO_3$ 分解成固体氧化钙和气体 CO_2，不仅分子数增多，而且增加了气体产物，而气体相对于固体和液体来说，分子运动更为自由，分子间具有更大距离，因而具有更大的混乱度。

由于系统的混乱度与自发变化的方向有关，为了找出更切实可用的判断自发反应方向的判据，我们引入混乱度和熵的概念。

4.6.2 熵与化学反应的熵变

与体系的混乱度有关的一个状态函数叫做熵。熵是表示体系中微观粒子运动混乱程度的热力学函数，以符号 S 表示。每种物质在给定条件下都有一定的熵值，体系的混乱度越大，熵值也愈大。与焓一样，熵也是状态函数，虽然很多状态函数(如焓、内能)的绝对值是无法测定的，但熵的绝对值是可以测定的，它可由一条重要的定律求得，即："在绝对零度时，任何纯物质的完整晶体的熵值为零"。

因为熵是混乱度的一种量度，在热力学温度为 0 K 时，纯物质的完整晶体的微观粒子的排列是整齐有序的，规定其熵值为 0，记为 $S_0=0$。以此为基准，可以确定物质在标准状态(为热力学的标准状态)下的标准规定熵。如果将某纯物质从温度 0 K 升高至为 T K，该过程的熵变化为：

$$\Delta S^{\ominus}=S_T^{\ominus}-S_0=S_T^{\ominus}-0=S_T^{\ominus}$$

1 mol 某纯物质在标准状况下的规定熵称为标准摩尔熵，本书仍按习惯简写为标准熵，以符号 $S_T^{\ominus}$ 表示，单位为 $J\cdot mol^{-1}\cdot K^{-1}$。本书附录表 3 列出了一些物质的标准熵值。

比较物质的熵值，可得如下一些规律：

(1)熵与物质的聚集状态有关，同一种物质的气态熵最大，液态熵次之，固态熵最小；

$H_2O(g)$ [188.7]　　$H_2O(l)$ [69.94]　　$H_2O(s)$ [39.4]

方括号内的数值是 298.15 K 时物质的标准摩尔熵，单位为 $J\cdot mol^{-1}\cdot K^{-1}$，下同。

(2)聚集态相同，复杂分子比简单分子有较大的熵值。如

$O(g)$ [160.95]　　$O_2(g)$ [205.0]　　$O_3(g)$ [238.8]

(3)结构相似的物质，相对分子质量大的熵值大。如

$F_2(g)$ [203.3]　　$Cl_2(g)$ [222.9]　　$Br_2(g)$ [245.3]　　$I_2(g)$ [260.58]

(4)相对分子质量相同，分子构型复杂，熵值大。如

$C_2H_5OH(g)$ [282]　　$CH_3—O—CH_3(g)$ [266.3]

化学反应的熵变可由反应物和生成物的标准熵来进行计算：

$$\Delta S^{\ominus}_{反应}=\sum \gamma_i S^{\ominus}_{生成物}-\sum \gamma_i S^{\ominus}_{反应物} \qquad (4-11)$$

即化学反应的熵变等于生成物的标准熵之和减去反应物的标准熵之和(类似于由标准生成焓 $\Delta_f H^\ominus$ 计算标准反应焓变)。

物质的熵值随着温度的升高而增加,但是因为生成物的熵增与反应物的熵增相差不多,可以抵消,所以化学反应的 ΔS 和 ΔH 一样,可以近似地认为它们不随温度变化。即:

$$\Delta S_T^\ominus \approx \Delta S_{298.15}^\ominus$$

压力对固态和液态物质的熵影响很小,对气体影响很大,压力增大,物质的熵值减少。

例 4-8　已知在 298 K,101.325 kPa 下 $CaCO_3(s)$、$CaO(s)$、$CO_2(g)$ 的标准熵分别为 92.9 J·mol^{-1}·K^{-1}、38.2 J·mol^{-1}·K^{-1}、213.7 J·mol^{-1}·K^{-1},计算 $CaCO_3(s)$ 分解成 $CaO(s)$ 和 $CO_2(g)$ 反应的标准反应熵变。

解:

$$CaCO_3(s) \xrightarrow{\triangle} CaO(s) + CO_2(g)$$

$$\begin{aligned}\Delta S^\ominus &= S^\ominus_{CaO}(s) + S^\ominus_{CO_2}(g) - S^\ominus_{CaCO_3}(s)\\ &= 38.2 + 213.7 - 92.9\\ &= 159(\text{J}\cdot\text{mol}^{-1}\cdot\text{K}^{-1})\end{aligned}$$

从热力学中可以导出,对于孤立体系(体系与环境之间既没有物质交换,也没有能量交换),自发变化的方向是熵增加的方向。

即　$\Delta S_{孤立} > 0$

而达到平衡时　$\Delta S_{孤立} = 0$

此时熵值最大。这种判断自发变化方向的判据叫自发过程的熵变判据。

熵变判据的使用条件是很苛刻的,孤立体系是热力学中的一种理想化的状态,很难达到,因此使用熵变判据时应把体系和环境综合起来考虑,即自发变化的变化方向是

$$(\Delta S_{体系} + \Delta S_{环境}) > 0$$

通常的化学反应是在恒温、恒压(敞口容器)下进行的,它不是孤立体系,若要使用熵变判据判断自发变化的方向,不仅要计算体系的熵变,还要计算环境的熵变,而这种计算很复杂,因此我们需要找出一个在恒温恒压下判断自发变化方向的判据,因此引入另一个热力学函数——Gibbs 自由能。

4.6.3　Gibbs 自由能变

从前面的讨论可以知道,自发变化的方向既与反应的焓变 ΔH 有关,又与反应的熵变 ΔS 有关,那么,什么是在恒温、恒压下判断自发变化方向的统一标准呢?热力学研究表明,自发变化的方向与下式有关:

$$\Delta G_T = \Delta H - T\Delta S \tag{4-12}$$

因为 H、S 都是状态函数,所以

$$\begin{aligned}\Delta G_T &= \Delta H - T\Delta S = (H_{终态} - H_{始态}) - T(S_{终态} - S_{始态})\\ &= (H_{终态} - TS_{终态}) - (H_{始态} - TS_{始态})\\ &= (G_{终态} - G_{始态})\end{aligned}$$

又因为 H、S、T 均为状态函数,所以它们的组合 $H-TS$ 也是状态函数,热力学定义:

$$G = H - TS \tag{4-13}$$

Gibbs 自由能 G 是一个复合的热力学函数,它也是状态函数。与焓(H)一样,绝对值是

无法确定的，但 ΔG 的性质与 ΔH 相似，它与物质的量有关，正逆反应的 ΔG 的数值相等，符号相反。

与标准生成焓相似，在给定温度和标准状况下，由稳定的单质生成 1 mol 某纯态物质时的 Gibbs 自由能变叫做该物质的标准生成 Gibbs 自由能变，以符号 $\Delta G_f^\ominus$ 表示（$kJ \cdot mol^{-1}$）。书后附录表 3 中列出了常见物质的 $\Delta G_f^\ominus$ 值。通常情况下给定温度为 298.15 K，如不特别指明温度，就认为是 298.15 K。

与标准生成焓类同，热力学上选取 298.15 K 时，稳定单质的标准生成 Gibbs 自由能变为零，即 $\Delta G_f^\ominus$（稳定单质，298.15 K）＝0。

某一化学反应的 Gibbs 自由能变可由下式计算，当温度为 T 时，

$$\Delta G_T^\ominus = \Delta H_T^\ominus - T\Delta S_T^\ominus \qquad (4-14)$$

由于 $\Delta H_T^\ominus$、$\Delta S_T^\ominus$ 随温度变化不大，近似计算中可用 $\Delta H_{298.15}^\ominus \approx \Delta H_T^\ominus$，$\Delta S_{298.15}^\ominus \approx \Delta S_T^\ominus$，上式可变为

$$G_T^\ominus = \Delta H_{298.15}^\ominus - T\Delta S_{298.15}^\ominus \qquad (4-15)$$

当 T＝298.15 K 时有

$$\Delta G^\ominus{}_{298.15} = \sum \gamma_i \Delta G^\ominus{}_{f(生成物)} - \sum \gamma_i \Delta G^\ominus{}_{f(反应物)} \qquad (4-16)$$

例 4-9 已知反应

	$H_2(g)$	+	$Cl_2(g)$	→	$2HCl(g)$
$\Delta G_f^\ominus / kJ \cdot mol^{-1}$	0		0		−95.27
$\Delta H_f^\ominus / kJ \cdot mol^{-1}$	0		0		−92.31
$S^\ominus / J \cdot mol^{-1} \cdot K^{-1}$	130.6		223.0		186.7

由上述两种方法计算 $\Delta G^\ominus$，并比较数值大小。

解：(1)

$$\Delta H_{298.15}^\ominus = 2\Delta H_{f(HCl)}^\ominus - \Delta H_{f(H_2)}^\ominus - \Delta H_{f(Cl_2)}^\ominus$$
$$= 2\times(-92.31) = -184.62(kJ \cdot mol^{-1})$$

$$\Delta S_{298.15}^\ominus = 2S_{(HCl)}^\ominus - S_{(H_2)}^\ominus - S_{(Cl_2)}^\ominus$$
$$= 2\times186.7 - 130.6 - 223.0 = 19.85(J \cdot mol^{-1} \cdot K^{-1})$$

$$\Delta G_{298.15}^\ominus = \Delta H_{298.15}^\ominus - T\Delta S_{298.15}^\ominus$$
$$= -184.62 - 298.15\times19.85\times10^{-3} = -189.90(kJ \cdot mol^{-1})$$

(2)

$$\Delta G_{298.15}^\ominus = 2\Delta G_{f(HCl)}^\ominus - \Delta G_{f(H_2)}^\ominus - \Delta G_{f(Cl_2)}^\ominus$$
$$= 2\times(-95.27) = -190.54(kJ \cdot mol^{-1})$$

4.6.4 化学反应的方向和限度的判断依据

热力学研究指出，在封闭体系中，在恒温、恒压只做体积功的条件下，自发变化的方向是 Gibbs 自由能变减小的方向。

$\Delta G < 0$ 自发过程，反应正向自发进行

$\Delta G > 0$ 非自发过程，反应正向非自发，逆向自发进行 (4-17)

$\Delta G = 0$ 反应处于平衡状态

以上结论就是恒温、恒压条件下，自发变化方向的 Gibbs 自由能变判据。

由式(4-12)可以看出，ΔG 中包含着 ΔH 与 ΔS 两种与反应方向有关的因子，体现了焓变和熵变两种效应的对立和统一。具体分成以下几种情况讨论：

(1)如果 $\Delta H<0$(放热反应)：

①$\Delta S>0$(熵增加)，$\Delta G<0$，在任何温度下，正反应均能自发进行。

②$\Delta S<0$(熵减)，低温下 $|\Delta H|>|T\Delta S|$，$\Delta G<0$，正反应能自发进行；

高温下 $|\Delta H|<|T\Delta S|$，$\Delta G>0$，正反应不能自发进行。

(2)如果 $\Delta H>0$(吸热反应)：

①$\Delta S<0$(熵减)，$\Delta G>0$，在任何温度下，正反应均不能自发进行。

②$\Delta S>0$(熵增加)，低温下 $|\Delta H|>|T\Delta S|$，$\Delta G>0$，正反应不能自发进行；

高温下 $|\Delta H|<|T\Delta S|$，$\Delta G<0$，正反应能自发进行。

以上讨论可以看出，$\Delta H<0$ 的反应不一定都能正向自发进行，$\Delta H>0$ 的反应一定条件下也可以自发进行。

当 $G_T^\ominus=0$ 时，　$T_{转}=\dfrac{\Delta H_{298.15}^\ominus}{\Delta S_{298.15}^\ominus}$　该温度称为转变温度。

例 4-10　煤里都含有硫(一般为 0.5%～3%，最高可达 5%)，煤燃烧时硫先变成 SO_2，然后进一步氧化成 SO_3。为了减少 SO_3 对大气的污染，有人设想在煤里掺入廉价的生石灰(CaO)，让它与 SO_3 反应生成 $CaSO_4$，使 SO_3 固定在煤渣中。试问这种设想能否实现？

解：

	$SO_3(g)$ +	$CaO(s)$ →	$CaSO_4(s)$
$\Delta H_f^\ominus/kJ\cdot mol^{-1}$	−395.7	−635.1	−1434.1
$S^\ominus/J\cdot mol^{-1}\cdot K^{-1}$	256.6	39.7	107

$\Delta H_{298.15}^\ominus=[-1434.1-(-395.7)-(-635.1)]=-403.3(kJ\cdot mol^{-1})$

$\Delta S_{298.15}^\ominus=[107-(256.6+39.7)]=-189.3(J\cdot mol^{-1}\cdot K^{-1})$

这是 $\Delta H_{298.15}^\ominus<0$，$\Delta S_{298.15}^\ominus<0$ 的反应，高温不利于反应进行，其转向温度为：

$$T_{转}=\frac{\Delta H_{298.15}^\ominus}{\Delta S_{298.15}^\ominus}=\frac{-403.3\times10^3}{-189.3}=2130(K)$$

煤燃烧时一般炉温在 1200 ℃左右，所以从热力学角度来看，此设想是可以实现的。目前一些高硫煤的燃烧，的确有人采用此法来降低污染。

例 4-11　丁二烯是合成橡胶的重要原料。有人拟订如下三种方法生产丁二烯。试用热力学原理分析这些方法能否实现？选用何种方法最好？

(1)$C_4H_8(g)\longrightarrow C_4H_6(g)+H_2(g)$

(2)$C_4H_8(g)+1/2O_2(g)\longrightarrow C_4H_6(g)+H_2O(g)$

(3)$2C_2H_4(g)\longrightarrow C_4H_6(g)+H_2(g)$

已知

	$C_4H_8(g)$	$C_4H_6(g)$	$H_2O(g)$	$H_2(g)$	$C_2H_4(g)$
$\Delta H_f^\ominus/kJ\cdot mol^{-1}$	1.17	165.5	−241.8	0	52.3
$S^\ominus/J\cdot mol^{-1}\cdot K^{-1}$	307.4	293.0	188.7	130.6	219.5

解：(1)$C_4H_8(g)\longrightarrow C_4H_6(g)+H_2(g)$

$\Delta H_{298.15}^\ominus=[165.5+0-1.17]=164.3(kJ\cdot mol^{-1})$

$\Delta S_{298.15}^\ominus=[293+130.6-307.4]=116.2(J\cdot mol^{-1}\cdot K^{-1})$

反应自发进行的最低温度为

$$T=\frac{\Delta H^{\ominus}_{298.15}}{\Delta S^{\ominus}_{298.15}}=\frac{164.3\times 10^3}{116.2}=1414(\text{K})$$

(2) $C_4H_8(g)+1/2O_2(g)\longrightarrow C_4H_6(g)+H_2O(g)$

$$\Delta H^{\ominus}_{298.15}=[165.5+(-241.8)-1.17]=-77.5(\text{kJ}\cdot\text{mol}^{-1})$$

$$\Delta S^{\ominus}_{298.15}=\left[293+188.7-307.4-\frac{1}{2}\times 205\right]=71.8(\text{J}\cdot\text{mol}^{-1}\cdot\text{K}^{-1})$$

(3) $2C_2H_4(g)\longrightarrow C_4H_6(g)+H_2(g)$

$$\Delta H^{\ominus}_{298.15}=[165.5-2\times 52.3]=60.9(\text{kJ}\cdot\text{mol}^{-1})$$

$$\Delta S^{\ominus}_{298.15}=[293+130.6-2\times 219.5]=-15.4(\text{J}\cdot\text{mol}^{-1}\cdot\text{K}^{-1})$$

由以上计算可知：反应(1)是 $\Delta H>0$，$\Delta S>0$ 型反应，温度高于 1414 K 时才能自发进行；反应(2)是 $\Delta H<0$，$\Delta S>0$ 型反应，在任何温度下都可自发进行；反应(3)是 $\Delta H>0$，$\Delta S<0$型反应，在任何温度下都不能自发进行。所以从热力学角度来说，应该选择反应(2)。

热力学研究又指出，化学反应的 Gibbs 自由能变与该反应的相对压力熵之间有如下关系

$$\Delta G=\Delta G^{\ominus}+RT\ln Q \tag{4-18}$$

当处于平衡状态时，$\Delta G=0$，$Q=K^{\ominus}$，得下式

$$\Delta G^{\ominus}=-RT\ln K^{\ominus} \tag{4-19}$$

$$\Delta G=-RT\ln K^{\ominus}+RT\ln Q \tag{4-20}$$

此式可通过判断标准平衡常数和相对压力熵的大小，推断反应方向。

由式(4-14)、(4-19)

$$\Delta G^{\ominus}=\Delta H^{\ominus}-T\Delta S^{\ominus}$$

$$\Delta G^{\ominus}=-RT\ln K^{\ominus}$$

所以

$$-RT\ln K^{\ominus}=\Delta H^{\ominus}-T\Delta S^{\ominus}$$

$$\ln K^{\ominus}=-\frac{\Delta H^{\ominus}}{RT}+\frac{\Delta S^{\ominus}}{R} \tag{4-21}$$

当温度为 T_1 时，平衡常数为 $K^{\ominus}_1$：$\ln K^{\ominus}_1=-\dfrac{\Delta H^{\ominus}}{RT_1}+\dfrac{\Delta S^{\ominus}}{R}$

当温度为 T_2 时，平衡常数为 $K^{\ominus}_2$：

$$\ln K^{\ominus}_2=-\frac{\Delta H^{\ominus}_T}{RT_2}+\frac{\Delta S^{\ominus}_T}{R}$$

两式相减得：

$$\ln K^{\ominus}_2-\ln K^{\ominus}_1=-\frac{\Delta H^{\ominus}}{RT_2}+\frac{\Delta H^{\ominus}}{RT_1}$$

$$\ln\frac{K^{\ominus}_2}{K^{\ominus}_1}=\frac{\Delta H^{\ominus}}{R}\left(\frac{1}{T_1}-\frac{1}{T_2}\right) \tag{4-22}$$

$$\lg\frac{K^{\ominus}_2}{K^{\ominus}_1}=\frac{\Delta H^{\ominus}}{2.303R}\left(\frac{1}{T_1}-\frac{1}{T_2}\right) \tag{4-23}$$

利用此式可以在一定温度范围内，由某一反应已知平衡常数，计算另一温度同一反应的未知平衡常数。

例 4-12 对于合成氨反应 $\frac{1}{2}N_2(g)+\frac{3}{2}H_2(g)\rightleftharpoons NH_3(g)$ 在 298 K 时的平衡常数为

$K^{\ominus}_{298}=1.93\times10^{3}$，反应热效应 $\Delta H^{\ominus}=-50.0\ \text{kJ}\cdot\text{mol}^{-1}$，计算该反应在 773 K 时的平衡常数 $K^{\ominus}_{773}$，并判断升高温度是否有利于提高产率。

解：

$$\frac{1}{2}N_2(g)+\frac{3}{2}H_2(g)\rightleftharpoons NH_3(g)$$

$$\lg\frac{K^{\ominus}_{773}}{K^{\ominus}_{298}}=\frac{\Delta H^{\ominus}}{2.303R}\left(\frac{1}{T_1}-\frac{1}{T_2}\right)$$

$$=\frac{-50.0\times10^{3}}{2.303\times8.314}\left(\frac{1}{298}-\frac{1}{773}\right)$$

$$=-5.708$$

$$\frac{K^{\ominus}_{773}}{K^{\ominus}_{298}}=1.96\times10^{-6}\qquad K^{\ominus}_{773}=1.96\times10^{-6}\times1.93\times10^{3}=3.8\times10^{-3}$$

由计算可以看出，升高温度不利于提高产率。

习 题

1. 下列说法是否正确？说明理由。

(1)在任何情况下反应速率(v)在数值上等于反应速率常数(k)。

(2)质量作用定律是一个普遍的规律，适用于任何化学反应。

(3)反应速率常数值取决于温度，而与反应物、生成物的浓度无关。

(4)增加反应物的浓度，提高了活化分子百分数，可以大大加快反应速率。

(5)反应的活化能越大，在一定温度下反应速率也越大。

(6)温度升高，使吸热反应速率增大，使放热反应速率减慢。

(7)可逆反应中，吸热方向的活化能一般大于放热方向的活化能。

(8)温度每增加 10℃，一切化学反应的反应速率均增加 2～4 倍。

(9)催化剂可以提高化学反应转化率。

(10)催化剂能加快反应速率是因为它降低了反应的活化能。

2. 用金属锌和稀硫酸制取氢气时，在反应开始后的一段时间内反应速率加快，后来速率又变慢。试从浓度、温度(联系反应放热)等因素来解释这个现象。

3. 可逆反应：$A(g)+B(s)\rightleftharpoons 2C(g)\quad \Delta H^{\ominus}<0$，达平衡时，如果改变下述各项条件，试将其他各项发生的变化填入表中。

操作条件	$v_{正}$	$v_{逆}$	$k_{正}$	$k_{逆}$	$K^{\ominus}$	平衡移动方向
增大 A(g)的分压						
压缩体积						
降低温度						
使用正催化剂						

4. 反应：$2Cl_2(g)+2H_2O(g)\rightleftharpoons 4HCl(g)+O_2(g)$ ($\Delta H^{\ominus}>0$)，达到平衡后，条件发生下列变化，对指明的项目有何影响？

(1)加入一定量的 O_2,会使 $n(H_2O,g)$ ________,$n(HCl)$ ________。

(2)增大反应器体积,$n(H_2O,g)$ ________;减小反应器体积,$n(Cl_2)$ ________。

(3)升高温度,$K^\ominus$ ________,$n(HCl)$ ________。

(4)加入 N_2 ①总压不变,$n(HCl)$ ________;②体积不变,$n(Cl_2)$ ________,平衡 ________。

(5)加入催化剂,$n(HCl)$ ________。

5. 在 1210 K 时,下列两化学平衡的标准平衡常数 $K^\ominus$ 的值为:

(1)$Fe(s)+CO_2(g) \rightleftharpoons FeO(s)+CO(g)$ $K_1^\ominus=1.47$

(2)$FeO(s)+H_2(g) \rightleftharpoons Fe(s)+H_2O(g)$ $K_2^\ominus=0.42$

问在相同温度下,反应 $CO_2(g)+H_2(g) \rightleftharpoons CO(g)+H_2O(g)$ 的 $K^\ominus$ 为多少?

6. 实验测得反应 $SO_2(g)+O_2(g) \rightleftharpoons SO_3(g)$ 在 1000 K 时达到平衡,各物质的平衡分压为:$p(SO_2)=27.7$ kPa 、$p(O_2)=40.7$ kPa 、$p(SO_3)=32.9$ kPa。计算该温度下,反应的标准平衡常数 $K^\ominus$。

7. 在一密闭容器中存在反应 $NO(g)+1/2O_2(g) \rightleftharpoons NO_2(g)$。已知反应开始时 NO 和 O_2 的分压分别为 101.3 kPa 和 6067.8 kPa。973 K 达到平衡时有 12%的 NO 转化为 NO_2。计算:

(1)平衡时各组分气体的分压;

(2)该温度下的标准平衡常数 $K^\ominus$。

8. 在一密闭容器中,反应:$CO(g)+H_2O(g) \rightleftharpoons CO_2(g)+H_2(g)$ 在 773 K 的标准平衡常数为 4.89,问:

(1)当起始 H_2O 和 CO 的物质的量之比分别为 1∶1 和 3∶1,达到平衡时,CO 的转化率各为多少?

(2)根据计算结果,能得到什么结论?

9. 反应:$H_2(g)+I_2(g) \rightleftharpoons 2HI(g)$ 在 623K 的 $K^\ominus=17.0$,若在该温度下将 H_2、I_2 和 HI 三种气体在一密闭容器中混合,测得其初始分压分别为 405.2 kPa、405.2 kPa 和 202.6 kPa,问反应将向何方进行?

10. 在温度 298 K 时,反应:$NH_4HS(s) \rightleftharpoons NH_3(g)+H_2S(g)$ 的标准平衡常数 $K^\ominus$ 为 0.070。求:

(1)平衡时该气体混合物的总压;

(2)在同样的实验中,NH_3 的最初分压为 25.3 kPa 时,H_2S 的平衡分压为多少?

11. 在 1273 K 时反应:$FeO(s)+CO(g) \rightleftharpoons Fe(s)+CO_2(g)$ 的 $K^\ominus=0.5$,若 CO 和 CO_2 的初始浓度分别为 $0.05\ mol\cdot L^{-1}$ 和 $0.01\ mol\cdot L^{-1}$,问:

(1)反应物 CO 和生成物 CO_2 的平衡分压各为多少?

(2)平衡时 CO 的转化率为多少?

(3)若增加 FeO 的量,对平衡有无影响?

12. 在 5.0 L 容器中含有相等物质的量 PCl_3 和 PCl_5,进行合成反应为:

$$PCl_3(g)+Cl_2(g) \rightleftharpoons PCl_5(g)$$

在 523 K 达平衡时,PCl_5 的分压是 100 kPa。问原来 PCl_3 和 Cl_2 物质的量各是多少?

13. CO 是汽车尾气的主要污染源,有人设想以加热分解的方法来消除:

$$CO(g) \rightleftharpoons C(s) + 1/2O_2(g)$$

试从热力学角度判断该想法能否实现？

14. 已知 298 K 时有下列热力学数据：

	C(s)	CO(g)	Fe(s)	$Fe_2O_3(s)$
$\Delta H_f^\ominus/(kJ \cdot mol^{-1})$	0	−110.5	0	−822.2
$S^\ominus/(J \cdot K^{-1} \cdot mol^{-1})$	5.74	197.56	27.28	90

假定上述热力学数据不随温度而变化，请估算标准态下 Fe_2O_3 能用 C 还原的温度。

15. 已知反应　　$2NO(g) + O_2(g) \rightleftharpoons 2NO_2(g)$

$\Delta G_f^\ominus/(kJ \cdot mol^{-1})$　　86.6　　51.3

(1)反应在标准状态下能否自发进行？

(2)该反应的标准平衡常数为多少？

16. 有人提出，由于超音速飞机发动机中燃料燃烧，在高层大气中产生的 NO，可能直接破坏保护人类免受紫外线伤害的臭氧层。其反应为：$NO(g) + O_3(g) \rightleftharpoons NO_2(g) + O_2(g)$，该反应在 298 K、100 kPa 下的 $K^\ominus$ 为 5.60×10^{34}：

(1)假定在上述反应进行前，高层大气中的 NO、O_3 和 O_2 的浓度分别为 2.00×10^{-9} mol · L^{-1}、1.00×10^{-9} mol · L^{-1} 和 2.00×10^{-3} mol · L^{-1}，计算 O_3 的平衡浓度（设开始时没有 NO_2）。

(2)根据以上计算，有百分之几的 O_3 被破坏？

17. 在合成氨工业中，CO 的变换反应 $CO(g) + H_2O(g) \rightleftharpoons CO_2(g) + H_2(g)$，已知在 700 K 时 $\Delta H_f^\ominus = -37.9$ kJ · mol^{-1}，$K^\ominus = 9.07$，求 800 K 时的平衡常数 $K^\ominus$。

18. 反应：$CaCO_3(s) \rightleftharpoons CaO(s) + CO_2(g)$ 在 973 K 时达到平衡，该温度下的 $K^\ominus = 2.92 \times 10^{-2}$，在 1173 K 时，$K^\ominus = 1.05$。问：

(1)该反应是吸热反应还是放热反应？

(2)在 973 K 和 1173 K 时 CO_2 的分压分别是多少？

第 5 章　酸碱平衡与酸碱滴定

5.1　酸碱理论

1884 年阿仑尼乌斯首先提出了近代的酸碱理论。该理论认为：在水中能解离出的正离子全是 H^+ 的化合物为酸；解离出的负离子全是 OH^- 的化合物为碱。阿仑尼乌斯酸碱理论对化学科学的发展起了积极作用，至今还被广泛应用。但是该理论有很大的局限性，它把酸和碱只限于水溶液，在无水和非水溶剂中无法定义酸碱；一类物质如 NH_4Cl、$AlCl_3$，其水溶液呈酸性，另一类物质如 Na_2CO_3、Na_2S，其水溶液呈碱性，但前者自身并不含 H^+，后者自身并不含 OH^-，为此，以后又出现了布朗斯特-劳莱质子理论、路易斯电子理论和软硬酸碱理论。本章重点介绍布朗斯特-劳莱质子理论。

5.1.1　酸碱质子理论

这个理论是丹麦化学家布朗斯特和英国化学家劳莱在 1923 年同时提出来的。由于布朗斯特在这方面做的工作较多，所以通常简称为布朗斯特质子理论。

1. 共轭酸碱

质子理论认为：任何能给出质子的物质(分子或离子)都是酸，任何能接受质子的物质都是碱。例如，HAc、HCl、HNO_3 等是分子酸；HSO_4^-、$H_2PO_4^-$ 等阴离子和 NH_4^+ 等阳离子是离子酸，它们都能给出质子：

$$HAc \rightleftharpoons H^+ + Ac^-$$

$$HNO_3 \rightleftharpoons H^+ + NO_3^-$$

$$H_2O \rightleftharpoons H^+ + OH^-$$

$$HSO_4^- \rightleftharpoons H^+ + SO_4^{2-}$$

$$NH_4^+ \rightleftharpoons H^+ + NH_3$$

H_2O、NH_3 等是分子碱；HCO_3^-、S^{2-} 等阴离子和 $[Cu(OH)(H_2O)_3]^+$ 等阳离子是离子碱，它们都能接受质子：

$$H_2O + H^+ \rightleftharpoons H_3O^+$$

$$NH_3 + H^+ \rightleftharpoons NH_4^+$$

$$HCO_3^- + H^+ \rightleftharpoons H_2CO_3$$

$$[Cu(OH)(H_2O)_3]^+ + H^+ \rightleftharpoons [Cu(H_2O)_4]^{2+}$$

在质子理论中，酸碱可以是阳离子、阴离子，也可以是中性分子。有些物质既能给出质子又能接受质子，被称为两性物质，如 H_2O、HCO_3^-、$HPO_4{}^{2-}$ 等。

根据酸碱质子理论，酸给出质子后余下的那部分就是碱；反之，碱接收质子后生成的那部分就是酸：

$$酸 \rightleftharpoons 碱 + H^+$$

这种对应关系叫做共轭关系。对于仅相差一个质子的对应酸、碱称为共轭酸碱。因此，每一种酸（或碱）都对应有它自己的共轭碱（或共轭酸）。例如 HAc 的共轭碱是 Ac^-，Ac^- 的共轭酸是 HAc。表 5 - 1 列出常见的共轭酸碱对。

表 5 - 1　常见的共轭酸碱对

	酸	$\rightleftharpoons$	碱	+	H^+	
↓	$HClO_4$	$\rightleftharpoons$	ClO_4^-	+	H^+	↑
	HNO_3	$\rightleftharpoons$	NO_3^-	+	H^+	
	HCl	$\rightleftharpoons$	Cl^-	+	H^+	
酸	HF	$\rightleftharpoons$	F^-	+	H^+	碱
性	HAc	$\rightleftharpoons$	Ac^-	+	H^+	性
减	H_2S	$\rightleftharpoons$	HS^-	+	H^+	减
弱	$NH_4{}^+$	$\rightleftharpoons$	NH_3	+	H^+	弱
	HCN	$\rightleftharpoons$	CN^-	+	H^+	
	H_2O	$\rightleftharpoons$	OH^-	+	H^+	
	NH_3	$\rightleftharpoons$	NH_2^-	+	H^+	

由此可见，酸碱是相互依存的，又是可以相互转化的，彼此之间通过质子相互联系。根据酸碱的共轭关系不难理解，若酸越易放出质子，则其共轭碱就越难结合质子，即酸越强，其共轭碱就越弱；反之，酸越弱，其共轭碱就越强。

2. 酸碱反应

从酸碱质子理论来看，任何酸碱反应都是两个共轭酸碱对之间的质子传递。即

$$\overset{H^+}{\overbrace{酸_1 + 碱_2}} \rightleftharpoons 酸_2 + 碱_1$$

酸碱反应中，质子的转移是通过溶剂水合质子来实现的。例如，HAc 在水中的解离，就是由 HAc～Ac^- 共轭酸碱对与溶剂 H_2O～H_3O^+ 共轭酸碱对来实现的：

$$HAc + H_2O \rightleftharpoons H_3O^+ + Ac^-$$

值得注意的是，按质子理论的酸碱定义，盐的水解反应实际上是酸碱质子转移反应，例如：CO_3^{2-} 的水解反应：

$$CO_3^{2-} + H_2O \rightleftharpoons HCO_3^- + OH^-$$

溶剂 H_2O 分子之间也可以发生质子转移反应：

$$H_2O + H_2O \rightleftharpoons OH^- + H_3O^+$$

水合质子 H_3O^+ 常写为 H^+，故：

$$H_2O \rightleftharpoons H^+ + OH^-$$

上述反应称为水的质子自递反应，该反应的平衡常数称为水的质子自递常数，又称为水的离子积。即

$$K_w^\ominus = [H^+] \cdot [OH^-] \tag{5-1}$$

25 ℃时，$K_w^\ominus = 10^{-14}$，于是 $pK_w^\ominus = 14$。

根据质子理论，任何一个酸碱反应都是质子的传递反应，其中存在着争夺质子的过程。争夺质子的结果，总是强碱取得质子，所以其结果必然是强碱夺取强酸放出的质子而转化为它的共轭酸——弱酸，强酸放出质子后转变为它的共轭碱——弱碱。总之，酸碱反应总是由较强的酸与较强的碱作用，并向着生成较弱的酸和较弱的碱的方向进行；相互作用的酸碱越强，反应进行的越完全。

5.1.2 酸碱电子理论

1923 年美国物理化学家路易斯提出酸碱电子理论。该理论认为：凡能接受外来电子对的分子、离子或基团为酸；凡能提供电子对的分子、离子或基团为碱（这样定义的酸和碱常称为路易斯酸和路易斯碱）。路易斯酸碱反应的实质是形成配位键产生酸碱加合物。例如：

	路易斯酸	+	路易斯碱	$\rightleftharpoons$	酸碱加合物
(1)	H^+	+	$:OH^-$	$\rightleftharpoons$	H_2O
(2)	Cu^{2+}	+	$4:NH_3$	$\rightleftharpoons$	$[Cu(NH_3)_4]^{2+}$
(3)	Ni	+	$4:CO$	$\rightleftharpoons$	$Ni(CO)_4$
(4)	BF_3	+	$:NH_3$	$\rightleftharpoons$	F_3BNH_3
(5)	SiF_4	+	$2:F^-$	$\rightleftharpoons$	$[SiF_6]^{2-}$

反应(1)是质子论的典型例子。由此可见，质子理论只是电子理论的一种特例。由反应(2)～(5)可见，作为路易斯酸的物质可以是原子、金属离子和中性分子等。路易斯电子理论摆脱了系统必须具有某种离子或元素以及溶液的限制，而立足于物质的普遍成分，以电子的授受关系来说明酸碱反应。该理论包括的酸碱范围很广，因此又被称为广义酸碱理论。

5.1.3 软硬酸碱理论

路易斯酸碱电子理论虽然包括的范围很广，但也有不足之处。最主要的是没有统一的标度来确定酸碱的相对强弱。

软硬酸碱理论是在路易斯酸碱电子理论基础上提出的。该理论是根据金属离子对多种配体的亲和性不同，把金属离子分为两类。一类是“硬”的金属离子，称为硬酸；另一类是软的金属离子，称为软酸。硬的金属离子一般是半径小，电荷高。在与半径小，变形性小的阴离子(硬碱)相互作用时，有较大的亲和力，这是以库仑力为主的作用力。软的金属离子由于半径大，本身有较大的变形性，在与半径大，变形性大的阴离子(软碱)相互作用时，发生相互间的极化作用(软酸软碱作用)，这是一种以共价键力为主的相互作用力。

1. 软硬酸碱的特征

(1)硬酸　金属离子和其他路易斯酸的受体原子体积小，正电荷高，极化性低，对外层电

子抓得紧。如：H^+、Li^+、Na^+、K^+、Be^{2+}、Fe^{3+}、Ti^{4+}、Cr^{3+} 等。

(2)软酸　金属离子及其他路易斯酸的受体原子体积大，正电荷低或等于零，极化性高，变形性大，也就是对外层电子抓得松。如：Cu^+、Ag^+、Au^+、Cd^{2+}、Hg^{2+}、Pd^{2+} 和 Pt^{2+} 等。

(3)交界酸　金属离子处于硬酸和软酸之间称为交界酸。如：Fe^{2+}、Co^{2+}、Ni^{2+}、Cu^{2+}、Zn^{2+}、Pb^{2+}、Sn^{2+}、Sb^{3+}、Cr^{2+}、Bi^{3+} 等。

(4)硬碱　与硬酸能形成稳定的配合物的配体，即电子给予体原子电负性高，难极化，难氧化，也就是外层电子抓得紧，难失去，称为硬碱。如：NH_3、F^-、H_2O、OH^-、O^{2-}、CH_3COO^-、${PO_4}^{3-}$、${SO_4}^{2-}$、CO_3^{2-}、ClO_4^-、NO_3^-、ROH 等。

(5)软碱　与软酸能形成稳定配合物的配体，即配体原子具有低的电负性，容易极化和氧化，外层电子抓得松，称为软碱。如：I^-、S^{2-}、CN^-、SCN^-、CO、H^-、${S_2O_3}^{2-}$、C_2H_4、RS^- 等。

(6)交界碱　金属离子处于硬碱软碱之间称为交界碱。如：N^{3-}、Br^-、NO_2^-、${SO_3}^{2-}$、N_2 等。

2. 软硬酸碱规则及其应用

(1)软硬酸碱(SHAB)规则：硬亲硬，软亲软，软硬交界就不管(处中间)。

(2)应用：

①化合物的稳定性：$K^{\ominus}_{稳}[Cd(CN)_4]^{2-} > K^{\ominus}_{稳}[Cd(NH_3)_4]^{2+}$

5.8×10^{10}　　　　1.70×10^{7}

热稳定性：HF > HI

②判断反应方向：

$LiI + CsF = LiF + CsI$　　$\Delta H = -63 kJ\cdot mol^{-1}$

$HgF_2 + BeI_2 = BeF_2 + HgI_2$　　$\Delta H = -397\ kJ\cdot mol^{-1}$

$AlI_3 + 3NaF = AlF_3 + 3NaI$　　$\Delta H = 496\ kJ\cdot mol^{-1}$

$BeI_2 + ZnF_2 = BeF_2 + ZnI_2$　　$\Delta H = -277\ kJ\cdot mol^{-1}$

③自然界各元素存在于各种形式的矿物中，Mg、Ca、Sr、Ba、Al 等金属离子为硬酸，大都以氯化物、氟化物、碳酸盐、硫酸盐等形式存在，而 Cu、Ag、Au、Zn、Pb、Hg、Ni、Co 等低价金属为软酸，则以硫化物的形式存在。

④溶解性：在水溶液中，H_2O 含有电负性高的氧原子，是一种硬碱，但介于 F^- 与其他卤素离子之间，Li^+ 是典型硬酸，与 F^- 键合强。LiF 水中溶解度小，而 LiCl、LiBr、LiI 易溶，易被 H_2O 取代。而卤化银中的 Ag^+ 是软酸，与 Cl^-、Br^-、I^- 键合较水强，这些盐溶解度就小，但 Ag^+ 与 F^- 键合较水弱，AgF 溶解度就大。

5.2　弱酸、弱碱的离解平衡

5.2.1　一元弱酸、弱碱的离解平衡

酸或碱的强弱取决于物质给出质子或接受质子的能力大小。物质给出质子能力愈强，其酸性也就愈强，反之就愈弱。同样，物质接受质子的能力愈强，碱性就愈强，反之就愈弱。

一元弱酸 HA 在水溶液中的离解平衡：

$$HA + H_2O \rightleftharpoons H_3O^+ + A^-$$

通常可简写为 $HA \rightleftharpoons H^+ + A^-$

反应的标准解离常数： $K^{\ominus}_{a(HA)} = \frac{[H^+] \cdot [A^-]}{[HA]}$ (5-2)

一般以 $K^{\ominus}_a$ 表示弱酸的解离常数，以 $K^{\ominus}_b$ 表示弱碱的解离常数。其值可通过实验测得。附录表5列出了一些酸碱的解离常数。

查表得25℃时， $HAc \rightleftharpoons H^+ + Ac^-$ $K^{\ominus}_a = 1.75 \times 10^{-5}$

$HCN \rightleftharpoons H^+ + CN^-$ $K^{\ominus}_a = 6.2 \times 10^{-10}$

$NH_3 + H_2O \rightleftharpoons NH_4{}^+ + OH^-$ $K^{\ominus}_b = 1.8 \times 10^{-5}$

显然，在水溶液中，HAc 的 $K^{\ominus}_a$ 大于 HCN 的 $K^{\ominus}_a$，表明相对于水溶剂来说，HAc 给出质子的能力要比 HCN 的强，HAc 的酸性比 HCN 强。

对于物质碱性的强弱，同样可根据它们的 $K^{\ominus}_b$ 大小来比较。$K^{\ominus}_b$ 愈大，说明该物质接受质子的能力愈强，它的碱性也就愈强。

对于一定的酸、碱，$K^{\ominus}_a$ 与 $K^{\ominus}_b$ 的大小与浓度无关，只与温度、溶剂以及是否有其他强电解质的存在有关。不过，一般来说温度对解离常数的影响极小，因此实际应用中不考虑温度对解离常数的影响。通常 $K^{\ominus}_a$(或 $K^{\ominus}_b$)的数量级$>10^{-2}$的电解质可以认为是强酸(或强碱)，$K^{\ominus}_a$(或 $K^{\ominus}_b$)的数量级在 $10^{-2} \sim 10^{-3}$ 的为中强酸(或中强碱)，$K^{\ominus}_a$(或 $K^{\ominus}_b$)的数量级$\leqslant 10^{-4}$可以认为是弱酸(或弱碱)。

当一元弱酸 HA 在水溶液中达到离解平衡时，

$$HA \rightleftharpoons H^+ + A^- \qquad K^{\ominus}_a = \frac{[H^+] \cdot [A^-]}{[HA]}$$

如果忽略水的离解，只考虑弱酸的解离平衡，则平衡时：

$$[H^+] = [A^-]$$

$$[HA] = c - [H^+] \qquad (c \text{ 为 HA 的初始浓度})$$

将上式代入 $K^{\ominus}_a$ 的表达式 $K^{\ominus}_a = \frac{[H^+]^2}{c - [H^+]}$

$$[H^+]^2 + K^{\ominus}{}_a[H^+] - K^{\ominus}{}_a c = 0$$

$$[H^+] = \frac{-K^{\ominus}_a + \sqrt{(K^{\ominus}_a)^2 + 4K^{\ominus}_a c}}{2} \tag{5-3}$$

式(5-3)是计算一元弱酸溶液中$[H^+]$的近似式(忽略了水解离出的$[H^+]$)。如果弱酸的解离程度较小，当$\frac{c}{K^{\ominus}_a} \geqslant 400$时，弱酸的解离程度$<5\%$，$[H^+] \ll c$，$c - [H^+] \approx c$，那么

$$K^{\ominus}_a = \frac{[H^+]^2}{c - [H^+]} \approx \frac{[H^+]^2}{c}$$

得 $$[H^+] = \sqrt{K^{\ominus}_a c} \tag{5-4}$$

式(5-4)是计算一元弱酸溶液中$[H^+]$的最简式。

一元弱碱的解离平衡

$$NH_3 \cdot H_2O \rightleftharpoons NH_4{}^+ + OH^-$$

$$K^{\ominus}{}_b = \frac{[NH_4^+] \cdot [OH^-]}{[NH_3 \cdot H_2O]}$$

同理得 $$[OH^-] = \frac{-K^{\ominus}_b + \sqrt{(K^{\ominus}_b)^2 + 4K^{\ominus}_b c}}{2} \tag{5-5}$$

当$\frac{c}{K_b^\ominus} \geqslant 400$时，
$$[OH^-]=\sqrt{K_b^\ominus c} \tag{5-6}$$

弱酸、弱碱在水中的解离程度常用解离度α表示。α为已离解的浓度与总浓度之比。

$$\alpha = \frac{离解部分的弱电解质浓度}{未离解前弱电解质浓度} \tag{5-7}$$

例 5-1　已知 HAc 的初始浓度为c，求$K^\ominus_a$与α之间的定量关系。

解：

	$HAc \rightleftharpoons$	$H^+ +$	Ac^-
初始浓度/ $mol \cdot L^{-1}$	c	0	0
平衡浓度/ $mol \cdot L^{-1}$	$c-c\alpha$	$c\alpha$	$c\alpha$

代入平衡常数表达式：

$$K^\ominus_a=\frac{[H^+]\cdot[Ac^-]}{[HAc]}$$

$$K^\ominus_a=\frac{c\alpha \cdot c\alpha}{c-c\alpha}=\frac{c\alpha^2}{1-\alpha}$$

如果$\frac{c}{K_a^\ominus} \geqslant 400$，$1-\alpha \approx 1$，

则
$$\alpha=\sqrt{\frac{K_a^\ominus}{c}}$$

例 5-2　计算 0.1 $mol \cdot L^{-1}$氨水溶液的 pH 值。

解：查表得氨水的$K_b^\ominus=1.79\times10^{-5}$，

	$NH_3 \cdot H_2O \rightleftharpoons$	$NH_4{}^+ +$	OH^-
初始浓度/ $mol \cdot L^{-1}$	0.1	0	0
平衡浓度/ $mol \cdot L^{-1}$	$0.1-x$	x	x

代入平衡常数表达式：

$$K_b^\ominus=\frac{[NH_4^+]\cdot[OH^-]}{[NH_3 \cdot H_2O]}$$

$$K_b^\ominus=\frac{x \cdot x}{0.1-x}$$

由于$\frac{c}{K_b^\ominus}=\frac{0.1}{1.79\times10^{-5}}>400$，　$0.1-x \approx 0.1$

则
$$1.79\times10^{-5}=\frac{x^2}{0.1}$$

$$x=[OH^-]=1.34\times10^{-3}\ mol \cdot L^{-1}$$

$$[H^+]=\frac{K_w^\ominus}{[OH^-]}=\frac{1.0\times10^{-14}}{1.34\times10^{-3}}=7.46\times10^{-12}(mol \cdot L^{-1})$$

$$pH=-\lg[H^+]=-\lg 7.46\times10^{-12}=11.1$$

5.2.2　同离子效应和盐效应

弱电解质的解离平衡和其他化学平衡一样，当维持平衡的外界条件改变时，会引起解离平衡的移动，在新的条件下，达到新的平衡状态。

在 HAc 溶液中，若加入含有相同离子（Ac^-）的 NaAc，由于 NaAc 完全解离为 Na^+ 和 Ac^-，使溶液中的 $c(Ac^-)$ 增大，引起 HAc 解离平衡向左移动。

$$HAc \rightleftharpoons H^+ + Ac^-$$

$$NaAc \longrightarrow Na^+ + Ac^-$$

这种由于在弱电解质溶液中加入一种含有相同离子（阴离子或阳离子）的强电解质，使弱电解质解离度降低的现象称为同离子效应。

例 5-3 在 0.10 mol·L^{-1} HAc 溶液中，加入 NaAc 使 NaAc 浓度为 0.10 mol·L^{-1}。计算这时 HAc 的解离度。

解：查附录，HAc 的 $K_a^\ominus = 1.8\times10^{-5}$；设平衡时 HAc 的解离度为 α，忽略水的解离，溶液中的 H^+ 可以认为都由 HAc 解离产生。因 HAc 的解离度为 α，则有 $[H^+] = 0.10\,\alpha$ mol·L^{-1}。溶液中存在平衡

	HAc	$\rightleftharpoons$	H^+	+	Ac^-
起始浓度/ mol·L^{-1}	0.10		0		0.10
平衡浓度/ mol·L^{-1}	$0.10-0.10\alpha$		0.10α		$0.10+0.10\alpha$

$$K_a^\ominus = \frac{[H^+]\cdot[Ac^-]}{[HAc]}$$

$$1.8\times10^{-5} = \frac{0.1\alpha\cdot(0.1+0.1\alpha)}{0.1-0.1\alpha}$$

因 HAc 的解离度很小，可认为 $0.10+0.10\alpha\approx 0.10$，$0.10-0.10\alpha\approx0.10$

解得：$\alpha = 1.8\times10^{-4}$，加入 NaAc 后 HAc 的解离度为 0.018%。

如果在弱电解质溶液中，加入大量不含相同离子的强电解质（如在 HAc 溶液中加入 NaCl）时，该弱电解质的电离度将略有增大，这种效应称为盐效应。其原因是强电解质的加入，离子浓度增大了，“离子氛”使异号电荷离子间相互牵制作用增强，使弱电解质组分中的阴、阳离子结合成分子的速度降低，其结果是弱电解质的解离度增大。

同离子效应和盐效应对于弱电解质的解离所起的作用是相反的，但是发生同离子效应的同时，必然伴随着盐效应。由于同离子效应对弱电解质的解离所起的作用比盐效应大得多，因此在溶液浓度不大的情况下，可以只考虑同离子效应而忽略盐效应的影响。

5.2.3 多元弱酸、弱碱的离解平衡

能够给出（或接受）两个或更多质子的弱酸（弱碱）称为多元弱酸（多元弱碱）。多元弱酸（如 H_2CO_3、H_2S 等）和多元弱碱（如 CO_3^{2-}、S^{2-} 等）在水溶液中的解离是分步进行的，例如，H_2S 在水溶液中的解离是分两步进行的：

$$H_2S \rightleftharpoons H^+ + HS^- \qquad K_{a_1}^\ominus = \frac{[H^+]\cdot[HS^-]}{[H_2S]} = 1.3\times10^{-7}$$

$$HS^- \rightleftharpoons H^+ + S^{2-} \qquad K_{a_2}^\ominus = \frac{[H^+]\cdot[S^{2-}]}{[HS^-]} = 7.1\times10^{-15}$$

可以看出：两步的解离常数相差很大，即 $K_{a_1}^\ominus \gg K_{a_2}^\ominus$，说明第二步解离比第一步困难得多。这是由于第一步解离产生的 H^+ 抑制了第二步解离。多元弱酸（多元弱碱）的解离一般是 $K_{a_1}^\ominus \gg K_{a_2}^\ominus \gg K_{a_3}^\ominus$（$K_{b_1}^\ominus \gg K_{b_2}^\ominus \gg K_{b_3}^\ominus$），每一步的解离常数相差近 10^5 倍以上，所以多元弱酸（多元弱碱）水溶液中 H^+（OH^-）的浓度主要决定于第一步解离反应，可近似按一元弱酸（碱）处理。

例 5-4　常温、常压下 H_2S 在水中的溶解度为 0.10 mol·L^{-1}，试求 H_2S 饱和溶液中 HS^-、S^{2-} 的平衡浓度。

解：已知 25 ℃时，$K_{a_1}^{\ominus}=1.3\times10^{-7}$，$K_{a_2}^{\ominus}=7.1\times10^{-15}$

设第一级离解产生的 HS^- 离子浓度为 x mol·L^{-1}，第二级离解所产生的 S^{2-} 离子浓度为 y mol·L^{-1}，则有

	H_2S $\rightleftharpoons$	H^+ +	HS^-
初始浓度/mol·L^{-1}	0.10	0	0
平衡浓度/mol·L^{-1}	$0.10-x$	$x+y$	$x-y$

	HS^- $\rightleftharpoons$	H^+ +	S^{2-}
初始浓度/mol·L^{-1}	x	x	0
平衡浓度/mol·L^{-1}	$x-y$	$x+y$	y

由于 $K_{a_1}^{\ominus}\gg K_{a_2}^{\ominus}$，即 H_2S 的第二级离解相对困难得多，因而第二级离解所产生的 H^+ 离子浓度 y 很小，体系$[H^+]=x+y\approx x$，同样溶液中$[HS^-]=x-y\approx x$，所以 HS^- 的平衡浓度可以直接根据 H_2S 的第一级离解求得。

因为
$$K_{a_1}^{\ominus}=\frac{[H^+]\cdot[HS^-]}{[H_2S]}$$

所以
$$K_{a_1}^{\ominus}\approx\frac{x\cdot x}{0.10-x}=\frac{x^2}{0.10-x}=1.3\times10^{-7}$$

因为 $\dfrac{c}{K_{a_1}^{\ominus}}>400$，故 $0.10-x\approx0.10$，$\dfrac{x^2}{0.10}=1.3\times10^{-7}$

可求得
$$x=1.1\times10^{-4}(\text{mol}\cdot\text{L}^{-1})$$

溶液中 S^{2-} 离子浓度可以通过第二级离解求出：

$$K_{a_2}^{\ominus}=\frac{[H^+]\cdot[S^{2-}]}{[HS^-]}$$

$$[H^+]\approx[HS^-]$$

$$[S^{2-}]\approx K_{a_2}^{\ominus}=7.1\times10^{-15}(\text{mol}\cdot\text{L}^{-1})$$

5.2.4　共轭酸碱对 $K_a^{\ominus}$ 与 $K_b^{\ominus}$ 的关系

1. 一元弱酸碱

根据酸碱质子理论可知，HAc 的共轭碱为 Ac^-，Ac^- 在水中有以下平衡：

$$Ac^-+H_2O\rightleftharpoons HAc+OH^-$$

$$K_b^{\ominus}=\frac{[HAc]\cdot[OH^-]}{[Ac^-]}$$

将 HAc 的 $K_a^{\ominus}$ 和其共轭碱 Ac^- 的 $K_b^{\ominus}$ 相乘可得：

$$K_a^{\ominus}\times K_b^{\ominus}=\frac{[H^+]\cdot[Ac^-]}{[HAc]}\times\frac{[HAc]\cdot[OH^-]}{[Ac^-]}=K_w^{\ominus}\qquad(5-8)$$

根据这一关系，Ac^- 离子 $K_b^{\ominus}(Ac^-)=\dfrac{1.0\times10^{-14}}{K_a^{\ominus}(HAc)}=\dfrac{1.0\times10^{-14}}{1.76\times10^{-5}}=5.7\times10^{-10}$，而 CN^- 离子的 $K_b^{\ominus}(CN^-)=\dfrac{K_w^{\ominus}}{K_a^{\ominus}(HCN)}=\dfrac{1.0\times10^{-14}}{4.93\times10^{-10}}=2.0\times10^{-5}$。很显然，HAc 的酸性比 HCN 的酸

性强，而 Ac^- 离子的碱性比 CN^- 离子的碱性弱。如果知道某酸的解离常数 $K_a^\ominus$ 就可以算得其共轭碱的解离常数 $K_b^\ominus$，如果知道某碱的解离常数 $K_b^\ominus$ 也可以算得其共轭酸的解离常数 $K_a^\ominus$。共轭酸碱对 $K_a^\ominus$ 与 $K_b^\ominus$ 的反比关系也印证了前面所述的酸越强其共轭碱越弱，碱越强其共轭酸越弱的关系。

2. 多元弱酸碱

对于多元酸（碱）来说，由于它们在水溶液中是分级解离的，因此存在着多个共轭酸碱对，这些共轭酸碱对的 $K_a^\ominus$ 和 $K_b^\ominus$ 之间也存在着一定的依存关系。

多元酸在水溶液中的离解是逐级进行的。例如 H_2CO_3：

$$H_2CO_3 \rightleftharpoons HCO_3^- + H^+ \qquad K_{a_1}^\ominus = 4.47\times10^{-7}$$

$$HCO_3^- \rightleftharpoons CO_3^{2-} + H^+ \qquad K_{a_2}^\ominus = 4.68\times10^{-11}$$

多元酸的共轭碱在水溶液中结合质子的过程也是逐级进行的，例如 CO_3^{2-} 离子：

$$CO_3^{2-} + H_2O \rightleftharpoons HCO_3^- + OH^- \qquad K_{b_1}^\ominus$$

$$HCO_3^- + H_2O \rightleftharpoons H_2CO_3 + OH^- \qquad K_{b_2}^\ominus$$

显然，对于二元酸及其共轭碱，它们的离解常数之间有以下关系存在：

$$K_{a_1}^\ominus \times K_{b_2}^\ominus = K_{a_2}^\ominus \times K_{b_1}^\ominus = [H^+]\cdot[OH^-] = K_w^\ominus \tag{5-9}$$

例如，三元酸 H_3PO_4 在水溶液中存在三级解离：

$$H_3PO_4 \rightleftharpoons H^+ + H_2PO_4^- \qquad K_{a_1}^\ominus = 7.5\times10^{-3}$$

$$H_2PO_4^- \rightleftharpoons H^+ + HPO_4{}^{2-} \qquad K_{a_2}^\ominus = 6.2\times10^{-8}$$

$$HPO_4{}^{2-} \rightleftharpoons H^+ + PO_4{}^{3-} \qquad K_{a_3}^\ominus = 4.8\times10^{-13}$$

因此，H_3PO_4 在水溶液中有 4 种形态：H_3PO_4、$H_2PO_4^-$、$HPO_4{}^{2-}$、$PO_4{}^{3-}$，其中 H_3PO_4、$H_2PO_4^-$、$HPO_4{}^{2-}$ 是酸，3 种酸的强弱顺序为 $H_3PO_4 > H_2PO_4^- > HPO_4{}^{2-}$。$H_2PO_4^-$、$HPO_4{}^{2-}$ 是酸碱两性物质。这 4 种形态中有 3 组共轭酸碱对：$H_3PO_4 - H_2PO_4^-$、$H_2PO_4^- - HPO_4{}^{2-}$、$HPO_4{}^{2-} - PO_4{}^{3-}$。

三元碱 $PO_4{}^{3-}$ 在水溶液中也是分级解离的：

$$PO_4{}^{3-} + H_2O \rightleftharpoons OH^- + HPO_4{}^{2-} \qquad K_{b_1}^\ominus$$

$$HPO_4{}^{2-} + H_2O \rightleftharpoons OH^- + H_2PO_4^- \qquad K_{b_2}^\ominus$$

$$H_2PO_4^- + H_2O \rightleftharpoons OH^- + H_3PO_4 \qquad K_{b_3}^\ominus$$

3 种碱 $PO_4{}^{3-}$、$HPO_4{}^{2-}$、$H_2PO_4^-$ 的强弱顺序为：$PO_4{}^{3-} > HPO_4{}^{2-} > H_2PO_4^-$。3 组共轭酸碱对 $K_a^\ominus$ 和 $K_b^\ominus$ 的对应关系为：

$$K_{a_1}^\ominus \cdot K_{b_3}^\ominus = K_{a_2}^\ominus \cdot K_{b_2}^\ominus = K_{a_3}^\ominus \cdot K_{b_1}^\ominus = K_w^\ominus \tag{5-10}$$

5.3 酸碱缓冲溶液

酸碱缓冲溶液是指具有稳定溶液酸度作用的溶液，即向此溶液中加入少量强酸或少量强碱或适当稀释时，溶液的酸度能基本保持不变。实践证明，弱酸及其共轭碱、弱碱及其共轭酸、两性物质溶液都具有缓冲作用。在反应体系中加入这种溶液，就能达到控制酸度的目的。

缓冲溶液具有重要的意义和广泛的应用。例如，人体血液的 pH 值需保持在 7.35～7.45，pH 值过高或过低都将导致疾病甚至死亡。由于血液中存在着许多酸碱物质，如 H_2CO_3、

HCO_3^-、HPO_4^{2-}、蛋白质、血红蛋白和含氧血红蛋白等，这些酸碱物质组成的缓冲体系可使血液的 pH 值稳定在 7.40 左右。又如植物只有在一定 pH 值的土壤中才能正常的生长、发育，大多数植物在 pH＜3.5 和 pH＞9 的土壤中都不能生长，如水稻生长适宜的 pH 值为 6～7。土壤中的缓冲体系一般由酸碱物质 H_2CO_3、HCO_3^-、腐殖酸及其共轭碱组成，因此，土壤是很好的"缓冲溶液"，具有比较稳定的 pH 值，有利于微生物的正常活动和农作物的发育生长。许多化学反应需要在一定 pH 条件下进行，使用缓冲溶液可提供这样的条件。

5.3.1 酸碱缓冲溶液的作用原理

缓冲溶液一般是由浓度较大的弱酸(或多元酸)与其共轭碱或弱碱(或多元碱)与其共轭酸组成。如 $HAc-Ac^-$、$NH_4^+-NH_3\cdot H_2O$、$NaHCO_3-Na_2CO_3$ 等，缓冲溶液的 pH 值由处于共轭关系的这一对酸碱物质决定。以 HAc－NaAc 缓冲体系为例说明缓冲溶液的作用原理。溶液中存在下列平衡：

$$HAc \rightleftharpoons H^+ + Ac^-$$

在 HAc－NaAc 混合液中，NaAc 在溶液中完全解离，因此溶液中 HAc 和 Ac^- 浓度较大。但 H^+ 离子浓度却很小。

向溶液中加入少量强酸时，加入的 H^+ 可与溶液中 Ac^- 反应生成难离解的共轭酸 HAc，使平衡向左移动，溶液中$[H^+]$基本保持不变；向溶液中加入少量强碱时，加入的 OH^- 与溶液中的 H^+ 结合成难离解的 H_2O，促使 HAc 继续向水转移质子，平衡向右移动，溶液中$[H^+]$也基本保持不变；如果将溶液稍加稀释，HAc 和 Ac^- 浓度都相应降低，使 HAc 的离解度增大，那么溶液中$[H^+]$仍然基本保持不变，从而使溶液酸度稳定。在这种类型的缓冲溶液中，共轭酸具有对抗外加强碱的作用，而共轭碱具有对抗外加强酸的作用。在加水稀释的情况下，共轭酸和共轭碱的浓度比不会改变，因此溶液的 pH 值也基本不变，所以由共轭酸碱对组成的缓冲溶液还具有抗稀释的作用。

5.3.2 酸碱缓冲溶液的 pH 值计算

对于上述 $HAc-Ac^-$ 缓冲体系，设缓冲组分的浓度分别为 c_{HAc}、c_{Ac^-}，溶液中存在下列平衡：

	HAc	$\rightleftharpoons$	H^+	+	Ac^-
初始浓度	c_{HAc}		0		c_{Ac^-}
平衡浓度	$c_{HAc}-[H^+]$		$[H^+]$		$c_{Ac^-}+[H^+]$

将各物质的平衡浓度代入平衡常数表达式，

$$K_a^\ominus=\frac{[H^+]\cdot(c_{Ac^-}+[H^+])}{c_{HAc}-[H^+]}$$

由于 Ac^- 的同离子效应使弱酸 HAc 的电离度更小，则电离出的$[H^+]$很小，$c_{HAc}-[H^+]\approx c_{HAc}$，$c_{Ac^-}+[H^+]\approx c_{Ac^-}$。

则
$$K_a^\ominus=\frac{[H^+]\cdot c_{Ac^-}}{c_{HAc}}$$

$$[H^+]=K_a^\ominus\cdot\frac{c_{HAc}}{c_{Ac^-}} \tag{5-11a}$$

将上式取负对数，得

$$pH=pK_a^\ominus-\lg\frac{c_{HAc}}{c_{Ac^-}} \tag{5-11b}$$

式(5-11b)说明缓冲溶液的酸度与缓冲组分的性质($K_a^\ominus$)有关,同时与缓冲组分浓度比有关。可以适当改变浓度比值,就可在一定范围内配制得不同 pH 值的缓冲溶液。

例 5-5 计算 0.10 mol·L^{-1} NH_4Cl 和 0.20 mol·L^{-1} NH_3 缓冲溶液的 pH 值。

解:已知 NH_3 的 $K_b^\ominus = 1.8\times10^{-5}$,所以,$NH_4^+$ 的 $K_a^\ominus = \dfrac{K_w^\ominus}{K_b^\ominus} = 5.6\times10^{-10}$,由于 $c(NH_4^+)$和 $c(NH_3)$均较大,故可采用计算缓冲溶液 pH 值的近似公式计算

$$pH = pK_a^\ominus - \lg\frac{c_{NH_4^+}}{c_{NH_3}} = 9.26 - \lg\frac{0.1}{0.2} = 9.56$$

0.10 mol·L^{-1} NH_4Cl 和 0.20 mol·L^{-1} NH_3 缓冲溶液的 pH 值为 9.56。

例 5-6 计算浓度为 0.10 mol·L^{-1}的 HAc 和 0.10 mol·L^{-1}的 NaAc 组成的缓冲溶液的 pH 值。向 100 mL 这样的缓冲溶液中各加入 10 mL 0.010 mol·L^{-1} HCl 或 NaOH 溶液后 pH 值有何变化?如果将溶液稀释一倍,则 pH 值如何变化?($pK_a^\ominus = 4.75$)

解:(1)对于 HAc-Ac^- 缓冲溶液有

$$pH_0 = pK_a^\ominus - \lg\frac{c_{HAc}}{c_{Ac^-}} = 4.75 - \lg\frac{0.10}{0.10} = 4.75$$

(2)向 100 mL 这样的缓冲溶液中加入 10 mL 0.010 mol·L^{-1} HCl 后,NaAc 能与 HCl 作用生成 HAc,这时有:

$$c_{HAc} = \frac{0.10\times100 + 0.010\times10}{110} = 0.092(mol\cdot L^{-1})$$

$$c_{Ac^-} = \frac{0.10\times100 - 0.010\times10}{110} = 0.090(mol\cdot L^{-1})$$

溶液的 pH 值为: $pH_1 = 4.75 + \lg\dfrac{0.090}{0.092} = 4.74$

溶液酸度的改变值为 $\Delta pH_1 = pH_1 - pH_0 = 4.74 - 4.75 = -0.01$

(3)向 100 mL 这样的缓冲溶液中加入 10 mL 0.010 mol·L^{-1} NaOH 后,HAc 能与 NaOH 作用生成 NaAc。这时:

$$c_{HAc} = \frac{0.10\times100 - 0.010\times10}{110} = 0.090(mol\cdot L^{-1})$$

$$c_{Ac^-} = \frac{0.10\times100 + 0.010\times10}{110} = 0.092(mol\cdot L^{-1})$$

$$pH_2 = 4.75 + \lg\frac{0.092}{0.090} = 4.76$$

$$\Delta pH_2 = pH_2 - pH_0 = 4.76 - 4.75 = 0.01$$

(4)将体系稀释一倍后,溶液中缓冲组分的浓度均减小一半,但比值不变,则有:

$$pH_3 = 4.75 + \lg\frac{0.050}{0.050} = 4.75$$

$$\Delta pH_3 = pH_3 - pH_0 = 4.75 - 4.75 = 0$$

上例说明缓冲溶液确有稳定溶液酸度的作用。需要注意的是,任何酸碱缓冲溶液的缓冲能力都是有限的,若向体系中加入过多的酸或碱,或是过度稀释,都有可能使酸碱缓冲溶液失去缓冲作用。

5.3.3 缓冲容量和缓冲范围

任何一种缓冲溶液,其缓冲能力都有一定的限度。如果加入强酸(碱)的量太大或稀释

的倍数太大时，溶液的 pH 就会发生较大的变化，此时缓冲溶液就会失去缓冲能力。缓冲能力的大小通常用缓冲容量来度量：

$$\beta = \frac{dn_B}{dpH} = -\frac{dn_A}{dpH} \tag{5-12}$$

β 称为缓冲容量。它表示使 1 L 溶液的 pH 值增加（或降低）dpH 单位时，所需强碱（或酸）的物质的量 dn_B（或 dn_A）。因强酸使 pH 值降低，所以要加负号才能保持 β 为正值。显然，缓冲溶液的缓冲容量 β 越大，缓冲溶液的缓冲能力越大。

缓冲容量与缓冲组分的总浓度及共轭酸和共轭碱的浓度比值有关。缓冲组分的总浓度越大，缓冲容量越大，缓冲组分的总浓度通常为 0.01～1 mol·L^{-1}，共轭酸和共轭碱的浓度比通常为 1∶10 到 10∶1。将 c(共轭酸)∶c(共轭碱)＝1∶10 或 10∶1 代入缓冲溶液 pH 值计算公式，得到 pH＝$pK_a^\ominus \pm 1$，这就是缓冲溶液的有效缓冲范围。

例如：HAc－NaAc 缓冲溶液，$pK_a^\ominus$(HAc)＝ 4.75，其缓冲范围为 pH＝ 3.75～5.75；NH_4Cl-NH_3缓冲溶液。$pK_a^\ominus(NH_4^+)$＝ 9.26，其缓冲范围为 pH＝ 8.26 ～10.26。

c_a∶c_b＝1∶1 时，缓冲容量最大，此时 pH＝$pK_a^\ominus$。

5.3.4 缓冲溶液的配制

在科研和生产实践中，经常要配制一定 pH 值的缓冲溶液。选择缓冲溶液的原则是：缓冲溶液对化学反应没有干扰，使用中所需控制的 pH 值应在缓冲溶液的缓冲范围之内，缓冲溶液应有足够的缓冲容量，以满足实际工作的需要，缓冲溶液应价廉易得，污染较小。

配制缓冲溶液的基本过程如下：

(1)选择合适的缓冲对：缓冲对由共轭酸碱对组成，缓冲对中共轭酸的 $pK_a^\ominus$ 应在缓冲溶液 pH±1 范围之内。宜选择共轭酸的 $pK_a^\ominus$ 最接近缓冲溶液 pH 值的缓冲对，以使 c(酸)/c(碱)比值接近于 1，这样能使缓冲溶液有较大的缓冲容量。例如配制 pH＝5 的缓冲溶液，选择 HAc－NaAc 缓冲对（$pK_a^\ominus$(HAc)＝4.74）比较合适，配制 pH＝9 的缓冲溶液，选择 NH_4Cl-NH_3缓冲对（$pK_a^\ominus(NH_4^+)$＝9.26）比较合适。

(2)计算缓冲比 c(共轭酸)/c(共轭碱)：选择合适的缓冲对后，将缓冲溶液所需的 pH 值和 $pK_a^\ominus$ 值代入缓冲溶液 pH 值计算公式中，即可求出缓冲比。

(3)确定溶质质量或溶液体积：根据缓冲比和缓冲溶液的有关具体要求，确定溶质的质量或酸(碱)溶液的体积。

例 5-7 配制 pH＝5.00 的缓冲溶液，应向 500 mL 0.1 mol·L^{-1}的 HAc 中加多少克无水 NaAc？（设加入 NaAc 后溶液体积基本不变）。

解：已知 pH＝5.00，$pK_a^\ominus$＝4.75，M(NaAc)＝82 g

根据

$$pH = pK_a^\ominus - \lg\frac{c_{HAc}}{c_{Ac^-}}$$

$$pH = pK_a^\ominus - \lg\frac{c_{HAc}}{c_{Ac^-}} = pK_a^\ominus - \lg\frac{n_{HAc}}{n_{Ac^-}}$$

$$5.00 = 4.75 - \lg\frac{0.1\times 0.5}{n_{Ac^-}}$$

解得

$$n(NaAc) = 0.089(mol)$$

$$m(NaAc) = n(NaAc)\times M(NaAc) = 0.089\times 82 = 7.3(g)$$

应加入无水 NaAc 7.3 g。

表 5－2 列出一些常见的酸碱缓冲体系，可供选择时参考。

表 5－2 一些常见的酸碱缓冲体系

缓冲体系	$pK_a^\ominus$（或 $pK_b^\ominus$）	缓冲范围（pH 值）
HAc－NaAc	4.75	3.6～5.6
$NH_3 \cdot H_2O-NH_4Cl$	4.75（$pK_b^\ominus$）	8.3～10.3
$NaHCO_3-Na_2CO_3$	10.25	9.2～11.0
$KH_2PO_4-K_2HPO_4$	7.21	5.9～8.0
$H_3BO_3-Na_2B_4O_7$	9.2	7.2～9.2

例 5－8 对于 HAc－NaAc 以及 HCOOH－HCOONa 两种缓冲体系，若要配制 pH 值为 4.8 的酸碱缓冲溶液，应选择何种体系为好？现有 $c(HAc)=6.0\ mol \cdot L^{-1}$ HAc 溶液 12 mL，配成 250 mL pH＝4.8 的酸碱缓冲溶液，应称取固体 $NaAc \cdot 3H_2O$ 多少克？

解：根据
$$pH=pK_a^\ominus-\lg\frac{c_{HAc}}{c_{Ac^-}}$$

若选用 HAc－NaAc 体系，$\lg\frac{c_{HAc}}{c_{Ac^-}}=pK_a^\ominus-pH=4.75-4.8=-0.05 \qquad \frac{c_{Ac^-}}{c_{HAc}}=1.12$

若选用 HCOOH－HCOONa 体系，$\lg\frac{c_{HCOOH}}{c_{HCOO^-}}=3.75-4.8=-1.05 \qquad \frac{c_{HCOO^-}}{c_{HCOOH}}=11.2$

显然，对于本例，由于 HAc－NaAc 体系的 pH 值与所需控制的 pH 值接近，两组分的浓度比值也接近于 1，其缓冲能力比 HCOOH－HCOONa 体系强，故应选择 HAc－NaAc 缓冲体系。

若要配制 250 mL pH＝4.8 的酸碱缓冲溶液，由

$$c(HAc)=\frac{12\times6.0}{250}=0.288(mol \cdot L^{-1})\text{，以及}\frac{c_{Ac^-}}{c_{HAc}}=1.12$$

则：
$$c_{Ac^-}=1.12\times0.288=0.332(mol \cdot L^{-1})$$

所以称取 $NaAc \cdot 3H_2O$ 的质量为

$$m_{NaAc \cdot 3H_2O}=c \cdot V \cdot M=0.332\times0.250\times136=11(g)$$

5.4 酸碱平衡体系中有关组分浓度的计算

在酸碱平衡体系中往往有多种组分形式同时存在。例如，在 HAc 水溶液平衡体系中，HAc、Ac^- 等离子同时存在，在 H_3PO_4 水溶液平衡体系中有 4 种形态：H_3PO_4、$H_2PO_4^-$、$HPO_4{}^{2-}$、$PO_4{}^{3-}$ 同时存在，只是在一定酸度条件下各种存在形式的浓度大小不同而已。

酸的浓度和酸度在概念上是不同的。酸度是指溶液中 H^+ 的浓度，严格地说是指 H^+ 的活度，常用 pH 表示，$pH=-\lg[H^+]$。酸的浓度是指在一定体积溶液中含有某种酸溶质的量，常用物质的量浓度表示。同样，碱的浓度和碱度在概念上也是不同的，碱度常用 pOH 表示，$pOH=-\lg[OH^-]$。

分布系数是指溶液中某种组分存在形式的平衡浓度占其总浓度的分数，一般以 δ 表示。

当溶液酸度改变时，组分的分布系数会发生相应的变化，组分的分布系数与溶液酸度的关系曲线就称为分布曲线。

对于一元弱酸，例如 HAc，设它的总浓度为 c。它在溶液中以 HAc 和 Ac^- 两种形式存在，它们的平衡浓度分别为[HAc]和[Ac^-]，又设 HAc 的分布系数为 δ_{HAc}，Ac^- 的分布系数为 δ_{Ac^-}，则

$$\delta_{HAc}=\frac{[HAc]}{c}=\frac{[HAc]}{[HAc]+[Ac^-]}=\frac{1}{1+\frac{[Ac^-]}{[HAc]}}=\frac{1}{1+\frac{K_a^\ominus}{[H^+]}}=\frac{[H^+]}{[H^+]+K_a^\ominus} \quad (5-13a)$$

同样可求得

$$\delta_{Ac^-}=\frac{[Ac^-]}{c}=\frac{K_a^\ominus}{[H^+]+K_a^\ominus} \quad (5-13b)$$

显然，各种组分分布系数之和等于1，即 $\delta_{HAc}+\delta_{Ac^-}=1$

如果以 pH 值为横坐标，各存在形式的分布系数为纵坐标，可得如图 5-1 所示的分布曲线。由图可以看出，$\delta_{(HAc)}$ 随 pH 值增大而减小，$\delta_{(Ac^-)}$ 随 pH 值增大而增大。

当 $pH=pK_a^\ominus$ 时，$\delta_{(HAc)}=\delta_{(Ac^-)}=0.5$，即 [HAc]=[$Ac^-$]；

当 $pH<pK_a^\ominus$ 时，溶液中主要存在形式为 HAc；

当 $pH>pK_a^\ominus$ 时，溶液中主要存在形式为 Ac^-。

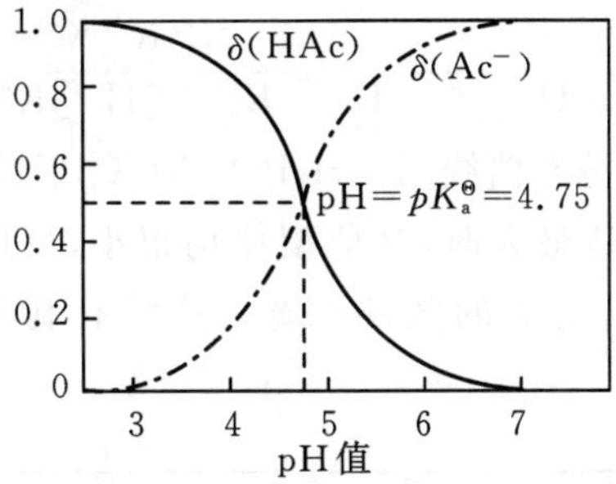

图 5-1 HAc、Ac^- 分布系数与溶液 pH 值的分布曲线

对于二元酸，例如草酸在水溶液中以 $H_2C_2O_4$、$HC_2O_4^-$、$C_2O_4{}^{2-}$ 三种形式存在，设总浓度为 c，则 $c=[H_2C_2O_4]+[HC_2O_4^-]+[C_2O_4{}^{2-}]$

以 $\delta_{H_2C_2O_4}$、$\delta_{HC_2O_4^-}$、$\delta_{C_2O_4^{2-}}$ 分别表示 $H_2C_2O_4$、$HC_2O_4^-$、$C_2O_4{}^{2-}$ 的分布系数，可以推出：

$$\delta_{H_2C_2O_4}=\frac{[H^+]^2}{[H^+]^2+K_{a_1}^\ominus[H^+]+K_{a_1}^\ominus K_{a_2}^\ominus} \quad (5-14a)$$

$$\delta_{HC_2O_4^-}=\frac{K^\ominus{}_{a_1}[H^+]}{[H^+]^2+K_{a_1}^\ominus[H^+]+K_{a_1}^\ominus K_{a_2}^\ominus} \quad (5-14b)$$

$$\delta_{C_2O_4^{2-}}=\frac{K_{a_1}^\ominus K_{a_2}^\ominus}{[H^+]^2+K_{a_1}^\ominus[H^+]+K_{a_1}^\ominus K_{a_2}^\ominus} \quad (5-14c)$$

$$\delta_{H_2C_2O_4}+\delta_{HC_2O_4^-}+\delta_{C_2O_4^{2-}}=1$$

作图可得到草酸溶液各种存在形式的分布曲线，如图 5-2 所示。

由图 5-2 可知：当 $pH \ll pK_{a_1}^\ominus$ 时，$\delta_{H_2C_2O_4} \gg \delta_{HC_2O_4^-}$，溶液中 $H_2C_2O_4$ 为主要存在形式；

当 $pK_{a_1}^\ominus < pH < pK_{a_2}^\ominus$ 时，溶液中 $HC_2O_4^-$ 为主要存在形式；

当 $pH \gg pK_{a_2}^\ominus$ 时，这时溶液中主要存在形式为 $C_2O_4^{2-}$。

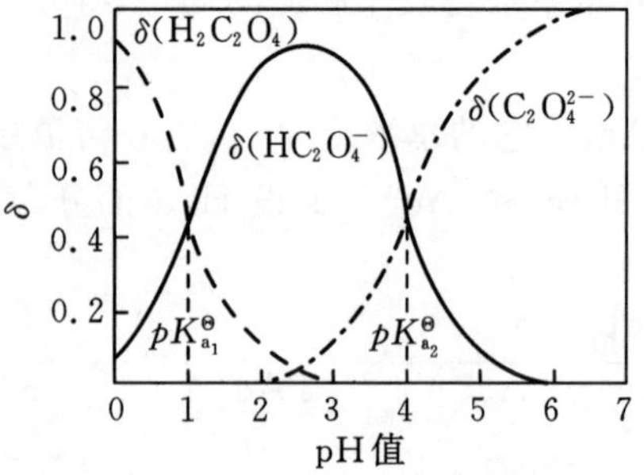

图 5-2 草酸溶液中各种存在形式的分布系数与 pH 值的关系曲线

同理可导出三元弱酸的分布系数

$$\delta_{H_3A}=\frac{[H_3A]}{c}=\frac{[H^+]^3}{[H^+]^3+[H^+]^2K_{a_1}^{\ominus}+[H^+]K_{a_1}^{\ominus}K_{a_2}^{\ominus}+K_{a_1}^{\ominus}K_{a_2}^{\ominus}K_{a_3}^{\ominus}}$$

$$\delta_{H_2A^-}=\frac{[H_2A^-]}{c}=\frac{[H^+]^2K_{a_1}^{\ominus}}{[H^+]^3+[H^+]^2K_{a_1}^{\ominus}+[H^+]K_{a_1}^{\ominus}K_{a_2}^{\ominus}+K_{a_1}^{\ominus}K_{a_2}^{\ominus}K_{a_3}^{\ominus}}$$

$$\delta_{HA^{2-}}=\frac{[HA^{2-}]}{c}=\frac{[H^+]K_{a_1}^{\ominus}K_{a_2}^{\ominus}}{[H^+]^3+[H^+]^2K_{a_1}^{\ominus}+[H^+]K_{a_1}^{\ominus}K_{a_2}^{\ominus}+K_{a_1}^{\ominus}K_{a_2}^{\ominus}K_{a_3}^{\ominus}}$$

$$\delta_{A^{3-}}=\frac{[A^{3-}]}{c}=\frac{K_{a_1}^{\ominus}K_{a_2}^{\ominus}K_{a_3}^{\ominus}}{[H^+]^3+[H^+]^2K_{a_1}^{\ominus}+[H^+]K_{a_1}^{\ominus}K_{a_2}^{\ominus}+K_{a_1}^{\ominus}K_{a_2}^{\ominus}K_{a_3}^{\ominus}}$$

图 5-3 为 H_3PO_4 的 δ-pH 分布曲线图。H_3PO_4 的 $pK_{a_1}^{\ominus}$(2.12)与 $pK_{a_2}^{\ominus}$(7.21)相差较大，$H_2PO_4^-$ 占优势的区域宽，当它达最大时，其他型体均很小，可以略去。同样，$pK_{a_3}^{\ominus}$(12.32)与 $pK_{a_2}^{\ominus}$ 相差也较大，$HPO_4{}^{2-}$ 占优势的区域也宽。这将有利于 H_3PO_4 分步滴定到 $H_2PO_4^-$ 和 $HPO_4{}^{2-}$。

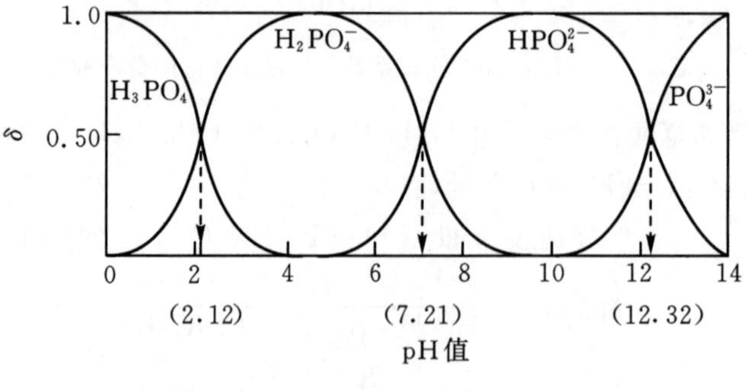

图 5-3 H_3PO_4 的 δ-pH 分布曲线图

例 5-9 计算 pH=5.00 时，$c(H_2CO_3)=0.04\ mol\cdot L^{-1}$ 的 H_2CO_3 溶液中各种存在形式的平衡浓度；pH=8.00 时，溶液中各种存在形式为何种组分？

解：pH=5.00 时，$[H_2CO_3]=\delta_{H_2CO_3}\cdot c_{H_2CO_3}$

$[HCO_3^-]=\delta_{HCO_3^-}\cdot c_{H_2CO_3}$

$[CO_3^-]=\delta_{CO_3^{2-}}\cdot c_{H_2CO_3}$

$$\delta_{H_2CO_3}=\frac{[H^+]^2}{[H^+]^2+K_{a_1}^{\ominus}[H^+]+K_{a_1}^{\ominus}K_{a_2}^{\ominus}}$$

$$=\frac{(10^{-5.00})^2}{(10^{-5.00})^2+10^{-5.00}\times4.4\times10^{-7}+4.4\times10^{-7}\times4.7\times10^{-11}}=0.96$$

同样可求得
$$\delta_{HCO_3^-}=0.04$$
$$\delta_{CO_3^{2-}}\approx0$$

所以 pH=5.00 时，$[H_2CO_3]=0.04\times0.96=3.8\times10^{-2}\ mol\cdot L^{-1}$

$$[HCO_3^-]=0.04\times0.04=1.6\times10^{-3}\ mol\cdot L^{-1}$$

当 pH=8.00 时，同理可求得

$$\delta_{H_2CO_3}=0.02,[H_2CO_3]=8\times10^{-4}\ mol\cdot L^{-1}$$
$$\delta_{HCO_3^-}=0.97,[HCO_3^-]=3.9\times10^{-2}\ mol\cdot L^{-1}$$
$$\delta_{CO_3^{2-}}=0.01,[CO_3^{2-}]=4\times10^{-4}\ mol\cdot L^{-1}$$

可见 pH=5.00 时，溶液中的主要存在形式是 H_2CO_3，pH=8.00 时，溶液中的主要存在形式是 HCO_3^-。

5.5 滴定分析概述

滴定分析法又叫容量分析法，是用滴定的方式测定物质含量的一类方法。进行分析时，先将滴定剂配制成已知浓度的溶液——标准溶液，然后用滴定管将该标准溶液加到被测物质的溶液中，直到滴定剂与被测物质按化学计量关系定量反应为止。然后根据滴定剂的浓度和用量计算被测物质的含量。

将滴定剂标准溶液滴加到被测物质溶液中的操作过程称为“滴定”。当加入的滴定剂与被测物质正好按化学计量关系定量反应时，称作滴定的“化学计量点”。在滴定过程中，当指示剂颜色突变而终止滴定时，称为滴定终点。由于化学计量点和滴定终点不一定完全相符，由此造成的误差称为终点误差。

滴定分析法是分析化学中很重要的一类分析方法，主要用于一些中等含量和高含量组分(含量在 1%以上)的测定，滴定分析法的准确度比较高，在一般情况下测定的相对误差约在±0.2%以内，而且，所需的仪器设备简单，操作简便，测定快速，因此，滴定分析法具有重要的实用价值。

1. 滴定分析对化学反应的要求

滴定分析法是以化学反应为基础的。根据滴定反应类型不同，滴定分析法又可以分为酸碱滴定法、沉淀滴定法、氧化还原滴定法和配位滴定法。但是，并不是所有的反应都可以用来进行滴定分析的，适用于滴定分析的化学反应，必须满足以下条件：

(1)反应必须定量的完成。通常要求在化学计量点时有 99.9%以上的完全程度，反应越完全，对滴定分析越有利。

(2)反应必须快速。对于速度较慢的反应，通常可以通过加热或加入催化剂等方法来提高其反应速度。

(3)有合适的确定滴定终点的方法。例如用合适指示剂或用其他合适的方法确定滴定终点。

2. 滴定方式

在滴定分析中常用的滴定方式有四类。

(1)直接滴定　这是滴定分析法中最常用和最基本的滴定方式。只要滴定反应满足上述三个基本要求，就可以用直接滴定方式进行测量。例如，用氢氧化钠滴定盐酸，用重铬酸钾滴定亚铁盐。

(2)返滴定　当滴定剂和被测物质的反应速度较慢或者由于缺乏合适的指示剂等原因不能采用直接滴定方式时，可以采用返滴定方式滴定。先往被测物质溶液中加入一定过量的某种试剂，使与被测物质进行反应，待反应完成后，再用另一种合适的滴定剂去滴定剩余的试剂。例如，Al^{3+}与 EDTA 的配位反应速度很慢，在测定 Al^{3+} 时不宜采用直接滴定方式，但可以先加入一定过量的 EDTA 标准溶液，待反应完成后，剩余的 EDTA 再用 Zn^{2+} 标准溶液返滴定。

(3)间接滴定　不能与滴定剂直接发生反应的被测物质，有时利用间接滴定方式却可顺利地测出它的含量。例如，Ca^{2+}不能与 $KMnO_4$ 反应，所以用 $KMnO_4$ 不能直接滴定 Ca^{2+}。但可以先将 Ca^{2+} 定量地转化为 CaC_2O_4 沉淀，经过过滤、洗涤，沉淀中的 Ca^{2+} 与 $C_2O_4^{2+}$ 之间有一定的化学计量关系，用 H_2SO_4 溶解后，即可用 $KMnO_4$ 标准溶液滴定 $H_2C_2O_4$，间接测出 Ca^{2+} 的含量。

(4)置换滴定　有些物质同滴定剂之间的反应不呈化学计量关系，或者由于缺乏合适的指示剂，或者由于其他原因不能直接滴定时，往往可以采用置换滴定方式进行测定。其方法是：先使被测物质甲同某种试剂反应，生成可以直接滴定的物质乙，乙与甲之间存在着一定的化学计量关系，然后用滴定剂滴定乙以测定甲。例如，还原剂 $Na_2S_2O_3$ 同氧化剂 $K_2Cr_2O_7$ 在酸性条件下反应，$S_2O_3{}^{2-}$ 部分被氧化成 $S_4O_6{}^{2-}$，部分被氧化成 SO_4^{2-}，$Na_2S_2O_3$ 和 $K_2Cr_2O_7$ 之间没有固定的化学计量关系，因此，不能用 $Na_2S_2O_3$ 直接滴定 $K_2Cr_2O_7$。但是，$K_2Cr_2O_7$ 在酸性溶液中可以同 KI 反应，置换出较弱的氧化剂 I_2，I_2 与 $K_2Cr_2O_7$ 之间存在一定的化学计量关系，而且 I_2 和 $Na_2S_2O_3$ 之间的反应符合滴定分析要求，所以，用 $Na_2S_2O_3$ 标准溶液滴定置换出来的 I_2 便可以测定 $K_2Cr_2O_7$。

3. 标准溶液和基准物

(1)标准溶液　指的是已知其准确浓度的溶液。在滴定分析中，不论采用何类测定方法或采用何种滴定方式，都必须使用标准溶液，否则无法计算分析结果。分光光度法、电位分析法以及其他许多分析方法也都需要用到标准溶液。标准溶液的配制方法有两种：直接法和间接法。

①直接法：准确称取一定量的被称为基准物的试剂，溶解后定量转移到容量瓶中，再准确稀释至一定体积，通过计算便可以直接知道溶液的准确浓度。

②间接法：也称标定法，先将试剂配制成接近于所需浓度的溶液，然后经过标定便可得到溶液的准确浓度。所谓标定，就是用准确度较高的分析方法去测定溶液的浓度。多数试剂不能用直接法配制其标准溶液，而需要用间接法配制其标准溶液。例如，用量筒量取 8.3 mL 浓 HCl，加到约 1 L 蒸馏水中，其浓度约为 $0.1\ mol \cdot L^{-1}$。准确称取一定量的硼砂基准物，溶于适量水后，用该 HCl 溶液滴定至终点，根据硼砂的质量和 HCl 溶液的用量便可计算 HCl 溶液的准确浓度。

(2)基准物质　指的是能用于直接配制或能标定标准溶液的纯物质。标准溶液浓度的准确度同基准物质有着直接关系。常用的一些基准物质见表 5-3。在滴定分析中，通常希望标准溶液浓度的相对误差低于±0.1%，为此，对基准物质需提出以下一些要求。

①物质的纯度要高，杂质的总含量低于 0.01%～0.02%。

②物质的组成应与它的化学式完全相符(包括结晶水等)。

③物质的性质要稳定，具有较大的摩尔质量。

表 5－3　常用基准物质

基准物质	使用前的干燥、处理条件	标定对象
Na_2CO_3	270±10 ℃除去 H_2O、CO_2	酸
$Na_2B_4O_7 \cdot 10H_2O$	室温保存在装有饱和蔗糖和 NaCl 溶液的密闭容器中	酸
$KHC_8H_4O_4$	100～125 ℃除去 H_2O	碱
$H_2C_2O_4 \cdot 2H_2O$	室温保存在普通磨口瓶中	碱 $KMnO_4$
$Na_2C_2O_4$	105～120 ℃除去 H_2O	$KMnO_4$
$K_2Cr_2O_7$	100～110 ℃除去 H_2O	$Na_2S_2O_3$
As_2O_3	室温保存在干燥器中	$KMnO_4$
NaCl	500～600 ℃除去 H_2O	$AgNO_3$
Zn	室温保存在干燥器中	EDTA

4. 滴定分析结果计算

例 5－10　称取 $Na_2B_4O_7 \cdot 10H_2O$ 0.6021 g，溶于水后用 HCl 溶液滴定，耗去 31.47 mL，计算 HCl 的物质的量浓度。

解：

$$Na_2B_4O_7+2HCl+5H_2O=4H_3BO_3+2NaCl$$

$Na_2B_4O_7 \cdot 10H_2O$ 的摩尔质量为 381.37 $g \cdot mol^{-1}$。它的物质量为

$$n_{Na_2B_4O_7 \cdot 10H_2O}=\frac{m_{Na_2B_4O_7 \cdot 10H_2O}}{M_{Na_2B_4O_7 \cdot 10H_2O}}=\frac{0.6021}{381.37}(mol)$$

由化学式可知　$1\ mol\ Na_2B_4O_7 \sim 2\ mol\ HCl$

即 HCl 的物质量为　$n_{HCl}=c_{HCl} \cdot V_{HCl}=2\times\frac{0.6021}{381.37}(mol)$

将 HCl 溶液的体积代入上式，即可求得 c_{HCl}。

$$c_{HCl}=\frac{2\times 0.6021}{381.37\times 31.47\times 10^{-3}}=0.1003(mol \cdot L^{-1})$$

例 5－11　测定铁矿中铁的含量时，称取试样 0.3029 g，使之溶解并将 Fe^{3+} 还原为 Fe^{2+} 后，用 0.01643 $mol \cdot L^{-1}$ $K_2Cr_2O_7$ 溶液滴定，耗去 35.14 mL，计算试样中铁的百分含量。如果用 Fe_2O_3 表示，百分含量又为多少？

解：滴定前 Fe^{3+} 已还原成 Fe^{2+}，所以滴定反应为

$$Cr_2O_7^{2-}+6Fe^{2+}+14H^+=2Cr^{3+}+6Fe^{3+}+7H_2O$$

$Cr_2O_7{}^{2-}$ 物质的量为　$n_{Cr_2O_7^{2-}}=0.01643\times 35.14\times 10^{-3}(mol)$

反应中　$1\ mol\ Cr_2O_7{}^{2-} \sim 6\ mol\ Fe^{2+}$

所以 Fe^{2+} 的物质的量为　$n_{Fe^{2+}}=6\times 0.01643\times 35.14\times 10^{-3}(mol)$

所以 Fe 的百分含量为

$$(Fe)\%=\frac{6\times 0.01643\times 35.14\times 10^{-3}\times 55.85}{0.3029}\times 100\%=63.87\%$$

由于　$1\ mol\ Fe_2O_3 \sim 2\ mol\ Fe^{2+}$

所以 Fe_2O_3 的物质的量为

$$n_{Fe_2O_3}=\frac{6\times0.01643\times35.14\times10^{-3}}{2}(\text{mol})$$

所以 Fe_2O_3 的百分含量为

$$(Fe_2O_3)\%=\frac{6\times0.01643\times35.14\times10^{-3}\times159.69}{0.3029\times2}\times100\%=91.3\%$$

5.6　酸碱滴定法

5.6.1　酸碱指示剂

由于一般酸碱反应本身无外观的变化，因此通常需要加入能在化学计量点附近发生颜色变化的物质来指示化学计量点的到达。这些随溶液 pH 值改变而发生颜色变化的物质，称为酸碱指示剂。

1. 指示剂的变色原理

酸碱指示剂是一些比较复杂的有机弱酸或有机弱碱，其共轭酸碱对具有不同的颜色，当溶液的 pH 值改变时，共轭酸失去质子转变为共轭碱，或由共轭碱得到质子转为共轭酸。由于结构上的变化，从而引起颜色的变化。例如酚酞是一种有机弱酸，其 $pK_a^\ominus=6\times10^{-10}$，它在溶液中的离解平衡可表示如下：

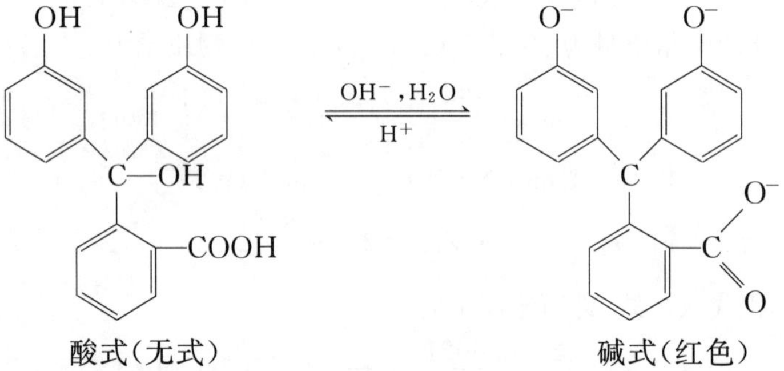

酸式(无式)　　　　　　　　碱式(红色)

从离解平衡式可以看出，当溶液由酸性变化到碱性，平衡向右方移动，酚酞由酸式色变为碱式色，溶液由无色变成红色；反之，由红色变成无色。

又如甲基橙是一种有机弱碱，其变色反应表示如下：

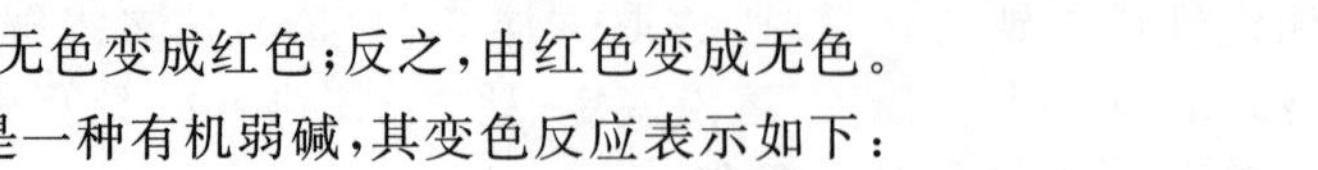

碱式(黄色)

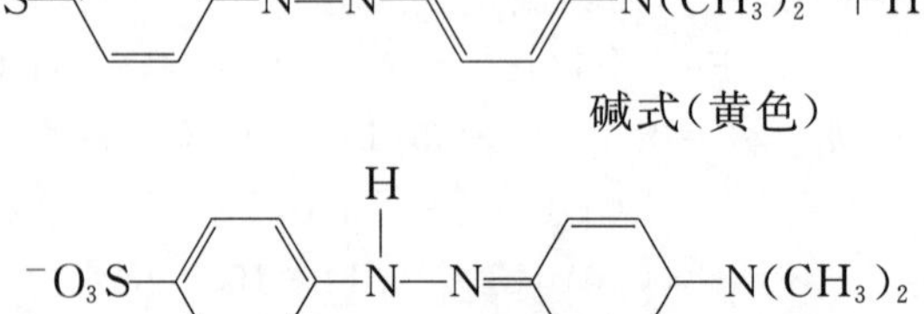

酸式(红色)

当溶液酸度降低时，平衡向左方移动，甲基橙主要以碱式存在，溶液显黄色；当溶液酸度增大时，平衡向右方移动，甲基橙主要以酸式存在，溶液显红色。

以 HIn 代表弱酸指示剂，其离解平衡表示如下：

$$HIn \rightleftharpoons In^- + H^+$$

酸式色　　　　碱式色

平衡时有

$$\frac{[H^+]\cdot[In^-]}{[HIn]}=K^{\ominus}_{HIn}$$

式中，$K^{\ominus}_{HIn}$为指示剂的离解平衡常数。

上式可改写为

$$\frac{[In^-]}{[HIn]}=\frac{K^{\ominus}_{HIn}}{[H^+]} \tag{5-15}$$

该式表明在一定酸度范围内$[In^-]$与$[HIn]$比值决定了溶液的颜色，而溶液的颜色是由指示剂离解常数 $K^{\ominus}_{HIn}$和溶液的酸度 pH 值两个因素决定的。对于指定指示剂，在一定温度下$K^{\ominus}_{HIn}$是常数，因此溶液的颜色就完全决定于溶液的 pH 值。溶液的 pH 值改变时，溶液的颜色就会发生相应的改变。

不难理解，溶液中指示剂的颜色是两种不同颜色的混合色。当两种颜色的浓度之比为 1∶10 或 10∶1 以上时，我们只能看到浓度较大的那种颜色。一般认为，能够看到颜色变化的指示剂浓度比$[In^-]/[HIn]$的范围是 1∶10～10∶1。如果用溶液的 pH 值表示，则为

$$\frac{[In^-]}{[HIn]}=\frac{K^{\ominus}_{HIn}}{[H^+]}=\frac{1}{10} \qquad [H^+]=10K^{\ominus}_{HIn} \qquad pH=pK^{\ominus}_{HIn}-1$$

$$\frac{[In^-]}{[HIn]}=\frac{K^{\ominus}_{HIn}}{[H^+]}=10 \qquad [H^+]=\frac{1}{10}K^{\ominus}_{HIn} \qquad pH=pK^{\ominus}_{HIn}+1$$

由此可见，当 pH 值在 $pK^{\ominus}_{HIn}-1$ 以下时，溶液只显酸式的颜色；pH 值在 $pK^{\ominus}_{HIn}+1$ 以上时，只显指示剂碱式的颜色；pH 值在 $pK^{\ominus}_{HIn}-1$ 与 $pK^{\ominus}_{HIn}+1$ 之间，我们才能看到指示剂的颜色变化情况，将酸碱指示剂的变色情况与溶液 pH 值的关系如下：

$pK^{\ominus}_{HIn}-1$　　　　$pK^{\ominus}_{HIn}$　　　　$pK^{\ominus}_{HIn}+1$

┈┈┈┈┈┈┈┈┈┈┈┈┈┈┈┈→pH

略带碱色　　　　中间色　　　　略带酸色

纯酸式色　|←┈┈┈┈┈过渡色┈┈┈┈┈→|→纯碱式色

|←┈┈┈┈┈变色范围┈┈┈┈┈→|

故指示剂的变色范围为

$$pH=pK^{\ominus}_{HIn}\pm 1 \tag{5-16}$$

当溶液中$[HIn]=[In^-]$时，溶液中$[H^+]=K^{\ominus}_{HIn}$，即 $pH=pK^{\ominus}_{HIn}$，这是二者浓度相等时的 pH 值，即为理论变色点，此时溶液的颜色是酸式色和碱式色的中间色。根据理论上推算，指示剂的变色范围是 2 个 pH 单位。但实验测得的指示剂变色范围并不都是 2 个 pH 单位，而是略有上下。这是由于实验测得的指示剂变色范围是人目视确定的，人的眼睛对不同颜色的敏感程度不同，观察到的变化范围也不同。

综上所述，酸碱指示剂的颜色随 pH 值的变化而变化，形成一个变色范围。各种指示剂由于 $pK^{\ominus}_{HIn}$不同变色范围各不相同。各种指示剂变色范围的幅度也各不相同。大多数指示剂的幅度是 1.6～1.8 个 pH 单位。指示剂的变色范围越窄越好。因为 pH 值稍有改变就可观察到溶液颜色的改变，有利于提高测定结果的准确度。由于人的眼睛对不同颜色变化

的敏感程度不同，实际变色范围不一定正好在 $pH = pK^{\ominus}_{HIn} + 1$ 或 $pK^{\ominus}_{HIn} - 1$。例如，酚酞变色范围内应是 $pK^{\ominus}_{HIn} + 1$ 或 $pK^{\ominus}_{HIn} - 1$ 等于 9.1+1 或 9.1−1，即 8.1～10.1，但由于人的眼睛对无色变红易察觉，红色褪去不易察觉，酚酞的实际范围是在 8.0～10.0 之间，相当于 $pK^{\ominus}_{HIn} - 1.1$ 到 $pK^{\ominus}_{HIn} + 0.9$。又如甲基橙，实际变色范围是 3.1～4.4，而不是 2.4～4.4，这是由于人类对红色较之对黄色更为敏感的缘故。

一些常用的酸碱指示剂及变色范围列于表 5-4。

表 5-4 一些常用的酸碱指示剂的变色范围

指示剂	变色范围 pH 值	颜色变化	$pK^{\ominus}_{HIn}$	浓度	10 mL 试液/滴
百里酚蓝	1.2～2.8	红～黄	1.7	0.1%的 20%乙醇溶液	1～2
甲基黄	2.9～4.0	红～黄	3.8	0.1%的 20%乙醇溶液	1
甲基橙	3.1～4.4	红～黄	3.4	0.05%的水溶液	1
溴酚蓝	3.0～4.6	黄～紫	4.1	0.1%的 20%乙醇溶液或其钠盐水溶液	1
溴甲酚绿	4.0～5.6	黄～蓝	4.9	0.1%的 20%乙醇溶液或其钠盐水溶液	1～2
甲基红	4.4～6.2	红～黄	5.2	0.1%的 60%乙醇溶液或其钠盐水溶液	1
溴百里酚蓝	6.2～7.6	黄～蓝	7.3	0.1%的 20%乙醇溶液或其钠盐水溶液	1
中性红	6.8～8.0	红～黄橙	7.4	0.1%的 60%乙醇溶液	1
苯酚红	6.8～8.4	黄～红	8.0	0.1%的 60%乙醇溶液或其钠盐水溶液	1
酚酞	8.0～10.0	无～红	9.1	0.5%的 90%乙醇溶液	1～3
百里酚蓝	8.0～9.6	黄～蓝	8.9	0.1%的 20%乙醇溶液	1～4
百里酚酞	9.4～10.6	无～蓝	10.0	0.1%的 90%乙醇溶液	1～2

2. 混合指示剂

在某些酸碱滴定中，pH 值突跃范围很窄，使用一般的指示剂难以判断终点，此时可以采用混合指示剂。混合指示剂具有变色范围窄，变色明显等优点。表 5-5 所示为几种常用的混合指示剂。

混合指示剂一般有两种配制方法：一种是在某种指示剂中加入一种惰性染料，染料颜色不变，只起背景的作用。例如由甲基橙和靛蓝组成的混合指示剂，靛蓝颜色不随 pH 值改变而变化，只作为甲基橙的蓝色背景。在 pH>4.4 的溶液中，混合指示剂显绿色（黄与蓝配合）；在 pH<3.1 的溶液中，混合指示剂显紫色（红与蓝配合）；在 pH=4 的溶液中，混合指示剂显浅灰色（几乎无色），终点颜色变化非常敏锐。另一类是由两种以上的指示剂混合而成。例如溴甲酚绿（$pK^{\ominus}_{HIn} = 4.9$，黄→蓝）和甲基红（$pK^{\ominus}_{HIn} = 5.2$，红→黄）按 3∶1 混合后，使溶液在酸性条件下呈酒红色（黄+红），碱性条件下呈绿色（蓝+黄），而在 pH=5.1 时两者颜色发生互补，产生灰色，颜色在此时发生突变，十分敏锐，常常用于以 Na_2CO_3 为基准物质标定盐酸标准溶液的浓度。

表 5-5 几种常用混合指示剂

指示剂溶液的组成	变色时 pH 值	颜色		备注
		酸色	碱色	
一份 0.1%甲基橙溶液 一份 0.25%靛蓝溶液	4.1	紫	黄绿	
三份 0.1%溴甲酚绿乙醇溶液 一份 0.2%甲基红乙醇溶液	5.1	酒红	绿	
一份 0.1%溴甲酚绿钠盐溶液 一份 0.1%氯酚红钠盐溶液	6.1	黄绿	蓝紫	pH5.4,蓝绿色; pH5.8,蓝色; pH6.0,蓝带紫; pH6.2,蓝紫
一份 0.1%中性红乙醇溶液 一份 0.1%次甲基蓝乙醇溶液	7.0	紫蓝	绿	pH7.0,紫蓝
一份 0.1%甲酚红钠盐溶液 三份 0.1%百里酚蓝钠盐溶液	8.3	黄	紫	pH 8.2,玫瑰红; pH8.4,清晰的紫色
一份 0.1%百里酚蓝 50%乙醇溶液 三份 0.1%酚酞 50%乙醇溶液	9.0	黄	紫	从黄到绿,再到紫
一份 0.1%酚酞乙醇溶液 一份 0.1%百里酚酞乙醇溶液	9.9	无	紫	pH 9.6,玫瑰红; pH10,紫色
二份 0.1%百里酚酞乙醇溶液 一份 0.1%茜素黄 R 乙醇溶液	10.2	黄	紫	

5.6.2 酸碱滴定法的基本原理

在酸碱滴定中,重要的是要估计被测定物质能否准确滴定、滴定过程中溶液 pH 值的变化情况,以及如何选择合适的指示剂来确定滴定终点。为了表征滴定反应过程的变化规律性,可以通过实验或计算方法,记录滴定过程中 pH 值随标准溶液体积或反应完全程度变化作图,即可得到滴定曲线。滴定曲线在滴定分析中不但可从理论上解释滴定过程的变化规律,对指示剂的选择更具有重要的实际意义。下面分别讨论几种类型的酸碱滴定过程中 pH 值的变化规律,特别是化学计量点时的 pH 值和化学计量点附近相对误差在−0.1 %～0.1 %pH 值的变化情况以及指示剂的选择方法。

1. 强碱(酸)滴定强酸(碱)

现以 0.1000 mol・L^{-1}的 NaOH 溶液滴定 20.00 mL 同浓度的 HCl 溶液为例,讨论强碱滴定强酸的滴定曲线及指示剂的选择。HCl 的浓度 c_a=0.1000 mol・L^{-1},体积 V_a=20.00 mL;NaOH 的浓度 c_b=0.1000 mol・L^{-1},滴定时加入的体积为 V_b(mL),整个滴定过程分为 4 个阶段讨论。

(1)滴定开始前($V_b=0$) 溶液的酸度等于盐酸的原初始浓度，则

$$[H^+]=0.1000\ mol\cdot L^{-1}\quad pH=1.00$$

(2)滴定开始至化学计量点前($V_a>V_b$) 随着 NaOH 的不断加入，溶液中$[H^+]$逐渐减小，其大小取决于剩余 HCl 的量和溶液的体积，即

$$[H^+]=\frac{V_a-V_b}{V_a+V_b}c_a$$

当滴入 NaOH 19.98 mL(化学计量点前 0.1%)时

$$[H^+]=\frac{20.00-19.98}{20.00+19.98}\times0.1000=5.00\times10^{-5}(mol\cdot L^{-1})$$

$$pH=4.30$$

(3)化学计量点时($V_a=V_b$) 滴入 NaOH 20.00 mL 时，NaOH 和 HCl 以等物质的量相互作用，溶液中呈中性，即

$$[H^+]=[OH^-]=10^{-7}mol\cdot L^{-1}\quad pH=7.00$$

(4)化学计量点后($V_b>V_a$) 溶液的 pH 值由过量的 NaOH 的量和溶液的体积来决定，即

$$[OH^-]=\frac{V_b-V_a}{V_b+V_a}c_b$$

当滴入 NaOH 20.02 mL(化学计量点后 0.1%)时

$$[OH^-]=\frac{20.02-20.00}{20.02+20.00}\times0.1000=5.00\times10^{-5}(mol\cdot L^{-1})$$

$$pOH=4.30\qquad pH=9.70$$

用类似的方法可以计算出滴定过程中各点的 pH 值，其数据见表 5-6。以 NaOH 加入量为横坐标，以溶液的 pH 值为纵坐标作图，所得曲线(见图 5-4)就是强碱滴定强酸的滴定曲线。

表 5-6 用 0.1000 mol·L^{-1}NaOH 溶液滴定 20.00 mL 0.1000 mol·L^{-1}HCl 溶液

加入 NaOH 溶液		剩余 HCl 溶液的体积/mL	过量 NaOH 溶液的体积/mL	pH 值
mL	%			
0.00	0	20.00	—	1.00
18.00	90	2.00	—	2.28
19.80	99	0.20	—	3.30
19.98	99.9	0.02	—	4.31
20.00	100	0.00	—	7.00
20.02	100.1	—	0.02	9.40
20.20	101.0	—	0.20	10.70
22.00	110.0	—	2.00	11.70
40.00	200	—	20.00	12.50

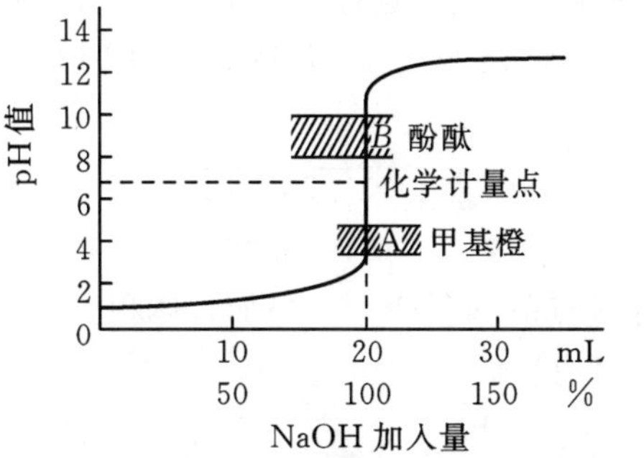

图 5-4　NaOH 溶液(0.1000 mol · L^{-1})滴定 HCl 溶液(0.1000 mol · L^{-1}) 20.00 mL 的滴定曲线

从表 5-6 和图 5-4 可以看出,从滴定开始到加入 NaOH 溶液 19.98 mL 时,溶液的 pH 值仅改变了 3.30 个 pH 单位,但从 19.98~20.02 mL,即在化学计量点前后由剩余的 0.1% HCl 未中和到 NaOH 过量 0.1%,相对误差在−0.1%~0.1%,溶液的 pH 值有一个突变,从 4.30 增加到 9.70,变化了 5.4 个单位,曲线呈现近似垂直的一段。这一 pH 值突变段被称为滴定突跃,突跃所在的 pH 范围称为滴定突跃范围。

滴定突跃有重要的实际意义,它是指示剂的选择依据。凡是变色范围全部或部分落在突跃范围之内的指示剂,滴定的相对误差在−0.1%~0.1%,都可以被选为该滴定的指示剂。如酚酞、甲基红、甲基橙都能保证终点误差在±0.1 %以内。其中甲基橙的变色范围(pH 3.1~4.4)只有 0.1 个 pH 单位被包括在突跃范围(pH 4.30~9.70)之内,但只要将滴定终点控制在溶液从橙色变到黄色就符合要求。

酸碱的浓度可以改变滴定突跃范围的大小。从图 5-5 可以看出,若用 0.01 mol · L^{-1}、0.1 mol · L^{-1}、1 mol · L^{-1}三种浓度的标准溶液进行滴定,滴定突跃的 pH 值范围分别为 5.30~8.70、4.30~9.70、3.30~10.70。溶液浓度越大,突跃范围越大,可供选择的指示剂越多;溶液浓度越小,突跃范围越小,指示剂的选择就受到限制。如用 0.01 mol · L^{-1}强碱溶液滴定 0.01 mol · L^{-1}强酸溶液,由于其突跃范围减小到 pH 5.30~8.70,就不能使用甲基橙指示终点。应该指出的是,分析工作者可根据分析结果准确度的要求(±0.1%或±0.2%)确定滴定突跃范围和选择适宜的指示剂。

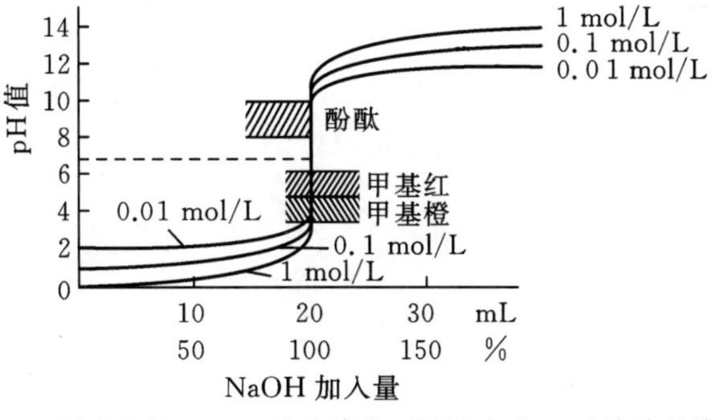

图 5-5　不同浓度的 NaOH 溶液滴定不同浓度的 HCl 溶液的滴定曲线

2. 强碱(酸)滴定弱酸(碱)

现以 0.1000 mol · L^{-1}的 NaOH 溶液滴定 20.00 mL 同浓度的 HAc 溶液为例,讨论强

碱滴定一元弱酸的滴定曲线及指示剂的选择。整个滴定过程仍分为4个阶段。

(1)滴定开始前($V_b=0$) 溶液的$[H^+]$主要来自HAc的离解,由于$c/K_a^\ominus>400$,故应按最简式计算,即

$$[H^+]=\sqrt{c_a\cdot K_a^\ominus}=\sqrt{0.1000\times1.76\times10^{-5}}=1.36\times10^{-3}(mol\cdot L^{-1})$$

$$pH=2.28$$

(2)滴定开始至化学计量点前($V_a>V_b$) 当加入体积为V_b的NaOH时,滴定溶液中存在HAc-NaAc缓冲体系,且有

$$[Ac^-]=\frac{c_bV_b}{V_a+V_b}\qquad [HAc]=\frac{c_aV_a-c_bV_b}{V_a+V_b}$$

因为$c_a=c_b=0.1000\ mol\cdot L^{-1}$,将上述关系式代入式(5-11b)得

故
$$pH=pK_a^\ominus+\lg\frac{V_b}{V_a-V_b}$$

当$V_b=19.98$ mL(化学计量点前0.1%)时

$$pH=4.75+\frac{19.98}{20.00-19.98}=7.75$$

(3)化学计量点时($V_a=V_b$) 化学计量点时,滴定体系为NaAc溶液,其酸度由HAc的共轭碱Ac^-的$K_b^\ominus$和c_b决定,由于溶液的体积增大一倍,故浓度为$c_b=0.05000\ mol\cdot L^{-1}$,则

$$[OH^-]=\sqrt{K_b^\ominus\cdot c}=\sqrt{\frac{K_w^\ominus}{K_a^\ominus}\cdot c}=\sqrt{\frac{1.0\times10^{-14}}{1.76\times10^{-5}}\times5.0\times10^{-2}}=3.33\times10^{-6}(mol\cdot L^{-1})$$

$$pOH=5.27\qquad pH=8.73$$

(4)化学计量点后($V_b>V_a$) 与强碱滴定强酸一样,这阶段,溶液的酸度主要由过量的碱的浓度所决定,共轭碱Ac^-所提供的OH^-离子可以忽略。当过量0.02 mL NaOH时,pH=9.70。

若对整个过程逐一计算(表5-7),并作图,就得到这一滴定类型的滴定曲线(见图5-6曲线I)。

表5-7 用0.1000 mol·L^{-1}NaOH溶液滴定20.00 mL 0.1000 mol·L^{-1}HAc溶液

加入NaOH溶液		剩余HCl溶液的体积/mL	过量NaOH溶液的体积/mL	pH值
mL	%			
0.00	0	20.00	—	2.28
18.00	90.0	2.00	—	5.70
19.80	99.0	0.20	—	6.75
19.98	99.9	00.02	—	7.75
20.00	100.0	0.00	—	8.73
20.02	100.1	—	0.02	9.70
20.20	101.0	—	0.02	10.70
22.00	110/0	—	2.00	11.68
40.00	200.0	—	20.0	11.52

从表5-7和图5-6可以看出,强碱滴定弱酸有如下特点:

(1)滴定曲线起点高。因弱酸电离度小，溶液中的$[H^+]$低于弱酸原始浓度。因此用 NaOH 滴定 HAc，不同于滴定 HCl，滴定的曲线开始不在 pH=1 处，而在 pH=2.88处。

(2)滴定曲线的形状不同。从滴定曲线可知，滴定过程中的 pH 值的变化不同于强碱滴定强酸，开始时溶液 pH 值变化快，其后变化稍慢，接近于化学计量点时又逐渐加快。

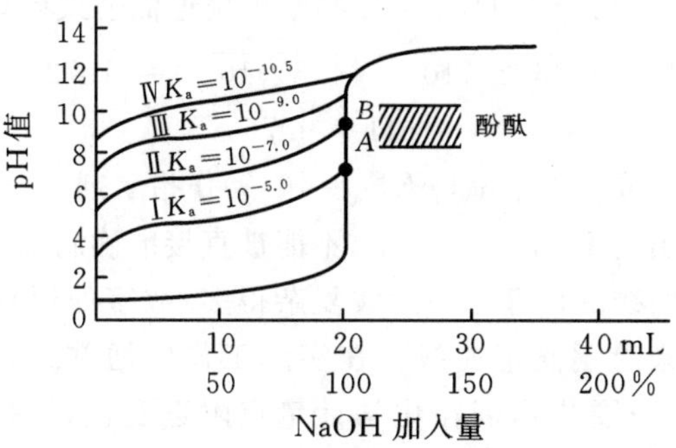

图 5-6　强碱溶液滴定不同强度弱酸溶液的滴定曲线

(3)滴定突跃范围小。从表 5-7 可知滴定突跃范围 pH 值为 7.75～9.70，小于强碱滴定强酸滴定突跃范围的 pH 值 4.30～9.70。在化学计量点时由于 Ac^- 显碱性，滴定的 pH 值不在 7，而在偏碱性区。显然在酸性区内变色的指示剂如甲基橙、甲基红等都不能使用，所以本滴定宜选用酚酞或百里酚酞作指示剂。

突跃范围的大小不仅取决于弱酸的强度 $K_a^\ominus$，还和其浓度(c)有关。一般来说，当$cK_a^\ominus \geqslant 10^{-8}$时，滴定突跃可大于或等于 0.3 pH 单位，人眼能够辨别出指示剂颜色的改变，滴定就可以直接进行，这时终点误差也在允许的±0.1%以内。同样，只有满足 $cK^\ominus_b \geqslant 10^{-8}$时，才能以强酸滴定弱碱。因此，$cK_a^\ominus$(或 $cK_b^\ominus$) $\geqslant 10^{-8}$，是一元弱酸(或一元弱碱)能否被准确滴定的判据。

3. 多元酸(碱)的滴定

对于多元酸要进行分步准确滴定必须满足下列条件：$cK_{a_n}^\ominus \geqslant 10^{-8}$ 且 $K_{a_n}^\ominus / K_{a_{n+1}}^\ominus > 10^4$。由于多元酸含有多个质子，在水溶液中是逐级离解的，因而首先应根据 $cK_{a_n}^\ominus \geqslant 10^{-8}$判断各个质子能否被准确滴定，然后根据 $K_{a_n}^\ominus / K_{a_{n+1}}^\ominus > 10^4$(允许误差±1%)来判断能否实现分步滴定，再由终点 pH 值选择合适的指示剂。对于多元碱、混合酸(碱)也可以用同样的条件进行判断。

例 5-12　用 0.10 mol·L^{-1} NaOH 溶液滴定 0.10 mol·L^{-1} H_3PO_4，有几个滴定突跃？各选什么指示剂？($K_{a_1}^\ominus = 7.5\times10^{-3}$，$K_{a_2}^\ominus = 6.2\times10^{-8}$，$K_{a_3}^\ominus = 4.8\times10^{-13}$)

解：

$$cK_{a_1}^\ominus = 0.10\times7.5\times10^{-3} > 10^{-8}$$

$$cK_{a_2}^\ominus = 0.10\times6.2\times10^{-8} \approx 10^{-8}$$

$$cK_{a_3}^\ominus = 0.10\times4.8\times10^{-13} < 10^{-8}$$

第一、第二级离解出的 H^+ 可被滴定，但第三级离解出的 H^+ 不能被滴定。滴定反应如下：

$$H_3PO_4 + OH^- = H_2PO_4^- + H_2O$$

$$H_2PO_4^- + OH^- = HPO_4^{2-} + H_2O$$

$$\frac{K_{a_1}^\ominus}{K_{a_2}^\ominus} = \frac{7.5\times10^{-3}}{6.2\times10^{-8}} > 10^4 \qquad \frac{K_{a_2}^\ominus}{K_{a_3}^\ominus} = \frac{6.2\times10^{-8}}{4.8\times10^{-13}} > 10^4$$

故第一化学计量点和第二化学计量点都有突跃，第一和第二级离解出来的 H^+ 可分开滴定。

第一化学计量点时产物为 NaH_2PO_4 溶液，$H_2PO_4^-$ 是两性物质。经判断应选用近似计算

$$[H^+]=\sqrt{K_{a_1}^{\ominus}\times K_{a_2}^{\ominus}}=\sqrt{7.5\times10^{-3}\times6.2\times10^{-8}}=2.15\times10^{-5}(mol\cdot L^{-1})$$

$$pH=4.67$$

应选用甲基红($pK_{HIn}^{\ominus}=5.0$)，或溴甲酚绿($pK_{HIn}^{\ominus}=4.9$)作为指示剂。

第二化学计量点时产物为 Na_2HPO_4，经判断可用近似公式计算

$$[H^+]=\sqrt{K_{a_2}^{\ominus}\times K_{a_3}^{\ominus}}=\sqrt{6.2\times10^{-8}\times4.8\times10^{-13}}=1.72\times10^{-10}(mol\cdot L^{-1})$$

$$pH=9.76$$

可选用酚酞($pK_{HIn}^{\ominus}=9.1$)或百里酚酞($pK_{HIn}^{\ominus}=10.0$)作指示剂。

H_3PO_4 第三级离解出的 H^+ 因 $K_{a_3}^{\ominus}$ 太小，不能被直接准确滴定。

绘制多元酸的滴定曲线的计算比一元酸复杂得多，数字处理较麻烦。通常可用测定滴定过程中 pH 值的变化来绘制滴定曲线。在实际工作中通常只计算化学计量点时的 pH 值，并以此选择指示剂。只要指示剂在化学计量点附近变色，该指示剂就可选用。NaOH 溶液滴定 H_3PO_4 的滴定曲线如图 5-7 所示。

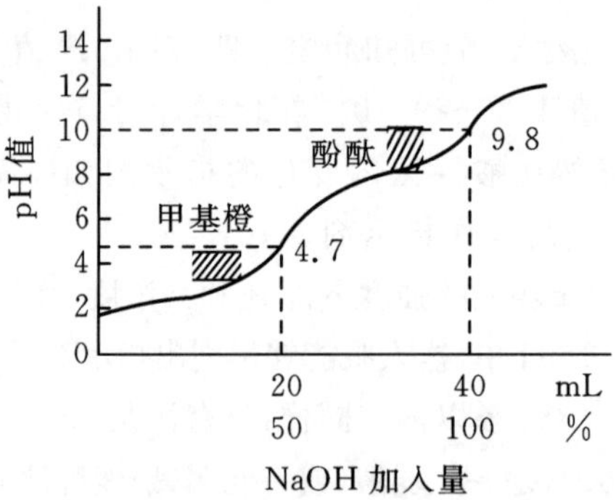

图 5-7 NaOH 溶液滴定 H_3PO_4 溶液的滴定曲线

例 5-13 用 0.1000 mol·L⁻¹HCl 溶液滴定 0.1000 mol·L⁻¹ Na_2CO_3 溶液，能否分级滴定？选用什么指示剂？(H_2CO_3 的 $K_{a_1}^{\ominus}=4.3\times10^{-7}$，$K_{a_2}^{\ominus}=4.8\times10^{-11}$)

解：先计算 CO_3^{2-} 的 $K_b^{\ominus}$

$$K_{b_1}^{\ominus}=K_w^{\ominus}/K_{a_2}^{\ominus}=1.0\times10^{-14}/4.8\times10^{-11}=2.1\times10^{-4}$$

$$K_{b_2}^{\ominus}=K_w^{\ominus}/K_{a_1}^{\ominus}=1.0\times10^{-14}/4.3\times10^{-7}=2.3\times10^{-8}$$

因为 $cK_{b_1}^{\ominus}>10^{-8}$，$cK_{b_2}^{\ominus}\approx10^{-8}$，由 Na_2CO_3 两级离解出的 OH^- 都可被滴定。滴定反应如下：

$$CO_3^{2-}+H^+=HCO_3^-$$

$$HCO_3^-+H^+=H_2CO_3$$

由于 $K_{b_1}^{\ominus}/K_{b_2}^{\ominus}\approx10^4$，两级离解出的 OH^- 可被分步滴定。第一化学计量点产物为 HCO_3^-，是两性物质，经判断可选用最简式计算 pH 值

$$[H^+]=\sqrt{K_{a_1}^{\ominus}\times K_{a_2}^{\ominus}}=\sqrt{4.3\times10^{-7}\times4.8\times10^{-11}}=4.5\times10^{-9}(mol\cdot L^{-1})$$

$$pH=8.30$$

可选用酚酞作为指示剂。

第二化学计量点的滴定产物是 $H_2CO_3(CO_2+H_2O)$，在常温常压下其饱和溶液的浓度为 0.04 mol·L⁻¹，pH 值可用最简式计算

$$[H^+]=\sqrt{K_{a_1}^{\ominus}\times c(H_2CO_3)}=\sqrt{4.3\times10^{-7}\times0.04}=1.3\times10^{-4}(mol\cdot L^{-1})$$

$$pH=3.89$$

甲基橙是合适的指示剂。

HCl 溶液滴定 Na_2CO_3 的滴定曲线见图 5－8。由曲线可以看出，第一化学计量点突跃不太明显，滴定误差大于 1％。这是由于 $K_{b_1}^{\ominus}/K_{b_2}^{\ominus}$ 不够大，同时有 $NaHCO_3$ 的缓冲作用等原因所致。为了较准确地判断第一化学计量点，常采用同浓度的 $NaHCO_3$ 溶液作参比溶液，或使用甲酚红与百里酚蓝混合指示剂，其变色范围为 8.2（粉红色）～8.4（紫色）这样可使滴定误差减小至 0.5 ％。

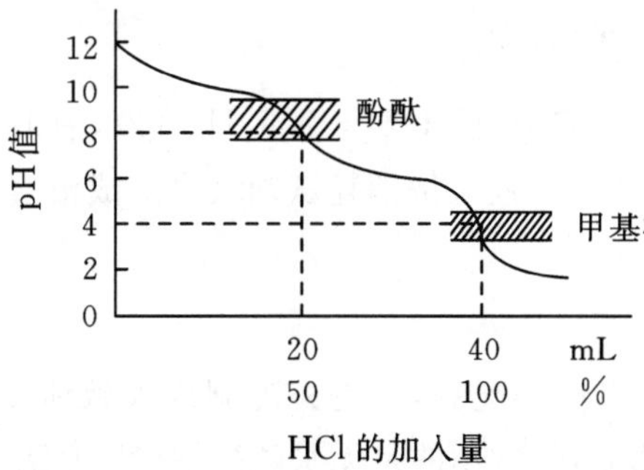

图 5－8　HCl 溶液滴定 Na_2CO_3 溶液的滴定曲线

因为 $K_{b_2}^{\ominus}$ 不够大，第二化学计量点的突跃也不明显。如果 HCO_3^- 浓度稍大一点就易形成 CO_2 的过饱和溶液，使得 H_2CO_3 分解速度很慢，溶液的酸度有所增大，终点提前到达。因此，滴定快到终点时，应剧烈摇动溶液，以加快 H_2CO_3 的分解，或通过加热来减少 CO_2 的浓度，这时颜色又回到黄色，继续滴定至红色。重复操作直到加热后颜色不变为止，一般需要加热 2～3 次。此滴定终点敏锐，准确度高。

还可使用双指示剂法。在溶液中先后加入酚酞和溴甲酚绿，由酚酞变色估计滴定剂大致用量。近终点时加热除去 CO_2、冷却，继续滴定至溶液由紫色变为绿色。终点敏锐，准确度也高。

综上所述，酸碱滴定在化学计量点附近都要形成突跃，但突跃的大小和化学计量点的位置都不尽相同。主要因素有以下几点：

(1)酸和碱的强度（酸碱电离常数 $K_a^{\ominus}$ 和 $K_b^{\ominus}$ 的大小）。酸和碱的 $K_a^{\ominus}$ 和 $K_b^{\ominus}$ 越大，滴定的突跃越大。强酸强碱的互滴突跃最大。在同等条件下，酸的 $K_a^{\ominus}$ 越小，突跃开始点的 pH 值越大，突跃范围越小，且越偏向碱性；而碱的 $K_b^{\ominus}$ 越小，突跃开始时的 pH 值越小，突跃范围越小，越偏向于酸性。弱酸弱碱互滴的突跃最小甚至于没有突跃，所以不能直接滴定。这也是通常用强酸或强碱作为滴定剂的原因。

(2)酸碱溶液的浓度。酸和碱的浓度越小，突跃范围也越小，如果 $cK_a^{\ominus}<10^{-8}$ 或 $cK_b^{\ominus}<10^{-8}$ 时，无明显突跃，一般不适合于用指示剂指示滴定终点。除强酸和强碱的滴定外，其余酸和碱的滴定，化学计量点的位置都随浓度有所变化。

(3)酸碱溶液的温度。常温下溶剂水的质子自递常数（即水的离子积）$K_w^{\ominus}=1.0\times10^{-14}$，当温度发生变化时，$K_w^{\ominus}$ 也发生变化，影响酸碱溶液中的 $c(H^+)$，使得突跃起点或终点的 pH 值发生改变，缩短突跃范围。$K_w^{\ominus}$ 的变化也影响化学计量点的位置。

多元弱酸(碱)滴定的突跃范围,除上述影响因素外还有相邻两级电离常数比值大小的影响。当 $K^{\ominus}_{a_n}/K^{\ominus}_{a_{n+1}}$ 或 $K^{\ominus}_{b_n}/K^{\ominus}_{b_{n+1}}$ 越大,n 级化学计量点处的突跃越大。通常要求比值大于 10^4。

选择指示剂的原则:选择那些变色范围全部或部分在滴定突跃范围内的指示剂。实际工作中是依据酸碱反应化学计量点的 pH 值选择指示剂的,选用那些变色点在化学计量点附近的指示剂。

5.7 酸碱滴定法的应用

5.7.1 酸碱标准溶液的配制与标定

酸碱滴定法中最常用的标准溶液是 HCl 与 NaOH 溶液,有时也用 H_2SO_4 和 HNO_3。溶液浓度常配制成 0.1 mol·L^{-1},溶液太浓消耗试剂太多造成浪费,太稀滴定突跃小,得不到准确的结果。

1. 酸标准溶液

HCl 标准溶液一般不能用直接法配制,而是先配制成大致所需浓度,然后用基准物质标定。标定 HCl 溶液的基准物质,最常用的是无水碳酸钠(Na_2CO_3)及硼砂。

碳酸钠容易制得很纯,价格便宜,也能得到准确的结果。但有强烈的吸湿性,因此用前必须在 270～300 ℃加热约 1 h,然后放入干燥器中冷却备用。也可采用分析纯 $NaHCO_3$ 在 270～300 ℃加热焙烧 1 h,使之转化为 Na_2CO_3

$$2NaHCO_3 \rightarrow Na_2CO_3 + CO_2 + H_2O$$

加热时温度不应超过 300 ℃,否则将有部分 Na_2CO_3 分解为 Na_2O。标定时可选甲基橙或甲基红作指示剂,滴定反应如下:

$$Na_2CO_3 + 2HCl = 2NaCl + CO_2\uparrow + H_2O$$

根据反应式,按等物质的量规则可计算 HCl 溶液的准确浓度

$$c_{HCl} = \frac{2 \times 1000 \times m_{Na_2CO_3}}{M_{Na_2CO_3} \times V_{HCl}}$$

硼砂($Na_2B_4O_7 \cdot 10H_2O$)标定 HCl 的反应如下:

$$Na_2B_4O_7 \cdot 10H_2O + 2HCl = 4H_3BO_3 + 2NaCl + 5H_2O$$

它与 HCl 反应的摩尔比也是 1∶2,但由于其摩尔质量较大(381.4 g·mol^{-1}),在直接称取单份基准物作标定时,称量误差小。硼砂无吸湿性,也容易提纯。其缺点是在空气中易失去部分结晶水,因此常保存在相对湿度为 60% 的恒湿器中。滴定时,选甲基红为指示剂。根据标定反应式可准确计算 HCl 溶液的浓度

$$c_{HCl} = \frac{2 \times 1000 \times m_{硼砂}}{M_{硼砂} \times V_{HCl}}$$

2. 碱标准溶液

NaOH 具有很强的吸湿性,也易吸收空气中的 CO_2,因此不能用直接法配制标准溶液,而是先配制成大致浓度的溶液,然后进行标定。常用来标定 NaOH 溶液的基准物质有邻苯二甲酸氢钾、草酸等。

邻苯二甲酸氢钾($KHC_8H_4O_4$)是两性物质(邻苯二甲酸的 $pK_{a_1}^{\ominus}$ 为 5.4),与 NaOH 定量的反应:

$$HC_8H_4O_4^- + OH^- = C_8H_4O_4^{2-} + H_2O$$

滴定时选酚酞为指示剂。根据等物质的量规则可计算 NaOH 的准确浓度:

$$c_{NaOH} = \frac{1000 \times m_{KHC_8H_4O_4}}{M_{KHC_8H_4O_4} \times V_{NaOH}}$$

邻苯二甲酸氢钾容易提纯;在空气中不吸水,容易保存;与 NaOH 按 1∶1 摩尔比反应;摩尔质量又大(204.2 g·mol⁻¹),可以直接称取单份作标定。所以它是标定碱的较好的基准物质。

草酸($H_2C_2O_4 \cdot 2H_2O$)是弱二元酸($pK_{a_1}^{\ominus}=1.25$,$pK_{a_2}^{\ominus}=4.29$),由于 $K_{a_1}^{\ominus}/K_{a_2}^{\ominus}<10^4$,只能作二元酸一次滴定到 $C_2O_4^{2-}$,亦选酚酞为指示剂。滴定反应如下:

$$H_2C_2O_4 + 2OH^- = C_2O_4^{2-} + 2H_2O$$

根据反应式可计算 NaOH 的精确浓度:

$$c_{NaOH} = \frac{2 \times 1000 \times m_{H_2C_2O_4 \cdot 2H_2O}}{M_{H_2C_2O_4 \cdot 2H_2O} \times V_{NaOH}}$$

草酸稳定,也常用作基准物。由于它与 NaOH 按 1∶2 摩尔比反应,其摩尔质量不大(126.07 $g \cdot mol^{-1}$)。若 NaOH 溶液浓度不大,为减小称量误差,应当多称一些草酸,用容量瓶定容,然后移取部分溶液作标定。

5.7.2 应用实例

1. 氮含量的测定

生物细胞中主要化学成分是碳水化合物、蛋白质、核酸和脂类,其中蛋白质、核酸和部分脂类都是含氮化合物。因此,氮是生物生命活动过程中不可缺少的元素之一。在生产和科研中常常需要测定水、食品、土壤、动植物等样品中的含氮量。对于这些物质中氮含量的测定,通常是将试样进行适当处理,使各种含氮化合物中的氮都转化为液态氮,再进行测定。常用的有两种方法。

(1)蒸馏法。样品如果是无机盐,如$(NH_4)_2SO_4$、NH_4Cl 等,则将试样中加入过量的浓碱,然后加热将 NH_3 蒸馏出来,用过量饱和的 H_3BO_3 溶液吸收,生成 $NH_4H_2BO_3$,再用标准 HCl 溶液滴定生成的弱碱 $H_2BO_3^-$。

$$NH_4^+ + OH^- = NH_3\uparrow + H_2O$$

$$NH_3 + H_3BO_3 = NH_4H_2BO_3$$

$$HCl + NH_4H_2BO_3 = NH_4Cl + H_3BO_3$$

H_3BO_3 是极弱的酸,不影响滴定。当滴定到达化学计量点时,因溶液中含有 H_3BO_3 及 NH_4Cl,此时溶液的 pH 值在 5～6,故选用甲基红和溴甲酚绿混合指示剂,终点为粉红色。根据滴定反应及到达终点时 HCl 溶液的用量,氮的含量可按下式计算:

$$w_N = \frac{c_{HCl}V_{HCl} \times 10^{-3} \times M_N}{m_s}$$

蒸馏出的 NH_3,除用硼酸吸收外,还可用过量的酸标准溶液吸收,然后以甲基红或甲基橙作指示剂,再用碱标准溶液返滴定剩余的酸。

试样如果是含氮的有机物质，测其含氮量时，首先用浓 H_2SO_4 消煮，使有机物分解并转化成 NH_3，并与 H_2SO_4 作用生成 NH_4HSO_4。这一反应的速度较慢，因此常加 K_2SO_4 以提高溶液的沸点，并加催化剂如 $CuSO_4$、HgO 等，经这样处理后就可用上述方法测量物质的含氮量了。此法只限于物质中以－3 价状态存在的氮。对于含氮的氧化型的化合物，如有机的硝基或偶氮化合物，在消煮前必须用还原剂（如 Fe(Ⅱ)或硫代硫酸钠）处理后，再用上法测定。这种测定有机物质含氮量的方法常称为凯氏定氮法。

(2)甲醛法。甲醛与铵盐反应，生成酸（质子化的六次甲基四胺和 H^+）

$$4NH_4{}^+ + 6HCHO = (CH_2)_6N_4H^+ + 3H^+ + 6H_2O$$

$$(CH_2)_6N_4H^+ + 3H^+ + 4OH^- = (CH_2)_6N_4 + 4H_2O$$

生成的酸可用 NaOH 直接滴定，选酚酞作指示剂。可按下式计算氮的含量

$$w_N = \frac{c_{NaOH} \times V_{NaOH} \times 10^{-3} \times M_N}{m_s}$$

试样中如果含有游离酸，事先需中和，以甲基红为指示剂。甲醛中常含有少量甲酸，使用前也需中和，以酚酞为指示剂。

例 5-14 将 2.000 g 的黄豆用浓 H_2SO_4 进行消化处理，得到被测试液，然后加入过量的 NaOH 溶液，将释放出来的 NH_3 用 50.00 mL $c(HCl)=0.6700\ mol \cdot L^{-1}$ 的 HCl 溶液吸收，多余的 HCl 采用甲基橙指示剂，用 $c(NaOH)=0.6250\ mol \cdot L^{-1}$ NaOH 30.10 mL 滴定至终点，计算黄豆中氮的质量分数。

解：
$$w_N = \frac{[c_{HCl} \cdot V_{HCl} - c_{NaOH} \cdot V_{NaOH}] \cdot M_N}{m}$$

$$= \frac{(0.6700 \times 50.00 - 0.6250 \times 30.10) \times 14.01 \times 10^{-3}}{2.000} = 9.27\%$$

2. 磷的测定

磷元素是生物生长不可缺少的元素之一，生物的呼吸作用、光合作用，以及生物体内的含氮化合物的代谢等都需要磷。因此，测定样品中的含磷量也是生产及科学研究中不可缺少的一项工作。测磷的方法很多，这里只简要介绍用酸碱滴定法测定磷的原理和方法。其他方法在后续有关章节再作介绍。试样经处理后，将磷转化为 H_3PO_4，在硝酸介质中，磷酸与钼酸铵反应，生成黄色磷钼酸铵沉淀，反应如下

$$H_3PO_4 + 12MoO_4^{2-} + 2NH_4^+ + 22H^+ = (NH_4)_2HPO_4 \cdot 12MoO_3 \cdot H_2O\downarrow + 11H_2O$$

沉淀经过滤后，用水洗涤至不显酸性为止。然后将沉淀溶解于一定量过量的 NaOH 标准溶液中，溶解反应为

$$(NH_4)_2HPO_4 \cdot 12MoO_3 \cdot H_2O + 27OH^- = 12MoO_4^{2-} + PO_4^{3-} + 2NH_3 + 16H_2O$$

过量的 NaOH 用 HNO_3 标准溶液返滴至酚酞红色褪色为终点（pH≈8）。此时有下面三个反应发生

$$OH^-(\text{过量的}) + H^+ = H_2O$$

$$PO_4^{3-} + H^+ = HPO_4^{2-}$$

$$2NH_3 + 2H^+ = 2NH_4^+$$

由上述几步反应可看出，溶解 1 mol 沉淀，需消耗 27 mol 的 NaOH。用 HNO_3 标准溶液返滴定至 pH≈8 时，沉淀溶解后所产生的 PO_4^{3-} 转变为 HPO_4^{2-}，要消耗 1 mol HNO_3，

2 mol的 NH_3 生成 NH_4^+，又要消耗 2 mol HNO_3，共消耗 3 mol 的 HNO_3。所以，这时候 1 mol沉淀实际上只消耗 27－3＝24 mol NaOH。即

$$1\ \text{mol P} \quad \sim \quad 24\ \text{mol NaOH}$$

所以磷的含量可计算如下

$$w_P=\frac{[(c_{NaOH}\times V_{NaOH})-(c_{HNO_3}\times V_{HNO_3})]\times 10^{-3}\times\frac{1}{24}M_P}{m_s}$$

此法适用于微量磷的测定。

3. 混合碱的分析

(1)烧碱中 NaOH 和 Na_2CO_3 含量的测定。烧碱(NaOH)在生产和贮存过程中因吸收空气中的 CO_2 而产生部分 Na_2CO_3。因此，在测定烧碱中 NaOH 含量的同时，常需要测定 Na_2CO_3 的含量，称为混合碱的分析。最常用的方法是双指示剂法。

所谓双指示剂法，就是利用两种指示剂进行连续滴定，根据不同化学计量点颜色变化得到两个终点，分别根据各终点处所消耗的酸标准溶液的体积，计算各成分的含量。

测定烧碱中 NaOH 和 Na_2CO_3 含量，可选用酚酞和甲基橙两种指示剂，以酸标准溶液连续滴定。首先以酚酞为指示剂，用 HCl 标准溶液滴至溶液红色刚消失时，记录所用 HCl 体积为 V_1(mL)，此时混合碱中 NaOH 全部被中和，而 Na_2CO_3 仅中和到 $NaHCO_3$，此为第一终点。然后再加入甲基橙指示剂，继续用 HCl 标准溶液滴定至溶液由黄色恰好变为橙色为止，即为第二终点，又消耗的 HCl 用量记录为 V_2(mL)。整个滴定过程如图 5－9 所示。

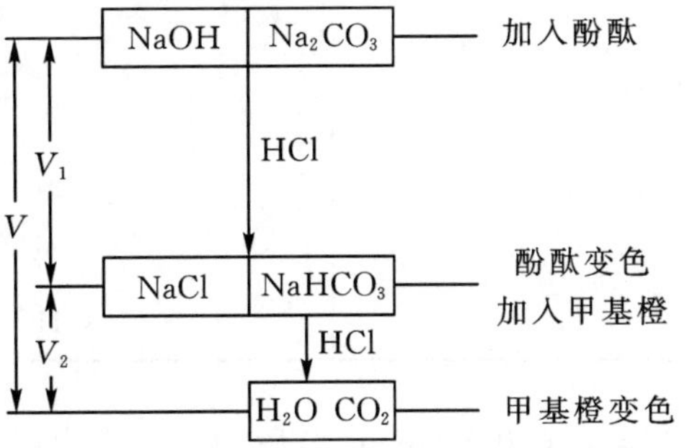

图 5－9　NaOH 与 Na_2CO_3 混合物的测定

根据滴定的体积关系，则有下列计算关系

$$w_{NaOH}=\frac{c_{HCl}(V_1-V_2)_{HCl}\times 10^{-3}\times M_{NaOH}}{m_s}$$

$$w_{Na_2CO_3}=\frac{2(cV_2)_{HCl}\times 10^{-3}\times\frac{1}{2}M_{Na_2CO_3}}{m_s}$$

双指示剂法操作简便，但滴定至第一化学计量点($NaHCO_3$)时，终点不明显，误差较大，约为 1 %。为使第一化学计量点终点明显，减小误差，现常选用甲酚红和百里酚蓝混合指示剂，终点颜色由紫色变为粉红色，即到达第一终点，且此混合指示剂不影响第二终点颜色。

(2)Na_2CO_3 与 $NaHCO_3$ 混合物的测定。Na_2CO_3 与 $NaHCO_3$ 混合碱的测定，与测定烧碱的方法相类似。用双指示剂法，滴定过程如图 5－10 所示。

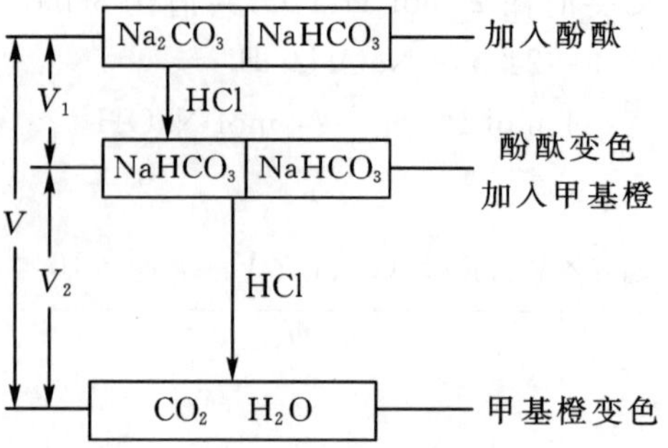

图 5-10 Na_2CO_3与$NaHCO_3$混合物的测定

由图 5-10 可得计算公式如下

$$w_{Na_2CO_3}=\frac{2(cV_1)_{HCl}\times10^{-3}\times\frac{1}{2}M_{Na_2CO_3}}{m_s}$$

$$w_{NaHCO_3}=\frac{c_{HCl}\times(V_2-V_1)_{HCl}\times10^{-3}\times M_{NaHCO_3}}{m_s}$$

双指示剂法不仅用于混合碱的定量分析，还可用于判断混合碱的组成(见表 5-8)。

表 5-8 双指示剂法判断混合碱组成

HCl 体积 V_1 或 V_2 的变化	试样的组成
$V_1\neq0$ $V_2=0$	NaOH
$V_1=0$ $V_2\neq0$	$NaHCO_3$
$V_1=V_2\neq0$	Na_2CO_3
$V_1>V_2>0$	$NaOH+Na_2CO_3$
$V_2>V_1>0$	$NaHCO_3+Na_2CO_3$

例 5-15 某纯碱试样 1.000 g，溶于水后，以酚酞为指示剂，耗用 $c(HCl)=0.2500\ mol\cdot L^{-1}$ HCl溶液 20.40 mL；再以甲基橙为指示剂，继续用此 HCl 溶液滴定，共耗去 HCl 溶液 48.86 mL，求试样中各组分的相对含量。

解：据已知条件，以酚酞为指示剂时，耗去 HCl 溶液 $V_1=20.40$ mL，而用甲基橙为指示剂时，耗用同浓度 HCl 溶液 $V_2=48.86-20.40=28.46$ mL。显然 $V_2>V_1$，可见试样不会是纯的 Na_2CO_3，否则 $V_1=V_2$；试样也不会是 Na_2CO_3+NaOH，否则 $V_1>V_2$。因而试样为 $Na_2CO_3+NaHCO_3$，其中 V_1 用于将试样的 Na_2CO_3 作用至 $NaHCO_3$，而 V_2 是将滴定反应产生的 $NaHCO_3$ 以及原试样中的 $NaHCO_3$ 一起作用完全时所消耗 HCl 的体积，因此：

$$w_{Na_2CO_3}=\frac{\frac{1}{2}c_{HCl}\cdot2V_1\cdot M_{Na_2CO_3}}{m_s}$$

$$=\frac{0.2500\times20.40\times106.0\times10^{-3}}{1.000}=54.06\%$$

$$w_{NaHCO_3}=\frac{c_{HCl}\cdot(V_2-V_1)\cdot M_{NaHCO_3}}{m_s}$$
$$=\frac{0.2500\times(28.46-20.40)\times84.10\times10^{-3}}{1.000}=16.93\%$$

习 题

1. 根据质子理论，下列分子或离子哪些是酸？哪些是碱？哪些既是酸又是碱？

HS^-，CO_3^{2-}，$H_2PO_4^-$，NH_3，H_2S，HAc，OH^-，H_2O，$NH_4{}^+$，F^-，HCO_3^-

2. 写出下列酸的共轭碱：$H_2PO_4^-$，$NH_4{}^+$，$HPO_4{}^{2-}$，HCO_3^-，H_2O

写出下列碱的共轭酸：$H_2PO_4^-$，$HPO_4{}^{2-}$，HCO_3^-，$HC_2O_4^-$，H_2O，C_2H_5OH

3. 0.01 mol·L^{-1} HAc 溶液的电离度为 42%，求 HAc 的电离常数和该溶液的 $c(H^+)$。

4. 已知下列各弱酸的 $pK_a^\ominus$ 值，求它们的共轭碱的 $pK_b^\ominus$ 值：

(1) HCN(9.21)；

(2) HCOOH(3.74)；

(3) 苯酚(9.95)；

(4) 苯甲酸(4.21)。

5. 已知 H_3PO_4 的 $pK_{a_1}^\ominus=2.12$，$pK_{a_2}^\ominus=7.20$，$pK_{a_3}^\ominus=12.36$。求其共轭碱 $PO_4{}^{3-}$ 的 $pK_{b_1}^\ominus$，$HPO_4{}^{2-}$ 的 $pK_{b_2}^\ominus$，$H_2PO_4^-$ 的 $pK_{b_3}^\ominus$。

6. 在 100 mL 0.1 mol·L^{-1}氨水中加入 1.07 g 氯化铵，溶液的 pH 值为多少？在此溶液中再加入 100 mL 水，pH 值有何变化？

7. 已知 25 ℃时某一弱酸 0.010 mol·L^{-1}溶液的 pH 值为 4.0，求：

(1)该酸的 $K_a^\ominus$；

(2)该浓度下的电离度 α；

(3)稀释一倍后的 $K_a^\ominus$ 及 α；

(4)与等体积 0.010 mol·L^{-1} NaOH 溶液混合后的 pH 值。

8. 已知 HAc 的 $pK_a^\ominus=4.74$，$NH_3\cdot H_2O$ 的 $pK_b^\ominus=4.74$。计算下列各溶液的 pH 值：

(1)0.10 mol·L^{-1} HAc；

(2)0.10 mol·L^{-1} $NH_3\cdot H_2O$；

(3)0.15 mol·L^{-1} NH_4Cl；

(4)0.15 mol·L^{-1} NaAc。

9. 计算浓度为 0.12 mol·L^{-1}的下列物质水溶液的 pH 值(括号内为酸的 $pK_a^\ominus$ 值)

(1)苯酚(9.95)，苯酚钠；

(2)丙烯酸(4.25)，丙烯酸钠；

(3)吡啶的硝酸盐(5.23)，吡啶。

10. 欲配制 pH=3 的缓冲溶液，现有下列物质选择哪种合适？

(1) HCOOH $K_a^\ominus=1.77\times10^{-4}$；(2)HAc $K_a^\ominus=1.76\times10^{-5}$；(3) $NH_3\cdot H_2O$ $K_b^\ominus=1.8\times10^{-5}$。

11. 欲配制 500 mL pH 值为 9，其中$[NH_4^+]$= 1.0 mol·L^{-1}的缓冲溶液，需密度为 0.904 g·mL^{-1}、氨质量分数为 26.0%的浓氨水多少毫升？固体氯化铵多少克？

12. 将 100 mL 0.20 mol·L^{-1} HAc 和 50 mL 0.20 mol·L^{-1} NaOH 溶液混合，求混合溶液的 pH 值。

13. 写出下列物质在水溶液中的质子条件：

(1) NH_4CN；

(2) Na_2CO_3；

(3) $(NH_4)_2HPO_4$；

(4) $NH_4H_2PO_4$。

14. (1)计算 pH=5.0 时，H_2S 的分布系数 δ_2、δ_1、δ_0。

(2)假定 H_2S 各种形态总浓度是 0.050 mol·L^{-1}，求系统中 H_2S、HS^-、S^{2-} 的浓度。

15. 某弱酸 $pK_a^\ominus$=9.21，现有浓度为 0.1000 mol·L^{-1}的共轭碱 NaA 溶液 20.00 mL，当用 0.1000 mol·L^{-1} HCl 溶液滴定时，化学计量点的 pH 值为多少？化学计量点附近的滴定突跃为多少？应选择何种指示剂指示终点？

16. 如以 0.2000 mol·L^{-1} NaOH 标准溶液滴定 20.00 mL 0.2000 mol·L^{-1}邻苯二甲酸氢钾溶液，化学计量点时的 pH 值为多少？化学计量点附近滴定突跃的 pH 值又是怎样？应选用何种指示剂指示终点？

17. 用 0.1000 mol· L^{-1} NaOH 溶液滴定 20.00 mL 0.1000 mol·L^{-1}酒石酸溶液时，有几个滴定突跃？在第二化学计量点时的 pH 值为多少？应选用什么指示剂指示终点？

18. 下列物质能否在水溶液中直接滴定？如果可以，选用哪一种指示剂？（浓度均为 0.1000 mol·L^{-1}）。

(1)甲酸(HCOOH)；

(2)氯化铵(NH_4Cl)；

(3)硼酸(H_3BO_3)；

(4)氰化钠(NaCN)；

(5)苯甲酸（$pK_a^\ominus$ 为 4.21)；

(6)苯酚钠(苯酚的 $pK_a^\ominus$ 为 8.96)。

19. 下列多元酸能否用碱直接滴定？如果能滴定，有几个滴定突跃？选择何种指示剂（浓度均为 0.1000 mol·L^{-1})？

(1)酒石酸($H_2C_4H_4O_6$)；

(2)柠檬酸($H_3C_6H_5O_7$)；

(3)琥珀酸($H_2C_4H_4O_4$)($pK_{a_n}^\ominus$分别为 4.21，5.64)；

(4)砷酸(H_3AsO_4)（$pK_{a_n}^\ominus$分别为 2.20，7.00，11.50)。

20. 称取粗铵盐 1.075 g，与过量碱共热，蒸出的 NH_3 以过量的硼酸溶液吸收，再以 0.3865 mol·L^{-1} HCl 滴定至甲基红和溴甲酚绿混合指示剂终点，需 HCl 溶液 33.68 mL，求试样中 NH_3的质量分数和以 NH_4Cl 表示的质量分数。

21. 有工业硼砂 1.0000 g，用 0.2000 mol·L^{-1} HCl 25.00 mL 中和至化学计量点，试计算样品中 $Na_2B_4O_7 \cdot 10H_2O$、$Na_2B_4O_7$ 和 B 的质量分数。

22. 往0.3582 g含$CaCO_3$及不与酸作用杂质的石灰石里加入25.00 mL 0.1471 mol·L^{-1} HCl溶液，过量的酸用10.15 mL NaOH溶液回滴。已知1 mL NaOH溶液相当于1.032 mL HCl溶液。求石灰石的纯度及CO_2的质量分数。

23. 称取混合碱试样0.9476 g，加酚酞指示剂，用0.2785 mol·L^{-1} HCl溶液滴定至终点，消耗HCl溶液34.12 mL。再加甲基橙指示剂，滴定至终点，又耗去酸23.66 mL。求试样中各组分的质量分数。

24. 称取混合碱试样0.6524 g，加酚酞指示剂，用0.1992 mol·L^{-1} HCl溶液滴定至终点，消耗HCl溶液21.76 mL。再加甲基橙指示剂，滴定至终点，又耗去酸27.15 mL。求试样中各组分的质量分数。

25. 有一纯的(100%)未知有机酸400 mL，用0.09996 mol·L^{-1} NaOH溶液滴定，滴定曲线表明该酸为一元酸，加入32.80 mL溶液时到达终点。当加入16.40 mL溶液时，pH值为4.20。根据上述数据求：

(1)酸的$pK_a^\ominus$；

(2)酸的相对分子质量。

26. 用凯氏法测定蛋白质中的含氮量时，称取样品0.2420 g，用浓H_2SO_4和催化剂消解，蛋白质全部转化为铵盐，然后加碱蒸馏，用4%的H_3BO_3溶液吸收NH_3，最后用0.09680 mol·L^{-1} HCl滴定至甲基红变色，用去25.00 mL，计算样品中N的质量分数。

27. 已知试样可能含有Na_3PO_4、NaH_2PO_4和Na_2HPO_4的混和物，同时含有惰性物质。称取试样2.000 g配成溶液，当用甲基红做指示剂，用0.5000 mol·L^{-1} HCl标准溶液滴定时，用去32.00 mL。同样质量的试液，当用酚酞作指示剂时，需用0.5000 mol·L^{-1} HCl 12.00 mL，求试样中Na_3PO_4、Na_2HPO_4和杂质的质量分数。

第 6 章　沉淀-溶解平衡与沉淀分析法

在分离、纯化、定性及定量分析过程中，经常涉及到要使沉淀析出、难溶化合物溶解或防止生成难溶化合物这类问题。究竟如何利用沉淀反应才能使沉淀能够生成并沉淀完全、或将沉淀溶解、转化，这些问题要涉及难溶电解质的沉淀-溶解平衡，本章将对此进行讨论。

6.1　难溶电解质的溶度积和溶度积规则

6.1.1　难溶电解质的溶度积

严格地说，在水中绝对不溶的物质是不存在的。我们通常将溶解度大于 0.1 g/100 g(H_2O)的物质称为易溶物质，溶解度小于 0.01 g/100 g(H_2O)的物质称为难溶物质，溶解度在小于 0.1 g/100 g(H_2O)大于 0.01 g/100 g(H_2O)的物质称为微溶物质。难溶物质所溶解的部分完全发生解离，这类难溶物质称为难溶强电解质。

在一定温度下，将过量 $BaSO_4$ 固体投入水中，构晶离子 Ba^{2+} 和 SO_4^{2-} 在水分子的作用下会不断离开固体表面进入溶液，形成水合离子，这是 $BaSO_4$ 的溶解过程。同时，已溶解的 Ba^{2+} 和 SO_4^{2-} 离子又会因固体表面的异号电荷离子的吸引而回到固体表面，这就是 $BaSO_4$ 的沉淀过程。当沉淀与溶解两过程反应速度相同时就达到了沉淀与溶解平衡状态：

$$BaSO_4(s) \underset{\text{沉淀}}{\overset{\text{溶解}}{\rightleftharpoons}} Ba^{2+} + SO_4^{2-}$$

（未溶解固体）　（已溶解的水合离子）

根据平衡原理，其平衡常数可表示为：

$$K^{\ominus}_{sp}(BaSO_4) = [Ba^{2+}] \cdot [SO_4^{2-}]$$

该平衡为沉淀-溶解平衡，是多相离子平衡，其平衡常数称为溶度积常数，简称为溶度积。

对于一般的难溶强电解质 A_mB_n

$$A_mB_n(s) \underset{\text{沉淀}}{\overset{\text{溶解}}{\rightleftharpoons}} mA^{n+} + nB^{m-}$$

沉淀-溶解达平衡时：

$$K^{\ominus}_{sp} = [A^{n+}]^m \cdot [B^{m-}]^n \tag{6-1}$$

该式的意义是：在一定温度下，$K^{\ominus}_{sp}$ 的大小反映了难溶电解质溶解能力的大小。$K^{\ominus}_{sp}$ 越大，表示该难溶电解质的溶解程度越大。严格地说，$K^{\ominus}_{sp}$ 应该用溶解平衡时各离子活度幂的乘积来表示。但由于难溶电解质的溶解度很小，溶液的浓度很稀。一般计算中，可用浓度代替活度。

与其他平衡常数一样，$K_{sp}^{\ominus}$也是温度的函数，但通常温度变化对$K_{sp}^{\ominus}$的影响不大，所以实际应用中可忽略温度影响，采用常温下测得的溶度积数据，本书附录表6列出了一些难溶电解质的溶度积。

6.1.2 溶解度和溶度积的相互换算

根据溶度积常数表达式，可以进行溶度积和溶解度之间的相互换算，在换算时离子浓度和溶解度均应采用物质的量浓度($mol \cdot L^{-1}$)。

例 6-1 已知AgCl在298 K时的溶度积为1.8×10^{-10}，求AgCl的溶解度。

解：设AgCl的溶解度为s $mol \cdot L^{-1}$

AgCl的溶解平衡为 $AgCl(s) \rightleftharpoons Ag^+ + Cl^-$

平衡浓度/$mol \cdot L^{-1}$ s s

$$K^{\ominus}_{sp}(AgCl)=[Ag^+]\cdot[Cl^-]=s^2$$

故 $$s=\sqrt{K^{\ominus}_{sp}}=\sqrt{1.8\times10^{-10}}=1.34\times10^{-5}\ (mol \cdot L^{-1})$$

计算结果表明，AB型的难溶电解质，其溶解度在数值上等于其溶度积的平方根。

即 $$s=\sqrt{K_{sp}^{\ominus}} \tag{6-2}$$

同理可推导出AB_2(或A_2B)型的难溶电解质的溶解度和溶度积的关系为

$$s=\sqrt[3]{\frac{K_{sp}^{\ominus}}{4}} \tag{6-3}$$

例 6-2 在298 K时，AgBr和Ag_2CrO_4的溶解度分别为7.1×10^{-7} $mol \cdot L^{-1}$和6.5×10^{-5} $mol \cdot L^{-1}$，分别计算其溶度积。

解：(1) AgBr属于AB型难溶电解质，溶解度$s=7.1\times10^{-7}$ $mol \cdot L^{-1}$

$$AgBr \rightleftharpoons Ag^+ + Br^-$$

平衡浓度/$mol \cdot L^{-1}$ s s

故

$$K_{sp}^{\ominus}(AgBr)=[Ag^+][Br^-]=s^2=(7.1\times10^{-7})^2=5.0\times10^{-13}$$

(2) Ag_2CrO_4属于A_2B型难溶电解质，溶解度$s=6.5\times10^{-5}$ $mol \cdot L^{-1}$

$$Ag_2CrO_4 \rightleftharpoons 2Ag^+ + CrO_4^{2-}$$

平衡浓度/$mol \cdot L^{-1}$ $2s$ s

$$K_{sp}^{\ominus}(Ag_2CrO_4)=[Ag^+]^2[CrO_4^{2-}]=(2s)^2\times s=4s^3$$
$$=4\times(6.5\times10^{-5})^3=1.1\times10^{-12}$$

从上述两例的计算可以看出，AgCl的溶度积(1.8×10^{-10})比AgBr的溶度积(5.0×10^{-13})大，所以AgCl的溶解度(1.34×10^{-5} $mol \cdot L^{-1}$)也比AgBr的溶解度(7.1×10^{-7} $mol \cdot L^{-1}$)大，然而，AgCl的溶度积比Ag_2CrO_4的溶度积(1.1×10^{-12})大，而AgCl的溶解度却比Ag_2CrO_4的溶解度(6.5×10^{-5} $mol \cdot L^{-1}$)小，这是由于AgCl为AB型难溶电解质，而Ag_2CrO_4为A_2B型难溶电解质，两者的溶度积表达式不同。因此，只有对同一类型的难溶电解质，才能应用溶度积常数值的大小直接比较其溶解度的相对大小。而对于不同类型的难溶电解质，必须通过计算才能比较其溶解度的相对大小。

6.1.3 溶度积常数和 Gibbs 函数

在化学平衡一章，曾学过平衡常数和 Gibbs 函数的关系式：

$$\Delta_r G^{\ominus}{}_T = -RT\ln K^{\ominus}$$

因为溶度积也是一种平衡常数，所以上式可用来计算溶度积。

例 6-3 已知 AgCl(s)、Ag^+ 和 Cl^- 的标准 Gibbs 函数 $\Delta_f G^{\ominus}_{298.2}$ 分别是 $-109.72\ \text{kJ}\cdot\text{mol}^{-1}$、$77.11\ \text{kJ}\cdot\text{mol}^{-1}$ 和 $-131.17\ \text{kJ}\cdot\text{mol}^{-1}$，求 298 K 时 AgCl 的溶度积常数。

解： 因为 $AgCl(s) \rightleftharpoons Ag^+ + Cl^-$

$\Delta_f G^{\ominus}_{298.2}/\ \text{kJ}\cdot\text{mol}^{-1}$ $\quad -109.72 \quad 77.11 \quad -131.17$

$$\Delta_r G^{\ominus}_{298.2} = 77.11 + (-131.17) - (-109.72) = 55.66\ (\text{kJ}\cdot\text{mol}^{-1})$$

$$\lg K^{\ominus}{}_{sp} = \frac{-\Delta_r G^{\ominus}{}_{298.2}}{2.303RT} = \frac{-55.66\times10^{-3}}{2.303\times8.314\times298.2} = -9.748$$

解得 $$K^{\ominus}{}_{sp} = 1.8\times10^{-10}$$

$K^{\ominus}_{sp}$ 与其他平衡常数 $K^{\ominus}_a$、$K^{\ominus}_b$ 一样，也是温度 T 的函数。对大多数难溶盐来说，温度升高，$K^{\ominus}_{sp}$ 增加，但温度对 $K^{\ominus}_{sp}$ 的影响不是很大。因此，在实际工作中，常用室温时的数据。

6.1.4 溶度积规则

将化学平衡移动原理应用到难溶电解质的多相离子平衡体系中，可以总结出判断难溶强电解质沉淀的生成和溶解的普遍规律。例如，在一定温度下，将过量的 $BaSO_4$ 固体放入水中，溶液达到饱和后，则有 $[Ba^{2+}][SO_4^{2-}] = K^{\ominus}{}_{sp}$

如果加入 $BaCl_2$ 增大 Ba^{2+} 离子浓度，溶液中 $[Ba^{2+}][SO_4^{2-}] > K^{\ominus}_{sp}$，则平衡向左移动，生成 $BaSO_4$ 沉淀。

$$BaSO_4(s) \rightleftharpoons Ba^{2+} + SO_4^{2-}$$

平衡向左移动

随着 $BaSO_4$ 沉淀的生成，溶液中 SO_4^{2-} 离子和 Ba^{2+} 离子浓度逐渐减小，当 Ba^{2+} 离子浓度和 SO_4^{2-} 离子浓度乘积等于 $K^{\ominus}_{sp}(BaSO_4)$ 时，体系达到了一个新的平衡状态。

如果设法降低上述平衡体系中的 Ba^{2+} 或 SO_4^{2-} 浓度，使溶液中 $[Ba^{2+}][SO_4^{2-}] < K^{\ominus}_{sp}$，平衡会向右移动，使 $BaSO_4$ 溶解，直到溶液中 Ba^{2+} 离子浓度和 SO_4^{2-} 离子浓度乘积等于 $K^{\ominus}_{sp}(BaSO_4)$ 时，溶解过程才停止。

因此，对于一般难溶电解质的沉淀一溶解平衡

$$A_mB_n(s) \rightleftharpoons mA^{n+} + nB^{m-}$$

如果引入化学平衡中的浓度商（Q_c），在任意条件下则有：

$$Q_c = [A^{n+}]^m \cdot [B^{m-}]^n$$

应用化学平衡移动原理，将 Q_c 和 $K^{\ominus}_{sp}$ 比较，可得如下规律：

(1) $Q_c > K^{\ominus}_{sp}$ 溶液过饱和，有沉淀生成；

(2) $Q_c = K^{\ominus}_{sp}$ 溶液处于饱和，为溶解平衡状态；

(3) $Q_c < K^{\ominus}_{sp}$ 不饱和溶液，无沉淀生成，或沉淀溶解。

以上关于沉淀生成和溶解的规律称为溶度积规则，根据溶度积规则可判断沉淀的生成与溶解。

6.2 沉淀-溶解平衡的移动

6.2.1 同离子效应和盐效应对沉淀-溶解平衡的影响

如前所述，如果在 $BaSO_4$ 的沉淀-溶解平衡体系中加入 $BaCl_2$（或 Na_2SO_4）就会破坏平衡，结果生成更多的 $BaSO_4$ 沉淀。当新的平衡建立时，$BaSO_4$ 的溶解度减小。在难溶电解质的饱和溶液中，这种因加入含有相同离子的强电解质，使难溶电解质溶解度降低的效应，称为同离子效应。

例 6-4 分别计算 $BaSO_4$ 在纯水和 0.10 $mol \cdot L^{-1}$ $BaCl_2$ 溶液中的溶解度。已知 $BaSO_4$ 在 298 K 时的溶度积为 1.1×10^{-10}。

解：(1)设 $BaSO_4$ 在纯水的溶解度为 s_1 $mol \cdot L^{-1}$

$$BaSO_4(s) \rightleftharpoons Ba^{2+} + SO_4^{2-}$$

平衡浓度/$mol \cdot L^{-1}$　　　s_1　　s_1

$$K^\ominus_{sp}(BaSO_4) = [Ba^{2+}] \times [SO_4^{2-}] = s_1^2$$

所以
$$s_1 = \sqrt{K^\ominus_{sp}} = \sqrt{1.1 \times 10^{-10}} = 1.0 \times 10^{-5}\ (mol \cdot L^{-1})$$

(2)设 $BaSO_4$ 在 0.10 $mol \cdot L^{-1}$ $BaCl_2$ 溶液中的溶解度为 s_2 $mol \cdot L^{-1}$

$$BaSO_4(s) \rightleftharpoons Ba^{2+} + SO_4^{2-}$$

平衡浓度/ $mol \cdot L^{-1}$　　　$0.1 + s_2$　　s_2

因为 $K^\ominus_{sp}(BaSO_4)$ 的值很小，所以　$0.10 + s_2 \approx 0.10$

$$K^\ominus_{sp}(BaSO_4) = [Ba^{2+}] \times [SO_4^{2-}] = (0.10 + s_2) \times s_2 \approx 0.1 \times s_2$$

故
$$s_2 = \frac{K^\ominus_{sp}}{0.1} = \frac{1.1 \times 10^{-10}}{0.1} = 1.1 \times 10^{-9}\ (mol \cdot L^{-1})$$

由计算结果可见，$BaSO_4$ 在 0.10 $mol \cdot L^{-1}$ $BaCl_2$ 溶液中的溶解度约为在纯水中的万分之一。因此，利用同离子效应可以使难溶电解质的溶解度大大降低，使某种离子沉淀的更接近完全。一般来说，溶液中残留的离子浓度，在定性分析中小于 10^{-5} $mol \cdot L^{-1}$，在定量分析中小于 10^{-6} $mol \cdot L^{-1}$，就可以认为沉淀完全。

实验表明，在 KNO_3 等强电解质存在的情况下，难溶电解质的溶解度比在纯水中略有增大。这种由于加入强电解质而使沉淀溶解度增大的现象，称为盐效应。加入强电解质产生盐效应的机理是强电解质解离而生成的大量离子，使溶液中的构晶离子活度降低，因而沉淀溶解平衡向难溶电解质解离的方向移动。在利用同离子效应降低沉淀溶解度时，也应考虑盐效应的影响，因此在沉淀操作中沉淀剂不能过量太多。一般沉淀剂过量 30%～50% 即可。

6.2.2 沉淀生成

根据溶度积规则，在溶液中要使某种离子生成沉淀，根据溶度积规则，必须满足沉淀生成的条件：$Q_c > K^\ominus_{sp}$。由溶度积常数表达式可知，如果沉淀剂适当过量，将有效地降低被沉淀离子的残留浓度。

例 6-5 等体积的 0.2 mol·L^{-1}的 $Pb(NO_3)_2$ 和 0.2 mol·L^{-1} KI 水溶液混合是否会产生 PbI_2 沉淀？已知 PbI_2的 $K_{sp}^{\ominus}=1.4\times10^{-8}$。

解：

$$PbI_2(s)\rightleftharpoons Pb^{2+}+2I^-$$

$$Q_c=[Pb^{2+}]\cdot[I^-]^2=0.1\times(0.1)^2=1.0\times10^{-3}(mol\cdot L^{-1})$$

$$Q_c>K_{sp}^{\ominus}$$

所以会产生 PbI_2 沉淀。

当被沉淀离子浓度一定时，沉淀的完全程度与沉淀的 $K_{sp}^{\ominus}$、沉淀剂的性质和用量、沉淀时的 pH 值等因素有关。因此，为了使被沉淀离子尽可能沉淀完全，首先应选择合适的沉淀剂，例如，要使溶液中的 Pb^{2+} 离子沉淀，可用氯化物、硫酸盐、碳酸盐、硫化物作沉淀剂，Pb^{2+} 离子与这些离子形成的化合物的溶度积和溶解度见下表：

化合物	$PbCl_2$	$PbSO_4$	$PbCO_3$	PbS
$K^{\ominus}_{sp}$	1.9×10^{-4}	1.8×10^{-8}	1.5×10^{-13}	9.0×10^{-29}
溶解度/mol·L^{-1}	3.6×10^{-2}	1.3×10^{-4}	3.9×10^{-7}	9.5×10^{-15}

由上述数据可知，PbS 的溶解度最小，用硫化物作沉淀剂沉淀 Pb^{2+} 离子最完全。

例 6-6 用改变溶液的 pH 值，生成氢氧化物沉淀的方法沉淀 Fe^{3+}。计算含 0.010 mol·L^{-1} Fe^{3+} 的溶液开始沉淀和 Fe^{3+} 沉淀完全时溶液的 pH 值。

解：查附录，得 $K_{sp}^{\ominus}(Fe(OH)_3)=4.0\times10^{-38}$

(1)开始沉淀时的 pH 值。

根据

$$Fe(OH)_3\rightleftharpoons Fe^{3+}+3OH^-$$

$$K_{sp}^{\ominus}(Fe(OH)_3)=[Fe^{3+}]\times[OH^-]^3$$

开始沉淀时，$[Fe^{3+}]$为 0.010 mol·L^{-1}

$$[OH^-]=\sqrt[3]{\frac{K_{sp}^{\ominus}}{[Fe^{3+}]}}=\sqrt[3]{\frac{4.0\times10^{-38}}{0.010}}=1.6\times10^{-12}\ (mol\cdot L^{-1})$$

所以

$$pH=14-pOH=14+\lg(1.6\times10^{-12})=2.20$$

(2)沉淀完全时的 pH 值。

沉淀完全时，残留$[Fe^{3+}]$为 10^{-5} mol·L^{-1}。

$$[OH^-]=\sqrt[3]{\frac{K_{sp}^{\ominus}}{[Fe^{3+}]}}=\sqrt[3]{\frac{4.0\times10^{-38}}{10^{-5}}}=1.6\times10^{-11}\ (mol\cdot L^{-1})$$

所以

$$pH=14-pOH=14+\lg(1.6\times10^{-11})=3.20$$

所以在含 0.010 mol·L^{-1} Fe^{3+} 的溶液中，当 pH 值为 2.20 时开始析出 $Fe(OH)_3$ 沉淀，当 pH 值达到 3.20 时 Fe^{3+} 沉淀完全。

例 6-7 在含有少量铜离子的溶液中通 H_2S 至饱和，如测得此时溶液 pH 值为 1.0，求溶液中铜离子的残留浓度。

解：H_2S 气体常温常压下在水中的饱和浓度为 0.10 mol·L^{-1}，H_2S 的 $K_{a_1}^{\ominus}=1.3\times10^{-7}$，$K_{a_2}^{\ominus}=7.1\times10^{-15}$，溶液中的 S^{2-} 由 H_2S 经两级解离而得

$$H_2S\rightleftharpoons 2H^++S^{2-}$$

$$K^\ominus = \frac{[H^+]^2 \cdot [S^{2-}]}{[H_2S]} = K_{a_1}^\ominus \cdot K_{a_2}^\ominus = 1.3 \times 10^{-7} \times 7.1 \times 10^{-15} = 9.2 \times 10^{-22}$$

$$[S^{2-}] = K_{a_1}^\ominus \cdot K_{a_2}^\ominus \times \frac{[H_2S]}{[H^+]^2} = 9.2 \times 10^{-22} \times \frac{0.1}{0.1^2} = 9.2 \times 10^{-21}\ (\text{mol} \cdot \text{L}^{-1})$$

对于难溶电解质 CuS，查附录，$K_{sp\ CuS}^\ominus = 6.3 \times 10^{-36}$

溶液中存在平衡 $CuS(s) \rightleftharpoons Cu^{2+} + S^{2-}$

$$[Cu^{2+}] = \frac{K_{sp}^\ominus}{[S^{2-}]} = \frac{6.3 \times 10^{-36}}{9.2 \times 10^{-21}} = 5.8 \times 10^{-16}\ (\text{mol} \cdot \text{L}^{-1})$$

在 pH 值为 1.0 的 H_2S 气体饱和的水溶液中，铜离子的残留浓度为 $5.8 \times 10^{-16}\ \text{mol} \cdot \text{L}^{-1}$。

6.2.3 沉淀的溶解

根据溶度积规则，沉淀溶解的必要条件是 $Q_c < K_{sp}^\ominus$，只要采取一定的措施，降低难溶电解质沉淀-溶解平衡体系中有关离子的浓度，就可以使沉淀溶解。使沉淀溶解的方法通常有生成弱电解质、氧化还原反应、生成配位化合物等。

1. 通过生成弱电解质使沉淀溶解

利用 H^+ 与难溶电解质组分离子结合生成弱电解质，可以使该难溶电解质溶解度增大。例如，固体 ZnS 可以溶于盐酸中，其反应过程如下：

$$ZnS(s) \rightleftharpoons Zn^{2+} + S^{2-} \qquad K_1^\ominus = K_{sp}^\ominus(ZnS) \tag{6-4}$$

$$S^{2-} + H^+ \rightleftharpoons HS^- \qquad K_2^\ominus = \frac{1}{K_{a_2}^\ominus(H_2S)} \tag{6-5}$$

$$HS^- + H^+ \rightleftharpoons H_2S \qquad K_3^\ominus = \frac{1}{K_{a_1}^\ominus(H_2S)} \tag{6-6}$$

由上述反应可见，H^+ 与 S^{2-} 结合生成弱电解质 H_2S，$[S^{2-}]$降低，使 ZnS 的沉淀一溶解平衡向溶解的方向移动，若加入足够量的盐酸，则 ZnS 会全部溶解。

将式(6-4)+(6-5)+(6-6)，得到 ZnS 溶于 HCl 的溶解反应式

$$ZnS(s) + 2H^+ \rightleftharpoons Zn^{2+} + H_2S$$

根据多重平衡规则，ZnS 溶于盐酸反应的平衡常数为：

$$K^\ominus = K_1^\ominus \times K_2^\ominus \times K_3^\ominus = \frac{[Zn^{2+}] \times [H_2S]}{[H^+]^2} = \frac{[Zn^{2+}] \times [H_2S] \times [S^{2-}]}{[H^+]^2 \times [S^{2-}]} = \frac{K_{sp}^\ominus(ZnS)}{K_{a_1}^\ominus(H_2S) \cdot K_{a_2}^\ominus(H_2S)}$$

可见，这类难溶弱酸盐溶于酸的难易程度，与难溶盐的溶度积和生成的弱酸的电离常数有关。$K_{sp}^\ominus$ 越大，$K_a^\ominus$ 值越小，其反应越容易进行。

例 6-8 欲使 0.10 mol ZnS 或 0.10 mol CuS 溶解在 1 L 盐酸中，所需盐酸的最低浓度各是多少？

解： 如果 0.10 mol ZnS 溶解在 1 L 盐酸中，溶液中$[Zn^{2+}] = 0.10\ \text{mol} \cdot \text{L}^{-1}$，$S^{2-}$ 转化为 $0.10\ \text{mol} \cdot \text{L}^{-1}$ H_2S，需结合 $0.20\ \text{mol} \cdot \text{L}^{-1}$ H^+，设平衡体系中$[H^+]$为 $x\ \text{mol} \cdot \text{L}^{-1}$，

$$ZnS(s) + 2H^+ \rightleftharpoons Zn^{2+} + H_2S$$

平衡时 $\qquad x \qquad 0.1 \qquad 0.1$

$$K^\ominus = \frac{[Zn^{2+}] \times [H_2S]}{[H^+]^2} = \frac{K_{sp}^\ominus(ZnS)}{K_{a_1}^\ominus(H_2S) \cdot K_{a_2}^\ominus(H_2S)}$$

式中 $K_{a_1}^\ominus(H_2S) = 1.3 \times 10^{-7}$ $\qquad K_{a_2}^\ominus(H_2S) = 7.1 \times 10^{-15}$ $\qquad K_{sp}^\ominus(ZnS) = 2.5 \times 10^{-22}$

$$x=\sqrt{\frac{K_{a_1}^{\ominus}(H_2S)\cdot K_{a_2}^{\ominus}(H_2S)\cdot[Zn^{2+}]\cdot[H_2S]}{K_{sp}^{\ominus}(ZnS)}}$$

$$=\sqrt{\frac{1.3\times10^{-7}\times7.1\times10^{-15}\times0.10\times0.10}{2.5\times10^{-22}}}$$

$$=0.19(mol\cdot L^{-1})$$

S^{2-}转化为 H_2S,需结合的 H^+ 和平衡体系中的 H^+ 均由盐酸提供,所以 0.10 mol ZnS 溶解于盐酸中需结合 0.2 mol 的 H^+ 离子,因此 0.10 mol ZnS 溶解在 1 L 盐酸中,盐酸的最低浓度应为 0.39 $mol\cdot L^{-1}$。

同理可计算出溶解 0.10 mol CuS 需要的 H^+ 离子:

$$[H^+]=\sqrt{\frac{K_{a_1}^{\ominus}(H_2S)\cdot K_{a_2}^{\ominus}(H_2S)\cdot[Cu^{2+}]\cdot[H_2S]}{K_{sp}^{\ominus}(CuS)}}$$

$$=\sqrt{\frac{1.3\times10^{-7}\times7.1\times10^{-15}\times0.10\times0.10}{6.3\times10^{-36}}}$$

$$=1.2\times10^{6}\ (mol\cdot L^{-1})$$

盐酸不可能达到如此浓度,市售浓盐酸的浓度仅为 12 $mol\cdot L^{-1}$,因此溶度积很小的 CuS 不能用盐酸溶解。

氢氧化物一般都能溶于酸,这是因为氢氧化物与酸反应生成极弱电解质水。一些溶解度相对较大的难溶氢氧化物,如 $Mg(OH)_2$、$Pb(OH)_2$、$Mn(OH)_2$ 等能溶于酸,还能溶于铵盐溶液,因为 $NH_4{}^+$ 是弱酸。例如固体 $Mg(OH)_2$ 可溶于盐酸中,其反应为:

$$Mg(OH)_2+2H^+\rightleftharpoons Mg^{2+}+2H_2O$$

$Mg(OH)_2$ 还能溶于铵盐,其反应为:

$$Mg(OH)_2+2NH_4{}^+\rightleftharpoons Mg^{2+}+2H_2O+2NH_3$$

但一些溶解度很小的氢氧化物,如 $Fe(OH)_3$、$Al(OH)_3$ 等则不能溶于铵盐,因为 NH_4^+ 是弱酸,不能有效地降低溶液中 OH^- 的浓度。

2. 通过氧化还原反应使沉淀溶解

许多溶度积不是很小的金属硫化物,如 FeS、ZnS、MnS 等可溶于酸并放出 H_2S 气体。不过,有些溶度积特别小的金属硫化物,如 CuS、Ag_2S、PbS 等,在它的饱和溶液中 S^{2-} 离子浓度非常小,即使是加入高浓度的强酸也不能有效地降低 S^{2-} 浓度,而达到使 $Q_c<K_{sp}^{\ominus}$ 的目的,因此它们不能溶于强酸。但是,如果加入具有氧化性的硝酸,由于能发生氧化还原反应,致使金属硫化物溶解。

例如: $3CuS(s)+8HNO_3\rightleftharpoons 3Cu(NO_3)_2+3S\downarrow+2NO\uparrow+4H_2O$

硝酸将 S^{2-} 氧化成单质硫析出,有效降低了 S^{2-} 浓度,导致 $[Cu^{2+}]\times[S^{2-}]<K_{sp}^{\ominus}(CuS)$,使平衡向 CuS 溶解方向移动。

Ag_2S、Bi_2S_3 等溶度积特别小的金属硫化物都不溶于盐酸,但能溶于硝酸中。

3. 通过生成配位化合物使沉淀溶解

在难溶电解质的溶液中加入一种配位剂,与难溶电解质的某一离子发生配位反应,生成配位化合物,从而降低难溶电解质的某一离子的浓度,则可增大该难溶电解质的溶解度。例如，AgCl 溶于氨水：

$$AgCl(s)+2NH_3 \rightleftharpoons [Ag(NH_3)_2]^+ + Cl^-$$

由于生成了稳定的$[Ag(NH_3)_2]^+$配离子，降低了 Ag^+ 浓度，导致$[Ag^+]\times[Cl^-]<K^{\ominus}_{sp}(AgCl)$，使平衡向 AgCl 溶解方向移动。

综上所述，可以看出，溶解沉淀的方法虽然不同，但从中可以归纳出一条共同的规律：凡能有效地降低难溶电解质饱和溶液中的有关离子的浓度，就可以使该难溶电解质溶解。

在实际工作中，可根据难溶电解质的溶度积的大小和离子的性质来选择合适的方法，有时可选其中一种方法，有时须同时选用两种方法。例如 HgS 的溶度积太小，既不溶于非氧化性强酸，也不溶于氧化性 HNO_3，必须用王水(3 份浓盐酸和 1 份浓硝酸混合)才能使之溶解。其反应如下：

$$3HgS+2NO_3^- +12Cl^- +8H^+ \rightleftharpoons 3[HgCl_4]^{2-} +3S\downarrow +2NO\uparrow +4H_2O$$

利用 HNO_3 的氧化性可将 S^{2-} 氧化成 S，降低 S^{2-} 浓度，而浓盐酸中高浓度 Cl^- 与 Hg^{2+} 配位生成稳定的$[HgCl_4]^{2-}$配离子而降低了 Hg^{2+} 的浓度，同时降低了 S^{2-} 和 Hg^{2+} 的浓度，使$[Hg^{2+}]\times[S^{2-}]<K^{\ominus}_{sp}(HgS)$，因此，HgS 便溶解于王水中。

6.2.4　分步沉淀

在实际工作中，常常会遇到体系中同时含有几种离子，当加入某种沉淀剂时，几种离子均可能发生沉淀反应，生成难溶化合物。这种情况下几个沉淀反应是同时进行还是按一定的先后顺序进行呢？例如，向含有相同浓度的 Cl^- 和 I^- 的溶液中，滴加 $AgNO_3$ 溶液，首先会生成黄色的 AgI 沉淀，然后生成白色的 AgCl 沉淀。这种先后沉淀的现象，叫分步沉淀。

例 6-9　在浓度均为 1.0×10^{-2} mol·L^{-1}的 Cl^- 离子和 I^- 离子的混合溶液中，逐滴加入 $AgNO_3$ 溶液，问：(1)哪种离子先形成沉淀？(2)当后形成沉淀的离子开始沉淀时，先沉淀离子的浓度已降至多少？两种离子有无可能分离？(3)若能分离，Ag^+ 浓度应控制在什么范围？(已知 $K^{\ominus}_{sp}(AgCl)=1.8\times10^{-10}$，$K^{\ominus}_{sp}(AgI)=8.3\times10^{-17}$)

解：(1)当 Cl^- 开始形成沉淀时：

$$[Ag^+]>\frac{K^{\ominus}_{sp}(AgCl)}{[Cl^-]}=\frac{1.8\times10^{-10}}{0.010}=1.8\times10^{-8}(\text{mol}\cdot\text{L}^{-1})$$

当 I^- 开始形成沉淀时：

$$[Ag^+]>\frac{K^{\ominus}_{sp}(AgI)}{[I^-]}=\frac{8.3\times10^{-17}}{0.010}=8.3\times10^{-15}(\text{mol}\cdot\text{L}^{-1})$$

由计算可知，I^- 开始沉淀所需 Ag^+ 离子浓度比 Cl^- 开始沉淀所需 Ag^+ 离子浓度小，因此，I^- 离子先形成沉淀。

(2)当 Cl^- 开始形成沉淀时，即当$[Ag^+]\geqslant1.8\times10^{-8}$(mol·L^{-1})时，此时，$I^-$ 离子剩余量为：

$$[I^-]<\frac{K^{\ominus}_{sp}(AgI)}{[Ag^+]}=\frac{8.3\times10^{-17}}{1.8\times10^{-8}}=4.6\times10^{-9}(\text{mol}\cdot\text{L}^{-1})$$

当 Cl^- 开始形成沉淀时，$[I^-]<10^{-5}$ mol·L^{-1}，所以溶液中的 Cl^- 和 I^- 可以分离。

(3)若想使 Cl^- 和 I^- 分离,应控制$[Ag^+]$使 I^- 沉淀完全而 Cl^- 不形成沉淀:

I^- 沉淀完全: $$[Ag^+] > \frac{K_{sp}^{\ominus}(AgI)}{1.0\times10^{-5}} = \frac{8.3\times10^{-17}}{1.0\times10^{-5}} = 8.3\times10^{-12}\ (mol\cdot L^{-1})$$

Cl^- 不形成沉淀$[Ag^+]$应小于 $1.8\times10^{-8}\ mol\cdot L^{-1}$,所以应控制:

$$1.8\times10^{-8}\ mol\cdot L^{-1} > [Ag^+] > 8.3\times10^{-12}\ mol\cdot L^{-1}$$

总之,当溶液中同时存在几种离子时,离子积首先超过溶度积的难溶电解质将先析出沉淀。通过控制沉淀剂的浓度,若能使一种离子沉淀完全的时候另一种离子还没有形成沉淀,就可以用分步沉淀的方法分离这两种离子。

例 6-10 某混合溶液中,含有 $0.20\ mol\cdot L^{-1}$ 的 Ni^{2+} 和 $0.30\ mol\cdot L^{-1}$ 的 Fe^{3+},若通过滴加 NaOH 溶液(忽略溶液体积的变化)分离这两种离子,溶液的 pH 值应控制在什么范围?

解:根据溶度积规则,$0.20\ mol\cdot L^{-1}\ Ni^{2+}$、$0.30\ mol\cdot L^{-1}\ Fe^{3+}$ 的混合溶液中开始析出 $Ni(OH)_2$ 和开始析出 $Fe(OH)_3$ 所需 OH^- 浓度为:

$$[OH^-]_1 = \sqrt{\frac{K_{sp}^{\ominus}(Ni(OH)_2)}{[Ni^{2+}]}} = \sqrt{\frac{5.5\times10^{-16}}{0.20}} = 5.24\times10^{-8}(mol\cdot L^{-1})$$

$$[OH^-]_2 = \sqrt[3]{\frac{K_{sp}^{\ominus}(Fe(OH)_3)}{[Fe^{3+}]}} = \sqrt[3]{\frac{2.79\times10^{-39}}{0.30}} = 2.10\times10^{-13}\ (mol\cdot L^{-1})$$

因为$[OH^-]_1 \gg [OH^-]_2$,所以 $Fe(OH)_3$ 先沉淀。

$Fe(OH)_3$ 沉淀完全时所需 OH^- 最低浓度为

$$[OH^-] = \sqrt[3]{\frac{K_{sp}^{\ominus}(Fe(OH)_3)}{[Fe^{3+}]}} = \sqrt[3]{\frac{2.79\times10^{-39}}{10^{-5}}} = 6.53\times10^{-12}\ (mol\cdot L^{-1})$$

$Ni(OH)_2$ 不沉淀时的 OH^- 最高浓度为

$$[OH^-] = [OH^-]_1 = 5.24\times10^{-8}\ mol\cdot L^{-1}$$

所以,$[OH^-]$应控制在$(6.53\times10^{-12}\sim5.24\times10^{-8})\ mol\cdot L^{-1}$。

$$pH_{min} = 14 - \{-\lg(6.53\times10^{-12})\} = 2.81$$
$$pH_{max} = 14 - \{-\lg(5.24\times10^{-8})\} = 6.72$$

所以若要分离这两种离子,溶液的 pH 值应控制在 $2.81\sim6.72$。

化工生产中,利用控制溶液 pH 值的方法对金属氢氧化物进行分离,就是分步沉淀原理的重要应用。

表 6-1 列出了一些难溶金属氢氧化物的金属离子在不同浓度下沉淀的 pH 值。

根据表 6-1 所列数据,以金属离子浓度(即氢氧化物溶解度)为纵坐标、pH 值为横坐标,可绘制出上述金属氢氧化物的溶解度和溶液 pH 值的关系图(见图 6-1)。

表 6-1 和图 6-1 提供了对金属离子进行分离时 pH 值的选择。现对例 6-10 做进一步分析,如把 Fe^{3+} 换成 Fe^{2+},由于 $Fe(OH)_2$ 和 $Ni(OH)_2$ 完全沉淀的 pH 值很接近,难以达到分离目的。而 $Fe(OH)_3$ 与 $Ni(OH)_2$ 完全沉淀的 pH 值相差较远,故欲使 Fe^{2+} 与 Ni^{2+} 分离,首先要将 Fe^{2+} 氧化成 Fe^{3+},然后再调节 pH 值在 3.2～7.2,即可达到在 Ni^{2+} 溶液中除去 Fe^{2+} 的目的。

表 6-1　一些难溶金属氢氧化物在不同浓度下沉淀时的 pH 值

离子	$\frac{c(M^+)}{mol \cdot L^{-1}}$						$K_{sp}^{\ominus}$
	1	10^{-1}	10^{-2}	10^{-3}	10^{-4}	10^{-5}（沉淀完全）	
	pH 值						
Fe^{3+}	1.5	1.9	2.2	2.5	2.8	3.2	4×10^{-38}
Al^{3+}	3.0	3.3	3.7	4.0	4.3	4.6	1.3×10^{-33}
Cr^{3+}	3.9	4.3	4.6	4.9	5.8	5.6	6.3×10^{-31}
Cu^{2+}	4.2	4.7	5.1	5.6	6.8	6.7	2.2×10^{-20}
Zn^{2+}	5.5	6.0	6.5	7.0	7.8	7.8	1.2×10^{-17}
Fe^{2+}	6.5	7.0	7.5	8.0	8.8	9.0	8.0×10^{-16}
Ni^{2+}	6.6	7.1	7.6	8.1	8.8	9.1	2.0×10^{-15}
Co^{2+}	6.7	7.2	7.6	8.1	8.8	9.1	1.6×10^{-15}
Mn^{2+}	7.7	8.2	8.7	9.2	9.8	10.2	1.9×10^{-13}
Mg^{2+}	8.6	9.1	9.6	10.1	10.6	11.1	1.8×10^{-11}

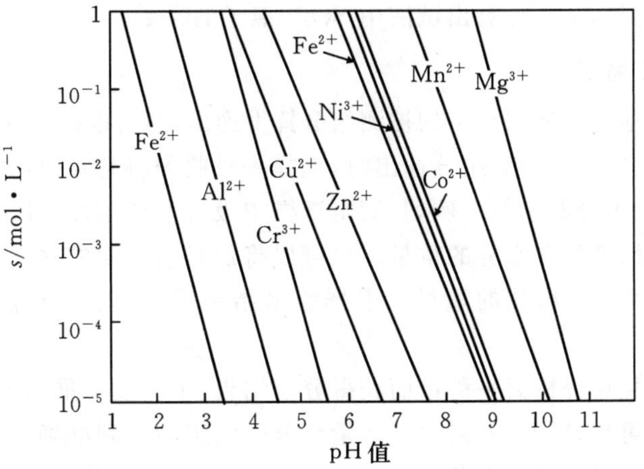

图 6-1　一些难溶金属氢氧化物的 s—pH 值图

6.2.5　沉淀转化

借助于某种试剂，将一种难溶电解质转变为另一种难溶电解质的过程，叫做沉淀的转化。例如，借助于 Na_2S 的作用，可将 $PbSO_4$ 转化为 PbS，其反应如下

$$PbSO_4(s) \rightleftharpoons Pb^{2+} + SO_4^{2-} \qquad K_1^{\ominus} = K_{sp}^{\ominus}(PbSO_4) \tag{6-7}$$

$$Pb^{2+} + S^{2-} \rightleftharpoons PbS \qquad K_2^{\ominus} = \frac{1}{K_{sp}^{\ominus}(PbS)} \tag{6-8}$$

将式(6-7)+(6-8)，得到 $PbSO_4$ 转化为 PbS 的反应

$$PbSO_4 + S^{2-} \rightleftharpoons PbS + SO_4^{2-}$$

$$K^{\ominus} = \frac{[SO_4^{2-}]}{[S^{2-}]} = K_1^{\ominus}K_2^{\ominus} = \frac{K_{sp}^{\ominus}(PbSO_4)}{K_{sp}^{\ominus}(PbS)} = \frac{1.6\times10^{-8}}{1.0\times10^{-28}} = 1.6\times10^{20}$$

计算表明，上述沉淀转化的平衡常数很大。说明 $PbSO_4$ 转化为 PbS 很容易实现。一般来讲，溶解度较大的难溶电解质容易转化为溶解度较小的难溶电解质，两者溶解度差别越大，沉淀转化越容易。

6.3　重量分析法和沉淀滴定法

利用适当的方法使试样中的待测组分与其他组分分离，然后用称重的方法测定该组分的含量，这种分析方法叫做重量分析法。用适当的指示剂确定滴定终点，将沉淀反应设计成容量分析，这种分析方法叫做沉淀滴定法。这两种分析方法的基础都是沉淀-溶解平衡。

6.3.1　重量分析法

重量分析法中，待测组分与试样中其他组分分离的方法，常用的有下面两种。

1. 沉淀法

将待测组分生成难溶化合物沉淀下来，使其转化成一定的称量形式称重，从而得出待测组分的含量。沉淀法一般包括沉淀、过滤、洗涤、高温灼烧、称量、计算等过程，例如，测定试液中 SO_4^{2-} 含量时，在试液中加入过量 $BaCl_2$ 使 SO_4^{2-} 完全沉淀生成难溶的 $BaSO_4$，经过滤、洗涤、高温灼烧后称量，从而计算出试液中 SO_4^{2-} 离子的含量。

2. 挥发法(失重法)

通过加热或其他方法使试样中的被测组分挥发逸出，然后根据试样重量的减少，计算试样中该被测组分的含量；或当该组分逸出时，选择一吸收剂将它吸收，然后根据吸收剂重量的增加，计算该被测组分的含量。例如，测定试样中吸湿水或结晶水时，可将试样烘干至恒重，试样减少的重量，即所含水分的重量。也可以将加热后产生的水气吸收在干燥剂里，干燥剂增加的重量，即所含水分的重量。根据称量结果，可求得试样中吸湿水或结晶水的含量。

重量分析法直接用分析天平称量而获得分析结果，不需要标准溶液或基准物质进行比较。如果分析方法可靠，操作细心，对于常量组分的测定能得到准确的分析结果，相对误差约 0.1%～0.2%。但是，重量分析法操作繁琐，耗时较长，也不适用于微量和痕量组分的测定。

目前，重量分析主要用于含量不太低的硅、硫、磷、钨、稀土元素等组分的分析，本节重点介绍沉淀法。

6.3.2　沉淀的形成

为了获得纯净且易于分离和洗涤的沉淀，必须了解沉淀形成的过程。沉淀的形成一般要经过晶核形成和晶核长大两个过程。可表示为：

将沉淀剂加入试液中，当形成沉淀的离子积超过该条件下沉淀的溶度积时，离子通过相互碰撞聚集成微小的晶核，溶液中的构晶离子向晶核表面扩散，并沉积在晶核上，晶核就逐渐长大成沉淀微粒。这种由离子聚集成晶核，再进一步聚集成沉淀微粒的速度称为聚集速度。在聚集的同时，构晶离子在一定晶格中定向排列的速度称为定向速度。如果聚集速度大，而定向速度小，即离子很快地聚集而生成沉淀微粒，却来不及进行晶格排列，则得到非晶形(无定形)沉淀。反之，如果定向速度大，而聚集速度小，即离子较缓慢地聚集成沉淀，有足够时间进行晶格排列，则得到晶形沉淀。

聚集速度(或称为"形成沉淀的初始速度")主要由沉淀时的条件所决定，其中最重要的是溶液中生成沉淀物质的过饱和度。聚集速度与溶液的相对过饱和度成正比，这可用如下的经验公式表示：

$$v_{聚集} = K\frac{(Q-s)}{s} \tag{6-9}$$

式中：$v_{聚集}$ 为形成沉淀的初始速度(聚集速度)；Q 为加入沉淀剂瞬间，生成沉淀物质的浓度；s 为沉淀的溶解度；$Q-s$ 为沉淀物质的过饱和度；$\frac{(Q-s)}{s}$ 为相对过饱和度；K 为比例常数，它与沉淀的性质、温度、溶液中存在的其他物质等因素有关。

从式(6-9)可知，相对过饱和度越大，则聚集速度越大。

定向速度主要取决于沉淀物质的本性。一般极性强的盐类，如 $MgNH_4PO_4$、$BaSO_4$、CaC_2O_4 等，具有较大的定向速度。

6.3.3 影响沉淀纯度的因素

重量分析中，要求获得纯净的沉淀。但当沉淀从溶液中析出时，会或多或少夹杂溶液中的其他组分使沉淀玷污。因此，必须了解影响沉淀纯度的各种因素，找出减少杂质的方法，以获得合乎重量分析要求的沉淀。

1. 共沉淀

当一种难溶物质从溶液中沉淀析出时，溶液中的某些可溶性杂质会被沉淀带下而混杂于沉淀中，这种现象称为共沉淀。例如，用沉淀剂 $BaCl_2$ 沉淀 SO_4^{2-} 时，如果试液中有 Fe^{3+} 离子，则由于共沉淀，在得到 $BaSO_4$ 时常含有 $Fe_2(SO_4)_3$，因而沉淀经过过滤、洗涤、干燥、灼烧后不呈 $BaSO_4$ 的纯白色，而略带灼烧后的 Fe_2O_3 的棕色。因共沉淀而使沉淀玷污，这是重量分析中最重要的误差来源之一。产生共沉淀的原因是表面吸附、吸留和包藏、混晶等，其中主要的是表面吸附。

(1)表面吸附。由于沉淀表面离子电荷的作用力未完全平衡，因而在沉淀表面上产生了一种自由力场，特别是在棱边和顶角，自由力场更显著。于是溶液中带相反电荷的离子被吸引到沉淀表面上形成第一吸附层。

例如，加过量 $BaCl_2$ 到 Na_2SO_4 的溶液中，生成 $BaSO_4$ 沉淀后，溶液中有 Ba^{2+}、Na^+、Cl^- 存在，沉淀表面上的 SO_4^{2-} 因电场力将强烈地吸引溶液中的 Ba^{2+} 离子，形成第一吸附层，使晶体沉淀表面带正电荷。然后它又吸引溶液中带负电荷的离子，如 Cl^- 离子，构成电中性的双电层(见图 6-2)，当电荷达到平衡后，则随 $BaSO_4$ 沉淀一起析出。

如果在上述溶液中，除 Cl^- 离子外尚有 NO_3^- 离子，则因 $Ba(NO_3)_2$ 溶解度比 $BaCl_2$ 小，第二层优先吸附的将是 NO_3^- 离子，而不是 Cl^-。此外，带电荷多的离子静电引力强也易被吸附。因此对这些离子应设法除去或掩蔽。沉淀的表面积越大，吸附杂质就越多。

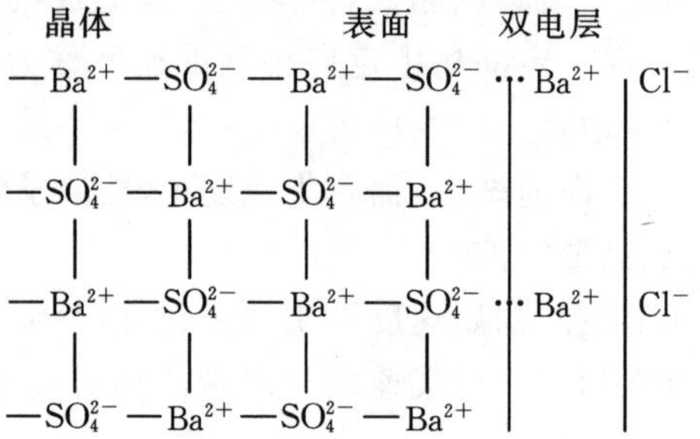

图 6-2 晶体表面吸附示意图

吸附与解吸是可逆过程，吸附是放热过程，所以增高溶液温度，沉淀吸附杂质的量就会减少。

(2)混晶。如果试液中的杂质与沉淀具有相同的晶格，或杂质离子与构成晶体的离子(构晶离子)具有相同的电荷和相近的离子半径，杂质将进入晶格排列中形成混晶(混合晶体)而玷污沉淀。例如 $BaSO_4$ 和 $PbSO_4$。这时用洗涤或陈化的方法净化沉淀，效果不显著。为减少混晶的生成，最好事先将这类杂质分离除去。

(3)吸留和包藏。吸留就是被吸附的杂质机械地嵌入沉淀之中。包藏常指母液机械地存留在沉淀中。这些现象的发生，是由于沉淀剂加入太快，使沉淀急速生长。沉淀表面吸附的杂质还来不及离开就被随后生成的沉淀所覆盖，使杂质或母液被吸留或包藏在沉淀内部。这类共沉淀不能用洗涤沉淀的方法将杂质除去，可以借改变沉淀条件、陈化或重结晶的方法来减免。

从带入杂质方面来看，共沉淀现象对重量分析是不利的，但利用这一现象可富集分离溶液中某些微量成分，提高痕量分析的检测限量。

2. 后沉淀

后沉淀是由于沉淀速度的差异，而在已形成的沉淀上形成第二种不溶物质，这种情况大多发生在该组分形成的稳定的过饱和溶液中。例如，在 Mg^{2+} 存在下沉淀 CaC_2O_4 时，镁由于形成稳定的草酸盐过饱和溶液而不立即析出。如果把草酸钙沉淀立即过滤，则发现沉淀表面上吸附少量的镁。若把含有 Mg^{2+} 的母液与草酸钙沉淀一起放置一段时间，则草酸镁将会增多。后沉淀所引入的杂质量比共沉淀要多，且随着沉淀放置时间的延长而增多。因此为防止后沉淀现象的发生，某些沉淀的陈化时间不宜过久。

6.3.4 沉淀条件的选择及减少沉淀玷污的方法

1. 沉淀条件的选择

聚集速度和定向速度这两个速度的相对大小直接影响沉淀的类型，对于不同类型的沉淀，应选择不同的沉淀条件，以使获得的沉淀完全、纯净、并易于过滤和洗涤。

(1)晶形沉淀的沉淀条件。从式(6-5)可知，欲得到晶形沉淀应满足下列条件：

①在适当稀的溶液中进行沉淀，以减小 Q 值，降低相对过饱和度。

②在不断搅拌下慢慢地滴加稀的沉淀剂，以免局部相对过饱和度太大。

③在热溶液中进行沉淀，使溶解度 s 值略有增加，相对过饱和度降低。同时温度增高，可使吸附的杂质减少。为防止因溶解度增大而造成溶解损失，沉淀须经冷却才可过滤。

④陈化。陈化就是在沉淀完全后，让沉淀和母液一起放置一段时间。当溶液中大小晶粒同时存在时，由于小晶粒比大晶粒溶解度大，溶液对大晶粒已经达到饱和，而对小晶粒尚未达到饱和，因而微小晶体逐渐溶解。溶解到一定程度后，溶液对小晶粒为饱和时，对大晶粒则为过饱和。于是溶液中的构晶离子就在大晶粒上沉积。当溶液浓度降低到对大晶粒为饱和溶液时，对小晶粒已为不饱和，小晶粒又要继续溶解。这样继续下去，小晶粒逐渐消失，大晶粒不断长大，最后获得粗大的晶体。

陈化作用还能使沉淀变得更纯净。这是因为大晶体的比表面积较小，吸附杂质量小，同时，由于小晶粒溶解，原来吸附、吸留或包藏的杂质，将重新进入溶液中，因而提高了沉淀的纯度。

加热和搅拌可以增加沉淀的溶解速度和离子在溶液中的扩散速度，因此可以缩短陈化时间。

(2)无定形沉淀的沉淀条件。无定形沉淀一般体积庞大、疏松、含水量多，过滤和洗涤操作较困难，它的巨大表面积又很容易吸附杂质。因此，对于无定形沉淀来说，它的主要问题是如何创造条件使沉淀获得紧密结构。为了获得较紧密的无定形沉淀，常采用下列条件进行沉淀。

①在较浓的溶液中进行沉淀，加入沉淀剂的速度可以快些。为了防止由于在浓溶液中的沉淀，使沉淀吸附较多的杂质，可以在沉淀作用完成以后，加入大量热水，这样可以使一部分被吸附的杂质离子又转入溶液中。

②在热溶液中进行，加入适当电解质，可以防止形成胶体溶液。

③不陈化沉淀。沉淀凝聚以后，应该立即过滤，不宜放置，否则沉淀因久放失水而体积缩小，把原来吸附在沉淀表面的杂质裹入沉淀内部，不宜洗去。

(3)均相沉淀法。均相沉淀法是沉淀剂不直接加入溶液中，而是通过溶液中发生的化学反应，缓慢而均匀地在溶液中产生沉淀剂，从而使沉淀在整个溶液中均匀地、缓慢地析出。避免在通常的沉淀方法中，沉淀剂在溶液中的局部过浓现象。利用均相沉淀法可获得颗粒较粗，结构紧密，纯净而易过滤的沉淀。例如在含有 Ca^{2+} 的酸性溶液中加入 $C_2O_4^{2-}$，不直接加入氨水，而是加入尿素，并加热，这时尿素发生水解，缓慢形成 NH_3，生成的 NH_3 中和溶液中的 H^+，溶液碱性逐渐增大，$[C_2O_4^{2-}]$缓慢增大，最后均匀而缓慢地析出 CaC_2O_4 沉淀。在此过程中，溶液的相对过饱和度始终是比较小的，所以可以获得结构紧密、颗粒粗大的 CaC_2O_4 沉淀。

2. 减少沉淀玷污的方法

(1)采用适当的分析程序和沉淀方法。如果溶液中同时存在含量相差很大的两种离子，需要沉淀分离，为了防止含量少的离子因共沉淀而损失，应该先沉淀含量少的离子。对一些离子采用均相沉淀法或选用适当的有机沉淀剂，可以减少或避免共沉淀。此外，针对不同类型的沉淀，选用适当的沉淀条件，并在沉淀分离后，用适当的洗涤剂洗涤。

(2)降低易被吸附离子的浓度。对于易被吸附的杂质离子，必要时应先分离除去或加以掩蔽。

(3)再沉淀(或称二次沉淀)。再沉淀即将沉淀过滤、洗涤、溶解后,再进行一次沉淀。再沉淀时由于杂质浓度大为降低,可以减免共沉淀现象。

6.3.5 沉淀的过滤、洗涤、烘干或灼烧

如何使沉淀完全和纯净,且易于分离,固然是重量分析中的首要问题,但沉淀以后的过滤、洗涤、烘干或灼烧操作完成得好坏,同样影响分析结果的准确度。

(1)沉淀的过滤和洗涤。过滤和洗涤是为了除去沉淀表面吸附的杂质和混杂在沉淀中的母液。洗涤时要尽量减少沉淀的溶解损失和避免形成胶体。

(2)沉淀的烘干或灼烧。烘干是为了除去沉淀中的水分和可挥发物质,使沉淀形式转化为组成固定的称量形式,灼烧沉淀除有上述作用外,有时还可以使沉淀形式在较高温度下分解成组成固定的称量形式。灼烧温度一般在 800 ℃以上,常用瓷坩埚盛沉淀。

6.3.6 重量分析对沉淀的要求

在重量分析中,沉淀是经过烘干或灼烧后再称量的,在烘干或灼烧过程中可能发生化学变化,因而称量的物质可能不是原来的沉淀,而是从沉淀转化而来的另一种物质。也就是说在重量分析中沉淀形式和称量形式可能是不相同的。例如在 Ca^{2+} 的测定中沉淀形式是 $CaC_2O_4 \cdot H_2O$,灼烧后所得的称量形式是 CaO,沉淀形式和称量形式两者不同;而用 $BaSO_4$ 重量法测定 Ba^{2+} 或 SO_4^{2-} 时,沉淀形式和称量形式都是 $BaSO_4$。

1. 对沉淀形式的要求

沉淀的溶度积要小,以保证被测组分沉淀完全。沉淀要易于过滤和洗涤,因此,要尽可能获得粗大的晶形沉淀;如果是无定形沉淀,应注意掌握好沉淀条件,改善沉淀的性质。沉淀要纯净,以免混进杂质。沉淀还要易于转化为称量形式。

2. 对称量形式的要求

(1)组成必须与化学式符合:这是对称量形式最重要的要求,否则无法计算分析结果。

(2)称量形式要稳定,不受空气中水分、二氧化碳和氧气的影响。

(3)称量形式的摩尔质量要大,这样,由少量的待测组分可以得到较大量的称量物质,能提高分析灵敏度,减少称量误差。

3. 沉淀剂

应根据上述对沉淀的要求来考虑沉淀剂的选择。此外,还要求沉淀剂应具有较好的选择性,即要求沉淀剂只能和待测组分生成沉淀,而与试液中的其他组分不起作用。例如,丁二酮肟和 H_2S 都可沉淀 Ni^{2+},但在测定 Ni^{2+} 时常选用前者。又如沉淀 Zr^{4+} 时,选用在盐酸溶液中与 Zr^{4+} 有特效反应的苦杏仁酸作沉淀剂,这时即使有钛、铁、钒、铝、铬等十多种离子存在,也不发生干扰。

还应尽可能选用易挥发或易灼烧除去的沉淀剂。这样,沉淀中带有的沉淀剂即使未洗净,也可以借烘干或灼烧而除去。一些铵盐和有机沉淀剂都能满足这项要求。许多有机沉淀剂的选择性较好,而且形成的沉淀组成固定,易于过滤和洗涤,简化了操作,加快了速度,称量形式的摩尔质量也较大,因此在沉淀分离中,有机沉淀剂的应用日益广泛。

为了使某种离子沉淀的更完全，往往利用同离子效应，加入适当过量的沉淀剂。但是沉淀剂也不能过量太多，因为盐效应不仅可使弱电解质的电离度增大，同样可使难溶电解质的溶解度增大。通常情况下，加入的沉淀剂一般过量20%～50%即可。由于盐效应比同离子效应小得多，如果加入的沉淀剂和其他电解质浓度不是很大，则可以不考虑盐效应的影响。

6.3.7 重量分析的计算和应用示例

1. 重量分析结果的计算

重量分析根据称量的结果计算待测组分含量。例如，测定某试样中的硫含量时，使之沉淀为 $BaSO_4$，灼烧后称量 $BaSO_4$ 沉淀，其质量为 0.5562 g，则试样中的硫含量可计算如下：

233.4 g $BaSO_4$ 中含 S 32.06 g，0.5562 g $BaSO_4$ 中含 S x g

$$233.4:32.06=0.5562:x$$

$$x=0.5562\times\frac{32.06}{233.4}=BaSO_4\text{ 的质量}\times\frac{\text{S 的摩尔质量}}{BaSO_4\text{ 的摩尔质量}}=0.07640\text{ g}$$

在上述计算过程中，用了待测组分的摩尔质量与称量形式的摩尔质量之比，这个比值为常数，通常称为"化学因数"或"换算因数"。引入化学因素计算待测组分的质量可写成下列通式

$$\text{待测组分的质量}=\text{称量形式的质量}\times\text{化学因数} \tag{6-10}$$

在计算化学因数时，必须在待测组分的摩尔质量和称量形式的摩尔质量上乘以适当系数，使分子分母中待测元素的原子数目相等。下面举例说明化学因数的计算及应用。

例 6-11 在镁的测定中，先将 Mg^{2+} 沉淀为 $MgNH_4PO_4$，再灼烧成 $Mg_2P_2O_7$ 称重。若 $Mg_2P_2O_7$ 质量为 0.3515 g，则镁的质量为多少？

解：每一个 $Mg_2P_2O_7$ 分子含有两个 Mg 原子，故得

$$m_{(}Mg)=0.3515\times\frac{2\times Mg}{Mg_2P_2O_7}=0.3515\times\frac{2\times 24.32}{222.6}=0.07681(g)$$

在定量分析中，分析结果通常以待测组分的质量分数表示。一般计算式为

$$w_{\text{待测组分}}=\frac{\text{待测组分质量}}{\text{试样质量}}=\frac{\text{称量形式质量}\times\text{化学因数}}{\text{试样质量}} \tag{6-11}$$

例 6-12 分析某铬矿中的 Cr_2O_3 含量时，把 Cr 转变为 $BaCrO_4$ 沉淀，设称取 0.5000 g 试样，然后得 $BaCrO_4$ 质量为 0.2530 g。求此矿石中 Cr_2O_3 的质量分数。

解：由 $BaCrO_4$ 质量换算为 Cr_2O_3 质量的化学因数为 $\frac{Cr_2O_3}{2\times BaCrO_4}$，故

$$w_{Cr_2O_3}=\frac{0.2530}{0.5000}\times\frac{Cr_2O_3}{2\times BaSO_4}=\frac{0.2530}{0.5000}\times\frac{152.0}{2\times 253.3}=15.18\%$$

2. 应用示例

重量分析是一种准确、精密的分析方法，在此仅举两个常用的重量分析实例。

(1) 硫酸根的测定　测定硫酸根时一般都用 $BaCl_2$ 将 SO_4^{2-} 沉淀成 $BaSO_4$，再灼烧，称量，但费时较多。由于 $BaSO_4$ 沉淀颗粒较细，浓溶液中沉淀时可能形成胶体；$BaSO_4$ 不易被一般溶剂溶解，不能进行二次沉淀，因此沉淀作用是在稀盐酸溶液中进行的，溶液中不允许有酸不溶物和易被吸附的离子(如 Fe^{3+}、NO_3^- 等)存在。对存在的 Fe^{3+}，常采用 EDTA 配

位掩蔽。硫酸钡重量法测定 SO_4^{2-} 的方法应用很广。磷肥、水泥中的硫酸根和许多其他可溶性硫酸盐都能用此法测定。

(2)硅酸盐中二氧化硅的测定　硅酸盐在自然界分布很广，绝大多数硅酸盐不溶于酸，因此试样一般需用碱性溶剂熔融后，再加酸处理。此时金属元素成为离子溶于酸中，而硅酸根则大部分成胶状硅酸 $SiO_2 \cdot xH_2O$ 析出，少部分仍分散在溶液中，需经脱水才能沉淀。经典方法是用盐酸反复蒸干脱水，此方法准确度虽高，但手续麻烦，费时。后来多采用动物胶凝聚法，即利用动物胶吸附 H^+ 而带正电荷（蛋白质中氨基酸的氨基吸附 H^+），与带负电荷的硅酸胶粒发生胶体凝聚而析出，但必须蒸干，才能完全沉淀。近年来，有用长碳链季铵盐，如十六烷基三甲溴化铵（简称 CTMAB）作沉淀剂，它在溶液中成带正电荷胶粒，可以不再加盐酸蒸干，而将硅酸定量沉淀，所得沉淀疏松而易洗涤。这种方法比动物胶法优越，而且可缩短分析时间。不论何种方法得到的硅酸沉淀，都需经过高温灼烧才能完全脱水和除去带入的沉淀剂。但即使经过灼烧，一般还可能带有不挥发的杂质（如铁、铝等的化合物）。在要求较高的分析中，在灼烧、称量后，还需加氢氟酸及 H_2SO_4，再加热灼烧，使 SiO_2 成 SiF_4 挥发逸去，最后称量，从两次质量差即可得纯 SiO_2 质量。土壤、水泥、矿石中的二氧化硅含量常用此法测定。

6.4 沉淀滴定法

沉淀滴定法是以沉淀反应为基础的一种滴定分析方法。虽然能形成沉淀的反应很多，但并不是所有的沉淀反应都能用于滴定分析。用于沉淀滴定法的沉淀反应必须符合下列几个条件。

(1)沉淀反应要完全，生成的沉淀溶解度小。

(2)沉淀反应要迅速定量进行。

(3)能够用适当的指示剂或其他方法确定滴定的终点。

由于上述条件的限制，能用于沉淀滴定的反应并不多。目前用得较广的是生成难溶银盐的反应，例如

$$Ag^+ + Cl^- \rightleftharpoons AgCl\downarrow$$

$$Ag^+ + SCN^- \rightleftharpoons AgSCN\downarrow$$

这种利用生成难溶银盐反应的测定方法称为“银量法”，用银量法可以测定 Cl^-、Br^-、I^-、Ag^+、CN^-、SCN^- 等离子。

在沉淀滴定中，除了银量法外，还有用其他沉淀反应的方法。例如，$K_4[Fe(CN)_6]$ 与 Zn^{2+}，四苯硼酸钠与 K^+ 等形成的沉淀反应，都可用于沉淀滴定。本节仅讨论银量法。

根据滴定终点所用指示剂不同，银量法可分为三种：莫尔法——铬酸钾作指示剂；佛尔哈德法——铁铵矾作指示剂；法扬氏法——用吸附指示剂。

6.4.1 莫尔法

用铬酸钾作指示剂的银量法称为莫尔法。在含有 Cl^- 的中性溶液中，加入 K_2CrO_4 指示剂，用 $AgNO_3$ 标准溶液滴定，溶液中首先析出 AgCl 白色沉淀。当 AgCl 定量沉淀后，过量一滴的 $AgNO_3$ 溶液与 CrO_4^{2-} 生成砖红色沉淀，指示滴定终点。滴定反应如下：

$$Ag^+ + Cl^- \rightleftharpoons AgCl\downarrow(\text{白色}) \qquad K_{sp}^{\ominus}=1.8\times10^{-10}$$

$$2Ag^+ + CrO_4^{2-} \rightleftharpoons Ag_2CrO_4\downarrow(\text{砖红色}) \qquad K_{sp}^{\ominus}=1.1\times10^{-12}$$

由于 CrO_4^{2-} 本身显黄色，如果浓度太大，其颜色较深会影响终点的观察。CrO_4^{2-} 实际用量一般控制在 $(2\sim4)\times10^{-3}$ mol·L^{-1} 时较为适宜，即每 50～100 mL 溶液中加入 50 g·L^{-1} K_2CrO_4 溶液 1.0 mL。

滴定溶液的酸度应保持为中性或微碱性条件(pH=6.5～10.5)。这是因为

$$2CrO_4^{2-} + 2H^+ \rightleftharpoons 2HCrO_4^- \rightleftharpoons Cr_2O_7^{2-} + H_2O$$

当 pH 值太小，平衡右移，$c(CrO_4^{2-})$ 降低太多，为了产生 Ag_2CrO_4 沉淀，就要多消耗 Ag^+ 离子，必然造成较大的误差。若 pH 值太大，又将生成 Ag_2O 沉淀。

当试液中有铵盐存在时，要求溶液的酸度范围更窄，pH 值为 6.5～7.2。因为若溶液 pH 值较高时，便有相当数量的 NH_3 释放出来，与 Ag^+ 离子产生副反应，形成 $[Ag(NH_3)_2]^+$ 配离子，从而使 AgCl 和 Ag_2CrO_4 溶解度增大，影响滴定。应用莫尔法应注意以下两点：

(1) 进行实验操作时，必须剧烈摇动，以降低生成的沉淀对被测离子的吸附。用 $AgNO_3$ 滴定卤离子时，由于生成的卤化银沉淀吸附溶液中过量的卤离子，使溶液中卤离子浓度降低，以致终点提前而引入误差。因此，滴定时必须剧烈摇动。莫尔法可以测定氯化物和溴化物，但不适用于测定碘化物及硫氰酸盐，因为 AgI 和 AgSCN 沉淀更强烈地吸附 I^- 和 SCN^-，剧烈摇动达不到解除吸附(解吸)的目的。

(2) 预先分离干扰离子。凡是能与 Ag^+ 和 CrO_4^{2-} 生成微溶化合物或配合物的阴、阳离子，都干扰测定，应预先分离除去。例如，PO_4^{3-}、AsO_4^{3-}、S^{2-}、CO_3^{2-}、$C_2O_4^{2-}$ 等阴离子能与 Ag^+ 生成微溶化合物；Ba^{2+}、Pb^{2+}、Hg^{2+} 等阳离子与 CrO_4^{2-} 生成沉淀干扰测定。另外，Fe^{3+}、Al^{3+}、Bi^{3+}、Sn^{4+} 等高价金属离子在中性或弱碱性溶液中发生水解，故也不应存在。

由于上述原因，莫尔法的应用受到一定限制。只适用于用 $AgNO_3$ 直接滴定 Cl^- 和 Br^-，不能用 NaCl 标准溶液直接测定 Ag^+。因为在 Ag^+ 试液中加入 K_2CrO_4 指示剂，立即生成 Ag_2CrO_4 沉淀，用 NaCl 滴定时，Ag_2CrO_4 沉淀转化为 AgCl 沉淀是很缓慢的，使测定无法进行。

6.4.2 佛尔哈德法

用铁铵矾 $[NH_4Fe(SO_4)_2]$ 作指示剂的银量法称为佛尔哈德法。

在酸性溶液中以铁铵矾作指示剂，用 NH_4SCN 或 KSCN 标准溶液滴定 Ag^+ 离子。滴定过程中首先析出白色 AgSCN 沉淀，当滴定达到化学计量点时，稍过量的 NH_4SCN 溶液与 Fe^{3+} 生成红色配合物，指示滴定终点。

用本法可以直接用 NH_4SCN 标准溶液滴定 Ag^+，还可以用返滴定法测定卤化物。返滴定法操作过程是先向含卤离子的酸性溶液中定量地加入过量的 $AgNO_3$ 标准溶液，加入适量的铁铵矾指示剂，用 NH_4SCN 标准溶液返滴定过量的 $AgNO_3$。滴定反应为

$$Ag^+ + X^- \rightleftharpoons AgX\downarrow$$

$$Ag^+(\text{过量}) + SCN^- \rightleftharpoons AgSCN\downarrow(\text{白色})$$

$$Fe^{3+} + SCN^- \rightleftharpoons [FeSCN]^{2+}(\text{红色})$$

滴定时，溶液的酸度一般控制在 0.1～1.0 mol·L^{-1}，这时 Fe^{3+} 主要以 $Fe(H_2O)_6^{3+}$ 的形式存在，颜色较浅。如果酸度较低，则 Fe^{3+} 水解形成颜色较深的羟基化合物或多核羟基

化合物，如$[Fe(H_2O)_5OH]^{2+}$，$[Fe_2(H_2O)_4(OH)_4]^{2+}$等，影响终点观察。如果酸度更低，则甚至可能析出水合氧化物沉淀。

在较高的酸度下滴定是此方法的一大优点，许多弱酸根离子如PO_4^{3-}、AsO_4^{3-}、CrO_4^{2-}、CO_3^{2-}等不会干扰测定，提高了测定的选择性，比莫尔法扩大了应用范围。

实验指出，要产生能觉察到的红色，$[FeSCN]^{2+}$的最低浓度为6.0×10^{-6} mol·L^{-1}。但是，当Fe^{3+}的浓度较高时，呈现较深的黄色，影响终点观察。由实验得出，通常Fe^{3+}的浓度为0.015 mol·L^{-1}时，滴定误差不会超过0.1%。

用NH_4SCN直接滴定Ag^+时，生成的AgSCN沉淀强烈吸附Ag^+，由于有部分Ag^+被吸附在沉淀表面上，往往使终点提前到达，结果偏低。因此，在操作上必须剧烈摇动溶液，使被吸附的Ag^+解吸出来。用返滴定法测定Cl^-时，终点判定会遇到困难。这是因为AgCl的溶度积($K^{\ominus}_{sp\,AgCl}=1.8\times10^{-10}$)比AgSCN的溶度积($K^{\ominus}_{sp\,AgSCN}=1.0\times10^{-12}$)大，在返滴定达到终点后，稍过量的$SCN^-$与AgCl沉淀发生沉淀转化反应，即

$$AgCl\downarrow + SCN^- \rightleftharpoons AgSCN\downarrow + Cl^-$$

因此，终点时出现的红色随着不断摇动而消失，得不到稳定的终点，以至多消耗NH_4SCN标准溶液而引起较大误差。要避免这种误差，阻止AgCl沉淀转化AgSCN沉淀，通常采用以下两项措施。

(1)试液加入过量的$AgNO_3$后，将溶液加热煮沸使AgCl沉淀凝聚，以减少AgCl沉淀对Ag^+的吸附。滤去沉淀，用稀HNO_3洗涤，然后用NH_4SCN标准溶液滴定滤液中的过量的$AgNO_3$。

(2)在滴入NH_4SCN标准溶液前加入硝基苯1～2 mL，用力摇动，使AgCl沉淀进入硝基苯层中，避免沉淀与滴定溶液接触，从而阻止了AgCl沉淀与SCN^-的沉淀转化反应。

用返滴定法测定溴化物和碘化物时，由于AgBr和AgI的溶解度均比AgSCN小，不发生上述沉淀转化反应，所以不必将沉淀过滤或加有机试剂。但在测定碘时，应先加$AgNO_3$，再加指示剂，以避免I^-对Fe^{3+}的还原作用。

佛尔哈德法可以测定Cl^-、Br^-、I^-、SCN^-、Ag^+及有机氯化物等。

6.4.3 法扬司法

用吸附指示剂指示滴定终点的银量法，称为法扬司法。

吸附指示剂是一类有色的有机化合物。它被吸附在胶体微粒表面以后，发生分子结构的变化，从而引起颜色变化。在沉淀滴定中，利用指示剂这种性质来确定滴定终点。

例如，荧光黄指示剂，它是一种有机弱酸，用HFI表示，在溶液中可离解：

$$HFI \rightleftharpoons H^+ + FI^-\text{(黄绿色)}$$

当用$AgNO_3$标准溶液滴定Cl^-时，加入荧光黄指示剂，在化学计量点前，溶液中Cl^-过量，AgCl胶体微粒吸附构晶离子Cl^-而带负电荷，故FI^-不被吸附，此时溶液呈黄绿色。当达到化学计量点后，稍过量的$AgNO_3$可使AgCl胶粒吸附Ag^+离子而带正电荷。这时带正电荷的胶体微粒强烈吸附FI^-，可能在AgCl表面上形成了荧光黄银化合物而呈淡红色，使整个溶液由黄绿色变成淡红色，指示终点到达。即

$$\underset{\text{(黄绿色)}}{AgCl\cdot Ag^+} + FI^- \xrightarrow{\text{吸附}} \underset{\text{(粉红色)}}{AgCl\cdot Ag^+\cdot FI^-}$$

如果是用 NaCl 标准溶液滴定 Ag^+，则颜色变化恰好相反。

为了使终点颜色变化明显，应用吸附指示剂时要注意以下几点：

(1)由于吸附指示剂的颜色变化发生在沉淀微粒表面上，因此，应尽可能使卤化银沉淀呈胶体状态，使其具有较大的表面积。为此，在滴定前应将溶液稀释，并加入糊精、淀粉等高分子化合物保护胶体，防止 AgCl 沉淀凝聚。

(2)溶液的酸度要适当。常用的指示剂大多为有机弱酸，而指示剂变色是由于指示剂阴离子被吸附而引起的，因此，控制适当酸度有利于指示剂离解。如荧光黄的 $pK_a^{\ominus}=7$，只能在中性或弱碱性(pH=7～10)溶液中使用；若 pH<7，则指示剂阴离子浓度过低，使滴定终点变化不明显。常用的几种吸附指示剂列于表 6-2 中。

表 6-2　常用吸附指示剂

指示剂名称	待测离子	滴定剂	滴定条件/pH
荧光黄	Cl^-	Ag^+	7～10
二氯荧光黄	Cl^-	Ag^+	4～6
曙红	Br^-、I^-、SCN^-	Ag^+	2～10
溴甲酚绿	SCN^-	Ag^+	4～5
甲基紫	SO_4^{2-}、Ag^+	Ba^{2+}、Cl^-	酸性溶液
二甲基二碘荧光黄	I^-	Ag^+	中性

(3)溶液中被滴定的离子的浓度不能太低，因为浓度太低时，沉淀很少，观察终点困难。但滴定 Br^-、I^-、SCN^- 的灵敏度稍高，浓度低至 0.001 mol·L^{-1}时，仍可准确滴定。

(4)应避免在强光下进行滴定，因为卤化银沉淀对光敏感，遇光易分解析出金属银，使沉淀很快转变为灰黑色，影响终点观察。

(5)胶体微粒对指示剂的吸附能力应略小于对被测离子的吸附能力，否则将在化学计量点前变色。但若吸附能力太差将使终点延迟。卤化银对卤化物和常用的几种吸附指示剂吸附能力大小次序如下：

I^->二甲基二碘荧光黄>Br^->曙红>Cl^->荧光黄

因此，滴定 Cl^- 时，不能选曙红，而应选用荧光黄为指示剂。

6.4.4　银量法的应用

银量法可以用来测定无机卤化物，也可以测定有机卤化物，应用广泛。例如，天然水中含氯量可以用莫尔法测定。若水样中含有磷酸盐、亚硫酸盐等阴离子，则应采用佛尔哈德法。因为在酸性条件下可消除上述离子的干扰。

银合金中银的测定采用佛尔哈德法。将银合金用 HNO_3 溶解，将银转化为 $AgNO_3$，但必须逐出氮的氧化物，否则它与 SCN^- 作用生成红色化合物会影响终点的观察。

碘化物中碘的测定采用佛尔哈德法中返滴定法。准确称取碘化物试样，溶解后定量加入过量的 $AgNO_3$ 标准溶液，当 AgI 沉淀析出后加入适量铁铵矾指示剂，用 NH_4SCN 标准

溶液返滴定过量的 $AgNO_3$。

例 6－13 称取食盐 0.2000 g，溶于水，以 K_2CrO_4 作指示剂，用 0.1500 mol·L^{-1} $AgNO_3$ 标准溶液滴定，用去 22.50 mL，计算 NaCl 的质量分数。

解： $NaCl + AgNO_3 = AgCl\downarrow + NaNO_3$

$$w_{NaCl} = \frac{m_{NaCl}}{m_s} = \frac{n_{NaCl} \times M_{NaCl}}{m_s} = \frac{0.1500 \times 22.50}{1000} \times \frac{58.44}{0.2000} = 98.62\%$$

例 6－14 0.5000 g 不纯的 $SrCl_2$ 溶解后，加入纯 $AgNO_3$ 固体 1.7840 g，过量的 $AgNO_3$ 用 0.2800 mol·L^{-1} 的 KSCN 标准溶液滴定，用去 25.50 mL，求试样中 $SrCl_2$ 的质量分数。

解： $2AgNO_3 + SrCl_2 = 2AgCl\downarrow + Sr(NO_3)_2$

化学计量点时：

$$\frac{1}{2}n_{AgNO_3} = n_{SrCl_2}$$

故

$$w_{(SrCl_2} = \frac{m_{SrCl_2}}{m_s} = \frac{n_{SrCl_2} M_{SrCl_2}}{m_s}$$

由滴定反应可知 $AgNO_3 + KSCN = AgSCN\downarrow$

化学计量点时：

$$n_{AgNO_3} = n_{AgSCN}$$

故

$$n_{AgNO_3} = (\frac{1.7840}{169.9} \times 1000 - 0.2800 \times 25.50) = 3.360\ (mmol)$$

$$w_{SrCl_2} = \frac{3.360 \times \frac{1}{2} \times \frac{158.5}{1000}}{0.5000} = 53.26\%$$

习 题

1. 已知 298 K 时 AgCl 的溶解度为 1.92×10^{-3} g·L^{-1}，求其 $K_{sp}^{\ominus}$；已知 298 K 时 $Mg(OH)_2$ 的 $K_{sp}^{\ominus} = 5.61 \times 10^{-12}$，求其溶解度 S。

2. 已知 CaF_2 的 $K_{sp}^{\ominus} = 2.7 \times 10^{-11}$，求它在：(1)纯水中；(2)0.1 mol·L^{-1} NaF 溶液中；(3)0.20 mol·L^{-1} $CaCl_2$ 溶液中的溶解度。

3. $Ni(OH)_2$ 的饱和溶液的 pH＝8.83，求其 $K_{sp}^{\ominus}$。

4. 欲从 0.002 mol·L^{-1} $Pb(NO_3)_2$ 溶液中产生 $Pb(OH)_2$ 沉淀，问溶液的 pH 值至少为多少？

5. 下列溶液中能否产生沉淀？

(1)0.02 mol·L^{-1} $Ba(OH)_2$ 溶液与 0.01 mol·L^{-1} Na_2CO_3 溶液等体积混合。

(2)0.05 mol·L^{-1} $MgCl_2$ 溶液与 0.1 mol·L^{-1} 氨水等体积混合。

(3)在 0.1 mol·L^{-1} HAc 和 0.1 mol·L^{-1} $FeCl_2$ 混合溶液中通入 H_2S 达饱和(约 0.1 mol·L^{-1})。

6. 一溶液中含有 Ca^{2+}、Ba^{2+} 离子各 0.1 mol·L^{-1}，缓慢加入 Na_2SO_4，开始生成的是何沉淀？开始沉淀时[SO_4^{2-}]是多少？可否用此方法分离 Ca^{2+}、Ba^{2+} 离子？$CaSO_4$ 开始沉淀的瞬间，[Ba^{2+}]是多少？已知：$K_{sp}^{\ominus}(BaSO_4) = 1.08 \times 10^{-10}$；$K_{sp}^{\ominus}(CaSO_4) = 1.96 \times 10^{-4}$。

7. 一溶液含有 Fe^{2+} 和 Fe^{3+}，浓度均为 0.05 mol·L^{-1}，如果要求 $Fe(OH)_3$ 沉淀完全，

而 $Fe(OH)_2$ 不沉淀，需要控制 pH 值在什么范围？已知 $K_{sp}^{\ominus}(Fe(OH)_3)=4.0\times10^{-38}$；$K_{sp}^{\ominus}(Fe(OH)_2)=8.00\times10^{-16}$。

8. 含有 0.1 $mol\cdot L^{-1}$ 的 Fe^{3+} 和 Mg^{2+} 溶液，用 NaOH 使两种离子分离，即 Fe^{3+} 发生沉淀，而 Mg^{2+} 留在溶液中，NaOH 用量必须控制在什么范围内较合适。

9. 计算下列情况中至少需要多大浓度的酸。

(1)0.1 mol MnS 溶于 1 L 乙酸中。

(2)0.1 mol CuS 溶于 1 L 盐酸中。

10. 用银量法测定下列试样中 Cl^- 含量时，选用哪种指示剂指示终点较为合适？

(1) NH_4Cl；(2)$BaCl_2$；(3) $FeCl_2$；(4) $NaCl+Na_3PO_4$；(5)$NaCl+Na_2SO_4$。

11. 在含 0.1000 g Ba^{2+} 的 100 mL 溶液中，加入 50 mL 0.010 $mol\cdot L^{-1}$ H_2SO_4 溶液中，问还剩余多少克的 Ba^{2+}？如果沉淀用 100 mL 纯水或 100 mL 0.010 $mol\cdot L^{-1}$ H_2SO_4 溶液洗涤，假设洗涤时达到溶解平衡，各损失 $BaSO_4$ 多少克？

12. 为了使 0.2032 g $(NH_4)_2SO_4$ 中的 SO_4^{2-} 沉淀完全，需要每升含 63 g $BaCl_2\cdot2H_2O$ 的溶液多少毫升？

13. 计算下列换算因数：(1)从 $Mg_2P_2O_7$ 的质量计算 MgO 的质量；(2)从 $Mg_2P_2O_7$ 的质量计算 P_2O_5 的质量；(3) 从$(NH_4)_3PO_4\cdot12MoO_3$ 的质量计算 P 和 P_2O_5 的质量。

14. 现有纯的 CaO 和 BaO 的混合物 2.212 g，转化为混合硫酸盐后重 5.023 g，计算原混合物中 CaO 和 BaO 的质量分数。

15. 将 0.1068 $mol\cdot L^{-1}$ $AgNO_3$ 溶液 30.00 mL 加入含有氯化物试样 0.2173 g 的溶液中，然后用 1.24 mL 0.1158 $mol\cdot L^{-1}$ NH_4SCN 溶液滴定过量的 $AgNO_3$。计算试样中氯的质量分数。

16. 称取含有 NaCl 和 NaBr 的试样 0.5776 g，用重量法测定，得到二者的银盐沉淀为 0.4403 g；另取同样质量的试样，用沉淀滴定法测定，消耗 0.1074 $mol\cdot L^{-1}$ $AgNO_3$ 溶液 25.25 mL，求 NaCl 和 NaBr 的质量分数。

17. 某化学家欲测量一个大木桶的容积，但手边没有能用于测量大体积液体的适当量具，该化学家把 380 g NaCl 放入桶中，用水充满水桶，混匀溶液后，取 100 mL 所得溶液，以 0.0747 $mol\cdot L^{-1}$ $AgNO_3$ 溶液滴定，达终点时用去 32.24 mL。该水桶的容积是多少？

第 7 章 氧化还原反应与氧化还原滴定

化学上将有电子转移的化学反应称为氧化还原反应。氧化还原反应是一类应用广泛又很重要的化学反应，如物质的燃烧、金属冶炼、电镀和电解等都是氧化还原反应。掌握氧化还原反应的规律，不仅对认识无机化合物的许多性质有指导作用，而且有很大的实用价值。本章将系统地介绍氧化还原反应的基本知识及其在分析中的应用。

7.1 氧化还原反应方程式的配平

配平氧化还原反应方程式的方法很多，本节主要介绍氧化数法和离子-电子法。

7.1.1 氧化数法

1. 氧化数(又称氧化值)

无机化学中引用氧化数的概念来说明各元素在化合物中所处的电荷状态。1970 年国际纯粹和应用化学联合会(IUPAC)规定：氧化数是指某一元素的一个原子荷电数，这个荷电数是假设化合物中成键的电子都归属电负性较大的原子而求得。确定元素原子氧化数的一般规则如下：

(1)单质中，元素原子的氧化数为零。

(2)二元离子化合物中，元素的氧化数等于其离子的正、负电荷数。在共价化合物中，元素原子的氧化数等于原子偏离的电子数，电负性较大的元素的氧化数为负，电负性较小的元素的氧化数为正。

(3)氢在化合物中的氧化数一般为+1，在活泼金属的氢化物(如 NaH、CaH_2 等)中的氧化数为−1。

(4)氧在化合物中的氧化数一般为−2。但在过氧化物(如 H_2O_2、BaO_2 等)中的氧化数为−1，在超氧化合物(如 KO_2)中的氧化数为 $-\frac{1}{2}$，在 OF_2 中的氧化数为+2。

(5)在中性分子中，所有各元素原子的正、负氧化数的代数和为零；在复杂离子中，所有元素原子氧化数的代数和等于该离子的电荷数。

例 7-1 求 Fe_3O_4 中 Fe 原子的氧化数。

解：设 Fe 原子的氧化数为 x，由于氧的氧化数为−2，根据氧化数规则得

$$x\times 3+(-2)\times 4=0$$

$$x=+\frac{8}{3}$$

所以 Fe 原子的氧化数为$+\frac{8}{3}$。

例 7-2 求 $Cr_2O_7^{2-}$ 中 Cr 原子的氧化数。

解:设 Cr 原子的氧化数为 x,由于氧的氧化数为-2,则根据氧化数规则得

$$x\times2+(-2)\times7=-2$$

$$x=+6$$

所以 Cr 原子的氧化数为+6。

需要强调的是,氧化数和化合价是不完全相同的。氧化数和化合价都有正负之分,但氧化数既可以是整数也可以是分数,而化合价只能是整数。

另外还要注意氧化数与化学键数是不同的。如在 CH_4、CH_3Cl、C_2H_2 和 CCl_4 中 C 的氧化数分别为-4、-2、-1 和$+4$,而在这四种物质中 C 原子的共价数均为 4。

2. 氧化数配平法

氧化数法配平氧化还原反应方程式的原则是:(1)氧化剂的氧化数降低的总数等于还原剂氧化数升高的总数;(2)满足质量守恒定律。用氧化数法配平氧化还原反应方程式的具体步骤是:

(1)找出方程式中氧化数有变化的元素,根据氧化数的改变,确定氧化剂和还原剂并指出氧化剂和还原剂的氧化数的变化。

$$\overset{(-5)\times 2}{\overbrace{\overset{+7}{KMnO_4}+H_2S+H_2SO_4\longrightarrow\overset{+2}{MnSO_4}}}+S+K_2SO_4+H_2O$$

$$KMnO_4+\underset{(+2)\times 5}{\underbrace{H_2\underset{-2}{S}+H_2SO_4\longrightarrow MnSO_4+\underset{0}{S}}}+K_2SO_4+H_2O$$

(2)按照最小公倍数的原则对各氧化数的变化值乘以相应的系数,使氧化数降低值和升高值相等。$KMnO_4$ 和 $MnSO_4$ 前面的系数为 2,H_2S 和 S 前面的系数为 5。

$$2KMnO_4+5H_2S+H_2SO_4\longrightarrow2MnSO_4+5S+K_2SO_4+H_2O$$

(3)平衡方程式两边氧化数没有变化的除氧氢之外的其他元素的原子数目。如方程式中的 SO_4^{2-},产物中三个 SO_4^{2-},则反应物中必须有 3 个 H_2SO_4。

$$2KMnO_4+5H_2S+3H_2SO_4\longrightarrow2MnSO_4+5S+K_2SO_4+H_2O$$

(4)检查反应方程式两边的氢(或氧)原子数目,平衡氢(或氧)。并将方程式中的"$\longrightarrow$"变为等号"$=\!=\!=$"。

$$2KMnO_4+5H_2S+3H_2SO_4=\!=\!=2MnSO_4+5S+K_2SO_4+8H_2O$$

例 7-3 配平下列反应式

$$Cu+HNO_3\longrightarrow Cu(NO_3)_2+NO+H_2O$$

解:在这个反应中,一部分 HNO_3 作为氧化剂,另一部分作为介质,先把作为氧化剂的 HNO_3 根据氧化数改变值配平,然后再根据氮原子数添加 HNO_3 作为介质。

$$\overset{(+2)\times 3}{\overbrace{\overset{0}{Cu}+HNO_3\longrightarrow\overset{+2}{Cu}(NO_3)_2}}+NO+H_2O$$

$$Cu+\underset{(-3)\times 2}{\underbrace{H\underset{+5}{N}O_3\longrightarrow Cu(NO_3)_2+\underset{+2}{N}O}}+H_2O$$

HNO_3 作为氧化剂配平得到

$$Cu + 2HNO_3 \longrightarrow Cu(NO_3)_2 + 2NO + H_2O$$

Cu 作为还原剂配平得到

$$3Cu + 2HNO_3 \longrightarrow 3Cu(NO_3)_2 + 2NO + H_2O$$

检查两边的氮原子数目左边应添加 6 个 HNO_3 分子。

$$3Cu + 8HNO_3(浓) \longrightarrow 3Cu(NO_3)_2 + 2NO + H_2O$$

反应式左边有 8 个氢原子,右边 H_2O 的系数应为 4。检查氧则得到配平后的方程式为

$$3Cu + 8HNO_3 =\!=\!= 3Cu(NO_3)_2 + 2NO + 4H_2O$$

例 7 – 4 配平下列反应式

$$As_2S_3 + HNO_3 \longrightarrow H_3AsO_4 + H_2SO_4 + NO$$

解:在这个反应中,同时有两种原子被氧化,反应前后氧化数的变化数值为

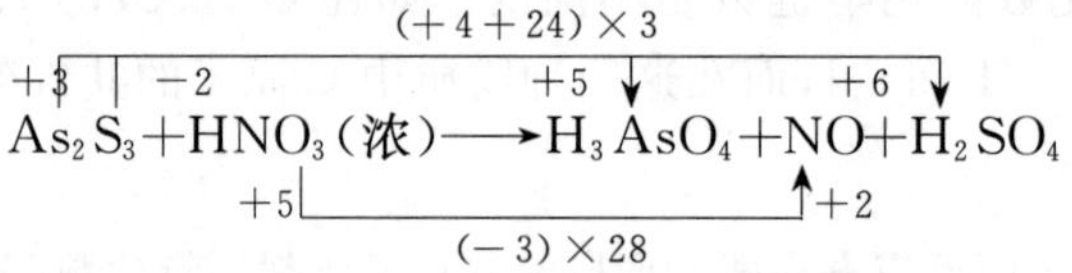

$$\overset{(+4+24)\times 3}{\underset{(-3)\times 28}{As_2S_3 + HNO_3(浓) \longrightarrow H_3AsO_4 + NO + H_2SO_4}}$$

As 从 +3 升到 +5,升高了 $2\times 2=4$ 总共升高了 28×3

S 从 -2 升到 +6,升高了 $3\times 8=24$

N 从 +5 降到 +2,降低了 3   总共降低了 3×28

即 As_2S_3 的系数为 3,HNO_3 系数为 28,这样可得到下列不完全方程式

$$3As_2S_3 + 28HNO_3 + H_2O \longrightarrow 6H_3AsO_4 + 9H_2SO_4 + 28NO$$

检查方程式两边的氢原子,左边还应添加 4 个 H_2O,检查氧后得到平衡的方程式,即

$$3As_2S_3 + 28HNO_3 + 4H_2O =\!=\!= 6H_3AsO_4 + 9H_2SO_4 + 28NO$$

氧化数法配平氧化还原反应方程式的优点是简单、快速。既适用于水溶液中的氧化还原反应,也适用于非水体系的氧化还原反应。

7.1.2 离子-电子法

离子-电子法配平氧化还原方程式的原则:

(1)氧化剂获得的电子总数与还原剂失去的电子总数必须相等;

(2)满足质量守恒定律,即方程式两边各种元素的原子总数相等,方程式两边的离子电荷总数也相等。

离子-电子法配平氧化还原方程式通常包括四个步骤:

(1)写出没有配平的离子方程式,例如:

$$MnO_4^- + SO_3^{2-} + H^+ \longrightarrow Mn^{2+} + SO_4^{2-} + H_2O$$

(2)将上面未配平的离子方程式分成两个半反应,一个表示氧化剂被还原,另一个表示还原剂被氧化。

$$MnO_4^- \longrightarrow Mn^{2+} \qquad 还原反应$$
$$SO_3^{2-} \longrightarrow SO_4^{2-} \qquad 氧化反应$$

(3)分别配平两个半反应式,使两边各种元素原子总数和电荷总数均相等。MnO_4^- 被还原为 Mn^{2+} 时,要减少 4 个 O 原子,在酸性介质中可加入 8 个 H^+,使之结合生成 4

个 H_2O，

$$MnO_4^- + 8H^+ \longrightarrow Mn^{2+} + 4H_2O$$

然后配平电荷。左边净剩正电荷数为+7，右边为+2，则需在左边加上 5 个电子，达到两边电荷平衡，即

$$MnO_4^- + 8H^+ + 5e^- = Mn^{2+} + 4H_2O \quad ①$$

SO_3^{2-} 被氧化为 SO_4^{2-} 时，需增加一个 O 原子，酸性介质中可由 H_2O 提供，同时可生成两个 $2H^+$

$$SO_3^{2-} + H_2O \longrightarrow SO_4^{2-} + 2H^+ \quad ②$$

然后配平电荷数，左边负电荷总数为−2，右边正、负电荷抵消为 0，因此要在左边减去 2 个电子，即

$$SO_3^{2-} + H_2O - 2e^- = SO_4^{2-} + 2H^+$$

(4)将两个半反应式各乘以适当的系数，使得失电子总数相等，然后将两个半反应式合并，得到一个配平的氧化还原方程式。①、②半反应的电子得失的最小公倍数为 2×5=10，将①×2+②×5 可得下式：

$$2MnO_4^- + 5SO_3^{2-} + 6H^+ = 2Mn^{2+} + 5SO_4^{2-} + 3H_2O \quad ③$$

检查方程式③两边各元素的原子数应相等，即③式为配平的离子方程式。

离子-电子法配平氧化还原反应方程式的关键是根据溶液的酸碱性，增补 H_2O、H^+ 或 OH^-，配平氧原子数。不同介质条件下配平氧原子的经验规则如表 7-1 所示。

表 7-1 不同介质条件下配平氧原子的经验规则

介质种类	反应物中	
	多一个氧原子[O]	少一个氧原子[O]
酸性介质	$+2H^+ \xrightarrow{\text{结合[O]}} +H_2O$	$+H_2O \xrightarrow{\text{提供[O]}} +2H^+$
碱性介质	$+H_2O \xrightarrow{\text{结合[O]}} +2OH^-$	$+2OH^- \xrightarrow{\text{提供[O]}} +H_2O$
中性介质	$+H_2O \xrightarrow{\text{结合[O]}} +2OH^-$	$+H_2O \xrightarrow{\text{提供[O]}} +2H^+$

例 7-5 配平下列反应式

$$Cl_2 + NaOH(热) \longrightarrow NaClO_3 + NaCl + H_2O$$

解：将上述反应式写成离子反应式，得

$$Cl_2 + OH^- \longrightarrow ClO_3^- + Cl^- + H_2O$$

将上式离子反应写成两个半反应并配平得：

Cl_2 作氧化剂被还原 $\quad Cl_2 + 2e^- \longrightarrow 2Cl^- \quad$ ①

Cl_2 作还原剂被氧化 $\quad Cl_2 + 12OH^- - 10e^- \longrightarrow 2ClO_3^- + 6H_2O \quad$ ②

式①×5+②可得

$$6Cl_2 + 12OH^- = 2ClO_3^- + 10Cl^- + 6H_2O$$

方程两边同时除以 2 得 $\quad 3Cl_2 + 6OH^- = ClO_3^- + 5Cl^- + 3H_2O$

离子-电子法只适用于水溶液体系，对于气相或固相中进行的氧化还原反应方程式的配平，离子-电子法则无能为力。

7.2 电极电势

7.2.1 原电池

1. 原电池的组成

在一盛有硫酸铜溶液的烧杯中放入一锌片，我们能观察到锌片会慢慢溶解，红色的铜会不断地沉积在锌片上，铜离子和锌之间发生下列氧化还原反应

$$Zn + Cu^{2+} = Zn^{2+} + Cu$$

该反应中，锌和硫酸铜溶液直接接触，电子从锌直接转移给铜离子，随着反应的进行，溶液中有热量放出，说明反应过程中电子的无序运动将化学能转变为热能。

如果采用如图 7-1 所示的装置。在一只烧杯中放入 $ZnSO_4$ 溶液并插入锌片，在另一烧杯中放入 $CuSO_4$ 溶液并插入铜片，将两烧杯中的溶液用盐桥连接起来，并将锌片和铜片用导线连接，导线中间连接一只电流计，可以看到电流计的指针发生偏转。说明反应中有电子的转移，而且电子是沿着一定的方向(即从负极向正极)有规则流动。同时，在铜片上有金属铜沉积，而锌片则被溶解。

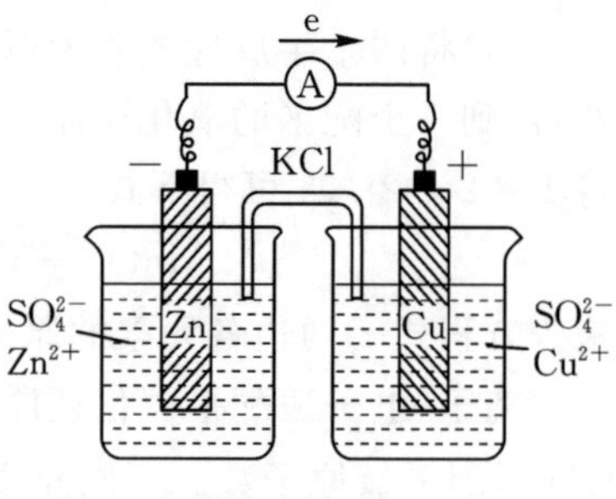

图 7-1 铜锌原电池

上述装置的 Zn 片和 Cu 片上，分别发生了以下反应：

Zn 片(Zn 电极)：$Zn - 2e^- \longrightarrow Zn^{2+}$，发生氧化反应，Zn 片所释放出的电子经导线流向 Cu 片；

Cu 片(Cu 电极)：$Cu^{2+} + 2e^- \longrightarrow Cu$，发生还原反应，$CuSO_4$ 溶液中的 Cu^{2+} 离子从 Cu 片上获得电子变成 Cu 而沉积在 Cu 片(Cu 电极)上。

这种将化学能转化为电能的装置叫做原电池。

盐桥通常是一倒置的 U 形管，其中装入含有琼胶的饱和氯化钾溶液。盐桥在电池中起着构成回路和维持溶液电荷平衡的作用。

在原电池中，给出电子的电极称为负极，接受电子的电极称为正极。在负极发生氧化反应；在正极发生还原反应。在铜锌原电池中，

负极(Zn)：$Zn - 2e^- \longrightarrow Zn^{2+}$　　氧化反应

正极(Cu)：$Cu^{2+} + 2e^- \longrightarrow Cu$　　还原反应

原电池的总反应等于两个电极半反应之和：$Zn + Cu^{2+} = Zn^{2+} + Cu$

2. 原电池的表达式

原电池的装置可用电池符号来表示。例如，铜锌原电池可用下式来表示：

$$(-)Zn|ZnSO_4(c_1) \parallel CuSO_4(c_2)|Cu(+)$$

用电池符号表示原电池时通常规定：

(1)以双垂线“‖”表示盐桥，两边各为原电池的一个电极；

(2)负极写在左边，正极写在右边；

(3)写出电极的化学组成、溶液(离子)浓度；

(4)以单垂线"|"或","号表示两个相之间的界面。

(5)气体必须以惰性金属导体作为载体,例如 Pt、石墨。

例如,由 H^+/H_2 电对和 Fe^{3+}/Fe^{2+} 电对组成的原电池,电池符号为:

$$(-)Pt|H_2|H^+(c_1)\parallel Fe^{3+}(c_2),Fe^{2+}(c_3)|Pt(+)$$

同一个电极在不同的电池反应中起的作用不同,在铜锌原电池中 Cu 作为正极,这时表示为 $CuSO_4(c_2)|Cu(+)$,但是在银铜原电池中 Cu 作为负极,这时表示为 $(-)Cu|CuSO_4(c_2)$。

原电池由两个半电池组成。半电池所发生的反应称为半电池反应或电极反应。

3. 氧化还原半反应及氧化还原电对

氧化还原反应可由一个氧化反应和一个还原反应组成。例如反应

$$Zn+Cu^{2+}\rightleftharpoons Zn^{2+}+Cu$$

氧化反应 $Zn-2e^-\longrightarrow Zn^{2+}$

还原反应 $Cu^{2+}+2e^-\longrightarrow Cu$

将这两个反应合并消去电子则可成为总的氧化还原反应。这里我们把上述的氧化反应或还原反应称为氧化还原反应的半反应。

同理,反应 $Cu+2Ag^+\rightleftharpoons Cu^{2+}+2Ag$ 可由如下两个半反应组成:

$$Cu-2e^-\longrightarrow Cu^{2+}$$

$$Ag^++e^-\longrightarrow Ag$$

氧化还原半反应可用如下的一般形式表示:

$$\text{氧化态}+ne^-\rightleftharpoons\text{还原态}$$

为了方便起见,化学上常用"氧化态/还原态"或"Ox/Red"来代表上述的半反应,把"氧化态/还原态"或"Ox/Red"称为氧化还原电对。它表示了参加反应的同一元素的不同氧化态之间因电子得失而可以相互转换的关系。

由此可见,每一个原电池实际上由两个不同的氧化还原电对所组成。每个半电池对应一个氧化还原电对。如铜锌原电池中电对分别为 Zn^{2+}/Zn 和 Cu^{2+}/Cu。显然,氧化还原反应实际上是参加反应的两个氧化还原电对之间的反应。

7.2.2 电极电势

1. 电极电势的产生

铜锌原电池的两个电极有电流产生的事实表明,在两电极之间存在着一定的电势差。为什么这两个电极的电势不等,电极电势又是怎样产生的呢?现以金属及其盐溶液组成的电极为例进行讨论。

金属晶体是由金属原子、金属离子和自由电子组成的。当把金属放入其盐溶液中时,在金属与其盐溶液的接触面上就会发生两个相反的过程:①金属表面的离子由于自身的热运动及溶剂的吸引,会脱离金属表面,以水合离子的形式进入溶液,电子留在金属表面上。②溶液中的金属水合离子受金属表面自由电子的吸引,重新得到电子,沉积在金属表面上,即金属与其盐之间存在如下动态平衡:

$$M(s)\underset{\text{沉积}}{\overset{\text{溶解}}{\rightleftharpoons}}M^{n+}+(aq)+ne^-$$

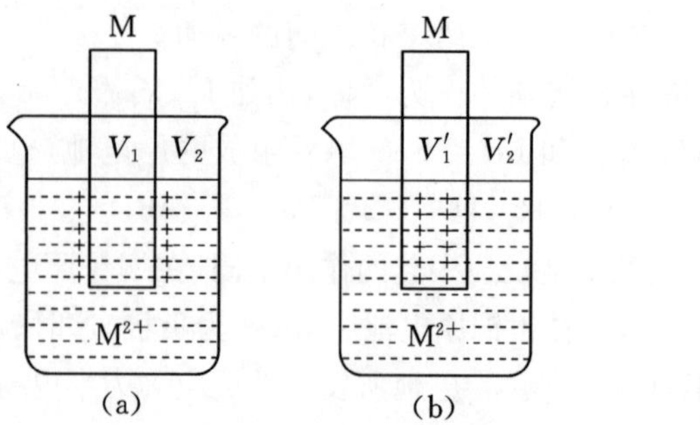

(a)电势差 $E=V_2-V_1$ (b)电势差 $E=V'_2-V'_1$

图 7-2 金属的电极电势

如果金属溶解的趋势大于离子沉积的趋势，则达到平衡时，金属和其盐溶液的界面上形成了金属带负电荷，溶液带正电荷的双电层结构。相反，如果离子沉积的趋势大于金属溶解的趋势，达到平衡时，金属和溶液的界面上形成了金属带正电荷，溶液带负电荷的双电层结构。由于双电层的存在，使金属与溶液之间产生了电势差，实际上就是金属与其盐溶液中相应金属离子所组成的氧化还原电对的平衡电势，这个电势差叫做金属的平衡电势。可以预料，金属平衡电势的大小主要取决于电极材料的本性，同时还与溶液浓度、温度、介质等因素有关。因此，将两种不同平衡电势的氧化还原电对以原电池的方式连接起来，则在两极之间就有一定的电势差，因而产生电流。

2. 电极电势的测定

金属的平衡电势，它反映了该金属在其盐溶液中得失电子趋势的大小。因此，如能定量测出氧化还原电对的平衡电势的绝对值，会有助于我们判断氧化剂或还原剂得失电子能力的相对强弱。但是，迄今为止，金属平衡电势的绝对值还无法测量。然而可用比较的方法确定它的相对值，就如同以海平面为基准来测定山丘的高度一样，通常采用标准氢电极作为比较的标准。

(1)标准氢电极。标准氢电极的组成和结构如图 7-3 所示。它是将镀有一层疏松铂黑的铂片插入 H^+ 浓度(严格地说是活度)等于 1 mol · L^{-1} 的硫酸溶液中，并不断通入压力为 101.325 kPa 的纯氢气流而形成的电极。这时溶液中的氢离子与被铂黑所吸附的氢气建立起下列动态平衡：

$$2H^+(aq)+2e^- \rightleftharpoons H_2(g)$$

通常简写为：

$$2H^+ +2e^- \rightleftharpoons H_2$$

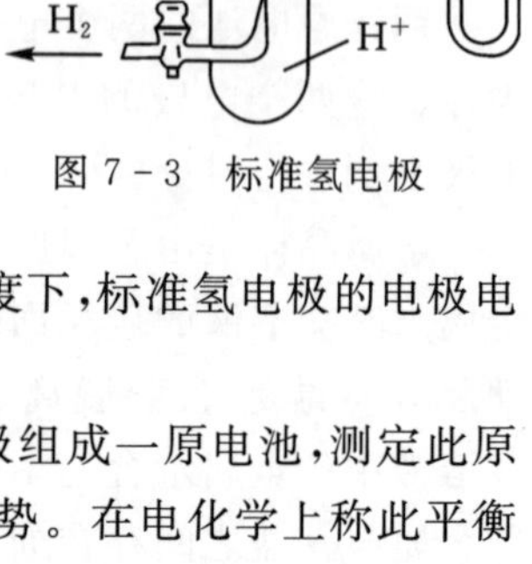

图 7-3 标准氢电极

此时，在铂片上的氢气与溶液中的氢离子之间产生的平衡电极电势，称为标准氢电极的电极电势，记作 $\varphi^{\ominus}_{H^+/H_2}$，并规定在任何温度下，标准氢电极的电极电势为零，即 $\varphi^{\ominus}_{H^+/H_2}=0.00$ V，以此作为测量电极电势的相对标准。

欲测定某电极(电对)的平衡电势，可以把该电极和标准氢电极组成一原电池，测定此原电池的电动势，$E_{池}=\varphi(+)-\varphi(-)$，即可求出该电极的平衡电势。在电化学上称此平衡电势为该电极的电极电势。

(2)标准电极电势。电极电势的大小，主要取决于物质的本性，但同时又与体系的温度、浓度等外界条件有关。如果电对处于标准态(所谓标准状态是指温度为 298.15 K,物质皆为纯净物,组成电极的有关物质的浓度(活度)均为1 mol · L^{-1},气体的压力为101.325 kPa)时,所测得的电对的电极电势,称为该电对的标准电极电势(以符号 $\varphi^{\ominus}$ 表示)。

确定某一电极的标准电极电势时,是在标准态下将该电极与标准氢电极组成一个原电池,测量该原电池的标准电动势($E^{\ominus}$)。由电流方向判断出正、负极,再按 $E^{\ominus} = \varphi^{\ominus}(+) - \varphi^{\ominus}(-)$ 的关系式,就可以计算出待测定电极的标准电极电势($\varphi^{\ominus}$)。

例如,欲测定铜电极的标准电极电势,在标准状态下,将铜片放在浓度为 1 mol · L^{-1}的盐溶液中,铜电极与标准氢电极组成如下原电池:

$$(-)Pt \mid H_2(101.325\ kPa) \mid H^+(1\ mol \cdot L^{-1}) \parallel Cu^{2+}(1\ mol \cdot L^{-1}) \mid Cu(+)$$

测定时,根据电位计指针偏转方向,可知电流方向由铜电极流向氢电极(电子由氢电极流向铜电极),则氢电极为负极,铜电极为正极,测得该原电池的电动势为 0.34 V,根据电动势的计算式有

$$E^{\ominus} = \varphi^{\ominus}(+) - \varphi^{\ominus}(-) = \varphi^{\ominus}_{Cu^{2+}/Cu} - \varphi^{\ominus}_{H^+/H_2} = 0.34\ V$$

因为

$$\varphi^{\ominus}_{H^+/H_2} = 0.00\ V$$

所以

$$\varphi^{\ominus}_{Cu^{2+}/Cu} - 0.00 = 0.34\ V$$

$$\varphi^{\ominus}_{Cu^{2+}/Cu} = +0.34\ V$$

同理可测得锌电极的标准电极电势为 $\varphi^{\ominus}_{Zn^{2+}/Zn} = -0.763\ V$

从测定的数据来看,Cu^{2+}/Cu 电对的电极电势带正号,Zn^{2+}/Zn 电对的电极电势带负号。带正号表明 Cu 电极与标准氢电极组成原电池时,Cu 电极为正极;Zn 电极与标准氢电极组成原电池时,Zn 电极为负极。

用相类似的方法可测得一系列电极的标准电极电势,见附录表 7。它们是按照电极电势的代数值递增的顺序排列的,该表称为标准电极电势表。由表中数据可以看出,$\varphi^{\ominus}$ 代数值越小,表示该电对所对应的还原型物质的还原能力越强,氧化型物质的氧化能力越弱。$\varphi^{\ominus}$ 代数值越大,表示该电对所对应的还原型物质的还原能力越弱,氧化型物质的氧化能力越强。因此,电极电势是表示氧化还原电对所对应的氧化态物质或还原态物质得失电子能力(即氧化还原能力)相对大小物理量。

使用标准电极电势时应注意如下问题。

(1)本书采用的是电极反应的还原电势。即指定 $\varphi^{\ominus}_{Zn^{2+}/Zn} = -0.763\ V$。

(2)标准电极电势是强度性质、无加合性。不论在电极反应两边同乘以任何实数,$\varphi^{\ominus}$ 仍然不改变。

$$2H^+ + 2e^- \rightleftharpoons H_2 \qquad \varphi^{\ominus}_{H^+/H_2} = 0.00\ V$$

$$H^+ + e^- \rightleftharpoons \frac{1}{2}H_2 \qquad \varphi^{\ominus}_{H^+/H_2} = 0.00\ V$$

(3)标准电极电势数值与电极反应方向无关。

(4) $\varphi^{\ominus}$ 是水溶液体系的标准电极电势,对于非标准状态、非水溶液体系不能用它来直接比较物质的氧化还原能力。

3. 影响电极电势的因素

电极电势的大小,不仅取决于电极的性质,还与温度和溶液中离子的浓度、气体的分压有关。

(1)能斯特方程。能斯特(Nernst)从理论上推导出电极电势与浓度、温度之间的关系：

对于任意给定的电极反应

$$a\,\text{氧化态} + ne^- \rightleftharpoons b\,\text{还原态}$$

其相应的浓度(严格地说应该是活度)、温度对电极电势影响的通式可表达为：

$$\varphi = \varphi^\ominus + \frac{RT}{nF}\ln\frac{[\text{氧化态}]^a}{[\text{还原态}]^b} \tag{7-1}$$

式中，φ——电对在某一浓度时的电极电势(V)；

$\varphi^\ominus$——电极的标准电极电势(V)；

R——气体热力学常数($8.314\ J\cdot mol^{-1}\cdot K^{-1}$)；

T——绝对温度(K)；

F——法拉第常数($96486\ C\cdot mol^{-1}$)；

n——电极反应中所转移的电子数；

[氧化态]、[还原态]——分别表示氧化态、还原态的浓度($mol\cdot L^{-1}$)。

式(7-1)称为能斯特方程。当 $T=298.15K$ 时，将自然对数换算成常用对数，并把各常数项代入式(7-1)得

$$\varphi = \varphi^\ominus + \frac{0.0592}{n}\lg\frac{[\text{氧化态}]^a}{[\text{还原态}]^b} \tag{7-2}$$

(2)使用能斯特方程应注意的事项。

①如果组成电对的物质是固体、纯液体和溶剂水时，则它们的浓度不列入方程式中。如果是气体，其浓度用相对分压表示。

例如：

$$Cu^{2+} + 2e^- \rightleftharpoons Cu$$

$$\varphi_{Cu^{2+}/Cu} = \varphi^\ominus_{Cu^{2+}/Cu} + \frac{0.0592}{2}\lg[Cu^{2+}]$$

$$Br_2(l) + 2e^- \rightleftharpoons 2Br^-$$

$$\varphi_{Br_2/Br^-} = \varphi^\ominus_{Br_2/Br^-} + \frac{0.0592}{2}\lg\frac{1}{[Br^-]^2}$$

$$2H^+ + 2e^- \rightleftharpoons H_2$$

$$\varphi_{H^+/H_2} = \varphi^\ominus_{H^+/H_2} + \frac{0.0592}{2}\lg\frac{[H^+]^2}{p(H_2)/p^\ominus}$$

②电极反应中，除氧化态、还原态物质外，还有其他参加反应的物质如 H^+、OH^- 等存在，则应把这些物质的浓度也表示在能斯特方程式中。例如：

$$MnO_4^- + 8H^+ + 5e^- \rightleftharpoons Mn^{2+} + 4H_2O$$

$$\varphi_{MnO_4^-/Mn^{2+}} = \varphi^\ominus_{MnO_4^-/Mn^{2+}} + \frac{0.0592}{5}\lg\frac{[MnO_4^-]\cdot[H^+]^8}{[Mn^{2+}]}$$

例 7-6 已知 $\varphi^\ominus_{Cl_2/Cl^-} = 1.36\ V$，计算 Cl_2 的压力为 $1.013\times10^5\ Pa$，$[Cl^-]=0.010\ mol\cdot L^{-1}$时的电极电势。

解：

$$Cl_2 + 2e^- \rightleftharpoons 2Cl^-$$

根据能斯特方程有

$$\varphi_{Cl_2/Cl^-} = \varphi^\ominus_{Cl_2/Cl^-} + \frac{0.0592}{2}\lg\frac{p(Cl_2)/p^\ominus}{[Cl^-]^2}$$

$$= 1.36 + \frac{0.059}{2}\lg\frac{(1.013\times10^5)/(1.013\times10^5)}{(0.010)^2}$$
$$= 1.43\ (\mathrm{V})$$

例 7-7 已知 $MnO_4^- + 8H^+ + 5e^- \rightleftharpoons Mn^{2+} + 4H_2O$，$\varphi^{\ominus}_{MnO_4^-/Mn^{2+}} = +1.51\ \mathrm{V}$，计算当 $[H^+]=0.10\ \mathrm{mol\cdot L^{-1}}$、$10\ \mathrm{mol\cdot L^{-1}}$ 时的酸性介质中的电极电势。设 $[MnO_4^-]=[Mn^{2+}]=1.0\ \mathrm{mol\cdot L^{-1}}$。

解：根据能斯特方程有

$$\varphi_{MnO_4^-/Mn^{2+}} = \varphi^{\ominus}_{MnO_4^-/Mn^{2+}} + \frac{0.0592}{5}\lg\frac{[MnO_4^-]\cdot[H^+]^8}{[Mn^{2+}]}$$

其他物质均处于标准态，则有

$$\varphi_{MnO_4^-/Mn^{2+}} = \varphi^{\ominus}_{MnO_4^-/Mn^{2+}} + \frac{0.0592}{5}\lg\frac{1\cdot[H^+]^8}{1}$$

当 $[H^+]=0.10\ \mathrm{mol\cdot L^{-1}}$ 时：

$$\varphi_{MnO_4^-/Mn^{2+}} = \varphi^{\ominus}_{MnO_4^-/Mn^{2+}} + \frac{0.0592}{5}\lg\frac{1\cdot[H^+]^8}{1}$$
$$= 1.51 + \frac{0.0592}{5}\lg\frac{1\times(0.10)^8}{1} = 1.42\ (\mathrm{V})$$

当 $[H^+]=10\ \mathrm{mol\cdot L^{-1}}$ 时：

$$\varphi_{MnO_4^-/Mn^{2+}} = \varphi^{\ominus}_{MnO_4^-/Mn^{2+}} + \frac{0.0592}{5}\lg\frac{1\times(10)^8}{1} = 1.60\ (\mathrm{V})$$

上述两例说明了溶液中离子浓度的变化对电极电势的影响，特别是有 H^+ 参加的反应，由于浓度的指数往往比较大，故对电极电势的影响也较大，这也是某些氧化剂如氧化物、含氧酸、含氧酸盐的氧化性需要在强酸性溶液才能充分体现的原因。

此外，有些金属离子由于在反应中生成难溶的化合物或很稳定的配离子，极大地降低了溶液中金属离子的浓度，并显著地改变原来电对的电极电势。

例 7-8 已知电极反应 $Ag^+ + e^- \rightleftharpoons Ag$，$\varphi^{\ominus}_{Ag^+/Ag}=0.80\mathrm{V}$，现往该电极中加入 KI，使其生成 AgI 沉淀，达到平衡时，使 $[I^-]=1.0\ \mathrm{mol\cdot L^{-1}}$，求此时 $\varphi^{\ominus}_{AgI/Ag}$ 为多少？已知 $K^{\ominus}_{sp,AgI}=1.5\times10^{-16}$。

解：已知 $Ag^+ + e^- \rightleftharpoons Ag$，溶液中加入 I^- 离子时，便会生成 AgI 沉淀，当 $[I^-]=1.0\ \mathrm{mol\cdot L^{-1}}$ 时，则 Ag^+ 的浓度降为：

$$[Ag^+]=\frac{K^{\ominus}_{sp,AgI}}{[I^-]}=\frac{1.56\times10^{-16}}{1}=1.56\times10^{-16}(\mathrm{mol\cdot L^{-1}})$$

反应变为
$$AgI + e^- \rightleftharpoons Ag + I^-$$

则
$$\varphi_{AgI/Ag} = \varphi_{Ag^+/Ag}$$
$$= \varphi^{\ominus}_{Ag^+/Ag} + 0.0592\lg[Ag^+]$$

当 $[I^-]=1.0\ \mathrm{mol\cdot L^{-1}}$，上述反应处于标准状态，则

$$\varphi^{\ominus}_{AgI/Ag} = \varphi_{Ag^+/Ag}$$
$$= \varphi^{\ominus}_{Ag^+/Ag} + 0.0592\lg[Ag^+]$$
$$= 0.8 + 0.0592\lg1.56\times10^{-16} = -0.14(\mathrm{V})$$

同理，可得 $\varphi^{\ominus}_{AgCl/Ag}=0.22(\mathrm{V})$，$\varphi^{\ominus}_{AgBr/Ag}=0.071(\mathrm{V})$。

从上例可以看出，由于X^-离子加入，使氧化型Ag^+的浓度大大降低，从而使电极电势φ值降低很多。由此可见，当加入的沉淀剂与氧化型物质反应时，生成沉淀的$K_{sp}^{\ominus}$值越小，电极电势φ值降低得越多。如果加入的沉淀剂与还原型物质发生反应时，生成沉淀的$K_{sp}^{\ominus}$值越小，则还原型物质的浓度降低得越多，电极电势φ值升高得越多。

例 7-9 已知$\varphi_{Cu^{2+}/Cu^+}^{\ominus}=+0.159\ V$，$K_{sp}^{\ominus}(CuI)=1.10\times10^{-12}$，求$\varphi_{Cu^{2+}/CuI}^{\ominus}$。

解：

$$\varphi_{Cu^{2+}/Cu^+}=\varphi_{Cu^{2+}/Cu^+}^{\ominus}+0.0592\lg\frac{[Cu^{2+}]}{[Cu^+]}$$

因为

$$Cu^{2+}+I^-+e^-\rightleftharpoons CuI$$

$$[Cu^+]\cdot[I^-]=K_{sp}^{\ominus}(CuI)$$

$$[Cu^+]=\frac{K_{sp}^{\ominus}(CuI)}{[I^-]}$$

所以

$$\varphi_{Cu^{2+}/CuI}=\varphi_{Cu^{2+}/Cu^+}^{\ominus}+0.0592\lg\frac{[Cu^{2+}]\cdot[I^-]}{K_{sp}^{\ominus}(CuI)}$$

当$[Cu^{2+}]=[I^-]=1.0\ mol\cdot L^{-1}$时，有

$$\begin{aligned}\varphi_{Cu^{2+}/CuI}^{\ominus}&=\varphi_{Cu^{2+}/Cu^+}^{\ominus}-0.0592\lg K_{sp}^{\ominus}(CuI)\\&=+0.159-0.059\lg(1.10\times10^{-11})\\&=+0.86(V)\end{aligned}$$

由于Cu^{2+}和I^-生成了CuI沉淀，使电对的标准电极电势有很大幅度的增加，明显地增大了Cu^{2+}的氧化性，该反应可用于碘量法测铜。

7.3 电极电势的应用

7.3.1 判断原电池的正、负极，计算原电池的电动势

从7.2.1原电池一节的介绍中我们已经知道，φ代数值较小的电极为负极，φ代数值较大的电极为正极。

标准态时：
$$E^{\ominus}_{池}=\varphi^{\ominus}(+)-\varphi^{\ominus}(-) \tag{7-3}$$

非标准态时：
$$E_{池}=\varphi(+)-\varphi(-) \tag{7-4}$$

7.3.2 判断氧化还原反应自发进行的方向

氧化还原反应自发进行的方向，总是由较强氧化剂与较强还原剂相互作用，向着生成较弱还原剂和较弱氧化剂的方向进行。

$$强氧化剂_1+强还原剂_2=弱还原剂_1+弱氧化剂_2$$

用电极电势来判断，就是电极电势值大的电对中的氧化态物质和电极电势值小的电对中的还原态物质之间的反应是自发进行的。

例如，判断$2Fe^{3+}+2I^-\rightleftharpoons 2Fe^{2+}+I_2$反应进行的方向。首先查表得有关电对的标准电极电势为：

$$Fe^{3+}+e^-\rightleftharpoons Fe^{2+}\qquad \varphi^{\ominus}=0.771\ V$$

$$I_2+2e^-\rightleftharpoons 2I^-\qquad \varphi^{\ominus}=0.535\ V$$

显然 $\varphi^{\ominus}_{Fe^{3+}/Fe^{2+}} > \varphi^{\ominus}_{I_2/I^-}$，说明 Fe^{3+} 是比 I_2 强的氧化剂，I^- 是比 Fe^{2+} 强的还原剂，故 Fe^{3+} 能与 I^- 作用，该反应自发由左向右进行。

事实上，氧化还原反应总是电极电势值大的电对中的氧化态物质氧化电极电势值小的电对中的还原态物质，或者说氧化剂所对应的电对的电极电势值应大于还原剂所对应的电对的电极电势值，即二者之差 $E>0$。若 $E<0$，则反应逆向进行。

例 7－10 判断反应：$Pb^{2+}+Sn \rightleftharpoons Pb+Sn^{2+}$ 在(1)标准态；(2)非标准态，且$[Pb^{2+}]=10^{-3}\ mol\cdot L^{-1}$，$[Sn^{2+}]=1\ mol\cdot L^{-1}$时反应自发进行的方向？

解：(1)查附录表 7，标准态时：

$$E^{\ominus}=\varphi^{\ominus}_{Pb^{2+}/Pb}-\varphi^{\ominus}_{Sn^{2+}/Sn}=-0.1263-(-0.1364)=0.0101(V)$$

由于 $E^{\ominus}>0$，所以上述反应可以自发地由左向右进行。

(2)非标准态时：
$$\varphi_{Pb^{2+}/Pb}=\varphi^{\ominus}_{Pb^{2+}/Pb}+\frac{0.0592}{2}\lg[Pb^{2+}]$$
$$=-0.1263+\frac{0.0592}{2}\lg 10^{-3}=-0.2151(V)$$
$$E=\varphi_{Pb^{2+}/Pb}-\varphi^{\ominus}_{Sn^{2+}/Sn}=-0.2151-(-0.1364)=-0.0787(V)$$

由于 $E<0$，所以上述反应方向逆转，自发由右向左进行。

7.3.3 判断氧化还原反应进行的次序

当一种氧化剂(或还原剂)和几种还原剂(或氧化剂)共存时，存在着反应的次序问题，电极电势差值最大的优先反应，电极电势差值最小的最后反应。

例 7－11 在含有 I^-、Br^- 的混合液中，逐步通入 Cl_2，哪种离子先被置换出来？要使 I^- 反应，而 Br^- 不反应，应选择 $Fe_2(SO_4)_3$ 还是 $KMnO_4$ 的酸性溶液？

解：(1)查附录表 7 知

$$I_2+2e^- \rightleftharpoons 2I^- \qquad \varphi^{\ominus}=0.535\ V$$
$$Br_2+2e^- \rightleftharpoons 2Br^- \qquad \varphi^{\ominus}=1.065\ V$$
$$Cl_2+2e^- \rightleftharpoons 2Cl^- \qquad \varphi^{\ominus}=1.36\ V$$

显然，I^- 比 Br^- 的还原性强，I^- 先被置换出来。

(2)查附录表 7 知

$$Fe^{3+}+e^- \rightleftharpoons Fe^{2+} \qquad \varphi^{\ominus}=0.771\ V$$
$$MnO_4^-+8H^++5e^- \rightleftharpoons Mn^{2+}+4H_2O \qquad \varphi^{\ominus}=1.51\ V$$

要使 I^- 反应，而 Br^- 不反应，则应选择 $\varphi^{\ominus}$ 在 0.535～1.065 V 的氧化剂，所以应选择 $Fe_2(SO_4)_3$。

7.3.4 判断氧化还原反应进行的完全程度

从电极电势的观点来看，只要两个氧化还原电对之间存在着电势差，就会因电子的转移而发生氧化还原反应。例如下列反应：

$$Zn+Cu^{2+} \rightleftharpoons Zn^{2+}+Cu$$

随着反应的进行，Cu^{2+} 浓度不断地减小，Zn^{2+} 浓度不断地增大。因而 $\varphi_{Cu^{2+}/Cu}$ 的代数值不断减小，$\varphi_{Zn^{2+}/Zn}$ 的代数值不断增大。当两个电对的电极电势相等时，反应进行到了极限，建立动态平衡。

根据能斯特方程式：
$$\varphi_{Cu^{2+}/Cu}=\varphi^{\ominus}_{Cu^{2+}/Cu}+\frac{0.0592}{2}\lg[Cu^{2+}]$$

$$\varphi_{Zn^{2+}/Zn} = \varphi^{\ominus}_{Zn^{2+}/Zn} + \frac{0.0592}{2}\lg[Zn^{2+}]$$

平衡时有
$$\varphi_{Cu^{2+}/Cu} = \varphi_{Zn^{2+}/Zn}$$
即

$$\varphi^{\ominus}_{Cu^{2+}/Cu} + \frac{0.0592}{2}\lg[Cu^{2+}] = \varphi^{\ominus}_{Zn^{2+}/Zn} + \frac{0.0592}{2}\lg[Zn^{2+}]$$

$$\frac{0.0592}{2}\lg\frac{[Zn^{2+}]}{[Cu^{2+}]} = \varphi^{\ominus}_{Cu^{2+}/Cu} - \varphi^{\ominus}_{Zn^{2+}/Zn}$$

$$\lg\frac{[Zn^{2+}]}{[Cu^{2+}]} = \frac{2}{0.0592}(\varphi^{\ominus}_{Cu^{2+}/Cu} - \varphi^{\ominus}_{Zn^{2+}/Zn})$$

平衡时：
$$\frac{[Zn^{2+}]}{[Cu^{2+}]} = K^{\ominus}$$

所以
$$\lg K^{\ominus} = \frac{2}{0.0592}(\varphi^{\ominus}_{Cu^{2+}/Cu} - \varphi^{\ominus}_{Zn^{2+}/Zn})$$

$$\lg K^{\ominus} = \frac{2}{0.0592}[0.3402 - (-0.7628)] = 37.3$$

$$K^{\ominus} = 2.00 \times 10^{37}$$

平衡常数($K^{\ominus} = 2.00 \times 10^{37}$)很大，说明反应进行得非常完全。

对于一般的氧化还原反应

$$a\mathrm{Ox_1} + b\mathrm{Red_2} \rightleftharpoons c\mathrm{Red_1} + d\mathrm{Ox_2}$$

平衡时有

$$\frac{[\mathrm{Red_1}]^c \cdot [\mathrm{Ox_2}]^d}{[\mathrm{Ox_1}]^a \cdot [\mathrm{Red_2}]^b} = K^{\ominus}$$

$K^{\ominus}$ 为氧化还原反应的平衡常数，其大小反应了该反应进行的完全程度。

由上例可以推导出氧化还原反应平衡常数 $K^{\ominus}$ 与参加氧化还原反应的两电对的电极电势值及转移的电子数的关系为

$$\lg K^{\ominus} = \frac{n \cdot (\varphi^{\ominus}_{(氧)} - \varphi^{\ominus}_{(还)})}{0.0592} \tag{7-5}$$

式中： n ——反应中得失电子总数；

$\varphi^{\ominus}_{(氧)}$ ——反应中作为氧化剂的电对的标准电极电位；

$\varphi^{\ominus}_{(还)}$ ——反应中作为还原剂的电对的标准电极电位。

$\varphi^{\ominus}_{(氧)}$ 和 $\varphi^{\ominus}_{(还)}$ 之差值愈大，$K^{\ominus}$ 值也愈大，反应进行得也愈完全。

例 7-12 计算下列反应在 298 K 时的平衡常数，并判断此反应进行的程度。

$$Cr_2O_7{}^{2-} + 6I^- + 14H^+ \rightleftharpoons 2Cr^{3} + 3I_2 + 7H_2O$$

解:查附录表 7 知

$$Cr_2O_7^{2-} + 14H^+ + 6e^- \rightleftharpoons 2Cr^{3+} + 7H_2O \qquad \varphi_1^{\ominus} = +1.33\ \mathrm{V}$$

$$I_2 + 2e^- \rightleftharpoons 2I^- \qquad \varphi_2^{\ominus} = +0.535\ \mathrm{V}$$

$$\lg K^{\ominus} = \frac{n \cdot (\varphi^{\ominus}_{(氧)} - \varphi^{\ominus}_{(还)})}{0.0592} = \frac{6 \times (1.33 - 0.535)}{0.0592} = 80.62$$

$$K^{\ominus} = 10^{80.62} = 4.27 \times 10^{80}$$

此反应的平衡常数很大，表明此反应进行得很完全。

一般情况下，在氧化还原反应中，若 $n_1 = n_2 = 1$，则当参加反应的两电对的电极电位差值在大于 0.40 V 时，可认为能反应完全。

若 $n_1 \cdot n_2 > 1$ 时，则要求参加反应的两电对的电极电势差值可以小于 0.40 V。如 $n_1 \cdot n_2 = 2$ 时，则要求 $\Delta\varphi > 0.2$ V；若 $n_1 \cdot n_2 = 4$，则要求 $\Delta\varphi > 0.1$ V。且 $n_1 \cdot n_2$ 值越大，要求参加反应的两电对的电极电势差值越小。

7.4 元素标准电极电势图及其应用

元素标准电极电势图可以表示同一元素不同氧化数物质氧化还原能力的相对强弱。

7.4.1　元素标准电势图

许多元素具有多种氧化数。同一元素的不同氧化数物质的氧化或还原能力是不同的。因此为了突出表示同一元素不同氧化数物质的氧化还原能力，以及它们之间的相互关系，拉铁摩尔（W. M. Latimer）提出，将同一元素不同氧化数物质按氧化数从高到低的顺序排列，在两种氧化数物质之间标出对应电对的标准电极电势。例如：

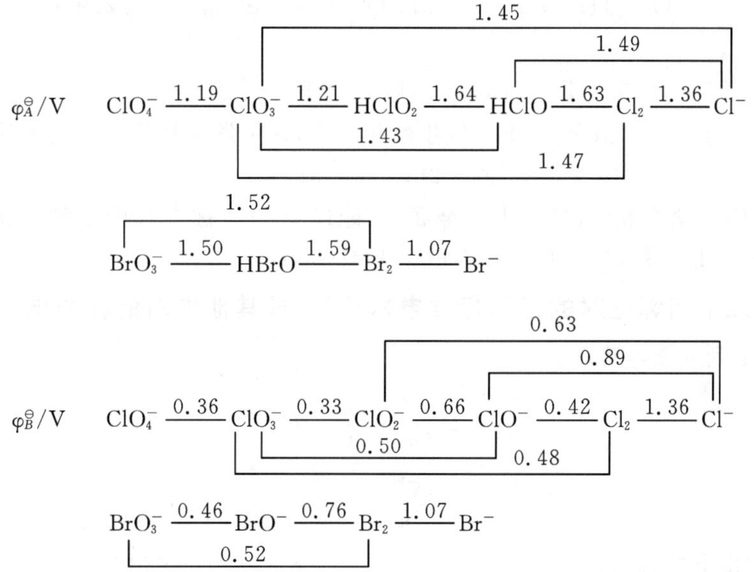

这种表示元素各种氧化数物质之间标准电极电势变化的关系图，称为元素标准电极电势图（简称元素电势图）。它清楚地表明了同种元素的不同氧化数物质氧化还原能力的相对大小。

7.4.2　元素标准电势图的应用

1. 判断歧化反应

歧化反应是自身氧化还原反应的一种。当一种元素处于中间氧化态时，它有一部分向高氧化态变化（被氧化），另一部分向低氧化态变化（被还原），这一类自身氧化还原反应称为歧化反应。

歧化反应发生的规律是：在电势图中 ($M^{2+} \xrightarrow{\varphi^{\ominus}_{左}} M^{+} \xrightarrow{\varphi^{\ominus}_{右}} M$)：

如果 $\varphi^{\ominus}_{左} < \varphi^{\ominus}_{右}$，$M^+$ 容易发生歧化反应，即 $2M^+ = M^{2+} + M$

如果 $\varphi^{\ominus}_{左} > \varphi^{\ominus}_{右}$，$M^+$ 不发生歧化反应，而发生歧化反应的逆反应。即 $M^{2+} + M = 2M^+$

例如，酸性介质中 Cu 的元素电势图为：

$$\varphi^{\ominus}_{A}/V \qquad Cu^{2+} \xrightarrow{0.158} Cu^{+} \xrightarrow{0.522} Cu$$

由于 $\varphi^{\ominus}_{左} < \varphi^{\ominus}_{右}$，所以 Cu^+ 容易发生歧化反应生成 Cu^{2+} 和 Cu 。

根据元素电势图，可以解释元素的某些氧化还原特性。例如，酸性介质中 Fe 元素电势图为：

$$\varphi^{\ominus}_{A}/V \qquad Fe^{3+} \xrightarrow{0.770} Fe^{2+} \xrightarrow{-0.409} Fe$$

因为 $\varphi^{\ominus}_{Fe^{2+}/Fe}$ 为负值，而 $\varphi^{\ominus}{}_{Fe^{3+}/Fe^{2+}}$ 为正值，故在稀盐酸或稀硫酸等非氧化性稀酸中 Fe 主要被氧化为 Fe^{2+} 而非 Fe^{3+}：

$$Fe + 2H^+ \rightleftharpoons Fe^{2+} + H_2$$

但是在酸性介质中 Fe^{2+} 是不稳定的，易被空气中的氧气氧化，因为

$$Fe^{3+} + e^- \rightleftharpoons Fe^{2+} \qquad \varphi^{\ominus}_{Fe^{3+}/Fe^{2+}} = 0.771\ V$$

$$O_2 + 4H^+ + 4e^- \rightleftharpoons 2H_2O \qquad \varphi^{\ominus}_{O_2/H_2O} = 1.229\ V$$

所以 $$4Fe^{2+} + O_2 + 4H^+ \rightleftharpoons 4Fe^{3+} + 2H_2O$$

由于 $\varphi^{\ominus}_{Fe^{2+}/Fe} < \varphi^{\ominus}_{Fe^{3+}/Fe^{2+}}$，故 Fe^{2+} 不会发生歧化反应，却可发生歧化反应的逆反应：

$$Fe + 2Fe^{3+} \rightleftharpoons 3Fe^{2+}$$

因此，在 Fe^{2+} 盐溶液中，加入少量金属铁，能避免 Fe^{2+} 被空气中氧气氧化为 Fe^{3+}。故酸性介质中 Fe^{2+} 是不稳定的，稳定存在的是 Fe^{3+}。

2. 根据几个相邻电对的已知标准电极电势，求其他电对的标准电极电势。

例如，有下列元素电势图：

$$A \xrightarrow[(n_1)]{\varphi^{\ominus}_{(1)}} B \xrightarrow[(n_2)]{\varphi^{\ominus}_{(2)}} C \xrightarrow[(n_3)]{\varphi^{\ominus}_{(3)}} D$$

$$\underbrace{\qquad\qquad\qquad \varphi^{\ominus} \qquad\qquad\qquad}_{(n)}$$

从理论上可导出下列公式：

$$n\varphi^{\ominus} = n_1\varphi^{\ominus}_1 + n_2\varphi^{\ominus}_2 + n_3\varphi^{\ominus}_3$$

$$\varphi^{\ominus} = \frac{n_1\varphi^{\ominus}_1 + n_2\varphi^{\ominus}_2 + n_3\varphi^{\ominus}_3}{n} \tag{7-6}$$

式中，的 n_1、n_2、n_3、n 分别为各个电对中元素的氧化数之差。

例 7-13 已知溴在酸性介质中的电势图为

$$\varphi^{\ominus}_{A}/V \qquad \overbrace{BrO_3^- \xrightarrow{?} BrO^- \xrightarrow{0.45} Br_2}^{0.52} \xrightarrow{1.09} Br^-$$

（BrO^- 至 Br^-：?）

求 $\varphi^{\ominus}_{BrO_3^-/Br^-}$ 和 $\varphi^{\ominus}_{BrO_3^-/BrO^-}$ 的值。

解：根据公式　　$n\varphi^{\ominus} = n_1\varphi_1^{\ominus} + n_2\varphi_2^{\ominus} + n_3\varphi_3^{\ominus}$

(1)　$$\varphi^{\ominus}{}_{BrO_3^-/Br^-} = \frac{(5\times\varphi^{\ominus}_{BrO_3^-/Br_2}) + (1+\varphi^{\ominus}_{Br_2/Br^-})}{6}$$

$$= \frac{(5\times0.52)+(1\times1.09)}{6} = 0.62$$

(2)　$$5\times\varphi^{\ominus}_{BrO_3^-/Br_2} = (4\times\varphi^{\ominus}_{BrO_3^-/BrO^-}) + (1\times\varphi^{\ominus}_{BrO^-/Br_2})$$

$$\varphi^{\ominus}_{BrO_3^-/BrO^-} = \frac{5\times\varphi^{\ominus}_{BrO_3^-/Br_2} - \varphi^{\ominus}_{BrO^-/Br_2}}{4}$$

$$= \frac{5\times0.52-0.45}{4} = 0.54$$

7.5 氧化还原反应的速率及其影响因素

氧化还原平衡常数反映了氧化还原反应的完全程度。它只能说明反应的可能性，不能说明反应的速率。多数氧化还原反应比较复杂，通常需要一定时间才能完成。所以在氧化还原滴定分析中不仅要从平衡的角度来考虑反应的可能性，还要从其反应速率来考虑反应的现实性。

影响氧化还原反应速率的因素主要有反应物浓度、温度和催化剂等，分别讨论如下。

1. 反应物浓度对反应速率的影响

根据质量作用定律，反应速率与反应物的浓度成正比。一般说来，在大多数情况下，增加反应物的浓度，均能提高反应速率。例如 $Cr_2O_7^{2-}$ 和 I^- 的反应：

$$Cr_2O_7^{2-} + 6I^- + 14H^+ = 2Cr^{3+} + 3I_2 + 7H_2O$$

在一般情况下该反应速率较慢，增大 I^- 的浓度，提高溶液的酸度均可提高反应的速率。

2. 温度对反应速率的影响

实验证明，一般温度升高 10 ℃，反应速率增加 2～4 倍。例如，重铬酸钾法测量铁，用 $SnCl_2$ 还原 Fe^{3+} 时，必须将被测溶液加热至沸腾后，立即趁热滴加 $SnCl_2$，这样可使还原反应速率加快。

$$2Fe^{3+} + Sn^{2+} = Sn^{4+} + 2Fe^{2+}$$

但当上述反应结束后，就应以流水冷却被测溶液，以免 Fe^{2+} 被空气氧化。又如用草酸钠标定高锰酸钾溶液的反应：

$$2MnO_4^- + 5C_2O_4^{2-} + 16H^+ = 2Mn^{2+} + 10CO_2\uparrow + 8H_2O$$

为了提高反应速率，除了提高酸度外，可将反应溶液加热至 75～85 ℃。当然温度也不能提得太高，否则草酸会分解。

3. 催化剂对反应速率的影响

催化剂对反应速率有很大的影响，例如，高锰酸钾与草酸的反应，即使在强酸性溶液中，将温度提高至 75～85 ℃，滴定最初几滴，高锰酸钾的褪色仍很慢，但加入少量 Mn^{2+} 时，反应能很快进行。这里的 Mn^{2+} 就起了加快反应速率的作用，Mn^{2+} 为催化剂。

在上述反应中，如不加催化剂，而利用反应生成的微量 Mn^{2+} 作催化剂，反应也可以较快地进行。这种生成物本身就起催化剂作用的反应叫自动催化反应。其速率变化特点是先慢后快再慢，所以滴定时应注意滴定速率与反应速率相适应。

4. 诱导反应

在氧化还原反应中，不仅催化剂能改变反应速率，有时一种氧化还原反应的发生能加快另一种氧化还原反应进行，这种现象叫诱导作用，所发生的氧化还原反应叫诱导反应。

例如，在强酸性介质中用高锰酸钾法测铁时，若用盐酸控制酸度，则滴定时会消耗较多的高锰酸钾使结果偏高，主要是由于高锰酸钾与铁的反应对高锰酸钾与氯离子的反应有诱导作用。

$$MnO_4^- + 5Fe^{2+} + 8H^+ \longrightarrow Mn^{2+} + 5Fe^{3+} + 4H_2O$$

$$2MnO_4^- + 10Cl^- + 16H^+ \longrightarrow 2Mn^{2+} + 5Cl_2 + 8H_2O$$

如果溶液中没有铁，在测定的酸度条件下，高锰酸钾与氯离子的反应极慢，可以忽略不计。但当有 Fe^{2+} 存在时，前一个反应对后一个反应起了诱导作用。这里 Fe^{2+} 称为诱导体，Cl^- 称为受诱体，MnO_4^- 称为作用体，前一个反应称为诱导反应，后一个反应称为受诱反应。

需要强调的是，催化作用与诱导作用均能改变反应速率，催化剂和诱导体均参加氧化还原反应，但催化剂参加反应后成为原来的物质，而诱导体参加反应后成为新物质。

7.6 氧化还原滴定法

7.6.1 方法概述

氧化还原滴定法是以氧化还原反应为基础的滴定分析法。根据所用标准溶液的不同主要分为：高锰酸钾法、重铬酸钾法、碘量法。另外，还有如铈量法、溴酸盐法、钒酸盐法。

氧化还原滴定法应用十分广泛，不仅可以直接测定氧化还原性物质，还可间接测定不具有氧化还原性物质。但氧化还原反应的过程复杂，副反应多，反应速率慢，条件不易控制。

7.6.2 条件电极电位

能斯特方程反映了电极电势和离子浓度之间的关系，它是以标准电极电势为基础进行计算的。标准电极电势的测定是有条件的，当溶液中离子强度较大时，用浓度来替代活度进行计算就会引起较大偏差，特别是当氧化态或还原态因水解或配位等副反应发生了改变时，可在更大程度上影响电极电势。因此使用标准电极电势 $\varphi^\ominus$ 有其局限性。实际工作中，常采用条件电极电势 $\varphi^{\ominus'}$ 代替标准电极电势 $\varphi^\ominus$ 。

例如，计算 HCl 溶液中 Fe^{3+}/Fe^{2+} 的电极电势时，由能斯特方程得到

$$\varphi = \varphi^\ominus_{Fe^{3+}/Fe^{2+}} + 0.0592\lg\frac{\alpha(Fe^{3+})}{\alpha(Fe^{2+})} \tag{7-7}$$

在 HCl 溶液中，Fe(Ⅲ)常以 Fe^{3+}、$[FeCl]^{2+}$、$[FeCl_2]^+$、$[FeOH]^{2+}$ 等形式存在，Fe(Ⅱ)同样以 Fe^{2+}、$[FeCl]^+$、$[FeCl_2]$、$[FeOH]^+$ 等形式存在。若以 $\alpha(Fe^{3+})$ 及 $\alpha(Fe^{2+})$ 分别表示溶液中 Fe(Ⅲ)和 Fe(Ⅱ)的副反应系数，$c(Fe^{3+})$，$c(Fe^{2+})$ 分别表示溶液中 Fe(Ⅲ)和

Fe(Ⅱ)总浓度,则

$$\alpha_{Fe^{3+}} = \frac{c(Fe^{3+})}{[Fe^{3+}]}$$

$$\alpha_{Fe^{2+}} = \frac{c(Fe^{2+})}{[Fe^{2+}]}$$

综合考虑 γ 和 α,则有

$$\varphi_{Fe^{3+}/Fe^{2+}} = \varphi^{\ominus}_{Fe^{3+}/Fe^{2+}} + 0.0592\lg\frac{\gamma_{Fe^{3+}} \cdot \alpha_{Fe^{2+}} \cdot c(Fe^{3+})}{\gamma_{Fe^{2+}} \cdot \alpha_{Fe^{3+}} \cdot c(Fe^{2+})}$$

当 $c(Fe^{3+})=c(Fe^{2+})=1.0\ mol \cdot L^{-1}$时,得

$$\varphi_{Fe^{3+}/Fe^{2+}} = \varphi^{\ominus}_{Fe^{3+}/Fe^{2+}} + 0.0592\lg\frac{\gamma_{Fe^{3+}} \cdot \alpha_{Fe^{2+}}}{\gamma_{Fe^{2+}} \cdot \alpha_{Fe^{3+}}} = \varphi^{\ominus'}_{Fe^{3+}/Fe^{2+}}$$

式中,$\varphi^{\ominus'}$ 为条件电极电势,它校正了离子强度、水解效应、配位效应以及 pH 值等因素的影响。

条件电极电势指在特定条件下,氧化态和还原态总浓度均为 $1\ mol \cdot L^{-1}$,校正了各种外界因素后的实际电势。

引入了条件电极电势后,能斯特方程的表达式为

$$\varphi_{Ox/Red} = \varphi^{\ominus'}_{Ox/Red} + \frac{0.0592}{n}\lg\frac{[Ox]^a}{[Red]^b} \tag{7-8}$$

条件电极电势更能切合实际地反映氧化剂或还原剂的能力大小。所以在有关氧化还原反应的计算中,使用条件电势更为合理。但目前缺乏多种条件下的条件电势数据,故实际应用有限。

附录表 8 列出部分氧化还原电对的条件电势。当缺乏相同条件下的条件电势数据时,可采用条件相近的标准电极电势数据。

7.6.3　氧化还原滴定曲线

在氧化还原滴定中,随着标准溶液的不断加入,氧化剂或还原剂的浓度发生改变,相应电对的电极电势也随之不断改变,可用氧化还原滴定曲线来描述这种变化,借以研究化学计量点前后溶液的电极电势改变情况,对正确选取氧化还原指示剂或采取仪器指示化学计量点具有重要的作用。滴定曲线可通过实验的方法测量电极电势绘出,也可采用能斯特方程进行近似的计算,求出相应的电极电势。

以 $0.1000\ mol \cdot L^{-1}$ Ce^{4+} 标准溶液滴定 20.00 mL $0.1000\ mol \cdot L^{-1}$ $FeSO_4$ 溶液(溶液的酸度为 $1\ mol \cdot L^{-1}$的 H_2SO_4 溶液)为例,说明滴定过程中电极电势的计算方法,滴定反应为

$$Ce^{4+} + Fe^{2+} \rightleftharpoons Ce^{3+} + Fe^{3+}$$

$$\lg K^{\ominus} = \frac{\varphi^{\ominus'}_{氧} - \varphi^{\ominus'}_{还}}{0.0592} = \frac{1.44 - 0.68}{0.0592} = 12.84$$

$K^{\ominus} = 10^{12.84}$很大,说明反应进行很完全。下面将滴定过程分为四个主要阶段,讨论溶液的电极电势变化情况:

(1)滴定前。没有滴入 $Ce(SO_4)_2$ 时,对于 $0.1000\ mol \cdot L^{-1}$ $FeSO_4$ 溶液来说,由于空气中氧的氧化作用,其中必有极少量的 Fe^{3+} 存在并组成 Fe^{3+}/Fe^{2+} 电对,所以溶液的电极电

势可用 Fe^{3+}/Fe^{2+} 电对表示，假设有 0.1%的 Fe^{2+} 被氧化为 Fe^{3+}，则

$$\frac{[Fe^{3+}]}{[Fe^{2+}]}=\frac{0.1\%}{99.9\%}\approx\frac{1}{1000}$$

$$\begin{aligned}\varphi_{Fe^{3+}/Fe^{2+}}&=\varphi^{\ominus'}_{Fe^{3+}/Fe^{2+}}+\frac{0.0592}{n}\lg\frac{[Fe^{3+}]}{[Fe^{2+}]}\\&=0.68+\frac{0.0592}{1}\lg\frac{1}{1000}=0.50\ \mathrm{V}\end{aligned}$$

(2)滴定开始至化学计量点前。溶液中存在着 Fe^{3+}/Fe^{2+} 和 Ce^{4+}/Ce^{3+} 两个电对，每加入一定量的 $Ce(SO_4)_2$ 标准溶液，两个电对反应后就会建立平衡，并使两个电对的电势相等，即

$$\begin{aligned}\varphi&=\varphi^{\ominus'}_{Fe^{3+}/Fe^{2+}}+\frac{0.0592}{n}\lg\frac{[Fe^{3+}]}{[Fe^{2+}]}\\&=\varphi^{\ominus'}_{Ce^{4+}/Ce^{3+}}+\frac{0.0592}{n}\lg\frac{[Ce^{4+}]}{[Ce^{3+}]}\end{aligned}$$

在化学计量点前，由于 $FeSO_4$ 是过量的，溶液中 Ce^{4+} 的浓度很小，计算起来比麻烦，

因此，可用 Fe^{3+}/Fe^{2+} 电对来计算 φ 值，同时为了计算简便，可用 Fe^{3+} 和 Fe^{2+} 的物质的量之比来替代 $\frac{[Fe^{3+}]}{[Fe^{2+}]}$ 进行计算。设滴入 $Ce(SO_4)_2$ 标准溶液 V mL(V <20.00 mL)时，

$$n(Fe^{3+})=0.1000\times V\ \mathrm{mmol}$$
$$n(Fe^{2+})=0.1000\times(20.00-V)\ \mathrm{mmol}$$
$$\begin{aligned}\varphi&=0.68+\frac{0.0592}{1}\lg\frac{0.1000\times V}{0.1000\times(20.00-V)}\\&=0.68+0.0592\lg\frac{V}{20.00-V}\end{aligned}$$

将 V =19.80 mL 和 19.98 mL 代入计算可得相应的电极电势值为 0.80 V 和 0.86 V。

(3)化学计量点时。设化学计量点时的电极电势为 φ_{ep}，可分别表示为：

$$\varphi_{ep}=\varphi^{\ominus'}_{Fe^{3+}/Fe^{2+}}+0.0592\lg\frac{[Fe^{3+}]}{[Fe^{2+}]}$$

和

$$\varphi_{ep}=\varphi^{\ominus'}_{Ce^{4+}/Ce^{3+}}+0.0592\lg\frac{[Ce^{4+}]}{[Ce^{3+}]}$$

将两式相加得

$$2\varphi_{ep}=\varphi^{\ominus'}_{Ce^{4+}/Ce^{3+}}+\varphi^{\ominus'}_{Fe^{3+}/Fe^{2+}}+0.0592\lg\frac{[Ce^{4+}]\cdot[Fe^{3+}]}{[Ce^{3+}]\cdot[Fe^{2+}]}$$

化学计量点时，加入的 $Ce(SO_4)_2$ 标准溶液正好和溶液中的 $FeSO_4$ 标准溶液完全反应，达平衡状态，满足 $\frac{[Fe^{3+}]}{[Ce^{3+}]}=\frac{[Ce^{4+}]}{[Fe^{2+}]}$，此时

$$\lg\frac{[Ce^{4+}]\cdot[Fe^{3+}]}{[Ce^{3+}]\cdot[Fe^{2+}]}=0$$

所以

$$\varphi_{ep}=\frac{\varphi^{\ominus'}_{Fe^{3+}/Fe^{2+}}+\varphi^{\ominus'}_{Ce^{4+}/Ce^{3+}}}{2}=\frac{0.68+1.44}{2}=1.06\ (\mathrm{V})$$

对于一般的的氧化还原反应

$$n_2\mathrm{Ox}_1 + n_1\mathrm{Red}_2 \rightleftharpoons n_2\mathrm{Red}_1 + n_1\mathrm{Ox}_2$$

同理可以得到化学计量点时的电极电势 φ_{ep} 为

$$\varphi_{ep} = \frac{n_1\varphi^{\ominus'}_{\mathrm{Ox}_1/\mathrm{Red}_1} + n_2\varphi^{\ominus'}_{\mathrm{Ox}_2/\mathrm{Red}_2}}{n_1 + n_2} \tag{7-9}$$

(4)化学计量点后。加入过量的 $Ce(SO_4)_2$ 标准溶液,可用 Ce^{4+}/Ce^{3+} 电对的电极电势表示溶液的电极电势,加入 20.02 mL $Ce(SO_4)_2$ 标准溶液时,

$$\varphi = \varphi^{\ominus'}_{Ce^{4+}/Ce^{3+}} + 0.0592\lg\frac{[Ce^{4+}]}{[Ce^{3+}]}$$

$$= 1.44 + 0.0592\lg\frac{20.02 - 20.00}{20.00} = 1.26\ (\mathrm{V})$$

同理可讨论任意时刻溶液的电极电势与标准溶液加入量的关系,见表 7-2。

表 7-2 0.1000 mol·L^{-1} Ce^{4+} 标准溶液滴定 20.00 mL 0.1000 mol·L^{-1} $FeSO_4$ 溶液

滴入 Ce^{4+} 溶液/mL	Fe^{2+} 被滴定的百分率/%	过量的 Ce^{4+} 百分率/%	溶液的电位/V
18.00	90.0	—	0.74
19.80	99.0	—	0.80
19.98	99.9	—	0.86
20.00	100.0	—	1.06
20.02	—	0.1	1.26
20.20	—	1.0	1.32
22.00	—	10.0	1.38
40.00	—	100.0	1.44

以 φ 对 V 作图,即可得到用 0.1000 mol·L^{-1} Ce^{4+} 标准溶液滴定 20.00 mL 0.1000 mol·L^{-1} $FeSO_4$ 溶液滴定曲线,如图 7-4 所示。

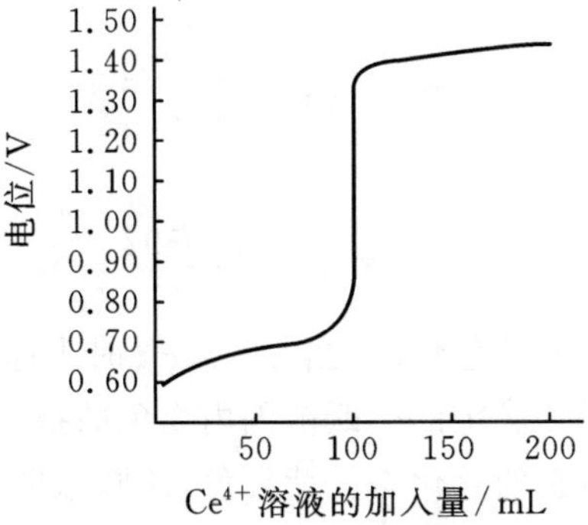

图 7-4 0.1000 mol·L^{-1} Ce^{4+} 标准溶液滴定 20.00 mL 0.1000 mol·L^{-1} $FeSO_4$ 溶液滴定曲线

通过滴定曲线可以看出,在化学计量点前后 0.1% 误差范围内溶液的电极电势由

0.86 V变化到1.26 V，有明显的突跃，这个突跃范围的大小对选择氧化还原滴定指示剂很有帮助。事实上，在化学计量点前后0.1%相对误差范围内，溶液中Fe^{2+}的浓度由$5.0\times10^{-5}\ mol\cdot L^{-1}$降低到$5.0\times10^{-12}\ mol\cdot L^{-1}$，说明反应很完全。

从计算可知，滴定突跃范围的大小与电对的$\varphi^{\ominus'}$有关，$\Delta\varphi^{\ominus'}$越大，则突跃范围越长，反之则短。在$\Delta\varphi^{\ominus'}\geqslant0.20$ V时，突跃才明显，且在0.20～0.40 V可用仪器法确定终点；只有在$\Delta\varphi^{\ominus'}\geqslant0.40$ V时可用氧化还原指示剂指示终点。

在氧化还原反应的两个半反应中若转移的电子数相等即$n_1=n_2$，则化学计量点正好在滴定突跃的中间；若$n_1\neq n_2$的反应，则化学计量点偏向于电子转移数较大的一方。

7.6.4 氧化还原指示剂

氧化还原滴定法是滴定分析方法的一种，其关键仍然是化学计量点的确定。在氧化还原滴定中，除了用电势法确定终点外，还可以根据所使用的标准溶液不同选择不同的指示剂来确定终点。

1. 氧化还原指示剂

氧化还原指示剂是具有氧化性或还原性的有机化合物，且它们的氧化态或还原态的颜色不同，在氧化还原滴定中也参与氧化还原反应而发生颜色变化。

假设用In(O)和In(R)表示指示剂的氧化态和还原态，则指示剂在滴定过程中所发生的氧化还原反应可用下式表示

$$In(O)+ne^-\rightleftharpoons In(R)$$

根据能斯特方程，氧化还原指示剂的电极电位与其浓度之间有如下关系

$$\varphi_{In}=\varphi_{In}^{\ominus}+\frac{0.0592}{n}\lg\frac{[In(O)]}{[In(R)]}$$

当$\frac{[In(O)]}{[In(R)]}\geqslant10$时，可清楚地看到In(O)的颜色，此时

$$\varphi_{In}\geqslant\varphi_{In}^{\ominus}+\frac{0.0592}{n}$$

当$\frac{[In(O)]}{[In(R)]}\leqslant\frac{1}{10}$时，可清楚地看到In(R)的颜色，此时

$$\varphi_{In}\leqslant\varphi_{In}^{\ominus}-\frac{0.0592}{n}$$

所以指示剂的变色范围为：

$$\varphi_{In}=\varphi_{In}^{\ominus}\pm\frac{0.0592}{n}\qquad(7-10)$$

在此范围内，便可看到指示剂的变色情况，当$\varphi_{In}=\varphi_{In}^{\ominus}$时为理论变色点。

实际滴定中，最好能选择在滴定的突跃范围内变色的指示剂。例如重铬酸钾法测铁时，常用二苯胺磺酸钠为指示剂，它的氧化态呈紫红色，还原态呈无色，当滴定到化学计量点时，稍过量的重铬酸钾就可以使二苯胺磺酸钠由还原态变为氧化态，从而指示滴定终点的到达。表7-3列出了常见氧化还原指示剂的$\varphi_{In}^{\ominus}$及颜色变化。

表 7-3 常用的氧化还原指示剂

指示剂	氧化态颜色	还原态颜色	$\varphi_{In}^{\ominus}$/V,pH=0
二苯胺磺酸钠	紫红色	无 色	+0.85
邻二氮菲-亚铁	浅蓝色	红 色	+1.06
邻氨基苯甲酸	紫红色	无 色	+0.89
亚甲基蓝	蓝 色	无 色	+0.53

2. 自身指示剂

在氧化还原滴定中，利用标准溶液或被滴定物质本身的颜色来确定终点，叫自身指示剂。例如，在高锰酸钾法中就是利用 $KMnO_4$ 自身指示剂。$KMnO_4$ 溶液呈紫红色，当用 $KMnO_4$ 作为标准溶液来测定无色或浅色物质时，在化学计量点前，由于高锰酸钾是不足量的，故溶液不显 $KMnO_4$ 的颜色，当滴定到达化学计量点时，稍过量的 $KMnO_4$ 就使溶液呈现粉红色，从而指示终点。

3. 专属指示剂

有些物质本身不具有氧化还原性质，但它能与氧化剂或还原剂或其产物作用产生特殊颜色以确定反应的终点，这种指示剂叫专属指示剂。例如，可溶性淀粉能与碘在一定条件下生成蓝色配合物。因此在碘量法中可以采用淀粉作指示剂，根据溶液中蓝色的出现或消失就可以判断滴定的终点。

7.6.5 氧化还原预处理

预处理的目的：使被测物质处于一定的氧化态。如测定铁矿石中的铁含量，必须使铁还原成 Fe^{2+}。预处理所用的氧化剂或还原剂应满足下列条件：将预测组分定量氧化或还原；预氧化或预还原反应速度要快，具有一定的选择性；过量的预氧化剂或预还原剂易除去。常用的预氧化剂和预还原剂见表 7-4 和表 7-5。

表 7-4 预氧化时常用的氧化剂

氧化剂	反应条件	主要应用	过量试剂除去方法
$NaBiO_3$	室温 HNO_3 介质 H_2SO_4 介质	$Mn^{2+} \rightarrow MnO_4^-$ $Cr^{3+} \rightarrow Cr_2O_7^{2-}$	过滤
$(NH_4)_2S_2O_8$	酸性 Ag^+ 作催化剂	Ce(Ⅲ)→Ce(Ⅳ) $Mn^{2+} \rightarrow MnO_4^-$ $Cr^{3+} \rightarrow Cr_2O_7^{2-}$ $VO^{2+} \rightarrow VO_3^-$	煮沸分解
H_2O_2	NaOH 介质 HCO_3^- 介质 碱性介质	$Cr^{3+} \rightarrow Cr_2O_7^{2-}$ Co(Ⅱ)→Co(Ⅲ) Mn(Ⅱ)→Mn(Ⅳ)	煮沸分解，加少量 Ni^{2+} 或 I^- 作催化剂，加速 H_2O_2 分解
高锰酸盐	焦磷酸盐和氟化物	Ce(Ⅲ)→Ce(Ⅳ) V(Ⅳ)→V(Ⅴ)	亚硝酸钠

表 7-5 预还原时常用的还原剂

还原剂	反应条件	主要应用	过量试剂除去方法
SO_2	$1\ mol\cdot L^{-1}\ H_2SO_4$	Fe(Ⅲ)→Fe(Ⅱ) As(Ⅴ)→As(Ⅲ) Sb(Ⅴ)→Sb(Ⅲ) Cu(Ⅱ)→Cu(Ⅰ)	煮沸，通 CO_2
$SnCl_2$	酸性，加热	Fe(Ⅲ)→Fe(Ⅱ) As(Ⅴ)→As(Ⅲ) Mo(Ⅵ)→Mo(Ⅴ)	快速加入 $HgCl_2$

7.7 常用氧化还原滴定法

7.7.1 高锰酸钾法

1. 概述

高锰酸钾法是以 $KMnO_4$ 作为标准溶液进行滴定的氧化还原滴定法。$KMnO_4$ 是氧化剂，其氧化能力和溶液的酸度有关。在强酸性溶液中具有强氧化性，与还原性物质作用被还原为 Mn^{2+}：

$$MnO_4^- + 8H^+ + 5e^- \rightleftharpoons Mn^{2+} + 4H_2O \qquad \varphi^\ominus = +1.51\ V$$

在微酸性、中性或弱碱性溶液中，被还原为 MnO_2：

$$MnO_4^- + 2H_2O + 3e^- \rightleftharpoons MnO_2\downarrow + 4OH^- \qquad \varphi^\ominus = +0.588\ V$$

在强碱性溶液中，被还原为绿色 MnO_4^{2-}：

$$MnO_4^- + e^- \rightleftharpoons MnO_4^{2-} \qquad \varphi^\ominus = +0.57\ V$$

高锰酸钾法可在酸性、中性或碱性条件下测定。由于在微酸性或中性溶液中均有二氧化锰棕色沉淀生成影响终点观察，故一般只在强酸性溶液中滴定。常用硫酸控制酸度，不使用盐酸和硝酸。特殊情况下用其在碱性溶液中的氧化性测定有机物含量，还原产物为绿色的锰酸钾。

利用 $KMnO_4$ 作氧化剂可直接滴定许多还原性物质，如 Fe^{2+}、$C_2O_4^{2-}$、H_2O_2、As(Ⅲ)、NO_2^- 等；一些氧化性物质可用返滴定法测定，如 MnO_2、$K_2Cr_2O_7$、PbO_2 等；还有一些物质本身不具有氧化还原性，但可以用间接法测定，如 Ca^{2+}、Ag^+、Ba^{2+}、Sr^{2+}、Zn^{2+}、Pb^{2+} 等。

高锰酸钾法的优点是 $KMnO_4$ 氧化能力强，应用广泛，一般不需另加指示剂。缺点是试剂中常含有少量杂质，溶液不够稳定，且能与许多还原性物质发生反应，选择性低，干扰现象严重。

2. 高锰酸钾标准溶液的配制及标定

(1)配制。市售的 $KMnO_4$ 中含有少量的二氧化锰、硫酸盐、氧化物和其他还原性杂质，配制溶液时，这些杂质以及蒸馏水中带入的杂质均可以将高锰酸钾还原为二氧化锰，高锰酸钾在水溶液中还能发生自动分解反应：

$$4MnO_4^- + 2H_2O \longrightarrow 4MnO_2\downarrow + 3O_2 + 4OH^-$$

另外，$KMnO_4$ 见光受热易发生分解反应。故配制 $KMnO_4$ 标准溶液时只能采用间接配制法。配制时应采取如下措施：

①称取稍多于理论计算量的高锰酸钾；②将配制好的高锰酸钾溶液煮沸，保持微沸 1 小时，然后放置 2～3 天，使各种还原性物质全部与 $KMnO_4$ 反应完全；③用微孔玻璃漏斗将溶液中的沉淀过滤去；④配制好的高锰酸钾溶液应于棕色试剂瓶中暗处保存，待标定。

(2) 标定。标定高锰酸钾标准溶液的基准物有许多，如 $Na_2C_2O_4$、As_2O_3、$H_2C_2O_4 \cdot 2H_2O$和纯铁丝等。其中 $Na_2C_2O_4$ 最为常用。在 1 mol·L^{-1} H_2SO_4 溶液中，MnO_4^- 与 $C_2O_4^{2-}$ 的反应为：

$$2MnO_4^- + 5C_2O_4^{2-} + 16H^+ \longrightarrow 2Mn^{2+} + 10CO_2\uparrow + 8H_2O$$

为了使反应能够较快地定量进行，应该注意以下反应条件：

①温度。此反应在室温下进行得较慢，应将溶液加热，但温度高于 90 ℃时，$H_2C_2O_4$ 会发生分解反应生成 CO_2，故最适宜的温度范围应该是 75～85 ℃。

②酸度。为了使反应能够正常地进行，溶液应保持足够的酸度，一般开始滴定时，溶液的酸度应控制在 0.5～1.0 mol·L^{-1} H_2SO_4 为宜。

③滴定速率。由于 MnO_4^- 与 $C_2O_4^{2-}$ 的反应是自动催化反应，即使在 75～85 ℃的强酸溶液中，MnO_4^- 与 $C_2O_4^{2-}$ 的反应也是比较慢的。因此，在滴定开始时其速率不宜太快，一定要等到加入的第一滴 $KMnO_4$ 溶液褪色之后，才可加入第二滴 $KMnO_4$ 溶液，之后由于反应生成了有催化剂作用的 Mn^{2+}，反应速率逐渐加快，滴定速率也可适当加快，但也不能太快，否则加入的 $KMnO_4$ 就来不及和 $C_2O_4^{2-}$ 反应。接近终点时，由于反应物的浓度降低，滴定速率要逐渐减慢。

④滴定终点。滴定以稍过量的 $KMnO_4$ 在溶液呈现粉红色并稳定 30 s 不褪色即为终点。若时间过长，空气中的还原性物质能使 $KMnO_4$ 缓慢分解，而使粉红色消失。

依据化学反应计量关系可确定高锰酸钾溶液的准确浓度。

3. 应用实例

(1)过氧化氢的测定。在酸性溶液中，H_2O_2 能定量地被 $KMnO_4$ 氧化，其反应为：

$$2MnO_4^- + 5H_2O_2 + 6H^+ \longrightarrow 2Mn^{2+} + 5O_2\uparrow + 8H_2O$$

在 H_2SO_4 介质中，此反应室温下可顺利进行。H_2O_2 不稳定，在其工业品中含有某些有机物作为稳定剂，这些有机物大多能与 $KMnO_4$ 作用而发生干扰，此时也可采用其他氧化还原滴定法进行测定，如碘量法或铈量法等。

(2)绿矾的测定。在酸性溶液中，$FeSO_4 \cdot 7H_2O$ 能定量地被 $KMnO_4$ 氧化，其反应为：

$$MnO_4^- + 5Fe^{2+} + 8H^+ \longrightarrow Mn^{2+} + 5Fe^{3+} + 4H_2O$$

测定过程中只能用硫酸控制酸度，不能用盐酸，防止发生诱导反应，同时为了消除产物 Fe^{3+} 的颜色对终点的干扰，可加入适量的磷酸，与 Fe^{3+} 生成无色配离子 $Fe(PO_4)_2^{3-}$，便于终点的观察。

(3)软锰矿中二氧化锰的测定。测定时，在 MnO_2 中先加入一定量的过量的强还原剂 $Na_2C_2O_4$，并加入一定量的 H_2SO_4，待反应完全后，再用 $KMnO_4$ 标准溶液来返滴定剩余的

$Na_2C_2O_4$，根据所加的 $Na_2C_2O_4$ 和 $KMnO_4$ 的量可计算样品中 MnO_2 的含量。

$$MnO_2 + C_2O_4^{2-} + 4H^+ \xlongequal{} Mn^{2+} + 2CO_2\uparrow + 2H_2O$$

$$2MnO_4^- + 5C_2O_4^{2-} + 16H^+ \xlongequal{} 2Mn^{2+} + 10CO_2\uparrow + 8H_2O$$

该法也可用于 PbO_2、钢样中铬的测定。

(4)钙的测定。测定时，先用 $C_2O_4^{2-}$ 将 Ca^{2+} 沉淀为 CaC_2O_4，沉淀经过过滤、洗涤后，用热的稀 H_2SO_4 将其溶解，再用 $KMnO_4$ 标准溶液滴定溶液中的 $C_2O_4^{2-}$，从而间接求得 Ca^{2+} 的含量。凡能与 $C_2O_4^{2-}$ 生成沉淀的离子如 Ag^+、Ba^{2+}、Sr^{2+}、Zn^{2+}、Pb^{2+} 等均能用此方法测定。

7.7.2 重铬酸钾法

1. 概述

重铬酸钾法是以 $K_2Cr_2O_7$ 为标准溶液，利用它在强酸性溶液中的强氧化性的氧化还原滴定法。

在酸性溶液中，$Cr_2O_7^{2-} + 14H^+ + 6e^- \rightleftharpoons 2Cr^{3+} + 7H_2O \qquad \varphi^\ominus = +1.33\ V$

从半反应式中可以看出，溶液的酸度越高，$Cr_2O_7^{2-}$ 的氧化能力越强，故重铬酸钾法必须在强酸性溶液中进行测定。酸度控制可用硫酸或盐酸，不能用硝酸。利用重铬酸钾法可以测定许多无机物和有机物。

与高锰酸钾法相比重铬酸钾法有如下优点：

①$K_2Cr_2O_7$ 易提纯，是基准物，可用直接法配制标准溶液；

②$K_2Cr_2O_7$ 溶液非常稳定，可长期保存；

③$K_2Cr_2O_7$ 对应电对的标准电极电势比高锰酸钾的电极电势小，可在盐酸溶液中测定铁；

④应用广泛，可直接、间接测定许多物质。

重铬酸钾法的缺点是反应速率很慢，条件难以控制，必须外加指示剂。另外，$K_2Cr_2O_7$ 毒性强，使用时应注意废液的处理，以免污染环境。

2. 应用实例

铁矿石中含铁量的测定。

铁矿石的主要成份是 $Fe_3O_4 \cdot nH_2O$，测定时首先用浓盐酸将铁矿石溶解，然后通过氧化还原预处理将铁矿石中的铁全部转化为 Fe^{2+}，然后在 1 $mol \cdot L^{-1}$ $H_2SO_4 - H_3PO_4$ 混合介质中以二苯胺磺酸钠作为指示剂，用 $K_2Cr_2O_7$ 标准溶液进行滴定，滴定反应为：

$$Cr_2O_7{}^{2-} + 6Fe^{2+} + 14H^+ \xlongequal{} 2Cr^{3+} + 6Fe^{3+} + 7H_2O$$

重铬酸钾法测定铁是测定矿石中全铁量的标准方法。另外，可用 $Cr_2O_7^{2-}$ 和 Fe^{2+} 的反应间接测定 NO_3^-、$ClO_3{}^-$ 和 Ti^{3+} 等多种物质。

7.7.3 碘量法

1. 概述

碘量法是利用 I_2 的氧化性和 I^- 的还原性的氧化还原滴定法。这是一种应用比较广泛的分析方法，既可测定还原性物质，也可以测定氧化性物质，还可以测定一些非氧化还原性物质。

由于固体碘在水中的溶解度很小且易挥发，常将 I_2 溶解在 KI 溶液中，此时它以 I_3^- 配离子形式存在于溶液中，用 I_3^- 滴定时的半反应为

$$I_3^- + 2e^- \rightleftharpoons 3I^- \qquad \varphi^\ominus = +0.535\ V$$

为方便起见，I_3^- 一般简写为 I_2。从其电对的标准电极电势值可以看出，I_2 是较弱的氧化剂，I^- 是中等强度的还原剂。

碘量法根据所用的标准溶液的不同，可分为直接碘量法和间接碘量法。

直接碘量法，又叫碘滴定法。它是以 I_2 溶液为标准溶液，可以测定电极电势较小的还原性物质。如 S^{2-}、Sn^{2+}、$S_2O_3^{2-}$、AsO_3^{3-} 等。

间接碘量法，是以 $Na_2S_2O_3$ 为标准溶液，间接测定电极电势比 0.535 V 大的氧化性物质。例如 $Cr_2O_7^{2-}$、IO_3^-、MnO_4^-、AsO_4^{3-}、NO_2^-，以及 Pb^{2+}、Ba^{2+} 等。测定时，氧化性物质先在一定条件下与过量的 KI 反应，生成定量的 I_2，然后用 $Na_2S_2O_3$ 标准溶液滴定生成的 I_2。

由于碘量法中均涉及到 I_2，可利用碘遇淀粉显蓝色的性质，以淀粉作为指示剂。根据蓝色的出现或褪去判断终点。

2. 间接碘量法的反应条件

I_2 和 $S_2O_3^{2-}$ 的反应是间接碘量法中最重要的反应之一，为了获得准确的结果，必须严格控制反应条件。

(1)控制溶液的酸度。I_2 和 $S_2O_3^{2-}$ 的反应很迅速、完全，但必须在中性或弱酸性溶液中进行。在酸性溶液中($pH<2$)，硫代硫酸钠会分解，且 I^- 也会被空气中的氧气氧化；在碱性溶液中，硫代硫酸钠会被氧化为硫酸根，使反应不定量，且单质碘也会被氧化为次碘酸根或碘酸根。具体反应为：

$$S_2O_3^{2-} + 2H^+ = S + SO_2 + H_2O$$

$$4I^- + O_2 + 4H^+ = 2I_2 + 2H_2O$$

$$S_2O_3^{2-} + 4I_2 + 10OH^- = 2SO_4^{2-} + 8I^- + 5H_2O$$

$$3I_2 + 6OH^- = IO_3^- + 5I^- + 3H_2O$$

(2)防止 I_2 的挥发和空气中的氧气氧化 I^-。碘量法的误差主要来自两个方面，一是 I_2 的挥发，二是在酸性溶液中空气中的 O_2 氧化 I^-。可采取如下措施以减少误差的产生。

防止 I_2 挥发的方法有：在室温下进行；加入过量的 KI；滴定时不能剧烈摇动溶液；使用碘量瓶。

防止空气中的 O_2 氧化 I^- 的方法有：设法消除日光、杂质 Cu^{2+} 及 NO_2^- 对 I^- 的氧化作用；立即滴定生成的 I_2，且速度可适当加快。

3. 碘量法标准溶液的制备

(1)硫代硫酸钠标准溶液的配制。市售的 $Na_2S_2O_3 \cdot 5H_2O$ 中含有少量的 S、Na_2SO_3、Na_2SO_4 和其他杂质，同时溶解在溶液中的 CO_2、微生物、空气中的 O_2、光照等均会使 $Na_2S_2O_3$ 分解，所以只能采用间接法配制其标准溶液。

在配制时除称取稍多于理论计算量的硫代硫酸钠外，还应采取如下措施：

①用新煮沸的冷却的蒸馏水溶解 $Na_2S_2O_3 \cdot 5H_2O$，目的是除去水中溶解的 CO_2 和 O_2，并杀死细菌；

②加入少量的碳酸钠(0.02%),使溶液呈弱碱性以抑制细菌的生长;③溶液应贮存于棕色的试剂瓶中,暗处放置,防止光照分解。

需要注意的是,$Na_2S_2O_3$ 溶液不适宜长期保存,在使用过程中应定期标定,若发现有混浊,则应将沉淀过滤以后再标定,或者弃去重新配制。

标定 $Na_2S_2O_3$ 溶液的基准物质很多,如 I_2、$K_2Cr_2O_7$、KIO_3、$KBrO_3$、纯 Cu 等,除 I_2 外,均是采用间接碘量法。标定时这些物质在酸性条件下与过量的 KI 作用,生成定量的 I_2。

$$IO_3^- + 5I^- + 6H^+ = 3I_2 + 3H_2O$$

$$Cr_2O_7^{2-} + 6I^- + 14H^+ = 2Cr^{3+} + 3I_2 + 7H_2O$$

$$2Cu^{2+} + 4I^- = 2CuI\downarrow + I_2$$

析出的 I_2 以淀粉为指示剂,用待标定的 $Na_2S_2O_3$ 溶液滴定,反应为:

$$I_2 + 2S_2O_3^{2-} = 2I^- + S_4O_6^{2-}$$

根据一定质量的基准物消耗 $Na_2S_2O_3$ 的体积可计算出的 $Na_2S_2O_3$ 溶液准确浓度。现以 $K_2Cr_2O_7$ 标定 $Na_2S_2O_3$ 溶液为例说明标定时应注意的问题。

由于 $K_2Cr_2O_7$ 和 KI 的的反应速度较慢,为了加速反应,须加入过量的 KI 并提高溶液的酸度,但酸度过高会加快空气中的氧气氧化 I^- 速度,故酸度一般控制在 0.2~0.4 $mol \cdot L^{-1}$,并将碘量瓶置于暗处放置一段时间,使反应完全。

另外所用的 KI 溶液中不得含有 I_2 或 KIO_3,如发现 KI 溶液呈黄色或将溶液酸化后加淀粉指示剂显蓝,则事先可用 $Na_2S_2O_3$ 溶液滴定至无色后再使用。

当 $K_2Cr_2O_7$ 和 KI 的完全反应后,先用蒸馏水将溶液稀释,再用 $Na_2S_2O_3$ 标准溶液进行滴定。稀释的目的是为了降低酸度并减少空气对 I^- 的氧化,防止 $Na_2S_2O_3$ 的分解,并能使 Cr^{3+} 的颜色变淡便于终点的观察。

淀粉指示剂应在接近终点时加入,当滴定至溶液蓝色褪去呈亮绿色时,即为终点。

需要注意的是,若蓝色刚褪去溶液又迅速变蓝,说明 KI 与 $K_2Cr_2O_7$ 的反应不完全,此时实验应重做;若蓝色褪去 5 分钟后溶液又变蓝,这是溶液中的 I^- 被氧化的结果,对分析结果无影响。

(2)I_2 标准溶液的制备。用升华法制得的纯碘可用直接法配制标准溶液,一般情况下用间接配制法。

配制时通常把 I_2 溶解于浓的 KI 溶液中,然后将溶液稀释,倾入棕色瓶中暗处保存,并避免与橡皮等有机物接触,同时防止 I_2 见光受热而使其浓度发生变化。

标定 I_2 标准溶液用 As_2O_3 基准物法。

As_2O_3 难溶于水,易溶于碱性溶液中生成 AsO_3^{3-}。

$$As_2O_3 + 6OH^- = 2AsO_3^{3-} + 3H_2O$$

将溶液酸化并用 $NaHCO_3$ 调节溶液 pH=8,则 AsO_3^{3-} 与 I_2 可定量而快速地发生反应

$$AsO_3^{3-} + I_2 + 2HCO_3^- = AsO_4^{3-} + 2I^- + 2CO_2\uparrow + H_2O$$

根据 As_2O_3 的用量及 I_2 标准溶液的体积可计算 I_2 标准溶液的浓度。

4. 应用实例

(1)直接碘量法测定维生素 C。维生素 C(Vc)又叫抗坏血酸,其分子($C_6H_8O_6$)中的烯二醇基具有还原性,能被定量地氧化为二酮基:

$$C_6H_8O_6 + I_2 = C_6H_6O_6 + 2HI$$

$C_6H_8O_6$的还原能力很强，在空气中极易氧化，特别在碱性条件下更易氧化。滴定时，应加入一定量的醋酸使溶液呈弱酸性。

$$w(\mathrm{Vc}) = \frac{c_{I_2} \cdot V_{I_2} \cdot \frac{M_{C_6H_8O_6}}{1000}}{W_{样}} \times 100\%$$

(2)间接碘量法测定胆矾中的铜。碘量法测定铜是基于间接碘量法原理，反应为：

$$2Cu^{2+} + 4I^- = 2CuI\downarrow + I_2$$

$$I_2 + 2S_2O_3{}^{2-} = 2I^- + S_4O_6^{2-}$$

由于CuI沉淀表面会吸附一些I_2，导致结果偏低，为此常加入KSCN，使CuI沉淀转化为溶解度更小的CuSCN。

$$CuI + SCN^- = CuSCN + I^-$$

CuSCN沉淀吸附I_2的倾向较小，因而提高了测定的准确度。KSCN应当在接近终点时加入，否则SCN^-会还原I_2，使测定结果偏低。

另外，铜盐很容易水解，Cu^{2+}和I^-的反应必须在酸性溶液中进行，一般用HAc-NaAc缓冲溶液将溶液的pH值，控制在3.2～4.0。酸度过低，反应速度太慢，终点延长；酸度过高，则空气中的氧气氧化I^-的速度加快，使结果偏高。

此法也适用于矿石、合金、炉渣中铜的测定。

(3)间接碘量法测定葡萄糖。葡萄糖分子中所含醛基能在碱性条件下用过量的I_2氧化成羧基，其反应过程如下

$$I_2 + 2OH^- = IO^- + I^- + H_2O$$

$$CH_2OH(CHOH)_4CHO + IO^- + OH^- = CH_2OH(CHOH)_4COO^- + I^- + H_2O$$

剩余的IO^-在碱性溶液中歧化成$IO_3{}^-$和I^-

$$3IO^- = IO_3{}^- + 2I^-$$

溶液经酸化后又析出I_2

$$IO_3{}^- + 5I^- + 6H^+ = 3I_2 + 3H_2O$$

最后以$Na_2S_2O_3$标准溶液滴定析出的I_2。

还有许多具有氧化还原性质的物质以及其他物质均可以用碘量法进行测定，如硫化物、过氧化物、臭氧、漂白粉中的有效氯、钡盐等。

例7-14 称取0.4207 g石灰石样品，将它溶解后沉淀为CaC_2O_4，沉淀过滤洗涤后溶于H_2SO_4中，用$c_{KMnO_4} = 0.01896\ \mathrm{mol \cdot L^{-1}}$的溶液滴定，到终点时需用43.08 mL。求石灰石中钙以Ca和$CaCO_3$表示的质量分数。

解：

$$2MnO_4^- + 5C_2O_4{}^{2-} + 16H^+ = 2Mn^{2+} + 10CO_2\uparrow + 8H_2O$$

因为：

$$1Ca \approx 1Ca^{2+} \approx 1CaC_2O_4 \approx 1C_2O_4{}^{2-} \approx 5/2MnO_4^-$$

所以：

$$n_{Ca} = \frac{5}{2} n_{MnO_4^-}$$

$$m_{Ca} = \frac{5}{2} c_{MnO_4^-} \cdot V_{MnO_4^-} \cdot M_{Ca}$$

则被测组分Ca的质量分数为：

$$w_{Ca}=\frac{\frac{5}{2}c_{MnO_4^-}\cdot V_{MnO_4^-}\times M_{Ca}\times 10^{-3}}{m_s}\times 100\%$$

$$=\frac{\frac{5}{2}\times 0.01896\times 43.08\times 40.08\times 10^{-3}}{0.4207}\times 100\%=19.45\%$$

同理被测组分 $CaCO_3$ 的质量分数为：

$$w_{CaCO_3}=\frac{\frac{5}{2}c_{MnO_4^-}\cdot V_{MnO_4^-}\times M_{CaCO_3}\times 10^{-3}}{m_s}\times 100\%$$

$$=\frac{\frac{5}{2}\times 0.01896\times 43.08\times 100.1\times 10^{-3}}{0.4207}\times 100\%=48.59\%$$

习　题

1. 用氧化数法或离子电子法配平下列反应方程式：

(1) $HNO_3+Cu\longrightarrow Cu(NO_3)_2+NO+H_2O$

(2) $H_2O_2+KI+H_2SO_4\longrightarrow K_2SO_4+I_2+H_2O$

(3) $H_3AsO_4+Zn+HNO_3\longrightarrow AsH_3+Zn(NO_3)_2+H_2O$

(4) $I_2+NaOH\longrightarrow NaI+NaIO_3+H_2O$

(5) $Cu+HNO_3$(浓)$\longrightarrow Cu(NO_3)_2+NO_2+H_2O$

(6) $NO_2^-+I^-+H^+\longrightarrow NO+I_2+H_2O$

(7) $FeS+HNO_3\longrightarrow Fe(NO_3)_3+S+NO+H_2O$

(8) $Cr_2O_7^{2-}+H_2S+H^+\longrightarrow Cr^{3+}+S+H_2O$

(9) $MnO_4^-+H_2O_2+H^+\longrightarrow Mn^{2+}+O_2+H_2O$

(10) $Cr_2O_7^{2-}+Fe^{2+}+H^+\longrightarrow Cr^{3+}+Fe^{3+}+H_2$

2. 将银和硝酸银溶液组成的半电池与锌和硝酸锌溶液组成的半电池通过盐桥构成原电池，写出原电池的符号及正、负极的电池反应及原电池反应。

3. 根据标准电极电势数据，判断下列电对中哪种是最强的氧化剂？哪种是最强的还原剂？并按氧化剂的氧化能力递增的顺序排列这些电对。

Zn^{2+}/Zn；MnO_4^-/Mn^{2+}；Fe^{3+}/Fe^{2+}；Cu^{2+}/Cu；I_2/I^-；Br_2/Br^-；S/H_2S；$Cr_2O_7^{2-}/Cr^{3+}$。

4. 若参加反应的各离子的浓度均为 $1.0\ mol\cdot L^{-1}$，试判断下列反应能否按指定方向进行。写出相应的原电池的表达式。

(1) $Sn^{2+}+Fe^{3+}\longrightarrow Fe^{2+}+Sn^{4+}$

(2) $ClO^-\longrightarrow ClO_3^-+Cl^-$

(3) $MnO_4^-+H_2O_2+H^+\longrightarrow Mn^{2+}+O_2+H_2O$

5. 有一原电池：$Zn(s)|Zn^{2+}(c_1)\parallel MnO_4^-(c_2),Mn^{2+}(c_3)|Pt$，若 $pH=2.00$，$c_{MnO_4^-}=0.12\ mol\cdot L^{-1}$，$c_{Mn^{2+}}=0.001\ mol\cdot L^{-1}$，$c_{Zn^{2+}}=0.015\ mol\cdot L^{-1}$，$T=298.15\ K$。

(1)计算两电极的电极电势；

(2)计算该电池的电动势。

6. $KMnO_4$ 在酸性溶液中有还原反应：$MnO_4^- + 8H^+ + 5e^- \rightleftharpoons Mn^{2+} + 4H_2O$，并计算出 pH=4.0 及 8.0 时的电极电势。已知 $\varphi^\ominus = +1.51$ V。

7. 已知电对 $H_3AsO_4 + 2H^+ + 2e^- \rightleftharpoons H_3AsO_3 + H_2O$　　$\varphi^\ominus_{H_3AsO_4/H_3AsO_3} = +0.559$ V

$I_3^- + 2e^- \rightleftharpoons 3I^-$　　$\varphi^\ominus_{I_2/I^-} = +0.535$ V

(1)计算下列反应在 298 K 的标准平衡常数 $K^\ominus$

$$H_3AsO_3 + I_3^- + H_2O \rightleftharpoons H_3AsO_4 + 3I^- + 2H^+$$

(2)如果溶液的 pH=7，反应向什么方向进行？

(3)如果溶液中的 H^+ 浓度为 6 mol·L^{-1}，反应向什么方向进行？

8. 根据标准电极电势值，计算下列反应的平衡常数，并比较反应进行的程度。

(1)$Fe^{3+} + Ag \rightleftharpoons Fe^{2+} + Ag^+$

(2)$6Fe^{2+} + Cr_2O_7^{2-} + 14H^+ \rightleftharpoons 6Fe^{3+} + 2Cr^{3+} + 7H_2O$

(3)$AsO_4^{3-} + 2I^- + 2H^+ \rightleftharpoons AsO_3^{3-} + I_2 + H_2O$

9. 已知 $\varphi^\ominus_{Ag^+/Ag} = +0.799$ V，$K^\ominus_{spAgCl} = 1.56\times10^{-10}$，求电极反应 $AgCl_{(s)} + e \rightleftharpoons Ag_{(s)} + Cl^-$ 的标准电极电势。

10. 试判断反应 $MnO_2 + 4HCl = MnCl_2 + Cl_2\uparrow + 2H_2O$ 在 25 ℃时的标准状态下能否向右进行？并通过计算回答实验室中为什么能用 MnO_2 与浓 HCl 反应制取 Cl_2？

11. 298 K 时，在 Fe^{3+}，Fe^{2+} 的混合溶液中加入 NaOH 时，有 $Fe(OH)_3$ 和 $Fe(OH)_2$ 沉淀生成(假如没有其他反应发生)。当沉淀反应达到平衡时，保持 $c_{OH^-} = 1.0$ mol·L^{-1}，计算 $\varphi^\ominus_{Fe(OH)_3/Fe(OH)_2}$。

12. 在 1.0 mol·L^{-1}的 HCl 溶液中，$\varphi^{\ominus'}_{Cr_2O_7^{2-}/Cr^{3+}} = 1.00$ V，$\varphi^{\ominus'}_{Fe^{3+}/Fe^{2+}} = 0.68$ V。今以重铬酸钾标准溶液滴定 Fe^{2+} 溶液，试计算该滴定反应的平衡常数。

13. 取一定量的 MnO_2 固体，加入过量浓 HCl，将反应生成的 Cl_2 通入 KI 溶液，游离出 I_2，用 0.1000 mol·L^{-1} $Na_2S_2O_3$ 滴定，耗去 20.00 mL，求 MnO_2 质量。

14. 取铁矿试样 2.4350 g，溶解后用 SO_2 作还原剂使 Fe^{3+} 转为 Fe^{2+}，然后煮沸溶液除去过量的 SO_2，用 0.1928 mol·L^{-1}的 $KMnO_4$ 标准溶液滴定 Fe^{2+}，消耗体积 20.34 mL。求试样中的铁含量？

15. 准确量取 H_2O_2 样品溶液 25.00 mL，置于 250 mL 容量瓶中，加水至刻度，混匀。再准确吸出 25.00 mL，加 H_2SO_4 酸化，用 $c_{KMnO_4} = 0.02732$ mol·L^{-1}的高锰酸钾标准溶液滴定，消耗 35.86 mL，试计算样品中 H_2O_2 的含量。

16. 将 0.1602 g 石灰石试样溶解在 HCl 溶液中，然后将钙沉淀为 CaC_2O_4，经过滤、洗涤后溶解在稀 H_2SO_4 中。用 $KMnO_4$ 标准溶液滴定，用去 20.70 mL。已知 $KMnO_4$ 对 $CaCO_3$ 的滴定度为 0.06020 g·mL^{-1}，求石灰石中 $CaCO_3$ 的含量。

17. 用 $K_2Cr_2O_7$ 法测定铁矿中的铁时：

(1)欲配制 $c_{K_2Cr_2O_7} = 0.01670$ mol·L^{-1}的重铬酸钾标准溶液，问需准确称取 $K_2Cr_2O_7$ 多少克？

(2)称取铁矿 400.0 mg，用上述的重铬酸钾标准溶液滴定，用去 35.82 mL。计算铁的含量。

18. 取 25.00 mL Kl 溶液，用稀盐酸及 10.00 mL 0.05000 mol·L^{-1} KIO_3 溶液处理，煮沸以挥发除去释出的 I_2，冷却后，加入过量的 KI 溶液使之与剩余的 KIO_3 反应。释出的 I_2 需用 21.14 mL 0.1008 mol·L^{-1} $Na_2S_2O_3$ 溶液滴定，计算 KI 溶液的浓度。

19. 称取含有 KI 的试样 0.5000 g，溶于水后先用氯气氧化 I^- 为 IO_3^-，煮沸除去过量氯气，再加入过量 KI 试剂，滴定 I_2 时消耗了 0.02082 mol·L^{-1} $Na_2S_2O_3$ 21.30 mL，计算试样中 KI 的质量分数？

20. 试剂厂生产试剂 $FeCl_3·6H_2O$，国家规定二级品质量分数不少于 99.0%，三组品分数不少于 98.0%。为了检查质量，称取 0.5000 g 试样，溶于水，加浓 HCl 溶液 3 mL 和 KI 2 g，最后用 0.1000 mol·L^{-1} $Na_2S_2O_3$ 标准溶液 18.17 mL 滴定至终点。问该试样属于哪一级？

21. 称取 Pb_3O_4 试样 0.1000 g，加适量过量 HCl 后释放出氯气，此氯气与 KI 溶液反应，析出 I_2 用 $Na_2S_2O_3$ 溶液滴定，用去 20.00 mL，已知 1 mL $Na_2S_2O_3$ 溶液相当于 0.3250 mg KIO_3，求试样中 Pb_3O_4 的质量分数。

22. 称取漂白粉 4.000 g，加水研化后，转移入 250 mL 容量瓶中，并稀释至刻度，仔细混匀后，准确吸取 25.00 mL，加入 KI 以及 HCl，析出的 I_2 用 0.1010 mol·L^{-1} $Na_2S_3O_3$ 溶液滴定，消耗 28.84 mL。求漂白粉中有效氯的含量。

第 8 章　原子结构

迄今为止，人类已发现了 112 种元素，正是这些元素的原子组成了千千万万种具有不同性质的物质。物质的物理性质和化学性质都取决于物质的组成和结构。物质进行化学反应的基本微粒是原子。因此，在研究物质的性质、化学反应以及性质与物质结构之间的关系，必须首先研究原子的内部结构。众所周知，原子是由带正电荷的原子核和带负电荷的电子组成的。在化学变化中，原子核并不发生变化，只和核外电子的数目及运动状态有关。因此，研究原子结构，主要是研究核外电子的运动状态。

8.1　玻尔原子模型

8.1.1　原子光谱

不同频率的光通过棱镜时有不同的折射率。因此，将复色光射入棱镜后，由于各种色光偏折程度不同，透过棱镜后它们便会彼此分散而形成光谱。例如太阳光或白炽灯发生的白光，经过棱镜投射到屏幕上，可得到按红、橙、黄、绿、青、蓝、紫次序连续分布的彩色光谱。这种光谱称为连续光谱。

任何元素的气态原子在高温火焰、电火花或电弧作用下均能发光，形成各种光谱。

如果将装有高纯度、低压氢气的放电管所发出的光通过棱镜，在屏幕上可见光区内得到不连续的红、蓝绿、蓝、紫、紫外五条明显的特征谱线（见图 8－1）。这种光谱是线状的，所以称为线状光谱；它又是不连续的，所以亦称之不连续光谱。线状光谱是原子受激发后从原子内部辐射出来的，因此又称原子光谱。

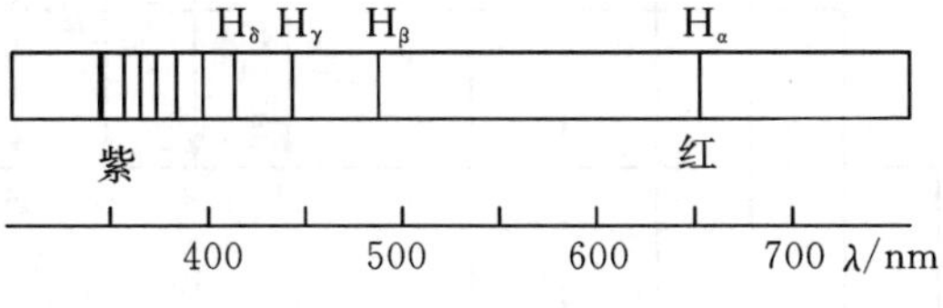

图 8－1　氢原子光谱

任何单原子气体在激发时都会发射线状光谱。实验表明：由相同元素的原子所发射的线状光谱都是一样的；而不同元素的原子所发射的线状光谱则各不相同，亦即每种元素的原子都具有它自己特征的光谱。例如，钾蒸气的光谱是有两条红线、一条紫线；钠蒸气的光谱里有两条挨得很近的黄线。从谱线的颜色和位置可以知道发射光的波长（λ）和频率（v），也就知道发射光的能量（$E=hv$，h 为普朗克常数，其数值为 6.626×10^{-34} J・s）。近代原子结构的理论就是从研究氢原子光谱开始的。

1885 年，瑞士的一位中学教师巴尔麦(J. J. Balmer)在观察氢原子的可见光区(波长 $\lambda=400\sim760$ nm)的谱线时，发现谱线的波长符合下列经验公式：

$$\nu=\frac{1}{\lambda}=R_H(\frac{1}{2^2}-\frac{1}{n^2}) \qquad (8-1)$$

式中，v 为负频率；n 为大于 2 的正整数；R_H称为里德堡(Rydberg)常数，其值为 $1.097373\times10^7\ m^{-1}$。可见光区所涉及的一系列谱线被称为巴尔麦系。

后来拉曼(Lyman)在紫外区域，派兴(Paschen)、勃拉克特(Bracket)及芬特(Pfund)在红外区域找到若干谱线，它们都可以用下列的一般公式来表示：

$$\nu=\frac{1}{\lambda}=R_H(\frac{1}{n_1^2}-\frac{1}{n_2^2}) \qquad (8-2)$$

式中，n_1、n_2都是正整数，且 $n_2>n_1$。对拉曼系讲 $n_1=1$，巴尔麦系 $n_1=2$，派兴系 $n_1=3$，…。

那么，为什么激发态原子会发光呢？而且每种元素的原子发射都有特征的波长、频率和能量呢？这需要从原子的内部结构去寻求答案。

8.1.2 玻尔(Bohr)的氢原子模型

1919 年丹麦物理学家玻尔在前人工作的基础上提出了玻尔原子模型，对氢原子光谱的产生和现象给予了很好的说明。其要点如下：

(1)定态轨道概念。氢原子中的电子是在氢原子核的势能场中运动，其运动轨道不是任意的，电子只能在以原子核为中心的某些能量(E_n)确定的圆形轨道上运动。这些轨道的能量状态不随时间而改变，因而被称为定态轨道。电子在定态轨道上运动时，既不吸收也不释放能量。

(2)轨道能级的概念。不同的定态轨道能量是不同的。离核越近的轨道，能量越低，电子被原子核束缚越牢；离核越远的轨道，能量越高。轨道的这些不同的能量状态，称为能级。氢原子轨道能级如图 8-2 所示。正常状态下，电子尽可能处于离核较近、能量较低的轨道上，这时原子所处的状态称为基态。在高温火焰、电火花或电弧作用下，基态原子中的电子因获得能量，能跃迁到离核较远、能量较高的空轨道上去运动，这时电子所处的状态称为激发态。$n\to\infty$时，电子所处的轨道能量定为零，意味着电子被激发到这样的能级时，由于获得足够的能量，可以完全摆脱核势能场的束缚而电离。因此，离核越近的轨道，能级越低，势能值越负。

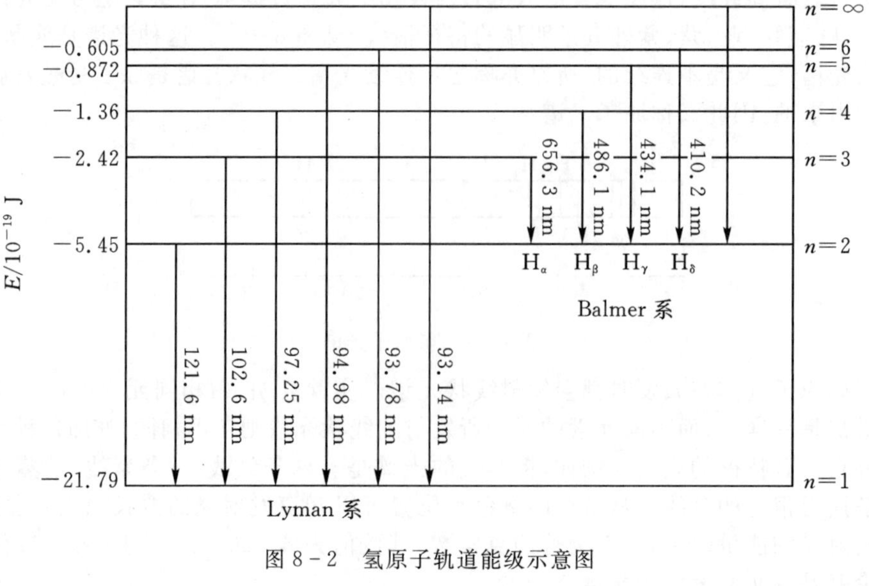

图 8-2 氢原子轨道能级示意图

(3)激发态原子发光的原因。激发态的原子能量较高，不稳定。激发态原子中的电子有可能从能级较高的轨道(能量为 $E_{较高}$)跃迁到能级较低(能量为 $E_{较低}$)的轨道(甚至使原子恢复为基态)，跃迁过程中原子释放出的能量值(ΔE)为：

$$\Delta E = E_{较高} - E_{较低}$$

这份能量以光的形式释放出来($\Delta E = h\nu$，ν 即为发射光的频率)，故激发态的原子能发光。例如，当氢原子中的电子从 $n=3$ 的轨道跃迁到 $n=2$ 的轨道时，发射光的频率 $\nu_{3\to2}$ 和波长 $\lambda_{3\to2}$ 为：

$$\nu_{3\to2}=\frac{\Delta E}{h}=\frac{E_3-E_2}{h}=\frac{-2.42\times10^{-19}-(-5.45\times10^{-19})}{6.626\times10^{-34}}=4.57\times10^{14}\ \mathrm{s^{-1}}$$

$$\lambda_{3\to2}=\frac{c}{\nu_{3\to2}}=\frac{3.00\times10^{8}}{4.57\times10^{14}}=656.5\times10^{-9}\ \mathrm{m}=656.5\ \mathrm{nm}$$

所观察到的正是红色的那条 $\mathrm{H}\alpha$ 谱线。由于各轨道的能量都有不同的确定值，各轨道间的能差也就有不同的确定值，所以电子从一定的高能量轨道跃迁入一定的低能量轨道时，只能发射出具有固定能量、固定波长的光。这就是原子产生不连续的线状光谱的原因。

必须说明，在某一瞬间，一个氢原子中的电子跃迁只能得到一条谱线，我们观察到的氢原子光谱是许许多多氢原子的电子跃迁而产生的不同谱线，而不同元素的原子，由于核电荷数和核外电子数不同，电子运动轨道的能量就有差别，所以不同元素的原子发光时各有特征的光谱。利用这一点就可以进行元素的原子光谱分析。

(4)轨道能量量子化的概念。原子光谱都是不连续的线状光谱，亦即激发态原子发射光的能量值是不连续的，轨道间能量的差值是不连续的，轨道能量是不连续的。在物理学里，如果某一物理量的变化有一个最小的单位(如一个电子所带的电荷 1.6021892×10^{-10} C 为电量的最小单位)，也即不连续的，就说这一物理量是量子化的。原子的线状光谱是原子中轨道能量量子化的实验证据。

玻尔原子模型成功地解释了氢原子和类氢原子(如 He^{+}、Li^{2++} 等)的光谱现象。时至今日，玻尔提出的关于原子中轨道能级的概念，仍然有用。但玻尔理念有着严重的局限性，它只能解释单电子原子(或离子)光谱的一般现象，不能解释多电子原子光谱；更不能应用来进一步去研究化学键的形成，其根本原因在于玻尔的原子模型是建立在牛顿的经典力学的理论基础上的。它的假设是把原子描绘成一个太阳系，认为电子在核外运动就犹如行星围绕着太阳转一样，会遵循经典力学的运动定律，但实际上像电子这样微小、运动速度又极快的粒子在极小的原子体积内的运动，是根本不遵循经典力学的运动定律的。玻尔理论的缺陷，促使人们去研究和建立能描述原子内电子运动规律的量子力学原子模型。

8.2 量子力学原子模型

电子、质子、中子、原子等组成物质的结构微粒，其质量和体积都很小，有些运动速度可以接近光速，我们称之为亚原子粒子(或基本粒子)，目前已发现的亚原子粒子多达数百种。而飞机、火车、人造卫星等日常生活中遇到的一些物体，其质量和体积都较大或很大，运动速度比光速小得多，我们称之为宏观物体。亚原子粒子及其运动与宏观物体及其运动在本质上有很大的差别。

8.2.1　亚原子粒子具有波粒二象性

在 20 世纪初，物理学家通过大量实验认识到光不仅具有波动性，而且也具有粒子性。光的干涉、衍射等现象说明光具有波动性；而光电效应又说明光具有粒子性。光具有波动和粒子两重性质，称为光的波粒二象性。

1924 年，德布罗依(Louis de Broglie)在光的波粒二象性启发下，大胆提出电子等微观粒子也具有波粒二象性的假设。他认为既然光不仅是一种波，而且具有粒子性，那么微观粒子在一定条件下，也可能呈现波的性质。他预言，与质量 m 运动速度 v 的粒子相应的波长 λ 为：

$$\lambda=\frac{h}{p}=\frac{h}{mv} \tag{8-3}$$

德布罗依的假设在 1927 年由电子衍射实验得到了证实。实验是将一束高速运动的电子流通过晶体粉末，经晶格的狭缝射到荧光屏上结果出现与光的衍射一样的现象：在屏上得到一系列明暗交替的环纹(见图 8-3)。而且根据电子衍射图计算得到的波长与由公式(8-3)计算得到波长完全一致。电子衍射实验证明了德布罗依关于微观粒子二象性假设的正确性。

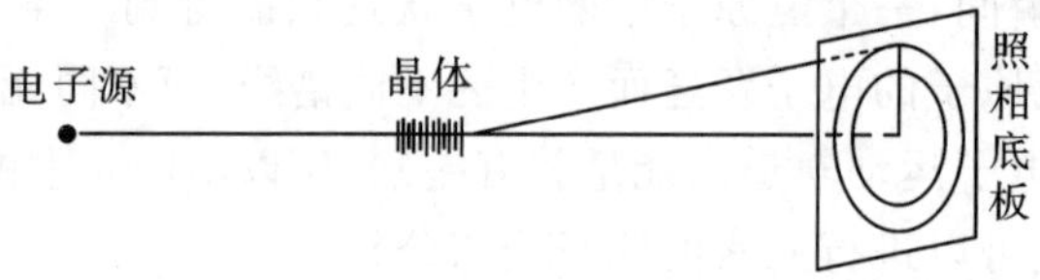

图 8-3　电子衍射

8.2.2　测不准原理

对宏观物体可同时测出它的运动速率和位置。但对具有波粒二象性的微观粒子的运动来说，就不可能同时精确地测定一个微观粒子在某一瞬间的位置和速率。因为若用光学显微镜去观察原子中电子的位置，遇到大小与其波长相近的物体会产生衍射，故物体位置测量的准确性受入射光波长的限制。电子是极小的微粒，要准确测定其位置必须使用极短波长的光。但根据公式(8-3)，光的波长越短，其光子的动量越高，若以此高能量光子测量电子的位置，光子与电子相碰时就会将能量传给电子，引起电子动能变化很大，反之若用长波长的光，电子动量变化不大，但其位置的测量误差加大。这就是 1927 年德国物理学家海森堡(Werner Heisenberg)提出的测不准原理(uncertainty principle)。其数学表示式：

$$\Delta x \cdot \Delta p_x \approx h \tag{8-4}$$

式中，Δx 表示粒子位置的不确定度；Δp_x 表示粒子在 x 方向上动量的不确定度。这一关系式表明，不可能设计出一种实验方法，它在准确地测量物体的位置(或坐标)的同时，又能准确地测量该物体的速率(或动量)。物体位置的测定准确度越大(Δx 越小)，其动量在 x 方向的分量的准确度就越差(Δp_x 越大)；反之亦然。h 为普朗克常数。测不准原理对于像电子那样小的粒子来说，是极其重要的。如果非常准确地知道电子的速率，也就是准确地知道电子的能量，那就不能同时准确地知道它的位置。由于原子的能级是非常重要的，因此就需要决定电子在原子中的能量。例如，在原子中运动的电子，其质量 $m=9.1\times10^{-31}$ kg，原子大小的数量级为 10^{-10} m，则其位置的合理准确度需要达到 $\Delta x=10^{-11}$ m。由测不准关系可以求得其速度的不准量 Δv_x 为：

$$\Delta v_x \geqslant \frac{h}{m\Delta x}=\frac{6.6\times10^{-34}}{9.1\times10^{-31}\times10^{-11}}=7.3\times10^{7}\ \mathrm{m\cdot s^{-1}}$$

一般来说，原子中电子的速度为 $10^6\ \mathrm{m\cdot s^{-1}}$，而计算的速率的不准量非常大，远远超出了电子本身的一般速率，这说明在原子体系中，在确定电子位置的同时，其速率就测不准；要同时测准电子的位置和速率是不可能的。由此可知，玻尔固定轨道的概念是不正确的。但必须指出，这并不是说微观运动规律是不可知的，测不准原理只是反映微粒具有波动性，不服从经典力学规律，而遵循量子力学所描述的运动规律。即核外电子运动规律，只能用统计的方法，指出它在核外某处出现的可能性——概率的大小。

不确定原理是微观粒子运动状态的特殊表现，它表明了微观粒子与宏观物体运动的不一致性。

8.2.3 微观粒子运动的统计性

根据量子力学理论，对于微观粒子的运动规律，只能采用统计的方法作出几率性的判断。

在电子衍射实验中，我们控制电子流强度很小，小到电子几乎是一个一个发射出去的，如果时间不长，感光屏上只出现了一些无规则分布的衍射斑点，显示出电子的微粒性。这些斑点的分布是无规则的，我们无法预言每个电子在感光屏上衍射斑点的位置。但随时间的延长，衍射斑点的数目逐渐增多，感光屏上就出现了规则的衍射条纹，最后的图像与波的衍射强度分布一致，与大量电子短时间产生的环纹完全一样，显示出电子的波动性。衍射环纹中亮的地方，就是电子到达机会多的地方，暗的地方就是电子到达机会少的地方。我们虽然无法预言个别电子在感光屏上出现的位置，但可以知道电子在哪些地方出现的机会多，哪些地方出现的机会少。这种机会的数学术语称为几率。核外电子的运动具有几率分布的规律。几率分布规律属于统计规律。对大量电子的行为而言，电子出现数目多的区域衍射强度（或波强度）大，电子出现数目少的区域波强度小。对一个电子的行为而言，电子到达机会多的区域是衍射强度大的地方。所以这种几率分布规律又与波的强度有关。波的强度反映电子出现几率的大小。

由此可见，实验所提示的电子的波动性是许多相互独立的电子在完全相同的情况下进行运动的统计结果，或者是一个电子在许多相同实验中的统计结果。因此电子等具有波动性的实物微粒在空间的几率分布规律是和微粒运动的统计性规律联系在一起的。

综上所述，具有波动性的微观粒子不再服从经典力学规律，它们的运动没有确定的轨道，只有一定的空间几率分布，遵循测不准原理。

8.3 原子轨道

8.3.1 波函数

1. 描述微观粒子运动的基本方程——薛定谔方程简介

1926 年薛定谔根据波粒二象性的概念提出来了一个描述微观粒子运动的基本方程——薛定谔波动方程。这个方程是一个二阶偏微分方程，它的形式如下：

$$\left(\frac{\partial^2 \psi}{\partial x^2}+\frac{\partial^2 \psi}{\partial y^2}+\frac{\partial^2 \psi}{\partial z^2}\right)+\frac{8\pi^2 m}{h^2}(E-V)\psi=0 \qquad (8-5)$$

式中，ψ 叫波函数；E 为体系的总能量；V 为体系的势能；h 为普朗克常数；m 为微观粒子的质量；x、y、z 为微粒的空间坐标。

有了薛定谔方程，原则上讲，任何体系的电子运动状态都可以求解了。这就是把该体系的势能 V 表达式找出，代入薛定谔方程中，求解方程即可得到相应的波函数 ψ 及相应的能量 E。但遗憾的是，薛定谔方程是很难解的，至今只能精确求解单电子体系（H、He^{+}、Li^{2+} 等）的薛定谔方程，稍复杂一些的体系只能求近似解。即使对单电子体系，解薛定谔也很复杂，需要较深的数学知识，这不是本书的任务。这里仅定性地介绍解氢原子薛定谔方程所得到的结果，并把它推广到其他原子上。

为了数学上的求解方便，需要把直角坐标（x、y、z）变换为球坐标（r、θ、φ），如图 8-4 所示，并把 $\psi(r、\theta、\varphi)$ 分解为径向部分 $R(r)$ 和角度 $Y(\theta、\varphi)$ 函数的积：即 $\psi(r、\theta、\varphi)=R(r)\cdot Y(\theta、\varphi)$。从而求得这个函数的解。

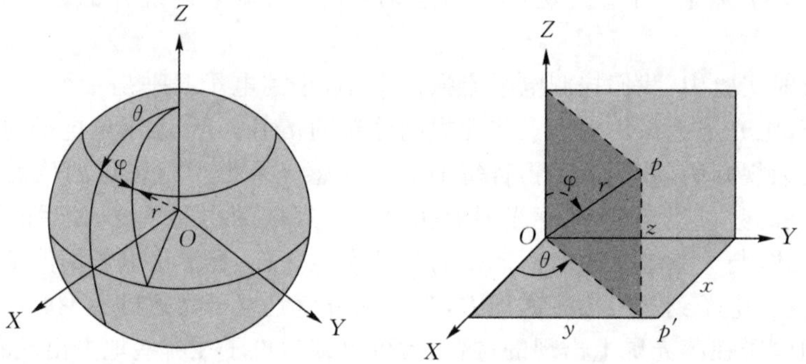

图 8-4　直角坐标与球坐标的关系

$x=r\sin\theta\cos\varphi \quad y=r\sin\theta\sin\varphi \quad z=r\cos\varphi$

2. ψ 的物理意义

从薛定谔方程解得的波函数是包括空间坐标 x, y, z 的函数式，常记为 $\psi(x, y, z)$，如果把空间上某一点的坐标值代入 ψ 中，可求得某一数值，但该数值代表空间这一点的什么性质呢？其意义是不明确的，因此 ψ 本身并没有什么明确的物理意义。薛定谔方程的物理意义是：对于一个质量为 m，在势能为 V 的势场中运动的微粒来说，薛定谔方程的每一个合理的解 ψ，就表示该微粒运动的某一定态；与该解 ψ 相应的能量值即为该定态所对应的能级。或者说波函数 ψ 是描述核外电子运动状态的数学表达式，它描述了电子运动的方式和规律，但它和系统的各种性质都有联系，对了解系统的各种性质和运动规律都十分重要。

3. 波函数和原子轨道

对薛定谔方程求解，所得的解为一系列波函数 $\psi_{1s}, \psi_{2s}, \psi_{2p}, \cdots$，和与其相应的一系列能量 $E_{1s}, E_{2s}, E_{2p}, \cdots$，波函数 ψ 用来描述微观粒子的运动状态。

波函数 ψ 是描述原子核外电子运动状态的数学函数式，它是三维空间坐标的函数；每一个波函数 ψ_i 都有相对应的能量 E_i；电子波的波函数 ψ 没有明确直观的物理意义。

波函数 ψ 就是原子轨道。要注意的是，量子力学中的“原子轨道”的意义不是指电子在核外运动遵循的轨迹，而是指电子的一种空间运动状态，它不同于宏观物体的运动轨道，也不同于前面所说的玻尔的固定轨道。

8.3.2　原子轨道的角度分布图

由于波函数 ψ 是三维空间坐标 r、θ、φ 的函数，它在核外空间各点上的数值会随 r、θ、φ 的变化而变化，实际上很难用一个空间图像将 ψ 随 r、θ、φ 的变化的情况表达清楚。因此，我们可以将波函数 $\psi(r、\theta、\varphi)$ 分解成：

$$\psi(r、\theta、\varphi)=R(r)\times Y(\theta、\varphi)$$

其中 $R(r)$ 与电子离核的远近（或 r 的大小）有关，称为波函数 ψ 的径向部分。$Y(\theta、\varphi)$ 与角度 θ、φ 有关系，称为波函数 ψ 的角度部分，即角度波函数。分别以此两部分的函数值（或它们的函数平方值）作图，可以得到波函数数值在空间离核远近不同（随 r 变化）和方向不同（随 θ、φ 变化）时的分布状况，从而使我们可以为了不同的目的而从不同的角度来考察 ψ 的性质。

若把 $Y(\theta、\varphi)$ 数值的大小和角度 θ、φ 的关系用图像表示出来，就得到原子轨道的角度分布图，其作法是：先由薛定谔方程解出 $Y(\theta、\varphi)$，借助球坐标，选原子核为原点，引出方向为 $(\theta、\varphi)$ 的直线，使其长度等于 $Y(\theta、\varphi)$，联结所有这些线段的端点，就可在空间得到某些闭合的立体曲面，这个曲面就是波函数或原子轨道的角度分布图，s、p、d 原子轨道角度分布剖面图分别如图 8－5 所示。

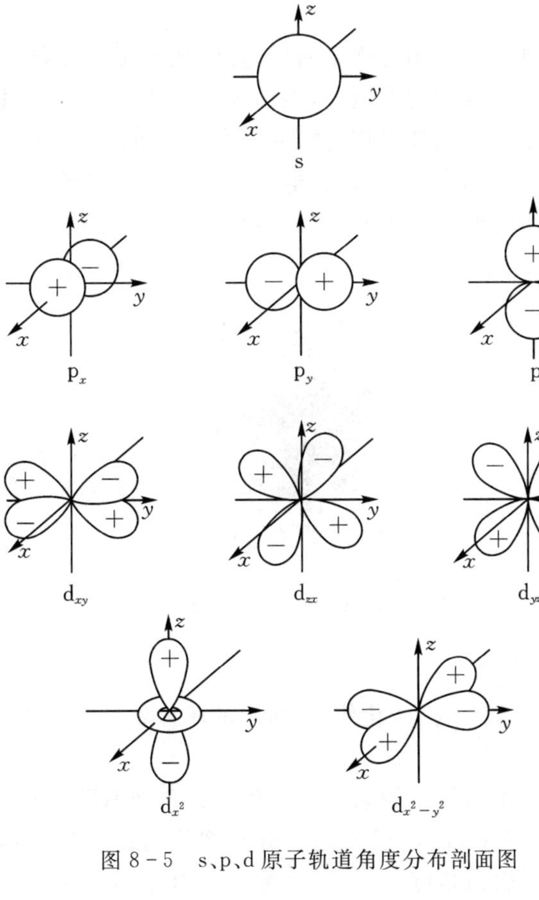

图 8－5　s、p、d 原子轨道角度分布剖面图

值得提出的是，所有原子轨道角度分布图中的"+""−"号，不是表示正、负电荷，而是表示 Y 值是正值还是负值(或者说表示原子轨道角度分布图形的对称关系)。这类图形的正、负号，在讨论到化学键的形成时有意义。

8.3.3 概率密度和电子云图

1. 概率密度

电子在原子核外空间某处单位体积内出现的概率，称为概率密度。

在光的波动方程中，ψ 代表电磁波的电磁场强度。由于

$$\text{光的强度} \propto \frac{\text{光子数目}}{V(\text{体积})} = \text{光子密度}$$

而光的强度又与电磁场强度(ψ)的绝对值平方成正比：光的强度$\propto |\psi|^2$，所以光子密度是与$|\psi|^2$成正比的。同理，在原子内核外空间电子出现的概率密度(ρ)也是和电子波在该强度(ψ)的绝对值平方成正比的：

$$\rho = |\psi|^2$$

但在研究 ρ 时，有实际意义的只是它在空间各处的相对密度，而不是其绝对密度，故作图时可不考虑 ρ 与$|\psi|^2$之间的比例常数，因而电子在原子内核外某处出现的概率密度可直接用$|\psi|^2$来表示。

2. 电子云

为了形象化地表示核外电子运动的概率密度，习惯用小黑点分布的疏密来表示电子出现概率密度的相对大小。小黑点较密的地方，表示概率密度较大，单位体积内电子出现的机会多。用这种方法来描述电子在核外出现的概率密度分布所得的空间图像称为电子云。图 8-6 是基态氢原子 1 s 电子云示意图。因此，电子云是原子中电子概率密度$|\psi|^2$分布的具体形象，电子的概率密度也叫做"电子云密度"。当然电子云只不过是一种形象化的描绘，绝不是电子真的可以分散成云。

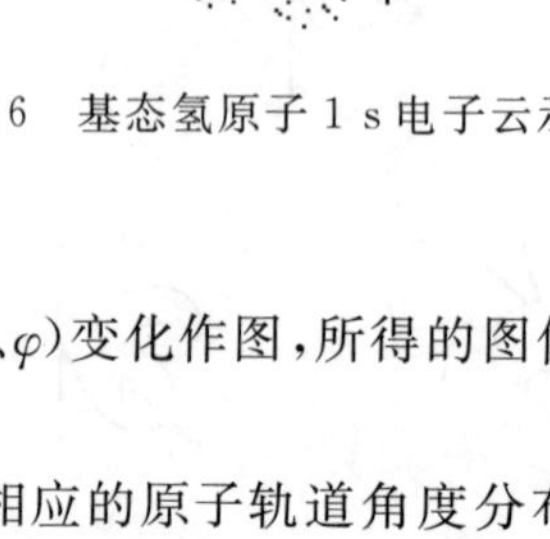

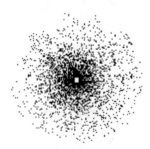

图 8-6　基态氢原子 1 s 电子云示意图

3. 电子云角度分布图

将$|\psi|^2$角度分布部分 Y^2 随(θ、φ)变化作图，所得的图像就称为电子云角度分布图(见图 8-7)。

电子云的角度分布剖面图与相应的原子轨道角度分布剖面图基本相似，但有两点不同①原子轨道分布图带有正、负号，而电子云角度分布图均为正值(不过习惯不标出正号)；②电子云角度分布图比原子轨道角度分布图要"瘦"些，这是因为 Y 值一般是小于 1 的，所

以 $|Y|^2$ 值就更小些。

从以上介绍可以看出，原子轨道和电子云的空间图像既不是通过实验得到的、更不是直接观察到的，而是根据量子力学计算得到的数据绘制出来的。

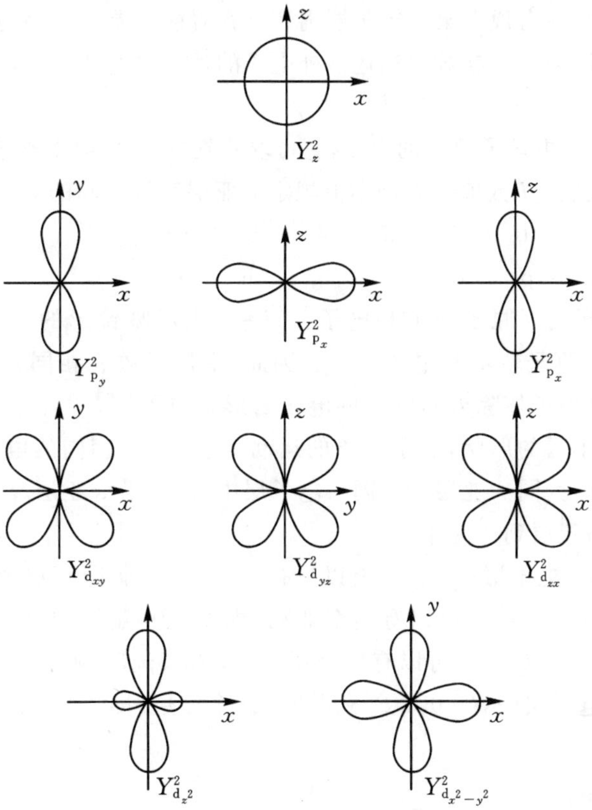

图 8-7 s、p、d 电子云角度分布剖面图

8.3.4 四个量子数

薛定谔方程有无数多个解，但是数学上的解，在物理意义上并不是每一个都合理、都表示电子运动的一个稳定状态的。在解薛定谔方程时，自然导出了三个量子数(n、l、m)。为了使所求的解合理。这三个量子数只能取一定的数值。

1. 主量子数 *n*

主量子数 n 表示核外电子出现最大几率区域离核的远近，由近到远，可以用 $n=1,2,3,4,\cdots$，正整数来表示。由于轨道能量是量子化的，所以核外电子是按能级的高低分层分布的。主量子数正是描述电子层能量的高低次序和电子云离核远近的参数。$n=1$ 表示能量最低、离核最近的第一电子层，$n=2$ 表示能量次低、离核次近的第二电子层，其余类推，在光谱学上另用一套拉丁字母表示电子层，其对应关系为：

主量子数(n)	1	2	3	4	5	6	…
电子层	K	L	M	N	O	P	…

2. 副(角)量子数 l

在分辨率较高的分光镜下,可以观察到一些元素原子光谱的每一条粗的谱线是由两条、三条或更多的非常靠近的细谱线构成的。这说明在某一个电子层内电子的运动状态和所具有的能量还稍有不同,或者说在某一电子层内还存在着能量差别很小的若干个亚层。因此,除主量子数外,还要用另一个参数来描述核外电子的运动状态和能量,这个量子数称为副量子数或角量子数。

副量子数 l 的值受主量子数 n 的限制,它可取 0 到 $(n-1)$ 的正整数,共 n 个值。l 的每一个数值表示一个亚层。l 数值与光谱学上规定的亚层符号之间的对应关系为:

角量子数(l)	0	1	2	3	4	5	…
亚层符号	s	p	d	f	g	h	…

$l=0$ 表示圆球形的 s 原子轨道和电子云;$l=1$ 表示哑铃形的 p 原子轨道和电子云;$l=2$ 表示花瓣形的 d 原子轨道和电子云等。因此,主量子数 n 相同,角量子数 l 不同的电子,不仅能量不同(氢原子核除外),它们的电子云形状也不同。2s、2p、3d 等符号既表示电子的能级,也表示电子云的形状,表示电子的运动状态。n,l 相同的电子具有相同的能量,它们处在同一能级,归为同一亚层。在同一电子层中,能量沿 s 亚层、p 亚层、d 亚层、f 亚层依次升高。目前最高亚层到 4 为止。

例如,$n=1$ 的第一电子层中,$l=0$,所以只有一个亚层,即 1s 亚层,相应电子为 1s 电子。$n=2$ 的第二电子层中,$l=0$、1 可以有两个亚层,即 2s、2p 亚层,相应电子为 2s、2p 电子。$n=3$的第三电子层中,$l=0$、1、2 可以有三个亚层,即 3s、3p、3d 亚层,相应电子为 3s、3p、3d 电子。$n=4$ 的第四电子层中,$l=0$,1、2、3 可以有四个亚层,即 4s、4p、4d、4f 亚层,相应电子为 4s、4p、4d、4f 电子。

3. 磁量子数(m)

实验发现,激发态原子在外磁场作用下,原来的一条谱线往往会分裂成若干条,这说明在同一亚层中往往还包含着苦干个空间伸展方向不同的原子轨道。磁量子数就是用来描述原子轨道或电子云在空间的伸展方向的。

m 的取值可为从 $-l$ 经过 0 到 $+l$ 的整数,例如 $-l$,…,-3,-2,-1,0,$+1$,$+2$,$+3$,…,$+l$,m 值受 l 值的限制,不能小于 $-l$ 和大于 $+l$。例如 $l=0$ 时,m 只能为 0;$l=1$ 时,m 可以为 -1,0,$+1$ 三个数值,其余类推。m 的每一个数值表示具有某种空间方向的一个原子轨道或电子云。一个亚层中,m 有几个可能的取值,这亚层就只能有几个不同伸展方向的同类原子轨道或电子云。l、m 取值与轨道符号对应关系见表 8-1。

表 8-1 l、m 取值与轨道符号对应关系

	s($l=0$)	p($l=1$)	d($l=2$)
取向数($2l+1$)	1	3	5
m 取值	0	$-1,0,+1$	$-2,-1,0,+1,+2$
对应原子轨道名称	s	p_y,p_z,p_x	d_{xy},d_{yz},d_{z^2},d_{xz},$d_{x^2-y^2}$

n,l,m 三个量子数规定了一个原子轨道,在没有外加磁场的情况下,n,l 相同,m 不同的同一亚层的原子轨道属于同一能级,能量是完全相等的,叫等价轨道,或称为简并轨道。

亚层	p	d	f
等价轨道	三个等价轨道	五个等价轨道	七个等价轨道

主量子数越高,不仅轨道能量升高,轨道的个数也增多,而且类型(形状和方向)也更多样。

4. 自旋量子数 m_S

以上三个量子数是由氢原子波动方程解出的,与实验相符。1925 年乌伦贝克(Uhlenbeck)和高斯米特(Goudsmit)根据前人实验提出电子自旋的概念,认为电子除绕核运动外,还有绕自身的轴旋转的运动,称为自旋。但“电子自旋”并非真像地球绕轴自旋一样,它只是表示电子的两种不同状态,这两种不同的“自旋”角动量,其值可取 $+1/2$ 或者 $-1/2$,称为自旋量子数 m_S,其中每一个数值表示电子的一种所谓自旋状态。分别用正反箭头“↑ ↓”表示。

综上所述,每个电子可以用四个量子数来描述它的运动状态。主量子数 n 决定电子的能量和电子离核的远近;角量子数 l 决定原子轨道的形状(电子处在这一电子层的哪一个电子亚层上),在多电子原子中 l 也影响电子能量;磁量子数 m 决定原子轨道在空间伸展的方向(电子处在哪一个轨道上)。自旋量子数 m_S 决定电子自旋的方向。四个量子数是互相联系、互相制约的。因此,只有知道 n,l,m,m_S 四个量子数,才能确切地知道该电子的运动状态。在同一原子中,没有彼此处于完全相同的两个电子存在。即在同一原子中,不能有四个量子数完全相同的电子存在。因此推论,每一个原子中,只能容纳两个自旋方向相反的电子,这称作保里不相容原理。据此可以推出各电子层所能容纳电子数的最大容量为 $2n^2$(见表 8-2)。

表 8-2 量子数与电子层最大容量

电子层 n	K	L		M			N			
	1	2		3			4			
电子亚层 l	s	s	p	s	p	d	s	p	d	f
	0	0	1	0	1	2	0	1	2	3
磁量子数 m	0	0	−1 0 +1	0	−1 0 +1	−2 −1 0 +1 +2	0	−1 0 +1	−2 −1 0 +1 +2	−3 −2 −1 0 +1 +2 +3
轨道数目	1	1	3	1	3	5	1	3	5	7
电子数目	2	2	6	2	6	10	2	6	10	14
每层最大容量 $=2n^2$	2	8		18			32			

8.4 多电子原子核外电子排布

8.4.1 多电子原子的能级

在讨论了量子力学的原子模型，了解了核外电子的运动状态后，我们要讨论核外电子的排布情况，分析核外电子是如何分布在各个轨道上的。对于氢原子来说，在通常情况下，其核外的一个电子总是位于基态 1s 轨道上。除氢外其他元素的原子核外都不止一个电子，这些原子统称多电子原子。讨论多电子原子的轨道能级，是讨论元素周期系和元素化学性质的理论依据。

1. 屏蔽效应

在多电子原子中，电子不仅受到原子核的吸引，而且电子之间存在着排斥作用。斯来托(J. C. Slater)认为，在多电子原子中，某一个电子受其余电子排斥作用的结果，与原子核对该电子的吸引作用正好相反。因此，可以认为其余电子屏蔽了或削弱了原子核对该电子的吸引作用。也就是说，该电子实际上所受到的核的引力要比相应数值等于原子序数 z 的核电荷的吸引力要小，因此要从 z 中减去一个值，该值称为屏蔽常数，用 σ 表示。显然 σ 体现其余电子对核电荷的影响，或者说，σ 代表了将原有核电荷抵消的部分，这种将其他电子对某个电子的排斥作用，归结为抵消一部分核电荷的作用，称为屏蔽效应。可以想象，对同一原子来说，离核越近的电子(主)层内的电子，受其他电子层电子的屏蔽程度越小；对外层电子的屏蔽作用越大。即各电子层的电子屏蔽作用的大小顺序为：K>L>M>N>O>P>…。离核近的电子层内的电子，由于被屏蔽程度小，受核场引力较大，故势能较低；而离核远的电子层内的电子，由于被屏蔽程度大，受核场引力被削弱，故势能较高。也就是说该电子受到的有效核电荷的作用减少，因而电子具有的能量就增大。

对某一电子来说，σ 的数值与其余电子的多少以及这些电子所处的轨道有关，也同该电子本身所处的轨道有关。一般来说，内层电子对外层电子的屏蔽作用较大，外层电子对较内层电子可近似地看作不产生屏蔽作用。

屏蔽常数 σ 可用斯莱脱(Slater)提出的规则作近似计算：

(1)将原子中的电子分成如下几组

(1s)　(2s,2p)　(3s,3p)　(3d)　(4s,4p)　(4d)　(5s,5p)…

(2)位于被屏蔽电子右边的各组电子，对此电子无屏蔽作用，即 $\sigma=0$。

(3)轨道电子间的 $\sigma=0.30$，其余各电子组电子之间 $\sigma=0.35$。

(4)被屏蔽电子为 ns 或 np 时，主量子数为 $(n-1)$ 的各电子对它的 $\sigma=0.85$，$(n-2)$ 及更内层中的电子的 $\sigma=1.00$。

(5)被屏蔽电子为 nd 或 nf 时，位于它左边各组电子对它的 $\sigma=1.00$。

在计算原子如某电子的 σ 值时，可将有关屏蔽电子对该电子的 σ 值相加而得。

例如锂原子是由带 3 个单位正电荷的原子核和核外 3 个电子构成。其中 2 个电子处在 1s 状态，1 个电子处在 2s 状态，按经验规则，对 2s 电子而言，2 个 1s 电子对它的屏蔽作用为 $\sigma=2\times0.85$，因此 2s 电子相当于处在有效核电荷 $z^*=z-\sigma=3-2\times0.85=1.3$ 的作用下运动。

2. 钻穿效应

从电子云径向分布图(见图 8-8)可见,径向分布图函数 $D(r)$ 只随半径 r 变化,它是由量子数 n 和 l 决定的。n 值较大的电子在离核较远的地方出现概率大,但在较近的地方也有出现的概率。这种外层电子向内层钻穿的效应称为钻穿效应。

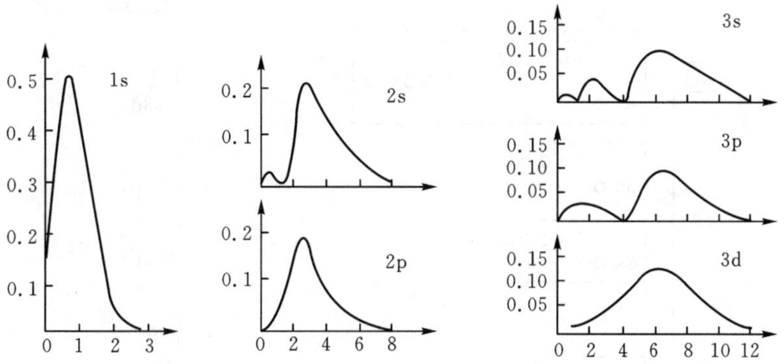

图 8-8 1s、2s、2p、3s、3p、3d 径向分布图

钻穿效应主要表现在穿入内层的小峰上,峰的数目越多(峰的数目为($n-l$)),钻穿效应越大。如果钻穿效应大,电子云深入内层,内层对它的屏蔽效应变小,即 σ 值变小,z^* 变大,能量降低。根据量子力学计算表明,在同一电子层中,凡第一个峰离核越近、峰数越多的电子云,其钻穿能力越强。由于钻穿能力,ns>np>nd>nf,所以电子云被屏蔽程度:ns<np<nd<nf。因此,对多电子原子而言,n 值相同,l 值不同的电子亚层,其能量高低的次序为

$$E_{ns}<E_{np}<E_{nd}<E_{nf}$$

3. 能量交错

由前面内容可知,多电子原子中电子能级的高低由 n,l 决定,l 相同时 n 越大能级越高,如 $E_{1s}<E_{2s}<E_{3s}<E_{4s}$;$n$ 相同 l 不同时,l 越大能级越高,如 $E_{3s}<E_{3p}<E_{3d}$。n 和 l 都不相同的情况下如何确定能级的高低呢?4s 能级的能量和 3d 相比哪一个高呢?从 3d 和 4s 原子轨道的径向分布曲线上很容易找出答案(见图 8-9)。

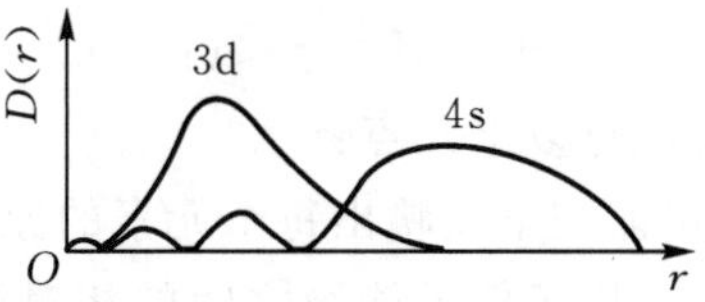

图 8-9 3d、4s 原子轨道的径向分布图

原子中各原子轨道能级的高低主要根据光谱实验确定,但也可从理论去推算。原子轨道能级的相对高低情况,若用图示法近似表示,就是所谓近似能级图。在无机化学中比较实用的是鲍林(Pauling)近似能级图。

鲍林 1939 年根据光谱实验结果总结出多电子原子中各轨道能级相对高低的情况,并用图近似表示出来(见图 8-10),称为鲍林近似能级图。图中用小圆圈表示原子轨道,它们所在位置的相对高低表示了各轨道能级的相对高低。鲍林能级图反映了核外电子填充的一般顺序。

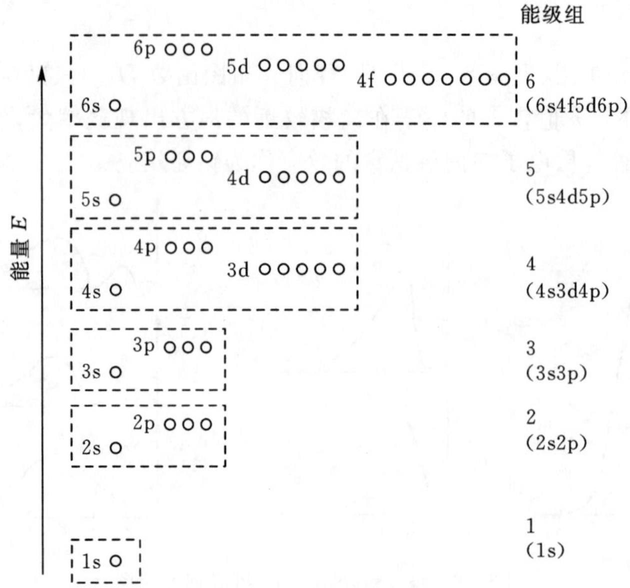

图 8-10 鲍林近似能级图

从图 8-10 中可以看出,同一原子不同电子层的同类亚层之间,能级的相对高低与主量子数 n 有关,为:

$$1s<2s<3s<4s<5s<6s<\cdots$$
$$2p<3p<4p<5p<6p<\cdots$$
$$3d<4d<5d<\cdots$$
$$4f<5f<\cdots$$

同一原子同一电子层内,各亚层能级的相对高低与角量子数 l 有关:

$$ns<np<nd<nf<\cdots$$

同一原子内不同电子层之间有能级交错现象。如:

$$4s<3d<4p$$
$$5s<4d<5p$$
$$6s<4f<5d<6p$$

对于鲍林近似能级图,需要注意以下几点:

(1)它只有近似的意义,不可能完全反映出每个元素的原子轨道能级的相对高低。

(2)它只能反映同一原子内各原子轨道能级之间的相对高低。不能用鲍林近似能级图来比较不同元素原子轨道能级的相对高低。

(3)该图实际上只能反映出同一原子外电层中原子轨道能级的相对高低,而不一定能完全反映内层中原子轨道能级的相对高低。

(4)电子在某一轨道中的能级实际上与原子序数(核电荷数)有关。核电荷数越多,对电子吸引力越大,电子离核近的结果使其所在轨道能量降得越低,轨道能级之间的相对高低情况,与鲍林近似能级图会有所不同。柯顿(F. A. Cotton)就因此而提出了原子轨道能量相对高低与原子序数的关系图,在此不作详细介绍。

鲍林近似能级图反映出随着原子序数的递增电子填充的先后顺序,这对写出原子核外的电子排布有所帮助。

另外，根据原子中各轨道能级大小接近的情况，常把图 8-10 中原子轨道划分为若干能级组（图中分别用虚线方框表示）。相邻两个能级组之间的能量差比较大，而同一能级组中各原子轨道的能量差较小或很接近。能级组的划分与元素同期系中元素划分为七个周期是相一致的，即元素周期系中元素划分为周期的本质原因是能量关系。

8.4.2 核外电子排布

1. 基态原子核外电子分布原理

根据原子光谱实验的结果和量子力学理论，原子核外电子排布服从以下原则：

(1) 保里不相容原理。在同一原子中，不可能有四个量子数完全相同的电子存在。每个轨道内最多只能容纳两个自旋方向相反的电子。

(2) 能量最低原理。多电子原子处在基态时，核外电子的分布在不违反保里不相容原理的前提下，总是尽可能先分布在能量较低的轨道，以使原子处于能量最低的状态。

(3) 洪特规则。原子中同一亚层的等价轨道上分布电子时，将尽可能单独分布在不同的轨道，而且自旋方向相同（或称自旋平行）。这样分布时，原子能量较低，体系较稳定。

2. 核外电子填入轨道的顺序

对多电子原子来说，由于紧靠核的电子层一般都排满了电子，所以其核外电子的排布主要看外层电子是怎样排布的，前面已经提到，鲍林近似能级图反映的是外电子层中原子轨道能级的相对高低，因此，也就能反映核外电子填入轨道的最后顺序。根据鲍林近似能级图和能量最低原理，就可以得到核处电子填入各亚层的顺序，如图 8-11所示。

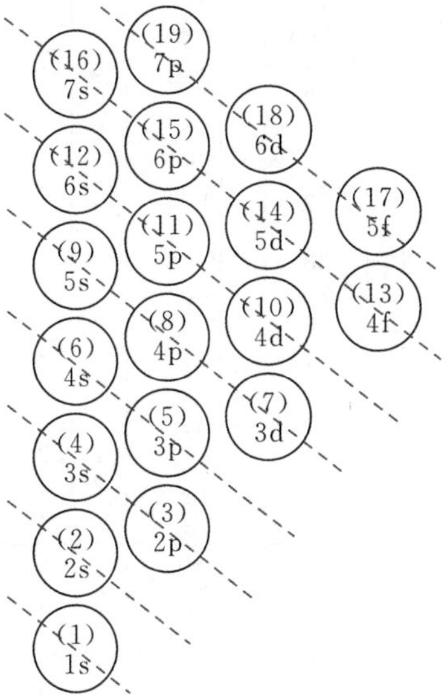

图 8-11 电子填入各亚层的顺序图

根据此图和保里不相容原理及洪特规则，就可以准确地写出 92 种元素原子的基态的核外电子排布式，即电子排布构型。例如

$_{17}$Cl 原子的电子排布式为：$1s^2 2s^2 2p^6 3s^2 3p^5$

$_{26}$Fe 原子的电子排布式为：$1s^2 2s^2 2p^6 3s^2 3p^6 3d^6 4s^2$

在 110 种元素当中，只有 19 种元素（它们是$_{24}$Cr，$_{29}$Cu，$_{41}$Nb，$_{42}$Mo，$_{44}$Ru，$_{45}$Rh，$_{46}$Pd，$_{47}$Ag，$_{57}$La，$_{58}$Ce，$_{64}$Gd，$_{78}$Pt，$_{79}$Au，$_{89}$Ac，$_{90}$Th，$_{91}$Pa，$_{92}$U，$_{93}$Np，$_{96}$Cm）原子外层电子的排布情况稍有例外，又可以归纳出一条特殊规律，就是对于同一电子亚层，当电子排布为全充满（p^6、d^{10}、f^{14}）、半充满（p^3、d^5、f^7）和全空（p^0、d^0、f^0）时，电子云分布呈球状，原子结构较稳定。亚层全充满的例子如$_{29}$Cu 的电子排布式为：$1s^2 2s^2 2p^6 3s^2 3p^6 3d^{10} 4s^1$，而不是 $1s^2 2s^2 2p^6 3s^2 3p^6 3d^9 4s^2$，此外，$_{46}$Pd，$_{47}$Ag，$_{79}$Au 也有类似情况；亚层等价轨道半充满的例子如$_{24}$Cr，它的电子分布式为：$1s^2 2s^2 2p^6 3s^2 3p^6 3d^5 4s^1$，而不是 $1s^2 2s^2 2p^6 3s^2 3p^6 3d^4 4s^2$，此外$_{42}$Mo，$_{64}$Gd，$_{96}$Cm 也有类似情况。

3. 核外电子的分布

表 8-3 列出了原子序数 1～109 各元素基态原子内的电子分布。

表 8-3 基态原子的电子层结构

周期	原子序数	元素符号	电子层																	
			K	L		M			N				O				P			Q
			1s	2s	2p	3s	3p	6d	4s	4p	4d	4f	5s	5p	5d	4f	6s	6p	6d	7s
1	1	H	1																	
	2	He	2																	
2	3	Li	2	1																
	4	Be	2	2																
	5	B	2	2	1															
	6	C	2	2	2															
	7	N	2	2	3															
	8	O	2	2	4															
	9	F	2	2	5															
	10	Ne	2	2	6															
3	11	Na	2	2	6	1														
	12	Mg	2	2	6	2														
	13	Al	2	2	6	2	1													
	14	Si	2	2	6	2	2													
	15	P	2	2	6	2	3													
	16	S	2	2	6	2	4													
	17	CI	2	2	6	2	5													
	18	Ar	2	2	6	2	6													
4	19	K	2	2	6	2	6		1											
	20	Ca	2	2	6	2	6		2											
	22	Sc	2	2	6	2	6	1	2											
	23	Ti	2	2	6	2	6	2	2											
	24	V	2	2	6	2	6	3	2											
	25	Cr	2	2	6	2	6	5	1											
	26	Mn	2	2	6	2	6	5	2											
	27	Fe	2	2	6	2	6	6	2											
	28	Co	2	2	6	2	6	7	2											
	29	Ni	2	2	6	2	6	8	2											
	30	Cu	2	2	6	2	6	10	1											
	31	Zn	2	2	6	2	6	10	2	1										
	32	Ga	2	2	6	2	6	10	2	2										
	33	As	2	2	6	2	6	10	2	3										
	34	Se	2	2	6	2	6	10	2	4										
	35	Br	2	2	6	2	6	10	2	5										
	36	Kr	2	2	6	2	6	10	2	6										
5	37	Rb	2	2	6	2	6	10	2	6			1							
	38	Sr	2	2	6	2	6	10	2	6			2							
	39	Y	2	2	6	2	6	10	2	6	1		2							
	40	Zr	2	2	6	2	6	10	2	6	2		2							
	41	Nb	2	2	6	2	6	10	2	6	4		1							
	42	Mo	2	2	6	2	6	10	2	6	5		1							
	43	Tc	2	2	6	2	6	10	2	6	5		2							
	44	Ru	2	2	6	2	6	10	2	6	7		1							
	45	Rh	2	2	6	2	6	10	2	6	8		1							
	46	Pd	2	2	6	2	6	10	2	6	10		1							
	47	Ag	2	2	6	2	6	10	2	6	10		2							
	48	Cd	2	2	6	2	6	10	2	6	10		2							
	49	In	2	2	6	2	6	10	2	6	10		2	1						
	50	Sn	2	2	6	2	6	10	2	6	10		2	2						
	51	Sb	2	2	6	2	6	10	2	6	10		2	3						
	52	Te	2	2	6	2	6	10	2	6	10		2	4						
	53	I	2	2	6	2	6	10	2	6	10		2	5						
	54	Xe	2	2	6	2	6	10	2	6	10		2	6						
6	55	Cs	2	2	6	2	6	10	2	6	10		2	6						
	56	Ba	2	2	6	2	6	10	2	6	10		2	6						

周期	原子序数	元素符号	电子层																	
			K	L		M			N				O				P			Q
			1s	2s	2p	3s	3p	6d	4s	4p	4d	4f	5s	5p	5d	4f	6s	6p	6d	7s
	57	La	2	2	6	2	6	10	2	6	10		2	6	1		2			
	58	Ce	2	2	6	2	6	10	2	6	10	1	2	6			2			
	59	Pr	2	2	6	2	6	10	2	6	10	3	2	6			2			
	60	Nd	2	2	6	2	6	10	2	6	10	4	2	6			2			
	61	Pm	2	2	6	2	6	10	2	6	10	5	2	6			2			
	62	Sm	2	2	6	2	6	10	2	6	10	6	2	6			2			
	63	Eu	2	2	6	2	6	10	2	6	10	7	2	6	1		2			
	64	Gd	2	2	6	2	6	10	2	6	10	7	2	6			2			
	65	Tb	2	2	6	2	6	10	2	6	10	9	2	6			2			
	66	Dy	2	2	6	2	6	10	2	6	10	10	2	6			2			
	67	Ho	2	2	6	2	6	10	2	6	10	11	2	6	1		2			
	68	Er	2	2	6	2	6	10	2	6	10	12	2	6	2		2			
	69	Tm	2	2	6	2	6	10	2	6	10	13	2	6	3		2			
	70	Yb	2	2	6	2	6	10	2	6	10	14	2	6	4		2			
	71	Lu	2	2	6	2	6	10	2	6	10	14	2	6	5		2			
6	72	Hf	2	2	6	2	6	10	2	6	10	14	2	6	6		2			
	73	Ta	2	2	6	2	6	10	2	6	10	14	2	6	7		2			
	74	W	2	2	6	2	6	10	2	6	10	14	2	6	9		2			
	75	Re	2	2	6	2	6	10	2	6	10	14	2	6	10		2			
	76	Os	2	2	6	2	6	10	2	6	10	14	2	6	10		2			
	77	Ir	2	2	6	2	6	10	2	6	10	14	2	6	10		2			
	78	Pt	2	2	6	2	6	10	2	6	10	14	2	6	10		1			
	79	Au	2	2	6	2	6	10	2	6	10	14	2	6	10		1			
	80	Hg	2	2	6	2	6	10	2	6	10	14	2	6	10		2			
	81	Ti	2	2	6	2	6	10	2	6	10	14	2	6	10		2	1		
	82	Pb	2	2	6	2	6	10	2	6	10	14	2	6	10		2	2		
	83	Bi	2	2	6	2	6	10	2	6	10	14	2	6	10		2	3		
	84	Po	2	2	6	2	6	10	2	6	10	14	2	6	10		2	4		
	85	At	2	2	6	2	6	10	2	6	10	14	2	6	10		2	5		
	86	Rn	2	2	6	2	6	10	2	6	10	14	2	6	10		2	6		
	87	Fr	2	2	6	2	6	10	2	6	10	14	2	6	10		2	6		1
	88	Ra	2	2	6	2	6	10	2	6	10	14	2	6	10		2	6		2
	89	Ac	2	2	6	2	6	10	2	6	10	14	2	6	10		2	6	1	2
	90	Th	2	2	6	2	6	10	2	6	10	14	2	6	10		2	6	2	2
	91	Pa	2	2	6	2	6	10	2	6	10	14	2	6	10	2	2	6	1	2
	92	U	2	2	6	2	6	10	2	6	10	14	2	6	10	3	2	6	1	2
	93	Np	2	2	6	2	6	10	2	6	10	14	2	6	10	4	2	6	1	2
	94	Pu	2	2	6	2	6	10	2	6	10	14	2	6	10	6	2	6		2
	95	Am	2	2	6	2	6	10	2	6	10	14	2	6	10	7	2	6	1	2
	96	Cm	2	2	6	2	6	10	2	6	10	14	2	6	10	7	2	6		2
	97	Bk	2	2	6	2	6	10	2	6	10	14	2	6	10	9	2	6		2
	98	Cf	2	2	6	2	6	10	2	6	10	14	2	6	10	10	2	6		2
7	99	Es	2	2	6	2	6	10	2	6	10	14	2	6	10	11	2	6		2
	100	Fm	2	2	6	2	6	10	2	6	10	14	2	6	10	12	2	6		2
	101	Md	2	2	6	2	6	10	2	6	10	14	2	6	10	13	2	6		2
	102	No	2	2	6	2	6	10	2	6	10	14	2	6	10	14	2	6		2
	103	Lr	2	2	6	2	6	10	2	6	10	14	2	6	10	14	2	6		2
	104	Unq	2	2	6	2	6	10	2	6	10	14	2	6	10	14	2	6	1	2
	105	Unp	2	2	6	2	6	10	2	6	10	14	2	6	10	14	2	6	2	2
	106	Unh	2	2	6	2	6	10	2	6	10	14	2	6	10	14	2	6	3	2
	107	Uns	2	2	6	2	6	10	2	6	10	14	2	6	10	14	2	6	4	2
	108	Uno	2	2	6	2	6	10	2	6	10	14	2	6	10	14	2	6	5	2
	109	Une	2	2	6	2	6	10	2	6	10	14	2	6	10	14	2	6	6	2
	110	Uun	2	2	6	2	6	10	2	6	10	14	2	6	10	14	2	6	7	2
	111	Uuu	2	2	6	2	6	10	2	6	10	14	2	6	10	14	2	6	8	2

注：表中单框中的元素为过渡元素，双框中的元素为镧系、锕系元素。

从表 8-3 中我们可以看出三点：

(1)原子的最外电子层最多只能容纳 8 个电子(第一电子层只能容纳 2 个电子)。

(2)次外电子层最多只能容纳 18 个电子(若次外层 $n=1$ 或 2,则最多只能有 2 或 8 个电子)。

(3)原子的外数第三层最多只有 32 个电子(若该层的 $n=1,2,3$,则最多只能容纳 2,8,18 个电子)。

4. 基态原子的价层电子构型

价电子所在的亚层统称价层。原子的价层电子构型是指价层的电子分布式,它能反映出该原子电子层结构的特征,但价层中的电子并非全是价电子,例如 Ag 的价电子构型为 $4d^{10}5s^1$,而其氧化值只有+1,+2,+3。在书写原子核外电子分布式时,为简便起见,可用该元素前一周期的稀有气体元素符号作为原子实,代替相应的电子分布部分,如表 8-4 所示。

表 8-4 某些元素原子价层电子构型

元素	电子分布式	
	原子实	价层电子构型
$_{16}S$	[Ne]	$3s^2 3p^4$
$_{25}Mn$	[Ar]	$3d^5 4s^2$
$_{35}Br$	[Ar]	$4s^2 4p^5$
$_{47}Ag$	[Kr]	$4d^{10} 5s^1$
$_{80}Hg$	[Xe]	$5d^{10} 6s^2$
$_{92}U$	[Rn]	$5f^3 6d^1 7s^2$

8.4.3 简单基态阳离子的电子分布

根据鲍林的近似能级图,基态原子外层轨道能级高低顺序为:$ns<(n-2)f<(n-1)d<np$。若按此顺序,Fe^{2+} 的电子分布式似应为[Ar]$3d^4 4s^2$,但根据实验 Fe^{2+} 的电子分布式实为:[Ar]$3d^6 4s^0$,原因是阳离子的有效核电荷比原子的多,造成基态阳离子的轨道能级与基态原子的轨道能级有所不同。

通过对基态原子和离子内轨道能级的研究,从大量光谱数据中归纳出如下经验规律:

基态原子外层电子填充顺序:$\rightarrow ns \rightarrow (n-2)f \rightarrow (n-1)d \rightarrow np$

价电子电离顺序:$\rightarrow np \rightarrow ns \rightarrow (n-1)d \rightarrow (n-2)f$

故 Mn^{2+} 的电子分布式为[Ar]$3d^5 4s^0$,Ag^+ 的电子分布式为[Kr]$4d^{10}$。

8.5 原子结构和元素周期系

8.5.1 原子结构和元素周期系

元素周期律是门捷列夫 1869 年提出的,当时周期律尚未被发现,故对实质并不了解。

今天我们研究了原子的电子层结构，才揭示了周期律的本质。元素性质的周期性来源于基态原子电子层结构随原子序数递增而呈现的周期性，元素周期律正是原子内部结构周期性变化的反映，元素在周期表中的位置和它们的电子层结构有直接关系。

1. 原子序数

原子序数由原子的核电荷数或核外电子总数而定。

2. 周期

原子具有的电子层数与该元素所在的周期相对应。从鲍林近似能级图看出，可以将原子中的各个能级按照能量的高低划分为若干个能级组。从电子的填充情况来看，每一个能级组都是从 ns 开始，即开始填入一个新的电子层，这样就出现一个新的周期，所以每一个能级组就对应于一个周期。由于能级交错，一个能级组内包含的能级数目不同，故周期就有长短之分。从能级组可以看出，每一周期都是从 ns^1（碱金属元素）开始到 ns^2np^6（稀有气体）结束。

周期与最外能级组的关系见表 8－5。

表 8－5　周期与最外能级组的关系

周期	能级组	能级组内各轨道电子分布顺序	周期内元素种数
1(特短周期)	Ⅰ	$1s^{1\to2}$	2
2(短周期)	Ⅱ	$2s^{1\to2}2p^{1\to6}$	8
3(短周期)	Ⅲ	$3s^{1\to2}3p^{1\to6}$	8
4(长周期)	Ⅳ	$4s^{1\to2}3d^{1\to10}4p^{1\to6}$	18
5(长周期)	Ⅴ	$5s^{1\to2}4d^{1\to10}5p^{1\to6}$	18
6(特长周期)	Ⅵ	$6s^{1\to2}4f^{1\to14}5d^{1\to10}6p^{1\to6}$	32
7(未完成周期)	Ⅶ	$7s^{1\to2}5f^{1\to14}6d^{1\to}$	预测有 32 种

从表 8－5 可以看出，各周期内所包含的元素数目与相应能级组内轨道所能容纳的电子数是相等的。另外元素周期表中的周期数等于该元素原子的电子层数（Pd 除外）。

3. 族

元素原子的价电子层结构决定该元素在周期表中所处的族次。原子的价电子是原子参加化学反应时能够用于成键的电子。如果元素原子最后填入电子的亚层为 s 或 p 亚层，该元素便属主族元素，书写以 A 表示，但稀有气体根据习惯属零族，主族元素（ⅠA 至ⅦA）的价电子数等于最外层 s 和 p 电子的总数。如果最后填入电子的亚层为 d 或 f 亚层的，该元素便属副族元素，书写时用 B 表示，又称为过渡元素。副族元素情况比较复杂，需要具体分析。ⅠB、ⅡB 副族元素的价电子数等于最外层 s 电子的数目，ⅢB 至ⅦB 副族元素的价电子数等于最外层 s 和次外层 d 层中的电子总数。例如，$(n-1)d^5ns^2$，价电子数目为 7，则为ⅦB。镧系、锕系在周期表中都排在ⅢB 族。可见，元素原子的价电子层结构（或元素原子价电子数）与元素所在的族数对应。如 ns^1 属于ⅠA，ns^2np^5 属于ⅦA，$(n-1)d^5ns^2$ 属于ⅦB，等等。在同一族中的各元素虽然它们的电子层数不同，但却有相同的价电子构型和相同的价电子数。

4. 区

根据元素原子价电子层结构的不同，可以把周期表中的元素所在的位置分成 s、p、d、ds、f 五个区(见图 8－12)。

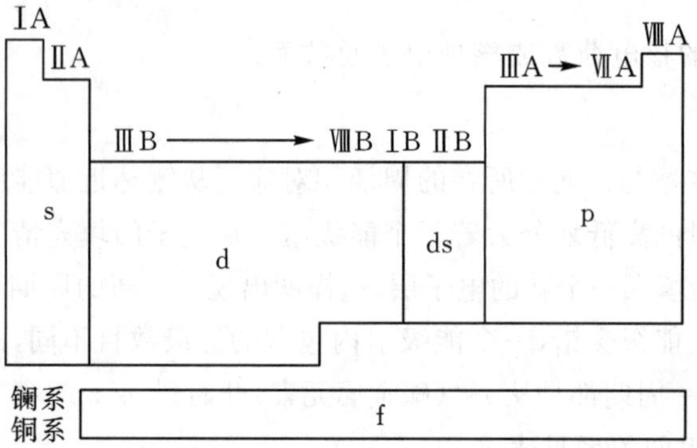

图 8－12　周期表分布示意图

(1)s 区元素　指最后一个电子填在 ns 能级上的元素。位于周期表左侧。包括ⅠA(碱金属)和ⅡA(碱土金属)。它们易失去最外层的一个或两个 s 电子，形成＋1 或＋2 价正离子。它们是活泼金属。

(2)p 区元素　指最后一个电子填充在 np 能级上的元素，位于长周期右侧。它包括ⅢA～ⅦA及零族元素。

(3)d 区元素　指最后一个电子填充在$(n-1)$d 能级上的元素，位于长周期表的中部。这些元素化学性质相近，有可变氧化值。往往把 d 区进一步分为 d 区和 ds 区，ds 区的价电子构型为$(n-1)d^{10}ns^{1\to2}$，ⅠB 铜分族和ⅡB 锌分族属 ds 区。

(4)f 区元素　指最后一个电子填在$(n-2)$f 能级上的元素，即镧系、锕系元素(注意元素镧和锕属 d 区，不属 f 区)，价电子构型为$(n-2)\ f^{1\to14}(n-1)d^{0\to2}ns^2$。该区元素的特点是性质极为相似。

根据核外电子排布的规律和元素在周期表中的位置，在门捷列夫元素周期表的基础上经过修订得到的现代元素周期表见彩插 。

8.5.2　元素基本性质的周期性变化规律

元素性质取决于原子的内部结构。既然原子的电子层结构具有周期性变化规律，那么元素的基本性质，如原子半径、电离能、电子亲合能、电负性(通常把这些性质称为原子参数)等也随之呈现明显的周期性。这些周期规律性是讨论元素化学性质的重要依据。

1. 原子半径

原子核的周围是电子云，它们没有确定的边界。我们通常所说的原子半径是根据物质的聚集状态，人为地规定的一种物理量，常用的有以下三种。

(1)原子半径　同种元素的两个原子以共价单键连接时，它们核间距离的一半，称为该原子的共价半径。例如，把 Cl_2 分子的两个 Cl 原子核间距离的一半(99 pm)称为 Cl 原子的共价半径。核间距可以通过晶体衍射、光谱等实验测得。

(2)范德华半径　在分子晶体中，分子之间是以范德华力(即分子间力)结合的，这时非键的两个同种原子核间距离的一半，称为范德华半径。同一元素原子的范德华半径大于共价半径。如Cl原子的范德华半径为180 pm。

(3)金属半径　金属单质晶体中，相邻两金属原子核间距离的一半，称为该金属原子的金属半径。例如，把金属铜中两个相邻Cu原子核间距离的一半(128 pm)定为Cu原子的金属半径。原子的金属半径一般比它的单键共价半径大10%～15%。

原子半径的大小主要取决于原子的有效核电荷和核外电子的层数。在周期系的同一短周期中从碱金属到卤素，由于原子的有效核电荷逐渐增加，而电子层数保持不变，因此核对电子的吸引力逐渐增大，原子半径逐渐减小。在长周期中，从第三个元素开始，原子半径减小比较缓慢，而在后半部的元素(例如，第四周期从Cu开始)，原子半径反而略为增大，但随即又逐渐减小。这是在长周期过渡元素的原子中，电子的增加是填充在($n-1$)层上，屏蔽作用大，使有效核电荷增大不多，核对外层电子的吸引力也增加比较少，因而原子半径减小较慢。而到了长周期的后半部，即自ⅠB开始，由于次外层已充满18电子，新加的电子要加在最外层，半径又略为增大。当电子继续填入最外层时，由于有效核电荷的增加，原子半径又逐渐减小。图8-13给出了周期表中前36号元素其原子半径的变化情况。

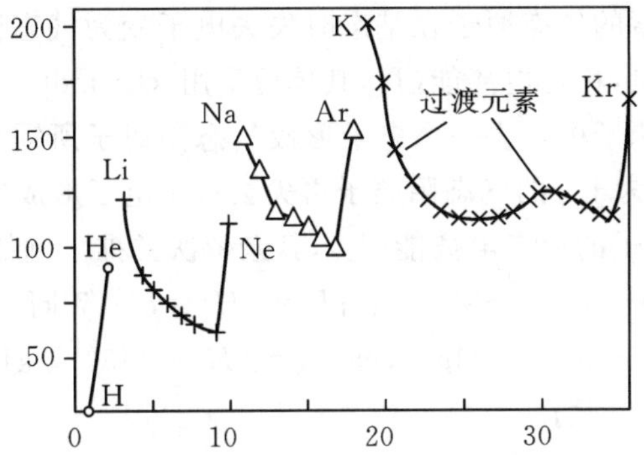

图8-13　周期表前36号元素原子半径的变化

长周期f区内过渡元素，从左向右过渡时，由于新增加的电子填入外数第三层的($n-2$)f轨道上，其结果与d区元素基本相似，只是原子半径减小的平均幅度更小。例如镧系从镧(La)到镥(Lu)，中间经历了13种元素，原子半径只收缩了约12 pm左右。镧系收缩的幅度虽然很小，但它收缩的影响却很大，使镧系后面的过渡元素铪(Hf)、钽(Ta)、钨(W)的原子半径与其同族相应的锆(Zr)、铌(Nb)、钼(Mo)的原子半径极为接近，造成Zr与Hf，Nb与Ta，Mo与W的性质十分相似，在自然界往往共生，分离时比较困难。

原子半径在族中的变化：主族元素从上往下过渡时，尽管核电荷数增多，但是电子层的增多起主导作用，因此原子半径是显著增大。但副族元素除钪分族外，从上到下过渡时原子半径一般增大幅度较小，尤其是第五周期和第六周期的同族元素之间，原子半径非常接近。原子半径越大，核对外层电子的引力越弱，原子就越易失去电子；相反，原子半径越小，核对外层电子的引力越强，原子就越易得到电子。但必须注意，难失去电子的原子，不一定就容易得到电子。例如，稀有气体原子得、失电子都不容易。图8-14所示各元素的为原子半径相对大小。

H 37																	He 122
Li 123	Be 89											B 80	C 77	N 70	O 66	F 64	Ne 160
Na 157	Mg 136											Al 125	Si 117	P 110	S 104	Cl 99	Ar 191
K 203	Ca 174	Sc 144	Ti 132	V 122	Cr 117	Mn 117	Fe 116	Co 116	Ni 115	Cu 117	Zn 125	Ga 125	Ge 122	As 121	Se 117	Br 114	Kr 198
Rb 216	Sr 192	Y 162	Zr 145	Nb 134	Mo 129	Tc 127	Ru 124	Rh 125	Pd 128	Ag 134	Cd 141	In 150	Sn 140	Sb 141	Te 137	I 133	Xe 217
Cs 235	Ba 193	La 169	Hf 144	Ta 134	W 130	Re 128	Os 126	Ir 126	Pt 129	Au 134	Hg 144	Tl 155	Pb 146	Bi 152	Po 153	At	Rn
Fr	Ra																

La 169	Ce 165	Pr 165	Nd 164	Pm 163	Sm 166	Eu 185	Gd 161	Tb 159	Dy 159	Ho 158	Er 157	Tm 156	Yb 170	Lu 156

图 8-14 元素的原子半径

2. 电离能 *I*

从原子中移去电子，必须克服核电荷的吸引力，故消耗能量。原子失去电子的难易程度可用电离能来衡量。元素的气态原子在基态时失去电子变为气态阳离子，克服核电荷对该电子的引力而消耗的能量，称为电离能(I)，其单位采用 $kJ\cdot mol^{-1}$。

从基态的中性气态原子中失去一个电子形成气态阳离子所需要的能量，称为原子的第一电离能(I_1)；由氧化值为+1的气态阳离子再失去一个电子形成氧化值为+2的气态阳离子所需要的能量，称为原子的第二电离能(I_2)；其余依次类推。例如：

$$Mg(g) - e^- \longrightarrow Mg^+(g);\ I_1 = \Delta H_1 = 737.7\ kJ\cdot mol^{-1}$$

$$Mg^+(g) - e^- \longrightarrow Mg^{2+}(g);\ I_2 = \Delta H_2 = 1450.7\ kJ\cdot mol^{-1}$$

镁的电离能数据如表 8-6 所示。

表 8-6 镁的电离能数据

第 n 电离能	I_1	I_2	I_3	I_4	I_5	I_6	I_7	I_8
I_n/ $kJ\cdot mol^{-1}$	737.7	1450.7	7732.8	10540	13628	17905	21704	25658

从表 8-6 可以看出：

(1) $I_1 < I_2 < I_3 < I_4 < \cdots$。这是由于原子每失去一个电子以后，其余电子受核的吸引力越大，与核结合得越牢的缘故。

(2) $I_1 < I_2 \ll I_3 < I_4 < \cdots$。这是因为电离头两个电子是镁原子最外层的 3s 电子，而从第三个电子起，都是内层电子，不易失去，这正是镁容易形成 Mg^{2+} 的缘故。

显然元素原子的电离能越小，原子就越易失去电子；反之，元素原子的电离能越大，原子越难失去电子。这样，我们就可以根据原子的电离能来衡量原子失去电子的难易程度。一般情况下，只要应用第一电离能数据即可，因此，通常说的电离能，如果没有特别说明，指的就是第一电离能。

元素原子的电离能，可以通过实验测出，图 8-15 所示为各元素原子第一电离能。

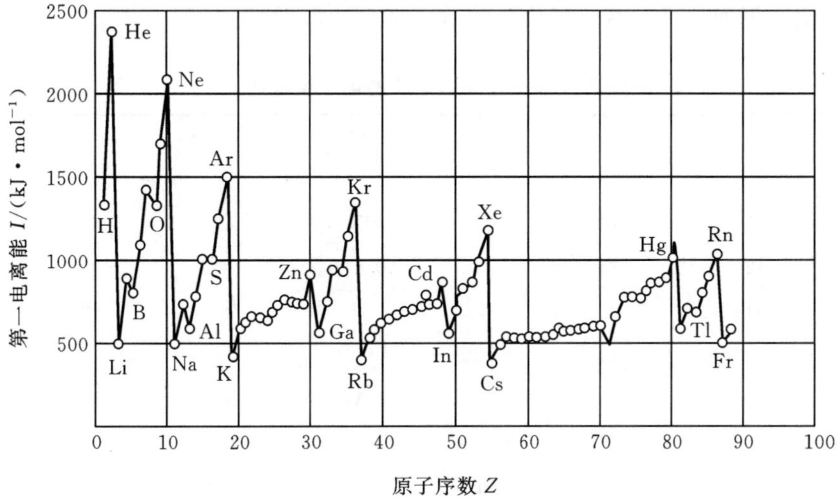

图 8-15　各元素原子的第一电离能

从图 8-15 可看出，同一周期主族元素，从左向右过渡时，电离能逐渐增大。这是由于同一周期从左向右过渡时，元素原子的有效核电荷逐渐增加，核对外层电子的吸引力逐渐增强，原子半径逐渐减小，使得原子失去电子由容易逐渐变得困难。副族元素从左向右过渡时，由于原子的有效核电荷只是略为增加，核对外层电子的吸引力略为增强，原子半径减小的幅度很小，因而电离能总的看只是稍微增大，而且个别处变化还不十分规律。

同一主族元素从上往下过渡时，原子的电离能逐渐减小。这是由于从上往下核电荷数虽然增多，但电子层数也相应增多，原子半径增大的因素起主要作用，使核对外层电子的吸引力减弱，因而逐渐容易失去电子的缘故。副族元素从上往下原子半径只是略微增大，而且第五、六周期元素的原子半径又非常接近，核电荷数增多的因素起了作用，第四周期与第六周期同族元素原子的电离能相比较，总的趋势是增大的，但其间的变化没有明显的规律。

值得注意的是，电离能的大小只能衡量气态原子失去电子变为气态离子的难易程度，至于金属在溶液中发生化学反应形成阳离子的倾向，还是应该根据金属的电极电势来进行估量。

3. 电子亲合能 *Y*

与电离能恰好相反，元素原子的第一电子亲合能是指一个基态的气态原子得到一个电子形成气态阴离子所释放出的能量。如：

$$O(g) + e^- \longrightarrow O^-(g);\ Y_1 = -141\ kJ \cdot mol^{-1}$$

元素原子的第一电子亲合能一般都为负值，因为电子落入中性原子的核场里势能降低，体系能量减少。唯稀有气体原子(ns^2np^6)和ⅡA 族原子(ns^2)最外电子亚层已全充满，要加上一个电子，环境必须对体系做功，亦即吸收能量才能实现，所以第一电子亲合能为正值。所有元素原子的第二电子亲合能都为正值，因为阴离子本身是个负电场，对外加电子有排斥作用，要再加合电子时，环境也必须对体系做功。例如：

$$O^-(g) + e^- \longrightarrow O^{2-}(g);\ Y_2 = 780\ kJ \cdot mol^{-1}$$

显然，元素原子的第一电子亲合能代数值越小，原子就越容易得到电子，反之，元素原子的第一电子亲合能代数值越大，原子就越难得到电子。

由于电子亲合能的测定比较困难，所以目前测得的数据较少，准确性也较差，有些数据还只是计算值。下面提供一些元素原子的电子亲合能数据，见表 8－7。

表 8－7 一些元素原子的电子亲合能 单位 $kJ \cdot mol^{-1}$

H							He
−72.9							(+21)
Li	Be	B	C	N	O	F	Ne
−59.8	(+240)	−23	−122	0±20	−141	−322	(+29)
Na	Mg	Al	Si	P	S	Cl	Ar
−52.9	(+230)	−44	−120	−74	−200.4	−348.7	(+35)
K	Ca	Ga	Ge	As	Se	Br	Kr
−48.4	(+156)	−36	−116	−77	−195	−324.5	(+39)
Rb		In	Sn	Sb	Te	I	Xe
−46.9		−34	−121	−101	−190.1	−295	(+40)
Cs	Ba	Tl	Pb	Bi	Po	At	Rn
−45.5	(+52)	−50	−100	−100	(−180)	−(270)	(+40)

无论是在周期还是族中，电子亲合能的代数值一般都是随着原子半径的减小而减小的。因为半径减小，核电荷对电子的引力增大，故电子亲合能在周期中从左向右过渡时，总的变化趋势是减小的。主族元素从上往下过渡时，总的变化趋势是增大的。值得注意，电子亲合能、电离能只能表征孤立气态原子或离子得、失电子的能力。

4. 电负性

某原子难失去电子，不一定就容易得到电子；反之，某原子难得到电子，也不一定就容易失去电子。为了能比较全面地描述不同元素原子在分子中对成键电子吸引的能力，鲍林提出了电负性的概念。所谓电负性是指分子中元素原子吸引电子的能力。他指出最活泼的非金属元素原子的电负性 $x(F)=4.0$，然后通过计算得到其他元素原子的电负性(见图 8－16)。

H 2.1																
Li 1.0	Be 1.5											B 2.0	C 2.5	N 3.0	O 3.5	F 4.0
Na 0.9	Mg 1.2											Al 1.5	Si 1.8	P 2.1	S 2.5	Cl 3.0
K 0.8	Ca 1.0	Sc 1.3	Ti 1.5	V 1.6	Cr 1.6	Mn 1.5	Fe 1.8	Co 1.9	Ni 1.9	Cu 1.9	Zn 1.6	Ga 1.6	Ge 1.8	As 2.0	Se 2.4	Br 2.8
Rb 0.8	Sr 1.0	Y 1.2	Zr 1.4	Nb 1.6	Mo 1.8	Tc 1.9	Ru 2.2	Rh 2.2	Pd 2.2	Ag 1.9	Cd 1.7	In 1.7	Sn 1.8	Sb 1.9	Te 2.1	I 2.5
Cs 0.7	Ba 0.9	La~Lu 1.0~1.2	Hf 1.3	Ta 1.5	W 1.7	Re 1.9	Os 2.2	Ir 2.2	Pt 2.2	Au 2.4	Hg 1.9	Tl 1.8	Pb 1.9	Bi 1.9	Po 2.0	At 2.2
Fr 0.7	Ra 0.9	Ac 1.1	Th 1.3	Pa 1.4	U 1.4	Np~No 1.4~1.3										

图 8－16 元素原子的电负性(L · Pauling)

从图 8-16 中可见，元素原子的电负性呈周期性变化。同一周期从左向右电负性逐渐增大；在同一主族中，从上往下电负性逐渐减小。至于副族元素原子，电负性变化不甚规律。某元素的电负性越大，表示它的原子在分子中吸引成键电子的能力越强。

需要说明的有两点：①电负性是一个相对值，本身没有单位；②自从 1932 年鲍林提出电负性概念后，有不少人对这个问题进行探讨，由于计算方法不同，现在已经有几套元素原子电负性数据，因此，使用数据时要注意出处，并尽可能采用同一套电负性数据。

5. 元素的氧化值

元素的氧化值与原子的价电子数直接有关。

(1)主族元素的氧化值。由于主族元素原子只有最外层的电子为价电子，能参与成键，因此，主族元素(F，O 除外)的最高氧化值等于该原子的价电子总数(亦即族数)。如表 8-8 所示，随着原子核电荷数的递增，主族元素的氧化值呈现周期性的变化。

表 8-8 主族元素的氧化值与价电子数的对应关系

族数	ⅠA	ⅡA	ⅢA	ⅣA	ⅤA	ⅥA	ⅦA
价层电子构型	ns^1	ns^2	ns^2np^1	ns^2np^2	ns^2np^3	ns^2np^4	ns^2np^5
价电子总数	1	2	3	4	5	6	7
主要氧化值	+1	+2	+3	+4	+5	+6	+7
	—	—	—	+2	+3	+4	+5
	—	—	Tl 还有+1	(N,P 有-3)	—	-2	+3
	—	—	—	—	—	—	+1
	—	—	—	(N 还有 +1,+2, +4)	(O 只有 -1,-2)	—	-1
	—	—	—	—	—	—	(F 只有-1)
最高氧化值	+1	+2	+3	+4	+5	+6	+7

(2)副族元素的氧化值。ⅢB～ⅦB 族元素原子最外层的 s 亚层和次外层 d 亚层的电子均为价电子，因此，元素的最高氧化值也等于价电子总数。如表 8-9 所示。

表 8-9 ⅢB～ⅦB 族元素最高氧化值与价电子数的对应关系

族数	ⅢB	ⅣB	ⅤB	ⅥB	ⅦB
第四周期元素	Sc	Ti	V	Cr	Mn
价层电子构型	$3d^14s^2$	$3d^24s^2$	$3d^34s^2$	$3d^54s^1$	$3d^54s^2$
最高氧化值	+3	+4	+5	+6	+7
价电子数	3	4	5	6	7

但ⅠB 和ⅧB 族元素的氧化值变化不规律；ⅡB 族的最高氧化值为+2。

6. 元素的金属性和非金属性

在已经发现和合成的元素中，金属元素约占五分之四左右。凡是金属都不同程度地具有不透明、金属光泽、导电传热和延展性。从化学角度说，金属最突出的特性是指它在化学反应中容易失去电子。因此，在化学反应中，某元素原子如果容易失去电子变为低正氧化值阳离子，就表示它的金属性强；反之，若容易得到电子变为阴离子，就表示它的非金属性强。元素的金属性和非金属性的强弱，与原子的半径、电子层结构和核电荷数直接有关。原子半径越大、价电子数越少、核电荷数越少，原子对价电子吸引力越弱，原子越易失去价电子，元素的金属性越强；反之，原子越容易得到电子，元素的非金属性越来越强。元素的金属性和非金属性相对强弱，可以应用原子参数进行比较。元素原子的电离能越小，或电负性越小，元素的金属性越强；元素原子的电子亲合能的代数值越小，或电负性越大，元素的非金属性越强。

同一周期的元素，由左向右过渡，元素原子的电负性增大，元素的金属性逐渐减弱，元素的非金属性逐渐增强。

同一族的元素由上向下过渡，元素原子的电负性减小，元素的金属性逐渐增强，元素的非金属性逐渐减弱。但是，副族元素由于原子电子层结构较复杂，元素金属性递变规律不明显。

习　题

1. 下列各组量子数是否合理？为什么？

(1) $n=2$　$l=1$　$m=0$

(2) $n=2$　$l=2$　$m=-1$

(3) $n=3$　$l=0$　$m=-1$

(4) $n=2$　$l=3$　$m=+2$

2. 在下列各组量子数中填入尚缺的量子数。

(1) $n=?$　$l=2$　$m=0$　$m_s=+1/2$

(2) $n=2$　$l=?$　$m=-1$　$m_s=-1/2$

(3) $n=4$　$l=2$　$m=0$　$m_s=?$

(4) $n=2$　$l=0$　$m=?$　$m_s=+1/2$

3. 量子数 $n=3$，$l=1$ 的原子轨道的符号是什么？该类原子轨道的形状如何？有几种空间取向？共有几个轨道？可容纳多少个电子？

4. 写出氖原子中 10 个电子各自的四种量子数。

5. 用合理的量子数表示：

(1) 3d 能级

(2) $2p_x$ 原子轨道

(3) $4s^1$ 电子

6. 分别写出下列元素原子的电子分布式，并分别指出各元素在周期表中的位置。

$_{9}F$　$_{17}Cl$　$_{25}Mn$　$_{29}Cu$　$_{24}Cr$　$_{55}Cs$　$_{71}Lu$

7. 在下列各组电子分布式中哪种属于原子的基态？哪种属于原子的激发态？哪种纯

属错误?

(1)$1s^2 2s^1$

(2)$1s^2 2s^2 2d^1$

(3)$1s^2 2s^2 2p^4 3s^1$

(4)$1s^2 2s^4 2p^2$

8. 试预测：

(1)114 号元素原子的电子分布，并指出它将属于哪个周期、哪个族？可能与哪个已知元素的性质最为相似？

(2)第七周期最后一种元素的原子序数是多少？

9. 写出下列离子的电子排布式。

S^{2-}　K^+　Pb^{2+}　Ag^+　Mn^{2+}　Co^{2+}

10. 试填出下列空白：

原子序数	电子排布式	价层电子排布式	周期	族	区	金属还是非金属
11						
21						
53						
60						
80						

11. 已知某副族元素的 A 原子，电子最后填入 3d，最高氧化值为 4；元素 B 的原子，电子最后填入 4p，最高氧化值是 5。回答下列问题：

(1)写出 A、B 元素原子的电子分布式；

(2)根据电子分布，指出它们在周期表中的位置(周期、族、区)。

12. 有第四周期的 A、B、C 三种元素，其价电子数依次为 1，2，7，其原子序数按 A、B、C 顺序增大。已知 A、B 次外层电子数为 8，而 C 次外层电子数为 18，根据结构判断：

(1)哪些是金属元素？

(2)哪一元素的氢氧化物碱性最强？

(3)C 与 A 的简单离子是什么？

(4)B 与 C 两元素间能形成何种化合物？试写出化学式。

13. 某一元素的原子序数小于 36，当此元素原子失去 3 个电子后，它的副量子数等于 2 的轨道内电子数恰好半充满。

(1)写出此元素原子的电子分布式。

(2)此元素属于哪一周期？哪一族？哪一区？元素符号是什么？

14. 设有元素 A、B、C、D、E、G、M，试按下列所给条件，推断它们的元素符号及在周期表中的位置(周期、族)，并写出它们的价层电子构型。

(1)A、B、C 为同一周期的金属元素。已知 C 有三个电子层，它们的原子半径在所属周期表中为最大，并且 A>B>C；

(2)D、E 为非金属元素，与氢化合生成 HD 和 HE，在室温时 D 的单质为液体，E 的单质为固体；

(3)G 是所有元素中电负性最大的元素；

(4)M 为金属元素，它有四个电子层，它的最高氧化值与氯的最高氧化值相同。

15. 有 A、B、C、D 四种元素，其价电子数依次为 1，2，6，7，其电子层数依次减少。已知 D 的电子层结构与 Ar 原子相同，A 和 B 次外层各只有 8 个电子，C 次外层有 18 个电子。试判断这四种元素。

(1)原子半径由小到大的顺序；

(2)第一电离能由小到大的顺序；

(3)电负性由小到大的顺序；

(4)金属性由弱到强的顺序；

(5)分别写出各元素原子最外层的 $l=0$ 的电子的量子数。

第 9 章　分子结构和晶体结构

在自然界中，人们通常遇到的物质，除稀有气体外，都不是以单原子分子的形式存在的，而是以原子之间相互结合而成的分子或晶体的形式存在的。例如，氧气是以两个氧原子结合而成的氧分子存在，金属铜是以为数众多的铜原子结合而成的金属晶体存在。

在第 8 章中，介绍了原子结构方面的知识。根据物质的原子结构可以解释物质的一些宏观性质，如元素金属性、非金属性及其递变规律。但仅此是不够的，譬如根据原子结构还无法解释物质的同素异性、同分异构现象。这是因为物质的性质不仅与原子的结构有关，还与物质的分子结构或晶体结构有关。所谓分子结构，通常包括两个方面：

(1)分子的空间构型问题。实验证实，分子中的原子不是杂乱无章地堆积在一起，而是按照一定的规律结合成整体的，使分子在空间呈现出一定的几何形状(即几何构型)。

(2)化学键问题。分子或晶体既然能存在，说明了分子或晶体内原子(或离子)之间必定存在着某种较强的相互吸引作用。化学上把分子或晶体内相邻原子(或离子)间强烈的相互吸引作用称为化学键。化学键现在可大致区分为电价键(主要形式为离子键)、共价键(或称原子键)和金属键三种基本类型。

此外，在分子之间还普遍存在着一种较弱的相互吸引作用，通常称为分子间力或范德华力。有时分子间或分子内的某些基团之间还可能形成氢键。

本章是在原子结构理论的基础上，介绍分子中直接相邻的原子之间的相互作用，即化学键的本质、分子(或晶体)的空间构型，分子之间的相互作用力及分子结构、晶体结构同物质性质之间的关系。

9.1　离子键和离子晶体

活泼的金属原子与活泼的非金属原子所形成的化合物如 NaCl、KCl、CsCl、CaO 等，通常都是离子型化合物。离子化合物一般熔点高，硬度较大，易溶于水，熔化时都能导电。离子是构成离子化合物的基本微粒，因为离子化合物的性质就取决于离子的结构和正、负离子间的相互吸引作用。

9.1.1　离子键的形成

1916 年德国化学家柯塞尔提出了离子键理论，离子键理论认为：当电负性小的金属原子(如钠原子)和电负性较大的非金属原子(如氯原子)相遇时，很容易发生电子转移，形成阴、阳离子，从而都具有类似稀有气体原子的稳定结构。阴、阳离子靠静电作用接近，形成稳定的化学键。

这种由原子间发生电子的转移，形成正、负离子并通过静电作用而形成的化学键叫离子键。由离子键形成的化合物叫做离子型化合物。

离子键是由原子得失电子后，形成的正、负离子之间通过静电吸引作用而形成的化学键，离子之间的这种作用力与离子所带电荷及离子间距离大小有关。一般离子所带电荷越多，离子间距离越小，则正负离子间作用力越大，所形成的离子键越牢固。离子键的强弱可以通过晶格能的大小来衡量。

异号电荷离子间除了静电引力外，当它们相当接近时，电子云之间还将产生排斥作用。当离子间距达到一定距离时，离子间的排斥力和静电作用力达到暂时相等，正负离子在平衡位置上振动，此时体系能量最低，形成了稳定的离子键。

由于离子的电子云分布可近似看成球形，它的电荷分布也是球形对称的，只要空间条件许可，它可以在空间任何方向与带相反电荷的离子互相吸引。所以离子键的特征是既没有方向性又无饱和性。例如，在 NaCl 晶体中，每个 Na^+ 离子周围等距离地排列着 6 个 Cl^- 离子，每个 Cl^- 离子周围也同样等距离地排列着 6 个 Na^+ 离子。而 Na^+ 离子或 Cl^- 离子周围只能排列 6 个最接近的带相反电荷的离子，这是由正、负离子半径的相对大小、电荷多少等因素决定的，并不意味着它们的电性作用已达到饱和。每个离子都将在正负离子相互作用的三维空间继续吸引异号离子，只不过距离较远相互作用较弱罢了。

必须指出的是，在离子键形成的过程中，并不是所有的离子都必须形成稀有气体原子的电子构型。通常八隅律只适用于ⅠA、ⅡA 族的金属和非金属所形成的化合物。过渡元素以及锡、铅等类的金属在形成离子时，不符合八隅律。它们的离子能稳定存在，并形成稳定的离子晶体。

9.1.2 离子的特征

离子具有三个重要的特征：离子的电荷、离子的电子构型和离子的半径。

1. 离子的电荷

离子的电荷指原子在形成离子化合物过程中失去和获得的电子数。

2. 离子的电子构型

所有简单的阴离子(如 F^-、Cl^-、S^{2-} 等)最外层结构为 ns^2np^6，即有 8 电子构型。阳离子的情况比较复杂见表 9-1。

表 9-1 阳离子的电子构型

离子外电子层电子排布通式	离子的电子构型	阳离子实例
$1s^2$	2	Li^+、Be^{2+}
ns^2np^6	8	Na^+、Mg^{2+}、Al^{3+}、Sc^{3+}
$ns^2np^6nd^{1\sim9}$	9～17	Cr^{3+}、Mn^{2+}、Fe^{2+}、Cu^{2+}
$ns^2np^6nd^{10}$	18	Cu^+、Zn^{2+}、Cd^{2+}、Hg^{2+}
$(n-1)s^2(n-1)p^6(n-1)d^{10}ns^2$	18+2	Sn^{2+}、Pb^{2+}、Sb^{3+}、Bi^{3+}

2 电子和 8 电子构型的离子自然可以稳定存在。但其他几种非稀有气体构型的离子也

有一定程度的稳定性，有些是很稳定的。离子的电子构型对化合物性质的重要影响，将在后续内容（离子极化作用）中介绍。

3. 离子的半径

离子和原子一样，它们的电子云弥漫在核的周围而无确定的边界，因此，离子的真实半径实际上是难以确定的。但是当正、负离子通过离子键结合而形成离子晶体时，把正、负离子看成是互相接触的两个球体，两个原子核间的平衡距离（核间距 d）就等于两个离子半径之和，如图 9 - 1 所示。

核间距的大小是可以通过实验测出的。如果能知道其中一个离子的半径，另一个离子的半径则可求出。

1927 年，戈尔德施密特（V. M. Goldschmidt）和依瓦萨斯耶那（Wasastjerna）用光学法测得的 F^- 离子和 O^{2-} 离子的半径为基础，推算出 80 多种离子的半径。推算离子半径的方法很多，目前最常用的方法是鲍林从核电荷数和屏蔽常数推算出的一套离子半径，见表 9 - 2。

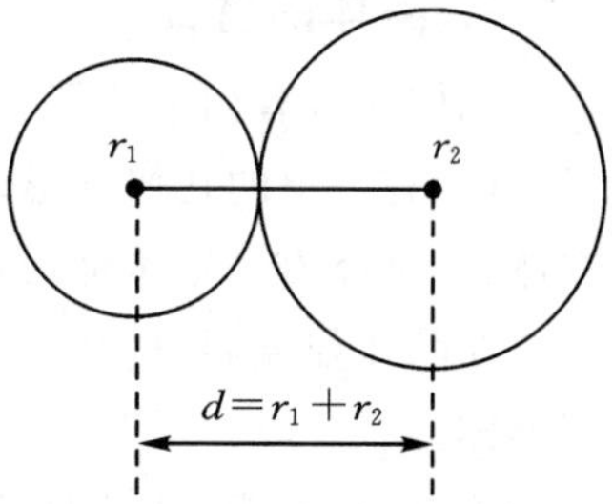

图 9 - 1　离子半径示意图

表 9 - 2　**离子半径**　　**单位**:pm

			H^-	Li^+	Be^{2+}								B^{3+}	C^{4+}	N^{5+}		
			208	60	31								20	15	11		
C^{4-}	N^{3-}	O^{2-}	F^-	Na^+	Mg^{2+}								Al^{3+}	Si^{4+}	P^{5+}	S^{6+}	Cl^{7+}
260	171	140	136	95	65								50	41	34	29	26
Si^{4-}	P^{3-}	S^{2-}	Cl^-	K^+	Ca^{2+}	Sc^{3+}	Ti^{4+}	V^{5+}	Cr^{6+}	Mn^{7+}	Cu^+	Zn^{2+}	Ca^{3+}	Ge^{4+}	Ag^{5+}	Se^{6+}	Br^{7+}
271	212	184	181	133	99	81	68	59	52	46	96	74	62	53	47	42	39
Ge^{4-}	As^{3-}	Se^{2-}	Br^-	Rb^+	Sr^{2+}	Y^{3+}	Zr^{4+}	Nb^{5+}	Mo^{6+}	Tc^{7+}	Ag^+	Cd^{2+}	In^{3+}	Sn^{4+}	Sb^{5+}	Te^{5+}	I^{7+}
272	222	198	195	148	113	93	80	70	62	[97.9]	126	97	81	71	62	56	50
Sn^{4-}	Sb^{3-}	Te^{2-}	I^-	Cs^+	Ba^{2+}	La^{3+}	Hf^{4+}	Ta^{5+}	W^{6+}	Re^{7+}	Au^+	Hg^{2+}	Tl^{3+}	Pb^{4+}	Bi^{5+}	Po^{6+}	At^{7+}
294	245	221	216	169	135	115	[78]	[68]	[62]	[56]	137	110	95	84	74	[67]	[62]

离子半径大致有如下的变化规律：

①阳离子半径一般小于该元素的原子半径，而阴离子半径大于该元素的原子半径。

②同一周期电子层结构相同的阳离子，若阳离子的电荷数增大，离子半径依次减小。如：$r(Na^+)>r(Mg^{2+})>r(Al^{3+})$；

③ 阳离子半径一般小于阴离子半径。如：总电子数相等的 Na^+ 半径为 95 pm，F^- 半径为 136 pm。

④周期表各主族元素中，自上而下电子层数依次增多，所以具有相同电荷数的同族离子半径依次增大。

⑤同一元素形成不同电荷的阳离子时，则离子半径随电荷数增大而减小。如$r(Fe^{3+})<r(Fe^{2+})$；

⑥同期表中处于相邻族的右下角和左上角斜对角线的阳离子近似相等。如 $r(Li^{+})$(60 pm)和 $r(Mg^{2+})$(65 pm)；$r(Sc^{3+})$(82 pm)和 $r(Zr^{4+})$(80 pm)。

9.1.3 离子晶体

1. 晶体的特征

晶体通常有如下特征。

(1)有一定的几何外形。从外观看，晶体一般都具有一定的几何外形。如食盐晶体是立方体，石英(SiO_2)晶体是六角柱体，方解石($CaCO_3$)晶体是棱面体，明矾是正八面体。

非晶体如玻璃、松香、石蜡、动物胶、沥青、琥珀等。则没有一定的几何外形，所以又叫无定形体。

不过，有一些物质(如炭黑和化学反应中刚析出的沉淀等)从外观看虽然不具备整齐的外形，但结构分析证明，它们是由极微小的晶体组成的，物质的这种状态称为微晶体。微晶体仍然属于晶体的范畴。

(2)有固定的熔点。在一定压力下，将晶体加热，只有达到某一温度(熔点)时，晶体才开始熔化，在晶体没有全部熔化之前，即使继续加热，温度仍保持恒定不变，这时所吸收的热能都消耗在使晶体从固态转变为液态，直至晶体完全熔化后，温度才继续上升，这说明晶体都具有固定的熔点。例如常压下冰的熔点为 0 ℃。非晶体则不同，加热时先软化成黏度很大的物质，随着温度的升高黏度不断变小，最后成为流动性的熔体，从开始软化到完全熔化的过程中，温度是不断上升的，没有固定的熔点，只能说有一段软化的温度范围，例如松香在50～70 ℃之间软化，70 ℃以上才基本上成为熔体。

(3)各向异性。一块晶体的某些性质，如光学性质、力学性质、导热导电性、溶解性等，从晶体的不同方向去测定时，常常是不同的。例如云母特别容易按纹理面(称解理面)的方向裂成薄片；石墨晶体内，平行于石墨层方向比垂直于石墨层方向的热导率要大 4～6 倍，电导率要大万倍。晶体的这种性质称为各向异性。而非晶体是各向同性的。

晶体和非晶体性质上的差异，反映了两者内部结构的差别。应用 X 射线研究表明，晶体内部微粒(原子、离子或分子)的排列是有次序的、有规律的，它们总是在不同方向上按某些确定的规则重复性地排列，这种有次序的，周期性的排列贯穿于整个晶体内部(微粒分布的这种特点称为远程有序)，而且在不同方向上的排列方式往往不同。因而造成了晶体的各向异性。非晶体内部微粒的排列是无次序的、不规律的。

但是，晶体与非晶体之间并不存在不可逾越的鸿沟。在一定条件下，晶体与非晶体可以相互转比，例如，把石英晶体熔化并迅速冷却，可以得到硅石玻璃。涤纶熔体若迅速冷却，可得无定形体；若缓慢冷却，则可得晶体。由此可见，晶态和非晶态是物质在不同条件下形成的两种不同的固体状态。从热力学角度说，晶态比非晶态稳定。有些有机物质的晶体熔化后在一定温度范围内微粒分布部分地仍保留着远程有序性，因而部分地仍具有各向异性，这种介于液态和晶态之间的各向异性的凝聚流体称为液态晶体，简称液晶。由于液晶对光、磁、温度和机械压力及化学物质等各种外界因素的变化非常敏感，作为各种信息的显示和记忆材料，被广泛应用于科技工作中，对生命科学的研究更有特殊意义。

2. 晶体的基本类型

X 射线的研究，证实了构成晶体的微粒在空间的排列具有周期性的特征，可以看成这些微粒有规则地排列在三维空间的一定点上，这些有规则排列的点形成的空间格子称为晶格，晶格中的各点称为结点。能代表晶体结构特征的最小组成部分或者构成晶体的最小重复单位叫做晶胞，晶体有千万种，根据晶体外形的对称性不同，可将晶体分成七个晶系，按晶格结点在空间的位置，又分为十四种式样，称为十四种晶格。其中立方晶格具有最简单的结构，它分为三种类型（见图 9－2）

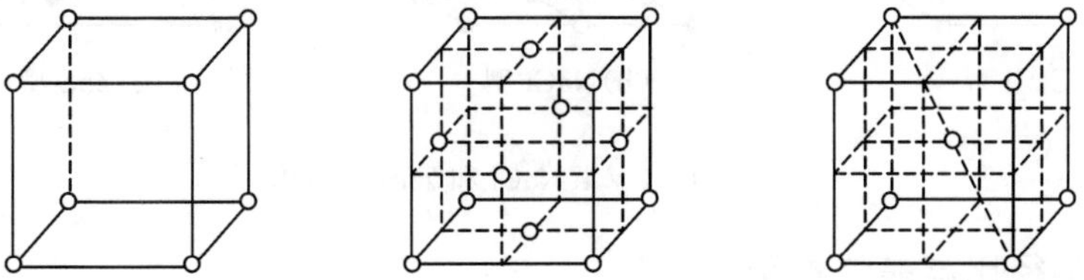

(a)简单立方晶体　(b)面心立方晶格　(c)体心立方晶体

图 9－2　立方晶格

用 X 射线不仅能测定晶体内微粒在空间的排列方式，并且还能测出在晶格结点上的微粒是离子、原子或是分子。根据排列在晶格结点上的微粒种类不同，又可以把晶体分为四种基本类型：离子晶体、原子晶体、分子晶体和金属晶体。先讨论离子晶体。

3. 三种典型的 AB 型离子晶体

离子晶体是由正、负离子相间排列而成的，其晶格结点上是正、负离子。例如，NaCl 晶体就是一种典型的离子晶体，如图 9－3 所示。

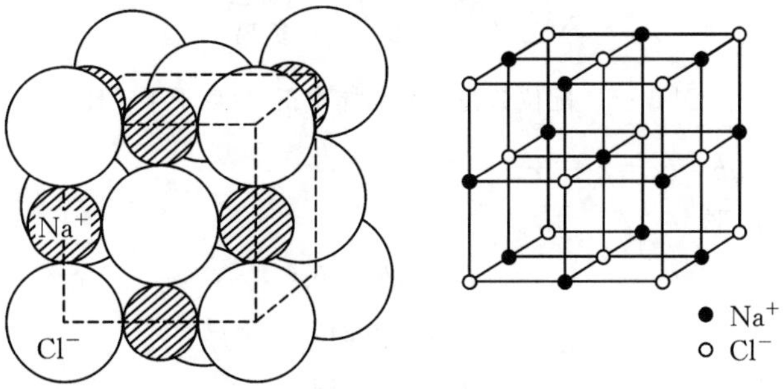

图 9－3　氯化钠的晶体结构

离子晶体中阳、阴离子在空间的排列情况是多种多样的。这里主要介绍 AB 型（只含有一种阳离子和一种阴离子，且两者电荷数相同）离子晶体中三种典型的结构类型：NaCl 型、CsCl 型和立方 ZnS 型，如图 9－4 所示。

（1）NaCl 型。NaCl 型是 AB 型离子晶体中最常见的结构类型。如图 9－4(b)所示，它的晶胞形状是正立方体，阳、阴离子的配位数均为 6。许多晶体如 KI、LiF、MgO、CaS 等均属 NaCl 型。

（2）CsCl 型。如图 9－4(a)所示，CsCl 型晶体的晶胞也是正立方体，其中每个阳离子周围有八个阴离子，每个阴离子周围同样也有 8 个阳离子，阳、阴离子的配位数均为 8。许多晶体如 TlCl，CsBr，CsI 等均属 CsCl 型。

(3)ZnS 型。如图 9-4(c)所示，ZnS 型晶体的晶胞也是正立方体，但粒子排布较复杂，阴、阳离子配位数均为 4。如 BeO，ZnSe 等晶体均属立方 ZnS 型。

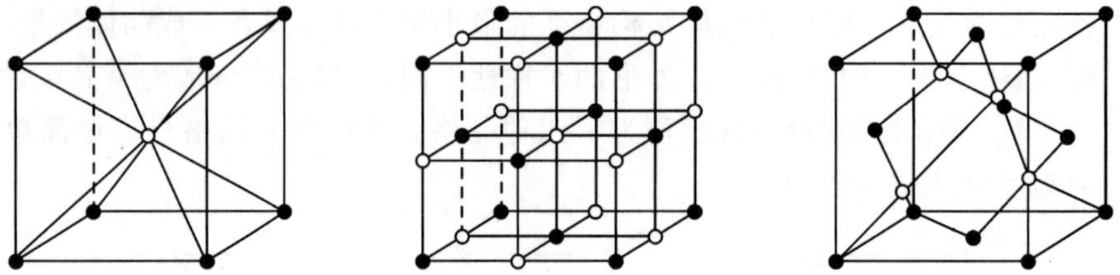

(a)CsCl 型　(b)NaCl 型　(c)ZnS 型

图 9-4　CsCl、NaCl 和 ZnS 型晶体

4. 离子半径比与晶体构型

离子晶体的结构类型，与离子半径、离子电荷及离子的电子层排布有关，其中与阳、阴离子离子半径的相对大小的关系更为密切。因为只有阳、阴离子能紧密接触时，所形成的离子晶体构型才能稳定存在。

阴、阳离子能否紧密地接触，与阴、阳离子半径的相对大小直接有关。我们以阳、阴离子配位数均为 6 的离子晶体的某一层为例进行说明，如图 9-5 所示。

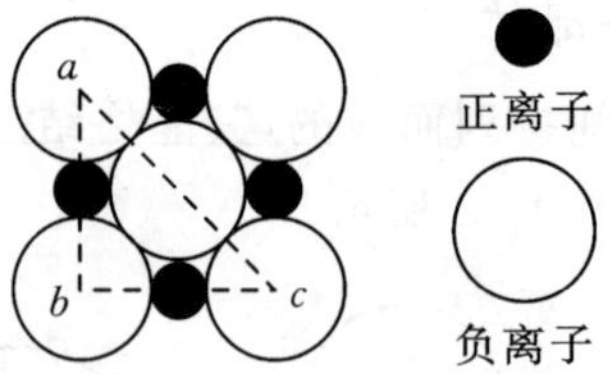

图 9-5　配位数为 6 的晶体中正、负离子半径比

令 $r_- = 1$，$ac = 4$，$ab = bc = 2 + 2r_+$

因为△abc 为直角三角形

则

$$ac^2 = ab^2 + bc^2$$

$$4^2 = 2(2 + 2r_+)^2$$

解得

$$r_+ = 0.414$$

即当$(r_+/r_-) = 0.414$ 时，阳、阴离子之间刚好相互接触。

如果$(r_+/r_-) < 0.414$ 时，如图 9-6(a)所示。阳、阴离子之间已不能接触，而阴离子之间仍保持接触。由于吸引力小而排斥力大，体系能量较高，这样的构型不稳定，迫使晶体向配位数减小的构型转变。如果$(r_+/r_-) > 0.414$ 时，如图 9-6(b)所示。阳、阴离子之间能保持接触，而且阴离子之间又脱离了接触。由于吸引力大而排斥力小，体系能量较低，这样的构型可以稳定存在。

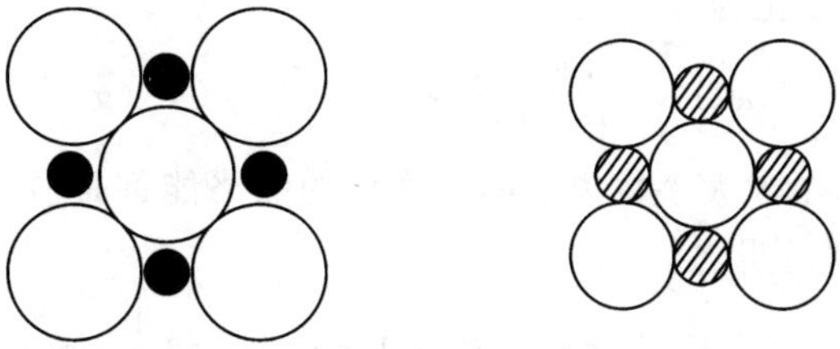

(a) $r_+/r_- < 0.414$　　(b) $r_+/r_- > 0.414$

图 9－6　半径比与配位数的关系

由此可见，配位数为 6 的必要条件应为 $(r_+/r_-) \geqslant 0.414$。但是当 $(r_+/r_-) > 0.732$ 时，由于阳离子半径的显著增大，阳离子表面有可能与更多的阴离子相接触，使晶体向配位数增大的构型转变。

根据这样的几何学方法，可以得出表 9－3。

表 9－3　AB 型离子晶体离子半径比与晶体构型的对应关系

半径比值 (r_+/r_-)	阳离子配位数 (n)	阴离子多面体	构型
0.225～0.414	4	正四面体	ZnS 型
0.414～0.732	6	正八面体	NaCl 型
0.732～1.00	8	立方体	CsCl 型

因此，我们可以根据 AB 型离子半径比值来推测配位数和 AB 型离子晶体的结构类型。例如：

LiF　$\dfrac{r_+}{r_-}=\dfrac{60\ \text{pm}}{136\ \text{pm}}=0.44$，故配位数为 6，属 NaCl 型。

TlCl　$\dfrac{r_+}{r_-}=\dfrac{147\ \text{pm}}{181\ \text{pm}}=0.81$，故配位数为 8，属 CsCl 型。

ZnSe　$\dfrac{r_+}{r_-}=\dfrac{74\ \text{pm}}{198\ \text{pm}}=0.37$，故配位数为 4，属 ZnS 型。

此外，对非 AB 型离子晶体来说，其离子半径比与晶体构型的关系比较复杂，在此不再介绍。

配位数与离子半径比值的对应关系，称为离子晶体的离子半径比定则，简称半径比定则。由于一般离子键或多或少带有某些共价成分，因此，严格地说，半径比定则只适用于典型的离子晶体。

另外，离子晶体的构型还与外界条件有关。当外界条件变化时，晶体构型也可能改变。例如最简单的 CsCl 晶体，在常温下是 CsCl 型，但在高温下可以转变为 NaCl 型。这种化学组成相同而有不同晶体构型的现象称为同质多晶现象。

5. 离子晶体的晶格能

标准状态下，拆开单位物质的量的离子晶体使其变为气态组分离子所需吸收的能量，称为离子晶体的晶格能(U)。例如 298.15 K 标准状态下拆开单位物质的量的 NaCl 晶体变为

气态 Na^+、Cl^- 时的能量变化为：

$$NaCl(s) \xrightarrow[\text{标准状态下}]{298.15\ K} Na^+(g) + Cl^-(g) \qquad U = 786\ kJ \cdot mol^{-1}$$

由于实验技术上的困难，至今大多数离子晶体物质的晶格能都是应用热力学循环法间接测定的。下面以 NaCl 为例说明之。

通过实验可知，在 298.15 K 及标准状态下 1 mol Na 和 $\frac{1}{2}$mol Cl_2，直接化合生成 1 mol NaCl 晶体时，放出 411 kJ 的热量（$\Delta H_f^\ominus = -411\ kJ \cdot mol^{-1}$ 即为 NaCl 晶体的标准生成焓）：

$$Na(g) + \frac{1}{2}Cl_2(g) \rightarrow NaCl(g) \qquad \Delta H_f^\ominus = -411\ kJ \cdot mol^{-1}$$

这个生成 NaCl 晶体的过程，可以设想经历了以下几个具体步骤：

金属钠的升华

$$Na(s) \rightarrow Na(g) \qquad \Delta H_1^\ominus = \Delta H^\ominus_{升华} = 106\ kJ \cdot mol^{-1}$$

氯分子解离

$$\frac{1}{2}Cl_2(g) \rightarrow Cl(g) \qquad \Delta H_2^\ominus = \frac{1}{2}D^\ominus(Cl—Cl) = 121.6\ kJ \cdot mol^{-1}$$

钠原子的电离

$$Na(g) - e^- \rightarrow Na^+(g) \qquad \Delta H_3^\ominus = I_1 = 495.8\ kJ \cdot mol^{-1}$$

氯原子加合电子

$$Cl(g) + e^- \rightarrow Cl^-(g) \qquad \Delta H_4^\ominus = Y_1 = -348.7 kJ \cdot mol^{-1}$$

钠离子与氯离子结合成氯化钠晶体

$$Na^+(g) + Cl^-(g) \rightarrow NaCl(s) \quad \Delta H_5^\ominus = -U$$

以上步骤可以用如下过程表示：

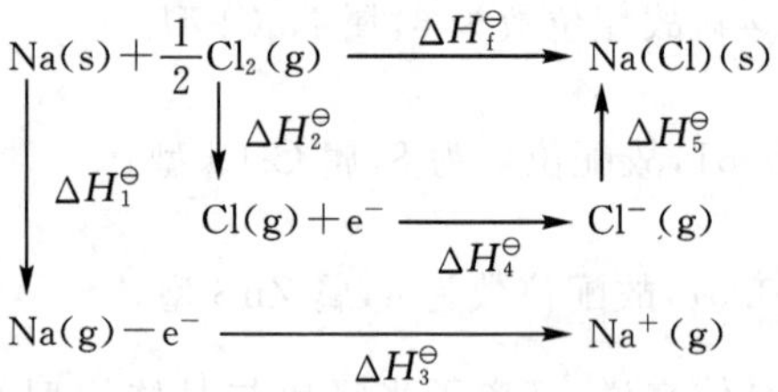

根据能量守恒定律，由金属钠和氯气生成 NaCl 晶体的生成焓，应等于各步能量变化的总和。即

$$\Delta H_f^\ominus = \Delta H_1^\ominus + \Delta H_2^\ominus + \Delta H_3^\ominus + \Delta H_4^\ominus + \Delta H_5^\ominus$$

$$= \Delta H^\ominus_{升华} + \frac{1}{2}D^\ominus(Cl—Cl) + I_1 + Y_1 - U$$

式中，$\Delta H_f^\ominus$，$\Delta H^\ominus_{升华}$，$D^\ominus(Cl—Cl)$，I_1，Y_1 等一般可从化学手册中查到。这样，应用热化学循环，就可以计算离子晶体物质的晶格能的近似值。对于 NaCl 晶体来说：

$$U = [106 + \frac{242.58}{2} + 485.8 - 348.7 - (-411)] = 785.4\ kJ \cdot mol^{-1}$$

这种由热化学循环求得晶格能的方法是玻恩-哈伯首先提出来的，故称为“玻恩-哈伯循环法”。

6. 离子晶体的稳定性

对晶体构型相同的离子化合物，离子电荷越多、核间距越短，晶格能就越大。熔化或压碎离子晶体要消耗能量，晶格能大的离子晶体，必然是熔点高，硬度较大的。从表9-4可以看到一些离子晶体物质的物理性质与晶格能的对应关系。

因此，利用晶格能数据可以解释和预测离子晶体物质的某些物理性质(如延展性、极性溶剂中的溶解性、溶于水或熔化时的导电性等)。晶格能值大小可作为衡量某种离子晶体稳定性的标志，晶格能(U)越大，该离子晶体越稳定。

表9-4　物理性质与晶格能

NaCl型晶体	NaI	NaBr	NaCl	NaF	BaO	SrO	CaO	MgO
离子电荷	1	1	1	1	2	2	2	2
核间距/pm	318	294	279	231	277	257	240	210
晶格能/kJ·mol^{-1}	704	747	785	923	3054	3223	3401	3791
熔点/℃	661	747	801	993	1918	2430	2614	3852
硬度(金刚石=10)	—	—	2.5	2～2.5	3.3	3.5	4.5	6.6

9.2　共价键

对于两个相同的原子或电负性相差不大的原子之间的成键问题，早在1914年到1916年，路易斯(Lewls)就提出了“共价键”的设想。认为这类原子之间是通过共用电子对的方式来实现的。这种分子中的原子通过共用电子对的形式而形成的化学键称为共价键。

运用路易斯理论可以成功地解释性质相同或相近的原子是如何组成分子的？但许多事实仍难以解释，如：两个带负电荷的电子是如何配对的？为什么有些化合物，像PCl_5、BF_3等，不满足八偶体规则却能稳定存在？1927年，海特勒(Heitler)和伦敦(London)应用量子力学研究氢分子的结构以后，对共价键的本质有了初步了解。1931年鲍林和斯莱特(Slater)将量子力学处理氢分子的方法推广应用于其他分子体系而发展成价键理论。现代共价键理论是以量子力学为基础的，但因分子的薛定谔方程比较复杂，对它严格求解至今还是极为困难的，为此只好采用某些近似的假定以简化计算。不同的假定产生了不同的物理模型。一种认为成键电子只能在以化学键相连的两原子间的区域运动，另一种认为成键电子可以在整个分子的区域内运动。前者发展为价键理论，后者则发展为分子轨道理论。

9.2.1　价键理论

1. 共价键的形成

下面以H_2分子的形成为例说明之。

根据理论计算和实验测定知道：如图9-7所示，当两个H原子(各有一个自旋方向相反的电子)逐渐靠近到一定距离时，就发生相互作用，每个氢原子核除吸引自己核外的1s电子外，还吸引另一个氢原子的1s电子。在到达平衡距离(d)之前，虽然两个氢核之间以及两个氢原子的电子云之间有排斥作用，但由于氢核对另一个氢原子电子云的引力是主要的，随着核间距的缩小，(H+H)体系的总能量将不断降低。直至当吸引力和排斥力相等时，核间距离将保持为平衡距离(d)，体系的能量降至最低点(E_0比原来两个孤立氢原子的能量之和$2E$要低)，这表明在两个H原子间已经形成了稳定的共价键。

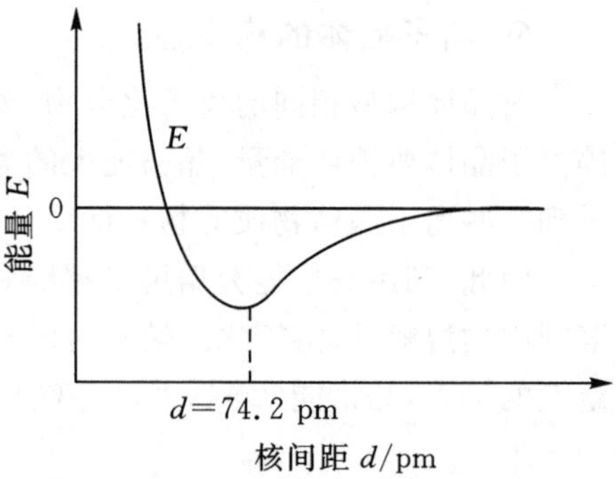

图9-7 氢分子的能量曲线

实验测知，H_2分子中的核间距(d)为74 pm，而H原子的玻尔半径却为53 pm，可见，H_2分子的核间距比两个H原子玻尔半径之和要小。这一事实表明，在H_2分子中两个H原子的1s轨道必然发生了重叠。正是由于成键电子的轨道重叠的结果，使两核间形成了一个电子出现概率密度较大的区域。这样，不仅削弱了两核间的正电排斥力。而且还增强了核间电子云对两个氢核的吸引力，使体系能量得以降低，从而形成共价键，如图9-8所示。

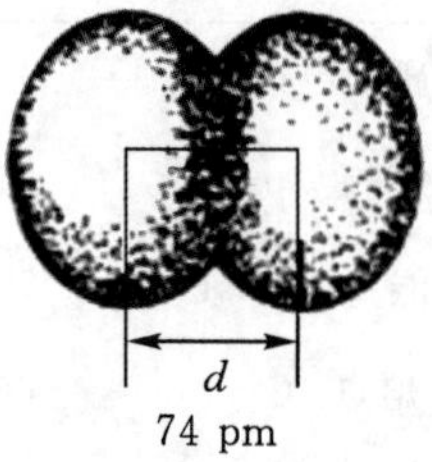

图9-8 H_2分子的键长

由此可见，所谓共价键是指原子间由于成键电子的原子轨道重叠而形成的化学键。

2. 价键理论要点

应用量子力学研究H_2分子的结果，从个别到一般，可推广到其他分子体系，从而发展为价键理论。价键理论(俗称电子配对法)的基本要点是：

(1)两原子接近时，自旋方向相反的未成对的价电子可以配对，形成共价键。

(2)成键电子的原子轨道如能重叠越多，所形成的共价键越牢固——最大重叠原理。

3. 共价键的特征

根据以上要点，可以推知共价键具有饱和性和方向性。

按要点(1)可推知，一个原子有几个未成对的价电子，一般就只能和几个自旋方向相反的电子配对成键。例如，N原子因为含有三个未成对的价电子，因此，两个N原子间只能形成叁键，形成N≡N分子。说明一个原子形成共价键的能力是有限的，这决定共价键具有饱和性。

按要点(2)可推知，形成共价键时，成键电子的原子轨道只有沿着轨道伸展的方向进行重叠(s轨道与s轨道重叠例外)，才能实现最大限度的重叠。这就决定了共价键具有方向性。

4. 原子轨道的重叠

是否任意的原子轨道重叠，两原子间都会成键呢？不是的。只有当原子轨道对称性相同的部分重叠，两原子间电子出现的概率密度才会增大，才能形成化学键(称为对称性原则)。现以A、B原子的两个原子轨道沿着x轴方向重叠为例，具体说明之。

(1)当两个原子轨道以对称性相同的部分(即"+"与"+"，"-"与"-")相重叠时，两原子间电子出现的概率密度比重叠前增大的结果，使两个原子间的结合力大于两个核间排斥力，导致体系能量降低，从而有可能形成共价键。显然，这种重叠对成键是有效的，称为有效重叠或正重叠。由于原子轨道角度分布突出处往往是有利于实现最大重叠的地方，所以讨论问题时。常常借用原子轨道角度分布图来表示原子轨道。图 9－9 给出原子轨道几种重叠的示意图。

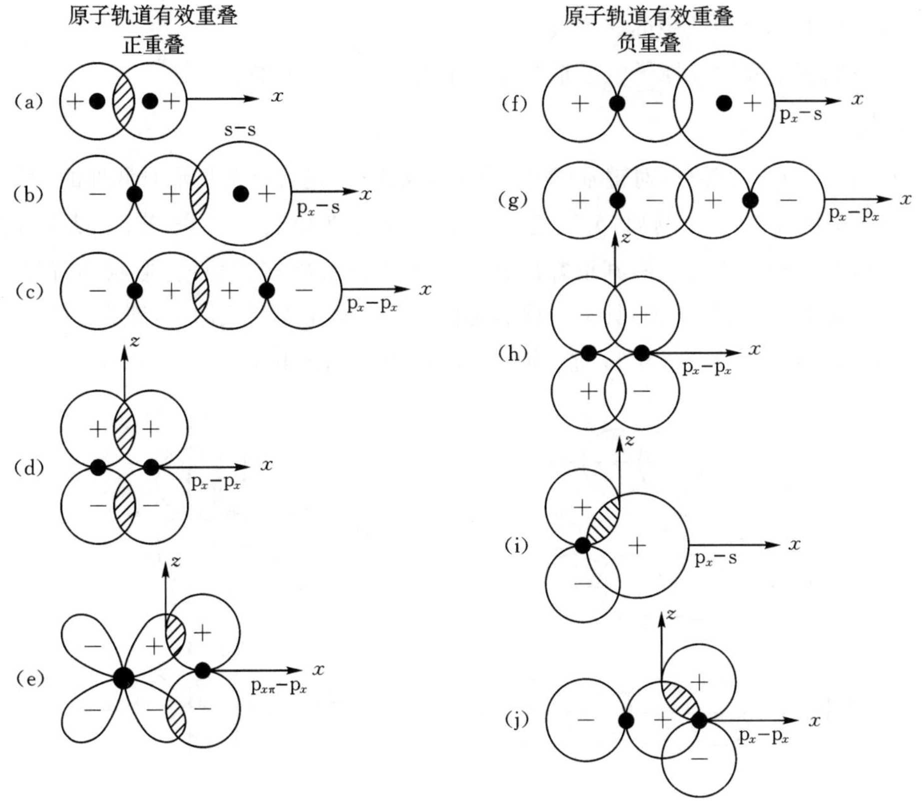

图 9－9 原子轨道重叠的几种方式

(2)当两个原子轨道以对称性不同的部分(即“＋”与“－”)相重叠时，两原子间电子出现的概率密度比重叠前减小的结果：使两个原子核之间形成了一个垂直于 x 轴的、电子几率密度几乎等于零的平面(称节面)，由于核间排斥力占优势，使体系能量升高，难以成键。显然，这种重叠对成键是无效的，称为无效重叠或负重叠。

图 9－10 所示是 HCl 分子形成时氯原子的最外层 $3p_x$ 原子轨道与氢原子的 1s 原子轨道的三种重叠方式。

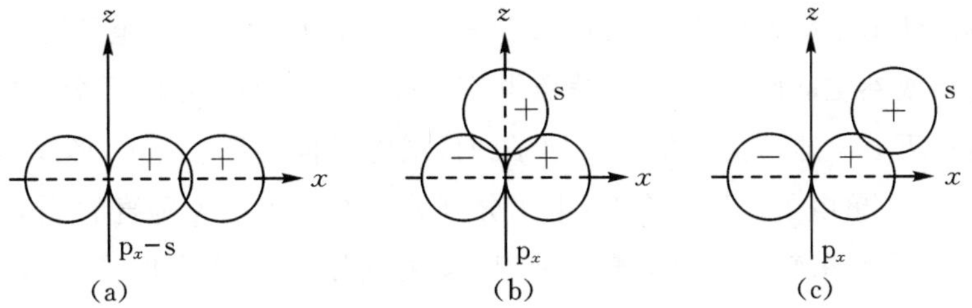

图 9－10 HCl 分子成键示意图

9.2.2 共价键的类型

共价键若按是否有极性，可分为非极性共价键和极性共价键。如：H_2，Cl_2，N_2中的共价键就为非极性共价键；而极性共价键又可分为强极性共价键（如 H_2O，HCl 中的共价键）和弱极性共价键（如 H_2S，HI 中的共价键）。

在此，我们着重介绍按原子轨道重叠部分不同所进行的分类。

1. σ 键

若原子轨道的重叠部分，对键轴（两原子的核间连线）是具有圆柱形对称性的，所成的键就称为 σ 键（见图 9－11）。例如，p_x轨道与 p_x轨道对称性相同的部分，若以“头碰头”的方式，沿着 x 轴的方向靠近、重叠，其重叠部分绕 x 轴无论旋转多少角度，形状和符号都不会改变，亦即对键轴（这里指 x 轴）具有圆柱形对称性。这样重叠所成的键，即为 σ 键。如卤素分子中的键，就属于这种（p_x－p_x）σ 键。形成 σ 键的电子叫 σ 电子。

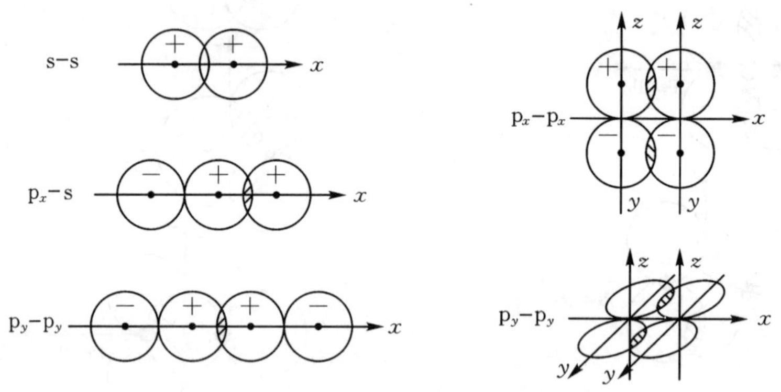

图 9－11 σ 键和 π 键示意图

2. π 键

若原子轨道的重叠部分，对键轴所在的某一特定平面是具有反对称性的，所成的键就称为 π 键（见图 9－11）。例如，p_z轨道与 p_z轨道对称性相同的部分，若以“肩并肩”的方式，沿着 x 轴的方向靠近、重叠，其重叠部分对等地处在包含键轴（这里指 x 轴）的 xy 平面的上、下两侧，形状相同而符号相反，具有镜面反对称性，这样的重叠所成的键，即为 π 键。形成 π 键的电子叫 π 电子。

通常 π 键的轨道重叠程度小于 σ 键，所以 π 电子的反应活性比 σ 电子的反应活性高。

在具有双键或叁键的两原子之间，常常既有 σ 键又有 π 键。例如 N_2分子内 N 原子之间就有一个 σ 键和两个 π 键。我们知道 N 原子的价层电子构型是 $2s^2 2p^3$，形成 N_2分子时用的是 2p 轨道上的三个单电子。这三个 2p 电子分别分布在三个相互垂直的 $2p_x$，$2p_y$，$2p_z$轨道内。当两个 N 原子的 p_x轨道沿着 x 轴方向以“头碰头”的方式重叠时，随着 σ 键的形成，两个 N 原子将进一步靠近，这时垂直于键轴（这里指 x 轴）的 $2p_y$和 $2p_z$轨道也分别以“肩并肩”的方式两两重叠，形成两个 π 键。图 9－12 即为 N_2分子中化学键示意图。

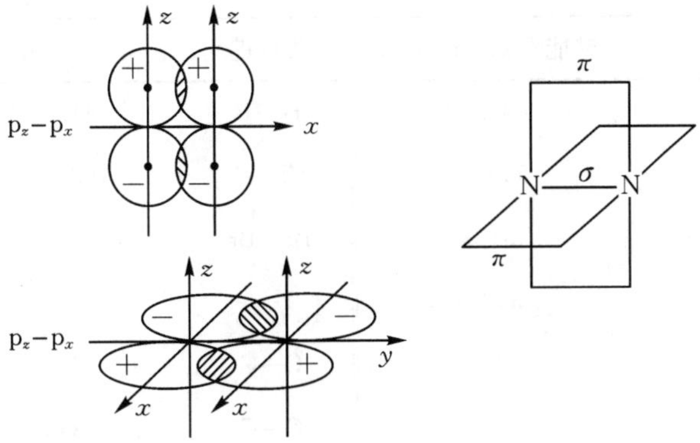

图 9－12　N_2分子中化学键示意图

前面介绍的共价键，它们的共用电子对都是由成键的两个原子各自提供一个电子组成的。还有一类共价键，共用电子对是由一个原子单方面提供的，称为配位共价键，简称配位键或配价键。形成配位键必须具备两个条件：(1)一个原子其价电子层有未共用的电子对，又称为孤对电子(或电子对给予体)；(2)另一个原子其价电子层有空轨道(称为电子对接受体)。例如，CO 分子的形成：

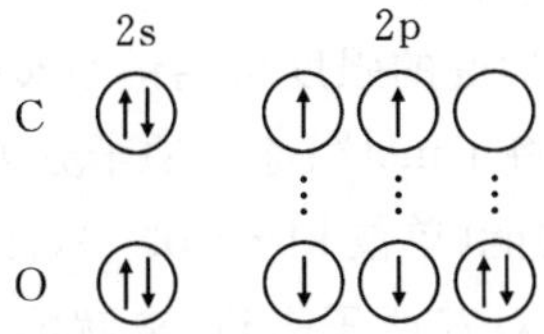

碳原子与氧原子形成分子时，则形成一个 σ 键，一个 π 键外，氧原子的 p 电子对还可以和 C 原子空的 p 轨道形成一个配位 π 键。其结构式如下：

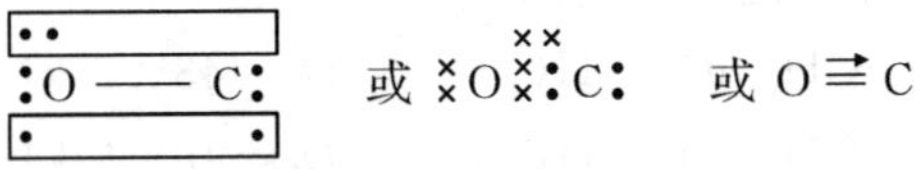
O —— C
或
O
C
或 O ⇶ C

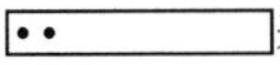表示 π 配键，这长方框内电子对点在 O 原子的上方，表示这配键的共用电子对是由 O 原子单方面提供的。

3. 键参数

表征化学键性质的某些物理量称为键参数。如键长、键能、键角、键级等。它们可由实验测得，也可由理论推算得。键参数可以粗略而方便地定性、半定量或定量地确定分子的形状和解释分子的某些性质。在此着重讨论键长、键能、键角。

(1)键长。分子中成键的两个原子核间的平衡距离叫键长或键距。理论上用量子力学近似方法可以算出键长。实际上复杂分子往往是通过分子光谱或 X 射线衍射、电子衍射等实验方法来测定键长的。表 9－5 列出了一些化学键的键长。

表 9-5　某些化学键的键长和键能

共价键	键长/pm	键能/($kJ \cdot mol^{-1}$)	共价键	键长/pm	键能/($kJ \cdot mol^{-1}$)
H—H	74.2	436.00	H—F	141.8	154.8
H—F	91.8	565±4	Cl—C	198.8	239.7
H—Cl	127.4	431.20	Br—Br	228.4	190.16
H—Br	140.8	362.3	I—I	266.6	198.95
H—l	160.8	294.6	C—C	154	345.6
O—H	96	458.8	C═C	134	602±21
S—H	134	363±5	C≡C	120	835.1
N═H	101	368±8	O═O	120.7	483.59
C—N	109	411±7	N≡N	109.8	941.69

两个确定的原子之间，如果形成不同的共价键，其键长越短，键能就越大，键就越牢固。H—F、H—Cl、H—Br、H—I 键长依次增大，表示核间距离增大，成键原子相互结合力减弱，即键的强度减弱，因而从 HF 到 HI 分子的热稳定性递减。另外，碳原子间形成单键、双键、叁键的键长渐次缩短，键的强度渐增，越加稳定。

(2)键能。原子之间形成的化学键的强度可用键断裂时所需的能量大小来衡量。

在 101.325 kPa 和一定温度下将 1 mol 气态双原子分子 AB 拆开，成为气态的 A 原子和 B 原子，所需要的能量叫做 AB 的离解能(单位 $kJ \cdot mol^{-1}$)，常用符号 $D_{(A-B)}$ 来表示。例如，H_2 的离解能 $D_{(H-H)}=436.0\ kJ \cdot mol^{-1}$，对双原子来讲，离解能就是键能 E，即 $E_{(H-H)}=D_{(H-H)}=436.0\ kJ \cdot mol^{-1}$。$N_2$ 的键能 $D_{(N\equiv N)}=E_{(N\equiv N)}=941.69\ kJ \cdot mol^{-1}$。

对于多原子分子，要断裂其中的键成为单个原子需要多次离解，因此，离解能不等于键能，多次离解能的平均值才等于键能。例如

$$CH_4(g) \rightarrow CH_3(g) + H(g) \qquad D_1=435.3\ kJ \cdot mol^{-1}$$
$$CH_3(g) \rightarrow CH_2(g) + H(g) \qquad D_2=460.5\ kJ \cdot mol^{-1}$$
$$CH_2(g) \rightarrow CH(g) + H(g) \qquad D_3=426.9\ kJ \cdot mol^{-1}$$
$$+)\ CH(g) \rightarrow C(g) + H(g) \qquad D_4=339.1\ kJ \cdot mol^{-1}$$
$$CH_4(g) \rightarrow C(g) + 4H(g) \qquad D_{总}=1661.8\ kJ \cdot mol^{-1}$$
$$E_{(C-H)}=D_{总}/4=1661.8/4=415.5\ kJ \cdot mol^{-1}$$

$D_{总}$ 又称为 CH_4 的原子化能。使 1 mol 气态多原子分子的键全部断裂形成此分子的各组成元素的气态原子所需的能量，叫做该分子的原子化能。

由上所述，键离解能指的是离解分子中某一个特定键所需的能量，而键能指的是某种键的平均能量，键能与原子化能的关系则是分子的原子化能等于全部键能之和。

一般键能越大，表明该键越牢固，由该键构成的分子也就越稳定。如 H—Cl，H—Br，H—I 键长渐增，键能渐小，因而推论 HI 分子不如 HCl 稳定。

(3)键角。分子中相邻化学键之间的夹角称为键角。它是分子空间结构的重要参数之

一。例如，水分子中 2 个 O－H 键之间的夹角为 104.5°，这就决定了水分子是 V 形结构。从原则上说来，键角也可以用量子力学近似方法算出。但对于复杂分子目前仍然通过光谱、衍射等结构实验测定来求出键角。表 9－6 列出一些分子的键长、键角和分子的几何构型。

表 9－6　一些分子的键长、键角和分子构型

分子式	键长/pm(实验值)	键角 α(实验值)	分子构型
H_2S	134	92°	角型
CO_2	116.2	180°	直线型
NH_3	101	107°18′	三角锥型
CH_4	109	109°28′	正四面体

一般来说，若已经知道了一个分子中的键长和键角数据，这个分子的几何构型就可以确定。双原子分子无所谓键角，分子的形状总是直线型的。对于多原子分子，由于分子中的原子在空间排布情况不同就有不同的几何构型。

9.3　杂化轨道理论

1. 杂化轨道理论的提出

价键理论比较简明地阐明了共价键的形成过程和本质，并成功地解释了共价键的方向性、饱和性等特点，但在解释分子的空间结构方面却遇到了一些困难。例如甲烷(CH_4)分子结构是一个正四面体的空间构型，碳原子位于四面体的中心，四个氢原子占据四面体的四个顶点，CH_4分子中形成四个稳定的 C—H 键，这四个 C—H 键都是等同的(键长和键能都相等)，其夹角(即键角)均为 109°28′。但是 C 原子在基态时，外层电子构型是 $2s^2 2p^2$。按照这个结构，C 原子只能提供两个未成对电子，与 H 原子形成两个 C—H 键，而且键角应该是 90°左右，显然，这与上述实验事实不符。即使考虑到 C 原子价层有一个空的 2p 轨道，且能量比 2s 轨道只稍高一些，如果设想在成键时有一个 2s 电子会被激发到 2p 的一个空轨道上去，而使价层内具有四个未成对电子：

这样，可以和 H 原子形成四个 C—H 键。因为从能量的观点来说，2s 电子被激发到 2p 所需要的能量，可以被形成四个 C—H 键后放出的能量所补偿而有余。但这样形成的四个 C—H 键将是不完全等同的：由于 2p 轨道较 2s 轨道角度分布有一突出的部分，和相邻原子轨道重叠较大，因而由三个 p 电子所构成的三个 C—H 键其键能理应较大一些，而由 s 电子所构成的 C—H 键其键能理应较小一些；由 p 电子所构成的三个 C—H 键理应互相垂直。显然，由以上假设并经过推理所得出的结论仍然与实验事实不符，说明价键理论是有局限性的，难以解释一般多原子分子的价键形成和几何构型问题。1913 年鲍林和斯莱脱(Slater)提出了杂化轨道理论(hybrid orbital theory)，进一步补充和发展了价键理论。

2. 杂化轨道理论的要点

杂化轨道理论的要点如下：

(1)某原子成键时，在键合原子的作用下，价层中若干个能级相近的原子轨道有可能改变原有的状态(即原有已成对的电子可以被激发成单个电子)。"混杂"起来并重新组合成一组利于成键的新轨道(称杂化轨道)，这一过程称为原子轨道的杂化(简称杂化)。

(2)同一原子中能级相近的 n 个原子轨道，组合后只能得到 n 个杂化轨道。例如，同一原子的一个 ns 原子轨道和一个 $n\mathrm{p}_x$ 原子轨道，只能杂化成两个 sp 杂化轨道。这两个 sp 杂化轨道的形成过程如图 9-13 所示。

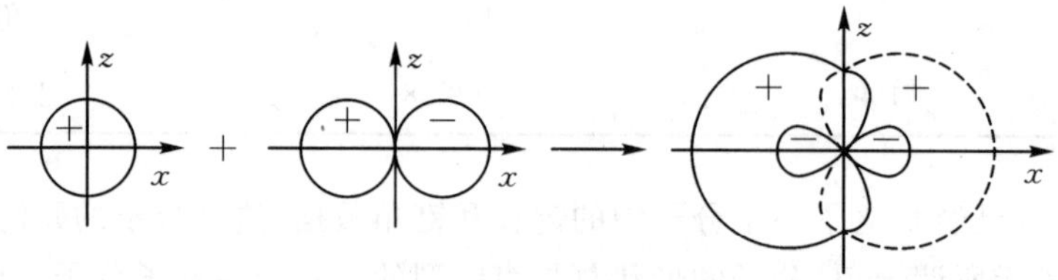

图 9-13 sp 杂化轨道的形成示意图

如果把这两个 sp 杂化轨道图形绘在一起，则得图 9-14 所示。为了看得更清楚，这两个杂化轨道分别用虚、实线表示。由此可见，两个 sp 杂化轨道的形状一样，已完全消除了 s 轨道和 p 轨道之间的差别。每一个 sp 杂化轨道的图形变得一头大，一头小，成键时以分布比较集中的一方(大的一方)与别的原子轨道重叠。

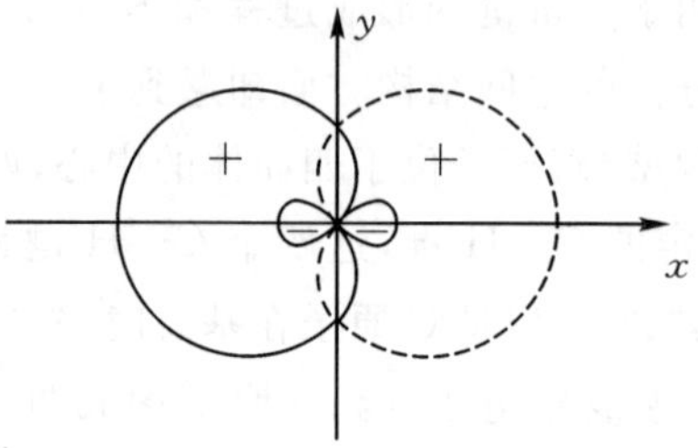

图 9-14 sp 杂化轨道

(3)杂化轨道比原来未杂化的轨道成键能力强，形成的化学键键能大，使生成的分子更稳定。

杂化轨道理论认为，在形成分子时，通常存在激发、杂化、轨道重叠等过程。但应注意原子轨道的杂化，只有在形成分子的过程中才会发生，而孤立的原子是不会发生杂化的。

3. 杂化类型与分子几何构型

(1)sp 杂化。同一原子内由一个 ns 轨道和一个 np 轨道发生的杂化，称为 sp 杂化。杂化后组成的轨道称为 sp 杂化轨道。sp 杂化可以而且只能得到两个 sp 杂化轨道。

例如，实验测得 $BeCl_2$ 是一个直线型的共价分子。Be 原子位于两个 Cl 原子的中间，键角为 180°，两个 Be—Cl 键的键长和键能都相等。基态 Be 原子的价层电子构型为 $2s^2$，表面看来似乎是不能形成共价键的。但杂化理论认为，成键时 Be 原子中的一个 2s 电子可以被激发到 2p 空轨道上去，使基态 Be 原子转变为激发态 Be 原子($2s^1 2p^1$)。与此同时，Be 原子的 2s 轨道和一个刚跃进一个电子的 2p 轨道发生 sp 杂化，形成两个能量等同的 sp 杂化轨道。如图 9－15 所示是 $BeCl_2$ 分子通过 sp 杂化形成分子的过程。

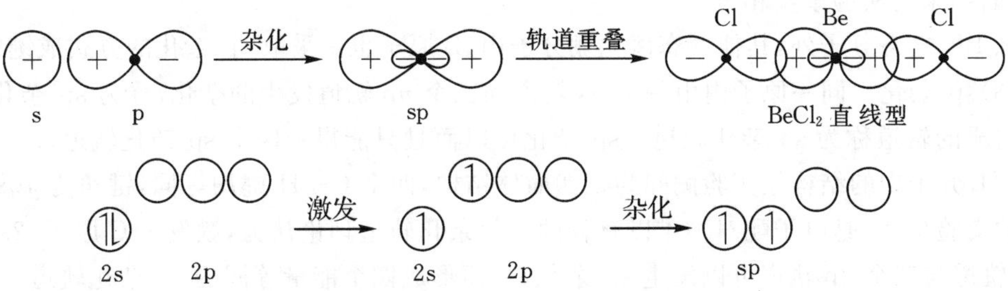

图 9－15　$BeCl_2$ 分子 sp 杂化形成分子示意图

其中每一个 sp 杂化轨道都含有 $\frac{1}{2}$s 轨道和 $\frac{1}{2}$p 轨道成分。如图 9－14 所示，每个 sp 轨道的形状都是一头大，一头小。成键时，都是以杂化轨道比较大的一头与 Cl 原子的成键轨道重叠而形成两个 σ 键。根据理论推算，这两个 sp 杂化轨道正好互为 180°，亦即在同一直线上。这样，推断的结果与实验相符。

此外，周期表ⅡB 族 Zn、Cd、Hg 元素的某些共价化合物，其中心原子也多采取 sp 杂化。

(2)sp^2 杂化。同一原子内由一个 ns 轨道和两个 np 轨道发生的杂化，称为 sp^2 杂化。杂化后组成的轨道称为 sp^2 杂化轨道。

实验测知，气态氟化硼（BF_3）具有平面三角形结构。B 原子位于三角形的中心，三个 B—F 键是等同的，键角为 120°，如图 9－16 所示 。

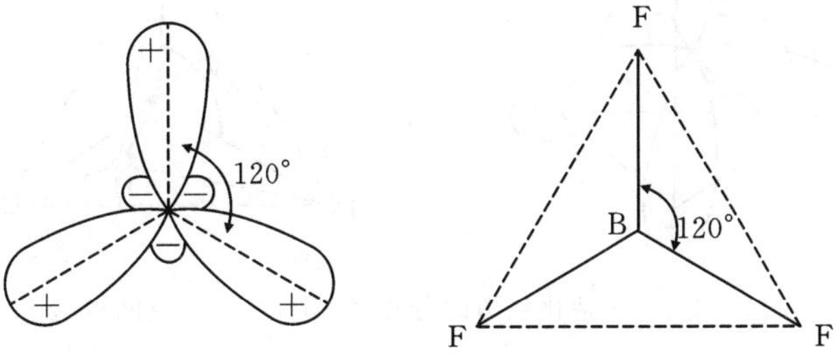

图 9－16　sp^2 杂化轨道的分布和 BF_3 分子的空间构型

基态 B 原子的价层电子构型为 $2s^22p^1$，表面看来似乎只能形成一个共价键。但杂化轨道理论认为，成键时 B 原子中的一个 2s 电子可以被激发到一个空的 2p 轨道上去，使基态的 B 原子转变为激发态的 B 原子（$2s^12p^2$）；与此同时，B 原子的 2s 轨道与各填有一个电子的两个 2p 轨道发生 sp^2 杂化，形成三个能量等同的 sp^2 杂化轨道：

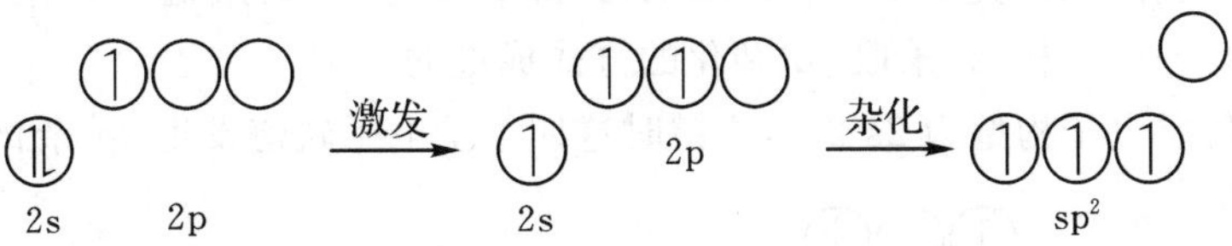

其中每一个 sp^2 杂化轨道都含有 $\frac{1}{3}$s 轨道和 $\frac{2}{3}$p 轨道的成分。sp^2 杂化轨道的形状和 sp 杂化轨道的形状类似，如图 9－16 所示，只是由于其所含的 s 轨道和 p 轨道成分不同，表现在形

状的“肥瘦”上有所差异。成键时,都是以杂化轨道比较大的一头与 F 原子的成键轨道重叠而形成三个 σ 键。根据理论推算,键角为 120°,BF_3 分子中的四个原子都在同一平面上。这样,推断结果与实验事实相符。

除 BF_3 气态分子外,其他气态卤化硼分子内,B 原子也是采取 sp^2 杂化的方式成键的。

(3)sp^3 杂化。同一原子内由一个 ns 轨道和三个 np 轨道发生的杂化,称为 sp^3 杂化。杂化后组成的轨道称为 sp^3 杂化轨道。sp^3 杂化可以而且只能得到四个 sp^3 杂化轨道。

CH_4 分子中的结构经实验测知为正四面体结构,四个 C—H 键均等同,键角为 109°28′。这样的实验事实,是电子配对法难以解释的。但杂化轨道理论认为,激发态 C 原子($2s^1 2p^3$)的 2s 轨道与三个 2p 轨道可以发生 sp^3 杂化,从而形成四个能量等同的 sp^3 杂化轨道。

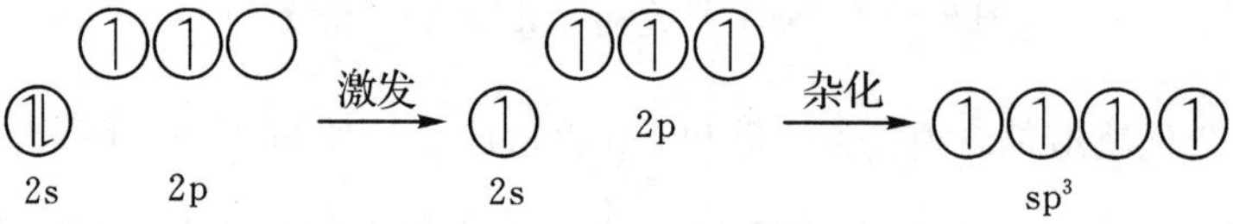

其中每一个 sp^3 杂化轨道都含 $\frac{1}{4}$s 轨道和 $\frac{3}{4}$p 轨道的成分。如图 9-17 所示,sp^3 杂化轨道的形状和 sp 杂化轨道的形状类似,成键时,都是以杂化轨道比较大的一头与 H 原子的成键轨道重叠而形成四个 σ 键。根据理论推算,键角为 109°28′,表明 CH_4 分子为正四面体结构,与实验测得的结果完全相符。

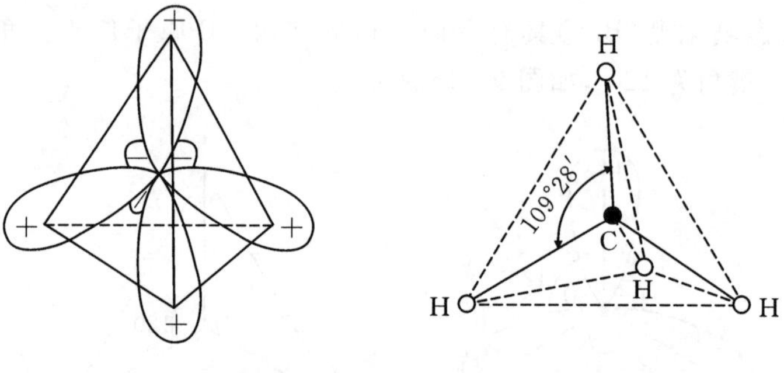

图 9-17 sp^3 杂化轨道的分布和 CH_4 分子的空间构型

除 CH_4 分子外,CCl_4,CF_4,SiH_4,$GeCl_4$ 等分子也是采取 sp^3 杂化的方式成键的。另外,有些分子的成键,表面来看与 CH_4 的成键似乎毫无共同之处,比如 NH_3 分子的成键似乎与 BF_3 分子类似,中心原子也将采取 sp^2 杂化的方式成键,键角也应为 120°,但实验测结果键角却为 107°18′,与 109°28′更为接近。又比如 H_2O 分子的成键似乎与 $BeCl_2$ 分子类似,中心原子也将采取 sp 杂化方式成键,键角也应为 180°,但实验测结果却为 104°45′,与 109°28′也更为接近。人们经过深入研究认为,在 NH_3 分子和 H_2O 分子的成键过程中中心原子也像 CH_4 分子中的 C 原子一样,是采取 sp^3 杂化的方式成键的。

N 原子的价层电子构型为 $2s^2 2p^3$,成键时这四个价电子轨道发生 sp^3 杂化;

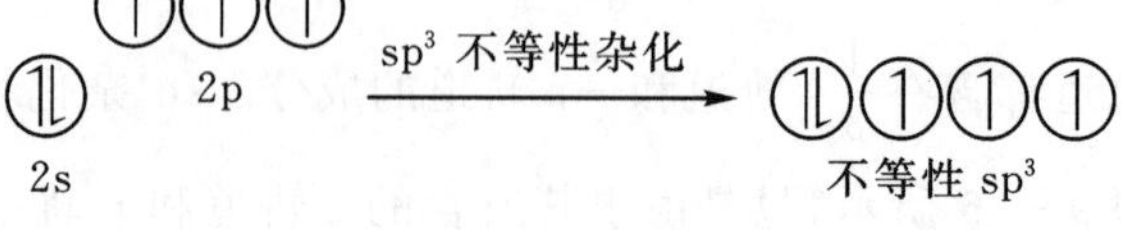

形成了四个 sp^3 杂化轨道。其中三个 sp^3 杂化轨道各有一个未成对电子，一个 sp^3 杂化轨道为一对电子对占据。成键时有三个 sp^3 杂化轨道分别与三个 H 原子的 1s 轨道重叠，形成三个 N—H 键；其余一个 sp^3 杂化轨道上的电子对没有参加成键(见图 9 - 18)，这一孤对电子对因靠近 N 原子，其电子云在 N 原子外占据着较大的空间，对三个 N—H 键的电子云有较大的静电排斥力，使键角从 109°28′ 被压缩到 107°18′，以至 NH_3 分子呈三角锥形(见图 9 - 18)。

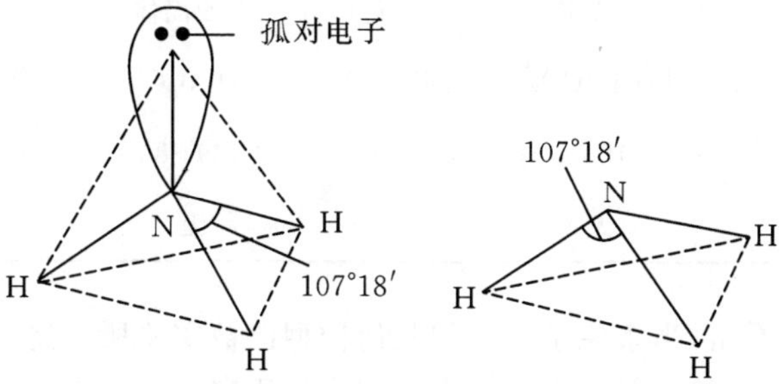

图 9 - 18　NH_3 分子的三角锥形结构

由于孤电子对的电子云比较集中于 N 原子的附近，因而其所在的杂化轨道含有较多的 s 轨道成分，其余三个杂化轨道则含有较多的 p 轨道成分，使这四个 sp^3 杂化轨道不完全等同。这种产生不完全等同轨道的杂化称为不等性杂化。

至于 H_2O 分子，O 原子的价层电子构型为 $2s^2 2p^4$，成键时这四个价电子成键也是发生 sp^3 不等性杂化：

形成了四个不完全等同的 sp^3 杂化轨道。其中两个 sp^3 杂化轨道各有一个未成对电子，其电子分别与两个 H 原子的 1s 电子形成两个 O—H 键；其余两个 sp^3 杂化轨道各为一对电子对占据(见图 9 - 19)，这两对孤对电子对因靠近 O 原子，其电子云在 O 原子外占据着较大的空间，对两个 O—H 键的电子云有较大的静电排斥力，使键角从 109°28′ 被压缩到 104°45′，以至 H_2O 分子的空间结构如图 9 - 19 所示。以上介绍了 s 轨道和 p 轨道的三种杂化形式。现简要归纳如表 9 - 7 所示。

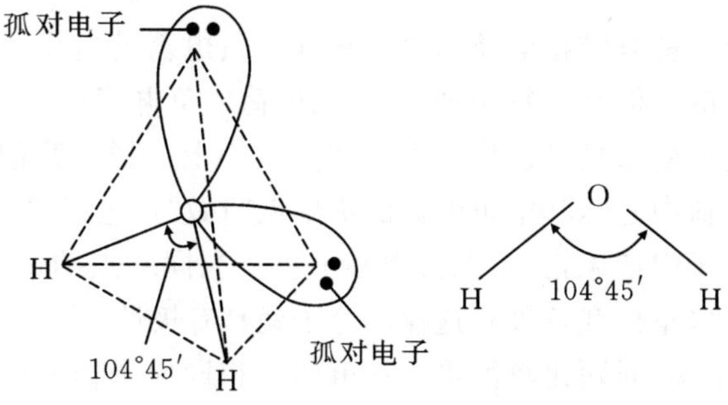

图 9 - 19　H_2O 分子 V 形结构

表 9-7 s-p 杂化与分子几何构型

杂化类型	sp	sp^2	sp^3		
杂化轨道几何构型	直线形	三角形	正四面体		
杂化轨道中孤电子对数	0	0	0	1	2
分子几何构型	直线形	正三角形	正四面体	三角锥	折线(V形)
实　例	$BeCl_2$,CO_2	BF_3,SO_3	CH_4,CCl_4	NH_3	H_2O
键　角	180°	120°	109°28′	107°18′	104°45′
分子极性	无	无	无	有	有

从以上介绍可以看出，当多原子分子的几何构型已被实验所确定后，杂化轨道理论是能给以较好解释的。但是，就一般非专门从事结构化学研究的人们来说，由于对不同轨道之间能级差别的大小缺乏了解，难以对某些轨道杂化的可能性作出判断。因此，如果直接用杂化轨道理论去预测分子的几何构型，未必都能得到满意的结果。因此，继杂化轨道理论之后，历史上又出现了各种理论或方法来解释实验事实，确定并预测分子的几何构型，如价层电子对互斥理论等。

9.4 分子间力和氢键

水蒸气可凝聚成水，水可凝固成冰，这一过程表明分子间还存在着一种相互吸引作用。范德华早在 1873 年就已经注意到这种作用力的存在并且进行了卓有成效地研究，所以后人把分子间力叫做范德华力。分子间力是决定物质的沸点、熔点、气化热、熔化热、溶解度、表面张力以及黏度等物理性质的主要因素。

由于分子间力本质上属于电学性质的范畴，因此在介绍分子间力之前，让我们先熟悉分子的两种电学性质——分子极性和变形性。

9.4.1 分子的极性和变形性

1. 分子的极性

我们知道，每个分子都有带正电荷的原子核和带负电荷的电子，由于正、负电荷数量相等，整个分子是电中性的。但是对每一种电荷(正电荷或负电荷)量来说，都可以设想各集中于某点上，就像任何物体的重量可以认为集中在其重心上一样。我们把电荷的这种集中点叫做“电荷重心”或“电荷中心”，其中正电荷的集中点叫做“正电荷中心”，负电荷的集中点叫做“负电荷中心。”在分子中如果正、负电荷中心不重合在同一点的位置上，那么这两个中心又可称作分子的两个极(正极和负极)，这样的分子就具有极性。

对于双原子分子来说，问题比较简单。在由两个相同原子构成的分子如 H_2 分子中，由于分子的正、负电荷中心重合于一点，整个分子并不存在正、负两极，即分子不具有极性，这种分子叫做非极性分子。

在两个不同原子构成的分子如 HCl 分子中，由于成键电子云偏向于电负性较大的氯原子，使分子的负电荷中心比正电荷中心更偏向于氯原子。这种正、负电荷中心不重合的分子就有正、负两极，分子具有极性，叫做极性分子。由此可见，对双原子分子来说，分子是否有极性决定于所形成的键是否有极性。有极性键的分子一定是极性分子，极性分子内一定含有极性键。

对于多原子分子来说，情况稍为复杂些。分子是否有极性。不能单从键的极性来判断。因为含有极性键的多原子分子可能是极性分子，也可能是非极性分子，要视分子的组成和分子的几何构型而定。

例如 H_2O 分子中，O—H 键为极性键，而且由于 H_2O 分子不是直线型分子，两个O—H 键间的夹角为 104°45′，在 H_2O 分子中两个 O—H 键的极性没有互相抵消，H_2O 分子中正、负电荷中心确实不重合，因此，水分子是极性分子(见图9 - 20)。

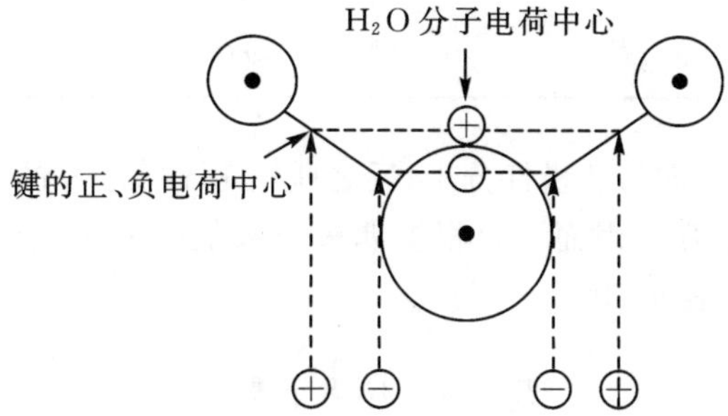

图 9 - 20　H_2O 中正、负电荷分布

但是，在二氧化碳(O═C═O)分子中，虽然 C═O 键为极性键，由于 CO_2 是一个直线型的分子，两个 C═O 键处在一直线上，两个 C═O 键的极性互相抵消，整个 CO_2 分子中正、负电荷中心重合，所以 CO_2 分子则是非极性分子(见图 9 - 21)。

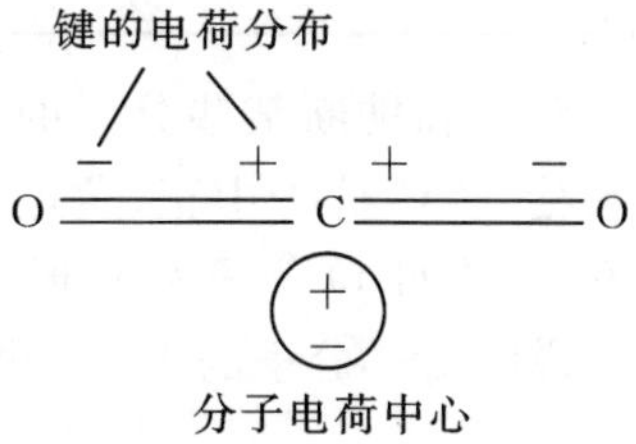

图 9 - 21　CO_2 中正、负电荷分布

总之，共价键是否有极性，决定于相邻两原子间共用电子对是否有偏移；而分子是否有极性，决定于整个分子正、负电荷中心是否重合。

分子极性的大小常用分子的偶极矩这个物理量来衡量。

偶极矩 μ 定义为分子中电荷中心(正电荷中心或负电荷中心)上的电荷量(q)与正、负电荷中心间距离(d)的乘积：$\mu = q \cdot d$(见图 9 - 22)。

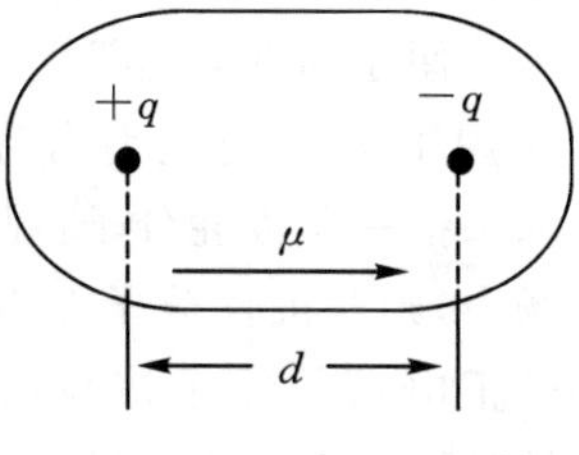

图 9 - 22　分子中的偶极矩

d 又称为偶极长度。分子偶极矩的具体数值可以通

过实验测出，单位是库·米(C·m)。表 9-8 为一些分子的偶极矩数值。

表 9-8 一些分子的偶极矩

物质	$\mu/(10^{-30}$ C·m)	物质	$\mu/(10^{-30}$ C·m)
H_2	0	HI	1.27
N_2	0	HBr	2.63
CO_2	0	HCl	3.61
CS_2	0	HF	6.40
CH_4	0	H_2O	6.23
CCl_4	0	H_2S	3.67
CO	0.33	NH_3	4.33
NO	0.53	SO_2	5.33

偶极矩等于零的分子即为非极性分子；反之偶极矩不等于零的分子，就是极性分子。偶极矩越大，分子的极性越强。因而可以根据偶极矩数值的大小比较分子极性的相对强弱。例如：HX 分子偶极矩如表 9-9。

表 9-9 HX 分子偶极矩

HX	$\mu/(10^{-30}$ C·m)	分子极性相对强弱
HF	6.40	依
HCl	3.61	次
HBr	2.63	减
HI	1.27	弱

此外，还可以根据偶极矩数值验证和推断某些分子的几何构型。例如，通过实验测知 H_2O 分子的偶极矩不为零，可以确定 H_2O 分子中正、负电荷中心是不重合的，由此可以认为 H_2O 分子不可能是直线形分子，这样 H_2O 分子为 V 形分子的说法得到证实。又如通过实验测知 CS_2 分子的偶极矩为零，说明 CS_2 分子的正、负电荷中心是重合的，由此可以推断 CS_2 分子应为直线形分子。

2. 分子的变形性

前面我们讨论分子的极性时，只是考虑孤立分子中电荷的分布情况，如果把分子置于外加电场(E)之中，则其电荷分布还可能发生某些变化。

为了便于讨论，我们先从非极性分子在电场作用下分子内电荷分布的变化情况谈起。如果把一非极性分子(见图 9-23(a))置于电场中，则非极性分子在电场的作用下，分子中带正电荷的原子核吸引向负电极，而电子云被吸引向正电极(见图 9-23(b))。其结

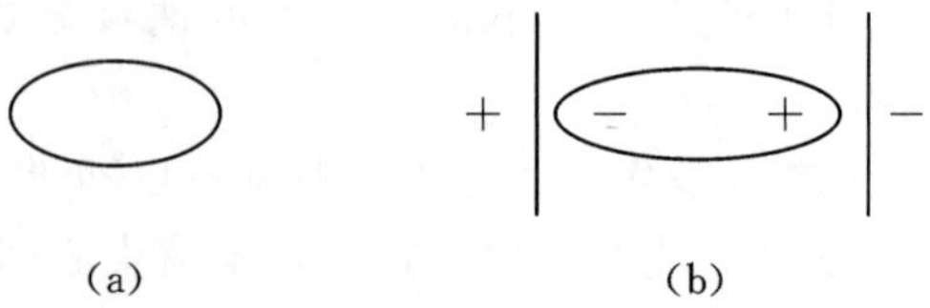

图 9-23 非极性分子在电场中的变形极化

果，电子云与核发生相对位移，造成分子的外形发生变化，使原来重合的正、负电荷中心彼此分离，分子出现了偶极。这个偶极称为诱导偶极。综上所述，在电场作用下，分子的正、负电荷中心分离而产生诱导偶极的过程称为分子的变形极化，分子中因电子云与核发生相对位移而使分子外形发生变化的性质，称为分子的变形性。电场越强，分子的变形越显著，诱导偶极越大。当外电场撤除时，诱导偶极自行消失，分子重新复原为非极性分子。

由此可知：$\mu_{诱导偶极矩} \propto E_{电场强度}$。引入比例常数 α，使 $\mu_{诱导偶极矩} = \alpha \cdot E_{电场强度}$，显然 α 可作为衡量分子在电场作用下变形性大小的标度，叫分子的诱导极化率，简称极化率。在一定强度的电场作用下，α 越大的分子，$\mu_{诱导偶极矩}$ 越大，分子的变形性也就越大。表 9－10 为一些分子的极化率。

表 9－10 一些分子的极化率

分子	$\alpha/(10^{-40}\ C \cdot m^2 \cdot V^{-1})$	分子	$\alpha/(10^{-40}\ C \cdot m^2 \cdot V^{-1})$
He	0.225	HCl	2.93
Ne	0.436	HBr	3.98
Ar	1.813	HI	6.01
Kr	2.737	H_2O	1.65
Xe	4.451	CO	2.21
Rn	6.029	NH_3	2.46

对于极性分子来说，本身就存在着偶极，这种偶极叫做固有偶极。在气态及液态时，如果没有外加电场的作用，它们一般都在作不规则的热运动(见图 9－24(a))。但在外加电场作用下，极性分子的正极一端将转向负电极，负极一端则转向正电极，亦即都顺着电场的方向而整齐地排列(见图 9－24(b))，这一过程叫做分子的定向极化，而且在电场的进一步作用下，极性分子也会发生变形，使正、负电荷中心之间的距离增大，产生诱导偶极。这时，分子的偶极为固有偶极和诱导偶极之和，分子极性有所增强(见图 9－24(c))。

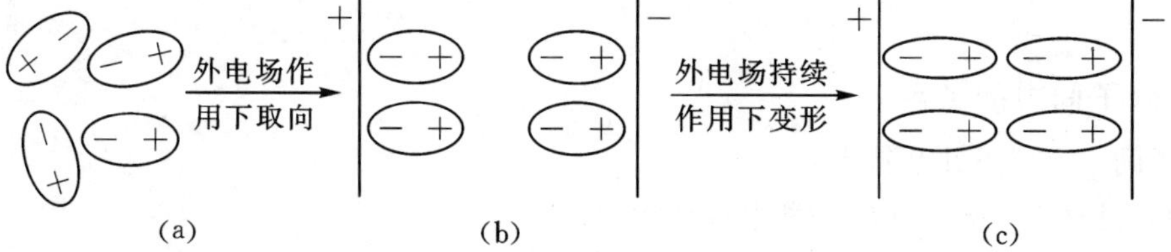

图 9－24 极性分子在电场中的极化

由此可见，极性分子在电场中的极化包括分子的定向变形极化和变形极化两方面。

另外，分子的极化不仅能在电容器的极板间发生，由于极性分子自身就存在着正、负两极，作为一个微电场，极性分子与极性分子之间，极性分子与非极性分子之间，同样也会发生极化作用。这种极化作用对分子间力的产生有重要影响。

9.4.2 分子间力

任何分子都有变形的可能，所以说，分子的极性和变形性是当分子互相靠近时分子间产生吸引的根本原因。根据分子种类不同，分子间力可有三种类型。

1. 非极性分子与非极性分子之间

当两个非极性分子相互靠近时，由于每个分子内的电子和原子核都在不断地运动，会出现电子和原子核瞬间相对位移，引起分子中正、负电荷中心暂时分开，产生瞬时偶极。而当分子间距离只有几百 pm 时，相邻分子会在瞬时产生异极相邻的状态，分子间会产生吸引力，这种吸引力是瞬时偶极作用的结果。由于从量子力学导出的这种力的理论公式与光色散公式相似，因此把这种力叫做色散力。尽管瞬时偶极是极为短暂的，但由于分子处于不断运动之中，因而色散力也是一直存在的。非极性物质分子之间正是由于色散力的作用才能凝聚为液体、凝固为固体的。分子间色散力的大小与分子的极化率有关，极化率愈大的分子之间色散力愈大。

2. 非极性分子和极性分子之间

由于电子与原子核的相对运动，不仅非极性分子内部会出现瞬时偶极，而且极性分子内部也会出现瞬时偶极，因此，非极性分子和极性分子之间也同样存在着色散力。但除此之外。还应该注意到，非极性分子在极性分子固有偶极作用下会发生变形极化，产生诱导偶极，使非极性分子与极性分子之间还产生一种相互吸引作用，这种诱导偶极与固有偶极之间的作用力称为诱导力。诱导力使非极性分子产生了极性，也使极性分子的极性增强。因而诱导力不仅与极性分子的偶极矩大小有关，而且也与非极性分子本身的极化率有关。

3. 极性分子与极性分子之间

当两个极性分子相靠近时，分子间不仅存在色散力和诱导力，而且极性分子由于有固有偶极作用，会使它们产生同极相斥、异极相吸的作用，使极性分子在空间转向成异极相邻的状态，并产生相互作用力，这种经分子在空间取向形成的作用力，称为取向力。它只存在于极性分子之间。它的大小取决于极性分子本身固有偶极的大小和分子间距。

综上所述，在非极性分子之间只有色散力；在非极性分子和极分子之间有色散力和诱导力；在极性分子之间有色散力、取向力和诱导力。由此可见，色散力存在于一切分子之间。

4. 分子间力的特点

分子间力有以下几个特点：

(1)它是存在于分子间的一种电性作用力。

(2)作用范围仅为几百皮米(pm)。当分子距离大于 50 pm 时，作用力就显著减弱。

(3)作用能的大小一般是几到几十 $kJ \cdot mol^{-1}$。虽然比化学键键能约小 1～2 个数量级，但对由共价型分子所组成的物质的一些物理性质影响很大。

(4)一般没有方向性和饱和性。

(5)在三种作用力中(见表 9 - 11)，除了极性很大而且分子间存在氢键的分子(例如 H_2O)之外，对大多数分子来说，色散力是分子间主要的作用力。三种力的相对大小一般为：

$$色散力 \gg 取向力 > 诱导力$$

无论是取向力，诱导力或是色散力，都与分子间的距离有关，随着分子间距离的增大，作用力显著减弱。

表 9-11 一些物质的分子间力

分子	取向力/kJ·mol^{-1}	诱导力/kJ·mol^{-1}	色散力/kJ·mol^{-1}	总作用力/kJ·mol^{-1}
Ar	0.000	0.000	8.49	8.49
CO	0.003	0.008	8.74	8.75
HI	0.025	0.113	25.8	25.9
HBr	0.686	0.502	21.9	23.1
HCl	3.30	1.00	16.8	21.1
NH_3	13.3	1.55	14.9	29.8
H_2O	36.3	1.92	8.99	47.2

注：分子间距离为 500 pm，温度为 298.15 K

9.4.3 分子间力对物质物理性质的影响

分子间力对物质物理性质的影响是多方面的。液态物质分子间力越大，气化热就越大，沸点就越高；固态物质分子间力越大，熔化热就越大，熔点就越高。一般来说，结构相似的同系列物质分子量越大，分子变形性也越大，分子间力越强，物质的沸点、熔点也就越高。例如，稀有气体、卤素等，其沸点和熔点就是随着分子量的增大而升高的。分子量相等或近似而体积大的分子，电子位移可能性大，有较大的变形性，此类物质有较高的沸点、熔点。

分子间力对液体的互溶度以及固、气态非电解质在液体中溶解度也有一定影响。溶质或溶剂（指同系物）的极化率越大，分子变形性和分子间力越大，溶解度也越大。

另外，分子间力对分子型物质的硬度也有一定的影响。分子极性小的聚乙烯、聚异丁烯等物质，分子间力较小，因而硬度不大，含有极性基团的有机玻璃等物质，分子间引力较大，具有一定的硬度。

9.4.4 氢键

经前面讨论已经了解到卤素氢化物的熔沸点随着分子量的增大而升高，但氟化氢例外。可看实验事实：

	HF	HCl	HBr	HI
沸点/K	293	188	206	237

除此之外，沸点表现出反常的还有 H_2O、NH_3 等，如图 9-25 所示。HF、H_2O、NH_3 等之所以有特别高的沸点是由于分子中除了一般的分子间力外，还存在一种特殊的作用力，能使简单的 HF、H_2O、NH_3 等分子形成缔合分子。这些分子缔合的主要原因是分子间形成了氢键。

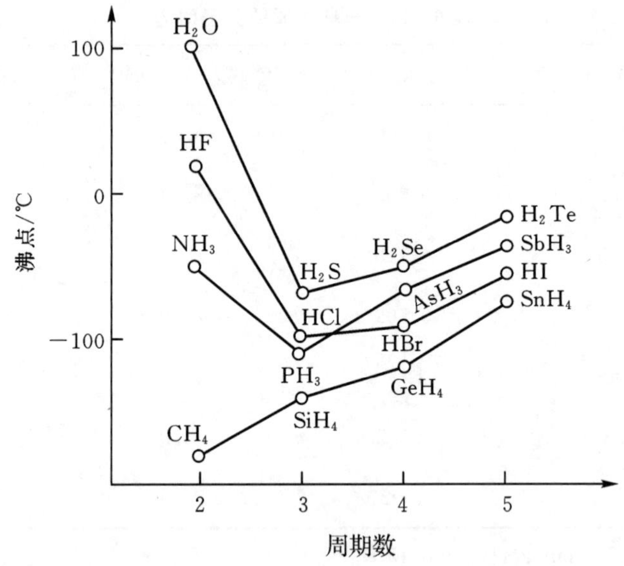

图 9-25 ⅣA-ⅦA氢化物沸点递变情况

1. 氢键的形成

现以 HF 为例说明氢键的形成。在 HF 分子中,由于 F 的电负性(4.0)很大,共用电子对强烈偏向 F 原子一边,而 H 原子核外只有一个电子,其电子云向 F 原子偏移的结果,使得它几乎要呈质子状态。这个半径很小、无内层电子的带部分正电荷的氢原子,使附近另一个 HF 分子中含有孤电子对并带部分负电荷的 F 原子有可能充分靠近它,从而产生静电吸引作用。这个静电吸引作用力就是所谓氢键,如图 9-26 所示。

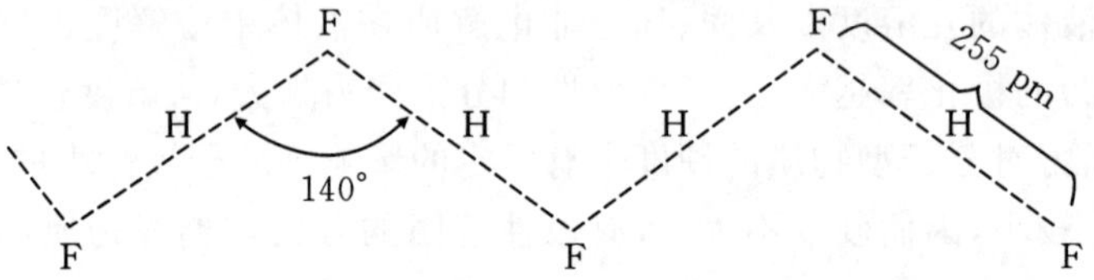

图 9-26 HF 分子间的氢键

不仅同种分子之间可以存在氢键,某些不同种分子之间也可形成氢键。例如 NH_3 与 H_2O 之间:

$$\begin{array}{ccc} & \text{H} & & \text{H} & & \text{H} & & \text{H} \\ & | & & | & & | & & | \\ \text{H—N} & \cdots\cdots & \text{H—O} & \text{或} & \text{N—H} & \cdots\cdots & \text{O—H} \\ & | & & & | & & \\ & \text{H} & & & \text{H} & & \end{array}$$

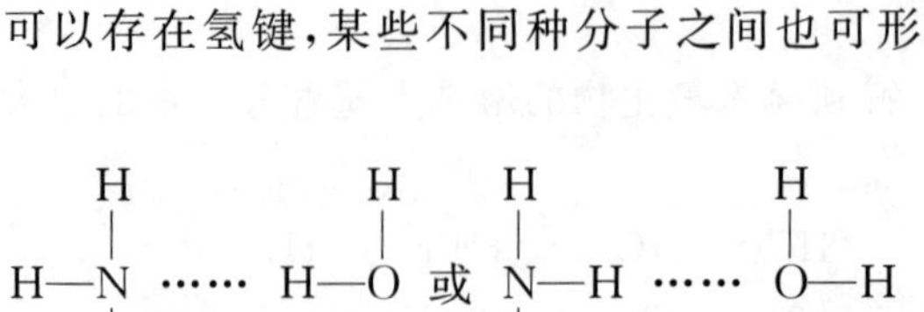

氢键结合的情况如果写成通式,可用 X—H⋯Y 表示。式中 X 和 Y 代表 F、O、N 等电负性大而原子半径较小的非金属原子。X 和 Y 可以是两种相同的元素,也可以是两种不同的元素。氢键存在虽然很普遍,对它的研究也在逐步深入,但是人们对氢键的定义至今仍有两种不同的理解。第一种把 X—H⋯Y 整个结构叫氢键,因此氢健的键长就是指 X 与 Y 之

间的距离。例如 F—H⋯F 的键长为 255 pm。第二种把 H⋯Y 叫做氢键，这样 H⋯F 之间的距离 163 pm 才算是氢键的键长。这种差别，我们在选用氢键键长数据时要加以注意。不过，对氢键键能的理解上是一致的，都是指把 X—H⋯Y—H 分解成为 HX 和 HY 所需的能量。归纳起来，形成氢键的条件是：

(1)要有一个与电负性很大的元素(X)形成强极性键的氢原子；

(2)还要有一个电负性也很大，含有孤电子对并带有部分负电荷的原子(Y)；

(3)X 与 Y 的原子半径都要较小。

这样 X 原子的电子云不至于把 Y 原子排斥开。从形成氢键的角度来说，氢键是强极性键(X—H)上的氢核与电负性很大，含有孤电子对并带有部分负电荷的原子(Y)之间的静电引力。

2. 氢键的特点

绝大多数氢键有方向性和饱和性，但其含义与共价键的方向性、饱和性有所不同。氢键的方向性是指 Y 原子与 X—H 形成氢键时，将尽可能使氢键与 X—H 键轴在同一个方向，即 X—H⋯Y 三个原子在同一直线上。原因是这样的方向成键，X 与 Y 之间相隔的距离最远，两原子电子云之间的排斥力最小，所形成的氢键最强，体系更稳定。

氢键的饱和性是指每一个 X—H 只能与一个 Y 原子形成氢键。原因是氢原子的原子半径比 X 和 Y 的原子半径都要小得多，当 X—H 与一个 Y 原子形成 X—H⋯Y 后，如果再有一个极性分子的 Y 原子靠近它们，则这个原子的电子云受 X—H⋯Y 上的 X、Y 原子电子云的排斥力比受 H 核的吸引力大得多，使 X—H⋯Y 上的这个 H 原子不容易与第二个原子再形成第二个氢键。

3. 氢键的强度

氢键的牢固程度——键强度也可以用键能来表示。简单地说，氢键键能是指每拆开单位物质的量的 H⋯Y 键所需的能量。氢键的键能一般在 42 $kJ \cdot mol^{-1}$ 以下，比共价键的键能小得多，而与分子间力更为接近些。例如，H_2O 分子中 O—H 键的键能为 463 $kJ \cdot mol^{-1}$；O—H⋯O 中氢键的键能为 18.83 $kJ \cdot mol^{-1}$。因此人们对氢键的本质就有两种不同的看法：一种从键的性质角度认为，既然氢键与共价键都有饱和性和方向性，应属化学键的范畴，但又考虑到氢键的键能比共价键小得多，因此把氢键称为弱化学键；另一种从键大小角度认为，既然氢键的键能与分子间力更为接近，可归入分子间力范畴，考虑到氢键有方向性，因此把氢键看作是有方向性的分子间力。但更广泛的研究发现，氢键的方向性并不是很严格的，尤其是分子内形成的氢键。氢键的强弱与元素电负性有关，电负性大的元素有利于形成强的氢键。氢键的强弱顺序如下：

F—H⋯F＞O—H⋯O＞N—H⋯N；N—H⋯F＞N—H⋯O＞N—H⋯N

4. 分子内氢键

某些分子内可以形成分子内氢键，例如 HNO_3、邻硝基苯酚分子(见图 9－27)。分子内氢键由于受环状结构的限制，X—H⋯Y 往往不能在同一直线上。

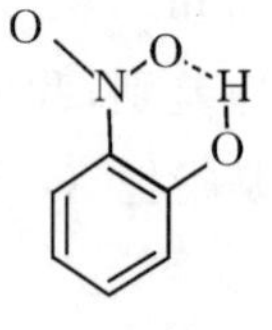

图 9－27 邻硝基苯酚分子内氢键

5. 氢键形成对物质性质的影响

氢键通常是物质在液态时形成的。但形成后有时也能继续存在于某些晶态甚至气态物质之中。例如,在气态,液态和固态的 HF 中都有氢键存在。能够形成氢键的物质是很多的,如水、水合物、氨合物、无机酸和某些有机化合物。氢键的存在,影响到物质的某些性质,例如熔点、沸点、溶解度、黏度、密度等。

(1)熔、沸点。分子间有氢键,分子间结合力强,当这些物质熔化或气化时,除了要克服纯粹的分子间力外,还必须提高温度,额外地供应一份能量来破坏分子间的氢键,所以这些物质的熔点、沸点比同系列氢化物的高。

与 N,O,F 同周期的 C 原子一般不形成氢键,所以 CH_4 的沸点没有出现反常现象。Cl 原子的电负性虽大但因半径较大,形成的氢键(Cl—H…Cl)很弱,所以沸点高低也没有出现反常现象。

(2)溶解度。在极性溶剂中,如果溶质分子与溶剂分子之间可以形成氢键,则溶质的溶解度增大。HF 和 NH_3 在水中的溶解度比较大,就是这个缘故。

(3)黏度。分子间有氢键的液体,一般黏度较大。例如甘油、磷酸、浓硫酸等多羟基化合物,由于分子间可形成众多的氢健,所以,这些物质通常为黏稠状液体。

(4)密度。液体分子间若形成氢键,有可能发生缔合现象。例如液态 HF,在通常条件下,除了正常简单的 HF 分子外,还有通过氢键联系在一起的复杂分子$(HF)_n$

$$n\mathrm{HF} \underset{\text{解离}}{\overset{\text{缔合}}{\rightleftharpoons}} (\mathrm{HF})_n$$

其中,n 可以是 2,3,4,…。这种由若干个简单分子联系成复杂分子而又不会改变原物质化学性质的现象,称为分子缔合。缔合而成的复杂分子称为缔合分子。分子缔合的结果会影响液体的密度。H_2O 分子之间也有缔合现象:

$$n\mathrm{H_2O} \underset{\text{解离}}{\overset{\text{缔合}}{\rightleftharpoons}} (\mathrm{H_2O})_n$$

常温下液态水中除了简单 H_2O 分子外,还有$(H_2O)_2$,$(H_2O)_3$,…,$(H_2O)_n$等缔合分子存在。升高温度,有利于缔合水分子的解离。降低温度,有利于水分子的缔合。温度降至 0℃时,全部水分子结成巨大的缔合物——冰。

9.5 晶体

9.5.1 原子晶体

有一类晶体物质,晶格结点上排列的是原子,原子之间通过共价键结合。凡靠共价键结合而成的晶体统称为原子晶体。例如金刚石就是一种典型的原子晶体。

若把立方 ZnS 晶胞中的硫原子和锌原子都换成碳原子，就得出金刚石的晶胞结构。用手抓住金刚石晶胞模型任一顶角上的一个圆球，让整个模型自然下垂，并以此图形为结构单元，向各方向延伸开来，即可得出金刚石的晶体结构图形（见图 9-28）。在金刚石晶体内，每个碳原子都被相邻的四个碳原子包围（配位数为 4），处在四个碳原子的中心；以 sp^3 杂化形式与相邻的四个碳原子结合，成为正四面体的结构。由于每个碳原子都形成四个等同的 C—C 键（σ 键），把晶体内所有的碳原子联结成一个整体，因此在金刚石内不存在独立的小分子。

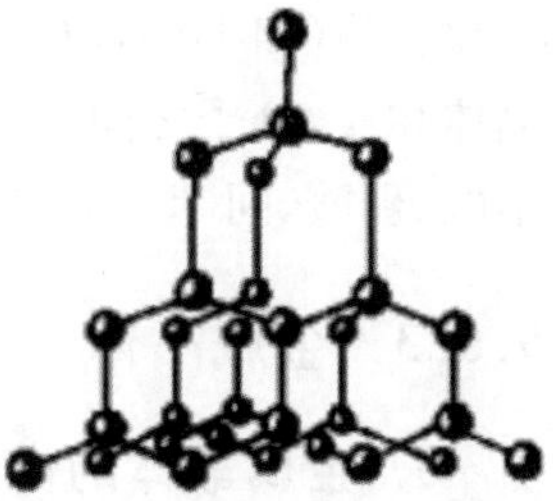

图 9-28 金刚石的晶体结构

不同的原子晶体，原子排列的方式可能有所不同，但原子之间都是以共价键相结合的。由于共价键的结合力强，因此原子晶体熔点高、硬度大。例如

原子晶体物质	硬度	熔点
金刚石	10	>3550 ℃
金刚砂(SiC)	9.5	2700 ℃

原子晶体物质即使熔化也不能导电。

属于原子晶体的物质为数不多。除金刚石外，单质硅(Si)、单质硼(B)、碳化硅(SiC)、石英(SiO_2)、碳化硼(B_4C)、氮化硼(BN)和氮化铝(AlN)等，亦属原子晶体。

9.5.2 分子晶体

凡靠分子间力（有时还可能有氢键）结合而成的晶体统称为分子晶体。分子晶体中晶格结点上排列的是分子（也包括像稀有气体那样的单原子分子）。干冰（固体 CO_2）就是一种典型的分子晶体。如图 9-29 所示，在 CO_2 分子内原子之间以共价键结合成 CO_2 分子，然后以整个分子为单位，占据晶格结点的位置。不同的分子晶体，分子的排列方式可能有所不同，但分子之间都是以分子间力相结合的。由于分子间力比离子键、共价键要弱得多，所以分子晶体物质一般熔点低、硬度小、易挥发。例如，白磷的熔点为 44.1 ℃，天然硫磺的熔点为 112.8 ℃；有些分子晶体物质，如干冰（固态 CO_2），在常温常压下即以气态存在；有些分子晶体物质（如碘、萘等）甚至可以不经过熔化阶段而直接升华。分子晶体物质不导电。

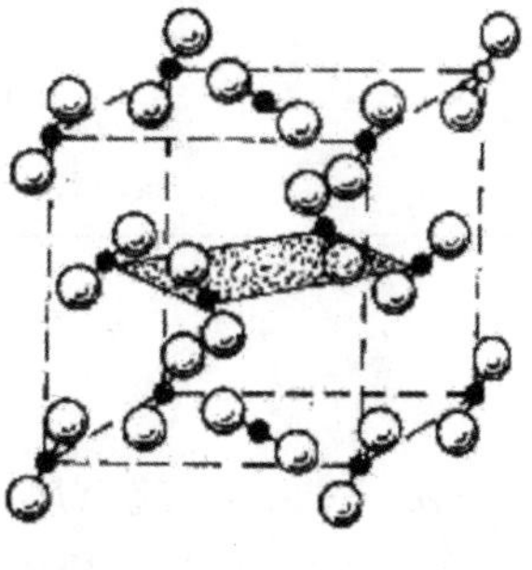

图 9-29 干冰(CO_2)晶体结构

稀有气体、大多数非金属单质(如氢气、氮气、氧气,卤素单质、磷、硫磺等)和非金属之间的化合物(如 HCl,CO_2等),以及大部分有机化合物,在固态时都是分子晶体。有一些分子晶体物质,分子之间除了存在着分子间力外,还同时存在着更为重要的氢键作用力,例如冰、草酸、硼酸、间苯二酚等均属于氢键型分子晶体。

9.5.3 金属晶体

1. 金属晶体的内部结构

金属晶体中,晶格结点上排列的粒子是金属原子。对于金属单质而言,晶体中原子在空间的排布情况,可以近似地看成是等径圆球的堆积。为了形成稳定的金属结构,金属原子将尽可能采取最紧密的方式堆积起来(简称金属密堆积),所以金属一般密度较大,而且每个原子都被较多的相同原子包围着,配位数较大。

根据研究,等径圆球的密堆积有三种基本构型:六方最密堆积,面心立方最密堆积和体心立方密堆积,如图 9-30 所示。

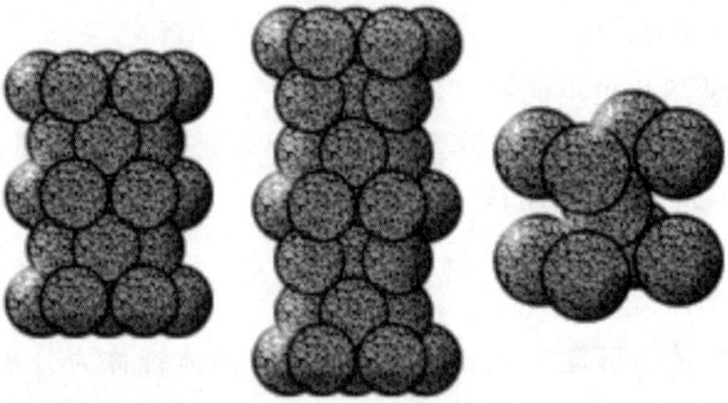

(a)六方密堆积 (b)面心立方密堆积 (c)体心堆积

图 9-30 等径圆球密堆积

表 9-12 列出一些金属单质所属的晶格类型。其中有些金属可以有几种不同的构型,例如 α-Fe 是体心立方密堆积,γ-Fe 是面心立方最密堆积。

表 9-12 一些金属单质的晶格类型

晶格类型	配位数	金属单质
六方	12	Mg,Ca,Co,Ni,Zn,Cd 及部分镧系元素等
面心立方	12	Ca,Al,Cu,Au,Ag,γ-Fe 等
体心立方	8	Ba,Ti,Cr,Mo,W,α-Fe 及碱金属等

2. 金属键

20 世纪初德鲁德(Drade)和洛伦茨(Lorentz)就金属及其合金中电子的运动状态,提出了自由电子模型,认为金属原子电负性、电离能较小,价电子容易脱离原子的束缚,这些价电子类似理想气体分子一样,在阳离子之间可以自由运动,形成了离域的自由电子。自由电子把金属阳离子“胶合”成金属晶体。金属晶体中金属原子间的结合力称为金属键。金属键没有方向性和饱和性。

自由电子的存在使金属具有良好的导电性、导热性和延展性，但金属结构毕竟是很复杂的，致使某些金属的熔点、硬度相差很大。例如：

金属	熔点	金属	硬度
水银	−38.87 ℃	钠	0.4
钨	3410 ℃	铬	9.0

以上先后介绍了晶体的四种基本类型，其特点见表 9-13。

表 9-13　晶体的四种基本类型对比

晶体类型	晶格结点上的粒子	粒子间的作用力	晶体的一般性质	物质实例
离子晶体	阳、阴离子	静电引力	熔点较高、略硬而脆、固态导电(熔化或溶于水时能导电)	活泼金属的氧化物和盐类等
原子晶体	原子	共价键	熔点高、硬度大、不导电	金刚石、单质硅、单质硼、碳化硅、石英、氮化硼等
分子晶体	分子	分子间力 氢键	熔点低、易挥发、硬度小、不导电	稀有气体、多数非金属单质、非金属之间化合物、有机化合物等
金属晶体	金属原子 金属阳离子	金属键	导电性、导热性、延展性，有金属光泽	金属或合金

9.5.4 混合型晶体

有一些晶体，晶体内可能同时存在着若干种不同的作用力，具有若干种晶体的结构和性质，这类晶体就称为混合型晶体。石墨晶体就是一种典型的混合型晶体。

石墨晶体具有层状结构。如图 9-31 所示，处在平面层的每个碳原子采用 sp^2 杂化轨道与相邻的三个碳原手以 σ 键相连接，键角为 120°，形成由无数个正六角形联接起来的、相互平行的平面网状结构层。每个碳原子还剩一个 p 电子，其轨道与杂化轨道平面垂直，这些 p 电子都参与形成同层碳原子之间的 π 键。这种由多个原子共同形成 π 键叫做大 π 键。大 π 键中的电子沿层面方向的活动能力很强，与金属中的自由电子有某些类似之处(石墨可作电极材料)，故石墨沿层面方向的电导率大。石墨层内相邻碳原子之间的距离为 142 pm，以共价键结合。相邻两层间的距离为 335 pm，相对较远，因此层与层之间引力较弱，与分子间力相仿。正由于层间结合力弱，当石墨晶体受到与

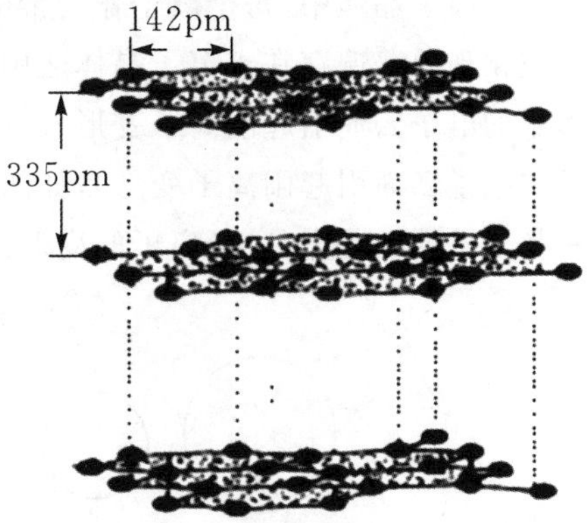

图 9-31　石墨的层状晶体结构

石墨层相平行的力的作用时，各层较易滑动，裂成鳞状薄片，故石墨可用作铅笔芯和润滑剂。总之，石墨晶体内既有共价键，又有类似金属那样的非定域键（成键电子并不定域于两个原子之间）和分子间力在共同起作用，可称为混合型的晶体。

除石墨外，云母、黑磷等也都属于层状过渡型晶体。另外，纤维状石棉属链状过渡型晶体，链中 Si 和 O 间以共价键结合，硅氧链与阳离子以离子键结合，结合力不及链内共价键强，故石棉容易被撕成纤维。

9.6 离子极化

研究离子晶体发现，有些离子电荷相同，离子半径极为相近的物质，性质上却差别很大。例如，NaCl 和 CuCl 晶体，它们的阳、阴离子电荷都相同，Na^+ 的半径（95 pm）与 Cu^+ 的半径（96 pm）又极为相近，但这两种晶体在性质上却有很大的差别。如 NaCl 在水中溶解度很大，而 CuCl 却很小，这种现象表明除离子电荷、离子半径以外，还有别的因素也会影响离子晶体的性质，例如离子的电子构型。

离子的电子构型如何影响离子晶体的性质，需要从离子极化的角度来说明。

9.6.1 离子极化的概念

1. 离子极化

分子极化的概念推广到离子体系，可以引出离子极化的概念。

离子和分子一样，也有变形性。对孤立的简单离子来说，离子的电荷分布基本上是球形对称的，离子本身正、负电荷中心是重合的，不存在偶极。但当离子置于电场中，离子的原子核就会受到正电场的排斥和负电场的吸引；而离子中的电子则会受到正电场的吸引和负电场的排斥，其结果离子就会发生变形而产生诱导偶极。这种过程称为离子的极化。由于离子的外层电子与原子核的联系不如内层电子紧密，在外电场作用下容易与核发生相对位移，所以，离子的变形可以近似理解为离子最外层电子云的变形。

在离子晶体中，每个离子作为带电的粒子，本身就会在其周围产生相应的电场，所以离子极化现象普遍存在于离子晶体之中。阳离子的电场使阴离子发生极化（即阳离子吸引阴离子的电子云而引起阴离子变形）。阴离子的电场则使阳离子发生极化（即阴离子排斥阳离子的电子云而引起阳离子变形），如图 9－32 所示。显然，离子极化的强弱决定于两个因素：一是离子的极化力，二是离子的变形性。

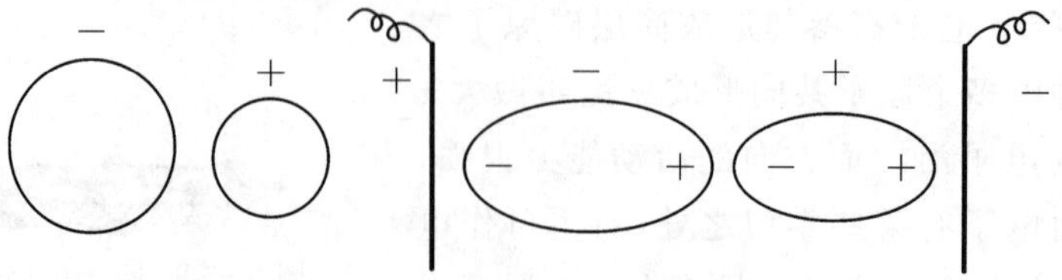

(a)无电场作用　　(b)在电场中

图 9－32　离子与外电场的关系

2. 离子的极化力

离子极化力与离子的电荷、离子的半径以及离子的电子构型等因素有关。离子的电荷越多,半径越小,产生的电场强度越强,离子的极化能力越强。当离子电荷相同,半径相近时,离子的电子构型对离子的极化力就起决定性的影响。18 电子(如 Cu^{+},Ag^{+},Hg^{2+}等)、(18+2)电子(如 Sn^{2+},Pb^{2+},Bi^{3+}等)以及 2 电子构型的离子(如 Li^{+},Be^{2+})具有强的极化力;(9～17)电子构型(即过渡型)的离子(如 Fe^{2+},Cu^{2+},Mn^{2+}等)次之;8 电子构型(即稀有气体构型)的离子(如 Na^{+},K^{+},Ca^{2+},Ba^{2+}等)极化力最弱。

3. 离子的变形性

如前所述,离子在外电场作用下,其外层电子与核会发生相对位移,这种性质就称为离子的变形性。离子变形性主要取决于离子半径的大小。离子半径大,外层电子与核距离远、联系不牢固,在外电场作用下,外层电子与核容易产生相对位移,所以一般来说变形性也大。

电子构型相同的离子,阳离子的电子数少于核电荷数,电子与核的联系较牢固;而阴离子的电子数多于核电荷数,外层电子与核的联系较差,所以阴离子一般比阳离子容易变形。

当离子电荷相同,离子半径相近时,离子的电子构型对离子的变形性就产生决定性影响。非稀有气体构型的离子(即外层具有 9～17,18 和 18+2 个电子的离子),其变形性比稀有气体构型(即 8 电子构型)的大得多。

离子变形性大小可用离子极化率来量度。离子极化率(α)定义为离子在单位电场中被极化所产生的诱导偶极矩(μ):

$$\alpha=\frac{\mu}{E}$$

显然,E 一定时,μ 越大,α 也越大,即离子变形性越大。表 9-14 为由实验测得的一些常见离子的极化率。

表 9-14　离子的极化率

离子	极化率 /(10^{-40} C·m²·V⁻¹)	离子	极化率 /(10^{-40} C·m²·V⁻¹)	离子	极化率 /(10^{-40} C·m²·V⁻¹)
Li^{+}	0.034	Ca^{2+}	0.52	OH^{-}	1.95
Na^{+}	0.199	Sr^{2+}	0.96	F^{-}	1.16
K^{+}	0.923	B^{3+}	0.0032	Cl^{-}	4.07
Rb^{+}	1.56	Al^{3+}	0.058	Br^{-}	5.31
Cs^{+}	2.69	Hg^{2+}	1.39	I^{-}	7.9
Be^{2+}	0.009	Ag^{+}	1091	O^{2-}	4.32
Mg^{2+}	0.105	Zn^{2+}	0.317	S^{2-}	11.3

最容易变形的是体积大的阴离子和 18、(18+2)电子构型,少电荷的阳离子;最不容易

变形的是半径小、电荷数多的稀有气体构型的阳离子。

4. 离子极化的规律

一般来说，阳离子由于带正电荷，外电子层上少了电子，所以极化力较强，变形性一般不大；而阴离子半径一般较大，外层上又多了电子，所以容易变形，而极化力较弱。因此，当阳、阴离子相互作用时，多数情况下，阴离子对阳离子的极化作用可以忽略，而仅考虑阳离子对阴离子的极化作用，即阳离子使阴离子发生变形，产生诱导偶极。一般规律如下：

(1)阴离子半径相同时，阳离子的电荷越多，阴离子越容易被极化，产生的诱导偶极越大(见图 9－33(a))；

(2)阳离子的电荷相同时，阳离子越大，阴离子被极化程度越小，产生的诱导偶极越小(见图 9－33(b))；

(3)阳离子的电荷相同、大小相近时，阴离子越大，越容易被极化，产生的诱导偶极越大(如图 9－33(c))。

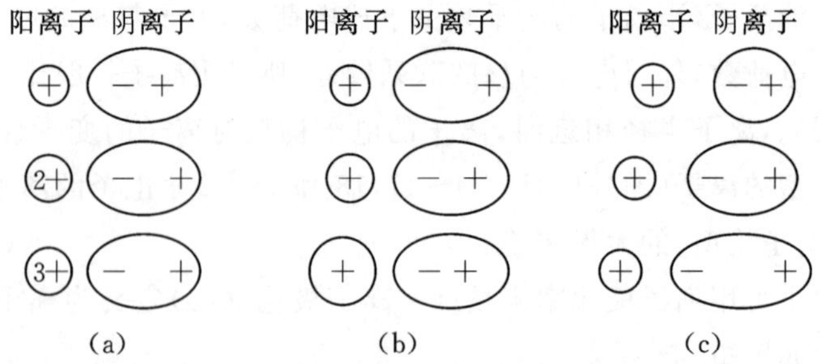

图 9－33　阴离子极化规律示意图

5. 离子的附加极化作用

当阳离子与阴离子一样，也容易变形时，除要考虑阳离子对阴离子的极化外，还必须考虑阴离子对阳离子的极化作用。

如图 9－34 所示，阴离子被极化所产生的诱导偶极会反过去诱导变形性大的非稀有气体构型阳离子，使阳离子也发生变形，阳离子所产生的诱导偶极会加强阳离子对阴离子的极化能力，使阴离子诱导偶极增大，这种效应叫做附加极化作用。附加极化作用的结果，使得 18、(18＋2)电子构型的阳离子的极化力随着阳离子半径的增大而增大。如 Zn^{2+}、Cd^{2+}、Hg^{2+}，它们的极化力大小顺序是 $Hg^{2+} > Cd^{2+} > Zn^{2+}$。在离子晶体中，每个离子的总极化能力等于该离子固有的极化力和附加极化力之和。

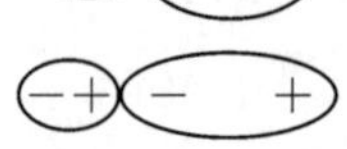

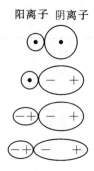

图 9－34　离子附加极化作用示意图

9.6.2　离子极化对物质结构和性质的影响

1. 离子极化对键型的影响

阳、阴离子结合时，如果相互间完全没有极化作用，则形成的化学键纯属离子键。但实际上离子极化作用程度不同地存在于阳、阴离子之间。

当极化力强、变形性又大的阳离子与变形性大的阴离子相互接触时，由于阳、阴离子相互极化作用显著，阴离子的电子云会向阳离子方面偏移，同时，阳离子的电子云也会发生相应变形。这样导致阳、阴离子外层轨道程度不同地发生重叠现象，阳、阴离子的核间距缩短（即键长缩短），键的极性减弱，从而使键型有可能发生从离子键向共价键过渡的变化（见图 9-35）。

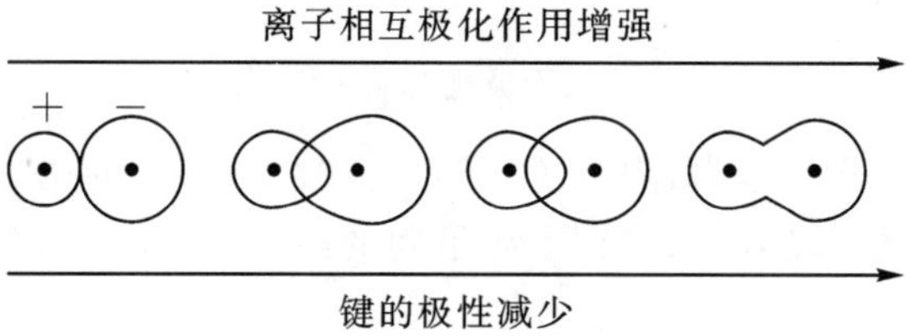

图 9-35 离子极化对键型的影响

表 9-15 以卤化银的键型为例说明。

表 9-15 卤化银的键型

卤化银	AgF	AgCl	AgBr	AgI
卤素离子半径/pm	136	181	195	216
阳、阴离子半径之和/pm	262	307	321	342
实测键长/pm	246	277	288	296
键型	离子键	过渡型键	过渡型键	共价键

Ag^+ 是 18 电子构型的离子，极化力强，变形性较大。对 AgF 来说，由于 F^- 的离子半径较小，变形性不大，Ag^+ 与 F^- 之间相互极化作用不明显，因此，所形成的化学键属离子键。但是 X^- 随着 Cl^-、Br^-、I^- 离子半径依次递增，Ag^+ 与 X^- 之间相互极化作用不断增强，所形成化学键的极性不断减弱，对 AgI 来说，已经是以共价键结合了。

从图 9-35 可以看出，由离子键逐步过渡到共价键，中间经过一系列同时含有部分离子性和部分共价性的过渡键型阶段。在无机化合物中，实际上有不少化学键就属于过渡键型的。

2. 离子极化对晶体构型的影响

物质总是在不停地运动，晶体中的离子也不例外，总是在其平衡位置附近不断振动着（见图 9-36(a)）。当离子离开其正常位置而稍偏向某异性电荷离子时（见图 9-36(b)），该离子将产生诱导偶极。在阳离子极化力不大，阴离子变形性也不大的情况下，极化作用不显著，这样，由于诱导偶极的出现，该离子与它最邻近的异性电荷离子之间所产生的附加引力，不足以破坏离子固有的振动规律，因此，在热运动作用下，该离子将能回到原来的正常位置，离子晶体的晶体构型维持不变。

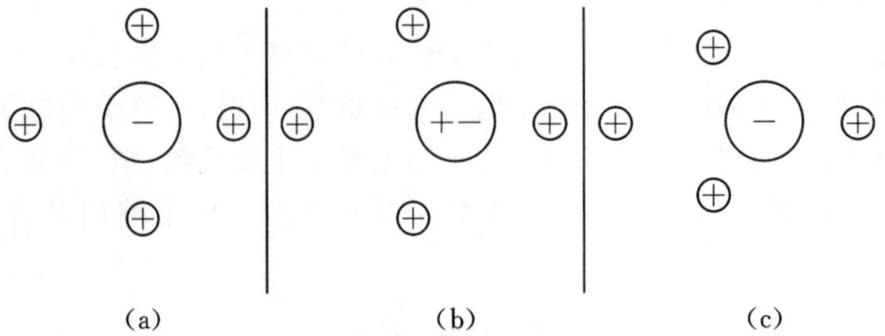

图 9-36 离子极化对晶体构型的影响

但是，如果离子极化作用很强，阴离子变形性大时，足够大的诱导偶极所产生的附加引力，就会破坏离子固有的振动规律，缩短了离子间的距离，使晶体向配位数减小的晶体构型转变，如图 9-36(c)所示。

下面还以卤化银为例说明。

从表 9-16 可知，AgI 若按离子半径比定则，理论上应属于 NaCl 型晶体。但由于 AgI 晶体内离子间的极化作用比 AgCl、AgBr 要强得多，核间距离大为缩短了(从表 9-16 数据可知)这样使晶体从 NaCl 型突变为 ZnS 型。

表 9-16 卤化银的晶体构型

卤化银	AgCl	AgBr	AgI
r_+/r_-值	0.696	0.648	0.583
理论晶体构型	NaCl 型	NaCl 型	NaCl 型
实际晶体构型	NaCl 型	NaCl 型	ZnS 型
配位数	6	6	4

既然离子极化对物质的结构能产生较显著的影响，那么，对物质的性质自然也会发生影响。CuCl 在水中的溶解度比 NaCl 小得多，原因正是由于 Cu^+ 是 18 电子构型而 Na^+ 是 8 电子构型，Cu^+ 比 Na^+ 极化力要强得多，CuCl 是共价键结合，而 NaCl 则是离子键结合的缘故。

3. 离子极化对化合物溶解度的影响

由于离子的相互极化，使离子键向共价键过渡。键型过渡在化合物性质上的表现，最明显的是物质在水中溶解度的降低。离子晶体通常易溶于水。水的介电常数很大(约等于 80)，它会使正、负离子间的吸引力减少到原来的约 1/80，从而使正、负离子很容易受热运动的作用而相互分离。水不能像减弱离子间的静电作用那样减弱共价键的结合力，所以离子极化作用显著的晶体难溶于水。在银的卤化物中，AgF 是离子化合物，在水中可溶，而 AgCl、AgBr、AgI 的溶解度依次递减。

4. 离子极化对化合物颜色的影响

一般情况下，两个无色的离子形成的化合物为无色。可是 Pb^{2+} 和 I^- 都是无色的，但 PbI_2 却是黄色的，其原因是离子间相互极化作用所引起的。正离子极化力越强，或负离子变形性越大，就越有利于颜色的产生。例如 AgF 无色，AgCl 白色，AgBr 浅黄色，AgI 黄色。S^{2-} 变形性

比 O^{2-} 大,因此硫化物颜色都是较相应的氧化物为深,PbO 为黄色,而 PbS 则为黑色。

5. 晶体熔点的改变

一般离子晶体熔点高。在 NaCl、$MgCl_2$、$AlCl_3$ 化合物中,由于 Al^{3+} 极化作用远大于 Na^+ 和 Mg^{2+},从而使 $AlCl_3$ 中的 Cl^- 发生显著变形,键型向共价键过渡,有较低的熔沸点。实验测得:NaCl 的熔点 800 ℃,$MgCl_2$ 为 714 ℃,$AlCl_3$ 为 192 ℃。这一影响也就直接影响到物质的热稳定性。

习 题

1. 写出下列各离子的电子分布式,并指出它们各属于何种离子电子构型?

Fe^{3+}　Ag^+　Ca^{2+}　Li^+　Br^-　S^{2-}　Pb^{2+}　Pb^{2+}　Bi^{3+}　As^{3+}

2. 下列物质中,试推测哪种熔点最低? 哪种最高?

(1)NaCl　KBr　KCl　MgO

(2)N_2　Si　NH_3

3. 试推测下列物质分别属于哪一类晶体

物质	B	LiCl	BCl_3
熔点/℃	2300	605	−107.3

4. 已知 H—F,H—Cl、H—Br,H—I 键的键能分别为 569 kJ·mol^{-1}、431 kJ·mol^{-1}、366 kJ·mol^{-1}、299 kJ·mol^{-1},试比较 HF,HCl,HBr,HI 气体分子的热稳定性。

5. 根据电子配对法,写出下列各物质的分子结构式:BBr_3　CS_2　SiH_4　PCl_5　C_2H_4

6. 写出下列物质的分子结构式并指明是 σ 键还是 π 键。

HClO　CO_2　BBr_3　C_2H_2

7. 指出下列分子或离子中的共价键哪些是由成键原子的未成对电子直接配对成键? 哪些是由电子激发后配对成键? 哪些是配位键?

$HgCl_2$　PH_3　NH_4^+　$[Cu(NH_3)_4]^{2+}$　AsF_5　PCl_5

8. 根据电负性数据,在下列各对化合物中,判断哪一个化合物其键的极性相对较强些?

(1)ZnO 与 ZnS;

(2)AsH_3 与 NH_3;

(3)$GaCl_3$ 与 $InCl_3$;

(4)NH_3 与 NF_3;

(5)H_2O 与 OF_2;

(6)IBr 与 ICl。

9. 试用杂化轨道理论,说明下列分子的中心原子可能采用的杂化类型,并预测分子或离子的几何构型。

BBr_3　PH_3　H_2S　$SiCl_4$　CO_2　NH_4^+

10. 用价层电子对互斥理论推测下列分子或离子的几何构型。

$PbCl_2$　BF_3　NF_3　PH_4^+　BrF_5　SO_4^{2-}　NO_2^-　XeF_4　$CHCl_3$

11. 应用同核双原子分子轨道能级图,从理论上推测下列分子或离子是否可能存在,并指出它们各自成键的名称和数目，写出价键结构式或分子结构式。

H_2^+ He_2^+ C_2 Be_2 B_2 N_2^+ O_2^+

12. 通过计算键级，比较下列物质的结构稳定性：

O_2^+ O_2 O_2^- O_2^{2-} O_2^{3-}

13. 根据分子轨道理论说明：

(1) He_2 分子不存在。

(2) N_2 分子很稳定，且具有反磁性。

(3) O_2^- 具有顺磁性。

14. 根据键的极性和分子的几何构型，判断下列分子哪些是极性分子？哪些是非极性分子？

Ne Br_2 HF NO H_2S CS_2 $CHCl_3$ CCl_4 BF_3 NF_3

15. 判断下列每组物质中不同物质分子之间存在着何种成分的分子间力。

(1) 苯和四氯化碳；

(2) 氦气和水；

(3) 甲醇和水；

(4) 硫化氢和水。

16. (1) 试推测下列物质可形成何种类型的晶体？

O_2 H_2S KCl Si Pt

(2) 下列物质熔化时，要克服何种作用力？

AlN Al HF(s) K_2S

17. 根据所学晶体结构知识，填出下表。

物质	晶格结点上的粒子	晶格结点上粒子间的作用力	晶体类型	预测熔点（高或低）
N_2				
SiC				
Cu				
冰				
$BaCl_2$				

18. 将下列两组离子分别按离子极化力及变形性由小到大的次序重新排列。

(1) Al^{3+} Na^+ Si^{4+}

(2) Sn^{2+} Ge^{2+} I^-

19. 试按离子极化作用由强到弱的顺序重新排出下列物质的次序。

$MgCl_2$ $SiCl_4$ NaCl $AlCl_3$

20. 比较下列各组中化合物的离子极化作用的强弱，并预测溶解度相对大小。

(1) ZnS CdS HgS

(2) PbF_2 $PbCl_2$ PbI_2

(3) CaS FeS ZnS

第 10 章　s 区元素及其重要的化合物

s 区元素包括周期表中ⅠA 和ⅡA 主族，是最活泼的金属元素。ⅠA 族元素包括锂、钠、钾、铷、铯、钫六种元素，又称为碱金属。ⅡA 族元素包括铍、镁、钙、锶、钡、镭六种元素，其中钙、锶、钡又称碱土金属，因为它们氧化物的性质既与碱金属氧化物类似，也与土壤中的氧化铝类似。现习惯上也常把铍和镁包括在碱土金属之内。s 区元素中，锂、铷、铯、铍是稀有金属元素，钫和镭是放射性元素。

碱金属和碱土金属原子的价电子构型分别为 ns^1 和 ns^2，它们的原子最外层有 1～2 个电子，是最活泼的金属元素。

10.1　s 区元素通性

碱金属和碱土金属的基本性质分别列于表 10 - 1 和表 10 - 2。

表 10 - 1　碱金属的性质

性质	锂	钠	钾	铷	铯
原子序数	3	11	19	37	55
价电子构型	$2s^1$	$3s^1$	$4s^1$	$5s^1$	$6s^1$
原子半径/pm	155	190	255	248	267
沸点/℃	1317	892	774	688	690
熔点/℃	180	97.8	64	39	28.5
电负性 X	1.0	0.9	0.8	0.8	0.7
电离能/$kJ \cdot mol^{-1}$	520	496	419	403	376
电极电势/V	−3.045	−2.714	−2.925	−2.925	−2.925
氧化值	+1	+1	+1	+1	+1

表 10-2 碱土金属的性质

性质	铍	镁	钙	锶	钡
原子序数	4	12	20	38	56
性质	铍	镁	钙	锶	钡
价电子构型	$2s^2$	$3s^2$	$4s^2$	$5s^2$	$6s^2$
原子半径/pm	112	160	197	215	222
沸点/℃	2970	1107	1487	1334	1140
熔点/℃	1280	651	845	769	725
电负性 X	1.5	1.2	1.0	1.0	0.9
第一电离能/$kJ \cdot mol^{-1}$	899	738	590	549	503
第二电离能/$kJ \cdot mol^{-1}$	1757	1451	1145	1064	965
电极电势/V	−1.85	−2.37	−2.87	−2.89	−2.90
氧化值	+2	+2	+2	+2	+2

碱金属原子最外层只有 1 个 ns 电子，而次外层是 8 电子结构（Li 的次外层是 2 个电子），它们的原子半径在同周期元素中（稀有气体除外）是最大的，而核电荷在同周期元素中是最小的，内层电子的屏蔽作用较显著，故这些元素很容易失去最外层的 1 个 s 电子，从而使碱金属的第一电离能在同周期元素中最低。因此，碱金属是同周期元素中金属性最强的元素。碱土金属的核电荷比碱金属大，原子半径比碱金属小，金属性比碱金属略差一些。

s 区同族元素自上而下随着核电荷的增加，无论是原子半径、离子半径、还是电离能、电负性以及还原性等性质的变化总体来说是有规律的，但第二周期的元素表现出一定的特殊性。例如锂的电极电势（Li^+/Li）异常地小。

在物理性质方面，s 区元素单质的主要特点是：轻、软、低熔点。密度最低的是锂（$0.53\ g \cdot cm^{-3}$），是最轻的金属，即使密度最大的镭，其密度也小于 5（密度小于 5 的金属统称为轻金属）。碱金属、碱土金属的硬度除铍和镁外都很小，其中碱金属和钙、锶、钡可以用刀切割，但铍较特殊，其硬度足以划破玻璃。从熔、沸点来看，碱金属的熔、沸点较低，而碱土金属由于原子半径较小，具有 2 个价电子，金属键的强度比碱金属的强，故熔点、沸点相对较高。

s 区元素的一个重要特点是各族元素通常只有一种稳定的氧化态。碱金属和碱土金属常见氧化值分别为+1、+2，这与它们的族数一致。从电离能的数据可以看出，碱金属的第一电离能较小，很容易失去一个电子，但第二电离能很大，故很难再失去第二个电子。碱土金属的第一，第二电离能较小，容易失去 2 个电子，而第三电离能很大，所以很难再失去第三个电子。

s 区元素是最活泼的金属元素，它们的单质都能与大多数非金属反应，例如极易在空气中燃烧。除了铍、镁外，都较易与水反应。s 区元素形成稳定的氢氧化物，这些氢氧化物大多是强碱。

s 区元素所形成的化合物大多是离子型的。第二周期的锂和铍的离子半径小,极化作用较强,形成的化合物基本上是共价型的,少数镁的化合物也是共价型的,也有一部分锂的化合物是离子型的。常温下,s 区元素的盐类在水溶液中大都不发生水解反应。除铍以外,s 区元素都能溶于液氨生成蓝色的还原性溶液。

10.2 s 区元素的重要化合物

10.2.1 氧化物

碱金属、碱土金属与氧能形成三种类型的氧化物:正常氧化物、过氧化物和超氧化物,其中分别含有 O^{2-}、O_2^{2-} 和 O_2^- 离子。前两种是反磁性物质,后一种是顺磁性物质。s 区元素与氧所形成的各种氧化物如表 10-3 所示。

表 10-3 s 区元素形成的氧化物

氧化物	阴离子	直接形成	间接形成
正常氧化物	O^{2-}	Li,Be,Mg,Ca,Sr,Ba	ⅠA,ⅡA 所有元素
过氧化物	O_2^{2-}	Na,(Ba)	除 Be 外的所有元素
超氧化物	O_2^-	(Na),K,Rb,Cs	除 Be,Mg,Li 外的所有元素

1. 正常氧化物

碱金属中的锂和所有碱土金属在空气中燃烧时,生成正常氧化物 Li_2O 和 MO;

$$4Li + O_2 = 2Li_2O$$

$$2M + O_2 = MO$$

其他碱金属的正常氧化物是用金属与它们的过氧化物或硝酸盐作用而得到的。例如

$$Na_2O_2 + 2Na = 2Na_2O$$

$$2KNO_3 + 10K = 6K_2O + N_2\uparrow$$

碱土金属的碳酸盐、硝酸盐、氢氧化物等热分解也能得到其氧化物 MO。例如

$$MCO_3 \xrightarrow{\triangle} MO + CO_2\uparrow$$

碱金属氧化物从 Li_2O 过渡到 Cs_2O,颜色依次加深。由于 Li^+ 的离子半径特别小,Li_2O 的熔点很高。Na_2O 熔点也很高,其余的氧化物未达到熔点时便开始分解。

碱金属氧化物与水化合生成碱性氢氧化物 MOH。Li_2O 与水反应很慢,Rb_2O 和 Cs_2O 与水发生剧烈反应。碱土金属的氧化物都是难溶于水的白色粉末。碱土金属氧化物中,唯有 BeO 是 ZnS 型晶体,其他氧化物都是 NaCl 型晶体。与 M^+ 相比,M^{2+} 电荷多,离子半径小,所以碱土金属氧化物具有较大的晶格能,熔点都很高,硬度也较大。除 BeO 外,由 MgO 到 BaO,熔点依次降低。

BeO 和 MgO 可作耐高温材料,CaO 是重要的建筑材料。

2. 过氧化物

除铍和镁外,所有碱金属和碱土金属都能分别形成相应的过氧化物,$M_2^{\mathrm{I}}O_2$ 和 $M^{\mathrm{II}}O_2$,

其中只有钠和钡的过氧化物可由金属在空气中燃烧得到。

过氧化钠 Na_2O_2 是最常见的碱金属过氧化物。将金属钠在铝制容器中加热到 300 ℃并通入不含二氧化碳的干燥空气，得到淡黄色的 Na_2O_2 粉末：

$$2Na+O_2 \xlongequal{} Na_2O_2$$

过氧化钠与水或稀酸在室温下反应生成过氧化氢：

$$Na_2O_2+2H_2O \xlongequal{} 2NaOH+H_2O_2$$

$$Na_2O_2+H_2SO_4(\text{稀}) \xlongequal{} Na_2SO_4+H_2O_2$$

过氧化钠与二氧化碳反应，放出氧气：

$$2Na_2O_2+2CO_2 \xlongequal{} 2Na_2CO_3+O_2\uparrow$$

过氧化钠是一种强氧化剂，工业上用作漂白剂，也可以用来制得氧气。Na_2O_2 在熔融时几乎不分解，但遇到棉花、木炭或铝粉等还原性物质时，就会发生爆炸，使用 Na_2O_2 时应当注意安全。

钙、锶、钡的氧化物与过氧化氢作用，得到相应的过氧化物：

$$MO+H_2O_2+7H_2O \xlongequal{} MO_2\cdot 8H_2O$$

工业上把 BaO 在空气中加热到 600 ℃以上使它转化为过氧化钡：

$$2BaO+O_2 \xrightarrow{600\sim800\ ℃} 2BaO_2$$

3. 超氧化物

除了锂、铍、镁外，碱金属和碱土金属都分别能形成超氧化物 MO_2 和 $M(O_2)_2$。其中钾、铷、铯在空气中燃烧能直接生成超氧化物 MO_2。例如：

$$K+O_2 \xlongequal{} KO_2$$

一般说来，金属性很强的元素容易形成含氧较多的氧化物，因此钾、铷、铯易生成超氧化物。

超氧化物与水反应立即产生氧气和过氧化氢。例如；

$$2KO_2+2H_2O \xlongequal{} 2KOH+H_2O_2+O_2\uparrow$$

KO_2 较易制备，常用于急救器中，利用上述反应提供氧气。

在碱金属和碱土金属的超氧化物中，负离子的超氧离子 O_2^-，其结构式如下：

$$[:\underset{..}{O}-\underset{..}{O}:]^-$$

按照分子轨道理论，O_2^- 的分子轨道电子排布式为：

$$(\sigma_{1s})^2(\sigma_{1s}^*)^2(\sigma_{2s})^2(\sigma_{2s}^*)^2(\sigma_{2p})^2(\pi_{2p})^4(\pi_{2p}^*)^3$$

O_2^- 中有一个 σ 键和一个三电子键，键级为 3/2。由于含有一个未成对电子，因而 O_2^- 具有顺磁性。

联系 O_2、O_2^{2-}、O_2^- 的结构可以看出：O_2^{2-} 和 O_2^- 的反键轨道上的电子比 O_2 多，键级比 O_2 小，键能(分别为 142 $kJ\cdot mol^{-1}$ 和 398 $kJ\cdot mol^{-1}$)比 O_2(498 $kJ\cdot mol^{-1}$)小。所以过氧化物和超氧化物稳定性不高。相比之下，一般由阳离子半径较大的碱金属(如 K、Rb、Cs)形成的超氧化物较为稳定，不易分解为 M_2O_2 和 O_2，如 CsO_2 的分解温度高达 1173 K(大阳离子配大阴离子稳定性高)。NaO_2 在 373 K 便分解。

4. 臭氧化物

干燥的 K、Rb、Cs 的氢氧化物固体与 O_3 反应和 O_3 通入 K 等的液氨溶液均能得臭氧化物。

$$3MOH + 3O_2 = 2MO_3 + MOH \cdot H_2O + 1/2O_2 \quad (M 为 K、Rb、Cs)$$

$$M + O_3 = MO_3 \quad (M 为 K、Rb、Cs)$$

臭氧化物与水反应放出 O_2。

$$4MO_3 + 2H_2O = 4MOH + 5O_2 \uparrow$$

10.2.2 氢氧化物

BeO 几乎不与水反应，MgO 与水反应缓慢生成相应的碱，其他 s 区元素的氧化物遇水都能发生反应，生成相应的碱：

$$M_2O + H_2O = 2MOH$$

$$MO + H_2O = M(OH)_2$$

碱金属和碱土金属的氢氧化物都是白色固体。它们在空气中会吸水而潮解，故固体 NaOH 和 $Ca(OH)_2$ 常用作干燥剂。

碱金属的氢氧化物在水中都是易溶的，溶解时还放出大量的热。碱土金属的氢氧化物的溶解度则较小，其中 $Be(OH)_2$ 和 $Mg(OH)_2$ 是难溶的氢氧化物。碱土金属的氢氧化物的溶解度如表 10－4 所示。对碱土金属来说，由 $Be(OH)_2$ 到 $Ba(OH)_2$，溶解度依次增大。这是由于随着金属离子半径的增大，正、负离子之间的作用力逐渐减小，容易为水分子所解离的缘故。

表 10－4 碱土金属氢氧化物的溶解度

氢氧化物	$Be(OH)_2$	$Mg(OH)_2$	$Ca(OH)_2$	$Sr(OH)_2$	$Ba(OH)_2$
溶解度/$mol \cdot L^{-1}$	8×10^{-6}	5×10^{-4}	1.8×10^{-2}	6.7×10^{-2}	2×10^{-1}

碱金属、碱土金属的氢氧化物中，除 $Be(OH)_2$ 为两性氢氧化物外，其他的氢氧化物都是强碱或中强碱。这两族元素氢氧化物碱性递变的次序如下：

$$LiOH < NaOH < KOH < RbOH < CsOH$$

中强碱　强碱　强碱　强碱　强碱

$$Be(OH)_2 < Mg(OH)_2 < Ca(OH)_2 < Sr(OH)_2 < Ba(OH)_2$$

两性　中强碱　强碱　强碱　强碱

金属氢氧化物的酸碱性递变规律，可用前面学过的 ROH 规律加以解释。

碱金属、碱土金属氢氧化物的碱性和溶解度递变规律可以归纳如下：

溶解度增大 / 碱性增强 ↓		
	LiOH	$Be(OH)_2$
	NaOH	$Mg(OH)_2$
	RbOH	$Sr(OH)_2$
	CsOH	$Ba(OH)_2$

←

碱性增强

溶解度增大（溶解度为质量分数）

10.2.3 重要盐类的性质

碱金属、碱土金属的常见的盐有卤化物、硝酸盐、硫酸盐、碳酸盐等。应该注意，碱土金属中铍的盐类具有毒性，钡盐也具有毒性。

1. 晶体类型与熔、沸点

碱金属的盐大多数是离子型晶体，它们的熔点、沸点较高。由于 Li^+ 离子半径很小，极化力较高，它在某些盐（如卤化物）中表现出不同程度的共价性。碱土金属离子带两个正电荷，其离子半径较相应的碱金属小，故它们的极化力较强，因此碱土金属盐的离子键特征较碱金属差。但随着金属离子半径的增大，键的离子性也增强。例如，碱土金属氯化物的熔点从 Be 到 Ba 依次增高；

氯化物	$BeCl_2$	$MgCl_2$	$CaCl_2$	$SrCl_2$	$BaCl_2$
熔点/℃	405	714	782	876	962

其中，$BeCl_2$ 的熔点明显的低，这是由于 Be^{2+} 半径小，极化力较强，它与 Cl^-、Br^-、I^- 等极化率较大的阴离子形成的化合物已过渡为共价化合物。

2. 化合物颜色

由于碱金属离子 M^+ 和碱土金属离子 M^{2+} 是无色的，所以它们的盐类的颜色一般取决于阴离子的颜色。无色的阴离子（如 X^-、NO_3^-、SO_4^{2-}、CO_3^{2-}、ClO^- 等）与之形成的盐一般是无色或白色，而有色阴离子与之形成的盐则是具有阴离子的颜色，例如紫色的 $KMnO_4$ 和黄色的 $BaCrO_4$、橙色的 $K_2Cr_2O_7$ 等。

3. 溶解度

碱金属的盐类大多数都易溶于水。碱金属的碳酸盐、硫酸盐的溶解度从 Li 至 Cs 依次增大，少数碱金属盐难溶于水，例如 LiF、Li_2CO_3、Li_3PO_4、$KClO_4$、$K_2[PtCl_6]$、$NaZn(UO_2)_3(CH_3COO)_9 \cdot 6H_2O$等。碱土金属的盐类中，除卤化物和硝酸盐外，多数碱土金属的盐只有较低的溶解度，例如它们的碳酸盐、磷酸盐以及草酸盐等都是难溶盐（BeC_2O_4 除外）。铍盐中多数是易溶的，镁盐有部分可溶，而钙、锶、钡的盐则多为难溶，钙盐以 CaC_2O_4 的溶解度为最小，因此常用生成白色 CaC_2O_4 的沉淀反应来鉴定 Ca^{2+} 离子。由于这些盐的溶解度很小，有些硫酸盐在自然界中就会沉积为矿石，主要的矿石有菱镁矿（$MgCO_3$）、白云石（$MgCO_3 \cdot CaCO_3$）、方解石和大理石（$CaCO_3$）、重晶石（$BaSO_4$）和石膏（$CaSO_4 \cdot 2H_2O$）等。

4. 热稳定性

一般来说，碱金属的盐具有较高的热稳定性。卤化物在高温时挥发而不分解；硫酸盐在高温时既不挥发，又难以分解；碳酸盐除 Li_2CO_3 在 1000 ℃以上部分会分解为 Li_2O 和 CO_2 外，其余皆不分解，唯有硝酸盐的稳定性较差，加热到一定温度即可分解：

$$4LiNO_3 \xrightarrow{650\ ℃} 2Li_2O + 4NO_2\uparrow + O_2\uparrow$$

$$2NaNO_3 \xrightarrow{830\ ℃} 2NaNO_2 + O_2\uparrow$$

$$2KNO_3 \xrightarrow{630\ ℃} 2KNO_2 + O_2\uparrow$$

因此，常可以利用 Na_2CO_3 来熔解许多酸性物质。

$$BaSO_4(\text{重晶石}) + Na_2CO_3 = BaCO_3 + Na_2SO_4$$

碱土金属盐的稳定性相对较差，但在常温下还是稳定的，只有铍盐特殊，例如，$BeCO_3$ 加热不到 100 ℃就会分解。

5. 水解性

除 Li^+ 外，其他碱金属阳离子均难以水解。当 $LiCl \cdot H_2O$ 晶体受热发生水解，产物为 LiOH 和 HCl。

$$LiCl \cdot H_2O \xrightarrow{\text{加热}} LiOH + HCl \uparrow$$

10.3　Li、Be 的特殊性及对角线规则

锂只有两个电子层，Li^+ 半径特别小，水合能特别大，这使锂和同族元素相比有许多特殊性质，而和第二族镁有相似性。例如 Li 比同族元素有较高的熔、沸点和硬度；Li 难生成过氧化物；像 Mg_3N_2 一样，Li_3N 是稳定的化合物；Li 和第二主族一样能和碳直接生成 Li_2C_2；Li 能形成稳定的配合物，如 $[Li(NH_3)_4]I$；Li_2CO_3、Li_3PO_4 和 LiF 等皆不溶于水；LiOH 溶解度极小，受热易分解，不稳定；Li 的化合物有共价性，故能溶于有机溶剂中等。

铍及其化合物的性质和同族其他元素及其化合物也有明显的差异。铍的熔点、沸点比其他碱土金属高，硬度也是碱土金属中最大的，但都有脆性。铍有较强的形成共价键的倾向，例如 $BeCl_2$ 已属于共价型化合物，而其他碱土金属的氧化物基本上都是离子型的。但铍和第三族的铝有相似性。铍和铝都是两性金属，既能溶于酸，也能溶于强碱；铍和铝的标准电极电势相近。$\varphi^{\ominus}(Be^{2+}/Be) = -1.70\ V$，$\varphi^{\ominus}(Al^{3+}/Al) = -1.66\ V$，金属铍和铝都能被冷的浓硝酸钝化；铍和铝的氧化物均是熔点高、硬度大的物质；铍和铝的氢氧化物 $Be(OH)_2$ 和 $Al(OH)_3$ 都是两性氢氧化物，而且都难溶于水。铍和铝的氟化物都能与碱金属的氟化物形成配合物，如 $Na_2[BeF_4]$、$Na_3[AlF_6]$；它们的氯化物、溴化物、碘化物都易溶于水；铍和铝的氯化物都是共价型化合物，易升华、易聚合、易溶于有机溶剂。

上述的相似性即所称的“对角线”相似性。在 s 区和 p 区元素中，除了同族元素的性质相似外，还有一些元素及其化合物的性质呈现出“对角线”相似。所谓对角线相似即ⅠA 族的 Li 与ⅡA 族的 Mg、ⅡA 族的 Be 与ⅢA 族的 Al、ⅢA 族的 B 与ⅣA 族的 Si 这三对元素在周期表中处于对角线位置：

```
      Li    Be    B    C
        ＼    ＼    ＼
 Na      Mg    Al    Si
```

周期表中，某元素及其化合物的性质与它左上方或右下方元素及其化合物性质的相似性就称为对角线规则。

对角线规则是从有关元素及其化合物的许多性质中总结出来的经验规律；对此可以用离子极化的观点加以粗略说明。同一周期最外层电子构型相同的金属离子，从左至右随着离子电荷的增加而引起极化作用的增强；同一族电荷相同的金属离子，自上而下随着离子半径的增大而使得极化作用减弱。因此，处于周期表中左上右下对角线位置上的邻近两种元素，由于电荷和半径的影响恰好相反，它们的离子极化作用比较相近，从而使它们的化学性质比较相似。由此反映出物质的结构与性质之间的内在联系。

10.4 碱金属的应用

10.4.1 硬水和软水

工业上根据水中 Ca^{2+} 和 Mg^{2+} 的含量，把天然水分为两种：溶有较多 Ca^{2+} 和 Mg^{2+} 的水叫做硬水；溶有少量 Ca^{2+} 和 Mg^{2+} 的水叫做软水。

1. 暂时硬水与永久硬水

含有碳酸氢钙 $Ca(HCO_3)_2$ 或碳酸氢镁 $Mg(HCO_3)_2$ 的硬水经煮沸后，所含的酸式碳酸盐就会分解为不溶性碳酸盐。例如：

$$Ca(HCO_3)_2 \xrightarrow{\text{加热}} CaCO_3 + H_2O + CO_2\uparrow$$

$$2Mg(HCO_3)_2 \xrightarrow{\text{加热}} Mg_2(OH)_2CO_3\downarrow + H_2O + 3CO_2\uparrow$$

这样，容易从水中除去 Ca^{2+} 和 Mg^{2+}，水的硬度就降低了，故这种硬水叫做暂时硬水。

含有硫酸盐 $MgSO_4$、$CaSO_4$ 或氯化物 $MgCl_2$、$CaCl_2$ 等硬水，经过煮沸，水的硬度不会消失。这种水叫做永久硬水。

2. 硬水的软化

消除硬水中 Ca^{2+}、Mg^{2+} 的过程叫做硬水的软化。常用的软化方法有石灰纯碱法和离子交换树脂净化法。

永久硬水可以用纯碱软化。纯碱与钙、镁的硫酸盐和氯化物反应生成难溶性的盐，使永久硬水失去它的硬性。工业上往往将石灰和纯碱各一半混合用于水的软化，称为石灰纯碱法。反应方程式如下：

$$MgCl_2 + Ca(OH)_2 = Mg(OH)_2\downarrow + CaCl_2$$

$$CaCl_2 + Na_2CO_3 = CaCO_3\downarrow + 2NaCl$$

反应终了再加沉降剂(例如明矾)，经澄清后得到软水。石灰纯碱法操作比较复杂，软化效果较差，但成本低，适于处理大量的且硬度较大的水。例如，发电厂、热电站等一般采用该法作为水软化的初步处理。

10.4.2 锂电池

锂是高能电池理想的负极活性物质，因为它具有最负的标准电极电势，相当低的电化学当量。锂电池具有电压高(电压高达到 4.0 以上)、比能量高(比能量是指单位质量或单位体积的电池所输出的能量，分别以 $W\cdot h\cdot kg^{-1}$ 和 $W\cdot h\cdot L^{-1}$ 表示)、比功率大(比功率是指单位质量或单位体积的电池所输出的功率分别以 $W\cdot kg^{-1}$ 和 $W\cdot L^{-1}$ 表示)、寿命长、轻(周期表中第三号元素，为最轻的金属)的特点，应用于飞机、导弹点火系统、鱼雷、电子手表、计算器、录音机、心脏起搏器等方面。

锂十分活泼，通常采用有机溶剂或非水无机溶剂电解液制成非水电池、用熔盐制成锂熔融盐电池和用固体电解质制成锂固体电解质电池。常用的有机溶剂有乙腈、二甲基甲酰胺等。$LiClO_4$、$LiAlCl_4$、$LiBF_4$、$LiBr$、$LiAsF_6$ 等作支持电解质。非水无机溶剂有 $SOCl_2$、SO_2Cl_2、$POCl_3$ 等，也可以兼作正极活性物质。

各种锂电池负极大致相同，把锂片压在焊有导电引线的镍网或其他金属网上。正极活性物质有 SO_2、$SOCl_2$、SO_2Cl_2、V_2O_5、CrO_3、Ag_2CrO_4、MnO_2、TiS_2、FeS_2、Ag_2S、MoS_2、VS_2、CuS、FeS、CuO、Bi_2O_5 等。

以下锂电池与其他电池性能作一比较(见表 10－5)。

表 10－5 锂电池与其他电池的性能比较

电池	比能量/ $(W \cdot h \cdot kg^{-1})$	比功率/ $(W \cdot kg^{-1})$	开路电压/V	工作温度/℃	储存寿命 /年(20 ℃)
Li/SO_2	330	110	2.9	－40～＋70	5～10
$Li/SOCl_2$	550	550	3.7	－60～＋75	5～10
Zn/MnO_2	66	55	1.5	－10～＋55	1
Zn/HgO	99	11	1.35	－30～＋70	＞2

Li/SO_2 电池是锂一次电池中较为先进的一种。电池符号为：

$$(-)Li \mid LiBr,乙腈 \mid SO_2、C(+)$$

以多孔的碳和 SO_2 作为正极，SO_2 是以液态形式加到电解质溶液内，由 SO_2、乙腈和可溶性 LiBr 组成的非水电解质，其电池反应为：

$$2Li + 2SO_2 = Li_2S_2O_4$$

自放电过程中(SO_2 与 Li 反应)在锂表面生成的 $Li_2S_2O_4$ 保护膜，阻止了自放电的进一步发生以及容量损失，因而 Li/SO_2 电池的储存寿命长达 5 年。

$Li/SOCl_2$ 电池是目前世界上实际应用的电池系列中能量密度($550\ W \cdot h \cdot kg^{-1}$)最高的一种电池。电池符号为：

$$(-)Li \mid LiAlCl_4,\ SOCl_2 \mid C\ (+)$$

C 以多孔碳作正极，$SOCl_2$既是溶剂，又是正极活性物质，电池反应为：

$$4Li + 2SOCl_2 = 4LiCl + S + SO_2\uparrow$$

Li 与 S 在高温下会发生反应(放热)，引发事故，因此使用时应注意避免短路、过放电，储存温度宜低。

Li/MnO_2 电池是以金属锂为负极，以 $LiClO_4$ 为电解质溶于碳酸丙烯酯(PC)和 1,2－二甲氧基烷(DME)混合溶剂中，正极为经热处理的 MnO_2。电池符号为：

$$(-)Li \mid LiClO_4 + PC + DME \mid MnO_2,\ C\ (+)$$

负极反应：$Li - e^- \longrightarrow Li^+$

正极反应：$MnO_2 + Li^+ + e^- \longrightarrow LiMnO_2$

电池反应：$Li + MnO_2 = LiMnO_2$

电池放电过程中锂离子进入 MnO_2 晶体使锰还原。

10.4.3 锂离子电池

锂离子电池由日本索尼公司于 1990 年最先开发成功，它是把锂离子嵌入碳(石油焦炭和石墨)中形成负极(传统锂电池用锂或锂合金作负极)。正极材料常用 Li_xCoO_2，也用 Li_xNiO_2 和 Li_xMnO_4，电解液用 $LiPF_6$＋ 二乙烯碳酸酯(EC)＋ 二甲基碳酸酯(DMC)。

石油焦炭和石墨作负极材料无毒，且资源充足，锂离子嵌入碳中，克服了锂的高活性，解决了传统锂电池存在的安全问题，正极 Li_xCoO_2 在充放电性能和寿命上均能达到较高水平，使成本降低，总之锂离子电池的综合性能提高了。

锂离子二次电池充放电时的反应式为：

$$Li_xCoO_2 + C \longrightarrow Li_{1-x}CoO_2 + Li_xC$$

习　题

1. 完成下列反应方程式。

(1) $Na_2O_2 + H_2O \longrightarrow$

(2) $KO_2 + H_2O \longrightarrow$

(3) $Na_2O_2 + CO_2 \longrightarrow$

(4) $KO_2 + CO_2 \longrightarrow$

(5) $BaO_2 + H_2SO_4$(稀) $\longrightarrow$

(6) $Mg(OH)_2 + NH_4^+ \longrightarrow$

2. 商品 NaOH 中为什么常含有 Na_2CO_3？试用最简便的方法检查其存在，并设法除去。

3. 粗食盐中常含有 Ca^{2+}、Mg^{2+} 和 SO_4^{2-}，如何将粗食盐精制成纯食盐？试以反应式表示之。

4. 试以食盐、空气、碳、水为原料，制备下列化合物（写出反应式并注明反应条件）。

(1) Na

(2) Na_2O_2

(3) NaOH

(4) Na_2CO_3

5. 有一份白色固体混合物，其中可能含有 KCl，$MgSO_4$，$BaCl_2$，$CaCO_3$，根据下列实验现象，判断混合物中有哪几种化合物？

(1) 混合物溶于水，得透明澄清溶液；

(2) 对溶液作焰色反应，通过钴玻璃观察到紫色；

(3) 向溶液中加碱，产生白色胶状沉淀。

6. 现有五瓶无标签的白色固体粉末，它们分别是：$MgCO_3$、$BaCO_3$、无水 Na_2CO_3、无水 $CaCl_2$ 和无水 Na_2SO_4，试设法加以鉴别。

7. 某固体混合物中可能含有 $MgCO_3$、Na_2SO_4、$Ba(NO_3)_2$、$AgNO_3$ 和 $CuSO_4$。此固体溶于水得无色溶液和白色沉淀。无色溶液遇 HCl 无反应，其火焰反应呈黄色，白色沉淀溶于稀盐酸并放出气体。试判断存在、不存在或可能存在的物质各是什么？

8. 如何区分下列各组物质？

(1) Na_2CO_3　$NaHCO_3$　NaOH

(2) $CaSO_4$　$CaCO_3$

(3) Na_2SO_4　$MgSO_4$

(4) $Al(OH)_3$　$Mg(OH)_2$　$MgCO_3$

第 11 章 p 区元素及其重要的化合物

在地壳、海洋、大气中存在着各种各样的元素，包括金属、非金属和稀有气体，由这些元素组成的化合物又有千万种。本章所讨论的 p 区元素指周期表中第ⅢA－ⅦA 族元素，包括了全部的非金属元素。外层电子层结构为 $ns^2np^{1\sim5}$。本章所涉及的主要内容是这些元素的单质和主要化合物的制备、性质和变化规律，以及它们的主要用途。

11.1 卤素

11.1.1 卤素的通性

卤素指周期系第ⅦA 主族元素，包括氟、氯、溴、碘、砹。在自然界中，氟主要以萤石(CaF_2)和冰晶石(Na_3AlF_6)等矿物存在。氯、溴、碘主要以钠、钾、钙、镁的无机盐形式存在于海水中，其中以 NaCl 含量最高。海水内每含有 200 份重的氯时，仅有溴 1 份，碘 0.1 份。由于某些海洋植物(如海藻)具有选择吸收碘的能力，故干海藻是碘的一个重要来源。有些地方的硝石矿也含有碘酸钠($NaIO_3$)和高碘酸钠($NaIO_4$)。砹是放射性元素，存在量极少。卤素的一些基本性质见表 11－1。

表 11－1 卤素的一些基本性质

性质	元素			
	F	Cl	Br	I
价电子构型	$2s^22p^5$	$3s^23p^5$	$4s^24p^5$	$5s^25p^5$
共价半径/pm	64	99	124	133
离子半径(X^-)/pm	136	181	133	148
电离能/(kJ·mol^{-1})	1681	1251	1140	1008
X^- 水合能(kJ·mol^{-1})	－460	－385	－351	－305
电子亲合能/(kJ·mol^{-1})	322	349	325	295
电负性	4.0	3.0	2.8	2.5
X—X 键离解能/(kJ·mol^{-1})	155	243	193	151
熔点/℃	－219.6	－101.0	－7.2	113.5
沸点/℃	－188.1	－34.6	58.8	184.4
常见氧化态	－1	－1,1,3,5,7	－1,1,3,5,7	－1,1,3,5,7

卤素原子的价层电子构型为 ns^2np^5，有得到 1 个电子而形成卤素阴离子（X^-）的强烈倾向。因此，卤素单质的非金属性很强，表现出明显的氧化性。原子半径按 F、Cl、Br、I 顺序递增，得电子能力依次递减，氧化性依次减弱。氟、氯是强氧化剂，而碘是弱氧化剂。

卤素最常见的氧化数是－1。在形成卤素的含氧酸及其盐时，可以表现出正氧化数＋1，＋3，＋5 和＋7。氟的电负性最大，不能出现正氧化数。

11.1.2 卤素的单质

1. 物理性质

卤素单质指 F_2、Cl_2、Br_2、I_2，都是非极性分子。熔、沸点依次升高，聚集状态和颜色也呈规律性变化。常温下，氟、氯为气体，溴为液体，碘为紫黑色固体。固态碘在熔化前有较大的蒸气压，加热即可升华。

卤素单质都具有刺激气味，吸入较多的蒸气会导致中毒，甚至死亡。卤素单质均有颜色，并且随着分子量的增大，颜色依次加深。卤素单质在水中溶解度较小，而易溶于非极性或极性较小的有机溶剂。如 I_2 在水中的溶解度很小，并且随着 I_2 溶解量的增大溶液颜色由黄色变为红棕色，而 I_2 在有机溶剂如乙醚、CCl_4 中的溶解度较大，溶液显紫色。为了增加它在水中的溶解度，可将 I_2 溶解在 KI 溶液中。

$$I_2 + KI \rightleftharpoons KI_3$$

2. 化学性质

卤素在其同周期的元素中非金属性最为突出，它们都显示出活泼的化学性质。

(1)卤素单质氧化性的比较。卤素单质在溶液中的氧化能力，可用它们的电极电势来衡量。

氧化还原电对	F_2/F^-	Cl_2/Cl^-	Br_2/Br^-	O_2/H_2O	I_2/I^-
标准电极电势 $\varphi_A^\ominus$	2.87	1.36	1.08	0.816 (pH＝7)	0.535

由电极电势可以看出，卤素单质的氧化性依下列顺序递减：

$$F_2 > Cl_2 > Br_2 > I_2$$

以卤素与氢的化合反应为例，可明显看出卤素单质氧化性的递变。氟与氢极易化合，即使在低温也会爆炸。氯与氢在常温较缓慢地化合，但在光的照射或加热至 250 ℃时，反应瞬间即完成，并可能发生爆炸。溴和氢化合要加热到 600 ℃时才较为明显，而碘只能在高温或有催化剂存在下才与氢化合，并且反应不能进行到底。

卤素单质从 F_2 到 I_2 氧化性逐渐减弱，前面的卤素单质可以从卤化物中将后面（非金属性较弱）的卤素单质置换出来，例如：

$$Cl_2 + 2KBr = 2KCl + Br_2$$

$$Cl_2 + 2KI = 2KCl + I_2$$

这就是从晒盐后的苦卤生产溴或由海藻灰提取碘的反应。

卤素阴离子还原能力的递变顺序恰与氧化性的递变顺序相反：

$$F^- < Cl^- < Br^- < I^-$$

(2)与金属、非金属作用。F_2 能与所有的金属以及除了 O_2 和 N_2 以外的非金属直接化合，与 H_2 在低温暗处也能发生爆炸；Cl_2 能与多数金属和非金属直接化合，但有些反应需要加热；Br_2 和 I_2 要在较高温度下才能与某些金属或非金属化合。

(3)与水、碱的反应。F_2 与水激烈反应放出 O_2；Cl_2 与水发生歧化反应，生成盐酸和次氯酸，后者在日光照射下可以分解出 O_2，Cl_2 在 NaOH 溶液中会歧化成 NaCl 和 NaClO。

$$2F_2 + 2H_2O = 4HF + O_2\uparrow$$

$$Cl_2 + H_2O = HCl + HClO$$

$$2HClO \xrightarrow{h\nu} 2HCl + O_2\uparrow$$

$$Cl_2 + 2NaOH = NaCl + NaClO + H_2O$$

Br_2 和 I_2 与纯水的反应极不明显，但在碱性溶液中歧化反应的能力比 Cl_2 强。

$$Br_2 + 2KOH = KBr + KBrO + H_2O$$

$$3I_2 + 6NaOH = 5NaI + NaIO_3 + 3H_2O$$

11.1.3 卤化氢及氢卤酸

1. 制备

卤素与氢可以直接化合产生卤化氢。在日光或热至 250 ℃时，氯与氢易发生爆炸反应。工业合成盐酸是用氢气流在氯中燃烧的方法，生成的氯化氢再用水吸收即成盐酸。

制备氟化氢以及少量氯化氢时，可用浓硫酸与相应的卤化物(如 CaF_2 和 NaCl)作用，加热使卤化氢气体由反应的混合物中逸出。

$$CaF_2 + H_2SO_4(\text{浓}) = CaSO_4 + 2HF$$

$$NaCl + H_2SO_4(\text{浓}) = NaHSO_4 + HCl$$

但这种方法不适用于制备溴化氢和碘化氢，因为浓硫酸对生成的溴化氢及碘化氢有氧化作用，使其部分氧化为单质溴和碘。

$$H_2SO_4(\text{浓}) + 2HBr = Br_2 + SO_2 + 2H_2O$$

$$H_2SO_4(\text{浓}) + 8HI = 4I_2 + H_2S + 4H_2O$$

由于磷酸难挥发，也无氧化性，所以可用磷酸代替硫酸制备溴化氢和碘化氢。

实验室中也常用非金属卤化物水解的方法制备溴化氢和碘化氢。例如，用水滴于三溴化磷表面即产生溴化氢。

$$PBr_3 + 3H_2O = H_3PO_3 + 3HBr$$

实际应用时，并不需要先制成非金属卤化物，而是将溴或碘与红磷混合，再将水逐渐加入混合物中，这样溴化氢或碘化氢即可不断产生。

$$3Br_2 + 2P + 6H_2O = 2H_3PO_3 + 6HBr$$

$$3I_2 + 2P + 6H_2O = 2H_3PO_3 + 6HI$$

2. 性质

卤化氢都是无色气体，具有刺激性气味。在固态时为分子晶体，熔点、沸点都很低，但随分子半径增大，熔点、沸点按 HCl—HBr—HI 顺序递增。HF 的熔点、沸点比较反常，主要是由于 HF 分子间存在着氢键而形成氟化氢的缔合分子$(HF)_n$ 的缘故。

卤化氢溶于水即成氢卤酸。浓的氢卤酸打开瓶盖就会“冒烟”，这是由于挥发出的卤化氢与空气中的水蒸气结合形成了酸雾。氢卤酸的主要化学性质讨论如下。

(1)酸性。氢卤酸的酸性强度由氢氟酸至氢碘酸酸性依次增强。

$$HF < HCl < HBr < HI$$

其中氢氟酸是弱酸，在 0.1 mol·L^{-1}的溶液中，电离度大致为 10%，其电离平衡如下：

$$HF \rightleftharpoons H^+ + F^- \qquad K_a^\ominus = 3.53 \times 10^{-4}$$

其他酸均为强酸。

(2)还原性。氢卤酸具有还原性，其还原能力同卤素阴离子还原能力的顺序相同，依次是：

$$HF < HCl < HBr < HI$$

其中 HF 的还原能力最弱，而 HI 的还原性最强。HF 不能被任何氧化剂所氧化，HCl 只被一些强氧化剂如 PbO_2、$K_2Cr_2O_7$、MnO_2 等所氧化。例如：

$$MnO_2 + 4HCl \xlongequal{\triangle} MnCl_2 + Cl_2\uparrow + 2H_2O$$

(3)热稳定性。卤化氢的热稳定性是指其受热后分解为单质的难易程度。

$$2HX \xlongequal{\triangle} H_2 + X_2$$

卤化氢的热稳定性由 HF 到 HI 的顺序急剧下降。HF 在高温下并不显著分解，而 HI 在 300 ℃时就大量分解为碘和氢。

氢卤酸中的氢氟酸和盐酸都有较大的实用意义。

①氢氟酸(或 HF 气体)能和二氧化硅反应生成气态 SiF_4

$$SiO_2 + 4HF \xlongequal{} SiF_4\uparrow + 2H_2O$$

利用这一反应，氢氟酸被广泛用于分析化学上测定矿物或钢样中 SiO_2 的含量，还用于在玻璃器皿上刻蚀标记和花纹。通常氢氟酸贮存在塑料容器里。氟化氢有“氟源”之称，利用它制取单质氟和许多氟化物。氢氟酸是弱酸，但与 BF_3、AlF_3、SiF_4 等配合成相应的 HBF_4、$HAlF_4$、H_2SiF_6后，其酸性大大增强。同时氢氟酸的浓度越大，酸性越强(氢氟酸分子发生缔合，电离程度增大)。氟化氢等氟化物对皮肤会造成难以治疗的灼伤(对指甲也有强烈的腐蚀作用)，使用时要注意安全。

②常用的浓盐酸其质量分数为 37%，密度为 1.19 g·cm^{-1}，浓度为 12 mol·L^{-1}。盐酸是一种重要的工业原料和化学试剂，用于制造各种氯化物、染料，也用于食品工业(合成酱油、生产味精、葡萄糖)及从矿物中提取稀有金属等。

11.1.4 卤素的含氧酸及其盐

除氟外，卤素能形成价态不同的多种含氧酸，其氧化数分别为+7、+5、+3、+1，用“高”“正”“亚”“次”的词头加以区分。其酸性为 $HXO_4 > HXO_3 > HXO_2 > HXO$。除了碘酸和高碘酸能得到比较稳定的固体结晶外，其余都不稳定，且大都只能存在于水溶液中，它们的盐则较稳定，并得到普遍应用。

卤素含氧酸及其盐最突出的性质是氧化性。在卤素含氧酸中，只有氯的含氧酸有实际用途。而氯的含氧化合物中以次氯酸和氯酸盐最为重要。

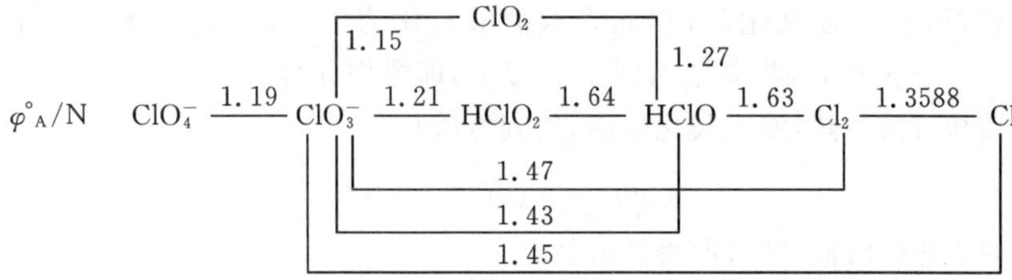

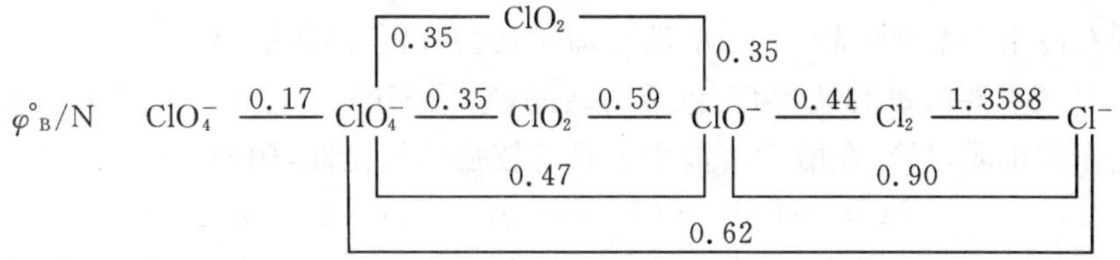

1. 次氯酸及其盐

将氯气通入水中即发生水解：

$$Cl_2 + H_2O \rightleftharpoons HClO + HCl$$

所生成的次氯酸(HClO)是一种弱酸($K_a^\ominus = 3.2\times10^{-8}$)，只能以稀溶液存在，且很不稳定，一般有三种分解方式：

$$2HClO \xrightarrow{光} 2HCl + O_2 \qquad (1)$$

$$2HClO \xrightarrow{脱水剂} Cl_2O + H_2O \qquad (2)$$

$$3HClO \xrightarrow{\triangle} 2HCl + HClO_3 \qquad (3)$$

这三种分解方式平行进行，它们的相对速度快慢取决于反应条件，例如，日光和催化剂的存在，有利于反应(1)的进行，次氯酸具有杀菌和漂白能力就是基于这个反应。脱水剂存在时有利于反应(2)的进行；加热有利于反应(3)的进行。

氯气的漂白作用就是由于它与水作用而生成次氯酸的缘故，如 NaClO 是工业上常用的漂白剂。把氯气通入冷的碱溶液中，便生成次氯酸盐。

$$Cl_2 + NaOH = NaClO + NaCl + H_2O$$

漂白粉是 $Ca(ClO)_2$ 和 $CaCl_2$、$Ca(OH)_2$、H_2O 的混合物，有效成分是 $Ca(ClO)_2$。工业上用氯和消石灰作用制取。

$$2Cl_2 + 3Ca(OH)_2 + H_2O \xlongequal{\triangle} Ca(ClO)_2\cdot 2H_2O + CaCl_2\cdot Ca(OH)_2\cdot H_2O$$

漂白粉遇到酸放出氯气：

$$Ca(ClO)_2 + 4HCl = CaCl_2 + 2Cl_2\uparrow + 2H_2O$$

漂白粉在潮湿空气中受 CO_2 作用逐渐分解析出次氯酸：

$$Ca(ClO)_2 + CO_2 + H_2O = CaCO_3 + 2HClO$$

次氯酸盐最大的用途是漂白和杀菌，这类漂白剂氧化能力是以“有效氯”的含量为标准的。广泛用于纺织漂染、造纸等工业中，也是常用的廉价消毒剂，但使用时要注意安全。

2. 氯酸及其盐

用氯酸钡与稀硫酸反应生成氯酸溶液：

$$Ba(ClO_3)_2 + H_2SO_4 = BaSO_4\downarrow + 2HClO_3$$

氯酸是强酸，也是强氧化剂，它能将浓盐酸氧化为氯气，但氧化能力不如 HClO 强。$HClO_3$ 仅存在于溶液中，若将其浓缩到 40%以上，即爆炸分解。

把次氯酸盐溶液加热，发生歧化反应，得到氯酸盐：

$$3ClO^- \xlongequal{\triangle} ClO_3^- + 2Cl^-$$

因此将氯气通入热碱溶液，就可制得氯酸盐：

$$3Cl_2 + 6KOH(热) \xlongequal{} 5KCl + KClO_3 + 3H_2O$$

由于氯酸钾在冷水中溶解度较小，当溶液冷却时，就有白色晶体析出。

$KClO_3$ 是最重要的氯酸盐，为无色透明结晶，它比 $HClO_3$ 稳定。$KClO_3$ 在碱性或中性溶液中氧化作用很弱，只有在酸性溶液中才具有较强的氧化性，例如：

$$ClO_3^- + 6I^- + 6H^+ \xlongequal{} 3I_2 + Cl^- + 3H_2O$$

固体氯酸钾加热分解有两种类型：在有催化剂（如 MnO_2）存在时，将 $KClO_3$ 加热至 473K 左右就会放出氧：

$$2KClO_3 \xrightarrow{催化剂} 2KCl + O_2\uparrow$$

无催化剂加热至 668 K： $4KClO_3 \xrightarrow{\triangle} 3KClO_4 + KCl$

$KClO_3$ 对热的稳定性较高，但与有机物或可燃物混合、受热，特别是受到撞击极易发生燃烧或爆炸。在工业上 $KClO_3$ 用于制造火柴、烟火及炸药等。

3. 高氯酸及其盐

无水高氯酸 $HClO_4$ 为无色透明的发烟液体，其水溶液是酸性最强的无机酸，而且是一种极强的氧化剂，木片、纸张与之接触即着火，遇有机物极易引起爆炸，并有极强的腐蚀性。但 $HClO_4$ 的氧化性在冷的稀溶液中则很弱。

高氯酸盐多是无色晶体，它们的溶解度比较特殊。例如，K^+、Rb^+、Cs^+ 的硫酸盐、硝酸盐等都是可溶的，而这些离子的高氯酸盐却难溶。分析化学中利用高氯酸定量测定 K^+、Rb^+、Cs^+。无水 $Mg(ClO_4)_2$ 和 $Ba(ClO_4)_2$ 是优良的吸水剂和干燥剂。

高氯酸盐的水溶液几乎没有氧化性，但固体盐在高温下能分解出氧，有强氧化性。由于它产生的氧气多，固体残渣（KCl）又少，与燃烧剂混合，可制成威力较大的炸药。如果高氯酸盐中的阳离子具有较强的还原性（如 NH_4ClO_4），则极易发生爆炸，制备、贮存、运输和使用时均应非常小心。

4. 氯的含氧酸及其盐性质的递变规律

现将氯的含氧酸及其盐的氧化性、热稳定性和酸性变化的一般规律总结如下：

	含氧酸	含氧酸盐	
酸性增加 氧化性减弱 热稳定性增加 ↓	HClO	MClO	热稳定性增加 氧化性减弱 ↓
	$HClO_2$	$MClO_2$	
	$HClO_3$	$MClO_3$	
	$HClO_4$	$MClO_4$	
	→ 热稳定性增加 氧化性减弱		

在氯的含氧酸中，随着氯的氧化数的增加，氯和氧之间化学键数目增加，因此热稳定性增强，氧化性减弱。而热稳定性越小，越易分解，易引起氧化值的降低，氧化性就增强。

11.1.5 含氧酸的酸性强弱的判断

氧化物的水合物无论是酸性、碱性或两性都可以用通式 $R(OH)_n$ 表示。水合物酸碱性及强度可用下列两个规则来判断。

1. ROH 规则

碱和含氧酸都含有 R—O—H 结构，由于 R—O—H 在水中的离解方式不同，就产生酸碱两类不同的物质：

R—O—┆—H　　　　酸式离解，产生 H^+

R—┆—O—H　　　　碱式离解，产生 OH^-

R^{n+} 及 H^+ 分别对 O^{2-} 有吸引力。H^+ 由于半径小，与 O^{2-} 之间的吸引力很强。如果 R^{n+} 电荷数较少，半径较大，则它与 O^{2-} 的吸引力较小，不能与 H^+、O^{2-} 之间的吸引力相抗衡，在水分子作用下，将按碱式离解，此元素的氢氧化物一定是碱。相反，如果 R^{n+} 离子电荷较多，半径较小，它对 O^{2-} 的吸引力超过 H^+ 和 O^{2-} 之间的吸引力，则按酸式离解，这时元素的氢氧化物便是酸。因此 R 电荷越多，半径越小，酸性越强。如果 R^{n+} 对 O^{2-} 的吸引力与 H^+ 对 O^{2-} 的吸引力相差不多，则可按两种方式离解，这就是两性氢氧化物。根据这样的规律，对于氯的含氧酸从 HClO 、$HClO_2$、$HClO_3$、$HClO_4$ 随着中心原子 R 氧化数的升高、R^{n+} 电荷的增多和半径的减小，R^{n+} 对 O^{2-} 的吸引力以及对 H^+ 排斥力都增大，因此酸性依次增强，其他元素的含氧酸也有类似规律。

由 ROH 规律可得出几条结论，即：

(1)同一周期中，不同元素的含氧酸酸性自左向右逐渐增强。例如：

$$H_4SiO_4 < H_3PO_4 < H_2SO_4 < HClO_4$$

(2)同一主族中，不同元素的含氧酸酸性自上而下逐渐减弱。例如：

$$HClO_3 > HBrO_3 > HIO_3$$

(3)同一元素形成几种不同氧化态的含氧酸，其酸性依氧化态升高而增强。例如：

$$HClO < HClO_2 < HClO_3 < HClO_4$$

ROH 规则没有考虑到除羟基以外与 R 相连的其他原子的影响，特别是非羟基氧原子的影响。事实证明这种影响是不能忽视的。

2. 鲍林(Pauling)规则

鲍林规则可以半定量地估计含氧酸的强度，它包括如下两条结论：

(1)多元含氧酸的解离常数 $K^\ominus_{a_1}:K^\ominus_{a_2}:K^\ominus_{a_3}$，其数值比约为 $1:10^{-5}:10^{-10}$。

(2)具有 $RO_m(OH)_n$形式的酸，其标准解离常数与 m 值(非羟基氧原子)的关系是：

当 $m=0$ 时，$K^\ominus \leqslant 10^{-7}$，是很弱的酸。例如：$H_3BO_3$、$H_4SiO_4$。

当 $m=1$ 时，$K^\ominus \approx 10^{-2}$，是弱酸。例如：$H_2CO_3$、$H_3PO_4$、$H_3AsO_4$。

当 $m=2$ 时，$K^\ominus \approx 10^{3}$，是强酸。例如：HNO_3、H_2SO_4、H_2SeO_4。

当 $m=3$ 时，$K^\ominus \approx 10^{8}$，是很强的酸。例如：$HClO_4$、$HBrO_4$。

对于鲍林的两条规则是容易理解的。第一条规则的解释是：因为随着电离的进行，酸根离子的负电荷越来越多，和质子间的作用力增强，电离作用向形成分子的方向进行，因此酸性为 $K_{a_1}^{\ominus} > K_{a_2}^{\ominus} > K_{a_3}^{\ominus}$。

第二条规则的解释是：因为酸分子中非羟基氧原子数(m)越大，表示 R→O 配键越多，R 的正电性越强，对 OH 基中氧原子的电子吸引作用越大，使氧原子上的电子密度减少的越多，O—H 键越弱，酸性也就增强。

11.1.6 溴和碘的含氧酸及其盐

溴和碘可以形成与氯类似的含氧化合物，它们的性质按 Cl→Br→I 的顺序呈现规律性的变化。

1. 次溴酸和次碘酸及其盐

次溴酸和次碘酸都是弱酸，酸性按 HClO→HBrO→HIO 顺序减弱，它们都为强氧化剂，而且都不稳定，易按下式发生歧化反应：

$$3HXO = 2HX + HXO_3$$

溴和碘与冷的碱液作用，也能生成次溴酸盐和次碘酸盐，而且比次氯酸盐更容易歧化。BrO^- 在常温下歧化速率已很快，只有在 0 ℃以下的低温才可得到 BrO^-，在 50 ℃以上产物几乎全部是 BrO_3^-。IO^- 在所有温度下歧化的速率都很快。

$$3I_2 + 6OH^- = 5I^- + IO_3^- + 3H_2O$$

2. 溴酸、碘酸及其盐

与氯酸相同，溴酸是用溴酸盐和硫酸作用制得：

$$Ba(BrO_3)_2 + H_2SO_4 = BaSO_4 \downarrow + 2HBrO_3$$

碘酸是用浓 HNO_3 氧化 I_2 而制得

$$I_2 + 10HNO_3(浓) = 2HIO_3 + 10NO_2 \uparrow + 4H_2O$$

卤酸的酸性按 $HClO_3$→$HBrO_3$→HIO_3 顺序逐渐减弱。溴酸只存在于水溶液中，碘酸在常温时为无色晶体。

溴酸盐和碘酸盐的制备方法与氯酸盐相似。溴酸盐和碘酸盐在酸性溶液中也都是强氧化剂。

3. 高溴酸和高碘酸及其盐

单质氟在碱性溶液中氧化溴酸盐而制得高溴酸盐：

$$BrO_3^- + F_2 + 2OH^- = BrO_4^- + 2F^- + H_2O$$

高碘酸有两种存在形式，即正高碘酸 H_5IO_6 及偏高碘酸 HIO_4。高碘酸是弱酸，酸性远不如 $HClO_4$ 和 $HBrO_4$。高碘酸的氧化性比高氯酸强，在酸性介质中能定量的使 Mn^{2+} 氧化为 MnO_4^-：

$$2Mn^{2+} + 5H_5IO_6 = 2MnO_4^- + 5IO_3^- + 11H^+ + 7H_2O$$

11.2 氧族元素

11.2.1 氧族元素的通性

氧族元素是周期系ⅥA 族元素氧、硫、硒、碲和钋的统称。钋是放射性元素。氧和硫是典型的非金属,硒和碲是准金属,钋是典型的金属。氧族元素是由典型的非金属过渡到金属的一个完整的家族。

氧族元素的一些基本性质见表 11 - 2。

表 11 - 2　氧族元素的一些基本性质

性质	元素				
	O	S	Se	Te	Po
价电子构型	$2s^2 2p^4$	$3s^2 3p^4$	$4s^2 4p^4$	$5s^2 5p^4$	$6s^2 6p^4$
共价半径/pm	66	104	117	137	167
离子半径(M^{2-})/pm	140	184	198	221	230
熔点/℃	-218.6	112.8	221	450	254
沸点/℃	-183.0	444.6	685	1009	962
第一电离能/(kJ·mol^{-1})	1314	1000	941	869	812
第一电子亲合能/(kJ·mol^{-1})	-141	-200	-195	-190	-183
第二电子亲合能/(kJ·mol^{-1})	780	590	420	295	—
电负性	3.5	2.6	2.5	2.1	2.0
单键离解能/(kJ·mol^{-1})	142	226	172	126	—
常见氧化态	$-2,-1,0$	$-2,0,+2,$ $+4,+6$	$-2,0,+2,$ $+4,+6$	$-2,0,+2,$ $+4,+6$	—

本族元素的价电子构型为 $ns^2 np^4$,基本性质的变化趋势与卤素相似。氧的电负性值为 3.50,仅次于氟又略大于氯,致使氧气能表现出相当大的化学活性,它既能与非金属元素化合,又能与金属元素化合。氧除了在 H_2O_2 中的氧化数为 -1,通常情况下,均为 -2;而硫、硒、碲的氧化数可呈现为 $+2$、$+4$、$+6$。在氧族元素中以氧和硫的单质及其化合物较为重要。

11.2.2　氧和硫的单质

1. 氧和臭氧

氧有 O_2 和 O_3(臭氧)两种同素异形体。氧气是无色无味的气体,是地球上有氧呼吸生命体不可缺少的物质,是化学反应的积极参与者。臭氧是浅蓝色气体,位于大气的最上层。由于它能吸收太阳的紫外辐射,减弱了紫外线对地球生物的伤害,起到保护地球上生物的作用。研究表明,近年来大气中的臭氧浓度在下降,在地球两极甚至出现了臭氧空洞,部分地区,紫外线照射比一般地区高出十倍左右,使更多的人会患皮肤癌。目前保护臭氧层已引起了世界范围的高度关注。

O_3 比 O_2 具有更强的氧化性,氧化性仅次于氯。可利用臭氧和 KI 的反应来检出臭氧:

$$2KI + O_3 + H_2O = I_2 + O_2 + 2KOH$$

臭氧具有强氧化性，人们利用它来代替常用的催化氧化和高温氧化，这将会大大简化化工工艺流程，提高产品的产率。在环境化学方面，为了处理废气和净化废水，臭氧也大有作为。利用臭氧的强氧化性还可作为漂白剂来漂白麻、棉、纸张等。臭氧还可作为皮、毛的脱臭剂。医学上可以利用臭氧的杀菌能力作为杀菌剂。

2. 单质硫

硫的同素异形体常见的有三种：斜方硫（菱形硫）、单斜硫和弹性硫。天然硫即斜方硫，为柠檬黄色固体，它在 95.5 ℃以上逐渐转变为颜色较深的单斜硫。斜方硫和单斜硫都是分子晶体，且每个分子都是由 8 个 S 原子组成的环状结构。由于 S_8 分子间只有微弱的范德华力，故这两种硫的熔点都比较低。它们都不溶于水，而易溶于 CS_2 和 CCl_4 等有机溶剂。

单质硫经加热熔融后，得到浅黄色易流动的透明液体。把温度约 200 ℃的熔融硫迅速倒入冷水中，得到棕黄色玻璃状弹性硫。

硫的化学性质相对于氧较弱，但在一定条件下也能与许多金属、非金属作用形成硫化物。硫还能与热的浓 H_2SO_4 和 HNO_3 反应。

$$S + 2H_2SO_4(\text{浓}) \xlongequal{\triangle} 3SO_2\uparrow + 2H_2O$$

$$S + 2HNO_3 \xlongequal{\triangle} H_2SO_4 + 2NO\uparrow$$

硫在碱性溶液中也可发生歧化反应：

$$4S + 8NaOH \xlongequal{\triangle} 3Na_2S + Na_2SO_4 + 4H_2O$$

11.2.3 氧和硫的氢化物、硫化物

1. 过氧化氢

纯的 H_2O_2 是无色透明的黏稠液体，分子间有氢键，熔、沸点比水高，可与水以任意比例混溶。市售 H_2O_2 的浓度约为 30%，俗称双氧水，医学上通常用 3%的过氧化氢水溶液来消毒、杀菌。轻纺工业上用作漂白剂，纯的过氧化氢可达 99%，可作高能燃料及强氧化剂等。

由于 H_2O_2 分子中的过氧键的键能较小，所以 H_2O_2 很不稳定，很容易发生分解反应：

$$2H_2O_2 \xlongequal{} 2H_2O + O_2$$

浓度高于 65%的 H_2O_2 和有机物接触时，容易发生爆炸。纯的 H_2O_2 溶液较稳定，但光照、加热或增大溶液的碱性都能促进其分解，重金属离子（Mn^{2+}、Cr^{3+}、Fe^{3+}、MnO_2 等）对 H_2O_2 的分解有催化作用，故 H_2O_2 溶液常用棕色玻璃瓶储存，并放置阴凉处。

H_2O_2 是极弱的酸，其 $K_{a_1}^{\ominus} = 2.2 \times 10^{-12}$，$K_{a_2}^{\ominus}$ 值更小，H_2O_2 可与碱反应而生成盐（过氧化物），可用来制备 CaO_2 或 BaO_2：

$$H_2O_2 + Ba(OH)_2 \xlongequal{} BaO_2 + 2H_2O$$

H_2O_2 中氧的氧化数为 −1，处于中间价态，因此，H_2O_2 既有氧化性又有还原性。H_2O_2 作氧化剂，能与 I^-、CrO_2^-、$FeCl_2$、PbS 反应：

$$2FeCl_2 + H_2O_2 + 2HCl \xlongequal{} 2FeCl_3 + 2H_2O$$

$$PbS + 4H_2O_2 \xlongequal{} PbSO_4 + 4H_2O$$

后一反应能使黑色的 PbS 氧化成白色的 $PbSO_4$，常被用于修复早期的油画和壁画。

H_2O_2 与强氧化剂作用显还原性。如与 $KMnO_4$、Cl_2 反应：

$$2KMnO_4+5H_2O_2+3H_2SO_4 \longrightarrow 2MnSO_4+5O_2\uparrow+K_2SO_4+8H_2O$$

$$Cl_2+H_2O_2 \longrightarrow 2HCl+O_2\uparrow$$

由于 H_2O_2 反应产物是 H_2O 和 O_2，不会给反应体系引入新的杂质，而且过量部分可通过加热分解除去，所以 H_2O_2 溶液是较为理想的氧化剂和还原剂。

注意：浓度稍大的双氧水会灼伤皮肤，使用时应格外小心！

2. 硫化氢和氢硫酸

H_2S 是无色有臭蛋味的气体，有毒，吸入后会引起头疼、晕眩，具有麻醉神经中枢的作用，大量吸入会严重中毒，甚至死亡。经常接触 H_2S 会引起慢性中毒，所以在制备和使用时要注意通风。

H_2S 微溶于水，20 ℃时 1 体积水能溶解 2.6 体积的 H_2S，所得溶液的浓度约为0.1 $mol \cdot L^{-1}$。

H_2S 的水溶液称为氢硫酸，它是二元弱酸：

$$H_2S \rightleftharpoons H^+ + HS^- \qquad K_{a_1}^{\ominus}=1.32\times10^{-7}$$

$$HS^- \rightleftharpoons H^+ + S^{2-} \qquad K_{a_2}^{\ominus}=7.10\times10^{-15}$$

$$\frac{[H^+]^2 \cdot [S^{2-}]}{[H_2S]}=K_{a_1}^{\ominus} \cdot K_{a_2}^{\ominus}=9.37\times10^{-22}$$

氢硫酸溶液中$[S^{2-}]$的大小，主要取决于溶液的酸度。金属硫化物在水中的溶解度差异甚大，可以通过改变 H^+ 浓度达到控制 S^{2-} 浓度的作用，使各种金属硫化物分级沉淀，使混合金属离子得以分离。

氢硫酸可以和碱反应生成正盐(硫化物)和酸式盐(硫氢化物)，两类盐都易水解。

硫化氢和氢硫酸最重要的性质就是它们的强还原性。能与许多氧化剂反应：

$$2KMnO_4+5H_2S+3H_2SO_4 \longrightarrow 2MnSO_4+5S\downarrow+K_2SO_4+8H_2O$$

$$4Cl_2+H_2S+4H_2O \longrightarrow 8HCl+H_2SO_4$$

氢硫酸在空气中放置时，易被氧化生成单质硫，使溶液变浑浊：

$$2H_2S+O_2 \longrightarrow 2S\downarrow+2H_2O$$

由于硫化氢有毒，常用硫代乙酰胺作替代品来减少污染。

$$CH_3CSNH_2+2H_2O \rightleftharpoons CH_3COO^-+NH_4^++H_2S$$

$$CH_3CSNH_2+3OH^- \rightleftharpoons CH_3COO^-+NH_3+H_2O+S^{2-}$$

3. 硫化物

氢硫酸可形成正盐和酸式盐。酸式盐都易溶于水，而正盐中除碱金属(包括 NH_4^+)、碱土金属的硫化物外，其他硫化物大多难溶于水并具有特征的颜色。

大多数金属硫化物难溶于水。从结构方面来看，S 原子的半径比较大，因此变形性较大，在与重金属离子结合时，离子极化作用大，这些金属硫化物的化学键就显共价性，难溶于水。显然，金属离子的极化作用越大，其硫化物的溶解度越小。

根据硫化物在酸中的溶解情况，可将其分为四类：

(1)溶于稀盐酸。例如 ZnS(白色)、MnS(肉色)；

(2)不溶于稀盐酸，可溶于浓盐酸。例如 CdS(黄色)、PbS(黑色)；

(3)不溶于稀盐酸和浓盐酸，但可溶于硝酸。例如 CuS(黑色)、Ag_2S(黑色)；

(4)不溶于硝酸,但可溶于王水。例如 HgS(黑色)。

$$ZnS + 2HCl \xlongequal{} H_2S\uparrow + ZnCl_2$$

$$CdS + 4HCl(浓) \xlongequal{} H_2[CdCl_4] + H_2S\uparrow$$

$$3CuS + 8HNO_3 \xlongequal{} 3Cu(NO_3)_2 + 3S + 2NO\uparrow + 4H_2O$$

$$3HgS + 2HNO_3 + 12HCl \xlongequal{} 3H_2[HgCl_4] + 3S + 2NO\uparrow + 4H_2O$$

由于氢硫酸为弱酸,故所有硫化物都有不同程度的水解性。碱金属硫化物溶于水,由于水解而使溶液呈碱性,故硫化钠俗称“硫化碱”。工业上常用价格便宜的 Na_2S 代替 NaOH 作为碱使用。

某些氧化值较高的金属硫化物如 Al_2S_3、Cr_2S_3 等遇水发生完全水解,例如:

$$Al_2S_3 + 6H_2O \xlongequal{} 2Al(OH)_3\downarrow + 3H_2S\uparrow$$

因此这些金属硫化物在水溶液中是不存在的。制备这类硫化物必须用干法,如用金属铝粉和硫粉直接化合可生成 Al_2S_3。

11.2.4 硫的重要含氧化合物

1. 二氧化硫、亚硫酸及其盐

硫或 H_2S 在空气中燃烧,或煅烧硫铁矿 FeS_2 均可得到 SO_2:

$$3FeS_2 + 8O_2 \xlongequal{} Fe_3O_4 + 6SO_2$$

SO_2 是无色有毒气体,有强烈的刺激气味。SO_2 分子具有较强极性,容易液化。工业上生产 SO_2 主要用来制备硫酸、亚硫酸盐和连二亚硫酸盐。SO_2 能和一些有机色素结合为无色化合物,故还可用来漂白纸张等;还能杀灭细菌,可用作食物和干果的防腐剂。SO_2 是大气中一种主要的污染物(形成酸雨),燃烧煤或燃料、油类时均会产生相当多的 SO_2。

SO_2 易溶于水,生成很不稳定的亚硫酸 H_2SO_3。它只能在水溶液中存在,游离态的 H_2SO_3 尚未制得。H_2SO_3 是二元中强酸,分两步离解:

$$H_2SO_3 \rightleftharpoons H^+ + HSO_3^- \qquad K_{a_1}^{\ominus} = 1.3\times10^{-2}$$

$$HSO_3^- \rightleftharpoons H^+ + SO_3^{2-} \qquad K_{a_2}^{\ominus} = 6.1\times10^{-3}$$

因此,它能形成正盐和酸式盐,如 Na_2SO_3 和 $NaHSO_3$。

SO_2 和 H_2SO_3 及其盐中硫的氧化数为+4,是 S 的中间氧化态,所以 SO_2 和 H_2SO_3 及其盐既有氧化性又有还原性,但以还原性为主。如 SO_2 或 H_2SO_3 能将 MnO_4^-、Cl_2、Br_2 分别还原为 Mn^{2+}、Cl^- 和 Br^-;碱性或中性介质中,SO_3^{2-} 更容易被氧化,其氧化产物一般都是 SO_4^{2-}。

$$2MnO_4^- + 5SO_3^{2-} + 6H^+ \xlongequal{} Mn^{2+} + 5SO_4^{2-} + 3H_2O$$

$$Cl_2 + SO_3^{2-} + H_2O \xlongequal{} 2Cl^- + SO_4^{2-} + 2H^+$$

后一反应在织物漂白工艺中,用作脱氯剂。

酸性介质中,与较强还原剂相遇时,SO_2 或 H_2SO_3 才能表现出氧化性,例如:

$$H_2SO_3 + 2H_2S \xlongequal{} 3S\downarrow + 3H_2O$$

亚硫酸氢钙大量用于溶解木质素制造纸张;亚硫酸钠和亚硫酸氢钠大量用于染料工业;也可用作织物漂白工艺中的脱氯剂,食品中的防腐剂等。

2. 三氧化硫和硫酸及其盐

纯净的 SO_3 是易挥发的无色固体,熔点 16.8 ℃,沸点 44.8 ℃。它极易与水化合,生成

H_2SO_4,并放出大量热:

$$SO_3 + H_2O \xlongequal{} H_2SO_4 \qquad \Delta H^{\ominus} = -133\ kJ \cdot mol^{-1}$$

因此,SO_3 在潮湿空气中易形成酸雾。SO_3 有强氧化性。

纯 H_2SO_4 是无色透明的油状液体,常温下 98%浓 H_2SO_4 的密度为 $1.84\ g \cdot cm^{-3}$,沸点为 338 ℃。

H_2SO_4 是二元强酸,第一步完全离解,第二步离解并不完全,HSO_4^- 只相当于中强酸:

$$H_2SO_4 \xlongequal{} H^+ + HSO_4^-$$

$$HSO_4^- \rightleftharpoons SO_4^{2-} + H^+ \qquad K_{a_2}^{\ominus} = 1.0 \times 10^{-2}$$

H_2SO_4 和水能形成一系列水合物,如 $H_2SO_4 \cdot H_2O$、$H_2SO_4 \cdot 2H_2O$、$H_2SO_4 \cdot 6H_2O$ 等,因此,浓 H_2SO_4 有强烈的吸水作用。浓 H_2SO_4 稀释时会放出大量的热,配制稀 H_2SO_4 溶液时,需将浓 H_2SO_4 慢慢注入水中,并不断搅拌。切不可将水倒入浓 H_2SO_4 中。浓 H_2SO_4 不仅能吸收游离水,还能从含有 H 和 O 元素的有机物(如棉布、糖、油脂)中按 H_2O 的组成夺取水。例如:

$$C_{12}H_{22}O_{11}(\text{蔗糖}) + 11H_2SO_4(\text{浓}) \xlongequal{} 12C + 11H_2SO_4 \cdot H_2O$$

因此,浓 H_2SO_4 能使有机物碳化。基于 H_2SO_4 的吸水性,可用作干燥剂。

浓 H_2SO_4 属于中等强度的氧化剂,但在加热的条件下,氧化性增强,几乎能氧化所有的金属和一些非金属。它的还原产物一般是 SO_2,若遇活泼金属,会析出 S,甚至生成 H_2S。例如:

$$Cu + 2H_2SO_4(\text{浓}) \xlongequal{} CuSO_4 + SO_2\uparrow + 2H_2O$$

$$3Zn + 4H_2SO_4(\text{浓}) \xlongequal{} 3ZnSO_4 + S + 4H_2O$$

或

$$4Zn + 5H_2SO_4(\text{浓}) \xlongequal{} 4ZnSO_4 + H_2S\uparrow + 4H_2O$$

$$C + 2H_2SO_4(\text{浓}) \xlongequal{\triangle} CO_2\uparrow + 2SO_2\uparrow + 2H_2O$$

最后一反应用在生产半导体器件的光刻工艺中。其作用是浓 H_2SO_4 能使光刻胶(对光敏感的高分子有机物)碳化,随即按上式除去碳。

铁和铝不和冷的浓 H_2SO_4(浓度必须在 93%以上)作用。主要是由于在金属表面生成了致密的氧化物薄膜,保护了内部金属不继续与酸作用,这种状态称为“钝态”。所以常用铁罐储运浓 H_2SO_4。

硫酸是化学工业中一种重要的化工原料,硫酸的年产量可衡量一个国家的化工生产能力。大量用于肥料工业中制造过磷酸钙和硫酸铵;用于石油精炼、炸药生产及制造各种矾、染料、颜料、药物等。

硫酸能形成酸式盐和正盐。例如 Na_2SO_4、$NaHSO_4$、$KHSO_4$ 等。它们都可溶于水,大部分呈酸性,市售“洁厕净”的主要成分即 $NaHSO_4$。

一般硫酸盐易溶于水,但 Sr^{2+}、Ba^{2+} 和 Pb^{2+} 的硫酸盐为难溶盐,Ag^+ 和 Ca^{2+} 的硫酸盐为微溶盐。多数硫酸盐有形成复盐的特性,将两种硫酸盐按比例混合,即可得到硫酸复盐。例如 $K_2SO_4 \cdot Al_2(SO_4)_3 \cdot 24H_2O$(明矾)、$(NH_4)_2SO_4 \cdot FeSO_4 \cdot 6H_2O$(摩尔盐)等。

3. 硫的其他含氧酸及其盐

硫的含氧酸种类繁多,由于含氧酸的组成和结构不同,有“正”“焦”“代”“连”“过”等类型,其他无机含氧酸也是如此。所谓“焦酸”,是指两个含氧酸分子失去一分子水所得产物,如焦硫酸($H_2S_2O_7$)即两个 H_2SO_4 分子脱去一分子 H_2O。"代酸"是酸根中氧原子被其他原子所代替的含氧酸,如硫代硫酸($H_2S_2O_3$)就是 H_2SO_4 中的一个 O 原子被一个 S 原子所代替。"连酸"是指中心原子互相连在一起的含氧酸,如两个 S 原子相连的连二亚硫酸($H_2S_2O_4$)。"过酸"是指含有过氧基—O—O—的含氧酸,如过二硫酸($H_2S_2O_8$)。由这些酸形成的盐分别叫焦硫酸盐、硫代硫酸盐、连硫酸盐,过硫酸盐等。

(1)焦硫酸及其盐。冷却发烟硫酸时,可以析出一种无色晶体,这种晶体即为焦硫酸($H_2S_2O_7$),焦硫酸可看作是由两分子硫酸脱去一分子水所得的产物。焦硫酸与水作用又可生成硫酸。焦硫酸具有比浓硫酸更强的氧化性、吸水性和腐蚀性,在制造某些染料、炸药中用作脱水剂。

酸式硫酸盐受热到熔点以上时,首先转变为焦硫酸盐:

$$2KHSO_4 \xlongequal{\triangle} K_2S_2O_7 + H_2O$$

进一步加热,则分解为 K_2SO_4 和 SO_3:

$$K_2S_2O_7 \xlongequal{\triangle} K_2SO_4 + SO_3\uparrow$$

焦硫酸盐的重要用途之一是与一些难溶的金属氧化物共熔生成可溶性的硫酸盐:

$$Al_2O_3 + 3K_2S_2O_7 \xlongequal{\quad} Al_2(SO_4)_3 + 3K_2SO_4$$

$$Cr_2O_3 + 3K_2S_2O_7 \xlongequal{\quad} Cr_2(SO_4)_3 + 3K_2SO_4$$

(2)硫代硫酸钠。硫代硫酸钠($Na_2S_2O_3 \cdot 5H_2O$)商品名为海波,俗称大苏打。将硫粉溶于沸腾的亚硫酸钠碱性溶液中便可得到 $Na_2S_2O_3$:

$$Na_2SO_3 + S \xlongequal{\triangle} Na_2S_2O_3$$

硫代硫酸钠是无色透明的晶体。易溶于水,其水溶液显弱碱性。它在中性、碱性溶液中很稳定,在酸性溶液中由于生成不稳定的硫代硫酸而分解:

$$S_2O_3^{2-} + 2H^+ \xlongequal{\quad} S\downarrow + SO_2\uparrow + H_2O$$

硫代硫酸钠是一个中等强度的还原剂,与强氧化剂如氯、溴等作用被氧化成硫酸盐:

$$S_2O_3^{2-} + 4Cl_2 + 5H_2O \xlongequal{\quad} 2SO_4^{2-} + 8Cl^- + 10H^+$$

硫代硫酸盐在漂白工业中做"脱氯剂"就是基于上述反应。

硫代硫酸钠与较弱的氧化剂 I_2 作用被氧化成连四硫酸钠,这是容量分析中碘量法的理论基础:

$$2S_2O_3^{2-} + I_2 \xlongequal{\quad} S_4O_6^{2-} + 2I^-$$

硫代硫酸根有很强的配位能力。例如:

$$2S_2O_3^{2-} + AgX \xlongequal{\quad} [Ag(S_2O_3)_2]^{3-} + X^- \quad (\text{X 代表卤素})$$

在照相技术中就利用此反应,底片上未感光的 AgBr 在定影液中即由于形成这种配位离子而被溶解。

(3)连二硫酸钠。连二硫酸钠又称保险粉。在无氧条件下,用锌粉还原 $NaHSO_3$ 可制得连二硫酸钠:

$$2NaHSO_3 + Zn \xlongequal{\quad} Na_2S_2O_4 + Zn(OH)_2$$

$Na_2S_2O_4$ 是一种白色固体,加热至 402 K 即分解:

$$2Na_2S_2O_4 \xlongequal{\quad} Na_2S_2O_3 + Na_2SO_3 + SO_2\uparrow$$

$Na_2S_2O_4$ 是一种很强的还原剂,其水溶液能被空气中的氧气氧化,因此,$Na_2S_2O_4$ 在气体分析中用来吸收氧气:

$$2Na_2S_2O_4 + O_2 + 2H_2O = 4NaHSO_3$$

(4)过硫酸及其盐。硫的含氧酸中含有过氧基(—O—O—)者称为过硫酸。过硫酸可以看成是过氧化氢中的氢被—SO_3H(磺酸基)所取代的衍生物。

过硫酸具有极强的氧化性。$K_2S_2O_8$ 和$(NH_4)_2S_2O_8$ 是重要的过二硫酸盐,它们都是很强的氧化剂,是分析化学实验中常用的试剂。例如过二硫酸盐在 Ag^+ 催化剂作用下,能将 Mn^{2+} 氧化成紫红色的 MnO_4^-:

$$2Mn^{2+} + 5S_2O_8^{2-} + 8H_2O = 2MnO_4^- + 10SO_4^{2-} + 16H^+$$

此反应在金属分析中用于测定锰的含量。

过硫酸及其盐都是不稳定的,在加热时容易分解:

$$2K_2S_2O_8 \xlongequal{\triangle} 2K_2SO_4 + 2SO_3\uparrow + O_2\uparrow$$

11.2.5　微量元素——硒

硒是具有多种功能的人体必需的微量元素,参与新陈代谢,具有延缓衰老,抑制抗癌作用和解毒功能。

硒的浓度为 0.04～0.1ppm 时,对动物和人都是有益的。但当硒的浓度高达 4ppm 时则是有毒的。

生物能将硒积聚在体内,人体血液中的含硒量为 0.2ppm,比地表水中含量高 100 倍,海鱼粉中的含硒量为 2ppm,比海水中含量高 5000 倍。成年人饮食中硒的最适宜数量是每天约 0.3 mg。海味、小麦、大米、大蒜、芥菜和一些肉中含有较多的硒。硒是谷胱甘肽过氧化物酶中的一个重要构成成分。

11.3　氮族元素

11.3.1　氮族元素的通性

氮族元素是周期系ⅤA 族元素,包括氮、磷、砷、锑和铋。氮和磷是非金属元素,砷和锑是准金属,铋是金属元素,表现出从典型的非金属到金属的一个完整的过渡。

本族元素价电子构型为 ns^2np^3,常见氧化态为－3,＋3 和＋5。随原子序数增加,从上到下形成－3 氧化态的倾向减小,＋3 氧化态稳定性增加,＋5 氧化态稳定性减小。由于惰性电子对效应的影响,铋主要表现＋3 氧化态,故 $NaBiO_3$ 是极强的氧化剂,可将 Mn^{2+} 氧化为 MnO_4^-。该效应不仅出现在ⅤA 族,在ⅢA,ⅣA,ⅥA,ⅦA 和ⅢB 族中都有所体现氮族元素的基本性质如表 11－3 所示。

表 11－3　氮族元素的一些基本性质

性质	元素				
	N	P	As	Sb	Bi
价电子构型	$2s^22p^3$	$3s^23p^3$	$4s^24p^3$	$5s^25p^3$	$6s^26p^3$
原子半径/pm	70	110	121	141	152

续表

性质	元素				
	N	P	As	Sb	Bi
离子半径/pm M^{3-}	171	212	222	245	—
离子半径/pm M^{3+}	—	—	69	92	108
离子半径/pm M^{5+}	11	34	47	62	74
熔点/℃	−210	44.2	811	630.5	271.5
沸点/℃	−195.8	280.3	612	1635	1579
第一电离能/($kJ\cdot mol^{-1}$)	1400	1060	966	833	774
电负性	3.04	2.19	2.18	2.05	2.02
常见氧化态	−3,−2,−1,+1,+2,+3,+4,+5	−3,+1,+3,+5	−3,+3,+5	+3,+5	+3,+5

11.3.2 氮及其重要化合物

1. 氮气

N_2 是无色、无臭的气体，主要存在于大气中。N_2 分子中含三个共价键，键能很高（946 $kJ\cdot mol^{-1}$），比任何其他双原子分子都稳定。在室温 N_2 不与空气、水、酸反应，甚至在 3273 K 时仅有 1%离解。因此氮是化学惰性物质。氮的惰性广泛用于电子、钢铁、玻璃工业上作惰性覆盖介质，还用于灯泡和可膨胀橡胶的填充物，工业上用于保护油类、粮食，在精密实验中用作保护气体。

高温时，N_2 的活泼性增强，与某些金属（Li、Mg、Ga、Al、B 等）反应生成金属氮化物：

$$N_2(g)+3Mg(s)\xlongequal{点燃}Mg_3N_2(s)$$

氮与 O_2 在高温（2273 K）或放电条件下直接化合成 NO：

$$N_2+O_2\xlongequal{放电}2NO$$

这是固定氮的一种方法，固氮的关键在于削弱 N_2 分子的化学键，使其活化，从而生成氮的化合物。自然界的某些微生物，如大豆、花生等豆科植物的“根瘤菌”，在常温、常压下有固定空气中的氮的功能。生物固氮是生物学中特别重要的课题。

实验室中制备少量氮气常用方法有加热亚硝酸胺的溶液：

$$NH_4NO_2(aq)\xlongequal{\triangle}N_2\uparrow+2H_2O$$

也可将亚硝酸钠和氯化铵的饱和溶液相互作用来制备：

$$NH_4Cl+NaNO_2\xlongequal{\quad}NaCl+2H_2O+N_2\uparrow$$

氮的主要用途是制备氨，通过氨可制得许多重要化工原料如肥料、硝酸、炸药等。

2. 氨和铵盐

(1)氨。氨是无色、有刺激性气味的气体。在常压下冷却到 −33 ℃，或 25 ℃加压到 990 kPa，氨即凝聚为液体，称为液氨，储存在钢瓶中备用。液氨气化时，气化热较高（23.35 $kJ\cdot mol^{-1}$），故氨可作致冷剂。

工业制氨是由氮气和氢气经催化合成：

$$N_2(g)+3H_2(g)\rightleftharpoons 2NH_3(g)$$

实验室中通常用铵盐和强碱的反应来制备少量的氨气：

$$2NH_4Cl+Ca(OH)_2 \xlongequal{\triangle} CaCl_2+2NH_3\uparrow+2H_2O$$

NH_3 为强极性分子，极易溶于水。常温下 1 体积 H_2O 能溶解 700 体积 NH_3。氨溶于水后溶液体积显著增大，故氨水越浓，密度反而越小。一般市售浓氨水的密度是 $0.91\ g\cdot cm^{-1}$，含氨约 28%。氨的水溶液，主要是通过氢键形成氨的水合物 $NH_3\cdot H_2O$ 或 $2NH_3\cdot H_2O$，同时氨发生部分离解而使氨水显碱性：

$$NH_3+H_2O\rightleftharpoons NH_4^++OH^-$$

NH_3 分子中的氮原子上有一对孤对电子，很容易与其他分子或离子形成配位键。例如，NH_3 与酸中的 H^+ 反应所生成的 NH_4^+ 离子具有正四面体结构，NH_3 还能和许多金属离子合成氨合配离子，例如，$[Cu(NH_3)_4]^{2+}$、$[Ag(NH_3)_2]^+$ 等。

NH_3 分子中的 N 处在最低氧化态，因此具有还原性。NH_3 经催化氧化，可得到 NO，这是制备硝酸的基础反应。

$$4NH_3+5O_2 = 4NO+6H_2O$$

NH_3 很难在空气中燃烧，但能在纯氧中燃烧，生成 N_2：

$$4NH_3+3O_2 \xlongequal{点燃} 2N_2\uparrow+6H_2O$$

氨和氯或溴会发生强烈反应。用浓氨水检查氯气或液溴管道是否漏气，就利用了氨的还原性。

NH_3 遇活泼金属，其中的 H 可被取代。例如，液氨和金属钠生成氨基钠的反应（金属铁催化）：

$$2NH_3+2Na \xrightarrow{Fe} 2NaNH_2+H_2\uparrow$$

除氨基（$-NH_2$）化合物外，还有亚氨基（$=NH$）和氮（$\equiv N$）化合物，如亚氨基银（Ag_2NH）和氮化锂（Li_3N）等。

(2)铵盐。氨和酸作用可得相应的铵盐。铵盐一般是无色的晶体，易溶于水。NH_4^+ 离子半径为 143 pm，接近于 K^+（133 pm）、Rb^+（149 pm）的半径，因此，铵盐的性质类似于碱金属的盐类，而且往往与钾盐、铷盐同晶，并有相似的溶解度。

由于氨的弱碱性，故铵盐在溶液中都有不同程度的水解作用。由强酸组成的铵盐，其水溶液显酸性：

$$NH_4^++H_2O\rightleftharpoons NH_3\cdot H_2O+H^+$$

因此在任何铵盐溶液中加入强碱，就会放出氨（用氨气可使红色石蕊试纸变蓝这一反应来鉴定 NH_4^+ 离子存在）：

$$NH_4^++OH^- \xlongequal{\triangle} NH_3\uparrow+H_2O$$

由弱酸组成的铵盐如$(NH_4)_2CO_3$、$(NH_4)_2S$ 等在溶液中会强烈水解，水解度高达 90%以上。

固态铵盐加热极易分解，其分解产物取决于对应酸的特点：

①由挥发性酸组成的铵盐，加热时氨与酸一起挥发：

$$NH_4Cl \xlongequal{\triangle} NH_3\uparrow+HCl\uparrow$$

②由无氧化性、无挥发性酸组成的铵盐，加热时只有氨挥发：

$$(NH_4)_2SO_4 \xlongequal{\triangle} NH_3\uparrow + NH_4HSO_4$$

③由氧化性酸组成的铵盐，加热分解的同时 NH_4^+ 被氧化，生成氮或氮的氧化物，并放出大量的热。例如：

$$NH_4NO_3(s) \xlongequal{\triangle} N_2O(g) + 2H_2O(g)$$

$$2NH_4NO_3(s) \xlongequal{\triangle} 2N_2(g) + O_2(g) + 4H_2O(g) \quad \triangle H = -236.1\ kJ\cdot mol^{-1}$$

对于这一类铵盐，无论是制备、储存还是运输，都应格外小心，避免撞击、高温，以防爆炸。

铵盐中的碳酸氢铵、硫酸铵、氯化铵和硝酸铵都是优良肥料，氯化铵还用于染料工业。

3. 氮的氧化物、含氧酸及其盐

(1)氮的氧化物。氮可以形成多种氧化物，其中最主要的是 NO 和 NO_2。

一氧化氮是无色气体，在水中的溶解度较小，而且与水不发生反应。常温下 NO 很容易被氧化为 NO_2。

$$2NO + O_2 \xlongequal{} 2NO_2$$

二氧化氮是红棕色气体，具有特殊臭味并有毒。NO_2 与水反应生成硝酸和一氧化氮：

$$3NO_2 + H_2O \xlongequal{} 2HNO_3 + NO$$

NO_2 与苛性碱作用生成硝酸盐与亚硝酸盐的混合物：

$$2NO_2 + 2NaOH \xlongequal{} NaNO_3 + NaNO_2 + H_2O$$

(2)亚硝酸和亚硝酸盐。将等物质的量的 NO 和 NO_2 的混合物溶解在冷水中或在亚硝酸盐的冷溶液中加入硫酸，在溶液中均可生成亚硝酸：

$$NO + NO_2 + H_2O \xlongequal{} 2HNO_2$$

$$Ba(NO_2)_2 + H_2SO_4 \xlongequal{} BaSO_4\downarrow + 2HNO_2$$

亚硝酸(HNO_2)是一种较弱的酸，$K_a^\ominus = 7.2\times10^{-4}$，很不稳定，只能以冷的稀溶液存在，浓度稍大或微热，立即分解：

$$2HNO_2 \xlongequal{} H_2O + \underset{(蓝色)}{N_2O_3} \xlongequal{} H_2O + NO\uparrow + \underset{(棕色)}{NO_2\uparrow}$$

亚硝酸虽不稳定，但它的盐却相当稳定。氮的氧化物用碱吸收也可以得到亚硝酸盐：

$$NO + NO_2 + 2NaOH \xlongequal{} 2NaNO_2 + H_2O$$

亚硝酸及其盐既有氧化性，又有还原性，以氧化性为主。例如，在酸性介质中 NO_2^- 能将 I^- 定量氧化为 I_2，可用于测定 NO_2^- 的含量。

$$2NO_2^- + 2I^- + 4H^+ \xlongequal{} 2NO + I_2 + 2H_2O$$

当亚硝酸盐遇到强氧化剂时，可被氧化生成硝酸盐。例如：

$$5KNO_2 + 2KMnO_4 + 3H_2SO_4 \xlongequal{} 2MnSO_4 + 5KNO_3 + K_2SO_4 + 3H_2O$$

$$KNO_2 + Cl_2 + H_2O \xlongequal{} KNO_3 + 2HCl$$

该反应可用来区别 HNO_3 和 HNO_2。

亚硝酸盐中以 $NaNO_2$ 最为重要。亚硝酸钠有毒，是强致癌物之一。亚硝酸钠广泛用于偶氮染料、硝基化合物的制备，也是食品工业中肉制品加工的发色剂。

(3)硝酸及其盐。纯 HNO_3 是无色液体，沸点 86 ℃，易挥发，HNO_3 和水可按任何比例混合。一般市售的浓 HNO_3，浓度为 69.2%，密度 1.42 $g \cdot cm^{-3}$，物质的量浓度约 16 $mol \cdot L^{-1}$，沸点 122 ℃，溶有 NO_2 的浓硝酸称为发烟硝酸。浓硝酸受热或见光分解，使溶液呈黄色。

$$4HNO_3 = 4NO_2\uparrow + O_2\uparrow + 2H_2O$$

所以硝酸应保存在阴凉处，以防分解。

HNO_3 是强酸，具有强酸的一切性质，能与氢氧化物、碱性及两性氧化物发生中和作用。硝酸的重要性质是强氧化性。浓硝酸能氧化 C、S、P、I_2 等非金属，例如：

$$3C + 4HNO_3(浓) = 3CO_2\uparrow + 4NO\uparrow + 2H_2O$$

$$S + 2HNO_3(浓) = H_2SO_4 + 2NO\uparrow$$

$$3P + 5HNO_3(浓) + 2H_2O = 3H_3PO_4 + 5NO\uparrow$$

$$3I_2 + 10HNO_3(发烟) = 6HIO_3 + 10NO\uparrow + 2H_2O$$

HNO_3 和金属之间的反应颇为复杂，通常得到的是几种产物的混合物。至于哪一种产物为主，则取决于硝酸的浓度和金属的还原性。一般来说，浓 HNO_3 的主要还原产物是 NO_2，稀 HNO_3 为 NO。当稀 HNO_3 与活泼金属如锌、镁、铁等作用时，有可能进一步还原成 N_2O、N_2 甚至 NH_4^+。例如：

$$Cu + 4HNO_3(浓) = Cu(NO_3)_2 + 2NO_2\uparrow + 2H_2O$$

$$3Cu + 8HNO_3(稀) = 3Cu(NO_3)_2 + 2NO\uparrow + 4H_2O$$

$$4Zn + 10HNO_3(稀) = 4Zn(NO_3)_2 + N_2O\uparrow + 5H_2O$$

$$4Zn + 10HNO_3(极稀) = 4Zn(NO_3)_2 + NH_4NO_3 + 3H_2O$$

极稀硝酸（1%～2%）与活泼性强的金属（Na、K、Mg、Mn）作用产生 H_2：

$$Mg + 2HNO_3(极稀) = Mg(NO_3)_2 + H_2\uparrow$$

Au、Pt 等贵重金属不能被 HNO_3 溶解，只能溶于王水。

$$Au + HNO_3 + 4HCl = HAuCl_4 + NO\uparrow + 2H_2O$$

$$3Pt + 4HNO_3 + 18HCl = 3H_2PtCl_6 + 4NO\uparrow + 8H_2O$$

硝酸另一重要性质是硝化作用。所谓硝化作用是将硝酸分子中的硝基—NO_2 引入有机化合物的分子中。根据硝酸的硝化作用，可以制造硝化甘油、三硝基甲苯（TNT），三硝基苯酚等烈性炸药，用于国防工业建设。

多数硝酸盐为无色晶体，易溶于水，在常温下比较稳定，但在高温条件下固体硝酸盐都会分解而显氧化性，分解产物因金属离子的不同而有明显差别。除硝酸铵外，硝酸盐受热分解一般有三种情况：

①比 Mg 活泼的碱金属和碱土金属的硝酸盐分解时放出 O_2，并生成亚硝酸盐：

$$2NaNO_3 \xlongequal{\triangle} 2NaNO_2 + O_2\uparrow$$

②活泼性在 Mg 与 Cu 之间的金属的硝酸盐，分解时得到相应的金属氧化物、NO_2 和 O_2：

$$2Pb(NO_3)_2 \xlongequal{\triangle} 2PbO + 4NO_2\uparrow + O_2\uparrow$$

③活泼性比 Cu 差的金属的硝酸盐，分解时生成金属单质、NO_2 和 O_2：

$$2AgNO_3 \xlongequal{\triangle} 2Ag + 2NO_2\uparrow + O_2\uparrow$$

几乎所有的硝酸盐受热分解都有氧气放出，所以硝酸盐在高温下大都是供氧剂。它与可燃物混合在一起时，受热会迅猛燃烧甚至爆炸，可用来制造焰火及黑火药，储存、使用时需注意安全。

11.3.3 磷及其重要化合物

1. 单质磷

单质磷有多种同素异形体，常见的有白磷、红磷和黑磷。它们虽然由同一元素构成，但性质差异甚大。白磷最活泼，唯有它能自燃发光，与热、浓碱发生歧化反应：

$$4P + 3KOH + 3H_2O \xlongequal{} 3KH_2PO_2 + PH_3\uparrow$$

由于白磷的活性很高，因此必须贮存于水中。

红磷的活性较白磷小，加热到 673 K 以上才着火，红磷的结构相当复杂，有人认为它是一种层状晶体。黑磷具有类似石墨的片层结构，能导电，故有"金属磷"之称。

白磷用于制备磷酸、生产有机磷农药和防火发泡塑料制品。将红磷加入发泡塑料制品中使之遇火产生自熄作用，因为红磷燃烧时生成磷酸，在塑料制品表面形成一层膜，从而防止空气进入。大量红磷还用于火柴生产，火柴盒侧面所涂物质就是红磷和三硫化二锑等的混合物。

白磷有剧毒，误食 0.1 g 致死。皮肤如果经常接触到单质磷，也会引起吸收中毒。如果中毒可服用 $CuSO_4$ 溶液，若不慎沾在皮肤上，可用它冲洗灼伤处，利用磷的还原性解毒。

2. 磷的氧化物

常见磷的氧化物有三氧化二磷和五氧化二磷，它们分别是磷在空气不足和充足情况下燃烧后的产物，分子式是 P_4O_6 和 P_4O_{10}，有时简写成 P_2O_3 和 P_2O_5。

P_4O_6 是有滑腻感的白色固体，气味似蒜，能逐渐溶于冷水而生成亚磷酸，故又叫亚磷酸酐：

$$P_4O_6 + 6H_2O(冷) \xlongequal{} 4H_3PO_3$$

在热水中则激烈地发生歧化反应，生成磷酸和膦（PH_3，大蒜味，剧毒）。

$$P_4O_6 + 6H_2O(热) \xlongequal{} 3H_3PO_4 + PH_3\uparrow$$

P_4O_{10} 为白色雪花状晶体，即磷酸酐，工业上俗称无水磷酸。358.9 ℃升华，极易吸潮。它能侵蚀皮肤和黏膜，切勿与人体接触。P_4O_{10} 常用作半导体掺杂剂、脱水剂、干燥剂、有机合成缩合剂等，也是制备高纯磷酸和制药工业的原料。P_4O_{10} 有很强的吸水性，是一种重要的干燥剂。例如，P_2O_5 可使 H_2SO_4 和 HNO_3 脱水分别变为硫酐和硝酐：

$$P_2O_5 + 3H_2SO_4 \xlongequal{} 3SO_3 + 2H_3PO_4$$

$$P_2O_5 + 6HNO_3 \xlongequal{} 3N_2O_5 + 2H_3PO_4$$

3. 磷的含氧酸及其盐

磷能形成多种含氧酸，根据氧化态不同有次磷酸、亚磷酸、正磷酸。同时由于同一氧化态的磷酸还能脱水缩合形成许多种含两个磷原子以上的缩合酸（多酸），因此磷的含氧酸及其盐有非常广泛的应用。重点讨论 H_3PO_4 及其盐。

（1）磷酸。磷酸又称正磷酸，是磷的含氧酸中最主要的也是最稳定的酸。市售品 H_3PO_4 含量一般为 83%，为无色透明的黏稠液体，密度 1.6 g·cm^{-3}。当 H_3PO_4 含量高达 88%以上时，在常温下即凝结为固体。100% H_3PO_4 为无色透明的晶体，熔点 42.35 ℃，易溶于水。

H_3PO_4 无氧化性、无挥发性，属中强酸。它的特点是 PO_4^{3-} 有较强的配位能力，能与许多金属离子形成可溶性的配合物。例如，含有高铁离子（Fe^{3+}）的溶液常呈黄色，加入 H_3PO_4 后黄色立即消失，这是由于生成了 $[Fe(HPO_4)]^+$、$[Fe(HPO_4)_2]^-$ 等无色配离子之故。

将正磷酸加热至 210 ℃，两分子的 H_3PO_4 失去一分子水即成焦磷酸 $H_4P_2O_7$，继续加热失水成为偏磷酸 $(HPO_3)_n$、聚磷酸，而它们吸收水分又可回复到正磷酸。

三个正磷酸分子脱去三分子水即生成三偏磷酸 $H_3P_3O_9$：

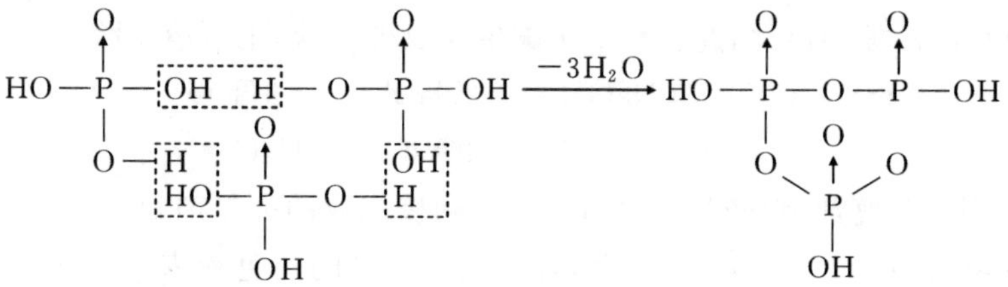

三个正磷酸分子脱去两分子水即生成三聚磷酸 $H_5P_3O_{10}$：

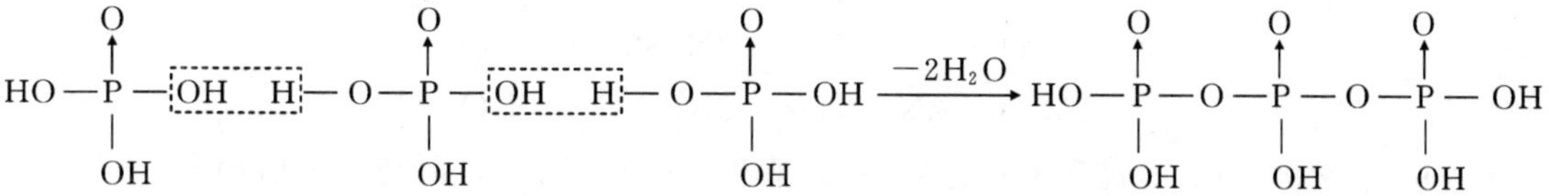

(2)磷酸盐。磷酸是三元酸，可以形成一种正盐（如 Na_3PO_4）和两种酸式盐（如 Na_2HPO_4 和 NaH_2PO_4）。所有的磷酸二氢盐都能溶于水，而磷酸氢盐和正磷酸盐中只有铵盐和碱金属盐（锂除外）可溶于水。

可溶性磷酸盐在溶液中有不同程度的水解作用，和其他多元弱酸根一样，PO_4^{3-} 也存在着分步水解，其中第一步水解是主要的。以 Na_3PO_4 为例，水解反应如下：

$$PO_4^{3-} + H_2O \rightleftharpoons HPO_4^{2-} + OH^-$$

因此，Na_3PO_4 溶液有很强的碱性。

$H_2PO_4^-$、HPO_4^{2-} 兼有离解和水解双重作用，而使溶液呈现不同的酸碱性，如 Na_2HPO_4 以水解反应为主，溶液呈弱碱性；NaH_2PO_4 离解作用占优势，故 NaH_2PO_4 溶液呈弱酸性。故钠钾的酸式磷酸盐常用于制备缓冲溶液。

磷酸根离子的鉴定：

①与 $AgNO_3$ 试液作用　向磷酸盐溶液中加 $AgNO_3$ 试液，即有黄色的磷酸银沉淀生成，该沉淀能溶于硝酸，也能溶于氨水中：

$$3Ag^+ + 2HPO_4^{2-} = Ag_3PO_4\downarrow(黄) + H_2PO_4^-$$

②与钼酸铵试液作用　在硝酸溶液中，磷酸盐溶液与过量钼酸铵一起加热时，有磷钼酸铵黄色沉淀产生：

$$PO_4^{3-} + 3NH_4^+ + 12MoO_4^{2-} + 24H^+ = (NH_4)_3PO_4 \cdot 12MoO_3 \cdot 6H_2O\downarrow + 6H_2O$$

在工农业和日常生活中，磷酸盐有着广泛的用途。如磷酸的碱金属盐可用作缓冲试剂、食品加工的焙粉和乳化剂；KH_2PO_4 是重要的磷钾肥；Na_3PO_4 常被用作锅炉除垢剂、金属防护剂，以及洗衣粉的添加剂。检测表明，造成江、湖水质富营养化的磷污染的主要来源是流失的磷肥和生活污水中的含磷洗涤剂，推广使用无磷洗涤剂是减少磷污染的有效措施。

11.3.4 砷、锑、铋的重要化合物

1. 砷、锑、铋的氧化物

砷、锑、铋的氧化物有＋3 氧化数的 As_2O_3、Sb_2O_3、Bi_2O_3 和＋5 氧化数的 As_2O_5、Sb_2O_5。其中以 As_2O_3（俗称砒霜）最重要，它是白色粉状固体，微溶于水，剧毒（致死量为 0.1 g）。As_2O_3 两性偏酸性，因此它易溶于碱生成亚砷酸盐，也可溶于酸：

$$As_2O_3 + 6NaOH = 2Na_3AsO_3 + 3H_2O$$

$$As_2O_3 + 6HCl = 2AsCl_3 + 3H_2O$$

As_2O_3 除用作防腐剂、农药外，也用作玻璃、陶瓷工业的去氧剂和脱色剂。

锑的氧化物有 Sb_2O_3 和 Sb_2O_5 两种，都是微溶于水的白色粉末，Sb_2O_3 为两性氧化物，能溶于酸和碱溶液。Sb_2O_5 为酸性氧化物，易溶于碱。

$$Sb_2O_3 + 6HCl = 2SbCl_3 + 3H_2O$$

$$Sb_2O_3 + 2NaOH = 2NaSbO_2 + H_2O$$

$$Sb_2O_5 + 2NaOH = 2NaSbO_3 + H_2O$$

Sb_2O_3 又称锑白，是优良的白色颜料，其遮盖力仅次于钛白，而与锌钡白相近。它广泛用于搪瓷、颜料、油漆、防火织物等制造业。

Bi_2O_3 是弱碱性氧化物，不溶于水和碱溶液，能溶于酸：

$$Bi_2O_3 + 6HNO_3 = 2Bi(NO_3)_3 + 3H_2O$$

2. 砷、锑、铋的含氧酸及其盐

砷、锑、铋的氧化物的水合物有＋3 和＋5 两种氧化数，它们含氧酸的酸性按 As→Sb→Bi 依次减弱，碱性依次增强。同一元素＋5 氧化态的化合物酸性比＋3 氧化态的化合物酸性强。

砷、锑、铋＋3 氧化态的化合物的还原性按 As→Sb→Bi 依次减弱；＋5 氧化态化合物的氧化性依次增强。

在碱性介质中 AsO_3^{3-} 有较强的还原性，可将 I_2 还原为 I^-；在酸性介质中 H_3AsO_4 有一定的氧化性，又可将 I^- 氧化为 I_2。即

$$AsO_3^{3-} + I_2 + 2OH^- = AsO_4^{3-} + 2I^- + H_2O$$

$$H_3AsO_4 + 2I^- + 2H^+ = H_3AsO_3 + I_2 + H_2O$$

控制 pH 值在 5～8，此条件下反应可定量进行，并应用于分析化学中测定 AsO_3^{3-}。

砷的化合物多数有毒，故它们的应用日趋减少，逐渐被其他无毒化合物所取代。

砷、锑、铋＋3 氧化态的盐都易水解：

$$AsCl_3 + 3H_2O = H_3AsO_3 + 3HCl$$

$$SbCl_3 + H_2O = SbOCl\downarrow(白色) + 2HCl$$

（氯化氧锑）

$$BiCl_3 + H_2O = BiOCl\downarrow(\text{白色}) + 2HCl$$
（氯化氧铋）

因此，在配制这些盐的溶液时，都应先加入相应的强酸以抑制水解。

Bi(Ⅲ)、Bi(Ⅴ)的化合物以硝酸铋和铋酸钠较为重要。

硝酸铋($Bi(NO_3)_3 \cdot 5H_2O$)为无色晶体，75.5 ℃时溶于自身的结晶水中，同时水解为碱式盐，配制它的溶液时可使用 3 mol·L^{-1} HNO_3 来溶解硝酸铋晶体。$Bi(NO_3)_3$ 是由金属铋与浓 HNO_3 作用制取：

$$Bi + 6HNO_3(\text{浓}) = Bi(NO_3)_3 + 3NO_2\uparrow + 3H_2O$$

铋酸钠($NaBiO_3$)亦称偏铋酸钠，是黄色或褐色无定形粉末，难溶于水，强氧化剂。$NaBiO_3$ 遇酸易分解为 Bi_2O_3，并放出 O_2；在酸性介质中表现出强氧化性，它能氧化盐酸放出 Cl_2 气，氧化 H_2O_2 放出 O_2，甚至能把 Mn^{2+} 氧化成 MnO_4^-：

$$6HCl + NaBiO_3 = BiCl_3 + NaCl + Cl_2\uparrow + 3H_2O$$

$$2H_2O_2 + 2NaBiO_3 + 4H_2SO_4 = Bi_2(SO_4)_3 + 2O_2\uparrow + Na_2SO_4 + 6H_2O$$

$$4MnSO_4 + 10NaBiO_3 + 14H_2SO_4 = 5Bi_2(SO_4)_3 + 4NaMnO_4 + 3Na_2SO_4 + 14H_2O$$

后一反应常用来检验 Mn^{2+} 的存在。

3. 砷、锑、铋的硫化物

在砷、锑的+3、+5 氧化数的盐溶液(M^{+3}、M^{+5})和含氧酸盐(MO_3^{3-}、MO_4^{3-})以及铋的+3 氧化数的盐的强酸性溶液中，通入 H_2S 可以得到一系列的硫化物沉淀。

As_2S_3	Sb_2S_3	Bi_2S_3	As_2S_5	Sb_2S_5
（黄色）	（橙红色）	（黑色）	（黄色）	（橙红色）

砷、锑、铋的硫化物的酸碱性与相应的氧化物类似。As_2S_3 两性偏酸性易溶于碱；Sb_2S_3 两性；Bi_2S_3 显碱性易溶于酸：

$$As_2S_3 + 6NaOH = Na_3AsO_3 + Na_3AsS_3 + 3H_2O$$

$$Sb_2S_3 + 6NaOH = Na_3SbO_3 + Na_3SbS_3 + 3H_2O$$

$$Sb_2S_3 + 12HCl = 2H_3SbCl_6 + 3H_2S\uparrow$$

$$Bi_2S_3 + 6HCl = 2BiCl_3 + 3H_2S\uparrow$$

As_2S_3 和 Sb_2S_3 还可溶于 Na_2S、$(NH_4)_2S$ 溶液中，生成相应的硫代亚砷酸盐和硫代亚锑酸盐：

$$As_2S_3 + 3Na_2S = 2Na_3AsS_3$$

$$Sb_2S_3 + 3Na_2S = 2Na_3SbS_3$$

As_2S_5 和 Sb_2S_5 的酸性更为显著，因此更易溶于碱或碱金属硫化物中，生成相应的硫代砷酸盐和硫代锑酸盐：

$$As_2S_5 + 3Na_2S = 2Na_3AsS_4$$

$$Sb_2S_5 + 3Na_2S = 2Na_3SbS_4$$

$$4As_2S_5 + 24NaOH = 3Na_3AsO_4 + 5Na_3AsS_4 + 12H_2O$$

砷和锑的硫代亚酸盐及硫代酸盐遇强酸分解，生成 H_2S 和相应的硫化物沉淀：

$$2Na_3AsS_3 + 6HCl = As_2S_3\downarrow + 3H_2S\uparrow + 6NaCl$$

$$2Na_3SbS_4 + 6HCl = Sb_2S_5\downarrow + 3H_2S\uparrow + 6NaCl$$

11.4 碳族元素

11.4.1 碳族元素的通性

碳族元素是周期系ⅣA族元素碳、硅、锗、锡和铅的统称，表11-4列出了碳族元素的一些基本性质。碳和硅在自然界分布很广，碳是组成生物界的主要元素，而硅是构成地球上矿物界的主要元素。

表11-4 碳族元素的一些基本性质

性质		元素				
		C	Si	Ge	Sn	Pb
价电子构型		$2s^2 2p^2$	$3s^2 3p^2$	$4s^2 4p^2$	$5s^2 5p^2$	$6s^2 6p^2$
原子半径/pm		77	113	122	141	147
熔点/℃		3550	1410	937	232	327
沸点/℃		4329	2355	2830	2260	1744
第一电离能/($kJ \cdot mol^{-1}$)		1086	787	762	709	716
电负性		2.5	1.8	1.8	1.8	
键能/($kJ \cdot mol^{-1}$)	M—M	346	222	188	146	—
	M—O	358	452	360	—	—
	M—H	415	320	289	251	—
常见氧化态		−4，+2，+4	+4	+2，+4	+2，+4	+2，+4

本族元素价电子构型为 $ns^2 np^2$，它们主要的氧化态为 +2 和+4。碳有时也可生成−4氧化态化合物。惰性电子对效应在本族元素中表现也很显著，随原子序数增加，从上到下+2氧化态稳定性增加，+4 氧化态稳定性减小。所以碳、硅主要表现+4 氧化态，Ge(Ⅱ)、Sn(Ⅱ)的化合物表现强的还原性，而 Pb(Ⅳ) 的化合物表现强的氧化性。

从表11-4键能的数据中可以看出，本族元素 M—M 和 M—H 键中以 C—C、C—H 键的键能最大，这就是碳能形成数百万种有机化合物的原因；M—O 键中以 Si—O 键的键能最大，这也是硅在自然界中总是以含氧化合物形式存在的原因。

11.4.2 碳及其重要化合物

1. 碳

自然界中碳存在着三种同素异形体，即金刚石、石墨和球烯(富勒烯)。

金刚石的硬度大，被大量用于切削和研磨材料；石墨由于导电性能良好，又具化学惰性，耐高温，广泛用作电极和高转速轴承的高温润滑剂，也用来作铅笔芯。活性炭(具有石墨的晶型，但较细)是经过加工后的碳单质，因其表面积很大，有很强的吸附能力，用于化工、制糖工业的脱色剂以及气体和水的净化剂。

球烯是 20 世纪 80 年代中期发现的碳的同素异形体(C_n 原子簇，$40<n<200$)。其中 C_{60} 是最稳定的分子，它是由 60 个碳原子构成的近似于足球的 32 面体，即由 12 个正五边形和 20 个正六边形组成。因为这类球形碳分子具有烯烃的某些特点，所以被称为球烯。20 世纪 90 年代以来，球烯化学得到蓬勃发展，由于合成方法的改进，C_{60} 与钾、铷、铯化合后得到的超导体展示出潜在的应用价值。C_{60} 的发现成为碳化学研究领域新的里程碑。

2. 碳的氧化物

碳的氧化物有 CO 和 CO_2。

CO 是无色无臭的有毒气体，它是煤炭及烃类燃料在空气不充分条件下燃烧产生的。当空气中 CO 的体积分数达到 0.1%时，就会引起中毒。它能和血液中的血红蛋白结合，破坏其输氧功能，使人的心、肺和脑组织受到严重损伤，甚至死亡。

在工业上，CO 却有很多用途，多数工业燃料中含有 CO，CO 也是冶炼金属的重要还原剂，例如：

$$FeO + CO \xlongequal{\triangle} Fe + CO_2$$

CO 具有加合性，在一定条件下能以 C 原子上的孤对电子配位，与金属单质作用生成金属羰基化合物，例如 $Ni(CO)_4$、$Fe(CO)_5$ 等。这一性质在有机催化和金属提纯等方面具有重要意义。

CO_2 是无色无臭的气体，易液化，常温加压变成液态，储存在钢瓶中。液态 CO_2 进一步冷却为雪花状固体，称作“干冰”。干冰是分子晶体，熔点很低，在 −78.5 ℃升华，是低温制冷剂，广泛用于化学与食品工业。

实验室用盐酸和 $CaCO_3$ 作用来制备 CO_2：

$$CaCO_3 + 2HCl = CaCl_2 + CO_2\uparrow + H_2O$$

大气中 CO_2 的含量并不多，约 0.03%(体积分数)。它主要来自生物的呼吸、各种含碳燃料和有机物的燃烧及动植物的腐烂分解等。另一方面，又通过植物的光合作用和形成碳酸盐而被消耗。CO_2 有吸收太阳光中红外线的功能，如同给地球罩上一层硕大无比的塑料薄膜，留下温暖的红外线使地球成为昼夜温差不大的温室，为生命提供了合适的生存环境。但是，近年来由于工业、交通业迅速发展，排放在大气中的 CO_2 越来越多，破坏了生态平衡，它所产生的温室效应导致全球气温逐渐升高。长此下去，将会产生许多不良后果。

3. 碳酸及其盐

CO_2 能部分溶于水，溶解的 CO_2 只有部分生成 H_2CO_3，饱和的 CO_2 水溶液 pH 值约为 4。H_2CO_3 很不稳定，只能在水溶液中存在，是二元弱酸。

$$H_2CO_3 \rightleftharpoons H^+ + HCO_3^- \qquad K_{a_1}^{\ominus} = 4.4\times10^{-7}$$

$$HCO_3^- \rightleftharpoons H^+ + CO_3^{2-} \qquad K_{a_2}^{\ominus} = 4.7\times10^{-11}$$

H_2CO_3 能生成碳酸盐和碳酸氢盐。它们的溶解性和热稳定性有显著差异。

(1)溶解性。碳酸盐中常用的 Na_2CO_3、K_2CO_3、$(NH_4)_2CO_3$ 易溶于水，而多数碳酸盐难溶于水。酸式碳酸盐的溶解度通常比正盐的溶解度大($NaHCO_3$ 例外)。例如 $Ca(HCO_3)_2$ 易溶于水，而 $CaCO_3$ 难溶于水。自然界中的钟乳石景观，与地表层中的碳酸盐

矿石在 CO_2 和水的长期侵蚀下能部分转变为 $Ca(HCO_3)_2$ 而溶解有关。

$$CaCO_3 + CO_2 + H_2O \rightleftharpoons Ca(HCO_3)_2$$

(2)热稳定性。多数碳酸盐的热稳定性较差，分解产物通常是金属氧化物和 CO_2。比较其热稳定性，大致有以下规律：

碳酸＜酸式碳酸盐＜碳酸盐

对不同金属离子的碳酸盐，其热稳定性表现为：

铵盐＜过渡金属盐＜碱土金属盐＜碱金属盐

例如：

$$(NH_4)_2CO_3 \xrightarrow{58\ ℃} 2NH_3\uparrow + H_2O + CO_2\uparrow$$

$$ZnCO_3 \xrightarrow{350\ ℃} ZnO + CO_2\uparrow$$

$$CaCO_3 \xrightarrow{910\ ℃} CaO + CO_2\uparrow$$

另外，大多数的碳酸盐都存在着不同程度的水解趋势。碱金属碳酸盐的水溶液呈强碱性，例如，无水碳酸钠称为纯碱，十水碳酸钠称为洗涤碱；碳酸氢盐的水溶液呈弱碱性；重金属或两性金属的碳酸盐在水溶液中会部分离解生成碱式碳酸盐或氢氧化物。

11.4.3 硅的含氧化合物

硅在地壳中的含量极其丰富，约占地壳总质量的四分之一，仅次于氧。如果说碳是有机世界的栋梁之材，硅则是无机世界的骨干。岩石、沙砾、泥土、玻璃、搪瓷等都是硅的化合物。

硅和碳的性质相似，可以形成氧化数为＋4 的共价化合物。硅和氢也能形成一系列化合物，称为硅烷，如甲硅烷 SiH_4、乙硅烷 Si_2H_6 等。

1. 二氧化硅

在自然界中，SiO_2 遍布于岩石、土壤及许多矿石中。SiO_2 有晶态和非晶态之分，晶态的叫石英，纯净的天然石英又叫水晶；硅藻土是天然无定形 SiO_2，为多孔性物质，工业上常用作吸附剂以及催化剂的载体。

SiO_2 与 CO_2 的化学组成相似，但结构和物理性质迥然不同。CO_2 是分子晶体；SiO_2 是原子晶体。硅原子采取 sp^3 杂化形式同四个氧原子结合，组成 Si—O 四面体，每个硅原子位于 4 个氧原子的中心，并分别与氧原子以单键相连，氧原子又分别与别的硅原子相连，由此形成立体的硅氧网格晶体。

SiO_2 是原子晶体，它的熔点、沸点都很高。石英在 1600 ℃时，熔化成黏稠液体，当急剧冷却时，由于黏度大，不易结晶，而形成石英玻璃。它的热膨胀系数小，能耐温度的剧变，故用于制造耐高温的高级玻璃仪器。石英玻璃虽有较高的耐酸性，但能被 HF 所腐蚀而生成 SiF_4。SiO_2 是酸性氧化物，能与热的浓碱液作用生成硅酸盐：

$$SiO_2 + 4HF = SiF_4\uparrow + 2H_2O$$

$$SiO_2 + 2NaOH \xlongequal{\triangle} Na_2SiO_3 + H_2O$$

$$SiO_2 + Na_2CO_3 \xlongequal{\triangle} Na_2SiO_3 + CO_2\uparrow$$

以 SiO_2 为主要原料的玻璃纤维与聚酯类树脂复合成的材料称为玻璃钢，广泛用于飞机、汽车、船舶、建筑和家具等行业，以取代各种合金材料。

2. 硅酸及硅酸盐

硅酸是 SiO_2 的水合物，是比 H_2CO_3 还弱的二元酸（$K_{a_1}^{\ominus}=1.7\times10^{-10}$，$K_{a_2}^{\ominus}=1.6\times10^{-12}$），溶解度很小，很容易被其他的酸（甚至碳酸、醋酸）从硅酸盐中析出：

$$SiO_3^{2-}+CO_2+H_2O \xlongequal{} H_2SiO_3\downarrow+CO_3^{2-}$$

$$SiO_3^{2-}+2HAc \xlongequal{} H_2SiO_3\downarrow+2Ac^-$$

经过制备所得的是原硅酸，H_4SiO_4 是疏松的胶体状态物质，不溶于水，会逐渐发生脱水，缩合形成一系列组成不同的硅酸，通式为 $x SiO_2\cdot y H_2O$，习惯上常用简单的偏硅酸 H_2SiO_3 代表硅酸。

$2SiO_2\cdot3H_2O$	$SiO_2\cdot2H_2O$	$SiO_2\cdot H_2O$	$SiO_2\cdot0.5H_2O$
$H_6Si_2O_7$	H_4SiO_4	H_2SiO_3	$H_2Si_2O_5$
二硅酸	原硅酸（正）	偏硅酸	二偏硅酸

在制备 H_2SiO_3 的过程中，单分子的 H_2SiO_3 可溶于水而不沉淀，但随 H_2SiO_3 的增多，聚合形成多硅酸，则形成硅溶胶；若浓度再大或加入电解质时，则易形成硅凝胶，将硅凝胶洗涤，干燥去水，可得硅胶。硅胶是白色稍透明的固体物质，具有许多极细小的孔隙，每克硅胶的内表面积可达 800～900 m^2，吸附能力很强，是优良的干燥剂，广泛用于气体干燥或吸收，液体脱水和色层分析等，也用作催化剂或催化剂载体。硅胶浸以 $CoCl_2$ 溶液并经烘干后，就制成变色硅胶。变色硅胶可以通过颜色变化指示其吸湿程度。

硅酸盐在自然界分布很广，种类繁多、结构复杂，除了 Na_2SiO_3（俗称水玻璃）为可溶性硅酸盐外，大多数硅酸盐难溶于水，且有特征颜色。硅酸盐结构复杂，以 Si—O 四面体为结构单元，可连接成线、层、主体网状。一般以氧化物形式表示硅酸盐，例如白云石（$K_2O\cdot3Al_2O_3\cdot6SiO_2\cdot2H_2O$）、泡沸石（$Na_2O\cdot Al_2O_3\cdot2SiO_2\cdot nH_2O$）等。

Na_2SiO_3 是很有实用价值的硅酸盐。制备时将石英砂与纯碱按一定比例（Na_2O∶SO_2 为 1∶3.3）混匀、加热熔融即得 Na_2SiO_3 熔体。Na_2SiO_3 呈玻璃状态，能溶于水，故有水玻璃之称，工业上也称为泡花碱，因常含有铁类的杂质而呈浅绿色。

3. 铝硅酸盐——分子筛

分子筛是多孔性硅铝酸盐。泡沸石则是天然的分子筛；人工合成的分子筛是由硅氧四面体（SiO_4）和铝氧四面体（AlO_4）的结构单元所组成的立体型空腔骨架，结构中有许多内表面很大的孔穴，这些孔道的孔径均匀一致。分子筛具有吸附（或通过）某些分子的能力。直径比孔道小的分子能进入孔穴中，比孔穴大的分子被拒之于外，这样就起到筛选分子的作用。

分子筛是极性吸附剂，它的吸附能力除与本身的孔穴和孔道大小有关外，还和被吸附物质的极性有关。分子筛对极性分子的吸附强于对非极性分子的吸附，同时对不饱和有机化合物能进行选择性吸附，这一点与其他吸附剂不同。另外，分子筛还常用作干燥剂和催化剂。

11.4.4　锡、铅的重要化合物

1. 锡、铅氧化物及氢氧化物

锡、铅能形成氧化数为 +2、+4 的氧化物 MO、MO_2，对应的氢氧化物有 $M(OH)_2$ 和

$M(OH)_4$。锡、铅的氧化物和氢氧化物都具有两性，既能溶于酸，也能溶于碱。氧化物中 SnO 是还原剂，PbO_2 是强氧化剂，均不溶于水。铅的氧化物除 PbO 和 PbO_2 外，还有鲜红色的 Pb_3O_4(铅丹)和橙色的 Pb_2O_3。铅丹的化学性质很稳定，常用作防锈漆；水暖管工使用的红油也含有铅丹，涂在管子的衔接处可防止漏水。

2. 锡、铅的盐类

锡、铅的盐都存在着+2 和+4 氧化态。$SnCl_2$ 是典型的还原剂，例如：

$$2HgCl_2 + Sn^{2+} = Hg_2Cl_2\downarrow + Sn^{4+} + 2Cl^-$$

$$Hg_2Cl_2 + Sn^{2+} = 2Hg\downarrow + Sn^{4+} + 2Cl^-$$

由生成白色的 Hg_2Cl_2 沉淀和黑色 Hg，可以鉴定 Hg^{2+} 和 Sn^{2+} 的存在。Sn^{2+} 在碱性介质中的还原性更强，可发生以下反应：

$$2Bi(OH)_3 + 3SnO_2^{2-} + 6H_2O = 2Bi\downarrow + 3[Sn(OH)_6]^{2-}$$

此法可作为 Bi^{3+} 离子的鉴定反应。

Pb(Ⅳ)是强氧化剂。它能把 Mn^{2+} 氧化成 MnO_4^-；与浓 H_2SO_4 作用放出 O_2；与浓盐酸作用放出 Cl_2。反应式如下：

$$2MnCl_2 + 5PbO_2 + 6HCl = 2HMnO_4 + 5PbCl_2 + 2H_2O$$

$$4H_2SO_4(浓) + 2PbO_2 = 2Pb(HSO_4)_2 + O_2\uparrow + 2H_2O$$

$$4HCl + PbO_2 = PbCl_2 + Cl_2\uparrow + 2H_2O$$

$SnCl_2$ 极易水解，Sn^{2+} 离子在溶液中易被空气中的氧所氧化生成 Sn^{4+}。

$$SnCl_2 + H_2O = Sn(OH)Cl\downarrow(白色) + HCl$$

因此，在配制 $SnCl_2$ 溶液时，除应先加入少量浓 HCl 抑制其水解外，还要在配制好的溶液中加入少量金属 Sn 粒。

$$Sn^{4+} + Sn = 2Sn^{2+}$$

$PbCl_2$ 为白色固体，微溶于冷水，易溶于热水，也能溶于盐酸或过量 NaOH 溶液中：

$$PbCl_2 + 2HCl = H_2[PbCl_4]$$

$$PbCl_2 + 4NaOH = Na_2PbO_2 + 2NaCl + 2H_2O$$

铅的许多化合物难溶于水。铅和可溶性铅盐都对人体有毒。Pb^{2+} 离子在人体内能与蛋白质中的半胱氨酸反应生成难溶物，使蛋白毒化。

将 H_2S 作用于锡、铅相应的盐溶液就可得到不溶于水和稀酸的硫化物沉淀(不生成 PbS_2)。SnS_2 可溶于 Na_2S 或 $(NH_4)_2S$ 中，生成硫代锡酸盐而溶解：

$$SnS_2 + Na_2S = Na_2SnS_3$$

硫代锡酸盐不稳定，遇酸分解，又产生硫化物沉淀：

$$SnS_3^{2-} + 2H^+ = SnS_2\downarrow + H_2S\uparrow$$

SnS 不溶于$(NH_4)_2S$ 中，但可溶于多硫化铵$(NH_4)_2S_x$，这是由于 S_x^{2-} 有氧化性，将 SnS 氧化为 SnS_2 而溶解。

PbS 不溶于稀酸和碱金属硫化物，但可溶于浓盐酸和硝酸：

$$PbS + 4HCl = H_2[PbCl_4] + H_2S\uparrow$$

$$3PbS + 8HNO_3 = 3Pb(NO_3)_2 + 2NO + 3S\downarrow + 4H_2O$$

11.5　硼族元素

11.5.1　硼族元素的通性

硼族元素是周期系ⅢA 族元素硼、铝、镓、铟、铊的统称。除了硼是非金属外，其余都是金属元素。本族元素的一些基本性质列于表 11－5。

表 11－5　硼族元素的一些基本性质

性质	元素				
	B	Al	Ga	In	Tl
价电子构型	$2s^2 2p^1$	$3s^2 3p^1$	$4s^2 4p^1$	$5s^2 5p^1$	$6s^2 6p^1$
原子半径/pm	79.4	118	126	144	148
熔点/℃	2300	660.1	29.8	156.6	303.5
沸点/℃	2500	2467	2403	2080	1457
第一电离能/($kJ \cdot mol^{-1}$)	800.6	577.6	578.8	558.3	589.3
电负性	2.0	1.5	1.6	1.7	1.8
常见氧化态	＋3	＋3	(＋1),＋3	＋1,＋3	＋1,(＋3)

本族元素价电子构型为 $ns^2 np^1$，它们的氧化态一般为＋3。惰性电子对效应在本族元素中仍有所体现，＋1 氧化态从上到下稳定性增加，铊＋1 氧化态稳定。本族元素价电子层有四个轨道(1 个 s 轨道和 3 个 p 轨道)，但价电子只有 3 个，这种价电子数少于轨道数的原子称为缺电子原子。含有缺电子原子的化合物称为缺电子化合物。由于空轨道的存在，缺电子化合物有很强的接受电子对的能力，很容易形成配位化合物或双聚物。

11.5.2　硼的重要氧化物

1. 氧化硼和硼酸

氧化硼(B_2O_3)是白色固体，也称硼酸酐或硼酐，常见的有无定形和晶体两种，晶体比较稳定。将硼酸加热到熔点以上即得 B_2O_3。

$$2H_3BO_3 \xlongequal{\triangle} B_2O_3 + 3H_2O\uparrow$$

氧化硼用于制造抗化学腐蚀的玻璃和某些光学玻璃。熔融的 B_2O_3 能和许多金属氧化物作用，显出各种特征颜色，常用于搪瓷、珐琅工业的彩绘装饰中。

硼的含氧酸包括偏硼酸(HBO_2)、正硼酸(H_3BO_3)和四硼酸($H_2B_4O_7$)等多种。正硼酸脱水后得到偏硼酸，进一步脱水得到硼酐。反之，将硼酐、偏硼酸溶于水，又重新生成 H_3BO_3：

$$B_2O_3 + 3H_2O \rightleftharpoons 2HBO_2 + 2H_2O \rightleftharpoons 2H_3BO_3$$

H_3BO_3 是无色、微带珍珠光泽的片状晶体，具有层状晶体结构。晶体内各片层之间容易滑动，所以 H_3BO_3 可用作润滑剂。

H_3BO_3 是一元弱酸($K_a^{\ominus}=5.8\times10^{-10}$)。它在水中所表现出来的酸性并非硼酸本身离解出的 H^+,而是由于 B 原子为缺电子原子,接受 H_2O 所离解出来的 OH^-,形成配离子 $B(OH)_4^-$,从而使溶液中 H^+ 浓度增大的结果:

$$H_3BO_3+H_2O \rightleftharpoons [(HO)_3B\leftarrow OH]^- + H^+$$

2. 硼砂

硼的含氧酸盐中最重要的一种是四硼酸钠,俗称硼砂($Na_2B_4O_7\cdot 10H_2O$)。硼砂是无色半透明的晶体或白色结晶粉末。在空气中容易失水风化,加热到 350～400 ℃左右,失去全部结晶水成无水盐,在 878 ℃熔化为玻璃体。熔融状态的硼砂能溶解一些金属氧化物,形成偏硼酸盐,并依金属的不同而显示出特征颜色,例如:

$$Na_2B_4O_7+CoO = Co(BO_2)_2\cdot 2NaBO_2 \quad (蓝色)$$

$$Na_2B_4O_7+NiO = Ni(BO_2)_2\cdot 2NaBO_2 \quad (棕色)$$

此反应可用于焊接金属时除锈,也可以鉴定某些金属离子,这在分析化学上称为硼砂珠试验。

硼砂是一个强碱弱酸盐,可溶于水,在水溶液中水解而显示较强的碱性:

$$[B_4O_5(OH)_4]^{2-}+5H_2O \rightleftharpoons 4H_3BO_3+2OH^- \rightleftharpoons 2H_3BO_3+2B(OH)_4^-$$

硼砂易于提纯,水溶液又显碱性,在实验室中,常用它配制缓冲溶液或作为标定酸浓度的基准物质。硼砂还用在玻璃和搪瓷工业中,可使瓷釉不易脱落并使其具有光泽。它在玻璃中可增加紫外线的透射率,提高玻璃的透明度和耐热性能。由于硼砂能溶解金属氧化物,焊接金属时用它作助熔剂。硼砂还是医药上的防腐剂和消毒剂。在工业上硼砂还可用做肥皂和洗衣粉的填料。

11.5.3 铝的重要化合物

1. 氧化铝和氢氧化铝

氧化铝为白色无定形粉末,它是离子晶体,熔点高,硬度大。根据制备方法不同,又有多种变体。常见的有 $\alpha-Al_2O_3$ 和 $\gamma-Al_2O_3$。

$\alpha-Al_2O_3$ 即自然界存在的钢玉,属六方紧密堆积构型的晶体,其中 Al^{3+} 和 O^{2-} 两种离子间的吸引力很强,晶格能很大,故熔点高达 2050 ℃,硬度达 8.8。天然品因含少量杂质而显不同颜色,所谓宝石就是这类矿石。红宝石是钢玉中含有少量 Cr(Ⅲ),蓝宝石是含有微量 Fe(Ⅱ)、Fe(Ⅲ)或 Ti(Ⅳ)的氧化铝。

将金属铝在氧气中燃烧,或者高温灼烧 $Al(OH)_3$、$Al(NO_3)_3$ 或 $Al_2(SO_4)_3$,都能制得 $\alpha-Al_2O_3$。人造宝石是将铝矾土在电炉中熔融制得的。

$\alpha-Al_2O_3$ 耐酸、耐碱、耐磨、耐高温,故有多种用途。人造刚玉用作机器轴承、钟表轴承(俗称"钻")、磨料、抛光剂等,也是优良的耐火材料(如刚玉坩埚)。

$\gamma-Al_2O_3$ 是在 450 ℃左右加热分解 $Al(OH)_3$ 或 $(NH_4)_2SO_4\cdot Al_2(SO_4)_3\cdot 24H_2O$(铝铵矾)制得的,又称活性氧化铝,具有两性。它是多孔性物质,有很大的表面积,常用作吸附剂或催化剂载体。

透明的 Al_2O_3 陶瓷(玻璃)不仅有优异的光学性能,而且耐高温(2000 ℃)、耐冲击、耐腐蚀,可用于高压钠灯,防弹汽车窗等。

氢氧化铝是一种两性物质，既能溶于酸，又能溶于碱。它与酸性溶液的反应为：

$$Al(OH)_3(s)+3H^+ \rightleftharpoons 2Al^{3+}+3H_2O$$

而它与碱性溶液的反应为：

$$Al(OH)_3(s)+OH^- \rightleftharpoons Al(OH)_4^-$$

一般来说，固体 $Al(OH)_3$ 只能在 pH＝4.7～8.9 的范围内稳定存在。当 pH＜4.7 或 pH＞8.9 时，部分 $Al(OH)_3$ 溶解并分别形成 Al^{3+} 或 $Al(OH)_4^-$ 的溶液。

需要指出，$Al(OH)_3$ 沉淀在放置过程中，往往发生脱水、聚合等作用，结构发生变化后，其溶解度随之变小，需用强酸、强碱才能溶解。某些情况下，甚至在较高浓度的强酸、强碱中也无明显的溶解现象。

2. 铝盐

铝的重要盐有三氯化铝和硫酸铝，它们有无水和水合结晶两种。

无水三氯化铝（$AlCl_3$）为白色粉末或颗粒状结晶，工业级 $AlCl_3$ 因含有杂质铁等而呈淡黄或红棕色。大量用作有机合成的催化剂，如石油裂解、合成橡胶、树脂及洗涤剂等的合成。还用于制备铝的有机化合物。

无水 $AlCl_3$ 露置空气中，极易吸收水分并水解，甚至放出 HCl 气体。故无水三氯化铝只能用干法合成：

$$2Al+3Cl_2(g) \xlongequal{\triangle} 2AlCl_3$$

水合三氯化铝（$AlCl_3 \cdot 6H_2O$）为无色结晶，工业级 $AlCl_3 \cdot 6H_2O$ 呈淡黄色，吸湿性强，易潮解同时水解。主要用作精密铸造的硬化剂、净化水的凝聚剂以及木材防腐及医药等方面。

由金属铝或煤矸石（含 Al_2O_3 35%以上）与盐酸作用，所得溶液经除去杂质后，蒸发浓缩、冷却即析出水合三氯化铝晶体。反应式如下：

$$2Al+6HCl = 2AlCl_3+3H_2\uparrow$$

$$Al_2O_3+6HCl = 2AlCl_3+3H_2O$$

无水硫酸铝[$Al_2(SO_4)_3$]为白色粉末，从饱和溶液中析出的白色针状结晶为 $Al_2(SO_4)_3 \cdot 18H_2O$。受热时会逐渐失去结晶水，至 250 ℃失去全部结晶水。约 600 ℃时即分解成 Al_2O_3。

$Al_2(SO_4)_3$ 易溶于水，同时水解而呈酸性。反应式如下：

$$Al^{3+}+H_2O \rightleftharpoons [Al(OH)]^{2+}+H^+$$

$$[Al(OH)]^{2+}+H_2O \rightleftharpoons [Al(OH)_2]^{+}+H^+$$

$$[Al(OH)_2]^{+}+H_2O \rightleftharpoons Al(OH)_3+H^+$$

$Al(OH)_3$ 为胶体，它能以细密分散态沉积在棉纤维上，并可牢固地吸附染料，因此铝盐是优良的媒染剂，也常用作水净化的凝聚剂和造纸工业的胶料等。

$Al_2(SO_4)_3$ 可与钾、钠、铵的硫酸盐结合形成复盐，称为矾。广义地说，组成为 $M_2^{(I)}SO_4 \cdot M_2^{(III)}(SO_4)_3 \cdot 24H_2O$ 的化合物均为矾，其中 $M^{(I)}$ 可以是 K^+，Na^+ 或 NH_4^+，$M^{(III)}$ 可以是 Al^{3+}，Cr^{3+} 或 Fe^{3+} 等。铝钾矾是铝矾中最为常见的。

铝钾矾 $K_2SO_4 \cdot Al_2(SO_4)_3 \cdot 24H_2O$ 俗称明矾，易溶于水，水解生成 $Al(OH)_3$ 或碱式盐的胶状沉淀。明矾被广泛用于水的净化、造纸业的上浆剂、印染业的媒染剂，以及医药上的防腐、收敛和止血剂等。

习 题

1. 写出下列反应方程式：

(1)由 Cl_2 和 $CaCO_3$ 制备漂白粉。

(2)Cl_2 通入热的碱液。

(3)Br_2 加入冰水冷却的碱液。

(4)Al_2S_3 遇水能放出有臭味的气体。

(5)I_2 与过量双氧水反应。

(6)铝酸钠溶液中加入 NH_4Cl,有氨气放出,溶液有乳白色凝胶沉淀；

2. 试解释：

(1)I_2 难溶于水而易溶于 KI 溶液。

(2)为什么不能长期保存硫化氢水溶液、硫化钠溶液和亚硫酸钠溶液？

(3) 为何亚硫酸盐溶液中往往含有硫酸盐？并指出如何检验 SO_4^{2-} 的存在？

(4) 为何不能用 HNO_3 与 FeS 作用来制取 H_2S?

(5)N_2 很稳定,可用作保护气;而磷单质白磷却很活泼,在空气中可自燃。

(6) 用浓氨水可检查氯气管道是否漏气。

(7) $NaBiO_3$ 是很强的氧化剂,而 Na_3AsO_3 是较强的还原剂。

(8)NaH_2PO_4 溶液呈酸性,而 Na_2HPO_4 溶液呈碱性。

(9)配制 $SnCl_2$ 溶液时要加浓 HCl 和 Sn 粒。

(10)装有水玻璃溶液的瓶子长期敞开瓶口,水玻璃溶液变混浊。

(11)固体 Na_2CO_3 同 Al_2O_3 一起熔融,然后将打碎的熔块放在水中,产生白色乳状沉淀。

3. 试用一种试剂鉴别 Na_2S、Na_2SO_3、Na_2SO_4 和 $Na_2S_2O_3$。

4. 完成下列反应方程式：

(1)$SiO_2 + HF \longrightarrow$

(2)$HNO_3 + S \longrightarrow$

(3)$Fe + HNO_3$(极稀)$\longrightarrow$

(4)$Zn(NO_3)_2 \xrightarrow{\triangle}$

(5)$Pt + HNO_3 + HCl \longrightarrow$

(6)$As_2S_3 + NaOH \longrightarrow$

(7)$Sn(OH)_2 + NaOH \longrightarrow$

(8)$Na_2SiO_3 + NH_4Cl \longrightarrow$

(9)$SnCl_2 + HgCl_2 \longrightarrow$

5. 有棕黑色粉末 A,不能溶于水。加入 B 溶液后加热生成气体 C 和溶液 D;将气体 C 通入 KI 溶液得棕色溶液 E。取少量溶液 D 以 HNO_3 酸化后与 $NaBiO_3$ 粉末作用,得紫色溶液 F;往 F 中滴加 Na_2SO_s 则紫色褪去;接着往该溶液中加入 $BaCl_2$ 溶液,则生成难溶于酸的白色沉淀 G。试推断 A,B,C,D,E,F,G 各为何物？写出相关的反应方程式。

6. 一种无色的钠盐晶体 A,易溶于水,向所得的水溶液中加入稀 HCl,有淡黄色沉淀 B

析出，同时放出刺激性气体 C；C 通入 $KMnO_4$ 酸性溶液，可使其褪色；C 通入 H_2S 溶液又生成 B；若通氯气于 A 溶液中，再加入 Ba^{2+}，则产生不溶于酸的白色沉淀 D。试根据以上反应的现象推断 A，B，C，D 各是何物？写出有关的反应式。

7. 有一瓶白色粉末状固体，它可能是 Na_2CO_3、$NaNO_3$、Na_2SO_4、NaCl 或 NaBr，试设计鉴别方案。

8. 有一种白色固体 A，加入油状无色液体 B，可得紫黑色固体 C，C 微溶于水，加入 A 后 C 的溶解度增大，成棕色溶液 D。将 D 分成两份，一份中加一种无色溶液 E，另一份通入气体 F，都褪色成无色透明溶液，E 溶液遇酸有淡黄色沉淀，将气体 F 通入溶液 E，在所得的溶液中加入 $BaCl_2$ 溶液有白色沉淀，后者难溶于 HNO_3，问 A 至 F 各代表何物质？用反应式表示以上过程。

9. 化合物 A 是白色固体，不溶于水，加热时剧烈分解，产生固体 B 和气体 C。固体 B 不溶于水或盐酸，但溶于热的稀硝酸，得溶液 D 及气体 E。E 无色，但在空气中变红。溶液 D 用盐酸处理时得一白色沉淀 F。气体 C 与普通试剂不起反应，但与热的金属镁反应生成白色固体 G。G 与水反应得另一种白色固体 H 及气体 J。J 使润湿的红色石蕊试纸变蓝，固体 H 可溶于稀硫酸得溶液 I。化合物 A 以硫化氢溶液处理时得黑色沉淀 K 及无色溶液 L 和气体 C，过滤后，固体 K 溶于硝酸得气体 E 及黄色固体 M 和溶液 D。D 以盐酸处理得沉淀 F，滤液 L 以 NaOH 溶液处理又得气体 J。请指出 A 至 M 表示的物质名称。并用反应式表示以上过程。

10. 有一钠盐 A，将其灼烧有气体 B 放出，留下残余物 C。气体 B 能使带有火星的木条复燃。残余 C 可溶于水，将该水溶液用 H_2SO_4 酸化后，分成两份：一份加几滴 $KMnO_4$ 溶液，$KMnO_4$ 褪色；另一份加几滴 KI 淀粉溶液，溶液变蓝色。问 A，B，C 为何物？并写出各有关的反应式。

11. 写出 Na_2CO_3 溶液分别与下列几种盐反应的方程式：$BaCl_2$、$MgCl_2$、$Pb(NO_3)_2$、$AlCl_3$。

12. 为什么说 H_3BO_3 是一元弱酸？

13. 有一红色粉末 X，加 HNO_3 得棕色沉淀物 A，沉淀分离后的溶液 B 中加入 K_2CrO_4 得黄色沉淀 C；往 A 中加入浓 HCl 则有气体 D 放出；气体 D 通入加了适量 NaOH 的溶液 B，可得到 A。试判断 X，A，B，C，D 各为何物？并写出相关的反应式。

14. 某固体盐 A，加水溶解时生成白色沉淀 B；往其中加盐酸，沉淀 B 消失得一无色溶液，再加入 NaOH 溶液得白色沉淀 C；继续加入 NaOH 使之过量，沉淀 C 溶解得溶液 D；往 D 中加入 $BiCl_3$ 溶液得黑色沉淀 E 和溶液 F。如果往沉淀 B 的盐酸溶液中逐滴加入 $HgCl_2$ 溶液，先得到一种呈白色丝光状沉淀 G，而后变为黑色的沉淀 H。试推断由 A 到 H 各为何物并写出相关的反应式。

15. 已知某化合物是一种钾盐，溶于水得负离子 A，酸化加热即产生黄色沉淀 B，与此同时有气体 C 产生，将 B 和 C 分离后，溶液中除 K^+ 外，还有 D。把气体 C 通入酸性的 $BaCl_2$ 溶液中并无沉淀产生。但通入含有 H_2O_2 的 $BaCl_2$ 溶液中，则生成白色沉淀 E。B 经过过滤干燥后，可在空气中燃烧，燃烧产物全部为气体 C。经过定量测定，从 A 分解出来的产物 B 在空气中完全燃烧变成气体 C 的体积在相同的体积下等于气体 C 体积的 2 倍。分离出 B 和 C 后的溶液如果加入一些 Ba^{2+} 溶液，则生成白色沉淀。从以上事实判断 A 至 E 各是什么物质？写出有关反应式？

第 12 章　配位平衡与配位滴定

配位化合物是指含有配位键的化合物，简称配合物或络合物，是一类组成比较复杂、品种繁多、应用广泛的化合物。配合物在金属的分离提取、化学分析、电镀工艺、控制腐蚀、医药、印染、食品等工业中都有着重要的应用。就配位化合物的种类而言，已远远超过一般无机化合物，特别是近几十年来，人们对配合物的研究不断深入，该领域已发展成为一门内容丰富、成果丰硕的学科——配位化学，与其他学科结合还产生了金属有机化学、生物无机化学等边缘学科。本章主要学习配合物的基本知识以及其在分析化学中的应用。

12.1　配合物的基本概念

12.1.1　配合物的基本概念及组成

1. 配位化合物的概念

配合物是一类复杂的化合物，如$[Cu(NH_3)_4]SO_4$、$[Cu(H_2O)_4]SO_4$、$[Ag(NH_3)_2]Cl$等，它们的同共特征是都含有复杂的组成单元(用方括号标出)。经过研究发现，这些复杂的组成单元内部都存在着配位键，如$[Cu(NH_3)_4]^{2+}$是由一个Cu^{2+}和 4 个NH_3以四个配位键结合而成的，$[Ag(NH_3)_2]^+$是由一个Ag^+和 2 个NH_3以两个配位键结合而成的。这些由一个简单阳离子或原子和一定数目的中性分子或阴离子以配位键相结合，形成具有一定特性的配位个体叫做配离子(或配合物分子)。它们可以像一个简单离子一样参加反应。配离子又可分为配阳离子(如$[Cu(H_2O)_4]^{2+}$、$[Ag(NH_3)_2]^+$等)和配阴离子(如$[PtCl_6]^{2-}$、$[Fe(CN)_6]^{4-}$等)。配合物分子是一些不带电荷的电中性化合物，如$[CoCl_3(NH_3)_3]$、$[Fe(CO)_5]$等。

2. 配位化合物的组成

根据维尔纳 1893 年创立的配位理论，配位化合物通常由内界和外界两大部分组成，如图 12－1 所示。

内界为配合物的特征部分，由中心离子和配体组成，一般用方括号括起来。不在内界的其他离子构成外界。内外界之间以离子键结合，在水溶液中可离解成配离子和其他离子。

(1)中心离子(原子)。中心离子(或中心原子)又叫做配合物的形成体，位于配合物的中心。中心离子一般为能够提供空轨道的带正电荷的阳离子。常见的中心离子(或中心原子)为过渡金属元素的阳离子，如Cu^{2+}、Fe^{3+}、Ag^+等；少数配合物形成体是中性原子，例如

$[Ni(CO)_4]$中的 Ni；极少数配合物的中心离子是非金属元素阳离子，例如 $[SiF_6]^{2-}$ 中的 Si^{4+}，$[BF_4]^-$ 中的 B^{3+}。

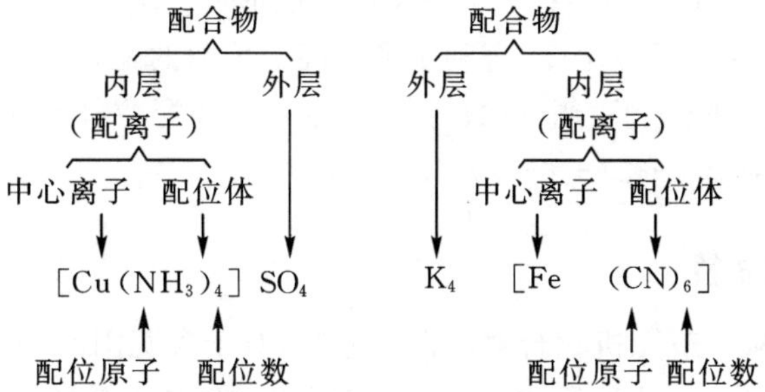

图 12－1　配合物的组成示意图

（2）配体和配位原子。在配合物中能提供孤对电子并与中心离子（或原子）以配位键结合的中性分子或阴离子叫做配位体，简称配体。例如 NH_3、H_2O、CO、OH^-、CN^-、X^-（卤素阴离子）等。提供配体的物质叫做配位剂，如 NaOH、KCN 等。有时配位剂本身就是配体，如 NH_3、H_2O、CO 等。

配体中与中心离子直接以配位键结合的原子叫做配位原子。配位原子通常是电负性较大的非金属元素的原子，如 F、Cl、Br、I、O、S、N、P、C 等。

根据一个配体中所含配位原子的数目不同，可以将配体分为单齿配体和多齿配体。只含有一个配位原子的配体称为单齿配体，如 X^-、NH_3、H_2O、CN^- 等。含有两个或两个以上配位原子的配体，称为多齿配体，如乙二胺 $H_2NCH_2CH_2NH_2$（简写作 en）及草酸根等，其配位情况示意图如下（箭头是配位键的指向）：

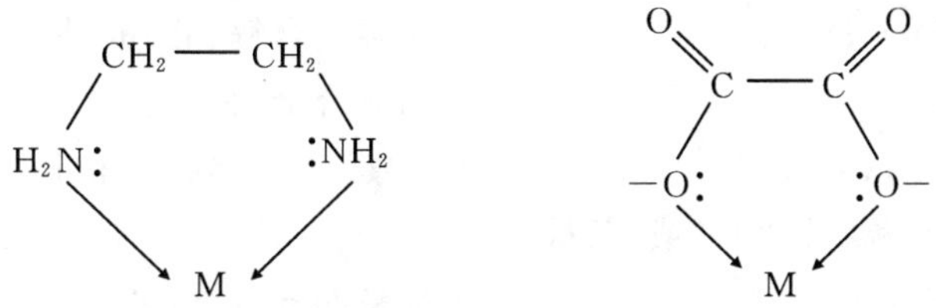

（3）配位数。与中心离子直接以配位键相结合的配位原子的总数叫做该中心离子的配位数。它等于中心离子与配位体之间形成的配位键的总数。

若配体是单齿配体，则中心离子的配位数等于配体的数目。如果配体是多齿配体，配体的数目就不等于中心离子的配位数。

中心离子的配位数最常见的是 2、4 和 6。中心离子配位数的大小，主要取决于中心离子的性质（例如中心离子价电子层空轨道数）和配位体的性质，也与形成配合物时的条件有关。

中心离子电荷越多，半径越大则配位数越大。因为中心离子电荷越多，吸引配体的能力越强，配位数就越大。例如，$[PtCl_4]^{2-}$ 中 Pt^{2+} 的配位数为 4，而$[PtCl_6]^{2-}$ 中 Pt^{4+} 的配位数为 6。另一方面，中心离子半径越大，它周围容纳配位体的空间就越多，配位数也就越大。如$[AlF_6]^{3-}$ 中的 Al^{3+} 的半径为 50 pm，配位数为 6，带相同电荷、$[BF_4]^-$ 中的 B^{3+} 的半径为 20 pm，配位数为 4。

配体电荷越少，半径越小，则中心离子的配位数越大。当配体电荷减少时，配体之间的排斥力也减小，它们共存于中心离子周围的可能性增加，从而使配体数增加。例如，中性水

分子可与 Zn^{2+} 形成 $[Zn(H_2O)_6]^{2+}$，而 OH^- 只能形成 $[Zn(OH)_4]^{2-}$。配体的半径越小，在半径相同或相近的中心离子周围就能容纳更多的配体，从而使配位数增加，如半径较小的 F^-，可与 Al^{3+} 形成 $[AlF_6]^{3-}$，而半径较大的 Cl^- 只能形成 $[AlCl_4]^-$。

增大配位体浓度，降低反应温度，有利于形成高配位数的配合物。

(4)配离子的电荷。配离子的电荷数等于中心离子和配位体总电荷的代数和。如 $[Fe(CN)_6]^{4-}$ 配离子的电荷为 $(+2)+(-1)\times 6=-4$。

12.1.2 配合物的命名

配合物的命名服从一般无机化合物的命名原则，对于含配阳离子的配合物，外界酸根为简单离子时，命名为某化某，外界的酸根为复杂离子时，命名为某酸某。对于含配阴离子的配合物，命名为某酸某。

配位化合物命名的难点在于配合物的内界。

配合物内界命名顺序：配位数（用倍数词头一、二、三等汉字表示）—— 配体名称——缀字“合”—— 中心离子名称（用加括号的罗马数字表示中心离子的氧化数，没有外界的配合物，中心离子的氧化数可不必标明）。

配位体排列顺序：如果在同一配合物中的配位体不止一种时，排列次序一般为先阴离子后中性分子；阴离子中先简单离子后复杂离子、有机酸根离子；中性分子中先氨后水再有机分子。不同的配位体之间要加圆点“・”分开。下面列举一些配合物命名实例：

配阴离子配合物：称“某酸某”。

$K_4[Fe(CN)_6]$	六氰合铁（Ⅱ）酸钾
$NH_4[Cr(SCN)_4(NH_3)_2]$	四硫氰・二氨合铬（Ⅲ）酸铵
$Na_2[Zn(OH)_4]$	四羟基合锌（Ⅱ）酸钠
$H[AuCl_4]$	四氯合金（Ⅲ）酸
$K[PtCl_3(C_2H_4)]$	三氯・一乙烯合铂（Ⅱ）酸钾

配阳离子配合物：称“某化某”或“某酸某”。

$[Cu(NH_3)_4]SO_4$	硫酸四氨合铜（Ⅱ）
$[Co(NH_3)_6]Br_3$	三溴化六氨合钴（Ⅲ）
$[CoCl_2(NH_3)_3(H_2O)]Cl$	氯化二氯・三氨・一水合钴（Ⅲ）
$[PtCl(NO_2)(NH_3)_4]CO_3$	碳酸一氯・一硝基・四氨合铂（Ⅳ）

中性配合物：

$[PtCl_2(NH_3)_2]$	二氯・二氨合铂（Ⅱ）
$[Ni(CO)_4]$	四羰基合镍

除系统命名法外，有些配合物至今还沿用习惯命名。如 $K_4[Fe(CN)_6]$ 叫黄血盐或亚铁氰化钾，$K_3[Fe(CN)_6]$ 叫赤血盐或铁氰化钾，$[Ag(NH_3)_2]^+$ 叫银氨配离子。

12.1.3 配合物的类型

1. 简单配位化合物

简单配位化合物是指单齿配体与中心离子（或中心原子）配位而形成的配合物。如

$[Cu(NH_3)_4]SO_4$、$[Co(NH_3)_6]Cl_3$、$[CrCl_2(H_2O)_4]Cl$ 等。

2. 螯合物

螯合物是一类由多齿配体通过两个或两个以上的配位原子与同一中心离子(或中心原子)形成的具有环状结构的配合物。形成螯合物的多齿配体称为螯合剂,如乙二胺能与 Cu^{2+} 形成两个五元环的螯合物,其结构如图 10-2 所示。

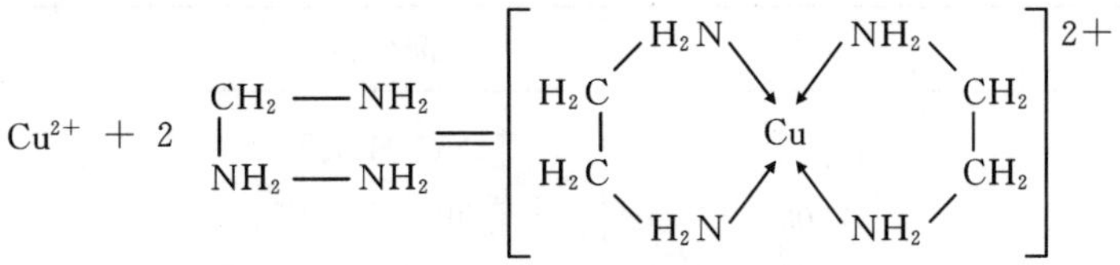

图 12-2　乙二胺与 Cu^{2+} 的螯合物示意图

常见的螯合剂是含有 N、O、S、P 等配位原子的有机化合物。氨羧配位剂是最常见的一类螯合剂。它们是以氨基二乙酸为基体的有机配位剂,其分子结构中同时含有氨氮和羧氧两种配位能力很强的配位原子,氨氮能与 Co、Ni、Zn、Cu、Hg 等配位,而羧氧几乎能与一切高价金属离子配位。氨羧配位剂同时兼有氨氮和羧氧的配位能力,所以几乎能与所有金属离子配位,形成多个多元环状结构的配合物或螯合物。在氨羧配位剂中又以乙二胺四乙酸(简称 EDTA)的应用最为广泛。EDTA 的结构如图 12-3 所示。

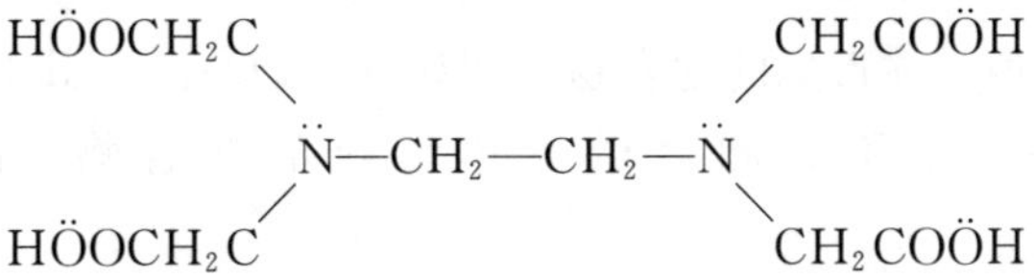

图 12-3　EDTA 的结构示意图

EDTA 是一种白色无水结晶粉末,无毒无臭,具有酸味,熔点为 241.5 ℃,常温下 100 g 水中可溶解 0.2 g EDTA,难溶于酸和一般有机溶剂,但易溶于氨水和氢氧化钠溶液中。从结构上看 EDTA 是四元酸,常用 H_4Y 式表示。在水溶液中易形成双极分子,在电场中不移动。其分子中含有两个氨基和四个羧基,它可作为四齿配体,也可作为六齿配。所以 EDTA 是一种配位能力很强的螯合剂,在一定条件下,EDTA 能够与周期表中绝大多数金属离子形成多个五员环状的螯合物,配位比为 1∶1,结构相当稳定,且易溶于水,便于在水溶液中进行分析。正是因为这个原因,分析中以配位滴定法测定金属离子含量时,常用 EDTA 作为配位剂(EDTA 法)。例如 Ca^{2+} 是一个弱的配合物的形成体,但它也可以与 EDTA 形成十分稳定的螯合物,其结构如图 12-4 所示。

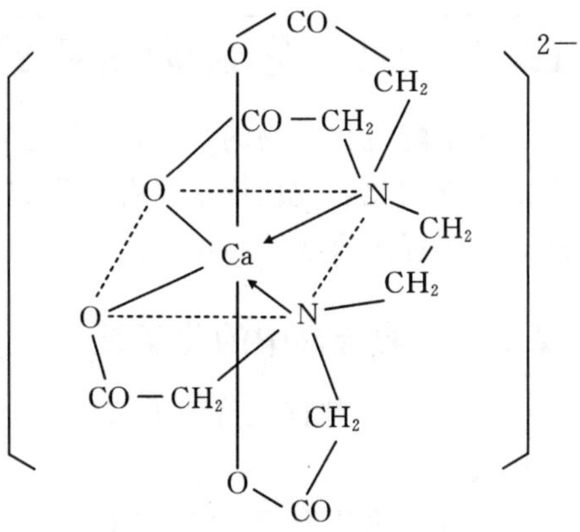

图 12-4　EDTA 与 Ca^{2+} 的螯合物示意图

与简单配合物相比,在中心离子、配位原子相同的情况下,螯合物具有更强的稳定性,在水溶液中的离解能力也更小。螯合物中所含的环的数目越多,其稳定性也越强。此外,螯合环的大小也会影响螯合物的稳定性。一般具有五原子环或六原子环的螯合物最稳定。

许多螯合物都具有特殊的颜色。在定性分析中，常用形成有特征颜色的螯合物来鉴定金属离子的存在与否。例如，在氨性条件下，丁二酮肟与 Ni^{2+} 形成鲜红色螯合物沉淀可用于 Ni^{2+} 的定性鉴定。表 12-1 给出了一些螯合物与一般配合物的稳定常数。

表 12-1 螯合物与一般配合物的稳定常数

螯合物	$\lg K^{\ominus}_{稳}$	配合物	$\lg K^{\ominus}_{稳}$
$[Cu(en)_2]^{2+}$	19.60	$[Cu(NH_3)_4]^{2+}$	12.59
$[Zn(en)_2]^{2+}$	12.08	$[Zn(NH_3)_4]^{2+}$	9.06
$[Co(en)_3]^{2+}$	13.82	$[Co(NH_3)_6]^{2+}$	4.75
$[Co(en)_3]^{3+}$	46.89	$[Co(NH_3)_6]^{3+}$	35.2
$[Ni(en)_3]^{2+}$	18.59	$[Ni(NH_3)_6]^{2+}$	8.49
$[Hg(en)_2]^{2+}$	23.42	$[Hg(NH_3)_4]^{2+}$	19.4

3. 其他配合物

多核配合物：指由多个中心离子(原子)形成的配合物。例如同多酸、杂多酸、多卤、多碱等都是多核配合物。

羰基配合物：羰基做配体形成的配合物。例如 $[Fe(CO)_5]$、$[Ni(CO)_4]$ 等。

不饱和烃配合物：由不饱和烃做配体形成的配合物。例如 $[Fe(C_5H_5)_2]$、$[PdCl_3(C_2H_4)]^-$ 等。

其他还有金属簇状化合物、夹心配合物、大环配体配合物等。

12.2 配位化合物价键理论

讨论配位化合物的结构，主要是指配合物中的化学键如何形成及分子的空间构型。有关配合物的化学键理论主要有现代的价键理论、晶体场理论和分子轨道理论。本节就价键理论来解释配合物的结构。

12.2.1 配合物中的化学键

1931 年鲍林首先将分子结构的价键理论应用于配合物，后经逐步完善形成了近代配合物价键理论。

价键理论认为，配合物的中心体(M)和配体(L)之间是通过配位键结合的；成键的中心离子的原子轨道必须杂化然后再与配位体成键；杂化轨道的类型决定配离子的空间构型。通常可用 L→M 来表示配位键。

12.2.2 配合物的空间构型

参加成键的中心离子的杂化轨道的类型决定配合物的几何构型，而中心离子杂化轨道的类型主要取决于它的价层电子结构和配位数，同时也与配位体有一定的关系。

1. 配位数为 2 的配合物

氧化数为+1 的离子常形成配位数为 2 的配合物，例如，$[Ag(NH_3)_2]^+$、$[AgCl_2]^-$ 和 $[AgI_2]^-$ 等。中心离子 Ag^+ 的价电子层的 5s 和 5p 轨道是空的，它们以 sp 方式杂化，形成两个 sp 杂化轨道，可以接受两个配位体中的孤对电子成键。由于两个 sp 杂化轨道的夹角为 180°，所以它们的空间构型是直线型结构。

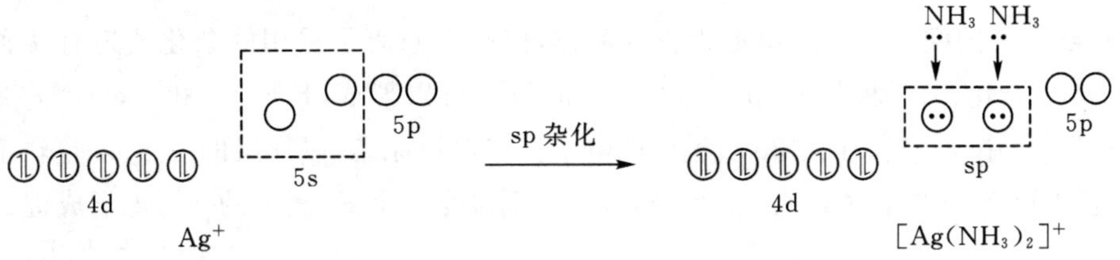

2. 配位数为 3 的配合物

中心离子以 sp^2 杂化轨道接受三个配位体中的孤对电子成键。sp^2 杂化轨道的夹角为 120°，所以它们的空间构型是平面正三角型结构。采用这种构型的中心离子一般为 Cu(Ⅰ)、Hg(Ⅰ)、Ag(Ⅰ)等，例如，$[HgI_3]^-$、$[AgCl_3]^{2-}$。

3. 配位数为 4 的配合物

配位数为 4 的配合物有两种空间构型。中心离子以 sp^3 杂化，则形成的配合物空间构型为正四面体；如果中心离子以 dsp^2 杂化，则配合物为平面正方形结构。中心离子的杂化方式取决于中心离子的价层电子结构和配体的性质。例如，Ni^{2+} 离子的外电子层结构为 $3d^8$，其最外层能级相近的 4s 和 4p 轨道皆空着，当 Ni^{2+} 离子与 4 个氨分子结合为 $[Ni(NH_3)_4]^{2+}$ 时，Ni^{2+} 的一个 4s 和三个 4p 空轨道进行杂化，组成四个 sp^3 杂化轨道，容纳四个氨分子中的氮原子提供的四对孤电子对而形成四个配位键：

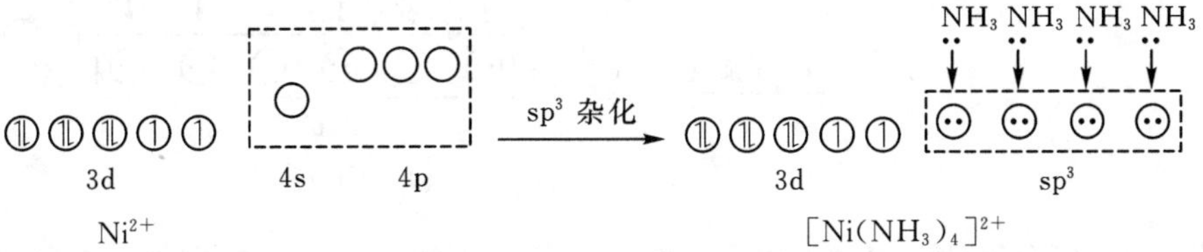

所以 $[Ni(NH_3)_4]^{2+}$ 的几何构型为正四面体型，Ni^{2+} 位于正四面体的中心，四个配位原子 N 在正四面体的四个顶角上（见表 12-2）。当 Ni^{2+} 与四个 CN^- 结合为 $[Ni(CN)_4]^{2-}$ 时，Ni^{2+} 在配体的影响下，3d 电子发生重排，原有自旋平行的电子数减少，空出的一个 3d 轨道与一个 4s 轨道、两个 4p 空轨道进行杂化，组成四个 dsp^2 杂化轨道，容纳四个 CN^- 中的四个 C 原子所提供的四对孤电子对而形成四个配位键：

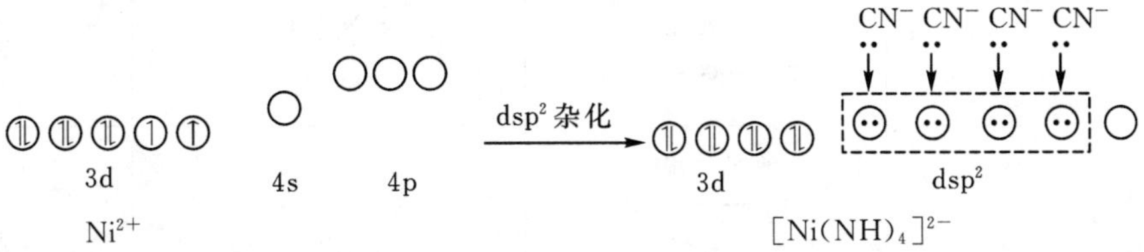

dsp^2 杂化轨道间夹角为 90°，在一个平面上，各杂化轨道的方向是从平面正方形中心指向四个顶角，所以 $[Ni(CN)_4]^{2-}$ 的几何构型为平面正方形。Ni^{2+} 处在正方形的中心，四个配

位原子 C 在四个顶角上(见表 12－2)。

4. 配位数为 5 的配合物

中心离子以 dsp^3 杂化轨道接受五个配位体中的孤对电子成键。空间构型是三角双锥型结构。例如,$[Fe(CO)_5]$,$[CdCl_5]^{3-}$,$[SnCl_5]^-$ 等。

5. 配位数为 6 的配合物

配位数为 6 的配合物空间构型为正八面体,但是中心离子采用的杂化轨道有两种类型。一种是 sp^3d^2 杂化,另一种是 d^2sp^3 杂化。例如,Fe^{3+} 可以形成$[FeF_6]^{3-}$和$[Fe(CN)_6]^{3-}$配离子,在$[FeF_6]^{3-}$中,Fe^{3+}离子的 3d 轨道中的电子排布保持原态,以外层的一个 4s 空轨道、三个 4p 空轨道和两个 4d 空轨道进行 sp^3d^2 杂化,并分别接受 6 个 F^- 离子的孤对电子成键。

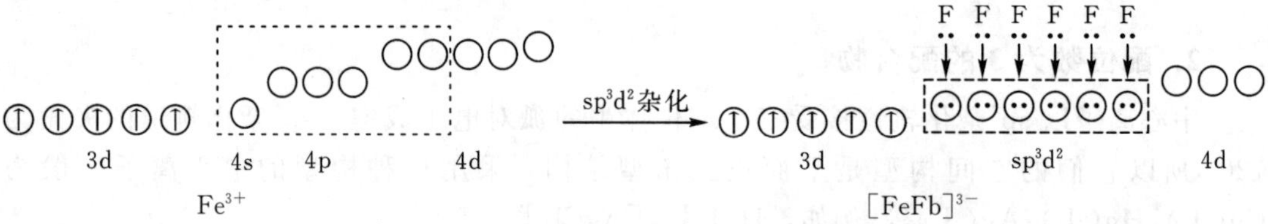

在$[Fe(CN)_6]^{3-}$中,Fe^{3+}离子的 3d 电子发生重排,空出的两个 3d 轨道与一个 4s 空轨道、三个 4p 空轨道进行 d^2sp^3 杂化,并分别接受 6 个 CN^- 离子的孤对电子成键,形成八面体构型。

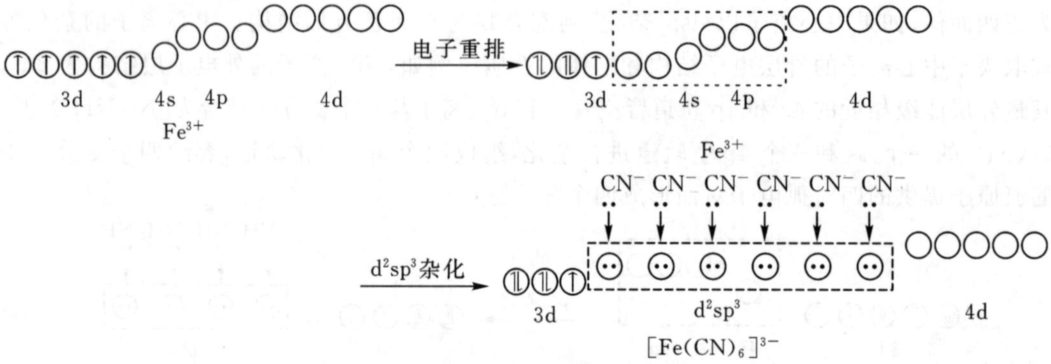

由此可见,配合物的空间构型取决于中心离子杂化方式。杂化轨道与配合物空间构型的关系见表 12－2。

表 12－2 配合物杂化方式与空间构型的关系

配位数	杂化类型	空间构型	实　例	配离子的类型
2	sp	直线型 	$[Ag(NH_3)_2]^+$,$[AgCN_2]^-$	外轨型
3	sp^2	平面三角型 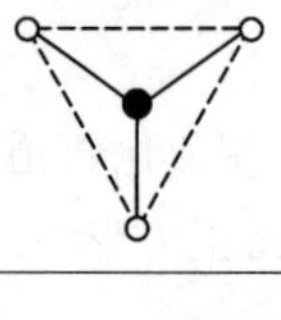	$[CuCl_3]^{2-}$	外轨型

续表

配位数	杂化类型	空间构型	实 例	配离子的类型
4	sp^3	正四面体型 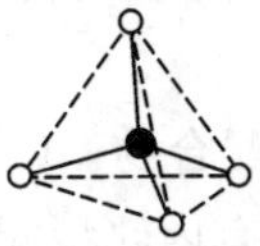	$[Zn(NH_3)_2]^{2+}$,$[HgI_4]^{2-}$	外轨型
	dsp^2	平面正方型 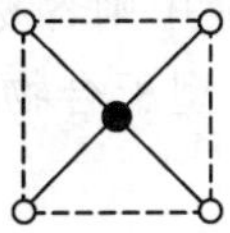	$[Ni(CN)_4]^{2-}$,$[PtCl_4]^{2-}$,$[Cu(NH_3)_4]^{2+}$	内轨型
5	dsp^3	三角双锥 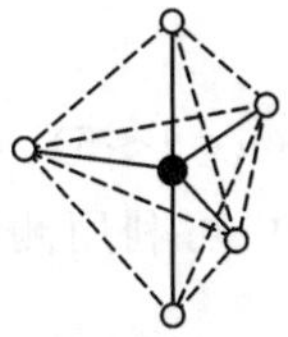	$[Fe(CO)_5]$,$[CdCl_5]^{3-}$,$[SnCl_5]^-$	内轨型
6	d^2sp^3	正八面体型 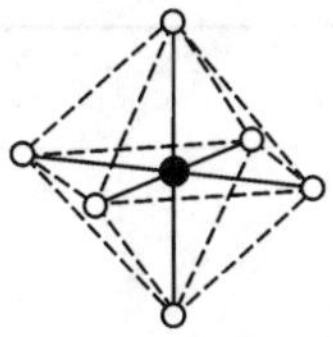	$[Fe(CN)_6]^{4-}$,$[Fe(CN)_6]^{3-}$,$[PtCl_6]^{2-}$,$[Co(NH_3)_6]^{3+}$	内轨型
	sp^3d^2		$[Ni(NH_3)_6]^{2+}$,$[FeF_6]^{3-}$,$[AlF_6]^{3-}$,$[Co(NH_3)_6]^{2+}$	外轨型

12.2.3 外轨型配合物与内轨型配合物

中心离子以最外层的轨道(ns、np、nd)组成杂化轨道和配位原子形成的配位键,称为外轨型配键。其对应的配合物称为外轨型配合物,例如$[NiCl_4]^{2-}$、$[FeF_6]^{3-}$等。

在形成外轨型配合物时,中心离子的电子排布不受配体的影响,仍保持自由离子的电子层构型,所以配合物中心离子的未成对电子数和自由离子中未成对的电子数相同,此时具有较多的未成对电子数。

中心离子以部分次外层($n-1$)d 轨道和外层 ns、np 轨道组成杂化轨道与配位原子形成的配位键,称为内轨型配键,其对应的配合物称为内轨型配合物。例如,$[Ni(CN)_4]^{2-}$、$[Fe(CN)_6]^{3-}$等。

在形成内轨配合物时,中心离子的电子分布在配体的影响下发生变化,进行电子重排,配合物中心离子的未成对电子数比自由离子的未成对电子少,此时具有较少的未成对电子数。

配合物是内轨型还是外轨型,主要取决于中心离子的电子构型、离子所带电荷和配位体的性质。

具有 d^{10} 构型的离子，只能用外层轨道形成外轨型配合物，如 Ag^+、Cu^{2+}、Zn^{2+} 等；具有 d^8 构型的离子，大多数情况下形成内轨型化合物，如 Ni^{2+}、Pt^{2+} 等；具有其他构型的离子，既可形成内轨型也可形成外轨型配合物，另外，中心离子电荷的增多有利于形成内轨型配合物。

通常电负性大的原子如 F、O 等易形成外轨型配合物。C 原子作配位原子时，常形成内轨型配合物。N 原子作配位原子时，既有外轨型也有内轨型配合物。

对于相同的中心离子，当形成相同配位数的配离子时，一般内轨型比外轨型稳定。内轨型配离子在水中较难离解，而外轨型配离子在水溶液中则容易离解。另外，由于形成了内轨型配合物，中心体的成单电子数明显减少，所以外轨型配合物一般为顺磁性物质，而内轨型配合物的磁性则明显降低，有些甚至是反磁性物质。

物质磁性可用磁矩(μ)的大小来衡量。顺磁性物质，$\mu>0$；反磁性物质，$\mu=0$；磁矩 μ 的数值随未成对电子数(n)的增多而增大。假定配离子中配体内的电子皆已成对，则 d 区过渡元素所形成的配离子的磁矩可用下式作近似计算：

$$\mu_{理}=\sqrt{n(n+2)} \quad (n=1\sim5) \qquad (12-1)$$

μ 的单位为波尔磁子，简写为 B. M.。在实际应用中可利用测定配合物的磁矩来判断它是内轨型配合物还是外轨型配合物。

表 12-3 磁矩的理论值

未成对电子数	$\mu_{理}$/B. M.
1	1.73
2	2.83
3	3.87
4	4.90
5	5.92

例如，Fe^{3+} 离子中有 5 个未成对的 d 电子，根据 $\mu_{理}=\sqrt{n(n+2)}$ 可算出 Fe^{3+} 的磁矩理论值为：

$$\mu_{理}=\sqrt{n(n+2)}=\sqrt{5(5+2)}=5.92(\text{B. M.})$$

实验测得$[FeF_6]^{3-}$的磁矩为 5.90 B. M.，Fe^{3+} 离子的理论磁矩和$[FeF_6]^{3-}$配合物的实际磁矩近似相等，说明在$[FeF_6]^{3-}$中，Fe^{3+} 离子仍保留有 5 个未成对的 d 电子，以 sp^3d^2 杂化轨道与配位原子(F)形成外轨配键。而$[Fe(CN)_6]^{3-}$的磁矩由实验测得为 2.0 B. M.，此数值与具有一个未成对电子的磁矩理论值 1.73 B. M. 很接近，表明在成键过程中，中心离子的未成对 d 电子数减少，d 电子重新排布，腾出两个空 d 轨道，而以 d^2sp^3 杂化轨道与配位原子(C)形成内轨配键。

12.3 配位平衡

12.3.1 配合物的离解平衡

我们知道配合物的内界配离子和外界离子之间以离子键相结合，这种结合与强电解质类似，在水中几乎完全离解为配离子和外界离子。

例如，$[Cu(NH_3)_4]SO_4$ 在水溶液中可以完全离解成 $[Cu(NH_3)_4]^{2+}$ 和 SO_4^{2-}：

$$[Cu(NH_3)_4]SO_4 \xlongequal{} [Cu(NH_3)_4]^{2+} + SO_4^{2-}$$

因此，向上述溶液中加入 $BaCl_2$ 时，会产生大量白色 $BaSO_4$ 沉淀。加入稀 NaOH 溶液时，得不到 $Cu(OH)_2$ 沉淀，说明溶液中 Cu^{2+} 含量极少；但是，如果加入 Na_2S 溶液时，则可得到黑色 CuS 沉淀。这说明 $[Cu(NH_3)_4]^{2+}$ 在水溶液中能部分离解出少量的 Cu^{2+} 和 NH_3，即

$$[Cu(NH_3)_4]^{2+} \rightleftharpoons Cu^{2+} + 4NH_3$$

对应上述平衡，即有平衡常数为：

$$K^{\ominus} = \frac{[Cu^{2+}]\cdot[NH_3]^4}{[Cu(NH_3)_4^{2+}]}$$

该常数为 $[Cu(NH_3)_4]^{2+}$ 的离解平衡常数。$K^{\ominus}$ 值越大，表示该配离子越易离解，即配离子在溶液中越不稳定。所以这个常数又叫做配离子的不稳定常数，用 $K^{\ominus}_{不稳}$ 表示。

配离子的 $K^{\ominus}_{不稳}$ 是配离子的特征常数，我们可以利用 $K^{\ominus}_{不稳}$ 来比较相同类型配离子在水溶液中的稳定性。

配离子在溶液中是否容易离解，除了用 $K^{\ominus}_{不稳}$ 作为衡量标准外，还可以用配离子的稳定常数 $K^{\ominus}_{稳}$ 来表示。

上述配离子的离解过程是可逆的，它的逆反应实际上是配合物的生成反应，即：

$$Cu^{2+} + 4NH_3 \rightleftharpoons [Cu(NH_3)_4]^{2+}$$

在一定条件下，配合物的离解过程和生成过程能达到平衡状态，称为配离子的离解平衡，也称为配位平衡。

12.3.2 配离子的稳定常数

配离子的稳定常数是该配离子生成反应达平衡时的平衡常数，例如反应：

$$Cu^{2+} + 4NH_3 \rightleftharpoons [Cu(NH_3)_4]^{2+}$$

平衡时有

$$K^{\ominus}_{稳} = \frac{[Cu(NH_3)_4^{2+}]}{[Cu^{2+}]\cdot[NH_3]^4} \tag{12-2}$$

$K^{\ominus}_{稳}$ 为配离子的稳定常数，显然，稳定常数愈大，表示配离子稳定性越强。例如，$[Ni(CN)_4]^{2-}$ 和 $[Zn(CN)_4]^{2-}$ 的 $\lg K^{\ominus}_{稳}$ 分别为 31.3 和 16.7，说明 $[Ni(CN)_4]^{2-}$ 比 $[Zn(CN)_4]^{2-}$ 要稳定得多。

显然配离子的稳定常数在数值上等于不稳定常数的倒数，即：

$$K^{\ominus}_{稳} = \frac{1}{K^{\ominus}_{不稳}} \tag{12-3}$$

常见配离子的稳定常数值见表 12-4。

表 12-4 一些常见配离子的稳定常数(298.2 K)

配离子	$\lg K^{\ominus}_{稳}$	配离子	$\lg K^{\ominus}_{稳}$
$[Cd(NH_3)_4]^{2+}$	6.92	$[Hg(CN)_4]^{2-}$	41.5
$[Co(NH_3)_6]^{2+}$	4.75	$[Ni(CN)_4]^{2-}$	31.3
$[Co(NH_3)_6]^{3+}$	35.2	$[Ag(CN)_2]^{-}$	21.2
$[Cu(NH_3)_4]^{2+}$	12.59	$[Zn(CN)_4]^{2-}$	16.7
$[Ni(NH_3)_4]^{2+}$	7.79	$[Cr(OH)_4]^{-}$	18.3
$[Ag(NH_3)_2]^{+}$	7.40	$[Cd(OH)_4]^{2-}$	12.0
$[Zn(NH_3)_4]^{2+}$	9.06	$[CdI_4]^{2-}$	6.15
$[Cd(CN)_4]^{2-}$	18.9	$[Hg(SCN)_4]^{2-}$	20.9
$[Au(CN)_2]^{-}$	38.3	$[Ag(SCN)_2]^{-}$	9.1
$[Cu(CN)_2]^{-}$	24.0	$[Ag(S_2O_3)_2]^{3-}$	13.5
$[Fe(CN)_6]^{4-}$	35.4	$[AlF_6]^{3-}$	19.7
$[Fe(CN)_6]^{3-}$	43.6	$[FeF_6]^{3-}$	12.1

在溶液中配离子 ML_n 的生成(或离解)都是分步进行的。每一步都有一个稳定常数(或不稳定常数),我们称之为逐级稳定常数 $K^{\ominus}_{稳n}$(或逐级不稳定常数 $K^{\ominus}_{不稳n}$)。例如:

$$M+L \rightleftharpoons ML \qquad K^{\ominus}_{稳1}=\frac{[ML]}{[M]\cdot[L]}$$

$$ML+L \rightleftharpoons ML_2 \qquad K^{\ominus}_{稳2}=\frac{[ML_2]}{[ML]\cdot[L]}$$

$$\vdots \qquad\qquad \vdots$$

$$ML_{n-1}+L \rightleftharpoons ML_n \qquad K^{\ominus}_{稳n}=\frac{[ML_n]}{[ML_{n-1}]\cdot[L]}$$

将上述分步反应相加即得总反应:

$$M+nL \rightleftharpoons ML_n \qquad K^{\ominus}_{稳}=\frac{[ML_n]}{[M]\cdot[L]^n}$$

可得

$$K^{\ominus}_{稳}=K^{\ominus}_{稳1}\cdot K^{\ominus}_{稳2}\cdot\cdots\cdot K^{\ominus}_{稳n} \tag{12-4}$$

同理可得 ML_n 总的不稳定常数为:

$$K^{\ominus}_{不稳}=K^{\ominus}_{不稳1}\cdot K^{\ominus}_{不稳2}\cdot\cdots\cdot K^{\ominus}_{不稳n} \tag{12-5}$$

需要注意的是,配离子的逐级稳定常数和其对应的逐级不稳定常数的关系为:

$$K^{\ominus}_{稳1}=\frac{1}{K^{\ominus}_{不稳n}},K^{\ominus}_{稳2}=\frac{1}{K^{\ominus}_{不稳n-1}},\cdots,K^{\ominus}_{稳n}=\frac{1}{K^{\ominus}_{不稳1}} \tag{12-6}$$

将逐级稳定常数依次相乘,得各级累积稳定常数(β_n)。

$$\beta_1=K_{稳1}=\frac{[ML]}{[M]\cdot[L]}$$

$$\beta_2=K_{稳1}\cdot K_{稳2}=\frac{[ML_2]}{[M]\cdot[L]^2}$$

$$\beta_n = K_{稳1} \cdot K_{稳2} \cdot \cdots \cdot K_{稳n} = \frac{[ML_n]}{[M] \cdot [L]^n} \tag{12-7}$$

显然最后一级累积稳定常数就是配合物的总稳定常数。常见配离子的逐级稳定常数见附录表11。

利用配离子的稳定常数，可以计算配合物溶液中有关离子的浓度。

例12-1 计算在含有0.001 mol·L^{-1} $[Cu(NH_3)_4]^{2+}$和1.0 mol·L^{-1} NH_3溶液中Cu^{2+}的平衡浓度。

解：因为$[Cu(NH_3)_4]^{2+}$配离子的$K^{\ominus}_{稳}=10^{12.59}$很大，系统中又存在着过量的配位剂$NH_3$，故计算时可忽略由配离子离解所得到的配位剂的浓度。

$$Cu^{2+} + 4NH_3 \rightleftharpoons [Cu(NH_3)_4]^{2+}$$

平衡浓度/(mol·L^{-1})　　x　　1.0　　1.0×10^{-3}

$$K^{\ominus}_{稳} = \frac{[Cu(NH_3)_4^{2+}]}{[Cu^{2+}] \cdot [NH_3]^4} = \frac{1\times10^{-3}}{x \cdot (1.0)^4} = 10^{12.59}$$

解得

$$x = \frac{1\times10^{-3}}{1.0\times10^{12.59}} = 2.6\times10^{-16}(\text{mol} \cdot \text{L}^{-1})$$

12.3.3 配位平衡的移动

配位平衡是一个动态平衡，当平衡体系中某一组分的浓度或存在形式发生改变时，配位平衡就会发生移动，在新的条件下达成新的平衡。配位平衡与溶液的酸度、沉淀反应、氧化还原反应等有着密切的关系，下面将分别加以讨论。

1. 配离子和酸碱之间转换

在配离子中，若配位体为弱酸根(如F^-、SCN^-、Y^{4-}等)，当溶液的酸度增大时，它们会结合溶液中的H^+使其自身溶液浓度降低，使配离子的离解度增大。例如，$[FeF_6]^{2-}$在溶液中存在着如下平衡：

$$[FeF_6]^{3-} \rightleftharpoons Fe^{3+} + 6F^-$$

当溶液的酸度增大时，F^-会与H^+结合生成HF，降低了F^-的浓度，使上述平衡向右移动，促使配离子离解，当$c(H^+)>0.5$ mol·L^{-1}时，$[FeF_6]^{3-}$则有可能完全离解。

另外，形成配离子的中心离子是容易水解的金属离子时，若降低溶液酸度，则它们会与OH^-结合，生成氢氧化物或羟基配合物，而使溶液中金属离子的浓度降低，使配离子的稳定性减小。例如，在$[FeF_6]^{3-}$的平衡中，pH值较大时，Fe^{3+}会发生如下的水解反应：

$$Fe^{3+} + OH^- \rightleftharpoons Fe(OH)^{2+}$$

$$Fe(OH)^{2+} + OH^- \rightleftharpoons Fe(OH)_2{}^+$$

$$Fe(OH)_2{}^+ + OH^- \rightleftharpoons Fe(OH)_3 \downarrow$$

随着水解反应的进行，溶液中的Fe^{3+}浓度降低，配位平衡向右移动，$[FeF_6]^{3-}$必然遭到破坏。

例12-2 在浓度为0.10 mol·L^{-1}的$[Ag(NH_3)_2]^+$溶液中，定量加入HNO_3溶液，使$c(H^+)=0.30$ mol·L^{-1}。求平衡后溶液中$[Ag(NH_3)_2]^+$配离子的浓度。

解：$[Ag(NH_3)_2]^+$离子和H^+的反应为：

$$[Ag(NH_3)_2]^+ + 2H^+ \rightleftharpoons Ag^+ + 2NH_4^+$$

$$K^{\ominus}=\frac{[Ag^+]\cdot[NH_4^+]^2}{[Ag(NH_3)_2^+]\cdot[H^+]^2}=\frac{[Ag^+]\cdot[NH_4^+]^2\cdot[OH^-]^2}{[Ag(NH_3)_2^+]\cdot[H^+]^2\cdot[OH^-]^2}$$

$$=\frac{[Ag^+]\cdot[NH_3]^2\cdot(K_b^{\ominus})^2}{[Ag(NH_3)_2^+]\cdot(K_w^{\ominus})^2}=\frac{(K_b^{\ominus})^2}{K_{稳}^{\ominus}\cdot(K_w^{\ominus})^2}$$

$$=\frac{(1.79\times10^{-5})^2}{2.51\times10^7\times(10^{-14})^2}=1.3\times10^{11}$$

$K^{\ominus}$ 值很大，表明上述反应向右进行程度极大。

设平衡时$[Ag(NH_3)_2{}^+]=x$，则有

	$[Ag(NH_3)_2]^+$	$+$ $2H^+$	$\rightleftharpoons$ Ag^+	$+$ $2NH_4^+$
起始浓度/$(mol\cdot L^{-1})$	0.1	0.3	0	0
消耗浓度/$(mol\cdot L^{-1})$	$0.1-x$	$2\times(0.1-x)$	$0.1-x$	$2\times(0.1-x)$
平衡浓度/$(mol\cdot L^{-1})$	x	$0.3-2\times(0.1-x)$	$0.1-x$	$2\times(0.1-x)$

$$K^{\ominus}=\frac{[Ag^+]\cdot[NH_4^+]^2}{[Ag(NH_3)_2^+]\cdot[H^+]^2}=\frac{(0.1-x)\cdot[2\times(0.1-x)]^2}{x\cdot[0.3-2\times(0.1-x)]^2}\approx\frac{0.1\times(0.2)^2}{x\cdot(0.1)^2}=1.3\times10^{11}$$

解得 $$x=3.1\times10^{-12}(mol\cdot L^{-1})$$

计算结果表明，$[Ag(NH_3)_2]^+$离解很完全。

酸度对配位平衡的影响是多方面的，但常以酸效应为主。至于在某一酸度下，以哪个变化为主，要由配位体的性质、金属氢氧化物的溶度积和配离子的稳定性来决定。

2. 配离子和沉淀之间的相互转换

当配位平衡体系中有能够与中心离子生成沉淀的物质存在时，也会影响配位平衡。

沉淀平衡和配位平衡的关系，可看成是沉淀剂与配位剂共同争夺金属离子的过程。

例如，AgCl 沉淀能溶于 $NH_3\cdot H_2O$ 生成$[Ag(NH_3)_2]^+$，就是由于配位剂 NH_3 夺取了与 Cl^- 结合的 Ag^+，反应如下：

$$AgCl(s)+2NH_3\rightleftharpoons[Ag(NH_3)_2]^++Cl^-\quad K_1^{\ominus}$$

在上述溶液中加入 KI，I^- 能夺取与 NH_3 配位的 Ag^+，生成 AgI 沉淀，从而使配离子离解：

$$[Ag(NH_3)_2]^++I^-\rightleftharpoons AgI\downarrow+2NH_3\quad K_2^{\ominus}$$

转化作用向何方向进行以及进行的程度，可以根据多重平衡规则，通过求算转化作用的平衡常数来判断。例如，计算上述第一个转化反应的平衡常数为：

$$K_1^{\ominus}=K_{稳}^{\ominus}([Ag(NH_3)_2]^+)\cdot K_{sp}^{\ominus}(AgCl)=1.7\times10^7\times1.8\times10^{-10}=3.1\times10^{-3}$$

$K_1^{\ominus}$ 值不是很小，只要 NH_3 的浓度足够大就可以使 AgCl 溶解。这与实验结果完全吻合。

同理可计算出第二个反应的平衡常数为

$$K_2^{\ominus}=\frac{1}{K_{稳}^{\ominus}([Ag(NH_3)_2]^+)\cdot K_{sp}^{\ominus}(AgI)}=\frac{1}{1.7\times10^7\times8.3\times10^{-17}}=6.9\times10^9$$

$K_2^{\ominus}$ 相当大，说明转化作用很容易进行。

例 12－3 在 1 L 例 12－1 所述的溶液中，加入 0.0010 mol NaOH，问有无 $Cu(OH)_2$ 沉淀生成？若加入 0.0010 mol Na_2S，会生成 CuS 沉淀吗？

解：(1)忽略溶液的体积变化，则溶液中 $[OH^-]=0.0010\ mol\cdot L^{-1}$

$$K_{sp}^{\ominus}(Cu(OH)_2)=2.2\times10^{-20}$$

溶液中有关离子浓度的乘积(离子积 Q_i)

$$Q_i=[Cu^{2+}][OH^-]^2=2.6\times10^{-16}\times(0.0010)^2=2.6\times10^{-22}$$

$$Q_i<K_{sp}^{\ominus}(Cu(OH)_2)$$

故没有 $Cu(OH)_2$ 沉淀生成。

(2)溶液中 $[S^{2-}]=0.0010\ mol\cdot L^{-1}$，$K_{sp}^{\ominus}(CuS)=6.3\times10^{-36}$

$$Q_i=[Cu^{2+}][S^{2-}]=2.6\times10^{-16}\times0.0010=2.6\times10^{-19}$$

$$Q_i>K_{sp}^{\ominus}(CuS)$$

故加入 0.0010 mol Na_2S，会生成 CuS 沉淀。

例 12－4　已知 AgBr 的 $K_{sp}^{\ominus}$ 为 5.2×10^{-13}，$[Ag(NH_3)_2]^+$ 的 $K_{稳}^{\ominus}$ 为 2.51×10^7。欲使 0.0100 mol AgBr溶于 1 L 氨水中，氨水的初始浓度至少是多大？

解：设 AgBr 溶解后全部能生成 $[Ag(NH_3)_2]^+$，则 $[Ag(NH_3)_2^+]=[Br^-]=0.0100\ mol\cdot L^{-1}$。

AgBr 的溶解反应为：　$AgBr+2NH_3 \rightleftharpoons [Ag(NH_3)_2]^++Br^-$

$$K^{\ominus}=\frac{[Ag(NH_3)_2^+]\cdot[Br^-]}{[NH_3]^2}=\frac{[Ag(NH_3)_2^+]\cdot[Br^-]\cdot[Ag^+]}{[NH_3]^2\cdot[Ag^+]}=K_{稳}^{\ominus}\cdot K_{sp}^{\ominus}$$

$$=2.51\times10^7\times5.2\times10^{-13}=1.30\times10^{-5}$$

所以　$[NH_3]=\sqrt{\dfrac{[Ag(NH_3)_2^+]\cdot[Br^-]}{K^{\ominus}}}=\sqrt{\dfrac{0.0100\times0.0100}{1.30\times10^{-5}}}=2.77(mol\cdot L^{-1})$

根据配位反应可知，溶解 0.0100 mol AgBr 需消耗氨水 $2\times0.0100=0.02(mol\cdot L^{-1})$，故氨水的初始浓度为　$2.77+0.01\times2=2.79\ (mol\cdot L^{-1})$

从上述例题可以看出，沉淀和配位物之间的相互转化过程，其实质是沉淀剂和配位剂争夺金属离子。沉淀的生成和溶解，配合物的生成和破坏，主要取决于沉淀的溶度积 $K_{sp}^{\ominus}$ 和配合物稳定常数 $K_{稳}^{\ominus}$ 的大小，也与沉淀剂和配位剂浓度的大小有关。

3. 配离子之间的转化

与沉淀之间的转化类似，配离子之间的转化反应容易向生成更稳定配离子的方向进行。两种配离子的稳定常数相差越大，转化就越完全。例如，在含有 $[Fe(SCN)_6]^{3-}$ 的溶液中加入过量的 NaF 时，由于 F^- 能夺取 $[Fe(SCN)_6]^{3-}$ 中的 Fe^{3+} 形成更稳定的 $[FeF_6]^{3-}$，则溶液由血红色转变为无色，转化反应为：

$$[Fe(SCN)_6]^{3-}+6F^- \rightleftharpoons [FeF_6]^{3-}+6SCN^-$$

平衡时有　$K^{\ominus}=\dfrac{[FeF_6{}^{3-}]\cdot[SCN^-]^6}{[Fe(SCN)_6{}^{3-}]\cdot[F^-]^6}=\dfrac{K_{稳}^{\ominus}(FeF_6{}^{3-})}{K_{稳}^{\ominus}(Fe(SCN)_6{}^{3-})}=\dfrac{2.0\times10^{15}}{1.3\times10^9}=1.5\times10^6$

$K^{\ominus}$ 值很大，说明转化作用进行得很完全。

例 12－5　$0.10\ mol\cdot L^{-1}$ 的 $[Ag(NH_3)_2]^+$ 溶液中加入固体 KCN，使 CN^- 初始浓度达 $0.20\ mol\cdot L^{-1}$，求平衡时 $[Ag(CN)_2]^-$ 和 $[Ag(NH_3)_2]^+$ 的浓度。

解：溶液中 CN^- 和 NH_3 同时争夺 Ag^+，其反应式为

$$[Ag(NH_3)_2]^++2CN^- \rightleftharpoons [Ag(CN)_2]^-+2NH_3$$

$$K^{\ominus}=\frac{[Ag(CN)_2^-]\cdot[NH_3]^2}{[Ag(NH_3)_2^+]\cdot[CN^-]^2}=\frac{[Ag(CN)_2^-]\cdot[NH_3]^2\cdot[Ag^+]}{[Ag(NH_3)_2^+]\cdot[CN^-]^2\cdot[Ag^+]}=\frac{K_{稳[Ag(CN)_2^-]}^{\ominus}}{K_{稳[Ag(NH_3)_2^+]}^{\ominus}}$$

$$=\frac{1.26\times10^{21}}{2.51\times10^7}=5.02\times10^{13}$$

$K^{\ominus}$ 值很大，$[Ag(NH_3)_2]^+$ 基本上都转化成 $[Ag(CN)_2]^-$。

设达到平衡时：

$$[Ag(NH_3)_2{}^+]=x,\text{则有 } 0.10-x\approx 0.10,$$

$$[Ag(NH_3)_2]^+ \quad + \quad 2CN^- \quad \rightleftharpoons \quad Ag(CN)_2]^- \quad + \quad 2NH_3$$

	$[Ag(NH_3)_2]^+$	$2CN^-$	$Ag(CN)_2]^-$	$2NH_3$
起始浓度/($mol\cdot L^{-1}$)	0.1	0.2	0	0
消耗浓度/($mol\cdot L^{-1}$)	$0.1-x$	$2\times(0.1-x)$	$0.1-x$	$2\times(0.1-x)$
平衡浓度/($mol\cdot L^{-1}$)	x	$0.2-2\times(0.1-x)$	$0.1-x$	$2\times(0.1-x)$

故

$$K^{\ominus}=\frac{[Ag(CN)_2^-]\cdot[NH_3]^2}{[Ag(NH_3)_2^+]\cdot[CN^-]^2}=\frac{(0.1-x)\cdot[2\times(0.1-x)]^2}{x\cdot[0.2-2\times(0.1-x)]^2}=5.02\times10^{13}$$

解得

$$x=2.7\times10^{-6}(\ mol\cdot L^{-1})$$

$$[Ag(CN)_2]^-=0.10-x\approx 0.10\ (mol\cdot L^{-1})$$

计算表明上述配离子的转化十分完全。

4. 计算配离子的电极电势

由于配离子的形成，使溶液中金属离子的浓度降低，金属离子相应电对的电极电势值就会发生相应的改变，对应物质的氧化还原性能也会发生改变。

例 12-6 已知 $\varphi^{\ominus}_{Cu^+/Cu}=+0.521\ V$，$K^{\ominus}_{稳}(CuCl_2^-)=3.2\times10^5$，求 $\varphi^{\ominus}_{CuCl_2^-/Cu}$。

解：根据能斯特方程式有 $\quad \varphi_{Cu^+/Cu}=\varphi^{\ominus}_{Cu^+/Cu}+0.059\ lg[Cu^+]$

由于

$$Cu^+ + 2Cl^- \Longrightarrow CuCl_2^-$$

有

$$K^{\ominus}_{稳}(CuCl_2^-)=\frac{[CuCl_2^-]}{[Cu^+]\cdot[Cl^-]^2}$$

则

$$[Cu^+]=\frac{[CuCl_2^-]}{K^{\ominus}_{稳}(CuCl_2^-)\cdot[Cl^-]^2}$$

$$\varphi_{CuCl_2^-/Cu}=\varphi^{\ominus}_{Cu^+/Cu}+lg\frac{[CuCl_2^-]}{K^{\ominus}_{稳}(CuCl_2^-)\cdot[Cl^-]^2}$$

当 $[CuCl_2^-]=[Cl^-]=1.0\ mol\cdot L^{-1}$ 时，有

$$\begin{aligned}\varphi^{\ominus}_{CuCl_2^-/Cu}&=\varphi^{\ominus}_{Cu^+/Cu}+lg\frac{[CuCl_2^-]}{K^{\ominus}_{稳}(CuCl_2^-)\cdot[Cl^-]^2}\\&=0.52-0.0592lg3.2\times10^5\\&=0.20(V)\end{aligned}$$

计算说明，形成了配离子 $CuCl_2^-$ 后，Cu^+/Cu 的电极电势值由 0.52 V 降低到 0.20 V，Cu^+ 的氧化能力发生了明显的改变。

电极电势的改变值与生成的配合物的稳定常数有关，生成的配合物越稳定，金属离子浓度下降得越大，电极电势的改变越大。

在一定条件下不能溶解的金属，可用通过形成配合物的方法促使它们溶解。例如，单质 Au($\varphi^{\ominus}_{Au^+/Au}=1.68\ V$)很难被氧化，但当 Au 和 CN^- 形成配离子后，单质 Au($\varphi^{\ominus}_{Au(CN)_2^-/Au}=-0.58\ V$)的还原能力显著增强，在有配体 CN^- 存在时，易被氧化为 $[Au(CN)_2]^-$ 而溶解。

12.4 配位化合物的应用

随着科学技术的发展，配位化合物在科学研究和生产实践中显示出越来越重要的意义。

在科学研究的各个领域以及工农业生产的各个部门，配合物都有许多重要用途。

1. 在分析化学中的用途

(1)离子的鉴定。在定性分析中，广泛应用形成配合物以达到离子的分离、鉴定的目的。某种配位剂若能和金属离子形成有特征颜色的配合物或沉淀，便可用于对该离子的特效鉴定。

①形成有色配合物的反应。例如，水溶液中 Cu^{2+} 的一个极灵敏的鉴定反应是它能与氨形成深蓝色的$[Cu(NH_3)_4]^{2+}$，$[Cu(NH_3)_4]^{2+}$的颜色比$[Cu(H_2O)_4]^{2+}$离子的浅蓝色深得多，即使在 Cu^{2+} 浓度为 10^{-4} mol·L^{-1}时还能被检出。此外，还可以根据$[Cu(NH_3)_4]^{2+}$形成的颜色深浅来确定溶液中的 Cu^{2+} 含量。又如水溶液中 Fe^{3+} 与 KSCN 溶液易形成血红色的$[Fe(SCN)_n]^{3-n}$，

$$Fe^{3+} + nSCN^- = [Fe(SCN)_n]^{3-n} \quad (n=1\sim6)$$

利用此反应来鉴定 Fe^{3+}，同时也可根据红色的深浅，确定溶液中 Fe^{3+} 的含量。

②形成难溶的有色配合物的反应。例如，利用丁二酮肟与 Ni^{2+} 在弱碱性介质中形成鲜红色难溶螯合物的反应来鉴定 Ni^{2+}。

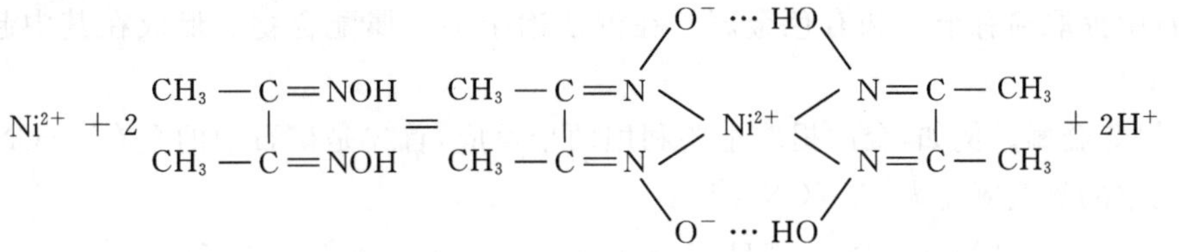

又如利用 $K_4[Fe(CN)_6]$可与 Fe^{3+} 和 Cu^{2+} 分别形成 $Fe_4[Fe(CN)_6]_3$ 蓝色沉淀和 $Cu_2[Fe(CN)_6]$红棕色沉淀的反应，来鉴定 Fe^{3+} 和 Cu^{2+}。

(2)离子的分离。在两种离子的混合溶液中，若加入某种配位剂只可以和其中一种离子形成配合物，这种配位剂即可用于使这两种离子的彼此分离。这种分离方法，常常是将配位剂加到难溶固体混合物中，其中一种离子与配位剂生成可溶性的配合物而进入溶液，其余的保持不溶状态。

例如，在含有 Zn^{2+} 和 Al^{3+} 的混合溶液中，加入氨水，此时 Zn^{2+} 与 Al^{3+} 皆与氨水形成氢氧化物沉淀：

$$Zn^{2+} + 2NH_3 + 2H_2O = Zn(OH)_2 + 2NH_4^+$$

$$Al^{3+} + 3NH_3 + 3H_2O = Al(OH)_3 + 3NH_4^+$$

但当加入更多的氨水时，$Zn(OH)_2$ 可与 NH_3 形成$[Zn(NH_3)_4]^{2+}$进入溶液，$Al(OH)_3$ 则不能与 NH_3 形成配合物，从而达到了 Zn^{2+} 与 Al^{3+} 分离的目的。

$$Zn(OH)_2 + 4NH_3 = [Zn(NH_3)_4]^{2+} + 2OH^-$$

除了利用形成易溶解的配合物使沉淀溶解，从而达到离子分离外，还可用于其他目的。例如，EDTA 可与 $CaCO_3$、$MgCO_3$ 以及在碱性介质中的 $CaSO_4$ 等难溶沉淀形成$[CaY]^{2-}$、$[MgY]^{2-}$的易溶螯合物。反应如下：

$$CaCO_3 + H_2Y^{2-} = [CaY]^{2-} + 2H^+ + CO_3^{2-}$$

$$CaSO_4 + H_2Y^{2-} = [CaY]^{2-} + 2H^+ + SO_4^{2-}$$

因此可利用 EDTA 来清除锅垢。

(3) 掩蔽某种离子对其他离子的干扰作用。在含有多种金属离子的溶液中，要测定其中某种离子，其他离子往往会发生类似的反应而干扰测定。例如，在含有 Co^{2+} 和 Fe^{3+} 的混合溶液中，加入配位剂 KSCN 检出 Co^{2+} 时，Co^{2+} 与配位剂将发生下列反应：

$$\underset{\text{(粉红色)}}{[Co(H_2O)_6]^{2+}} + 4SCN^- = \underset{\text{(宝石蓝)}}{[Co(SCN)_4]^{2-}} + 6H_2O$$

但 Fe^{3+} 也可与 KSCN 反应形成血红色的 $[Fe(SCN)]^{2+}$，妨碍了对 Co^{2+} 的鉴定。如果事先在溶液中加入足够量的 NaF(或 NH_4F)，使 Fe^{3+} 生成稳定的无色 $[FeF_6]^{3-}$，这样就可以排除 Fe^{3+} 对 Co^{2+} 鉴定的干扰。这种防止干扰的作用称为掩蔽效应，所用的配位剂(如 NaF)称为掩蔽剂。

掩蔽效应不仅用于元素分析、分离过程，在其他方面也有广泛的应用。主要用来控制游离金属离子不超过允许的限量，以免产生沉淀、氧化、显色或其他不利变化。

2. 在冶金工业中的应用

配合物主要用于湿法冶金。湿法冶金就是用水溶液直接从矿石中将金属以化合物的形式浸取出来，然后再进一步还原为金属的过程。湿法冶金比火法冶金既经济又简单，广泛用于从矿石中提取稀有金属和有色金属。在湿法冶金中金属配合物的形成在其中起着重要作用。

(1)提炼金属。例如，金的提取主要利用两个反应，首先是矿石中的金在 NaCN 存在时可被空气中的氧气氧化为 $[Au(CN)_2]^-$：

$$4Au + 8CN^- + 2H_2O + O_2 = 4[Au(CN)_2]^- + 4OH^-$$

如果没有配位剂 NaCN 存在，金不能被氧化，因为 $\varphi^\ominus_{Au^+/Au}$ (1.68 V) 远比 $\varphi^\ominus_{O_2/OH^-}$ (0.401 V) 数值大。但当有 NaCN 存在时，由于形成 $[Au(CN)_2]^-$，其 $\varphi^\ominus_{[Au(CN)_2]^-/Au}$ (−0.56 V) 比 $\varphi^\ominus_{O_2/OH^-}$ 数值小得多，因而氧气可以氧化矿石中的金。然后将含有金的溶液用锌还原，即可得到单质金。

$$Zn + 2[Au(CN)_2]^- = 2Au + [Zn(CN)_4]^{2-}$$

(2)分离金属。例如，由天然铝矾土(主要成分是水合氧化铝)制取 Al_2O_3。首先要使铝与杂质铁分离，分离的基础是 Al^{3+} 可与过量的 NaOH 溶液形成可溶性的 $[Al(OH)_4]^-$ 并进入溶液：

$$Al_2O_3 + 2OH^- + 3H_2O = 2[Al(OH)_4]^-$$

而 Fe^{3+} 与 NaOH 反应形成 $Fe(OH)_3$ 沉淀。通过澄清过滤，即可除去杂质铁。

3. 在医学方面的应用

螯合物在医学方面的应用十分广泛，人体的一些生理、病理现象以及某些药物的作用机理等，都与螯合物有关。

例如，我国在宋代就已经使用 As_2O_3(俗称砒霜、白砒、信石等)作为拌种药剂来防治地下害虫，但是 As_2O_3 对人有剧毒(口服致死量 0.1～1.3 mg/kg 体重)，因此当时中毒事件时有发生。As_2O_3(或其他砷试剂)使人中毒的原因是砷能与细胞酶系统的巯基螯合，抑制酶的活性。最常用的特效解毒剂是一种叫做二巯基丙醇(BAL，俗称巴尔)的螯合剂，BAL 与砷化合物的反应如下：

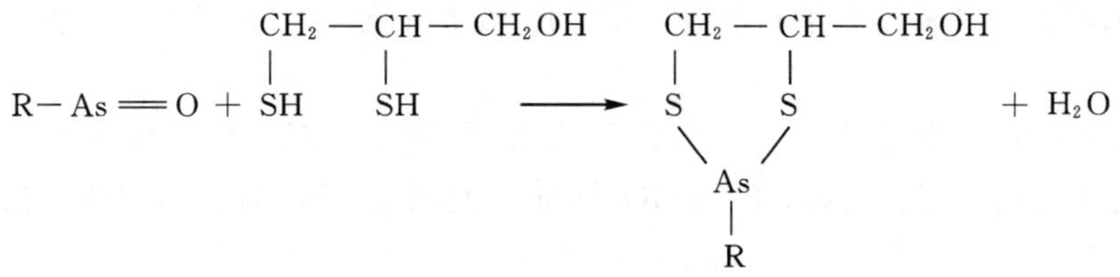

二巯基丙醇的两个巯基可与砷形成稳定的五元环。所形成的螯合物无毒性、离解小，可溶于水，能从尿中迅速排出。另一方面。BAL 与砷形成的螯合物比体内巯基酶与砷形成的螯合物稳定。因此 BAL 不仅能防止砷与巯基酶结合，使酶免遭毒害，还能夺取已经与酶结合的砷，使酶恢复活性。BAL 也可用于 Hg、Au 的中毒，但是不像对砷中毒那样特效。表 12-5 列出了用于治疗金属中毒的螯合剂。

又如，注射 $Na_2[CaY]$ 溶液能治疗铅中毒，因为 Pb^{2+} 可生成比 $[CaY]^{2-}$ 更稳定的 $[PbY]^{2-}$ 螯合离子（EDTA 掩蔽了 Pb^{2+}）。

$$[CaY]^{2-} + Pb^{2+} \xlongequal{} [PbY]^{2-} + Ca^{2+}$$

$[PbY]^{2-}$ 无毒、可溶，能经肾脏排出体外。

表 12-5 用于治疗金属中毒的螯合剂

金属	螯合剂
Cu	D—青霉胺或 $Na_2[CaY]$
Co，U	$Na_2[CaY]$
As	BAL（二巯基丙醇）或 DMS（二巯基丁二酸钠）*
Hg	BAL 或 N—乙酰青霉胺
Pb	$Na_2[CaY]$或 D—青霉胺
Tl	二苯卡巴腙
Ni	二乙基磺酸钠
Pu	$Na_2[CaDTPA]$（二乙烯三胺五乙酸钙钠）
Be	金精三羧酸

* 此药国际上称梁氏（中国科学院药物研究所研究员梁猷毅先生）解毒剂。

12.5 配位滴定法

12.5.1 配位滴定法概述

利用生成配合物的反应为基础的滴定分析方法叫配位滴定法。能形成配合物的反应很多，但可用于配位滴定的并不多，主要原因是不能满足滴定分析对反应的定量要求。

大多数无机配合物存在着稳定性不高、分步配位、终点判断困难等缺点，限制了它在滴定分析中的应用,作为滴定剂的只有以 CN^- 为配位剂的氰量法和以 Hg^{2+} 为中心离子的汞量法。

氰量法主要用于测定 Ag^+、Ni^{2+}、CN^- 等离子,可用 KCN 溶液作为滴定剂,也可用 $AgNO_3$溶液作为滴定剂。例如,用 $AgNO_3$ 标准溶液测定 CN^- 时,滴定反应和终点反应分别为:

$$Ag^+ + CN^- \rightleftharpoons Ag(CN)_2^-$$

$$Ag(CN)_2^- + Ag^+ \rightleftharpoons AgCN\downarrow(\text{白})$$

汞量法主要用于测定 Cl^-、SCN^- 或 Hg^{2+} 离子,可用 $Hg(NO_3)_2$或 $Hg(ClO_4)_2$溶液作为滴定剂,也可用 KSCN 溶液作为滴定剂。例如,用 KSCN 标准溶液测定 Hg^{2+} 离子,以 Fe^{3+} 作为指示剂,滴定反应和终点反应分别为:

$$Hg^{2+} + SCN^- \rightleftharpoons Hg(SCN)_2$$

$$Fe^{3+} + SCN^- \rightleftharpoons Fe(SCN)^{2+}(\text{血红})$$

随着生产的不断发展和科技水平的提高,有机配位剂在分析化学中得到了广泛的应用,从而推动了配位滴定的发展。目前应用最为广泛的配位滴定法是以乙二胺四乙酸(简称 EDTA)标准溶液的滴定分析法,简称 EDTA 法。

12.5.2 EDTA 与金属离子配合物的稳定性

1. EDTA 的离解平衡

乙二胺四乙酸简称 EDTA,它是一种四元酸,习惯上用 H_4Y 表示。由于 EDTA 在水中的溶解度很小(室温下,每 100 mL 水中能溶解 0.02 g),故常用它的二钠盐($Na_2H_2Y\cdot 2H_2O$,相对分子质量 372.26),也简称 EDTA。后者溶解度较大(室温下,每 100 mL 水中能溶解 11.2 g),饱和水溶液的浓度约为 0.3 $mol\cdot L^{-1}$,pH 值约为 4.7。当 H_4Y 溶于水时,如果溶液的酸度很高,它可再接受二个质子形成六元酸(H_6Y^{2+}),所以它在溶液中有六级离解:

$$H_6Y^{2+} \rightleftharpoons H_5Y^+ + H^+ \qquad K^{\ominus}_{a1}=\frac{[H^+]\cdot[H_5Y^+]}{[H_6Y^{2+}]}=0.13$$

$$H_5Y^+ \rightleftharpoons H_4Y + H^+ \qquad K^{\ominus}_{a2}=\frac{[H^+]\cdot[H_4Y]}{[H_5Y^+]}=3.0\times10^{-2}$$

$$H_4Y \rightleftharpoons H_3Y^- + H^+ \qquad K^{\ominus}_{a3}=\frac{[H^+]\cdot[H_3Y^-]}{[H_4Y]}=1.0\times10^{-2}$$

$$H_3Y^- \rightleftharpoons H_2Y^{2-} + H^+ \qquad K^{\ominus}_{a4}=\frac{[H^+]\cdot[H_2Y^{2-}]}{[H_3Y^-]}=2.1\times10^{-3}$$

$$H_2Y^{2-} \rightleftharpoons HY^{3-} + H^+ \qquad K^{\ominus}_{a5}=\frac{[H^+]\cdot[HY^{3-}]}{[H_2Y^{2-}]}=6.9\times10^{-7}$$

$$HY^{3-} \rightleftharpoons Y^{4-} + H^+ \qquad K^{\ominus}_{a6}=\frac{[H^+]\cdot[Y^{4-}]}{[HY^{3-}]}=5.9\times10^{-11}$$

与其他多元酸一样,EDTA 在水溶液中以 H_6Y^{2+}、H_5Y^+、H_4Y、H_3Y^-、H_2Y^{2-}、HY^{3-}、Y^{4-} 七种型体存在,且溶液的 pH 值不同,则各种型体的分布系数不同,见图 12-5。

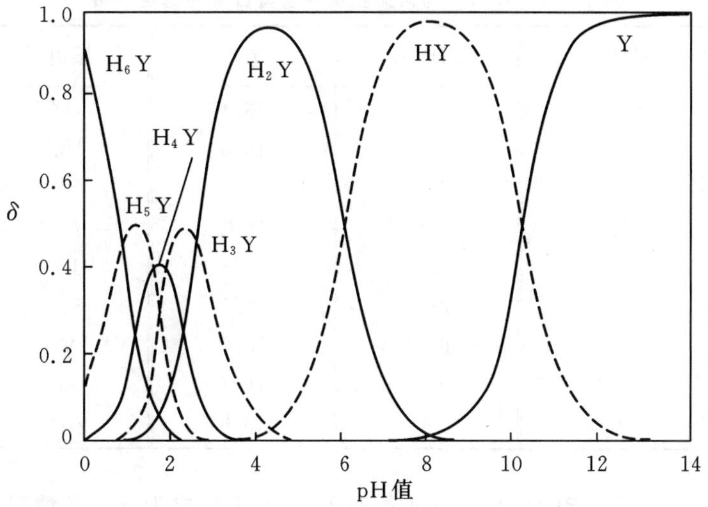

图 12－5 EDTA 的各种存在形式在不同 pH 值时的分布曲线

由图中可以看出，在不同 pH 值的溶液中，EDTA 的主要存在形式不同，如表 12－6。

表 12－6 EDTA 的主要存在型体与溶液 pH 值的关系

pH	<1	1～1.6	1.6～2	2～2.7	2.7～6.2	6.2～10.3	>12
型体	H_6Y^{2+}	H_5Y^{+}	H_4Y	H_3Y^{-}	H_2Y^{2-}	HY^{3-}	Y^{4-}

EDTA 的配位能力很强，它能通过两个 N 原子、四个 O 原子共六个配位原子和金属离子结合，形成很稳定的具有多个五原子环的螯合物，甚至能和很难形成配合物的、半径大的碱土金属(如 Ca^{2+}、Mg^{2+})形成稳定的螯合物，所有的配位反应都进行的非常完全。

一般情况下，EDTA 与一至四价金属离子都形成 1∶1的易溶于水的配合物：

$$Ca^{2+} + Y^{4-} = CaY^{2-}$$

$$Fe^{2+} + Y^{4-} = FeY^{2-}$$

$$Sn^{2+} + Y^{4-} = SnY^{2-}$$

因此，EDTA 用作配位滴定反应，其分析结果的计算十分方便。

无色金属离子与 EDTA 形成的螯合物仍为无色，这有利于指示剂确定终点。以上特点说明 EDTA 和金属离子的配位反应能符合滴定分析要求。

2. EDTA 与金属离子的配位平衡

金属离子能与 EDTA 形成 1∶1 的多元环状螯合物，其配位平衡为(为方便讨论，略去 EDTA 和金属离子的电荷，分别简写为 Y 和 M)：

$$M + Y \rightleftharpoons MY$$

$$K^{\ominus}_{MY} = \frac{[MY]}{[M]\cdot[Y]} \qquad (12-8)$$

$K^{\ominus}_{MY}$为 EDTA 金属离子配合物的稳定常数。它的数值反映了 M－EDTA 配合物的稳定性的大小。常见金属离子与 EDTA 形成的螯合物的稳定常数见表 12－7。

表 12－7　EDTA 与常见金属离子螯合物的稳定常数

阳离子	$\lg K^{\ominus}_{稳}$	阳离子	$\lg K^{\ominus}_{稳}$	阳离子	$\lg K^{\ominus}_{稳}$
Na^{+}	1.7	La^{3+}	15.4	Cu^{2+}	18.8
Li^{+}	2.8	Ce^{2+}	16.0	Hg^{2+}	21.8
Ag^{+}	7.3	Al^{2+}	16.1	Sn^{2+}	22.1
Ba^{2+}	7.8	Co^{2+}	16.3	Cr^{2+}	23
Sr^{2+}	8.6	Cd^{2+}	16.5	Th^{4+}	23.2
Mg^{2+}	8.7	Zn^{2+}	16.5	Fe^{3+}	25.1
Ca^{2+}	10.7	Pd^{2+}	18.0	V^{3+}	25.9
Mn^{2+}	14.0	Y^{2+}	18.1	Bi^{2+}	27.9
Fe^{2+}	14.3	Ni^{2+}	18.6	ZrO^{2+}	29.5

表 12－7 所列数据是指配位反应达平衡时 EDTA 全部成为 Y^{4-} 的情况下的稳定常数，而未考虑 EDTA 可能还有其他形式存在。由表 12－6 可知，只有在强碱性溶液（pH＞12）中，$[Y]_{总}$ 才等于 $[Y^{4-}]$。而且当金属离子浓度未受其他条件影响时，式（12－8）才适用。

由表 12－7 可以看出，金属离子与 EDTA 形成螯合物的稳定性，随金属离子的不同，差别较大。碱金属离子的螯合物最不稳定；碱土金属离子的螯合物，$K^{\ominus}_{MY}\approx 8\sim 11$；过渡元素、稀土元素、$Al^{3+}$ 的螯合物，$K^{\ominus}_{MY}\approx 15\sim 19$；三价、四价金属离子和 Hg^{2+} 的螯合物，$K^{\ominus}_{MY}>20$；这些螯合物稳定性的差别，主要决定于金属离子本身的离子电荷、离子半径和电子层结构。

此外，溶液的酸度、温度和其他配位剂的存在等外界条件的改变也能影响螯合物的稳定性。EDTA 在溶液中的状况决定于溶液的酸度，因此，在不同酸度下，EDTA 与同一金属离子形成的螯合物的稳定性不同。另一方面，溶液中其他螯合剂的存在和溶液的不同酸度也影响金属离子存在的情况，因此也影响金属离子与 EDTA 形成螯合物的稳定性。在这些外界条件中，酸度对 EDTA 的影响最为重要。

3. 副反应和条件稳定常数

配合物的稳定性主要取决于金属离子的性质和配位体的性质。表 12－7 所列数据是指配位反应达平衡时，EDTA 全部成为 Y 的情况下的稳定常数。它没有考虑到其他因素对配合物的影响，只有在特定条件下才适用。在实际测定过程中，被测金属离子 M 与 EDTA 配位，生成配合物 MY，这是主反应。与此同时，反应物 M、Y 及反应产物 MY 也可能与溶液中其他组分发生副反应，从而使 MY 配合物的稳定性受到影响，常存在着如下副反应：

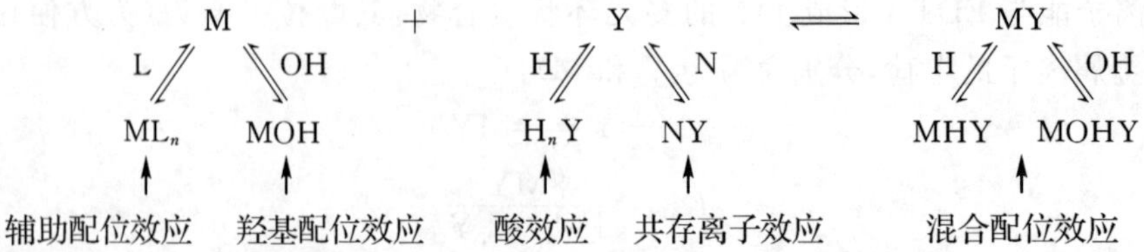

显然，反应物（M、Y）发生副反应不利于主反应的进行，而生成物（MY）的各种副反应则有利于主反应的进行，但所生成的这些混合配合物大多数不稳定，可以忽略不计。以下主要

讨论反应物发生的副反应。

(1)配位剂 Y 的副反应及副反应系数 α_Y。配位反应涉及的平衡比较复杂。为了定量处理各种因素对配位平衡的影响,引入副反应系数的概念。副反应系数是描述副反应对主反应影响程度大小的量度,以 α 表示。

①酸效应和酸效应系数 $\alpha_{Y(H)}$。由于氢离子与 Y 之间发生副反应,就使 EDTA 参加主反应的能力下降,这种现象称为酸效应。酸效应的大小可用酸效应系数 $\alpha_{Y(H)}$ 来衡量。$\alpha_{Y(H)}$ 等于在一定 pH 值下配位体的总浓度与游离配位体的浓度的比值。如 EDTA 的酸效应系数为

$$\alpha_{Y(H)}=\frac{[Y]_{总}}{[Y^{4-}]}$$

$$=\frac{[Y^{4-}]+[HY^{3-}]+[H_2Y^{2-}]+[H_3Y^{-}]+[H_4Y]+[H_5Y^{+}]+[H_6Y^{2+}]}{[Y^{4-}]}$$

$$=1+\frac{[H^+]}{K_{a6}^{\ominus}}+\frac{[H^+]^2}{K_{a5}^{\ominus}K_{a6}^{\ominus}}+\cdots+\frac{[H^+]^6}{K_{a1}^{\ominus}K_{a2}^{\ominus}K_{a3}^{\ominus}K_{a4}^{\ominus}K_{a5}^{\ominus}K_{a6}^{\ominus}} \tag{12-9}$$

式中,各 $K^{\ominus}$ 值为 EDTA 的各级离解常数。

由式(12-9)可知 $\alpha_{Y(H)}$ 随 pH 值的增大而减少。$\alpha_{Y(H)}$ 越小则[Y]越大,即 EDTA 有效浓度[Y]越大,因而酸度对配合物的影响越小。

根据上式可计算在不同条件下的 $\alpha_{Y(H)}$ 值,常用其对数值 $\lg\alpha_{Y(H)}$ 表示,见表 12-8。

表 12-8　EDTA 在不同 pH 值时的 $\lg\alpha_{Y(H)}$

pH	$\lg\alpha_{Y(H)}$	pH	$\lg\alpha_{Y(H)}$	pH	$\lg\alpha_{Y(H)}$
0.0	23.64	5.0	6.60	10.0	0.45
1.0	18.01	6.0	4.65	11.0	0.07
2.0	13.51	7.0	3.32	12.0	0.01
3.0	10.60	8.0	2.27	13.0	0.00
4.0	8.44	9.0	1.28		

表 12-8 说明,酸效应系数随溶液酸度增加而增大。$\alpha_{Y(H)}$ 的数值越大,表示酸效应引起的副反应越严重,只有当 pH>12 时,$\alpha_{Y(H)}=1$,表示总浓度 $[Y]_{总}=[Y^{4-}]$,此时 EDTA 的配位能力最强。而前面讨论的稳定常数是 $[Y]_{总}=[Y^{4-}]$ 时的稳定常数,不能在 pH 值小于 12 时应用。

②共存离子效应系数 $\alpha_{Y(N)}$。如果溶液中除了被滴定的金属离子 M 之外,还有其他金属离子 N 存在,且 N 亦能与 Y 形成稳定的配合物,当溶液中共存金属离子 N 的浓度较大,Y 与 N 的副反应就会影响 Y 与 M 的配位能力,此时共存离子的影响不能忽略。这种由于共存离子 N 与 EDTA 反应,因而降低了 Y 的平衡浓度的副反应称为共存离子效应。副反应进行的程度用副反应系数 $\alpha_{Y(N)}$ 表示,称为共存离子效应系数,其数值等于:

$$\alpha_{Y(N)}=\frac{[Y]_{总}}{[Y]}=\frac{[NY]+[Y]}{[Y]}=1+K_{NY}^{\ominus}[N] \tag{12-10}$$

式中，[N]为游离共存金属离子 N 的平衡浓度。由式(12－10)可知，$\alpha_{Y(N)}$ 的大小只与 $K^{\ominus}_{NY}$ 以及 N 的浓度有关。

若有几种共存离子存在时，一般只取其中影响最大的，其他可忽略不计。实际上，Y 的副反应系数 α_Y 应同时包括共存离子效应和酸效应两部分，因此

$$\alpha_Y = \frac{[Y]_{总}}{[Y]}$$

$$= \frac{[Y]+[HY^{3-}]+[H_2Y^{2-}]+[H_3Y^-]+[H_4Y]+[H_5Y^+]+[H_6Y^{2+}]+[NY]+[Y]-[Y]}{[Y]}$$

$$= \alpha_{Y(H)} + \alpha_{Y(N)} - 1 \approx \alpha_{Y(H)} + \alpha_{Y(N)} \qquad (12-11)$$

实际工作中，当 $\alpha_{Y(H)} \gg \alpha_{Y(N)}$ 时，酸效应是主要的；当 $\alpha_{Y(N)} \gg \alpha_{Y(H)}$ 时，共存离子效应是主要的。一般情况下，在滴定剂 Y 的副反应中，酸效应的影响大，因此 $\alpha_{Y(H)}$ 是重要的副反应系数。

例 12－7 pH＝6.0 时，含 Zn^{2+} 和 Ca^{2+} 的浓度均为 0.010 mol·L^{-1}的 EDTA 溶液中，$\alpha_{Y(Ca)}$ 及 α_Y 是多少？

解：欲求 $\alpha_{Y(Ca)}$ 及 α_Y 值，应将 Zn^{2+} 与 Y 的反应看作主反应，Ca^{2+} 作为共存离子。Ca^{2+} 与 Y 的副反应系数为 $\alpha_{Y(Ca)}$，酸效应系数为 $\alpha_{Y(H)}$，α_Y 值为总副反应系数。

查表 12－7 得 $K^{\ominus}_{CaY}=10^{10.69}$；查表 12－8 得知 pH＝6.0 时，$\alpha_{Y(H)}=10^{4.65}$。代入式(12－10)、(12－11)

得 $$\alpha_{Y(Ca)} = 1 + K^{\ominus}_{CaY}[Ca^{2+}]$$

因此 $$\alpha_{Y(Ca)} = 1 + 10^{10.69} \times 0.010 \approx 10^{8.7}$$

因为 $$\alpha_Y = \alpha_{Y(H)} + \alpha_{Y(Ca)} - 1$$

所以 $$\alpha_Y = 10^{4.65} + 10^{8.7} - 1 \approx 10^{8.7}$$

(2)金属离子 M 的副反应及副反应系数 α_M。在 EDTA 滴定中，由于其他配位剂的存在，使金属离子参加主反应的能力降低的现象称为配位效应。金属离子发生配位反应的副反应系数用 α_M 表示，α_M 又称为配位效应系数，它表示未与 EDTA 配位的金属离子的各种存在形式的总浓度$[M]_{总}$与游离金属离子浓度[M]之比：

$$\alpha_M = \frac{[M]_{总}}{[M]} \qquad (12-12)$$

由辅助配位剂 L 与金属离子 M 所引起的副反应，其副反应系数用 $\alpha_{M(L)}$ 表示：

$$\alpha_{M(L)} = \frac{[M]+[ML_1]+[ML_2]+\cdots+[ML_n]}{[M]}$$

$$= 1 + \beta_1 \cdot [L] + \beta_2 \cdot [L]^2 + \cdots + \beta_n \cdot [L]^n \qquad (12-13)$$

由 OH^- 与金属离子 M 形成羟基配合物所引起的副反应，其副反应系数用 $\alpha_{M(OH)}$ 表示：

$$\alpha_{M(OH)} = \frac{[M]+[M(OH)]+[M(OH)_2]+\cdots+[M(OH)_n]}{[M]}$$

$$= 1 + \beta_1 \cdot [OH^-] + \beta_2 \cdot [OH^-]^2 + \cdots + \beta_n \cdot [OH^-]^n \qquad (12-14)$$

常见金属离子的 $\lg\alpha_{M(OH)}$ 值可查表 12－9。

表 12－9　金属离子的 $\lg\alpha_{M(OH)}$ 值

金属离子	离子强度	pH 值													
		1	2	3	4	5	6	7	8	9	10	11	12	13	14
Al^{3+}	2	—	—	—	—	0.4	1.3	5.3	9.3	13.3	17.3	21.3	25.3	29.3	33.3
Bi^{3+}	3	0.1	0.5	1.4	2.4	3.4	4.4	5.4	—	—	—	—	—	—	—
Ca^{2+}	0.1	—	—	—	—	—	—	—	—	—	—	—	—	0.3	1.0
Cd^{2+}	3	—	—	—	—	—	—	—	—	0.1	0.5	2.0	4.5	8.1	12.0
Co^{2+}	0.1	—	—	—	—	—	—	—	0.1	0.4	1.1	2.2	4.2	7.2	10.2
Cu^{2+}	0.1	—	—	—	—	—	—	—	0.2	0.8	1.7	2.7	3.7	4.7	5.7
Fe^{2+}	1	—	—	—	—	—	—	—	—	0.1	0.6	1.5	2.5	3.5	4.5
Fe^{3+}	3	—	—	0.4	1.8	3.7	5.7	7.7	9.7	11.7	13.7	15.7	17.7	19.7	21.7
Hg^{2+}	0.1	—	—	0.5	1.9	3.9	5.9	7.9	9.9	11.9	13.9	15.9	17.9	19.9	21.9
La^{3+}	3	—	—	—	—	—	—	—	—	—	0.3	1.0	1.9	2.9	3.9
Mg^{2+}	0.1	—	—	—	—	—	—	—	—	—	—	0.1	0.5	1.3	2.3
Mn^{2+}	0.1	—	—	—	—	—	—	—	—	—	0.1	0.5	1.4	2.4	3.4
Ni^{2+}	0.1	—	—	—	—	—	—	—	—	0.1	0.7	1.6	—	—	—
Pb^{2+}	0.1	—	—	—	—	—	—	0.1	0.5	1.4	2.7	4.7	7.4	10.4	13.4
Th^{4+}	1	—	—	—	0.2	0.8	1.7	2.7	3.7	4.7	5.7	6.7	7.7	8.7	9.7
Zn^{2+}	0.1	—	—	—	—	—	—	—	—	0.2	2.4	5.4	8.5	11.8	15.5

金属离子的总副反应系数：

$$\alpha_M=\frac{[M]_{总}}{[M]}=\frac{[M]+[ML_1]+\cdots+[ML_n]+[M(OH)]+\cdots+[M(OH)_n]}{[M]}$$

$$=\alpha_{M(L)}+\alpha_{M(OH)}-1\approx\alpha_{M(L)}+\alpha_{M(OH)} \qquad (12-15)$$

(3)配合物 MY 的副反应。这种副反应在酸度较高或较低下发生。酸度高时，生成酸式配合物(MHY)，其副反应系数用 $\alpha_{MY(H)}$ 表示；酸度低时，生成碱式配合物(MOHY)，其副反应系数用 $\alpha_{MY(OH)}$ 表示。酸式配合物和碱式配合物一般不太稳定，一般计算中可忽略不计。

例 12－8　在 0.010 $mol\cdot L^{-1}$ 锌氨溶液中，$c(NH_3)=0.10\ mol\cdot L^{-1}$，pH＝10.0 和 pH＝11.0 时，计算 Zn^{2+} 的总副反应系数。

解：查附录表 11 得 $Zn(NH_3)_4^{2+}$ 的各级累积常数为：$\lg\beta_1=2.27$、$\lg\beta_2=4.61$、$\lg\beta_3=7.01$、$\lg\beta_4=9.06$，根据式(12－13)得

$$\alpha_{Zn(NH_3)}=1+\beta_1[NH_3]+\beta_2[NH_3]^2+\beta_3[NH_3]^3+\beta_4[NH_3]^4$$

$$=1+10^{2.27}\times(0.10)+10^{4.61}\times(0.10)^2+10^{7.01}\times(0.10)^3+10^{9.06}\times(0.10)^4$$

$$=10^{5.01}$$

(1)查表 12－9，pH＝10.0 时，$\lg\alpha_{Zn(OH)}=2.4$，即 $\alpha_{Zn(OH)}=10^{2.4}$。

根据式(12－15)得

$$\alpha_{Zn^{2+}}=\alpha_{Zn(NH_3)}+\alpha_{Zn(OH)}-1$$

因此 $$\alpha_{Zn^{2+}}=10^{5.01}+10^{2.4}-1\approx10^{5.01}$$

(2)查表 12-9，pH=11.0 时，$\lg\alpha_{Zn(OH)}=5.4$，即 $\alpha_{Zn(OH)}=10^{5.4}$。

$$\alpha_{Zn^{2+}}=\alpha_{Zn(NH_3)}+\alpha_{Zn(OH)}-1$$

因此 $$\alpha_{Zn^{2+}}=10^{5.4}+10^{5.01}-1\approx10^{5.6}$$

(3)条件稳定常数。通过上述副反应对主反应影响的讨论，用稳定常数 $K^{\ominus}_{MY}$ 描述配合物的稳定性显然是不符合实际情况的，应将副反应的影响一起考虑。

为了了解不同副反应条件下配合物的稳定性，就必须从$[Y]_{总}$与 $[Y^{4-}]$、$[M]_{总}$和$[M]$的关系来考虑(多数情况下溶液的酸碱性不是太强时，产物不形成酸式或碱式配合物，故 $\lg\alpha_{MY}$忽略不计)。

由 α_Y 定义式可得 $$[Y^{4-}]=\frac{[Y]_{总}}{\alpha_Y}$$

由 α_M 定义式可得 $$[M]=\frac{[M]_{总}}{\alpha_M}$$

将上式带入式 $$K^{\ominus}_{MY}=\frac{[MY]}{[M]\cdot[Y^{4-}]}=\frac{[MY]\cdot\alpha_Y\cdot\alpha_M}{[M]_{总}\cdot[Y]_{总}}$$

有 $$\frac{[MY]}{[M]_{总}\cdot[Y]_{总}}=\frac{K^{\ominus}_{MY}}{\alpha_Y\cdot\alpha_M}=K^{\ominus'}_{MY}$$

两边取对数得 $$\lg K^{\ominus'}_{MY}=\lg K^{\ominus}_{MY}-\lg\alpha_Y-\lg\alpha_M \qquad (12-16)$$

式中，$K^{\ominus'}_{MY}$是考虑了各种副反应的 EDTA 金属离子配合物的稳定常数，称为条件稳定常数。条件稳定常数是利用副反应系数进行校正后的实际稳定常数。条件稳定常数 $K^{\ominus'}_{MY}$的大小说明在某些外因(H^+ 和 L)影响下金属离子配合物的实际稳定程度。因此，只要有副反应存在，$\lg K^{\ominus'}_{MY}$总是小于 $\lg K^{\ominus}_{MY}$，说明副反应的存在，降低了配合物的稳定性和主反应进行的完全程度，应用 $K^{\ominus'}_{MY}$更能正确地判断金属离子和 EDTA 的配位情况。

如果只有酸效应，式(12-16)又简化成：

$$\lg K^{\ominus'}_{MY}=\lg K^{\ominus}_{MY}-\lg\alpha_{Y(H)} \qquad (12-17)$$

式(12-17)表示在一定酸度条件下，用 EDTA 溶液总浓度$[Y]_{总}$表示的稳定常数。它的大小说明在溶液酸度影响下配合物 MY 的实际稳定程度。条件稳定常数随溶液的 pH 值不同而发生变化。应用条件稳定常数比用稳定常数更能正确地判断金属离子和 EDTA 的配位情况，因此 $K^{\ominus'}_{MY}$在选择配位滴定的 pH 条件时有着重要意义。

例 12-9 计算 pH=2.0 和 pH=5.0 时的 $\lg K^{\ominus'}_{ZnY}$值。

解:查表可得 $\lg K^{\ominus}_{ZnY}=16.5$

pH=2.0 时，查表 12-8 得 $\lg\alpha_{Y(H)}=13.5$，所以

$$\lg K^{\ominus'}_{ZnY}=\lg K^{\ominus}_{ZnY}-\lg\alpha_{Y(H)}=16.5-13.5=3.0$$

pH=5.0 时，$\lg\alpha_{Y(H)}=6.6$，所以

$$\lg K^{\ominus'}_{ZnY}=\lg K^{\ominus}_{ZnY}-\lg\alpha_{Y(H)}=16.5-6.6=9.9$$

由计算结果可知，若在 pH=2.0 时滴定 Zn^{2+} 离子，由于副反应严重，$\lg K^{\ominus'}_{ZnY}=3.0$，ZnY 配合物很不稳定，配位反应进行不完全，而在 pH=5.0 时滴定 Zn^{2+} 离子，$\lg K^{\ominus'}_{ZnY}=9.9$，ZnY 配合物很稳定，配位反应进行很完全。

从表 12-8 和式(12-17)可知，pH 值愈大，$\lg\alpha_{Y(H)}$ 值愈小，条件稳定常数愈大，配位反

应愈完全，对滴定愈有利。但 pH 值太大，金属离子会水解生成氢氧化物沉淀，此时就难以用 EDTA 直接滴定该种金属离子。另一方面，pH 值降低，条件稳定常数就减小。对稳定性高的配合物，溶液的 pH 值即使稍低一些，仍可进行滴定，而对稳定性差的配合物，若溶液的 pH 值低，就不能滴定。

例 12－10 已知 pH＝10.0 时，$\lg\alpha_{Y(H)}=0.50$，$\lg\alpha_{Zn(OH)}=2.4$。计算 $c(NH_3)=0.10\ mol\cdot L^{-1}$时的 $\lg K_{ZnY}^{\ominus'}$值。

解： 查表 $K_{ZnY}^{\ominus}=10^{16.5}$，$[Zn(NH_3)_4]^{2+}$的 $\beta_1=10^{2.27}$，$\beta_2=10^{4.61}$，$\beta_3=10^{7.01}$，$\beta_4=10^{9.06}$

$$\begin{aligned}\alpha_{Zn(NH_3)}&=1+\beta_1[NH_3]+\beta_2[NH_3]^2+\beta_3[NH_3]^3+\beta_4[NH_3]^4\\&=1+10^{2.27}\times0.1+10^{4.61}\times0.1^2+10^{7.01}\times0.1^3+10^{9.06}\times0.1^4\\&=10^{5.1}\end{aligned}$$

$$\alpha_{Zn}=\alpha_{Zn(NH_3)}+\alpha_{Zn(OH)}-1=10^{5.1}+10^{2.4}-1\approx10^{5.1}$$

得 $$\lg K_{ZnY}^{\ominus'}=\lg K_{ZnY}^{\ominus}-\lg\alpha_{Y(H)}-\lg\alpha_{Zn}=16.5-0.5-5.1=10.9$$

12.5.3 金属指示剂

配位滴定指示终点的方法中最重要的是使用金属离子指示剂(简称为金属指示剂)指示终点。我们知道，酸碱指示剂是以指示溶液中 H^+ 浓度的变化确定终点，而金属指示剂则是以指示溶液中金属离子浓度的变化确定终点。

1. 金属指示剂的作用原理

金属指示剂是一种有机配位剂，它能与金属离子形成与其本身颜色显著不同的配合物。例如，在滴定前加入金属指示剂(用 In 表示金属指示剂的配位基团)，则 In 与待测金属离子 M 有如下反应(省略电荷)：

$$\underset{}{M}+\underset{\text{甲色}}{In}\rightleftharpoons\underset{\text{乙色}}{MIn}$$

这时溶液呈金属指示剂配合物 MIn(乙色)的颜色。当滴入 EDTA 溶液后，Y 先与游离的 M 结合。随着 EDTA 的滴入，游离金属离子逐步被配位形成 MY 配合物。等到游离金属离子几乎完全配位后，继续滴加 EDTA 时，EDTA 夺取指示剂配合物 MIn 中的金属离子 M，使指示剂 In 游离出来，溶液由乙色变为甲色，指示滴定终点的到达。

$$\underset{\text{乙色}}{MIn}+Y\rightleftharpoons MY+\underset{\text{甲色}}{In}$$

由于测定不同的金属离子要求的酸度不同，而且指示剂本身也大多是多元的有机酸，只有在一定条件下才能正确指示终点，所以要求指示剂与金属离子形成配合物的条件与 EDTA测定金属离子的酸度条件相符合。

2. 金属指示剂的理论变色点及选择

金属指示剂在溶液中存在下列平衡：

$$MIn\rightleftharpoons M+In$$

由于金属指示剂(In)多是有机弱酸碱，所以存在酸效应，故

$$K_{MIn}^{\ominus'}=\frac{[MIn]}{[M][In']}=\frac{K_{MIn}}{\alpha_{In(H)}}$$

$$\lg K_{\text{MIn}}^{\ominus'} = \text{pM} + \lg \frac{[\text{MIn}]}{[\text{In}']}$$

当[MIn]=[In′]时，溶液呈现 MIn 与 In 的混合色，称指示剂的变色点 pM_t，则有 $\lg K_{\text{MIn}}^{\ominus'} = \text{pM}$。可见指示剂变色点的 pM(即 pM_{ep})等于金属指示剂与金属离子形成的有色配合物的 $\lg K_{\text{MIn}}^{\ominus'}$。需要注意的是:金属指示剂不像酸碱指示剂那样有一个确定的变色点。这是因为金属指示剂既是配位剂，又具有酸碱性质。所以，指示剂与金属离子 M 的有色配合物(MIn)的条件稳定常数 $K_{\text{MIn}}^{\ominus'}$将随溶液 pH 的变化而变化。

金属指示剂的选择和酸碱滴定中指示剂的选择原则一样，即要求所选用的指示剂能在滴定“突跃”的 ΔpM 范围之内发生颜色变化，并且指示剂变色点的 pM 值应尽量与滴定计量点时的 pM 值相等或接近，以免发生较大的滴定误差。

3. 金属指示剂应具备的条件

要准确地指示配位滴定的终点，金属指示剂应具备下列条件:

(1)在滴定的 pH 范围内，游离指示剂与其金属配合物之间应有明显的颜色差别。

(2)指示剂与金属离子生成的配合物应有适当的稳定性。金属指示剂配合物 MIn 的稳定性应比金属-EDTA 配合物 MY 的稳定性低。如果稳定性过低，将导致滴定终点提前，且变色范围变宽，颜色变化不敏锐;如果稳定性过高，将导致终点拖后，甚至使 EDTA 无法夺取 MIn 中的 M，使得滴定到达化学计量点时也不发生颜色突变，无法确定终点。实践证明，两者的稳定常数之差在 100 倍左右为宜。即 $\lg K_{\text{MY}}^{\ominus'} - \lg K_{\text{MIn}}^{\ominus'} \geqslant 2$。

(3)指示剂与金属离子的反应迅速，变色灵敏，可逆性强，生成配合物易溶于水，稳定性好，便于贮存和使用。

4. 常用金属指示剂

(1)铬黑 T。铬黑 T 简称 EBT 或 BT，是一种黑褐色粉末，常有金属光泽，溶于水后结合在磺酸根上的 Na^+ 全部电离，以阴离子形式存在于溶液中。铬黑 T 以 H_2In^- 表示。

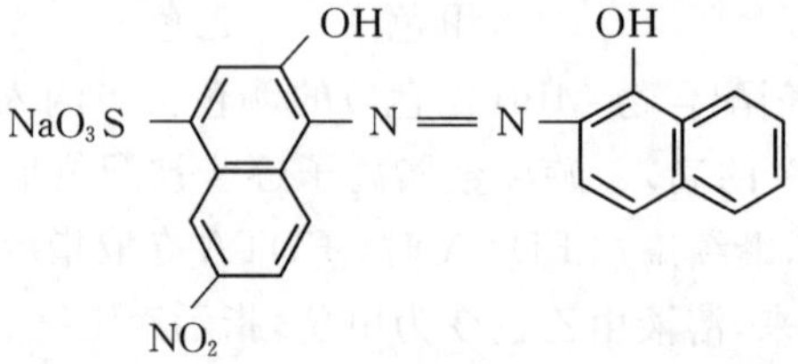

1-(1-羟基-2萘偶氮基)-6-硝基-2-萘酚-4-磺酸钠

H_2In^-	$\rightleftharpoons$	HIn^{2-}	$\rightleftharpoons$	In^{3-}
pH 6.3		pH=8～11		pH>11.5
红紫色		蓝色		橙黄色

铬黑 T 能在一定条件下与许多金属离子(如 Ca^{2+}、Mg^{2+}、Zn^{2+} 等)形成酒红色配合物，显然，铬黑 T 在 pH<6 或 pH>12 时，游离指示剂的颜色与形成的金属离子配合物的颜色没有显著的差别。只有在 pH 值为 8～11 时进行滴定，终点由金属离子配合物的酒红色变成游离指示剂的蓝色，颜色变化才显著，因此，铬黑 T 最适宜使用的酸度范围是 pH=8～11。在滴定 Ca^{2+}、Mg^{2+}、Zn^{2+} 等离子时，Al^{3+}、Fe^{2+}、Cu^{2+}、Ni^{2+} 等对 EBT 有封闭作用，应预先分离或加入三乙醇胺及 KCN 掩蔽。单独滴定 Ca^{2+} 时，变色不敏锐，常用于滴定钙、镁的总含量。滴定终点的颜色为酒红色→纯蓝色。

铬黑 T 在水溶液中容易发生聚合反应，在碱性溶液中很容易被空气中的氧气及其他氧化性离子氧化而褪色，可加入三乙醇胺和抗坏血酸防止聚合反应和氧化反应的进行。

在实际使用过程中，常将铬黑与 NaCl(或 KNO_3)按一定比例(1∶100)研细、混匀配成固体使用，也可用 EBT 和乳化剂 OP(聚乙二醇辛基苯基醚)配成水溶液，其中 OP 为 1%，EBT 为 0.001%，该溶液可以保存两个月左右。

(2)钙指示剂。钙指示剂简称 NN，又叫钙红，是一种黑色固体，最适宜使用的酸度范围是 pH=12～13，是测钙的专用指示剂。

$$\underset{\substack{pH<7.4\\ \text{粉红色}}}{H_2In} \rightleftharpoons \underset{\substack{pH=8\sim13\\ \text{蓝色}}}{HIn} \rightleftharpoons \underset{\substack{pH>13.5\\ \text{粉红色}}}{In}$$

Fe^{3+}、Al^{3+}、Ti^{4+}、Cu^{2+}、Ni^{2+}、Co^{2+}、Mn^{2+} 等离子对指示剂有封闭作用，应预先分离或加入三乙醇胺及 KCN 掩蔽。在测定条件下，与钙离子形成呈酒红色配合物，滴定终点颜色为酒红→纯蓝；由于钙指示剂的水溶液或乙醇溶液均不稳定，故也常配成固体使用，配制方法同 EBT。

(3)PAN 指示剂。PAN 为橘红色结晶，难溶于水，可溶于碱、氨溶液及甲醇等溶剂，通常配成 0.1%乙醇溶液。适宜使用的酸度范围为 pH=2～12，自身显黄色。在测定条件下与 Th^{4+}、Bi^{3+}，Ni^{2+}、Pb^{2+}、Cd^{2+}、Zn^{2+}、Mn^{2+} 等离子形成紫红色配合物。滴定终点颜色为紫红→亮黄色。PAN 和金属离子的配合物在水中溶解度小，为防止 PAN 僵化，滴定时必须加热。

(4)二甲酚橙(XO)。二甲酚橙简称 XO，属于三苯甲烷类显色剂，一般所用的是二甲酚橙的四钠盐，为紫色结晶，易溶于水，通常配成 0.5%水溶液，可保存 2～3 周。XO 能与金属离子形成紫红色配合物。最适宜使用的酸度范围是 pH<6.3，滴定终点颜色为紫红→亮黄色。

部分常用金属指示剂列于表 12-10 中。

表 12-10 常用的金属指示剂

指示剂	滴定元素	颜色变化	配制方法	对指示剂封闭离子
酸性铬蓝 K	Mg(pH=10) Ca(pH=12)	红～蓝	0.1%乙醇溶液	
钙指示剂	Ca(pH=12～13)	酒红～蓝	与 NaCl 按 1∶100 的质量比混合	Co^{2+}、Ni^{2+}、Cu^{2+}、Fe^{3+}、Al^{3+}、Ti^{4+}
铬黑 T	Ca(pH=10，加入 EDTA-Mg) Mg(pH=10) Pb(pH=10，加入酒石酸钾) Zn(pH=6.8～10)	红～蓝 红～蓝 红～蓝 红～蓝	与 NaCl 按 1∶100 的质量比混合	Co^{2+}、Ni^{2+}、Cu^{2+}、Fe^{3+} Al^{3+}、Ti(Ⅳ)
紫脲酸胺	Ca(pH>10，φ=25%乙醇) Cu(pH=7～8) Ni(pH=8.5～11.5)	红～紫 黄～紫 黄～紫红	与 NaCl 按 1∶100 的质量比混合	

续表

指示剂	滴定元素	颜色变化	配制方法	对指示剂封闭离子
PAN	Cu(pH=6) Zn(pH=5～7)	红～黄 粉红～黄	1 g/L 乙醇溶液	
磺基水杨酸	Fe(Ⅲ)(pH=1.5～3)。	红紫～黄	10～20 g/L 水溶液	

5. 指示剂在使用过程中常出现的问题

(1)指示剂的封闭现象。由于指示剂与金属离子生成了稳定的配合物($\lg K_{MY}^{\ominus'} \leqslant \lg K_{MIn}^{\ominus'}$),以至于到化学计量点时,滴入过量的 EDTA 也不能把指示剂从其金属离子的配合物中置换出来,看不到颜色变化,这种现象叫指示剂的封闭。

例如,测定 Ca^{2+}、Mg^{2+} 时,Al^{3+}、Fe^{3+}、Cu^{2+}、Ni^{2+}、Co^{2+} 等离子对铬黑 T 指示剂和钙指示剂有封闭作用,可用 KCN 掩蔽 Cu^{2+}、Ni^{2+}、Co^{2+} 和三乙醇胺掩蔽 Al^{3+}、Fe^{3+}。如发生封闭作用的离子是被测离子,一般利用返滴定法来消除干扰。如 Al^{3+} 对二甲酚橙有封闭作用,测定 Al^{3+} 时可先加入过量的 EDTA 标准溶液,使 Al^{3+} 与 EDTA 完全配位后,再调节溶液 pH=5～6,用 Zn^{2+} 标准溶液返滴定,即可克服 Al^{3+} 对二甲酚橙的封闭作用。

有时,指示剂的封闭现象是由于有色配合物的颜色变化为不可逆反应所引起的,这时虽然 $\lg K_{MIn}^{\ominus'} \leqslant \lg K_{MY}^{\ominus'}$,但由于颜色变化为不可逆,有色化合物不能很快被置换出来,可采用返滴定法。

(2)指示剂的僵化现象。由于指示剂与金属离子生成的配合物的溶解度很小,使EDTA与指示剂金属离子配合物之间的置换反应缓慢,终点延长,这种现象叫指示剂的僵化。例如,PAN 指示剂在温度较低时易发生僵化,可通过加入有机溶剂或加热的方法避免。

(3)指示剂的氧化变质现象。指示剂在使用或贮存过程中,由于受空气中的氧气或其他物质(氧化剂)的作用发生变质而失去指示终点作用的现象。可通过配成固体或配成有机溶剂的溶液的方法消除;配成水溶液时可加入一定量的还原剂如盐酸羟胺等。

12.5.4 配位滴定原理

在酸碱滴定中,随着滴定剂的加入,溶液中 H^+ 的浓度发生改变,当达到计量点时,溶液的 pH 值发生突变。配位滴定与此相似,通常是用 EDTA 标准溶液滴定金属离子 M,随着 EDTA 标准溶液的不断加入,溶液中金属离子浓度不断减小。和利用 pH 表示$[H^+]$一样,当金属离子浓度$[M^{n+}]$很小时,用 pM(即$-\log[M^{n+}]$)表示比较方便。当滴定达到计量点时,pM 将发生突变,可利用金属指示剂来指示计量点。

以被测金属离子浓度的负对数 pM 对应滴定剂 EDTA 加入的体积作图,可得配位滴定曲线。为了正确理解和掌握配位滴定的条件与影响因素,有必要详细讨论配位滴定的滴定曲线。

1. 配位滴定曲线

现以 pH=10.0 时,用 0.01000 $mol \cdot L^{-1}$ EDTA 标准溶液滴定 20.00 mL 0.01000 $mol \cdot L^{-1}$ Ca^{2+} 溶液为例,计算滴定过程中金属离子浓度 pCa 的变化。

滴定反应为　　$Ca^{2+} + Y \rightleftharpoons CaY$　　$\lg K_{CaY}^{\ominus} = 10.69$

查表得 pH＝10.0 时，$\lg\alpha_{Y(H)}=0.45$，则

$$\lg K_{CaY}^{\ominus'}=\lg K_{CaY}^{\ominus}-\lg\alpha_{Y_{(H)}}$$
$$=10.69-0.45=10.24$$

说明配合物很稳定，可以进行测定。

现将滴定过程分为四个主要阶段，讨论溶液 pCa 随滴定剂的加入呈现的变化。

(1)滴定前。此时，溶液中$[Ca^{2+}]=0.01000\ mol\cdot L^{-1}$，则 $pCa=-\lg[Ca^{2+}]=-\lg 0.01000=2.00$

(2)滴定至化学计量点前。假设滴入 V mL($V<20.00$ mL)EDTA 标准溶液，由于发生了配位反应，溶液中剩余的 Ca^{2+} 离子浓度为：

$$[Ca^{2+}]=0.01000\times\frac{20.00-V}{20.00+V}$$

当 $V=19.80$ mL 时

$$[Ca^{2+}]=0.01000\times\frac{20.00-19.80}{20.00+19.80}=5.0\times10^{-5}(mol\cdot L^{-1})$$
$$pCa=4.3$$

当 $V=19.98$ mL 时

$$[Ca^{2+}]=0.01000\times\frac{20.00-19.98}{20.00+19.98}=5.0\times10^{-6}(mol\cdot L^{-1})$$
$$pCa=5.3$$

(3)化学计量点。化学计量点时，$V=20.00$ mL，Ca^{2+} 几乎全部与 EDTA 配位形成 CaY。同时，溶液中存在以下平衡：

$$CaY \rightleftharpoons Ca^{2+}+Y$$

由于溶液的体积增大一倍，则溶液中 $[CaY]=0.005000\ mol\cdot L^{-1}$，并且有$[Ca^{2+}]=[Y]$，根据配位平衡有：

$$K_{CaY}^{\ominus'}=\frac{[CaY]}{[Ca^{2+}]\cdot[Y]}=\frac{[CaY]}{[Ca^{2+}]^2}$$

所以
$$[Ca^{2+}]=\sqrt{\frac{[CaY]}{K_{CaY}^{\ominus'}}}=\sqrt{\frac{0.005000}{10^{10.24}}}=5.3\times10^{-7}(mol\cdot L^{-1})$$
$$pCa=6.27$$

(4)化学计量点后。化学计量点后，溶液中 EDTA 过量，过量的 EDTA 会抑制配合物 CaY 的离解。当加入 20.02 mL 的 ETDA 时，溶液中过量的 Y 浓度为：

$$[Y]=0.01000\times\frac{20.02-20.00}{20.00+20.02}=5.0\times10^{-6}\ mol\cdot L^{-1}$$

由于化学计量点附近 CaY 的离解程度极小，所以有$[CaY]=0.005000\ mol\cdot L^{-1}$，代入条件稳定常数表达式得：

$$\frac{0.005000}{[Ca^{2+}]\cdot 5.0\times10^{-6}}=10^{10.24}$$
$$[Ca^{2+}]=5.8\times10^{-8}(mol\cdot L^{-1})$$
$$pCa=7.24$$

同理可求得任意时刻的 pCa，所得数据列于表 12－11 中。

表 12-11 pH=10 时，用 0.01000 mol·L^{-1} EDTA 滴定 20.00 mL 0.01000 mol·L^{-1} Ca^{2+}

加入 EDTA 量		被滴定 Ca^{2+}/%	过量 EDTA/%	$[Ca^{2+}]$ /(mol·L^{-1})	pCa
体积/mL	相当 Ca^{2+}/%				
0.00	0.0	—	—	0.01	2.0
18.00	90.0	90.0	—	5.3×10^{-4}	3.28
19.80	99.0	99.0	—	5.0×10^{-5}	4.30
19.98	99.9	99.9	—	5.0×10^{-6}	5.30
20.00	100.0	100.0	—	5.3×10^{-7}	6.27
20.02	100.1	—	0.1	5.8×10^{-8}	7.24
20.20	101.0	—	1.0	5.6×10^{-9}	8.24
22.00	110.0	—	10.0	5.6×10^{-10}	9.24
40.00	200.0	—	100.0	5.6×10^{-11}	10.20

根据表 12-11 数据，以 pCa 对 V_{EDTA} 作图即可得滴定曲线如图 12-6 所示。

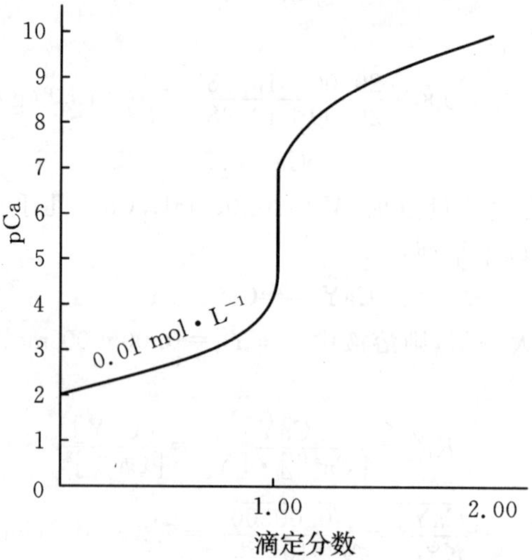

图 12-6 0.01000 mol·L^{-1} EDTA 滴定 20.00 mL 0.01000mol·L^{-1} Ca^{2+} 的滴定曲线

从上图可见，在 pH = 10.00 时，用 0.01000 mol·L^{-1} EDTA 滴定 20.00 mL 0.01000 mol·L^{-1} Ca^{2+}。化学计量点的 pCa=6.27，滴定突跃的 pCa 值为 5.3～7.24，滴定突跃较大。由于 CaY 中 Ca 和 Y 的摩尔比为 1∶1，所以化学计量点前后各 0.1%时的 pCa 值对称于化学计量点。

2. 影响滴定突跃范围的因素

与酸碱滴定相类似，被滴定的金属离子浓度和滴定产物的稳定性都会影响滴定反应的完全程度，因而也会影响滴定突跃的大小。

(1)配合物的条件稳定常数对滴定突跃的影响。假定被测定的金属离子的初始浓度为 0.01000 mol·L^{-1}，$\lg K_{MY}^{\ominus'}$分别为 4、6、8、10、12、14 时，用相同浓度的 EDTA 滴定，按上述方法计算滴定过程的 pM 值，并依计算值绘出相应滴定曲线如图 12-7 所示。从图 12-7 可知，配合物的条件稳定常数越大，滴定突跃也愈大。

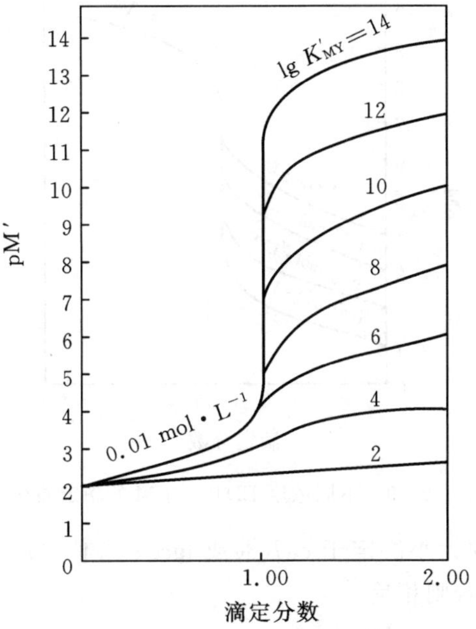

图 12-7 不同的 $\lg K^{\ominus'}_{MY}$ 滴定曲线

(2)酸度对滴定突跃的影响。由式(12-16)可知,影响配合物的条件稳定常数的因素首先是配合物的稳定常数,而溶液的酸度、辅助配位剂等因素对其也有影响。①酸度:酸度高时,$\lg\alpha_{Y(H)}$ 大,$\lg K^{\ominus'}_{MY}$ 变小。因此滴定突跃就减小。②其他配位剂的配位作用:滴定过程中加入掩蔽剂、缓冲溶液等辅助配位剂的作用会增大 $\lg\alpha_{M(L)}$ 值,使 $\lg K^{\ominus'}_{MY}$ 变小,因而滴定突跃就减小。不同 pH 值对滴定突跃影响见图 12-8。

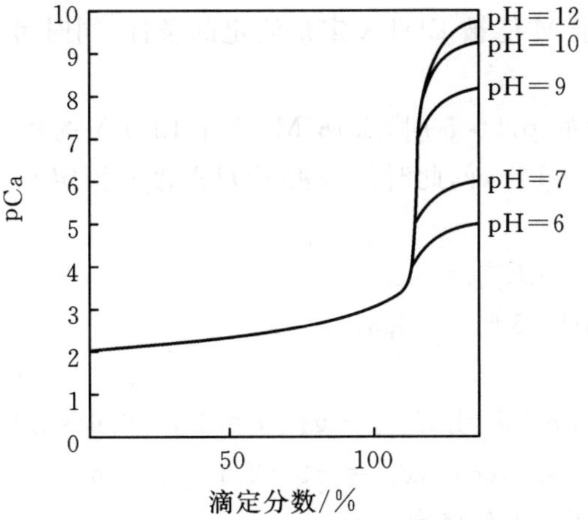

图 12-8 不同 pH 值时 0.01000 $mol \cdot L^{-1}$ EDTA 滴定 20.00 mL 0.01000 $mol \cdot L^{-1}$ Ca^{2+} 的滴定曲线

(3)金属离子浓度对滴定突跃的影响。当测定条件一定时,金属离子浓度越大,滴定曲线的起点越低,滴定突跃就越大,如图 12-9 所示。

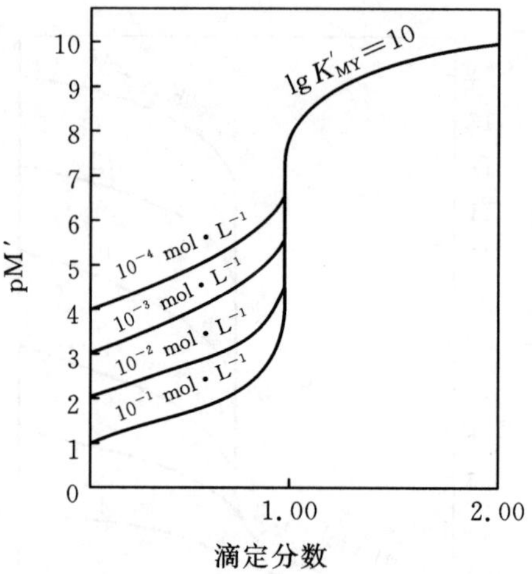

图 12-9 不同浓度 EDTA 与 M 的滴定曲线

综上所述，滴定突跃的大小决定于 $c_M K_{MY}^{\ominus'}$ 或 $\lg c_M K_{MY}^{\ominus'}$ 值，$\lg c_M K_{MY}^{\ominus'}$ 越大，滴定反应进行得越完全，滴定突跃越大，否则相反。

3. 金属离子能被定量测定的条件

金属离子能否被定量滴定，使滴定误差控制在允许范围(≤0.1%)内，这是决定一种分析方法是否适用的首要条件，实践和理论证明，在配位滴定中，若某金属离子 M 浓度为 c_M，能被 EDTA 定量滴定，必须满足

$$\lg c_M K_{MY}^{\ominus'} \geqslant 6 \tag{12-18}$$

若测定时金属离子的浓度控制为 0.01000 mol·L⁻¹，则有

$$\lg K_{MY}^{\ominus'} \geqslant 8 \tag{12-19}$$

式(12-18)即为金属离子 M 能被 EDTA 定量滴定的条件，同时考虑必须有确定滴定终点的方法。

例 12-11 当溶液的 pH=5 时，金属 Mg^{2+} 和 EDTA 的条件稳定常数为多少？若 Mg^{2+} 的浓度为 0.02 mol·L⁻¹，问此时能否被 EDTA 准确滴定？如果溶液的 pH=10 时，情况如何？

解：查表 12-7 得　　$\lg K_{MgY}^{\ominus}=8.7$

查表 12-8 得　　pH=5 时　　$\lg \alpha_{Y(H)}=6.6$

则

$$\lg K_{MgY}^{\ominus'}=\lg K_{MgY}^{\ominus}-\lg \alpha_{Y(H)}=8.7-6.6=2.1$$

$$\lg c_{Mg} K_{MgY}^{\ominus'}=-2+2.1=0.1 \ll 6$$

因此，pH=5 时，EDTA 不能准确滴定 Mg^{2+}。

当 pH=10 时，查表 12-8 得 $\lg \alpha_{Y(H)}=0.5$

则

$$\lg K_{MgY}^{\ominus'}=\lg K_{MgY}^{\ominus}-\lg \alpha_{Y(H)}=8.7-0.5=8.2$$

$$\lg c_{Mg} K_{MgY}^{\ominus'}=-2+8.2=6.2>6$$

说明 pH=10 时，能用 EDTA 准确滴定 Mg^{2+}。

通过以上计算表明，反应条件（溶液的酸度）不同，配合物的条件稳定常数 $K^{\ominus'}_{MY}$ 就不同，同一种金属离子往往在酸度较高时不能被准确滴定，降低酸度后就可以被准确滴定。

4. 配位滴定中酸度的控制

由前面讨论可知，酸效应和水解效应均能降低配合物的稳定性，两种因素相互制约，综合考虑就可得到一个最合适的酸度范围。在这个范围内，条件稳定常数能够满足滴定要求，金属离子也不发生水解。若超出这一酸度范围，将引起较大的误差。

（1）最高酸度（pH_{min}）及酸效应曲线。金属离子被 EDTA 定量滴定时必须满足 $\lg K^{\ominus'}_{MY} \geqslant 8$，而 $\lg K^{\ominus'}_{MY}$ 与 $\lg K^{\ominus}_{MY}$、$\lg\alpha_{Y(H)}$ 有关，由于不同金属离子 $\lg K^{\ominus}_{MY}$ 不同，则各金属离子能被 EDTA 稳定配位时所允许的最高酸度（即最小 pH 值）不同。根据 $\lg K^{\ominus'}_{MY} \geqslant 8$ 和 $\lg K^{\ominus'}_{MY} = \lg K^{\ominus}_{MY} - \lg\alpha_{Y(H)}$ 可求得每一个金属离子能被 EDTA 定量配位时的最大 $\lg\alpha_{Y(H)}$，然后查表 12－8，就可得到对应的最小 pH 值，即 pH_{min}。将各种金属离子的 $\lg K^{\ominus}_{MY}$ 与其最小 pH 值绘成曲线，称为 EDTA 的酸效应曲线，如图 12－10 所示。

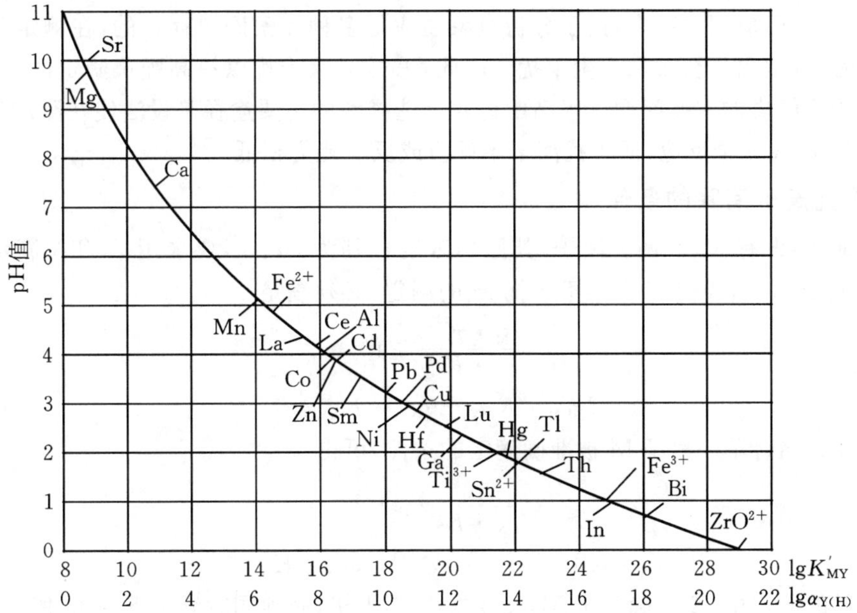

图 12－10　EDTA 的酸效应曲线

酸效应曲线是配位平衡中的重要曲线，利用它可以确定单独定量滴定某一金属离子的最小 pH 值，还可判断在一定 pH 值范围内测定某一离子时其他离子的存在对它的测定是否有干扰，可以判断分别滴定和连续滴定两种或两种以上离子的可能性。

（2）最低酸度（pH_{max}）。酸效应曲线只能说明测定某离子的最高酸度，即测定某一金属离子的 pH 值下限（pH_{min}），上限（pH_{max}）可由金属离子的水解情况求得。如

$$M^{n+} + nOH^- \rightleftharpoons M(OH)_n$$

若使 M^{n+} 不能生成沉淀则
$$[M^{n+}] \cdot [OH^-]^n \leqslant K^{\ominus}_{sp}$$

$$[OH^-] \leqslant \sqrt[n]{\frac{K^{\ominus}_{sp}}{[Mn^{n+}]}} \tag{12-20}$$

例 12－12　用 0.01000 mol·L^{-1} EDTA 滴定 0.01000 mol·L^{-1} Fe^{3+} 溶液，计算滴定

的最适宜的酸度范围。

解:已知 $\lg K^{\ominus}_{FeY}=25.1$，根据式(12-17)和(12-19)得

$$\lg\alpha_{Y(H)}=\lg K^{\ominus}_{FeY}-8=25.1-8=17.1$$

查表 12-8 得 $pH_{min}=1.2$(最高酸度)

最低酸度由 $Fe(OH)_3$ 的溶度积关系式求出

$$[Fe^{3+}]\cdot[OH^-]^3\leqslant K^{\ominus}_{sp}$$

$$[OH^-]\leqslant\sqrt[3]{\frac{K^{\ominus}_{sp}}{[OH^-]}}=\sqrt[3]{\frac{4.0\times10^{-38}}{0.010}}=1.6\times10^{-12}(mol\cdot L^{-1})$$

$$pOH_{min}=11.8 \qquad pH_{max}=2.2$$

所以滴定时的最适宜酸度范围为 pH=1.2～2.2。

12.5.5 提高配位滴定选择性的方法

EDTA 能与绝大多数的金属离子形成稳定的配合物,这是 EDTA 得以广泛应用的原因。但是,在实际应用过程中,由于分析对象往往是多种元素同时存在的,在测定某一种离子的含量时,其他离子会对它产生干扰。因此,怎样消除干扰以提高配位滴定的选择性,是配位滴定法要解决的主要问题。提高配位滴定选择性的主要途径是设法使在测定条件下被测离子与 EDTA 完全反应,而干扰离子不反应或反应能力很低。

1. 干扰离子消除的条件

实践证明:设有 M、N 两种离子,其原始浓度分别为 c_M、c_N,要求用 EDTA 滴定时误差不大于 0.1%～1%,要使 N 离子不干扰 M 的测定,必须满足

$$\frac{c_M\cdot K^{\ominus'}_{MY}}{c_N\cdot K^{\ominus'}_{NY}}\geqslant10^5 \qquad (12-21)$$

或

$$\lg c_M\cdot K^{\ominus'}_{MY}-\lg c_N\cdot K^{\ominus'}_{NY}\geqslant5 \qquad (12-22)$$

由式(12-21)结合单一离子 M 被准确滴定的条件,可得

$$\frac{10^6}{c_N\cdot K^{\ominus'}_{NY}}\geqslant10^5$$

$$c_N\cdot K^{\ominus'}_{NY}\leqslant10 \quad 或 \quad \lg c_N\cdot K^{\ominus'}_{NY}\leqslant1$$

在混合离子的滴定中,要准确测定 M,又要求 N 不干扰,必须同时满足下列条件

$$\lg c_M\cdot K^{\ominus'}_{MY}\geqslant6$$

$$\lg c_N\cdot K^{\ominus'}_{NY}\leqslant1$$

2. 消除干扰的方法

(1)控制溶液的酸度。由于不同的金属离子 EDTA 配合物的稳定常数不同,各离子在被滴定时所允许的最小 pH 值也不同,溶液中同时有两种或两种以上的离子时,若控制溶液的酸度致使只有一种离子形成稳定配合物,而其他离子不被配位或形成的配合物很不稳定,这样就避免了干扰。例如:铅,铋(设它们的浓度均为 $0.01000\ mol\cdot L^{-1}$)的分别测定,就可采用控制酸度的方法测定铋而铅不干扰。

由酸效应曲线可得,测定铋的最小 pH 值为 0.7,即为控制酸度范围的 pH 值下限。要使铅不干扰,即必须满足 $\lg c_N\cdot K^{\ominus'}_{NY}\leqslant1$,或 $\lg K^{\ominus'}_{NY}\leqslant3$,再由 $\lg K^{\ominus'}_{NY}=\lg K^{\ominus}_{NY}-\lg\alpha_{Y(H)}$ 可求得相应的酸效应系数值为 $\lg\alpha_{Y(H)}\geqslant15.04$,查相应的酸效应曲线得 pH≤1.6,故在铅存在下测

定铋而铅不干扰的最适宜酸度为0.7～1.6，实际测定中一般选 pH=1。

利用控制溶液的酸度，是消除干扰比较方便的方法，只有当两种离子与 EDTA 形成配合物的条件稳定常数相差较大($c_M=c_N$时，$\Delta \lg K^\ominus \geqslant 5$)时，方可使用，否则只能用其他方法。

例 12-13 已知 Pb^{2+}、Ca^{2+}混合溶液中的 Pb^{2+} 和 Ca^{2+} 的浓度均为 0.01000 $mol \cdot L^{-1}$，问：(1)Ca^{2+}是否干扰 Pb^{2+} 的滴定？(2)滴定 Pb^{2+} 的适宜 pH 值范围。

解：查表得 $\lg K^\ominus_{PbY}=18.0$；$\lg K^\ominus_{CaY}=10.69$

(1)因为
$$\lg c_{Pb} \cdot K^\ominus_{PbY}=-2+18.0=16.0$$
$$\lg c_{Ca} \cdot K^\ominus_{CaY}=-2+10.69=8.69$$
$$\Delta \lg c \cdot K^\ominus=\lg c_{Pb} \cdot K^\ominus_{PbY}-\lg c_{Ca} \cdot K^\ominus_{CaY}=16.0-8.69=7.3>5$$

所以 Ca^{2+} 不干扰混合溶液中 Pb^{2+} 的滴定。

(2)最低 pH 值：查图 12-10，$\lg K^\ominus{}_{PbY}=18.0$ 时 pH=3.5。

因为由 Pb^{2+} 的水解可得

$$[OH^-]=\sqrt{\frac{K^\ominus_{sp,Pb(OH)_2}}{[Pb^{2+}]}}=\sqrt{\frac{1.2\times10^{-15}}{0.01}}=3.5\times10^{-7}(mol \cdot L^{-1})$$

解得
$$pH=7.5$$

又查图 12-10，$\lg K^\ominus_{CaY}=10.69$ 时，Ca^{2+} 离子的最低 pH=7.5。

所以最高 pH 值为 7.5。

因此，用 0.01 $mol \cdot L^{-1}$的 EDTA 滴定 Pb^{2+}、Ca^{2+} 混合溶液中的 Pb^{2+}，适宜的 pH 值范围是 3.5～7.5。

(2)利用掩蔽和解蔽方法。掩蔽是指利用掩蔽剂通过化学反应使干扰离子浓度降低，而达到不干扰测定的方法。掩蔽的方法依所发生的化学反应的不同，可分为配位掩蔽法、氧化还原掩蔽法和沉淀掩蔽法，其中用得最多的是配位掩蔽法。

①配位掩蔽法。利用配位反应降低干扰离子的浓度，从而消除干扰的方法叫配位掩蔽法。

例如，测定水的硬度时，Al^{3+}、Fe^{3+} 对 Ca^{2+}、Mg^{2+} 的测定有干扰，可加入三乙醇胺为掩蔽剂，它能与 Al^{3+}、Fe^{3+} 反应生成比与 EDTA 更稳定的配位化合物而不干扰测定。

为了得到较好的效果，配位滴定中的掩蔽剂应具备下列条件：

a. 干扰离子与掩蔽剂形成的配合物应远比与 EDTA 形成的配合物稳定，且掩蔽剂与干扰离子形成的配合物必须为无色或浅色。

b. 掩蔽剂不与被测离子配位，或者即使形成配合物，其稳定性远小于被测离子与 EDTA 配合物的稳定性。

c. 掩蔽剂与干扰离子形成配合物所需要的 pH 值范围应符合滴定所要求的 pH 值范围。

常用的配位掩蔽剂有 NH_4F、NaF、KCN、三乙醇胺和酒石酸等。

②氧化还原掩蔽法。利用氧化还原反应来改变干扰离子的价态以消除干扰的方法叫氧化还原掩蔽法。例如，Fe^{3+} 对 Bi^{3+} 的测定有干扰，而 Fe^{2+} 不干扰，因此，可利用抗坏血酸将 Fe^{3+} 还原为 Fe^{2+} 以达到消除干扰的目的($\lg K_{FeY^-}=25.10$，$\lg K_{FeY^{2-}}=14.33$)。配位滴定中常用的还原剂有抗坏血酸、盐酸羟胺、硫代硫酸钠等。

有些离子干扰某些组分的测定，可用氧化剂将其氧化为高价态以消除干扰，如 $Cr^{3+} \rightarrow$

$Cr_2O_7^{2-}$，$VO^{2+} \to VO_3^-$，$Mn^{2+} \to MnO_4^-$。常用的氧化剂有 H_2O_2、$(NH_4)_2S_2O_8$ 等。

③沉淀掩蔽法。利用沉淀反应消除干扰的方法叫沉淀掩蔽法。例如，用 EDTA 法测定水中 Ca^{2+} 时，溶液中的 Mg^{2+} 有干扰，可加入 NaOH 使 Mg^{2+} 形成 $Mg(OH)_2$ 沉淀来消除。

沉淀掩蔽法有一定的局限性。如有些沉淀反应不完全，掩蔽效率不高；沉淀反应发生时，通常伴随"共沉淀现象"，影响滴定的准确度，"共沉淀现象"有时还会对指示剂产生吸附作用，从而影响滴定终点的观察；有些沉淀颜色很深或体积庞大，也影响滴定终点的观察。因此，应用沉淀掩蔽法时应充分注意这些不利影响。

④解蔽方法。将干扰离子掩蔽，在测定被测离子后，在金属离子配合物的溶液中，再加入一种试剂（解蔽剂）将已被 EDTA 或掩蔽剂配位的金属离子释放出来的过程称为解蔽。利用掩蔽和解蔽方法可以在同一溶液中连续测定两种或两种以上的离子。

例如，测定溶液中的 Pb^{2+} 时，常用 KCN 掩蔽 Zn^{2+}、Cu^{2+}，测定完 Pb^{2+} 后，可用甲醛解蔽 $Zn(CN)_4^{2-}$ 中的 Zn^{2+}，可用 EDTA 继续滴定 Zn^{2+}，解蔽的反应为

$$Zn(CN)_4^{2-} + 4HCHO + 4H_2O \to Zn^{2+} + 4HOCH_2CN + 4OH^-$$

$Cu(CN)_4^{2-}$ 较稳定，用甲醛或三氯乙醛难以解蔽。

(3)化学分离法。当用上述两种方法消除干扰均有困难时，应当采用化学分离法先把被测离子或干扰离子分离出来，然后再进行测定。尽管分离手段很麻烦，但化学分离法在某些情况下是不可缺少的消除干扰的手段。

(4)选用其他配位滴定剂。EDTA 是最常应用的配位剂，当一般方法消除干扰有困难时，可选用其他有机配位剂，如 EGTA（乙二醇二乙醚二胺四乙酸）、EDTP（乙二胺四丙酸）等。如 EDTA 与 Ca^{2+}，Mg^{2+} 的配合物的 $\Delta\lg K^\ominus$ 较小（$\Delta\lg K^\ominus = \lg K_{CaY}^\ominus - \lg K_{MgY}^\ominus = 10.69 - 8.69 = 2.0$），而 EGTA 与 Ca^{2+}、Mg^{2+} 的配合物的 $\Delta\lg K^\ominus$ 较大（$\Delta\lg K^\ominus = \Delta\lg K_{Ca-EGTA}^\ominus - \lg K_{Mg-EGTA}^\ominus = 10.97 - 5.21 = 5.76 > 5$），满足式(12-22)的要求，就可用 EGTA 在 Ca^{2+}，Mg^{2+} 共存时直接滴定 Ca^{2+}，而 Mg^{2+} 不干扰。

12.5.6 配位滴定的方式及其应用

在配位滴定中，根据实际需要可采用不同的滴定方式，这样不仅可以增大配位滴定的范围，而且可以提高配位滴定的选择性。常用的方式有以下四种。

1. 直接滴定法

直接滴定法是配位滴定中最基本的方法。这种方法是将被测物质处理成溶液后，调节酸度（缓冲溶液），加入必要的试剂（掩蔽剂）和指示剂，直接用 EDTA 标准溶液滴定，然后根据消耗的 EDTA 标准溶液的体积，计算试样中被测组分的含量。

采用直接滴定法，必须符合下列几个条件：①被测定的金属离子与 EDTA 形成的配合物要稳定，即要满足 $\lg c_M K_{MY}^{\ominus'} \geq 6$ 的要求。②配位反应速度应很快。③在所选用的滴定条件下，被测的金属离子不发生水解反应，必要时可加入适当的辅助配位剂。④有敏锐的指示剂指示终点，且无封闭现象。

例如，水的硬度的测定。水的硬度是指水中除碱金属以外的全部金属离子的浓度。由于水中 Ca^{2+}、Mg^{2+} 含量高于其他金属离子，故通常以水中 Ca^{2+}、Mg^{2+} 总量表示水的硬度。根据所消耗 EDTA 标准溶液的体积，计算水的总硬度。水的硬度有两种表示方法：①用 Ca-

CO_3(mg·L^{-1})表示;②用度表示(1°=10 mg·L^{-1} CaO)。

(1)总硬度的测定。用 NH_3-NH_4Cl 碱性缓冲溶液调节水样的 pH=10,EBT 为指示剂,用 EDTA 标准溶液滴定,终点时溶液由红色变为蓝色,消耗 EDTA 标准溶液的体积为 V_1。

$$总硬度/(mg·L^{-1}) = \frac{c(EDTA)·V_1·M(CaCO_3)}{V}\times1000$$

$$总硬度/(^{\circ}) = \frac{c(EDTA)·V_1·M(CaO)}{V\times10}\times1000$$

(2) 钙硬度的测定。用 NaOH 调节水样的 pH=12.5,使 Mg^{2+} 形成 $Mg(OH)_2$沉淀,选钙指示剂指示终点,用 EDTA 标准溶液滴定,终点时溶液由红色变为蓝色,消耗 EDTA 标准溶液的体积为 V_2。

$$Ca^{2+}硬度/(mg·L^{-1}) = \frac{c(EDTA)·V_2·M(CaCO_3)}{V}\times1000$$

$$Mg^{2+}硬度/(mg·L^{-1}) = 总硬度-钙硬度$$

表 12-12 列出部分金属离子常用的 EDTA 直接滴定法示例。

表 12-12 直接滴定法示例

金属离子	pH	指示剂	其他主要滴定条件	终点颜色变化
Bi^{3+}	1	二甲酚橙	—	紫红→黄
Ca^{2+}	12~13	钙指示剂	—	酒红→蓝
Cd^{2+}、Fe^{2+}、Pb^{2+}、Zn^{2+}	5~6	二甲酚橙	六次甲基四胺	红紫→黄
Co^{2+}	5~6	二甲酚橙	六次甲基四胺,加热至 80 ℃	红紫→黄
Cd^{2+}、Mg^{2+}、Zn^{2+}	9~10	铬黑 T	氨性缓冲液	红→蓝
Cu^{2+}	2.5~10	PAN	加热或加乙醇	红→黄绿
Fe^{3+}	1.5~2.5	磺基水杨酸	加热	红紫→黄
Mn^{2+}	9~10	铬黑 T	氨性缓冲溶液,抗坏血酸或 $NH_2OH·HCl$ 或酒石酸	红→蓝
Ni^{2+}	9~10	紫脲酸胺	加热至 50~60 ℃	黄绿→紫红
Pb^{2+}	9~10	铬黑 T	氨性缓冲溶液,加酒石酸,并加热至于 40~70 ℃	红蓝
Th^{2+}	1.7~3.5	二甲酚橙	—	紫红→黄

2. 返滴定法

返滴定法是在被测离子的溶液中加入已知过量的 EDTA 标准溶液,当被测定的离子反应完全后,再用另一种金属离子的标准溶液滴定剩余的 EDTA,根据两种标准溶液的量可求得被测组分的含量。返滴定法也叫剩余滴定法,适用于下列情况:①采用直接法时缺乏符合要求的指示剂或者被测离子对指示剂有封闭作用;②被测离子与 EDTA 的配位速度很慢;③被测离子发生水解等副反应影响滴定。

例如，铝盐混凝剂中 Al^{3+} 含量测定。用 EDTA 法测定 Al^{3+} 时，由于 Al^{3+} 与 EDTA 的反应速度较慢，酸度较低时，Al^{3+} 存在着水解作用，另外，Al^{3+} 对二甲酚橙(XO)指示剂还有封闭作用，因此，不能用 EDTA 直接滴定 Al^{3+}。可先在待测的 Al^{3+} 溶液中，加入过量的 EDTA 标准溶液，在 pH=3.5 条件下，煮沸溶液，待 Al^{3+} 与 EDTA 的反应完全后，调节溶液的 pH 值为 5.0～6.0，加入二甲酚橙，再使用 Zn^{2+} 标准溶液进行返滴定。

注意，返滴定法中的返滴定剂与 EDTA 的配合物要足够稳定，但不宜超过被测离子与 EDTA 所形成的配合物的稳定性，否则，返滴定剂会置换出被测离子，产生负误差。表 12-13列出了常用作返滴定剂的部分金属离子及其滴定条件。

表 12-13 常用作返滴定剂的金属离子和滴定条件

待测金属离子	pH	返滴定剂	指示剂	终点颜色变化
Al^{3+}，Ni^{2+}	5～6	Zn^{2+}	二甲酚橙	黄→紫红
Al^{3+}	5～6	Cu^{2+}	PAN	黄→蓝紫(或紫红)
Fe^{2+}	9	Zn^{2+}	铬黑 T	蓝→红
Hg^{2+}	10	Mg^{2}，Zn^{2+}	铬黑 T	蓝→红
Sn^{4+}	2	Th^{4+}	二甲酚橙	黄→红

例 12-14 测定某试样含铝量，称取试样 0.2000 g，溶解后加入 $c_{EDTA}=0.04620\ mol\cdot L^{-1}$ 的 EDTA 标准溶液 30.00 mL，加热煮沸，冷却后调节溶液 pH 值为 5.0，以二甲酚橙为指示剂，用 $0.04710\ mol\cdot L^{-1}$ 的锌标准溶液返滴定过量的 EDTA。消耗 6.80 mL，分别计算试样中铝、氧化铝的质量分数。已知 $M_{Al}=26.98\ g\cdot mol^{-1}$；$M_{Al_2O_3}=101.96\ g\cdot mol^{-1}$。

解：依题意 Al 的测定采用返滴定法。

$$w_{Al}=\frac{[c_{EDTA}\cdot V_{EDTA}-c_{Zn^{2+}}\cdot V_{Zn^{2+}}]\cdot M_{Al}}{m_s}\times 100\%$$

$$=\frac{(0.04620\times 30.00-0.04710\times 6.80)\times 26.98\times 10^{-3}}{0.2000}\times 100\%$$

$$=14.38\%$$

$$w_{Al_2O_3}=\frac{[c_{EDTA}\cdot V_{EDTA}-c_{Zn^{2+}}\cdot V_{Zn^{2+}}]\cdot M_{\frac{1}{2}Al_2O_3}}{m_s}\times 100\%$$

$$=\frac{(0.04620\times 30.00-0.04710\times 6.80)\times 50.98\times 10^{-3}}{0.2000}\times 100\%$$

$$=27.17\%$$

3. 置换滴定法

利用置换反应从配合物中置换出等量的另一种金属离子或 EDTA，然后再进行滴定的方式叫置换滴定法。置换滴定法的方式灵活多样，不仅能扩大配位滴定的范围，同时还可以提高配位滴定的选择性。

(1)置换出金属离子。当 M 不能用 EDTA 直接滴定时，可用 M 与 NL 反应，使 M 置换出 N，再用 EDTA 滴定 N，可求出 M 的含量。

$$NL + M = ML + N$$
$$N + Y = NY$$

例如，Ag^+ 与 EDTA 的配合物不稳定，不能用 EDTA 直接滴定，可将含 Ag^+ 的试液加到 $[Ni(CN)_4]^{2-}$ 溶液中，则可置换出定量的 Ni^{2+}，然后在 pH = 10.0 的氨性缓冲溶液中，以紫脲酸铵为指示剂，用 EDTA 滴定置换出来的 Ni^{2+}，根据 EDTA 的用量可计算 Ag^+ 的含量。置换反应为

$$2Ag^+ + [Ni(CN)_4]^{2-} = 2[Ag(CN)_2]^- + Ni^{2+}$$

(2)置换出 EDTA。测定几种金属离子混合溶液中的 M 时，可先加 EDTA 与它们同时配位，再加入一种具有选择性的配位剂 L，夺取 MY 中的 M，使与 M 作用的 EDTA 置换出，用另一种金属离子标准溶液滴定置换出的 EDTA，从而可求得 M 的含量。

$$MY + L = ML + Y$$
$$Y + N = NY$$

例如，用返滴定法测定 Al^{3+} 含量，当有其他离子干扰时，可用置换滴定法进行测定。先在待测溶液中加入过量的 EDTA 标准溶液，加热使金属离子全部与 EDTA 反应，然后用 Zn^{2+} 或 Cu^{2+} 标准溶液除去过量的 EDTA。再加入 NH_4F，选择性地将 AlY^- 中的 EDTA 释放出来，然后再用 Zn^{2+} 或 Cu^{2+} 标准溶液滴定释放出的 EDTA，可求出 Al^{3+} 的含量。置换反应为

$$AlY^- + 6F^- = AlF_6^{3-} + Y^{4-}$$

例 12-15 称取工业硫酸铝 0.4850 g，用少量(1∶1)HCl 溶解后定容至 100 mL。吸取 10.00 mL 于锥形瓶中，调节 pH 为 4.0 时，加入 $c_{EDTA} = 0.02\ mol \cdot L^{-1}$ 的 EDTA 标准溶液 20 mL，煮沸后加入六亚甲基四胺缓冲溶液，以二甲酚橙为指示剂，用 $c_{ZnSO_4} = 0.02000\ mol \cdot L^{-1}$ 标准溶液滴定至紫红色，不计体积。再加氟化铵 1～2 g 煮沸并冷却后。继续用硫酸锌标准溶液滴定至紫红色时，消耗 12.50 mL。计算工业硫酸铝中铝的质量分数。已知 $M_{Al} = 26.98\ g \cdot mol^{-1}$。

解：此题属于置换滴定法中的“置换出 EDTA”的情况。适用于干扰离子较多的情况。

(1)第一次消耗的硫酸锌标准溶液不计体积，因为硫酸锌是用于滴定反应后剩余的 EDTA，与计算无关。

(2)加入氟化铵选择性的与 AlY^- 作用，生成稳定的 $[AlF_6]^{3-}$，置换出 AlY^- 中的EDTA。

(3)第二次消耗硫酸锌标准溶液的体积，是用于与 AlY^- 中置换出来的 EDTA 反应所消耗的，与计算直接相关。

$$w_{Al} = \frac{c_{ZnSO_4} \cdot V_{ZnSO_4} \cdot M_{Al}}{m \times \frac{10.00}{100}} \times 100\%$$
$$= \frac{0.02000 \times 12.50 \times 26.98 \times 10^{-3}}{0.4850 \times \frac{10.00}{100}} \times 100\%$$
$$= 13.91\%$$

4. 间接滴定法

有些金属离子(如 Li^+，K^+，Na^+)和非金属离子(如 SO_4^{2-}，PO_4^{3-})不与 EDTA 配位或生成的配合物不稳定时，可采用间接滴定法。即在被测物的溶液中加入一种能与被测物反应又能

与 EDTA 反应的试剂，使被测物间接转化为能与 EDTA 发生反应的物质，然后再测定的方式。

例如，样品中 P 的测定，在一定条件下，将试样中的磷沉淀为 $MgNH_4PO_4$，然后过滤、洗净并将它溶解，调节溶液的 pH=10.0，用 EBT 为指示剂，以 EDTA 标准溶液滴定 Mg^{2+}，从而求得试样中磷的含量。表 12-14 列出常用的部分离子的间接滴定法以供参考。

表 12-14 常用的间接滴定法

待测离子	主要步骤
K^+	沉淀为 $K_2Na[Co(NO_2)_6]\cdot 6H_2O$ 经过滤、洗涤、溶解后测出其中的 Co^{3+}
Na^+	沉淀为 $NaZn(UO_2)_3Ac_9\cdot 9H_2O$
PO_4^{3-}	沉淀为 $MgNH_4PO_4\cdot 6H_2O$，沉淀经过滤、洗涤、溶解，测定其中 Mg^{2+}，或测定滤液中过量的 Mg^{2+}
S^{2-}	沉淀为 CuS，测定滤液中过量的 Cu^{2+}
SO_4^{2-}	沉淀为 $BaSO_4$，测定滤液中过量的 Ba^{2+}，用 Mg-Y 铬黑 T 作指示剂
CN^-	加一定量并过量的 Ni^{2+}，使形成 $Ni(CN)_4^{2-}$，测定过量的 Ni^{2+}
Cl^-、Br^-、I^-	沉淀为卤化银、过滤、滤液中过量的 Ag^+ 与 $Ni(CN)_4^{2-}$ 置换，测定置换出的 Ni^{2+}

习 题

1. 指出下列配合物的中心离子、配体、配位数、配离子电荷数和配合物名称。

配合物	中心离子	配体	配位数	配离子电荷	配合物名称
$K_2[HgI_4]$					
$[CrCl_2(H_2O)_4]Cl$					
$[Co(NH_3)_2(en)_2](NO_3)_2$					
$Fe_3[Fe(CN)_6]_2$					
$K[Co(NO_2)_4(NH_3)_2]$					
$Fe(CO)_5$					

2. 判断下列各对配合物的稳定性

(1) $Cd(CN)_4{}^{2+}$ 和 $Cd(NH_3)_4{}^{2+}$

(2) $AgBr_2^-$ 和 AgI_2^-

(3) $Ag(S_2O_3)_2{}^{3-}$ 和 $Ag(CN)_2^-$

(4) $Ni(NH_3)_4{}^{2+}$ 和 $Zn(NH_3)_4{}^{2+}$

3. 实验测得下列配合物的磁矩数值 μ(D. M.)如下：

$[CoF_6]^{3-}$ 4.5； $[Ni(NH_3)_4]^{2+}$ 3.2； $[Fe(CN)_6]^{4-}$ 0； $[BF_4]^-$ 0

试指出它们的杂化类型，判断哪个是内轨型，哪个是外轨型？并预测它们的空间构型，指出中心体的配位数。

4. 选择适当的化学试剂实现下列转化：

$Ag \rightarrow AgNO_3 \rightarrow AgCl \rightarrow [Ag(NH_3)_2]Cl \rightarrow AgBr \rightarrow Na_3[Ag(S_2O_3)_2] \rightarrow AgI \rightarrow K[Ag(CN)_2] \rightarrow Ag_2S$

5. 无水 $CrCl_3$ 和氨作用能形成两种配合物，组成相当于 $CrCl_3 \cdot 6NH_3$ 及 $CrCl_3 \cdot 5NH_3$。加入 $AgNO_3$ 溶液能从第一种配合物的水溶液中将几乎所有的氯全部沉淀为 AgCl，而从第二种配合物的水溶液中仅能沉淀出相当于组成中含氯量 2/3 的 AgCl。加入 NaOH 并加热时，两种溶液都无氨味产生。试从配合物的形式推算出它们的内界和外界，并指出配离子的电荷数、中心离子的氧化数和配合物的名称。

6. 如果在 0.10 $mol \cdot L^{-1}$ $K[Ag(CN)_2]$ 溶液中加入 KCN 固体，使 CN^- 的浓度为 0.10 $mol \cdot L^{-1}$，然后再加入：(1) KI 固体，使 I^- 的浓度为 0.10 $mol \cdot L^{-1}$；(2) NaS 固体，使 S^{2-} 浓度为 0.10 $mol \cdot L^{-1}$，问是否都产生沉淀？

7. 已知 $K^{\ominus}_{稳}(Ag(NH_3)_2^+) = 1.7 \times 10^7$，$K^{\ominus}_{sp}(AgCl) = 1 \times 10^{-10}$，$K^{\ominus}_{sp}(AgBr) = 5 \times 10^{-13}$。将 0.1 $mol \cdot L^{-1}$ $AgNO_3$ 与 0.1 $mol \cdot L^{-1}$ KCl 溶液以等体积混合，加入浓氨水（浓氨水加入体积变化忽略）使 AgCl 沉淀恰好溶解。试问：

(1)混合溶液中游离的氨浓度是多少？

(2)混合溶液中加入固体 KBr，并使 KBr 浓度为 0.2 $mol \cdot L^{-1}$，有无 AgBr 沉淀产生？

8. 0.08 mol $AgNO_3$ 溶解在 1 L $Na_2S_2O_3$ 溶液中形成 $Ag(S_2O_3)_2^{3-}$，过量的 $S_2O_3^{2-}$ 浓度为 0.2 $mol \cdot L^{-1}$。欲得到卤化银沉淀，所需 I^- 和 Cl^- 的浓度各为多少？能否得到 AgI，AgCl 沉淀？

9. 50 mL 0.1 $mol \cdot L^{-1}$ $AgNO_3$ 溶液与等体积的 6 $mol \cdot L^{-1}$ 氨水混合后，向此溶液中加入 0.119 g KBr 固体，有无 AgBr 沉淀析出？如欲阻止 AgBr 析出，原混合溶液中氨的初浓度至少应为多少？

10. 写出下列反应的方程式并计算平衡常数：

(1)AgI 溶于 KCN 溶液中；

(2)AgBr 微溶于氨水中，溶液酸化后又析出沉淀（两个反应）。

11. 在含有 1.0 $mol \cdot L^{-1}$ 的 Fe^{3+} 和 1.0 $mol \cdot L^{-1}$ 的 Fe^{2+} 的溶液中加入 KCN 固体，有 $[Fe(CN)_6]^{3-}$，$[Fe(CN)_6]^{4-}$ 配离子生成。当系统中 $c(CN^-) = 1.0$ $mol \cdot L^{-1}$，$c[Fe(CN)_6]^{3-} = c[Fe(CN)_6]^{4-} = 1.0$ $mol \cdot L^{-1}$ 时，计算此时 Fe^{3+}/Fe^{2+} 的电极电位为多少？

12. 当 pH＝5、10、12 时，能否用 EDTA 滴定 Ca^{2+}？

13. 计算当 pH＝5.0 时，锌和 EDTA 配合物的条件稳定常数是多少？设 Zn^{2+} 和 EDTA 的浓度皆为 0.10 $mol \cdot L^{-1}$（不考虑其他副反应），这时能否用 EDTA 标准溶液滴定 Zn^{2+}？

14. 在用 EDTA 滴定 Ca^{2+}、Mg^{2+} 离子时，用三乙醇胺、KCN 可以掩蔽 Fe^{3+} 离子，而用抗坏血酸则不能掩蔽；而在滴定 Bi^{3+} 离子时（pH＝1），恰恰相反，即用抗坏血酸可掩蔽 Fe^{3+} 离子，而用三乙醇胺、KCN 则不能掩蔽，为什么？

15. 试求以 EDTA 滴定 Fe^{2+} 和 Fe^{3+} 时所需要的最低 pH 值各为多少？

16. 吸取水样 50.00 mL，用 0.05000 $mol \cdot L^{-1}$ EDTA 标准溶液滴定其总硬度（以 $mg \cdot L^{-1}$ CaO 表示），用去 EDTA 22.50 mL，求水的总硬度。

17. 测定水中钙镁时，取 100.0 mL 水样，调节 pH＝10.0，用 EBT 作指示剂，用去

$0.01000\ mol \cdot L^{-1}$,EDTA 25.40 mL,另取一份 100.00 mL 水样,调节 pH=12,用钙指示剂指示终点,耗去 EDTA 14.25 mL。问每升水中含 CaO 和 MgO 各多少毫克?

18. 称取 0.5000 g 含硫试样,经处理转化成溶液,除去重金属离子后加入 $0.03000\ mol \cdot L^{-1}$的$BaCl_2$溶液 30.00 mL,使生成 $BaSO_4$沉淀,过量 Ba^{2+} 用 $0.02000\ mol \cdot L^{-1}$ 的 EDTA 溶液滴定,消耗 23.64 mL,求试样中硫的质量分数。

19. 称取 1.032 g 氧化铝试样,溶解后移入 250 mL 容量瓶中稀释至刻度。吸取 25.00 mL试样,加入滴定度为 $T(Al_2O_3/EDTA)=1.505\ mg \cdot mL^{-1}$ 的 EDTA 标准溶液 10.00 mL,加热煮沸,并调节 pH=5.0 后,以二甲酚橙为指示剂,用 $Zn(Ac)_2$标准溶液进行返滴定,至终点时用去 $Zn(Ac)_2$ 标准溶液 12.20 mL。已知 1 mL $Zn(Ac)_2$ 相当于 0.6812 mL EDTA溶液。试求试样中 Al_2O_3 的质量分数。

20. 分析铜锌镁合金,称取 0.5080 g 试样,用酸溶解后定容至 100 mL,用移液管称取 25.00 mL,调节至 pH=6.0,用 PAN 指示剂,用 $0.05000\ mol \cdot L^{-1}$ EDTA 标准溶液滴定 Cu^{2+} 和 Zn^{2+},用去 37.40 mL,另外又用移液管吸取 25.00 mL 试样,调至 pH=10.0 时,加 KCN 以掩蔽 Cu^{2+} 和 Zn^{2+},用上述 EDTA 标准溶液滴定,用去 4.10 mL,然后再滴加甲醛以解蔽 Zn^{2+},又用同浓度的 EDTA 溶液滴定,用去 13.20 mL,计算试样中 Cu、Zn、Mg 的质量分数各为多少?

21. 某试剂厂生产的 $ZnCl_2$,做样品分析时,先称取样品 0.2500 g,制备成试液后,控制 Zn 溶液的酸度为 pH=6.0,选用二甲酚橙作指示剂,用 $0.1024\ mol \cdot L^{-1}$ EDTA 标准溶液滴定溶液中的 Zn^{2+},消耗 17.90 mL,求样品中 $ZnCl_2$的质量分数。

第 13 章　d 区元素

过渡元素包括ⅠB 到ⅦB 族和第Ⅷ族共 30 多种元素。通常又把过渡元素分成第一过渡系（从钪到锌），第二过渡系（从钇到镉）和第三过渡系（镧到汞，不包括镧系元素）。第一过渡系的元素及其化合物应用较广，并有一定的代表性，下面重点讨论第一过渡系。

13.1　d 区元素的通性

过渡元素大都是高熔点、高沸点（Zn、Cd、Hg 除外）、密度大、导电和导热性能良好的重金属。它们广泛地被用在冶金工业上制造合金钢。例如不锈钢（含镍和铬）、弹簧钢（含钒）、锰钢等。熔点最高的单质是钨，硬度最大的是铬。单质密度最大的是锇（Os）。

钪 Sc、钇 Y、镧 La 是过渡元素中最活泼的金属。例如，在空气中 Sc、Y、La 能迅速地被氧化，与水作用放出氢。它们的活泼性接近于碱土金属，Sc、Y、La 的性质之所以比较活泼，是因为它们的原子次外层 d 轨道中仅有一个电子，这个电子对它们的影响尚不显著，所以它们的性质较活泼并接近于碱土金属。

同一族的过渡元素除ⅢB 族外，其他各族都是自上而下活泼性降低。一般认为这是由于同族元素自上而下原子半径增加不大，而核电荷数却增加较多，对电子吸引力增强，所以第二、三过渡系元素的活泼性急剧下降。特别是镧以后的第三过渡系的元素，又受镧系收缩的影响，它们的原子半径与第二过渡系相应的元素的原子半径几乎相等。因此第二、三过渡系的同族元素及其化合物，在性质上很相似。例如，锆与铪在自然界中彼此共生在一起，把它们的化合物分离开比较困难。铌和钽也是这样。

同一过渡系的元素在化学活泼性上，总的来说自左向右减弱，但是减弱的程度不大。

过渡元素的价电子不仅包括最外层的 s 电子，还包括次外层全部或部分 d 电子（Zn、Cd、Hg 除外）。这样电子构型使得它们能形成多种氧化值的化合物。它们的最高氧化值等于最外层 s 电子和次外层 d 电子数的总和。但在第Ⅷ族、ⅠB、ⅡB 族中这一规律不完全适用。另外除ⅠB 及ⅡB 族中的 Zn、Cd 外，其他过渡元素的氧化值都是可变的。

具有较低氧化值的过渡元素，大都以“简单”离子（M^{+}、M^{2+}、M^{3+}）存在。

过渡元素的大多数水合离子常带有一定的颜色。关于离子有颜色的原因是很复杂的，过渡元素的水合离子之所以具有颜色，与它们的离子具有未成对的 d 电子有关。过渡元素的许多离子具有未成对的 d 电子，没有未成对 d 电子的离子如 Sc^{3+}、Zn^{2+}、Ag^{+}、Cu^{+} 等都是无色的，而具有未成对 d 电子的离子则呈现出颜色，如 Cu^{2+}、Cr^{3+}、Co^{2+} 等。

过渡元素的原子或离子都具有空的价电子轨道，这种电子构型为接受配位体的孤对电子形成配价键创造了条件。因此它们的原子或离子都有形成配合物的倾向。

综上所述，过渡元素有以下几个特点：

(1)金属性；

(2)同一种元素有多种氧化值；

(3)它们的水合离子和酸根离子常带有颜色；

(4)易于形成多种配合物。

13.2 铬的重要化合物

铬由于它漂亮的色泽及很高的硬度，因此常被镀在其他金属表面起装饰和保护作用。大量铬用于制造合金，在各种类型的不锈钢中几乎都有较高比例的铬。当钢中含有14%左右铬时，便是不锈钢。

铬为银白色金属，原子的价电子是 $3d^5 4s^1$。铬的最高氧化值是+6，但也有+5、+4、+3、+2 的。最重要的是氧化值为+6 和+3 的化合物。氧化值为+5、+4 和+2 的化合物都不稳定。

常温下，铬表面因形成致密的氧化膜而降低了活性，在空气中或水中都相当稳定。去掉保护膜的铬可缓慢溶于稀盐酸和稀硫酸中，形成蓝色 Cr^{2+}，Cr^{2+} 与空气接触，很快被氧化而变成绿色的 Cr^{3+}：

$$Cr + 2H^+ \longrightarrow Cr^{2+} + H_2\uparrow$$

$$4Cr^{2+} + 4H^+ + O_2 \longrightarrow 4Cr^{3+} + 2H_2O$$

铬还可以与热浓硫酸作用，反应如下：

$$2Cr + 6H_2SO_4(\text{热、浓}) \longrightarrow Cr_2(SO_4)_3 + 3SO_2\uparrow + 6H_2O$$

铬不溶于浓硝酸。下面是铬的电势图

$$\varphi^\ominus_{A/V}\quad Cr_2O_7^{2-} \xrightarrow{+1.33} [Cr(H_2O)_6]^{3+} \xrightarrow{-0.41} [Cr(H_2O)_6]^{2+} \xrightarrow{-0.86} Cr$$

$$\varphi^\ominus_{B/V}\quad CrO_4^{2-} \xrightarrow{-0.12} [Cr(OH)_4]^- \xrightarrow{-0.80} Cr(OH)_2 \xrightarrow{-1.4} Cr$$

$$Cr(OH)_4^- \xrightarrow{-1.2} Cr \xrightarrow{-1.1} Cr(OH)_3$$

由铬的电极电势可知：在酸性溶液中，氧化值为+6 的铬($Cr_2O_7^{2-}$)有较强氧化性。可被还原为 Cr^{3+}；而 Cr^{2+} 有较强还原性，可被氧化为 Cr^{3+}。因此，在酸性溶液中 Cr^{3+} 不易被氧化，也不易被还原。在碱性溶液中，氧化值为+6 的铬(CrO_4^{2-})氧化性很弱，相反，Cr(Ⅲ)易被氧化为 Cr(Ⅵ)。

13.2.1 铬(Ⅲ)的化合物

1. 氧化物的溶解性与酸碱性

高温下，通过金属铬与氧直接化合，重铬酸铵或三氧化铬的热分解，均可生成绿色三氧化二铬：

$$4Cr + 3O_2 \xrightarrow{\triangle} 2Cr_2O_3$$

$$(NH_4)_2Cr_2O_7 \xrightarrow{\triangle} Cr_2O_3 + N_2\uparrow + 4H_2O$$

$$4CrO_3 \xrightarrow{\triangle} 2Cr_2O_3 + 3O_2\uparrow$$

三氧化二铬 Cr_2O_3 是难溶和极难熔化的氧化物之一，熔点是 2275 ℃，微溶于水，溶于酸。高温灼烧过的 Cr_2O_3 不溶于水，也不溶酸、碱中。在高温下它可与焦硫酸钾分解放出的 SO_3 作用，形成可溶性的硫酸铬 $Cr_2(SO_4)_3$：

$$Cr_2O_3 + 3K_2S_2O_7 \xrightarrow{\text{共熔}} Cr_2(SO_4)_3 + 3K_2SO_4$$

Cr_2O_3 是具有特殊稳定性的绿色物质，它被用作颜料（铬绿）广泛应用于陶瓷、玻璃、涂料、印刷等工业。近年来也有用它作有机合成的催化剂，是制取其他铬化合物的原料之一。

2. 铬(Ⅲ)的氢氧化物

$Cr(OH)_3$ 是用适量的碱作用于铬盐溶液（pH 约为 5.3）而生成的灰绿色沉淀：

$$Cr^{3+} + 3OH^- \rightleftharpoons Cr(OH)_3\downarrow$$

$Cr(OH)_3$ 是两性氢氧化物。它溶于酸，生成绿色或紫色的水合铬离子 $[Cr(H_2O)_6]^{3+}$（由于 Cr^{3+} 的水合作用随条件——温度、浓度、酸度等而改变，故其颜色也有所不同）。从溶液中结晶出的铬盐大都为紫色晶体。$Cr(OH)_3$ 与强碱作用生成绿色的铬离子 $[Cr(OH)_4]^-$（或为 $[Cr(OH)_6]^{3-}$）

$$Cr(OH)_3 + OH^- \rightleftharpoons [Cr(OH)_4]^-$$

由于 $Cr(OH)_3$ 的酸性和碱性都较弱，因此铬(Ⅲ)盐和四羟基合铬(Ⅲ)酸盐（或亚铬酸盐）在水中都容易水解。

13.2.2　铬(Ⅲ)盐的制备与碱性条件下的还原性

铬钾矾 $KCr(SO_4)_2 \cdot 12H_2O$ 是以 SO_2 还原重铬酸钾 $K_2Cr_2O_7$ 溶液而制得的蓝紫色晶体：

$$K_2Cr_2O_7 + H_2SO_4 + 3SO_2 \rightleftharpoons 2KCr(SO_4)_2 + H_2O$$

它应用于鞣革工业和纺织工业。

自然界中存在的铬(Ⅲ)盐有铬铁矿 $Fe(CrO_2)_2$。把铬铁矿和碳酸钠在空气中煅烧可得铬酸盐，工业上把这种方法叫碱熔法：

$$4Fe(CrO_2)_2 + 8Na_2CO_3 + 7O_2 \rightleftharpoons 8Na_2CrO_4 + 2Fe_2O_3 + 8CO_2$$

在所得的熔体中，用水可以把铬酸盐浸取出来。

在水溶液中把铬(Ⅲ)氧化为铬(Ⅵ)的化合物，其难易程度随溶液的酸碱性不同而不同。在碱性介质中，铬(Ⅲ)比较容易被氧化。相反，在酸性介质中就困难得多。这可从它们的电极电势看出：

$$CrO_4^{2-} + 2H_2O + 3e^- \rightleftharpoons CrO_2^- + 4OH^- \qquad \varphi^\ominus = -1.2\ \text{V}$$

$$Cr_2O_7^{2-} + 14H^+ + 6e^- \rightleftharpoons 2Cr^{3+} + 7H_2O \qquad \varphi^\ominus = 1.33\ \text{V}$$

在碱性介质中，Cr^{3+} 可被稀的 H_2O_2 溶液氧化，溶液由绿色变为黄色：

$$\underset{\text{(绿色)}}{2Cr(OH)_4^-} + 2OH^- + 3H_2O_2 \rightleftharpoons \underset{\text{(黄色)}}{2CrO_4^{2-}} + 8H_2O$$

这一反应常被用来鉴定 Cr^{3+}。

在酸性条件下 Cr(Ⅲ)具有较强的稳定性，只有用强氧化剂如过硫酸钾 $K_2S_2O_8$，才能使 Cr^{3+} 氧化：

$$2Cr^{3+} + 3S_2O_8^{2-} + 7H_2O \xrightleftharpoons{加热} Cr_2O_7^{2-} + 6SO_4^{2-} + 14H^+$$

13.2.3 铬(Ⅵ)的化合物

1. 氧化物和含氧酸

浓 H_2SO_4 作用于饱和的 $K_2Cr_2O_7$ 溶液，可析出铬(Ⅵ)的氧化物——三氧化铬(CrO_3)：

$$K_2Cr_2O_7 + H_2SO_4 = 2CrO_3\downarrow + K_2SO_4 + H_2O$$

CrO_3 是暗红色针状晶体。它极易从空气中吸收水分，并且易溶于水，形成铬酸。CrO_3 在受热超过其熔点(196℃)时，就分解放出氧而变为 Cr_2O_3。CrO_3 是较强的氧化剂，一些有机物质如酒精等与它接触时即着火，同时 CrO_3 被还原为 Cr_2O_3。CrO_3 是电镀铬的重要原料。

CrO_3 与水作用生成铬酸 H_2CrO_4 和重铬酸 $H_2Cr_2O_7$，二者都是强酸，但只存在于水溶液中。

$$CrO_3 + H_2O \rightleftharpoons H_2CrO_4$$

$$2CrO_3 + H_2O \rightleftharpoons H_2Cr_2O_7$$

$H_2Cr_2O_7$ 比 H_2CrO_4 的酸性还强些。$H_2Cr_2O_7$ 的第一级离解是完全的：

$$HCr_2O_7 \rightleftharpoons Cr_2O_7^{2-} + H^+ \quad K_2^{\ominus} = 0.85$$

$$H_2CrO_4 \rightleftharpoons HCrO_4^- + H^+ \quad K_1^{\ominus} = 9.55$$

$$HCrO_4^- \rightleftharpoons CrO_4^{2-} + H^+ \quad K_2^{\ominus} = 3.2\times10^{-7}$$

2. 铬酸盐和重铬酸盐

CrO_4^{2-} 和 $Cr_2O_7^{2-}$ 溶液中存在下列平衡：

$$\underset{(黄色)}{2CrO_4^{2-}} + 2H^+ \rightleftharpoons 2HCrO_4^- \rightleftharpoons \underset{(橙红色)}{Cr_2O_7^{2-}} + H_2O$$

在碱性或中性溶液中主要以黄色的 CrO_4^{2-} 存在；在 pH<2 的溶液中，主要以 $Cr_2O_7^{2-}$(橙红色)形式存在。从上述存在的平衡关系就可以理解为什么在 Na_2CrO_4 溶液中加入酸就能得到 $Na_2Cr_2O_7$，而在 $Na_2Cr_2O_7$ 的溶液中加入碱或碳酸钠时，又可以得到 Na_2CrO_4。例如：

$$2Na_2CrO_4 + H_2SO_4 = Na_2Cr_2O_7 + H_2O + Na_2SO_4$$

$$Na_2Cr_2O_7 + 2NaOH = 2Na_2CrO_4 + H_2O$$

在碱性介质中，铬(Ⅵ)的氧化能力很差。在酸性介质中它是较强的氧化剂，即使在冷的溶液中，$Cr_2O_7^{2-}$ 也能把 H_2S、H_2SO_3 和 HI 等物质氧化，在加热的情况下它能氧化 HBr 和 HCl：

$$Cr_2O_7^{2-} + 3H_2S + 8H^+ = 2Cr^{3+} + 3S\downarrow + 7H_2O$$

$$Cr_2O_7^{2-} + 6Cl^- + 14H^+ = 2Cr^{3+} + 3Cl_2\uparrow + 7H_2O$$

固体重铬酸铵 $(NH_4)_2Cr_2O_7$ 在加热的情况下，也能发生氧化还原反应；

$$(NH_4)_2Cr_2O_7 = Cr_2O_3 + N_2\uparrow + 4H_2O$$

实验室常利用这一反应来制取 Cr_2O_3。

3. 铬酸盐和重铬酸盐的溶解性

重铬酸盐除 $Ag_2Cr_2O_7$ 外，常温下一般较易溶于水。铬酸盐的溶解度要比重铬酸盐小。

碱金属的铬酸盐易溶于水，碱土金属铬酸盐的溶解度从 Mg 到 Ba 依次递减。重金属铬酸盐如 $PbCrO_4$、Ag_2CrO_4 等皆难溶于水。因此向可溶性铬酸盐的溶液中加入 Ba^{2+}、Pb^{2+}、Ag^+ 时，可形成难溶于水的 $BaCrO_4$（柠檬黄色）、$PbCrO_4$、（铬黄色）、Ag_2CrO_4（砖红色）沉淀。

$$Ba^{2+} + CrO_4^{2-} = BaCrO_4\downarrow \text{（柠檬黄色）}$$

$$Pb^{2+} + CrO_4^{2-} = PbCrO_4\downarrow \text{（铬黄色）}$$

$$2Ag^{+} + CrO_4^{2-} = Ag_2CrO_4\downarrow \text{（砖红色）}$$

当向可溶性的重铬酸盐溶液中加入 Ba^{2+}、Pb^{2+}、Ag^+ 时，沉淀出的却是相应的铬酸盐沉淀

$$2Ba^{2+} + Cr_2O_7^{2-} + H_2O \longrightarrow 2BaCrO_4\downarrow + 2H^+$$

$$2Pb^{2+} + Cr_2O_7^{2-} + H_2O \longrightarrow PbCrO_4\downarrow + 2H^+$$

$$4Ag^{+} + Cr_2O_7^{2-} + H_2O \longrightarrow 2Ag_2CrO_4\downarrow + 2H^+$$

从以上的讨论中可以看出氧化值为＋3 和＋6 的铬在酸碱介质中的相互转化关系可总结如下：

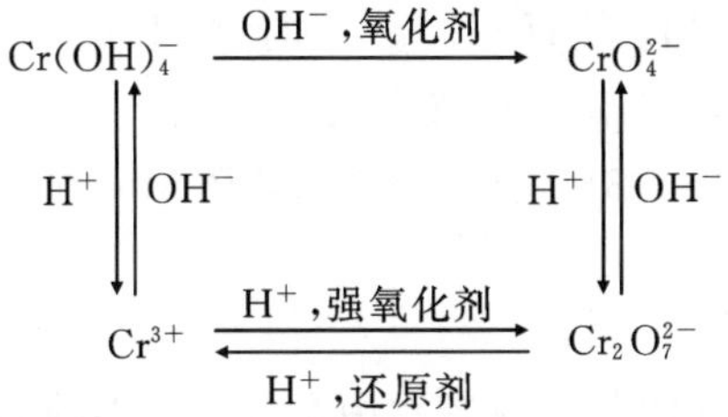

4. 铬(Ⅲ)和铬(Ⅵ)的鉴定

在 $Cr_2O_7^{2-}$ 的溶液中加入 H_2O_2，可生成蓝色的过氧化铬 CrO_5（或写成 $CrO(O_2)_2$，其结构式为

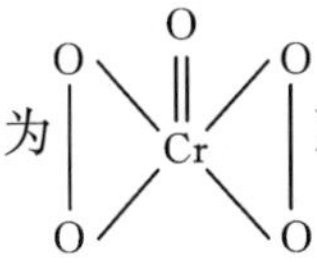

）

$$Cr_2O_7^{2-} + 3H_2O_2 \longrightarrow 2CrO_5 + 3H_2O$$

或 $$2CrO_4^{2-} + 2H^+ + 3H_2O_2 \longrightarrow 2CrO_5 + 4H_2O$$

CrO_5 很不稳定，很快分解为 Cr^{3+} 并放出 O_2。它在乙醚或戊醇溶液中较稳定。这一反应，常用于鉴定 CrO_4^{2-} 或 $Cr_2O_7^{2-}$ 的存在。

以上是铬(Ⅵ)的鉴定，铬(Ⅲ)的鉴定是先把铬(Ⅲ)氧化到铬(Ⅵ)后再鉴定，方法如下：

$$Cr^{3+} \xrightarrow{OH^- \text{过量}} [Cr(OH)_4]^- \xrightarrow[OH^-]{H_2O_2} CrO_4^{2-} \xrightarrow[\text{乙醚}]{H^+ + H_2O_2} CrO_5\text{（蓝色）}$$

或 $$Cr^{3+} \xrightarrow{OH^- \text{过量}} Cr(OH)_4^- \xrightarrow[OH^-]{H_2O_2} CrO_4^{2-} \xrightarrow{Pb^{2+}} PbCrO_4\downarrow\text{（黄色）}$$

13.2.4 同多酸和杂多酸及其盐

铬、钼和钨酸盐中若加入酸后将发生缩合。它们既可能形成同多酸，也可以形成杂多酸。形成二聚的称为“重酸”，三聚、四聚称为多酸。多酸可以看成是若干水分子和二个或二个以上的酸酐组成的酸，如组成多酸的酸酐是相同的，这种多酸叫“同多酸”，即在多酸中只含有一种酸酐分子的称为同多酸，如：

$H_2Cr_2O_7(H_2O \cdot 2CrO_3)$ 重铬酸

$H_2Mo_3O_{10}(H_2O \cdot 3MoO_3)$ 三钼酸

$H_6W_6O_{21}(3H_2O \cdot 6WO_3)$ 六钨酸

同多酸中的 H^+ 被金属离子取代后称为多酸盐。例如：

$Na_2Mo_4O_{13}$ 四钼酸钠

$Na_6H_2W_{12}O_{40}$ 十二钨酸二氢六钠

若多酸中含有不同种酸酐分子的称为杂多酸，其相应的盐称为杂多酸盐。例如：

$Na_3[P(W_{12}O_{40})]$ $(3Na_2O \cdot P_2O_5 \cdot 24WO_3)$ 十二钨磷酸钠

$(NH_4)_3[P(Mo_{12}O_{40})]$ $(3Na_2O \cdot P_2O_5 \cdot 24MoO_3)$ 十二磷钼酸铵(黄色)

在这些杂多酸中，磷为杂原子，也是整个配阴离子和中心原子。实验证明，杂多酸是一种特殊的配合物，其中 P 或 Si 是配合物的中心原子，多钼酸根或多钼酸根为配体，生成同多酸特别是生成杂多酸及其盐是钨、钼的特性，同多酸和杂多酸常用于分析化学中。因为同一般含氧酸相反，杂多酸的碱金属盐(特别是铵盐)在水中的溶解度反而特别小，利用此性质可以作为离子的定性鉴定。例如，将 HNO_3 酸化的 $(NH_4)_2MoO_4$ 溶液加热到 323 K，加入 Na_2HPO_4 溶液，可得到黄色十二-磷钼酸铵沉淀。

$$12MoO_4^{2-} + 3NH_4^+ + HPO_4^{2-} + 23H^+ \xlongequal{} (NH_4)_3[P(Mo_{12}O_{40})] \cdot 6H_2O\downarrow(\text{黄色}) + 6H_2O$$

13.2.5 含铬废水的处理

电镀、冶炼、制革、化工、油漆等工业废水中常含有剧毒的 Cr(Ⅵ)，经处理后转变为毒性较小的 Cr(Ⅲ)，达到排放标准。若将废水的治理和综合利用结合起来，例如，回收 Cr(Ⅵ)重新用于电镀上，回收 Cr(Ⅲ)用于颜料行业(如铬绿等)，或形成铁氧体做成磁性材料等，这样便可获得更大的经济效益和环境效益。

含铬废水处理方法很多，在这主要介绍以下几种：

1. 化学还原法

其基本原理是在酸性介质中，将 Cr(Ⅵ)还原成 Cr(Ⅲ)，再使 Cr(Ⅲ)生成 $Cr(OH)_3$ 沉淀以除去，或燃烧成氧化物加以回收利用。

利用还原剂把 Cr(Ⅵ)还原成毒性较低的 Cr(Ⅲ)，采用的还原剂有 SO_2、$Na_2S_2O_3$、Na_2SO_3、$FeSO_4$、Fe 屑等。

以 $FeSO_4$-石灰流程除铬为例，反应分为两步进行：

$$6Fe^{2+} + Cr_2O_7^{2-} + 14H^+ = 6Fe^{3+} + 2Cr^{3+} 7H_2O$$

$$Cr^{3+} + 3OH^- = Cr(OH)_3\downarrow$$

流程如下：

$$\text{Cr(Ⅵ)} \xrightarrow{FeSO_4 \cdot 7H_2O} \text{Cr(Ⅲ)} \xrightarrow{Ca(OH)_2} Cr(OH)_3 \xrightarrow{923\sim1473\ K} Cr_2O_3(\text{铬绿})$$

据报道，$FeSO_4 \cdot 7H_2O$ 的加入量应是废水中 CrO_3 含量的 16 倍左右(质量比)，pH＝3～4 时反应完全。Cr(Ⅲ)转化为 $Cr(OH)_3$ 的 pH 值在 6～8。

采用 $FeSO_4$ - $Ca(OH)_2$ 处理含铬废水，效果好、费用低，但泥渣量大、出水色度较高。此法不宜用于处理同时含有 CN^- 的废水，因为形成非常稳定的配合物(如$[Fe(CN)_6]^{4-}$ 等)不利于随后对氰的深度处理。

2. 电化学法

电解时，铬在电解槽中有两种还原方式。

一是直接还原法：

$$\text{阴极}\quad Cr_2O_7^{2-} + 14H^+ + 6e^- \rightleftharpoons 2Cr^{3+} + 7H_2O$$

$$CrO_4^{2-} + 8H^+ + 3e^- \rightleftharpoons Cr^{3+} + 4H_2O$$

二是阳极铁失去电子溶解生成 Fe^{2+}，Fe^{2+} 将 Cr(Ⅵ)还原为 Cr(Ⅲ)的间接还原。

$$\text{阳极}\quad Cr_2O_7^{2-} + 6Fe^{2+} + 14H^+ = 2Cr^{3+} + 6Fe^{3+} + 7H_2O$$

$$CrO_4^{2-} + 3Fe^{2+} + 8H^+ = Cr^{3+} + 3Fe^{3+} + 4H_2O$$

一般认为，Fe^{2+} 间接还原反应是主要的，而阴极上直接还原反应是次要的，随着电解反应的进行，H^+ 大量消耗，OH^- 逐渐增多，pH 值上升，Cr^{3+}、Fe^{3+} 生成氢氧化物沉淀。

$$Cr^{3+} + 3OH^- \longrightarrow Cr(OH)_3\downarrow$$

$$Fe^{3+} + 3OH^- \longrightarrow Fe(OH)_3\downarrow$$

$Fe(OH)_3$ 和 $Cr(OH)_3$ 是优良的絮凝剂，对其他有害离子有吸附，共沉淀作用，可达到同时除去的目的。该法操作简便，除铬效果比较稳定可靠，符合排放达标要求，但需消耗电能和钢材，运转费用较高。

3. 离子交换法

利用阳离子交换树脂的交换吸附作用除去废水中 Cr(Ⅲ)等重金属阳离子。当树脂达到吸附饱和失效之后，用一定浓度的 HCl 或 H_2SO_4 溶液再生，以恢复交换能力。

$$3RSO_3H + Cr^{3+} \longrightarrow (RSO_3)_3Cr + 3H^+$$

$$(RSO_3)_3Cr + 3HCl \longrightarrow 3RSO_3H + CrCl_3$$

应用阴离子交换树脂处理含铬酸根(CrO_4^{2-}、$Cr_2O_7^{2-}$)的废水，将 CrO_4^{2-}、$Cr_2O_7^{2-}$ 交换吸附在阴离子交换树脂上，使废水得到净化。

$$2ROH + CrO_4^{2-} \longrightarrow R_2CrO_4 + 2OH^-$$

$$2ROH + Cr_2O_7^{2-} \longrightarrow R_2Cr_2O_7 + 2OH^-$$

树脂吸附饱和失效后，用一定浓度的 NaOH 再生，以恢复交换能力。如

$$R_2CrO_4 + 2NaOH \longrightarrow 2ROH + Na_2CrO_4$$

经树脂浓缩后的含铬废液，再用直接法变成淤泥处理掉，也可回收再利用，如把从离子交换树脂上洗脱下来的含有 Na_2CrO_4 的溶液，通过 R－H 型离子交换树脂，作为铬酸回收利用(如电镀)。

$$Na_2CrO_4 + 2RH \longrightarrow 2RNa + H_2CrO_4$$

铬酸回收液要应用于电镀上，还必须设法除去 SO_4^{2-} 和 Cl^- 等阴离子。采用离子交换法能使铬酸得到回收，水循环再使用。

4. 铁氧体法(除 Cr 和 Cd)

铁氧体法的基本原理是利用多种金属离子与铁盐在一定条件下反应，生成具有磁性的类似于 $Fe_3O_4 \cdot xH_2O$ 的氧化物(如 $M_xFe_{3-x}O_4$，M 为二价金属离子)。磁性氧化物 $Fe_3O_4 \cdot xH_2O$ 也可写成组成为 $Fe^{2+} \cdot Fe^{3+}[Fe^{3+}O_4] \cdot xH_2O$ 的形式，其中部分 Fe^{3+} 可被 Cr^{3+} 代替(Fe^{3+} 与 Cr^{3+} 的电荷相同，半径相近)，这种氧化物称为铁氧体。

由于铁氧体具有强磁性，可利用磁分离技术使固(沉渣)液分离，污水净化。铁氧体工艺产生的沉渣可作为磁性材料使用。现以铁氧体法处理含铬废水为例来说明。

铁氧体处理含铬废水的流程如下：

$$\text{含铬的废水}\xrightarrow[\text{NaOH,控制一定 pH 值}]{FeSO_4}\text{氢氧化物沉淀}\xrightarrow[\text{加热}]{\text{通过空气氧化}}\text{含铬铁氧体}\xrightarrow[\text{烘干}]{\text{磁分离}}\text{回收铬铁氧体}$$

主要反应式如下：

$$Fe^{2+}+Fe^{3+}+Cr^{3+}+OH^- \longrightarrow Fe^{2+}Fe^{3+}[Fe_{1-x}{}^{3+}Cr_x{}^{3+}O_4]\cdot xH_2O \qquad (x=0\sim1)$$

结论：①氧化过程可通入压缩空气（实验室用 H_2O_2）来实现；②$FeSO_4$ 要加过量，使 Cr(Ⅳ)还原为 Cr(Ⅲ)；③ 影响因素主要有通气时间、温度、pH 值、铁盐添加量等；④在沉淀过程中，Cr^{3+} 取代铁氧体中部分的 Fe^{3+} 生成铬铁氧体。

5. 其他方法

处理含铬废水可采用的其他方法有：

(1)化学沉淀法。如加入 $BaSO_4$ 使 Cr(Ⅵ)沉淀为 $BaCrO_4$ 而除去。

(2)吸附法。如活性炭是一种具有巨大表面积的吸附剂，通过物理和化学吸附作用及还原反应，使废水中的 Cr(Ⅵ)含量降低。

据报道，还有液膜分离法、表面活性剂法、光化学处理法、电渗析法、溶剂萃取法、蒸发回收法、反渗析法等。

13.3 锰的重要化合物

13.3.1 通性

锰的外形与铁相似，它的主要用途是制造合金，几乎所有的钢中都含有锰。

锰原子的价电子构型是 $3d^5 4s^2$。它是迄今氧化值最多的元素，可以形成氧化值由 −3 到 +7 的化合物，其中以氧化值 +2、+4、+6、+7 的化合物最为常见，也比较重要。

锰的电势图：

$$\varphi_A^{\ominus}/V \quad MnO_4^- \xrightarrow{+0.564} MnO_4^{2-} \xrightarrow{+2.235} MnO_2 \xrightarrow{+0.95} Mn^{3+} \xrightarrow{+1.486} Mn^{2+} \xrightarrow{-1.17} Mn$$

（MnO_4^-—MnO_2：+1.68；MnO_2—Mn^{2+}：+1.23；MnO_4^-—Mn^{2+}：+1.51）

$$\varphi_B^{\ominus}/V \quad MnO_4^- \xrightarrow{+0.564} MnO_4^{2-} \xrightarrow{+0.60} MnO_2 \xrightarrow{-0.2} Mn(OH)_3 \xrightarrow{+0.1} Mn(OH)_2 \xrightarrow{-1.55} Mn$$

（MnO_4^-—MnO_2：+0.588；MnO_2—$Mn(OH)_2$：−0.05）

由锰的电势图可知，在酸性溶液中 Mn^{3+} 和 MnO_4^{2-} 均易发生歧化反应：

$$2Mn^{3+}+2H_2O = Mn^{2+}+MnO_2\downarrow+4H^+$$

$$3MnO_4^{2-}+4H^+ = 2MnO_4^-+MnO_2\downarrow+2H_2O$$

Mn^{2+} 较稳定，不易被氧化，也不易被还原。MnO_4^- 和 MnO_2 有强氧化性。在碱性溶液中，$Mn(OH)_2$ 不稳定，易被空气中的氧气氧化为 MnO_2，MnO_4^{2-} 也能发生歧化反应，但反应不如在酸性溶液中进行得完全。

13.3.2 锰的化合物

1. 氧化物和氢氧化物的溶解性和还原性

MnO 是绿色粉末，难溶于水，易溶于酸。与 MnO 相应的水合物 $Mn(OH)_2$，是从锰

(Ⅱ)盐与碱溶液作用而制得的：

$$Mn^{2+} + 2OH^- = Mn(OH)_2 \downarrow$$

$Mn(OH)_2$ 是白色难溶于水的物质。在空气中很快被氧化为 MnO(OH)，并进一步被氧化而逐渐变成棕色的 MnO_2 的水合物($MnO(OH)_2$)：

$$Mn(OH)_2 \xrightarrow{O_2} Mn_2O_3 \cdot xH_2O \xrightarrow{O_2} MnO_2 \cdot yH_2O$$

$$4Mn(OH)_2 + O_2 = 4MnO(OH) + 2H_2O$$

$$4MnO(OH) + O_2 + 2H_2O = 4MnO(OH)_2$$

总反应式为　$$2Mn(OH)_2 + O_2 = 2MnO(OH)_2$$

2. 锰(Ⅱ)盐的稳定性与 Mn^{2+} 的鉴定

很多锰盐是易溶于水的。从溶液中结晶出来的锰盐是带有结晶水的粉红色晶体。例如，$MnCl_2 \cdot 4H_2O$、$MnSO_4 \cdot 7H_2O$、$Mn(NO_3)_2 \cdot 6H_2O$ 和 $Mn(ClO_4)_2 \cdot 6H_2O$ 等。

在碱性条件下锰(Ⅱ)具有较强的还原性，易被氧化。

$$MnO_2 + 2H_2O + 2e^- \rightleftharpoons Mn(OH)_2 + 2OH^- \quad \varphi^\ominus = -0.05\ V$$

$$MnO_2 + 4H^+ + 2e^- \rightleftharpoons Mn^{2+} + 2H_2O \quad \varphi^\ominus = 1.23\ V$$

在酸性条件下锰(Ⅱ)具有较强的稳定性，若要氧化比较困难。

$$MnO_4^- + 8H^+ + 5e^- = Mn^{2+} + 4H_2O \quad \varphi^\ominus = 1.51\ V$$

因此，只有用更强的氧化剂如 PbO_2、$NaBiO_3$、$(NH_4)_2S_2O_8$ 等才能使 Mn^{2+} 氧化为 MnO_4^-。

具体反应如下：

$$2Mn^{2+} + 5NaBiO_3 + 14H^+ = 2MnO_4^- + 5Bi^{3+} + 5Na^+ + 7H_2O$$

$$2Mn^{2+} + 5PbO_2 + 4H^+ = 2MnO_4^- + 5Pb^{2+} + 2H_2O$$

$$2Mn^{2+} + 5S_2O_8^{2-} + 8H_2O = 2MnO_4^- + 10SO_4^{2-} + 16H^+$$

以上反应常用来鉴定 Mn^{2+} 的存在。

不溶性的锰盐有碳酸锰 $MnCO_3$、硫化锰 MnS 等。$MnCO_3$ 是白色粉末，可以用作白色颜料(锰白)。$(NH_4)_2S$ 溶液与锰(Ⅱ)盐溶液相作用，生成无定型的肉色硫化锰沉淀，MnS 的溶度积较大($Ksp^\ominus = 4.65 \times 10^{-14}$)，像醋酸这样的弱酸也可以使它溶解。因此 MnS 难从酸性溶液中沉淀出来。

3. 锰(Ⅳ)的化合物

二氧化锰是锰最稳定的化合物。在自然界中它以软锰矿($MnO_2 \cdot xH_2O$)形式存在。MnO_2 是制取锰的化合物及金属锰的主要原料，它是不溶水的黑色固态物质。在空气中加热到 530 ℃以上就放出氧：

$$3MnO_2 \xrightarrow{530\ ℃以上} Mn_3O_4 + O_2 \uparrow$$

四氧化三锰 Mn_3O_4 可被铝还原出金属锰：

$$3Mn_3O_4 + 8Al = 9Mn + 4Al_2O_3$$

MnO_2 有较强的氧化能力，与还原剂作用，它被还原为 Mn^{2+}

$$MnO_2 + 4H^+ + 2e^- \rightleftharpoons Mn^{2+} + 2H_2O \quad \varphi^\ominus = 1.23\ V$$

例如，浓盐酸或浓 H_2SO_4 与 MnO_2 在加热时按下式进行反应：

$$MnO_2 + 4HCl(浓) = MnCl_2 + 2H_2O + Cl_2 \uparrow$$

$$MnO_2 + 2H_2SO_4(浓) = 2MnSO_4 + 2H_2O + O_2\uparrow$$

MnO_2 中锰处于中间氧化值，它既能被还原为锰（Ⅱ），也可以被氧化为锰（Ⅵ）（在碱性条件下）。例如，把 MnO_2 和 KOH 或 K_2CO_3 在空气中加热共熔，便得到可溶于水的绿色熔体。把熔体溶于水后，可从其中析出暗绿色的锰酸钾 K_2MnO_4 晶体。这被称为碱熔法。生成 K_2MnO_4 的反应式为：

$$2MnO_2 + 4KOH + O_2 \xrightarrow{共熔} 2K_2MnO_4 + H_2O$$

反应中的氧可以用 $KClO_3$ 或 $KMnO_4$ 等氧化剂来代替：

$$3MnO_2 + 6KOH + KClO_3 \xrightarrow{共熔} 3K_2MnO_4 + KCl + 3H_2O$$

$$MnO_2 + 4KOH + 2KMnO_4 \xrightarrow{共熔} 3K_2MnO_4 + 2H_2O$$

MnO_2 有很重要的用途，它是一种广泛采用的氧化剂。如干电池中的 MnO_2 用于氧化电极产生的氢。

$$2MnO_2 + H_2 = Mn_2O_3 + H_2O$$

另外把 MnO_2 加入熔融的玻璃中可消除玻璃的绿色（Fe^{2+}），使之变得无色透明。MnO_2 又是催化剂，可加快 $KClO_3$ 或 H_2O_2 的分解速度和油漆在空气中的氧化速度，使油漆快干。MnO_2 也是制造锰盐的原料。

与 MnO_2 不同，锰（Ⅳ）盐是极不稳定的。例如蓝色固体四氟化锰 MnF_4，在室温下能缓慢分解为 MnF_3 和 F_2。四氯化锰 $MnCl_4$ 尚未被分离出来。虽然在冷却的情况下，可以制出黑色晶体 $Mn(SO_4)_2$，但稍加热，立即分解而生成 $MnSO_4$ 和 O_2。由上述事实可以推测，Mn^{4+} 有很强的氧化性。许多负离子与它结合时，往往被 Mn^{4+} 所氧化，而得不到相应的锰（Ⅳ）盐。即使形成了锰（Ⅳ）盐，也是不稳定的。但它的配合物如 $K_2[MnCl_6]$ 则较稳定。

4. 锰（Ⅵ）的化合物

锰（Ⅵ）的化合物中，比较稳定的是锰酸盐，如锰酸钾 K_2MnO_4，它由 MnO_2 和 KOH 在空气中加热而制得。锰酸及其氧化物 MnO_3 都是极不稳定的化合物，因此尚未被分离出来。锰酸盐溶于水后，只有在碱性（pH>13.5）溶液中才是稳定的，在这种条件下，MnO_4^{2-} 的绿色可以较长时间保持不变。相反地，在中性或酸性溶液中，绿色的 MnO_4^{2-} 瞬间歧化生成紫色的 MnO_4^- 和棕色的 MnO_2 沉淀。甚至在 MnO_4^{2-} 溶液中通入 CO_2 或加入 HAc 等弱酸，都可使歧化平衡右移。

$$3MnO_4^{2-} + 4H^+ = MnO_2\downarrow + 2MnO_4^- + 2H_2O$$

$$3MnO_4^{2-} + 2H_2O = MnO_2\downarrow + 2MnO_4^- + 4OH^-$$

$$3K_2MnO_4 + 2CO_2 = MnO_2\downarrow + 2KMnO_4 + 2K_2CO_3$$

因此，将锰酸盐转化为高锰酸钾盐有三种方法：

（1）K_2MnO_4 溶液加酸歧化得到 $KMnO_4$ 溶液和 MnO_2 沉淀，过滤、浓缩溶液得高锰酸钾晶体，但这种方法的产率最高只有 66.7%，其余还原成 MnO_2。

（2）用氯气氧化 K_2MnO_4 溶液得到 $KMnO_4$。反应式如下：

$$2K_2MnO_4 + Cl_2 = 2KMnO_4 + 2KCl$$

但此法得到的 $KMnO_4$ 和 KCl 很难分离。

（3）最好的方法是用电解氧化法制 $KMnO_4$

$$2K_2MnO_4 + 2H_2O \xrightarrow{电解} 2KMnO_4 + 2KOH + H_2\uparrow$$

此法用镍板作阳极，铁板作阴极，用 80 g·dm^{-3} K_2MnO_4 的电解液进行电解，所得产品产率高，质量好。

5. 锰(Ⅶ)的化合物

锰(Ⅶ)的化合物中，高锰酸盐是最稳定的。应用最广的高锰酸盐是高锰酸钾 $KMnO_4$。高锰酸 $HMnO_4$ 只能存在于稀溶液中，当浓缩其溶液超过 20%时，即分解生成 MnO_2 和 O_2。含 $HMnO_4$ 的溶液冷却到 −75 ℃时，可得到高锰酸的水合晶体 $HMnO_4 \cdot 2H_2O$，高锰酸也是强酸之一。

锰(Ⅶ)的氧化物——Mn_2O_7是在冷却的情况下用浓 H_2SO_4 与 $KMnO_4$ 粉末作用而制得的黄绿色油状液体。只在 273 K 以下或 CCl_4 中稳定，常温下爆炸分解，如遇有机物(醇、醚等)就会起火燃烧。Mn_2O_7的性质与 Cl_2O_7很相似。

$$2KMnO_4 + H_2SO_4 = K_2SO_4 + 2HMnO_4$$

$$2HMnO_4 = Mn_2O_7 + H_2O$$

$$2Mn_2O_7 = 4MnO_2 + 3O_2$$

Mn_2O_7 溶于水生成 $HMnO_4$，它是强氧化剂，但纯的 $HMnO_4$ 却未制得，一般可浓缩到 20%，浓度再大将发生分解。

高锰酸钾是暗紫色晶体，它的溶液呈现出高锰酸根离子 MnO_4^- 特有的紫色。$KMnO_4$ 固体加热至 200 ℃以上时按下式分解：

$$2KMnO_4 \xrightarrow{\triangle} K_2MnO_4 + MnO_2 + O_2\uparrow$$

在实验室中有时也利用这一反应制取少量的氧。

$KMnO_4$ 是最重要和常用的氧化剂之一。它不仅具有较强的氧化能力，能将还原性物质氧化，而且同一元素的较高和较低氧化值的化合物也能发生氧化还原反应，得到介乎中间氧化值的化合物。例如 MnO_4^- 与 Mn^{2+} 在酸性介质中生成 MnO_2：

$$2MnO_4^- + 3Mn^{2+} + 2H_2O = 5MnO_2\downarrow + 4H^+$$

MnO_4^- 作为氧化剂而被还原的产物，因介质的酸碱性不同而不同。MnO_4^- 在酸性介质中被还原为 Mn^{2+}；在碱性不大或中性介质中则变为 MnO_2；浓碱溶液中则被还原为 MnO_4^{2-}。例如，以亚硫酸盐作还原剂，在酸性介质中，其反应如下：

$$2MnO_4^- + 6H^+ + 5SO_3^{2-} = 2Mn^{2+} + 5SO_4^{2-} + 3H_2O$$

若以 H_2S 作还原剂，MnO_4^- 可把 H_2S 氧化成 S，还可进一步把 S 氧化为 SO_4^{2-}：

$$2MnO_4^- + 5H_2S + 6H^+ = 2Mn^{2+} + 5S + 8H_2O$$

$$6MnO_4^- + 5S + 8H^+ = 6Mn^{2+} + 5SO_4^{2-} + 4H_2O$$

在中性介质中：

$$2MnO_4^- + H_2O + 3SO_3^{2-} = 2MnO_2\downarrow + 3SO_4^{2-} + 2OH^-$$

在较浓碱溶液中：

$$2MnO_4^- + 2OH^- + SO_3^{2-} = 2MnO_4^{2-} + SO_4^{2-} + H_2O$$

还原产物还会因氧化剂与还原剂相对量的不同而不同。例如 MnO_4^- 与 SO_3^{2-} 在酸性条件下的反应，若 SO_3^{2-} 过量，MnO_4^- 的还原产物为 Mn^{2+}；若 MnO_4^- 过量，则最终的还原产物为 MnO_2。

在 $KMnO_4$ 溶液中，若有少量酸存在，则 MnO_4^- 按下式进行缓慢的分解：

$$4MnO_4^- + 4H^+ = 4MnO_2\downarrow + 3O_2\uparrow + 2H_2O$$

所以 MnO_4^- 长期放置也会缓慢地发生上述反应。这一反应也说明 $HMnO_4$ 是不稳定的酸。

实际上，$KMnO_4$ 溶液在中性或碱性介质中也会分解，而且 Mn^{2+} 的存在，以及分解产物 MnO_2、光照等会促进分解。

$$4MnO_4^- + 2H_2O = 4MnO_2 + 3O_2\uparrow + 4OH^-$$

所以配制好的 $KMnO_4$ 溶液应保存在棕色瓶中，放置一段时间后，需过滤除去 MnO_2。

在浓碱溶液中，MnO_4^- 能被 OH^- 还原为绿色的 MnO_4^{2-}，并放出 O_2：

$$4MnO_4^- + 4OH^- = 4MnO_4^{2-} + O_2\uparrow + 2H_2O$$

前面提到的用碱熔法仅能把 MnO_2 氧化为 MnO_4^{2-}，却不能直接把 MnO_2 氧化为 MnO_4^-，其原因就是 MnO_4^- 在强碱中不稳定。

高锰酸钾是化学上常用的试剂，主要作氧化剂。用于有机化合物(如抗坏血酸、异烟肼、苯甲酸等)的制备；用作特殊织物、蜡、油脂及树脂的漂白剂；在医药上也用作防腐剂、消毒剂、除臭剂及解毒剂。

13.4 铁、钴、镍的重要化合物

铁、钴、镍属于第一过渡系第Ⅷ族元素。铁、钴、镍的价层电子构型分别是 $3d^64s^2$，$3d^74s^2$，$3d^84s^2$。它们的最外层电子都是 $4s^2$，只是次外层 3d 电子数不同(分别是 6、7、8)，而且原子半径又十分相近，所以它们的性质比较相似，通常把这三个元素称作铁系元素。

前面讨论的过渡元素，d 电子和 s 电子可以全部参与成键，其最高氧化值等于该元素所属族数，但第Ⅷ族过渡元素 3d 电子已超过 5 个，全部 d 电子参与成键的可能性逐渐减小，所以铁系元素不像其前面的过渡元素易形成 CrO_4^{2-}，MnO_4^- 那样的含氧酸根离子。铁系元素中只有 d 电子最少的铁才可以形成很不稳定的氧化值为＋6(如高铁酸根 FeO_4^{2-})的化合物。一般条件下，铁的氧化值为＋2 和＋3，其中氧化值为＋3 的化合物最稳定。钴的氧化值可为＋2、＋3，不同条件下其稳定性不同。镍主要形成＋2 氧化值的化合物。

从单质来看，铁、钴、镍都表现出磁性，活泼性中等。它们在冷的浓硝酸中都会变成钝态，处于钝态的铁、钴、镍一般不再溶于稀硝酸中。另外，铁、钴、镍都不易与碱作用，但铁能被热的浓碱所侵蚀，而钴和镍在碱性溶液中稳定性比铁高，故熔碱时最好使用镍坩埚。

13.4.1 铁、钴、镍的氧化物和氢氧化物

1. 氧化物的基本性质和制备

氧化值为＋2 的铁、钴和镍的氧化物有：黑色的氧化亚铁 FeO，灰绿色氧化亚钴 CoO 和绿色的氧化亚镍 NiO。它们都是难溶于水的碱性氧化物，可以由铁、钴、镍的相应草酸盐在隔绝空气的条件下加热制得。例如，草酸亚铁受热制取 FeO 的反应式为：

$$FeC_2O_4 \xrightarrow{\text{加热}} FeO + CO\uparrow + CO_2\uparrow$$

氧化值为＋3 的铁、钴和镍的氧化物有：红棕色的氧化铁(Fe_2O_3)、暗褐色的氧化钴(Co_2O_3)和灰黑色的氧化镍(Ni_2O_3)。它们都不溶于水，都是具有较强氧化性的氧化物。它们的氧化能力按 Fe→Co→Ni 的顺序增强。实验室中，常将氢氧化铁 $Fe(OH)_3$ 加热脱水而制得较纯的 Fe_2O_3，小心加热 $Co(NO_3)_3$ 和 $Ni(NO_3)_3$，可制得 Co_2O_3 和 Ni_2O_3。

铁还能形成所谓＋2 和＋3 的混合氧化物，如四氧化三铁 Fe_3O_4，可看作是 FeO 和 Fe_2O_3 的混合氧化物 $FeO \cdot Fe_2O_3$，它是自然界中磁铁矿的主要成分，经 X 射线研究证明，Fe_3O_4 是一种反式尖晶石结构，可以写成铁(Ⅲ)酸盐，即 $Fe^{Ⅲ}(Fe^{Ⅱ}Fe^{Ⅲ})O_4$。它是具有磁性的化合物。在发生氧化还原反应时，可认为 Fe_3O_4 中的铁的氧化值为$+\frac{8}{3}$。钴、镍也有类似的氧化物，如 Co_3O_4 和 Ni_3O_4。

2. Co_2O_3 和 Ni_2O_3 氧化性

氧化值为＋3 的钴和镍的氧化物，在酸性溶液中具有强氧化性，相对次序后者更强，例如 Co_2O_3、Ni_2O_3 和浓盐酸作用放出 Cl_2：

$$Co_2O_3 + 6HCl = 2CoCl_2 + Cl_2\uparrow + 3H_2O$$

$$Ni_2O_3 + 6HCl = 2NiCl_2 + Cl_2\uparrow + 3H_2O$$

3. 氢氧化物的氧化还原性与制备

白色 $Fe(OH)_2$、粉红色 $Co(OH)_2$($Co(OH)_2$ 初生成时为蓝色，放置或加热后转变为粉红色)和苹果绿 $Ni(OH)_2$ 的溶解性、酸碱性与相应氧化值氧化物的溶解性、酸碱性相似。具体性质如下：

	$Fe(OH)_2$	$Co(OH)_2$	$Ni(OH)_2$
颜色	白色	粉红色	苹果绿
在水中溶解情况	难溶	难溶	难
酸碱性	碱性	碱性	碱性

←还原性增强

$Fe(OH)_2$、$Co(OH)_2$、$Ni(OH)_2$ 都可由强碱作用于＋2 氧化值的铁、钴、镍的盐溶液而制得。但 $Fe(OH)_2$ 从溶液中析出时，除非完全清除掉溶液中的氧，否则往往得不到纯的 $Fe(OH)_2$，因为 $Fe(OH)_2$ 强烈地吸收空气中的氧，迅速被氧化为土绿色到暗棕色的中间产物(即有部分＋2 氧化值的铁被氧化为＋3 氧化值)，若有足够氧气存在时，最终会全部被氧化为 $Fe(OH)_3$：

$$4Fe(OH)_2 + O_2 + 2H_2O = 4Fe(OH)_3$$

而 $Co(OH)_2$ 则比较缓慢地被空气氧化为 $Co(OH)_3$。$Ni(OH)_2$ 在空气中很稳定，只有在强碱性介质中用强的氧化剂(如 NaClO、溴水)才能把 $Ni(OH)_2$ 氧化为 NiO(OH)。

$$2Ni(OH)_2 + ClO^- = 2NiO(OH)\downarrow + Cl^- + H_2O$$

$$2Ni(OH)_2 + Br_2 + 2OH^- = 2NiO(OH)\downarrow + 2Br^- + 2H_2O$$

上述现象表明，$M(OH)_2$(M＝Fe、Co、Ni)的还原能力由 Fe→Co→Ni 依次减弱。

红棕色的 $Fe(OH)_3$、褐棕色的 $Co(OH)_3$ 以及黑色的 $Ni(OH)_3$ 的基本性质与相应氧化值氧化物的相似。强碱作用于＋3 氧化值的铁盐溶液，析出 $Fe(OH)_3$ 沉淀，其组成为 $Fe_2O_3 \cdot xH_2O$，通常把它写成 $Fe(OH)_3$ 或 FeO(OH)。钴、镍的氢氧化物也有类似组成。$Fe(OH)_3$ 在热的、浓的强碱溶液中，能显著地溶解，生成铁酸盐(如 $NaFeO_2$ 或 $Na_3[Fe(OH)_6]$)。$Co(OH)_3$ 与过量强碱作用能生成六羟基合钴(Ⅲ)酸盐(如 $K_3[Co(OH)_6]$)。它们与酸的作用表现出不同的性质。例如 $Fe(OH)_3$ 与盐酸仅发生中和反应：

$$Fe(OH)_3 + 3HCl = FeCl_3 + 3H_2O$$

而 $Co(OH)_3$ 与盐酸作用，能把 Cl^- 氧化为氯气，与硫酸作用产生氧气：

$$2Co(OH)_3+6HCl \xlongequal{} 2CoCl_2+Cl_2\uparrow+6H_2O$$

$$4CoO(OH)+8H^+ \xlongequal{} 4Co^{2+}+O_2\uparrow+6H_2O$$

$Ni(OH)_3$ 的氧化能力比 $Co(OH)_3$ 更强。总之，氧化值为＋3 的铁系元素水合氧化物的氧化能力，按 Fe→Co→Ni 顺序依次增强。

13.4.2 铁、钴、镍的盐

1. 铁(Ⅱ)、钴(Ⅱ)、镍(Ⅱ)的盐

基本性质：铁(Ⅱ)、钴(Ⅱ)、镍(Ⅱ)的盐类有许多相似的地方。例如它们的硫酸盐、硝酸盐和氯化物都易溶于水。从水溶液中结晶出来时，常常带有相同数目的结晶水。例如：

$FeSO_4\cdot 7H_2O$	$Fe(NO_3)_2\cdot 6H_2O$	$FeCl_2\cdot 6H_2O$
$CoSO_4\cdot 7H_2O$	$Co(NO_3)_2\cdot 6H_2O$	$CoCl_2\cdot 6H_2O$
$NiSO_4\cdot 7H_2O$	$Ni(NO_3)_2\cdot 6H_2O$	$NiCl_2\cdot 6H_2O$

这些盐类都带有颜色，因为它们的水合离子都带有颜色，如淡绿色的$[Fe(H_2O)_6]^{2+}$、粉红色$[Co(H_2O)_6]^{2+}$和绿色的$[Ni(H_2O)_6]^{2+}$。从溶液中结晶出来时，水合离子中的水成为结合水共同析出，所以上述铁(Ⅱ)盐都带淡绿色，钴(Ⅱ)盐带粉红色，镍(Ⅱ)盐带绿色。

铁、钴和镍的硫酸盐都能与碱金属或铵的硫酸盐形成复盐。如硫酸亚铁铵$(NH_4)_2SO_4\cdot FeSO_4\cdot 6H_2O$(或写成$(NH_4)_2Fe(SO_4)_2\cdot 6H_2O$)俗称摩尔盐，是分析化学中常用的还原剂，它在空气中可以稳定存在，这是它可用于标定 $KMnO_4$ 标准溶液的原因。

它们的弱酸盐(如碳酸盐、磷酸盐、硫化物、草酸盐等)都是难溶于水的盐，但可溶于强酸。

铁系的＋2 价的盐中，最重要的是 $FeSO_4$ 和 $CoCl_2$。$FeSO_4$ 可用铁屑与稀 H_2SO_4 作用制得。$FeSO_4$ 的水合晶体又称为绿矾 $FeSO_4\cdot 7H_2O$，该晶体经加热失水，可得无水 $FeSO_4$。若强热则分解：

$$2FeSO_4 \xrightarrow{\triangle} Fe_2O_3+SO_2\uparrow+SO_3\uparrow$$

工业上利用此反应生产红色颜料 Fe_2O_3。

$FeSO_4\cdot 7H_2O$ 在空气中逐渐风化而失去一部分水，同时表面容易被氧化，生成黄褐色的铁(Ⅲ)的碱式硫酸盐。

$$4FeSO_4+O_2+2H_2O \xlongequal{} 4Fe(OH)SO_4$$

在酸性的溶液中，Fe^{2+} 也会被空气中的氧气所氧化：

$$Fe^{3+}+e^- \rightleftharpoons Fe^{2+} \qquad \varphi^\ominus=+0.771\ V$$

$$O_2+4H^++4e^- \rightleftharpoons 2H_2O \qquad \varphi^\ominus=+1.229\ V$$

$$4Fe^{2+}+O_2+4H^+ \xlongequal{} 4Fe^{3+}+2H_2O$$

因此，在配制 $FeSO_4$ 的溶液中常加入足够浓度的硫酸和数枚铁钉或无锈的铁屑，以防止它的氧化。绿矾常用于染色，制取蓝黑墨水，木材防腐，农业上用作杀虫剂(用 $FeSO_4$ 溶液浸泡种子，可以防止大麦、元麦的黑穗病、条纹病、苹果及梨的疤痂病和果树的腐烂病等)。$NiSO_4$ 是工业上电镀镍的原料。

氧化值为＋2 的铁、钴和镍的氯化物中，$CoCl_2$ 应用较广。通过钴和氯气直接反应制得，由于盐中含结晶水的数目不同而呈现不同的颜色，它们的相互转变温度及特征颜色如下：

$$\underset{(粉红)}{CoCl_2 \cdot 6H_2O} \xrightarrow{52.25\ ℃} \underset{(紫红)}{CoCl_2 \cdot 2H_2O} \xrightarrow{90\ ℃} \underset{(蓝紫)}{CoCl_2 \cdot 6H_2O} \xrightarrow{120\ ℃} \underset{(蓝色)}{CoCl_2}$$

无水二氯化钴溶于冷水中呈粉红色。做干燥剂用的硅胶常浸有二氯化钴的水溶液，利用氯化钴因吸水和脱水而发生的颜色变化来表示硅胶吸湿情况。在升高温度时，硅胶失水由粉红色变为蓝紫色或蓝色；当硅胶吸水后，逐渐变为粉红色，所以 $CoCl_2$ 能重复使用。常用作干燥剂硅胶的填料，得到变色硅胶。$NiCl_2$ 与 $CoCl_2$ 有相同的晶形，但 $NiCl_2$ 在乙醚或丙酮中的溶解度比 $CoCl_2$ 小得多，利用这一性质可以分离钴和镍。

Fe^{2+}、Co^{2+}、Ni^{2+} 的还原性按 $Fe^{2+} \rightarrow Co^{2+} \rightarrow Ni^{2+}$ 的顺序减弱。如 $Fe(OH)_2$ 易被空气中的氧氧化成 $Fe(OH)_3$，$FeSO_4$ 溶液同样易被氧化成 $Fe_2(SO_4)_3$，故配制 $FeSO_4$ 水溶液时，为防止 $FeSO_4$ 溶液变质，应加入足够浓度的酸，同时加几颗铁钉。

2. 铁(Ⅲ)、钴(Ⅲ)、镍(Ⅲ)的盐

(1) 稳定性。以铁(Ⅲ)盐较多、而钴(Ⅲ)和镍(Ⅲ)的盐都不稳定，故很少。这是因为它们的离子氧化性不同而造成的。

$$Fe^{3+} + e^- \rightleftharpoons Fe^{2+} \quad \varphi^\ominus = 0.771\ V$$
$$Co^{3+} + e^- = Co^{2+} \quad \varphi^\ominus = 1.84\ V$$
$$Ni^{3+} + e^- \rightleftharpoons Ni^{2+} \quad \varphi^\ominus > 1.84\ V$$

由它们的标准电极电势可以看出，氧化值为 +3 的离子的氧化性按 Fe^{3+}、Co^{3+}、Ni^{3+} 的顺序增强。当 Fe^{3+}、Co^{3+}、Ni^{3+} 分别与负离子结合时，夺取负离子的电子被还原，稳定性则按这一顺序而降低。例如它们的硫酸盐已知有 $Fe_2(SO_4)_3 \cdot 9H_2O$ 和 $Co_2(SO_4)_3 \cdot 18H_2O$。$Fe_2(SO_4)_3 \cdot 9H_2O$ 是很稳定的铁盐，而 $Co_2(SO_4)_3 \cdot 18H_2O$ 不仅在溶液中不稳定，在固态时也很不稳定，分解成钴(Ⅱ)的硫酸盐和氧。可以推想，镍(Ⅲ)的硫酸盐更不稳定，这是因为 Ni^{3+} 比 Co^{3+} 的氧化能力更强的缘故。

(2) $FeCl_3$ 的氧化性和水解性。$FeCl_3$ 常作氧化剂应用在有机合成和刻蚀某些金属方面。例如，工业上常应用 $FeCl_3$ 的酸性溶液在铁制部件上刻蚀字样。反应式为：

$$2Fe^{3+} + Fe = 3Fe^{2+}$$

这一反应的平衡常数，根据公式 $\lg K^\ominus = \dfrac{nE^\ominus}{0.0592}$ 计算得：

$$K^\ominus = \frac{[Fe^{2+}]^3}{[Fe^{3+}]^2} = 10^{41}$$

可见此反应向右进行的程度是很大的。同理，在 Fe^{2+} 的溶液中加入金属铁，可防止 Fe^{2+} 被氧化为 Fe^{3+}。

在无线电工业上，常利用 $FeCl_3$ 的溶液来刻蚀铜，制造印刷线路。其反应式为：

$$2Fe^{3+} + Cu = 2Fe^{2+} + Cu^{2+} \quad K^\ominus = 10^{14.7}$$

具体操作是先在粘有铜箔的胶木板上按照布线要求做成薄膜线路，即将要保留的部分用清漆等薄膜覆盖保护起来，然后将胶木浸入约 35% 的 $FeCl_3$ 溶液中进行腐蚀，最后取出胶木板用水冲洗，除去薄膜即得成品。

$FeCl_3$ 是共价键占优势的化合物，它的蒸气含有双聚分子 Fe_2Cl_6，其结构为：

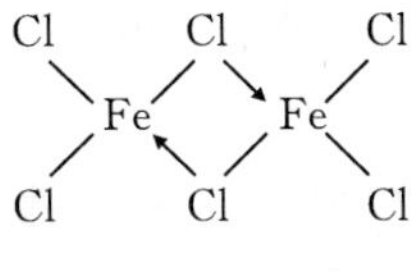

由于 Fe^{3+} 比 Fe^{2+} 的电荷多，半径小，因而在水溶液中 Fe^{3+} 比 Fe^{2+} 容易发生离解，它们的第一级离解常数分别如下：

$$[Fe(H_2O)_6]^{3+} \rightleftharpoons [Fe(OH)(H_2O)_5]^{2+} + H^+ \quad K^\ominus = 10^{-3.05}$$

$$[Fe(H_2O)_6]^{2+} \rightleftharpoons [Fe(OH)(H_2O)_5]^{+} + H^+ \quad K^\ominus = 10^{-9.5}$$

Fe^{3+} 还可以发生下列离解反应：

$$[Fe(OH)(H_2O)_5]^{2+} \rightleftharpoons [Fe(OH)_2(H_2O)_4]^{+} + H^+ \qquad K^\ominus = 10^{-3.26}$$

实际上水解过程中同时发生缩合作用，随 pH 值的增大缩合程度增大，溶液的颜色由黄绿色逐渐变为深棕色，比如在较浓的 Fe^{3+} 溶液（$1\ mol \cdot L^{-1}$）中，离解所形成的碱式离子可缩聚为二聚离子（双核配离子）

$$2[Fe(H_2O)_6]^{3+} \rightleftharpoons [(H_2O)_4Fe(OH)_2Fe(H_2O)_4]^{4+} + 2H^+ + 2H_2O \quad K^\ominus = 10^{-2.91}$$

一般在 Fe^{3+} 的稀溶液（$10^{-4}\ mol \cdot L^{-1}$ 左右）中，其离解产物主要是 $[Fe(OH)(H_2O)_5]^{2+}$ 和 $[Fe(OH)_2(H_2O)_4]^{+}$。在较浓溶液中，其离解产物主要是 $[(H_2O)_4Fe(OH)_2Fe(H_2O)_4]^{4+}$，最终出现 $Fe(OH)_3$ 或 $Fe_2O_3 \cdot xH_2O$ 沉淀（通常把 Fe^{3+} 的离解产物写成 $Fe(OH)_3$ 只是一种近似写法）。

由于 Fe^{3+} 水解程度大，$[Fe(H_2O)_6]^{3+}$ 仅能存在于酸性较强的溶液中，稀释溶液或增大溶液的 pH，会有胶状物沉淀出来，此胶状物的组成是 FeO(OH)，通常也写作 $Fe(OH)_3$，而使溶液呈黄色或棕红色。$FeCl_3$ 的净水作用，就是由于 Fe^{3+} 离解产生 FeO(OH) 后，与水中悬浮的泥土等杂质一起聚沉下来，使混浊的水变清。

$FeCl_3$ 主要用于有机染料的生产上，在某些有机合成反应中作催化剂，也是实验室常用的试剂。由于它可使蛋白质凝固，故可用作外伤止血剂。

氧化值高于 +3 的铁系元素的盐类，已经制得的有高铁酸钾 K_2FeO_4 和高钴酸钾 K_3CoO_4。它们在酸性溶液中都是很强的氧化剂。

13.4.3 铁、钴、镍的配合物

铁系元素都是很好的配合物形成体，可以形成多种配合物，本节主要讨论在水溶液中较稳定的无机配合物，有机配合物仅作简单的介绍。

1. 卤素配合物

Fe^{2+}、Co^{2+}、Ni^{2+} 在水溶液中与卤素离子形成的配合物都不太稳定。例如：

$$\underset{\text{(粉红色)}}{[Co(H_2O)_6]^{2+}} \underset{H_2O}{\overset{Cl^-}{\rightleftharpoons}} \underset{\text{(蓝色)}}{[CoCl_4]^{2-}}$$

Fe^{3+} 和 Co^{3+} 却能与 F^- 离子形成稳定的配合物，如 $K_3[FeF_6]$ 和 $K_3[CoF_6]$。它们都属外轨型的配合物。由于 $[FeF_6]^{3-}$ 比较稳定（稳定常数为 10^{14}），在分析化学上常在含有 Fe^{3+} 的混合溶液中加入 NaF，使 Fe^{3+} 形成 $[FeF_6]^{3-}$，把 Fe^{3+} 掩蔽起来，从而消除 Fe^{3+} 的干扰。

2. 与氨形成的配合物

Fe^{2+}、Co^{2+} 和 Ni^{2+} 与氨形成配合物的稳定性按 $Fe^{2+} \to Co^{2+} \to Ni^{2+}$ 的顺序增强。但 Fe^{2+} 难以在水溶液中形成稳定的氨合物。在无水状态下 $FeCl_2$ 可以和 NH_3 形成 $[Fe(NH_3)_6]Cl_2$，遇水则按下式分解：

$$[Fe(NH_3)_6]Cl_2 + 6H_2O = Fe(OH)_2 + 4NH_3 \cdot H_2O + 2NH_4Cl$$

对 Co^{2+}、Ni^{2+} 来说，这种分解倾向较小。在过量氨存在的溶液中，Co^{2+} 能与 NH_3 形成稳定的 $[Co(NH_3)_6]^{2+}$（稳定常数为 $10^{4.39}$），但易被 O_2 氧化为 $[Co(NH_3)_6]^{3+}$。Ni^{2+} 可形成 $[Ni(NH_3)_4]^{2+}$ 和 $[Ni(NH_3)_6]^{2+}$（前者稳定常数为 $10^{7.47}$，后者稳定常数为 $10^{8.01}$），反应如下：

$$CoCl_2 + 6NH_3 = [Co(NH_3)_6]^{2+} + 2Cl^- \quad \text{(土黄色)}$$

$$NiCl_2 + 6NH_3\text{(过量)} = [Ni(NH_3)_6]^{2+} + 2Cl^- \quad \text{(蓝色)}$$

Co^{3+} 的配合物都是配位数为 6 的。Co^{3+} 在水溶液中不能稳定存在，难以与配体直接形成配合物，通常把 Co(Ⅱ)盐在有配位剂的溶液中借氧化剂氧化，从而制出 Co(Ⅲ)的配合物。例如：

$$4Co^{2+} + 24NH_3 + O_2 + 2H_2O = 4[Co(NH_3)_6]^{3+} + 4OH^- \quad \text{(红棕色)}$$

又如

$$2[Co(NH_3)_6]^{2+}\text{(土黄色)} + H_2O_2 + 2H^+ = 2[Co(NH_3)_6]^{3+}\text{(红棕色)} + 2H_2O$$

$$4CoCl_2 + 4NH_4Cl + 20NH_3 + O_2 \xrightarrow{\text{催化剂(木炭)}} 4[Co(NH_3)_6]Cl_3 + 2H_2O$$

Co^{3+} 形成配合物后，在溶液中则是稳定的。Ni(Ⅲ)的配合物比较少见，且是不稳定的。

对 Fe^{3+} 来说，由于其水合离子发生强烈的水解，所以在水溶液中加入氨时，不是形成氨合物，而是形成 $Fe(OH)_3$。

3. 与 NCS^- 形成的配合物

Fe^{2+}、Co^{2+} 和 Ni^{2+} 与 NCS^- 形成的配合物有配位数 4 和 6 两类。但它们在水溶液中都不太稳定。在水溶液中不太稳定的蓝色配离子 $[Co(NCS)_4]^{2-}$，能较稳定地存在于乙醚、戊醇或丙酮中。在鉴定 Co^{2+} 时常利用这一特性。

Fe^{3+} 与 NCS^- 形成组成为 $[Fe(NCS)_n]^{3-n}$（$n=1,2,3,4,5,6$）的红色配合物。从结合 1 个 NCS^- 的 $[Fe(NCS)(H_2O)_5]^{2+}$ 到结合 6 个 NCS^- 的 $[Fe(NCS)_6]^{3-}$ 都呈红色。这一反应非常灵敏，它是鉴定 Fe^{3+} 是否存在的重要反应之一。

上述 Co^{2+} 和 Fe^{3+} 的鉴定反应分别为：

$$Co^{2+} + 4NCS^-\text{(过量)} \xrightarrow{\text{乙醚}} [Co(NCS)_4]^{2-} \quad \text{(蓝色)}$$

$$Fe^{3+} + 6NCS^- = [Fe(NCS)_6]^{3-} \quad \text{(血红色)}$$

4. 与 CN^- 形成的配合物

CN^- 与 Fe^{3+}、Fe^{2+}、Co^{2+}、Ni^{2+} 都能形成配位数为 6 或 4 的配合物。这些配合物都是内轨型配合物，在溶液中都很稳定。

Fe(Ⅱ)盐与 KCN 溶液作用得白色 $Fe(CN)_2$，KCN 过量时 $Fe(CN)_2$ 溶解，形成 $[Fe(CN)_6]^{4-}$：

$$Fe^{2+} + 2CN^- = Fe(CN)_2 \downarrow$$

$$Fe(CN)_2+4CN^- = [Fe(CN)_6]^{4-}$$

从溶液中析出来的黄色晶体 $K_4[Fe(CN)_6]\cdot 3H_2O$，工业名称叫黄血盐(俗称亚铁氰化钾)。黄血盐主要用于制造颜料、油漆、油墨。Fe^{3+} 不能与 KCN 直接生成 $K_3[Fe(CN)_6]$。它是由氯气氧化 $K_4[Fe(CN)_6]$的溶液而制得的：

$$2K_4[Fe(CN)_6]+Cl_2 = 2KCl+2K_3[Fe(CN)_6]$$

$K_3[Fe(CN)_6]$是褐红色晶体，工业名称叫赤血盐(俗称铁氰化钾)。$[Fe(CN)_6]^{3-}$ 的氧化性不如 Fe^{3+} 强，其电极电势值如下：

$$[Fe(CN)_6]^{3-}+e^- \rightleftharpoons [Fe(CN)_6]^{4-} \quad \varphi^\ominus=0.36\ V$$

$$Fe^{3+}+e^- \rightleftharpoons Fe^{2+} \quad \varphi^\ominus=0.77\ V$$

$[Fe(CN)_6]^{3-}$ 和 $[Fe(CN)_6]^{4-}$ 在溶液中十分稳定，因此在含有 $[Fe(CN)_6]^{3-}$ 和 $[Fe(CN)_6]^{4-}$ 的溶液中几乎检查不出解离的 Fe^{3+} 和 Fe^{2+}。但$[Fe(CN)_6]^{4-}$ 遇到 Fe^{3+} 立即产生蓝色沉淀，这种沉淀俗称普鲁士蓝，其反应式为：

$$4Fe^{3+}+3[Fe(CN)_6]^{4-} = Fe_4[Fe(CN)_6]_3\downarrow$$

这一反应也是检查溶液中是否存在 Fe^{3+} 的灵敏反应。

$[Fe(CN)_6]^{3-}$ 与 Fe^{2+} 在溶液中也产生蓝色沉淀，这种沉淀俗称滕氏蓝，其反应式如下：

$$3Fe^{2+}+2[Fe(CN)_6]^{3-} = Fe_3[Fe(CN)_6]_2\downarrow$$

这一反应也是检查溶液中是否存在 Fe^{2+} 的灵敏反应。

检验反应中所形成的普鲁士蓝和滕氏蓝过去曾认为是两种物质，但根据近代的测定结果知道，普鲁士蓝和滕氏蓝有相同的 X 射线粉末衍射图和相同的穆斯堡尔光谱，证明它们是具有同样结构的化合物，都是 $KFe^{III}[Fe^{II}(CN)_6]H_2O$。

Fe^{3+} 与$[Fe(CN)_6]^{3-}$ 在溶液中不生成沉淀，但溶液变成暗棕色。Fe^{2+} 与$[Fe(CN)_6]^{4-}$ 作用则生成白色的 $Fe_2[Fe(CN)_6]$ 沉淀。由于 Fe^{2+} 易被空气氧化，所以最后也形成普鲁士蓝。

在铁的氰合物中，还有许多配合物只有五个 CN^- 离子，另外再结合一个别的离子(如 NO_2^-、SO_3^{2-})或中性分子 NO、CO、NH_3、H_2O。其中比较重要的是 $Na_2[Fe(CN)_5NO]$。它与 S^{2-}(但不与 HS^-)作用生成 $Na_2[Fe(CN)_5NOS]$而显特殊的红紫色。它与 $ZnSO_4$ 及 $K_4[Fe(CN)_6]$的混合液，遇到 SO_3^{2-} 则生成红色沉淀。因此它被用来检查溶液中是否有 S^{2-}、SO_3^{2-} 的存在。

钴和镍也能形成氰配合物，如 $K_4[Co(CN)_6]$(紫色)，但它不稳定，其溶液稍稍加热，就可发生如下反应：

$$2[Co(CN)_6]^{4-}+2H_2O = 2[Co(CN)_6]^{3-}+2OH^-+H_2\uparrow$$

生成的$[Co(CN)_6]^{3-}$ 离子稳定得多，这也说明$[Co(CN)_6]^{4-}$ 的还原能力大大强于$[Co(NH_3)_6]^{2+}$，在溶液中可以还原水放出氢气。由标准电极电势也可知还原性$[Co(CN)_6]^{4-}$ $>[Co(NH_3)_6]^{2+}$

$$[Co(CN)_6]^{3-}+e^- \rightleftharpoons [Co(CN)_6]^{4-} \quad \varphi^\ominus=-0.83\ V$$

Ni^{2+} 与过量 CN^- 形成$[Ni(CN)_4]^{2-}$ 配离子，它是由 Ni^{2+} 提供 dsp^2 杂化轨道形成的，是一个平面正方形稳定结构。

Ni^{2+} 的平面正方形配合物，除了$[Ni(CN)_4]^{2-}$ 外还有二丁二肟合镍(Ⅱ)，后者为鲜红色沉淀，可用于定性鉴定 Ni^{2+} 离子。

5. * 羰合物

铁、钴、镍都能与 CO 形成稳定的金属羰基配合物，如五羰基合铁 $Fe(CO)_5$、八羰基合二钴 $Co_2(CO)_8$、四羰基合镍 $Ni(CO)_4$。

$$Fe + 5CO = Fe(CO)_5 \quad \text{(黄色液态)}$$

$$2Co + 8CO = Co_2(CO)_8 \quad \text{(棕色固态)}$$

$$Ni + 4CO = Ni(CO)_4 \quad \text{(无色液态)}$$

金属羰基配合物无论在结构、性质上都是一类特殊的配合物，其特殊性为：

(1)金属羰基配合物中，金属的氧化值一般为零，也有负值。例如：$Ni(CO)_4$ 和 $Fe(CO)_5$ 中，Ni、Fe 氧化值为零。在 $NaH[Fe(CO)_4]$四羰基合铁(-Ⅱ)酸氢钠和 $Na[Co(CO)_4]$四羰基合钴(-Ⅰ)酸钠中铁和钴的氧化值为 -2 和 -1。

(2)羰基配合物中，每个金属原子的原子序数加上它周围 CO 提供的电子总数(每个 CO 提供两个电子)，与该金属所在周期的零族元素的原子序数相等，即满足 18 电子结构规则。如：$Fe(CO)_5$ 26+5×2=36 (36 号元素氪的原子序数) $Ni(CO)_4$ 28+4×2=36

(3)羰基配合物的熔点、沸点一般比常见的相应金属低，一般为液体或低熔点固体，易挥发，受热易分解为一氧化碳。如：

$$Fe(CO)_5 \xrightarrow{473\sim521\ K} Fe + 5CO\uparrow$$

利用此性质可提纯金属。方法是先将金属制成羰基配合物，使它挥发分解与其他杂质分离，然后加热，分解得到高纯度金属。

金属的羰基配合物是毒性物质，例如吸入 $Ni(CO)_4$ 后，它在人体内分解，CO 与血红蛋白结合，使血红蛋白失去输送氧气的能力(即 CO 中毒)，胶体镍随血液带到全身器官，这种中毒是很难治疗的。所以制取羰基配合物时，必须在与外界严格隔绝的条件下进行。

金属羰基配合物中，CO 分子的结构可表示为 $C \overset{\leftarrow}{\equiv} O$，当形成羰基配合物时，CO 的碳原子提供电子对，与金属原子形成 σ 键。但是，如果只生成通常的 σ 配键，由于配位体给出电子到金属原子的空轨道，则金属原子的负电荷会积累过多，而使羰基配合物的稳定性下降。这与羰基配合物的稳定性事实不符合。所以现代化学键理论认为，CO 一方面有孤电子对，可以给到中心金属原子的空轨道形成 σ 配键；另一方面，CO 有空的反键 π^* 轨道，可以和金属原子的 d 轨道重叠生成 π 键，这种 π 键是由金属原子单方面提供电子到配体空轨道上，称为反馈 π 配键。这种反馈 π 配键的形成减少了由于生成 σ 配键而引起的中心金属原子上过多的负电荷积累，从而促进了 σ 配键的形成。它们相辅相成，互相促进，其结果比单独形成一种键时要强得多，从而增强了配合物的稳定性。

6. 夹心配合物

1951 年制得第一个夹心配合物为双环戊二烯基合铁(Ⅱ)($(C_5H_5)_2Fe$)：

$$2C_5H_5Na + FeCl_2 = (C_5H_5)_2Fe + 2NaCl$$

$(C_5H_5)_2Fe$ 俗名二茂铁，它是橘色晶体，其结构经 X 射线研究确定，在配合物中，二价铁离子被夹在两个反向平行的茂环之间，形成所谓的夹心配合物。在茂环内，每个碳原子上各有一个垂直于茂环平面的 2p 轨道，由这五个 2p 轨道及其未成键的 p 电子组成 Π_5^5 键，再通过

所有这些 π 电子与铁离子形成夹心配合物。二茂铁的重叠型和交错型如下。

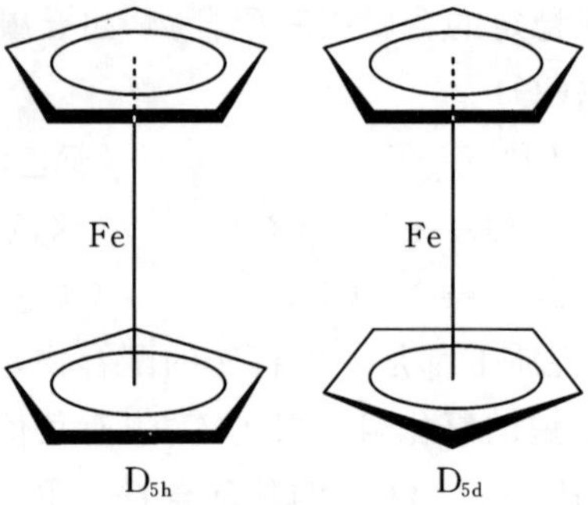

二茂铁及其衍生物可用作火箭燃料等的添加剂、汽油的抗震剂、硅树脂和橡胶的熟化剂、紫外线的吸收剂，近年来研究表明二茂铁可作为医药中间体。

7. 螯合物

铁系元素的螯合物中与人体关系密切的有血红素（以 Hem 代表）和维生素 B_{12}。血红素是 Fe^{2+} 的螯合物，维生素 B_{12} 是 Co^{2+} 的螯合物，人体中的铁系元素约 3/4 分布在血红素内，血红素在高等动物体内起着运输氧的作用。它从肺部摄取氧，并把氧输送到人体各部需要氧的部位。维生素 B_{12}（氰基钴胺）作为一种抗贫血因子，主要能促进红细胞成熟，是治疗恶性贫血病的特效药。

习　题

1. 完成并配平下列反应式。

(1) $Cr(OH)_4^- + Br_2 + OH^- \longrightarrow$

(2) $Cr_2O_7^{2-} + H_2S \longrightarrow$

(3) $K_2Cr_2O_7 + HCl$ (浓) $\longrightarrow$

(4) $Cr_2O_3 + K_2S_2O_7 \xrightarrow{\triangle}$

(5) $Cr^{3+} + S^{2-} + H_2O \longrightarrow$

(6) $MnO_4^- + NO_2^- + H^+ \longrightarrow$

(7) $Mn^{2+} + NaBiO_3 + H^+ \longrightarrow$

(8) $MnO_4^- + H_2O_2 + H^+ \longrightarrow$

(9) $MnO_4^- + Mn^{2+} + H^+ \longrightarrow$

(10) $MnO_4^- + SO_3^{2-} + OH^- \longrightarrow$

2. 某绿色固体 A 可溶于水，其水溶液中通入 CO_2 即得棕黑色沉淀 B 和紫红色溶液 C。B 与浓盐酸共热时放出黄绿色气体 D，溶液近乎无色，将此溶液和溶液 C 混合，即得沉淀 B。将气体 D 通入 A 溶液，可得 C。试判断 A 是哪种钾盐。写出有关反应式。

3. 某黑色粉末，加热情况下和浓 H_2SO_4 作用会释放出助燃性气体，所得溶液与 PbO_2 作用（稍加热）时会出现紫红色。若再加入 H_2O_2 时，颜色能褪去，并有白色沉淀出现。问此棕黑色粉末为何物？并写出相关反应方程式。

4. 某氧化物 A,溶于浓盐酸得溶液 B 和气体 C。C 通入 KI 溶液后用 CCl_4 萃取生成物,CCl_4 层出现紫色。B 加入 KOH 溶液后析出桃红色沉淀。B 遇过量氨水,得不到沉淀而得土黄色溶液,放置后则变为红褐色。B 中加入 KSCN 及少量丙酮时生成宝石蓝溶液。判断 A 是什么氧化物。写出有关反应式。

5. 完成下列反应式。

(1)$Fe^{3+} + H_2S \longrightarrow$

(2)$Fe(OH)_2 + O_2 + H_2O \longrightarrow$

(3)Co^{2+} SCN^-(过量)$\xrightarrow{丙酮}$

(4)$[Co(NH_3)_6]^{2+} + O_2 + H_2O \longrightarrow$

(5)$Ni(OH)_2 + Br_2 + OH^- \longrightarrow$

(6)$Co_2O_3 + H^+ + Cl^- \longrightarrow$

(7)$[Fe(NCS)_6]^{3-} + F^- \longrightarrow$

6. 用盐酸处理 $Fe(OH)_3$,$CoO(OH)$ 和 $NiO(OH)$ 各发生什么反应?写出反应式并加以解释。

7. 比较 $Al(OH)_3$,$Cr(OH)_3$,$Fe(OH)_3$ 性质的异同,怎样把 Cr^{3+},Al^{3+},Fe^{3+} 分离?

8. 解释下列现象或问题,并写出相应的反应式。

(1)加热 $Cr(OH)_4^-$ 溶液和 $Cr_2(SO_4)_3$ 溶液均能析出 $Cr_2O_3 \cdot xH_2O$ 沉淀。

(2) Na_2CO_3 与 $Fe_2(SO_4)_3$ 两溶液作用得不到 $Fe_2(CO_3)_3$。

(3)在水溶液中用 Fe^{3+} 盐和 KI 不能制取 FeI_3。

(4)在含有 Fe^{3+} 的溶液中加入氨水,得不到 Fe(Ⅲ)的氨合物。

(5)在 Fe^{3+} 的溶液中加入 KCNS 时出现血红色,若再加入少许铁粉或 NH_4F 固体则血红色消失。

(6)Fe^{3+} 是稳定的,而 Ni^{3+} 在水溶液中尚未制得。

(7)Co^{3+} 盐不如 Co^{2+} 盐稳定,而往往它们的配离子的稳定性则相反。

9. 分别写出 Fe^{3+}、Co^{2+}、Fe^{2+}、Ni^{2+}、Cr^{3+} 盐与 $(NH_4)_2S$ 溶液作用的反应式。

10. 铬酸洗液是怎样配制的?为何它有去污能力?如何使用它比较合理?失效后外观现象如何?

11. 写出以软锰矿为原料制备 K_2MnO_4,$KMnO_4$,$MnSO_4$ 的步骤及各步反应式。

12. 分离并鉴定下列各组离子。

(1)Al^{3+},Cr^{3+},Co^{2+}

(2)Mn^{2+},Cr^{3+},Ni^{2+}

(3)Fe^{3+},Cr^{3+},Ni^{2+}

(4)Ba^{2+},Al^{3+},Fe^{3+}

第 14 章　ds 区元素

ds 区元素包括铜族元素(ⅠB)的铜、银、金和锌族元素(ⅡB)的锌、镉、汞。这两族元素原子的价电子层构型分别为$(n-1)d^{10}ns^1$ 和$(n-1)d^{10}ns^2$。由于它们的次外层的 d 亚层刚好排满 10 个电子,而最外电子层构型又和 s 区相同,所以称为 ds 区。

14.1　ds 区元素的通性

铜族和锌族元素的次外层都是 18 电子结构,所以当它们分别形成与族数相同氧化值的化合物时,相应的离子都是 18 电子构型,所以这两族的离子都有强的极化力,本身其变形性又大,这就使它们的二元化合物都部分地或完全地带有共价性。

这两族元素与其他过渡元素类似,易形成配合物,但由于ⅡB 族元素的离子(M^{2+})d 轨道已填满,电子不能发生 d-d 跃迁,因此它们的化合物或配合物一般无色。

14.2　铜族元素

14.2.1　单质及其化学活泼性

作为单质来说,在所有的金属中,银的导电性最好,铜次之,因而在电器中广泛采用铜作为导电材料,要求高的场合,如触点、电极等可采用银。另外,铜、银之间以及铂、锌、锡、钯等其他金属之间很易形成合金。如铜合金中的黄铜(含锌)、青铜(含锡)、白铜(含镍)等。

铜、银、金的化学活泼性较差,室温下看不出它们是否能与氧或水作用,但是,若反应能产生难溶物质或配离子,则就能与 O_2 发生反应。例如在含有 CO_2 的潮湿空气中,铜的表面会逐渐蒙上绿色的铜锈(俗称铜绿)$Cu_2(OH)_2CO_3$:

$$2Cu+O_2+H_2O+CO_2 = Cu_2(OH)_2CO_3$$

再如在有 H_2S 的环境中:

$$4Ag+O_2+2H_2S = 2Ag_2S(黑色)+2H_2O$$

14.2.2　铜族元素的化合物

铜族元素+1 氧化值的离子都是无色的,而高氧化值的离子由于次外层未充满而都是有颜色的(Cu^{2+} 蓝色、Au^{3+} 红黄色)。

1. 溶解性与酸碱性

Cu^+为18电子构型，具有较强的极化力，因此几乎所有Cu(Ⅰ)的化合物都难溶于水，而Cu(Ⅱ)的化合物则易溶于水的较多。

水合铜离子$[Cu(H_2O)_6]^{2+}$呈蓝色。在Cu^{2+}的溶液中加入适量的碱，析出浅蓝色氢氧化铜$Cu(OH)_2$沉淀。加热$Cu(OH)_2$悬浮液到接近沸腾时分解出CuO：

$$Cu^{2+} + 2OH^- \longrightarrow Cu(OH)_2 \downarrow \xrightarrow{80 \sim 90\ ℃} CuO \downarrow + H_2O$$

这一反应常用来制取CuO。

$Cu(OH)_2$能溶于过量浓碱溶液中，生成四羟基合铜(Ⅱ)离子$[Cu(OH)_4]^{2-}$：

$$Cu(OH)_2 + 2OH^- \rightleftharpoons [Cu(OH)_4]^{2-}$$

银的许多化合物都是难溶于水的。卤化银的溶解度按AgCl→AgBr→AgI顺序减小，Ag^+有强的极化作用，极化率从Cl^-到I^-依次增大，从离子极化观点来看，相互的极化作用依次增强，逐步变为共价键占优势的AgI，从而使它们在水中的溶解度逐步减小。Ag^+为d^{10}构型，它的化合物一般呈白色或无色，但AgBr呈淡黄色，AgI呈黄色，这与卤素负离子和Ag^+之间发生的电荷迁移有关。易溶于水的Ag(Ⅰ)化合物有：高氯酸银$AgClO_4$、氟化银AgF，氟硼酸银$AgBF_4$和硝酸银$AgNO_3$等。其他Ag(Ⅰ)的一般化合物(不包括配盐)几乎都是难溶于水的。

2. 稳定性与光敏性

一般说来，在固态时，Cu(Ⅰ)的化合物比Cu(Ⅱ)的化合物热稳定性高。例如，Cu_2O受热到1800 ℃时分解，而CuO在1100 ℃时分解为Cu_2O和O_2。无水$CuCl_2$强热时分解为CuCl，在水溶液中Cu(Ⅰ)容易被氧化为Cu(Ⅱ)，即水溶液中Cu(Ⅱ)的化合物是稳定的。

银的化合物相对来说更不稳定，Ag(Ⅰ)的许多化合物加热到不太高的温度时就会发生分解，例如：

$$2Ag_2O \xrightarrow{300\ ℃} 4Ag + O_2 \uparrow$$

$$2AgCN \xrightarrow{320\ ℃} 2Ag + (CN)_2 \uparrow$$

$$2AgNO_3 \xrightarrow{440\ ℃} 2Ag + 2NO_2 \uparrow + O_2 \uparrow$$

许多Ag(Ⅰ)的化合物对光是敏感的。例如AgCl、AgBr、AgI见光都按下式分解：

$$2AgX \xrightarrow{光} 2Ag + X_2$$

X代表Cl、Br、I。照相工业上常用AgBr制造照相底片或印相纸等。

3. 其他较为典型的性质与鉴定

(1)Cu_2O与氧的作用。若有O_2存在，适当加热Cu_2O能生成黑色的CuO。人们利用Cu_2O的这一性质来除去氮气中微量的氧：

$$2Cu_2O + O_2 \xrightarrow{200\ ℃左右} 4CuO$$

暗红色粉末状的Cu_2O可以用氢气还原CuO得到：

$$2CuO + H_2 \xrightarrow{150\ ℃} Cu_2O + H_2O \uparrow$$

而CuO只要加热$Cu(OH)_2$或碱式碳酸铜$Cu_2(OH)_2CO_3$就能获得：

$$Cu_2(OH)_2CO_3 \xrightarrow{200\ ℃} 2CuO + CO_2\uparrow + H_2O\uparrow$$

(2)无水 $CuSO_4$ 的吸水性。无水 $CuSO_4$ 易吸水，吸水后呈蓝色，常被用来鉴定液态有机物中的微量水。工业上常用 $CuSO_4$ 作为电解铜的原料。在农业上，用它与石灰乳的混合液来消灭果树上的害虫。$CuSO_4$ 加在贮水池中可阻止藻类的生长。

(3)$AgNO_3$ 的氧化性。$AgNO_3$ 为一种强氧化剂，可被有机物还原为黑色的 Ag，也可被 Zn、Cu 等金属还原为 Ag：

$$2AgNO_3 + Cu = 2Ag + Cu(NO_3)_2$$

此外，$AgNO_3$ 可使蛋白质凝固成黑色的蛋白银，故对皮肤有腐蚀作用。10%的稀 $AgNO_3$ 溶液在医药中可作为杀菌剂。

(4)Cu^{2+} 的鉴定。在近中性溶液中，Cu^{2+} 与 $[Fe(CN)_6]^{4-}$ 反应，生成 $Cu_2[Fe(CN)_6]$ 红棕色沉淀：

$$2Cu^{2+} + [Fe(CN)_6]^{4-} = Cu_2[Fe(CN)_6]\downarrow$$

这一反应常用来鉴定微量 Cu^{2+} 的存在。

4. 铜(Ⅰ)和铜(Ⅱ)之间的相互转化

从铜的电势图看出：$\varphi^{\ominus}(Cu^+/Cu) > \varphi^{\ominus}(Cu^{2+}/Cu^+)$。

$$Cu^{2+} \frac{0.17\ V}{\quad} Cu^+ \frac{0.52\ V}{\quad} Cu$$

所以 Cu^+ 在溶液中能自动歧化为 Cu^{2+} 和 Cu：

$$2Cu^+ \rightleftharpoons Cu^{2+} + Cu \quad K^{\ominus} = 10^{6.12}$$

由它的平衡常数值得知，室温下 Cu^+ 在水溶液中歧化反应的程度较大，故 Cu^+ 在水溶液中不稳定。当 Cu^+ 形成配合物后，它能较稳定地存在于溶液中。例如 $[CuCl_2]^-$ 就不容易歧化为 Cu^{2+} 和 Cu，其相应的电势如下：

$$Cu^{2+} \frac{0.438\ V}{\quad} [CuCl_2]^- \frac{0.214\ V}{\quad} Cu$$

$\varphi^{\ominus}(CuCl_2^-/Cu) < \varphi^{\ominus}(Cu^{2+}/CuCl_2^-)$，所以 $[CuCl_2]^-$ 在溶液中是较稳定的。例如：

$$Cu^{2+} + Cu + 2Cl^- = 2CuCl\downarrow \quad (白色)$$

若 Cl^- 过量：

$$CuCl(s) + Cl^- \underset{H_2O}{\overset{Cl^-}{\rightleftharpoons}} 2[CuCl_2]^- \quad (泥黄色)$$

即

$$Cu^{2+} + Cu + 4Cl^-(浓) = 2[CuCl_2]^-$$

常利用 $CuSO_4$ 或 $CuCl_2$ 的溶液与浓 HCl 和 Cu 屑混合，在加热的情况下，来制取 $[CuCl_2]^-$ 的溶液：

$$CuSO_4 + 4HCl + Cu \xrightarrow{\triangle} 2H[CuCl_2] + H_2SO_4$$

将制得的溶液，倒入大量水中稀释时，会有白色的氯化亚铜 CuCl 沉淀析出：

$$[CuCl_2^-] \xrightarrow{稀释} CuCl(s) + Cl^-$$

工业上或实验室中常用这种办法来制造氯化亚铜。

从下面的电势图看出，CuCl 也不容易歧化为 Cu^{2+} 和 Cu

$$Cu^{2+} \frac{0.509\ V}{\quad} CuCl \frac{0.171\ V}{\quad} Cu$$

CuCl 在水中可被空气中的氧所氧化，逐渐变为 Cu(Ⅱ)的盐。干燥状态的 CuCl 则比较稳定。因此，若要使溶液中的 Cu(Ⅱ)转变为 Cu(Ⅰ)并稳定存在，不仅需要还原剂，同时要

使 Cu^+ 形成难解离的物质(即形成难溶物或配离子),降低溶液中 Cu^+ 的浓度,由此得知 Cu(Ⅱ)转化为 Cu(Ⅰ)必须具备的条件是(1)要有还原剂;(2)溶液中有与 Cu(Ⅰ)结合成配离子的配位剂或形成难溶物的沉淀剂存在。

14.2.3 铜族元素的配合物

1. Cu(Ⅰ)的配合物

Cu^+ 与下述离子或分子都能形成稳定的配合物,其稳定性按下列顺序增强:

$$Cl^- < Br^- < I^- < SCN^- < NH_3 < S_2O_3^{2-} < CS(NH_2)_2 < CN^-$$

例如上述提到 CuCl 在过量的 Cl^- 溶液中形成的泥黄色的$[CuCl_2]^-$。当向$[CuCl_2]^-$溶液中加水稀释时又会产生 CuCl 白色沉淀。

Cu(Ⅰ)的配合物常用它的难溶盐与具有相同负离子的其他易溶盐(或酸),在溶液中借加合反应而形成。例如,CuCN 溶于 NaCN 溶液中生成易溶的 $Na[Cu(CN)_2]$,其反应式为:

$$CuCN(s) + CN^- \rightleftharpoons [Cu(CN)_2]^-$$

这类反应能否进行,取决于难溶盐的溶度积和配合物的稳定常数的大小,还与易溶盐的浓度有关。由 CuCN 生成$[Cu(CN)_2]^-$的反应,其平衡常数表示式为:

$$K^\ominus = \frac{[Cu(CN)_2^-]}{[CN^-]} = \frac{[Cu(CN)_2^-]\cdot[Cu^+]\cdot[CN^-]}{[Cu^+]\cdot[CN^-]^2} = K_{稳}^\ominus \cdot K_{sp}^\ominus$$
$$= 10^{24} \times 3.2\times10^{-20} = 3.2\times10^4$$

可见反应向右进行的程度较大。在 Cu(Ⅰ)的配合物中,Cu(Ⅰ)的配位数常见的是 2,当配体的浓度增大时,也可形成配位数为 3 或 4 的配合物,如$[Cu(CN)_3]^{2-}$($K_{稳}^\ominus = 10^{28.59}$)和$[Cu(CN)_4]^{3-}$($K_{稳}^\ominus = 10^{30.30}$)。

当在非氧化性酸中,有适当的配位剂时,Cu 有时能从此溶液中置换出氢气。例如,能在溶有硫脲 $CS(NH_2)_2$ 的盐酸中置换出氢气:

$$2Cu + 2HCl + 4CS(NH_2)_2 \longrightarrow 2[Cu(CS(NH_2)_2)_2]^+ + H_2\uparrow + 2Cl^-$$

这是由于硫脲能与 Cu^+ 形成二硫脲合铜(Ⅰ)离子$[Cu(CS(NH_2)_2)_2]^+$,使 Cu 增强了失去电子的能力。在空气存在的情况下,Cu、Ag、Au 都能溶于氰化钾或氰化钠的溶液中:

$$4M + O_2 + 2H_2O + 8CN^- \rightleftharpoons 4[M(CN)_2]^- + 4OH^-$$

M 代表 Cu、Ag、Au。这种现象也是由于它们的离子能与 CN^- 形成配合物,使它们单质的还原性增强,以致空气中的氧能把它们氧化。上述反应常用于从矿石中提取 Ag 和 Au。

2. Cu(Ⅱ)的配合物

在 Cu^{2+} 的配合物中,$[CuCl_4]^{2-}$的稳定性较差($K_{稳}^\ominus = 10^{-4.6}$),在很浓的 Cl^- 溶液中才有黄色的$[CuCl_4]^{2-}$存在。当加水稀释时,$[CuCl_4]^{2-}$容易离解为$[Cu(H_2O)_6]^{2+}$和 Cl^-。溶液的颜色由黄变绿(是$[CuCl_4]^{2-}$和$[Cu(H_2O)_6]^{2+}$的混合色),最后变为蓝色的$[Cu(H_2O)_6]^{2+}$。

在 Cu^{2+} 的简单配合物中,深蓝色的$[Cu(NH_3)_4]^{2+}$较稳定,它是平面正方形的配离子,常以$[Cu(NH_3)_4]^{2+}$的颜色来鉴定 Cu^{2+} 的存在。

在合成氨工厂中不能用铜作阀门或管道,这是因为有如下反应:

$$2Cu+8NH_3+2H_2O+O_2 \longrightarrow 2[Cu(NH_3)_4]^{2+}+4OH^-$$

这里铜之所以被腐蚀，是由于氨能与 Cu^{2+} 形成四氨合铜(Ⅱ)配离子$[Cu(NH_3)_4]^{2+}$，使铜单质的还原性增强，以致能把铜氧化。

3. Ag(Ⅰ)的配合物与 Ag^+ 的鉴定

水合银离子一般认为是$[Ag(H_2O)_2]^+$，它在水中几乎不水解，$AgNO_3$ 的水溶液呈中性反应。向 Ag^+ 溶液中加入 NaOH 溶液，则析出 Ag_2O，因为 AgOH 极不稳定。

$$2Ag^+ + 2OH^- \xlongequal{} Ag_2O\downarrow + H_2O$$

从电对 Ag^+/Ag 的 $\varphi^\ominus=0.799$ V 来看，Ag^+ 的氧化性不算弱，但在 Ag^+ 溶液中加入 I^- 时 Ag^+ 却不能把 I^- 氧化为 I_2，而是发生下列反应：

$$Ag^+ + I^- \xlongequal{} AgI\downarrow$$

这是由于 Ag^+ 与 I^- 生成 AgI 沉淀后，降低了溶液中 Ag^+ 浓度，使 Ag^+/Ag 的电极电势大大降低，以致 Ag^+ 氧化 I^- 的反应不能发生。同样地，在 Ag^+ 溶液中通入 H_2S，也不会发生氧化还原反应，而是析出 Ag_2S 沉淀。

AgI 溶在过量的 KI 溶液中，可生成$[AgI_2]^-$配离子：

$$AgI(s)+I^- \rightleftharpoons [AgI_2]^-$$

当加水稀释$[AgI_2]^-$溶液时，AgI 又重新析出。从反应的平衡常数表示式来看，当溶液稀释时，I^- 和$[AgI_2]^-$离子的浓度同时减少，且比值不变，似乎平衡不会向左移动，即不应有 AgI 析出。但在 AgI 的溶液中还存在着下列平衡：

$$AgI(s) \rightleftharpoons Ag^+ + I^-$$

总的反应为
$$[AgI_2]^- \rightleftharpoons AgI+I^- \rightleftharpoons Ag^+ + 2I^-$$

其平衡常数表示式为
$$K^\ominus=\frac{[Ag^+][I^-]^2}{[AgI_2^-]}$$

由此可以看出，当溶液稀释时，分子和分母中离子浓度的比值 Q 减小，即 $Q<K$，所以会使平衡向生成 I^- 和 Ag^+ 的方向移动。当稀释到一定程度，离解出来的 Ag^+ 和 I^- 浓度乘积如果大于 AgI 的溶度积，就会有 AgI 沉淀析出。

在水溶液中，Ag^+ 能与多种配位体形成配合物，其配位数一般是 2。由于 Ag^+ 的许多化合物都是难溶于水的，在 Ag^+ 溶液中加入配位剂时，常首先生成难溶化合物。当配位剂过量时，此难溶化合物将形成配离子而溶解。例如，在 Ag^+ 的溶液中加入氨水，首先生成难溶于水的 Ag_2O 沉淀：

$$2Ag^+ + 2NH_3 + H_2O \rightleftharpoons Ag_2O\downarrow + 2NH_4^+$$

溶液中氨水浓度增加时，Ag_2O 即溶解并生成$[Ag(NH_3)_2]^+$

$$Ag_2O(s)+4NH_3+H_2O \rightleftharpoons 2[Ag(NH_3)_2]^+ + 2OH^-$$

含有$[Ag(NH_3)_2]^+$的溶液能把醛和某些糖类氧化，本身被还原为 Ag，例如：

$$2[Ag(NH_3)_2]^+ + HCHO+3OH^- \rightleftharpoons HCOO^- + 2Ag\downarrow + 4NH_3 + 2H_2O$$

工业上利用这类反应来制造镜子或在暖水瓶的夹层上镀银。

再如 Ag^+ 与 $S_2O_3^{2-}$ 作用先生成 $Ag_2S_2O_3$，产物迅速分解，颜色由白色经黄色、棕色，最后为黑色的 Ag_2S。但若 $S_2O_3^{2-}$ 过量，则反应最终产生配离子：

$$Ag^+ + 2S_2O_3^{2-} \rightleftharpoons [Ag(S_2O_3)_2]^{3-}$$

$[Ag(S_2O_3)_2]^{3-}$ 也是常见的银的一种配合物。照相底片上未曝光的溴化银在定影液($Na_2S_2O_3$)中形成$[Ag(S_2O_3)_2]^{3-}$而溶解：

$$AgBr + 2S_2O_3^{2-} \rightleftharpoons [Ag(S_2O_3)_2]^{3-} + Br^-$$

Ag(Ⅰ)的许多难溶于水的化合物可以转化为配离子而溶解，常利用这一特性，把 Ag^+ 从混合离子溶液中分离出来。例如，在含有 Ag^+ 和 Ba^{2+} 的溶液中，若加入过量的 K_2CrO_4 溶液时，会有 Ag_2CrO_4 和 $BaCrO_4$ 沉淀析出，再加入足量的氨水，Ag_2CrO_4 转化为$[Ag(NH_3)_2]^+$而溶解：

$$Ag_2CrO_4(s) + 4NH_3 \rightleftharpoons 2[Ag(NH_3)_2]^+ + CrO_4^{2-}$$

$BaCrO_4$ 则不溶于氨水，这样可使混合的 Ba^{2+} 和 Ag^+ 分离。

难溶于水的 Ag_2S 的溶解度太小，难以借配位反应使它溶解，通常借助于氧化还原反应使它溶解。例如，用 HNO_3 来氧化 Ag_2S，发生如下反应：

$$3Ag_2S(s) + 8H^+ + 2NO_3^- \xrightarrow{\triangle} 6Ag^+ + 2NO\downarrow + 3S\downarrow + 4H_2O$$

从而使 Ag_2S 溶解。CuS 同样也可借此方法溶解。

14.3　锌族元素

锌、镉、汞是元素周期系ⅡB 族元素，通常称它们为锌族元素。它们是与 p 区元素相邻的 d 区元素，具有与 d 区元素相似的性质，如易于形成配合物等。在某些性质上它们又与第 4、5、6 周期的 p 区金属元素有些相似，如熔点都较低，水合离子都无色等。

Zn、Cd、Hg 的原子的价层电子为$(n-1)d^{10}ns^2$型。锌和镉的化合物与汞的的化合物有许多不同之处，例如，汞除了形成氧化值为+2 的化合物外，还有氧化值为+1($Hg_2{}^{2+}$离子)的化合物，而锌和镉在化合物中通常氧化值为+2。

14.3.1　单质

锌表面在空气中容易生成一层致密的碱式碳酸盐 $ZnCO_3 \cdot Zn(OH)_2$ 而使锌具有抗御腐蚀的性能，所以常用锌来镀薄铁板。镉既耐大气腐蚀，又对碱和海水具有较好的抗腐蚀性，另外又有良好的延展性，也易于焊接，且能长久保持金属光泽，因此，广泛应用于飞机和船舶零件的防腐镀层。汞是室温下唯一的液态金属，具有挥发性和毒害作用，应特别小心。

锌、镉、汞之间或与其他金属可形成合金。例如汞能溶解金属钠形成汞齐，如汞和钠的合金(钠汞齐)。钠汞齐与水接触时，其中的汞仍保持其惰性，而钠则与水反应放出氢气。不过同纯的金属相比，反应进行的比较平稳。根据此性质，钠汞齐在有机合成中常用作还原剂。

无论物理性质还是化学性质，锌、镉都比较相近，而汞较特殊。锌是比较活泼的金属。镉的化学活泼性不如锌，汞的化学性质不活泼。但值得一提的是汞和硫粉很容易形成硫化汞，据此性质，可以在洒落汞的地方撒上硫粉，使汞转化成硫化汞，以消除汞蒸气的毒性。

14.3.2　锌族元素的化合物

1. 氧化物与氢氧化物的酸碱性和稳定性

在氧化值为+1 的汞的化合物中，汞以 $Hg_2{}^{2+}$(—Hg—Hg—)形式存在。Hg(Ⅰ)的化合物叫作亚汞化合物。绝大多数亚汞的无机化合物都是难溶于水的。Hg(Ⅱ)的化合物中难溶于水的也较多,易溶于水的汞的化合物都有毒。在汞的化合物中,有许多是以共价键结合的。

ZnO 和 $Zn(OH)_2$ 都是两性物质,$Cd(OH)_2$ 为两性偏碱性。向 Zn^{2+}、Cd^{2+} 溶液中加入强碱时,分别生成白色的 $Zn(OH)_2$ 和 $Cd(OH)_2$ 沉淀,当碱过量时,$Zn(OH)_2$ 溶解生成 $[Zn(OH)_4]^{2-}$,而 $Cd(OH)_2$ 则难溶解:

$$Zn^{2+} + 2OH^- = Zn(OH)_2\downarrow \text{白色} \xrightarrow{OH^- \text{过量}} [Zn(OH)_4]^{2-}$$

$$Cd^{2+} + 2OH^- = Cd(OH)_2\downarrow$$

向 Hg^{2+}、$Hg_2{}^{2+}$ 的溶液中加入强碱时,分别生成黄色的 HgO 和棕褐色的 Hg_2O 沉淀,因为 $Hg(OH)_2$ 和 $Hg_2(OH)_2$ 都不稳定,生成时立即脱水为氧化物:

$$Hg^{2+} + 2OH^- = HgO\downarrow + H_2O$$

$$Hg_2{}^{2+} + 2OH^- = HgO\downarrow + Hg\downarrow + H_2O$$

HgO 和 Hg_2O 都能溶于热浓硫酸中,但难溶于碱溶液中。

2. $HgCl_2$ 的制备、结构及其与氨水的作用

$HgCl_2$ 可以由 $HgSO_4$ 与 NaCl 固体混合物加热制得:

$$HgSO_4(s) + 2NaCl(s) \xrightarrow{300\ ℃} Na_2SO_4(s) + HgCl_2(g)$$

此时制出的是 $HgCl_2$ 气体,冷却后变为 $HgCl_2$ 固体。由于 $HgCl_2$ 能升华,故称为升汞。$HgCl_2$ 也可用 Hg 与 Cl_2 直接作用制得:

$$Hg + Cl_2 = HgCl_2$$

$HgCl_2$ 有剧毒,是以共价键结合的分子,其中的 Hg 以 sp 杂化轨道与 Cl 结合,空间构型为直线型。

Hg(Ⅱ)的卤化物(HgF_2 除外)以及 $Hg(CN)_2$ 和 $Hg(SCN)_2$ 都是共价型分子,为直线型构型,这点与 $HgCl_2$ 一样。

$HgCl_2$ 在水溶液中主要以分子形式存在。若 $HgCl_2$ 溶液中加入氨水,生成氨基氯化汞(NH_2HgCl)白色沉淀:

$$HgCl_2 + 2NH_3 = NH_2HgCl\downarrow + NH_4Cl$$

只有在含有过量的 NH_4Cl 的氨水中 $HgCl_2$ 与 NH_3 形成配合物:

$$HgCl_2 + 2NH_3 \xrightarrow{NH_4Cl} [Hg(NH_3)_2Cl_2]$$

3. 难溶亚汞盐的歧化与萘斯特试剂及 NH_4^+ 的鉴定

许多难溶于水的亚汞盐见光或受热容易歧化成 Hg(Ⅱ)的化合物和单质汞(Hg_2Cl_2 例外)。例如,在 $Hg_2{}^{2+}$ 溶液中加入 I^- 时,首先析出难溶的灰绿色的 Hg_2I_2:

$$Hg_2{}^{2+} + 2I^- = Hg_2I_2\downarrow$$

He_2I_2 见光容易歧化为金红色的 HgI_2 和黑色的单质汞:

$$Hg_2I_2(s) = HgI_2 + Hg$$

HgI_2 可溶于过量的 KI 溶液中,形成 $[HgI_4]^{2-}$:

$$HgI_2 + 2I^- \rightleftharpoons [HgI_4]^{2-}$$

$[HgI_4]^{2-}$ 常用于配制奈斯特(Nessler)试剂,用这种试剂在碱性溶液中来鉴定 NH_4^+。

$$NH_4^+ + OH^- \longequal NH_3 + H_2O$$

$$NH_3 + 2[HgI_4]^{2-} + OH^- \longequal [IHgNH_2HgI]I\downarrow(\text{红棕色}) + 5I^- + H_2O$$

若 NH_3 浓度低就没有红棕色沉淀产生，而是形成黄色或棕色溶液。

4. 汞的硝酸盐的水解性与 Hg^{2+} 的氧化性及 Hg^{2+} 的鉴定

硝酸汞 $Hg(NO_3)_2$ 和硝酸亚汞 $Hg_2(NO_3)_2$ 易溶于水。$Hg(NO_3)_2$ 可用 HgO 或 Hg 与 HNO_3 作用制取：

$$HgO + 2HNO_3 \longequal Hg(NO_3)_2 + H_2O$$

$$Hg + 4HNO_3(\text{稀，过量}) \longequal Hg(NO_3)_2 + 2NO + 2H_2O$$

$Hg(NO_3)_2$ 与 Hg 作用可制取 $Hg_2(NO_3)_2$：

$$Hg(NO_3)_2 + Hg \rightleftharpoons Hg_2(NO_3)_2$$

或将过量汞溶于 HNO_3 中可制得 $Hg_2(NO_3)_2$：

$$6Hg + 8HNO_3(\text{稀}) \longequal 3Hg_2(NO_3)_2 + 2NO\uparrow + 4H_2O$$

$Hg(NO_3)_2$ 和 $Hg_2(NO_3)_2$ 都是离子型化合物。

在 $Hg(NO_3)_2$、$Hg_2(NO_3)_2$ 的酸性溶液中，分别有无色的 $[Hg(H_2O)_6]^{2+}$ 和 $[Hg_2(H_2O)_x]^{2+}$ 存在。它们在水中按下式发生水解：

$$[Hg(H_2O)_6]^{2+} + H_2O \rightleftharpoons [Hg(OH)(H_2O)_5]^+ + H_3^+O \qquad K^\ominus = 10^{-3.7}$$

$$[Hg_2(H_2O)_x]^{2+} + H_2O \rightleftharpoons [Hg_2(OH)(H_2O)_{x-1}]^+ + H_3^+O \quad K^\ominus = 10^{-5.0}$$

增大溶液的酸性，可以抑制它们的水解。

在 Hg^{2+} 的溶液中加入 $SnCl_2$，首先有白色的 Hg_2Cl_2 生成。再加入过量的 $SnCl_2$ 溶液时 Hg_2Cl_2 可被 Sn^{2+} 还原为 Hg，此反应常用来鉴定溶液中 Hg^{2+} 的存在。

$$HgCl_2 + SnCl_2 \longequal SnCl_4 + Hg_2Cl_2\downarrow(\text{白色})$$

$$Hg_2Cl_2 + SnCl_2 \longequal SnCl_4 + 2Hg\downarrow(\text{黑色})$$

5. 硫化物及 Cd^{2+} 的鉴定

在 Zn^{2+}、Cd^{2+} 的溶液中分别通入 H_2S 时，都会有硫化物从溶液中沉淀出来：

$$Zn^{2+} + H_2S \longequal ZnS\downarrow(\text{白色}) + 2H^+$$

$$Cd^{2+} + H_2S \longequal CdS\downarrow(\text{黄色}) + 2H^+$$

由于 ZnS 的溶度积较大，如溶液的 H^+ 浓度超过 0.3 mol·L^{-1}时，ZnS 就能溶解。

CdS 则难溶于稀酸中。从溶液中析出的 CdS 呈亮黄色，常根据这一反应来鉴定溶液中 Cd^{2+}。

CdS 溶于浓盐酸的反应如下：

$$CdS + 2H^+ + 4Cl^- \longequal [CdCl_4]^{2-} + H_2S$$

实际上 CdS 在 6 mol·L^{-1}的盐酸中就能被溶解。

在 $ZnSO_4$ 的溶液中加入 BaS 时生成 ZnS 和 $BaSO_4$ 的混合沉淀物，此沉淀叫锌钡白（俗称立德粉）：

$$Zn^{2+} + Ba^{2+} + SO_4^{2-} + S^{2-} \longequal ZnS\cdot BaSO_4\downarrow$$

HgS 是溶度积最小的硫化物，在锌族配合物中讨论。

14.3.3　Hg(Ⅰ)和 Hg(Ⅱ)的相互转化

$Hg_2{}^{2+}$ 在溶液中不容易歧化为 Hg^{2+} 和 Hg

$$Hg^{2+} \xrightarrow{0.952\ V} Hg_2{}^{2+} \xrightarrow{0.793\ V} Hg$$

相反，Hg 能把 Hg^{2+} 还原为 $Hg_2{}^{2+}$：

$$Hg + Hg^{2+} = Hg_2{}^{2+} \quad K^{\ominus} = 142$$

前面提到的 $Hg_2(NO_3)_2$ 的制取，就是根据这一反应而进行的，这相当于 $Hg_2{}^{2+}$ 的逆歧化反应。

相反的，若要使 $Hg_2{}^{2+}$ 转化为 Hg(Ⅱ)并使之稳定存在，就得使 Hg^{2+} 形成难解离的物质，降低 Hg^{2+} 的浓度。例如 Hg_2Cl_2 与 NH_3 的反应：

$$Hg_2Cl_2 + 2NH_3 = NH_2Hg_2Cl + NH_4Cl$$

$$NH_2Hg_2Cl = NH_2HgCl + NH_4Cl + Hg\downarrow$$

即

$$Hg_2Cl_2 + 2NH_3 = NH_2HgCl\downarrow + Hg\downarrow + NH_4Cl$$

Hg_2Cl_2 又称甘汞，也是一种直线型分子，无毒，见光易分解。

再如

$$Hg_2{}^{2+} + S^{2-} = HgS\downarrow + Hg\downarrow$$

$$Hg_2{}^{2+} + CO_3^{2-} = HgO\downarrow + Hg\downarrow + CO_2\uparrow$$

$$Hg_2{}^{2+} + 2I^- = HgI_2\downarrow + Hg\downarrow$$

$$Hg_2{}^{2+} + 2OH^- = HgO\downarrow + Hg\downarrow + H_2O$$

以上反应说明 $Hg_2{}^{2+}$ 的硫化物、碘化物、氧化物、氢氧化物等都不存在。

14.3.4 锌族元素的配合物

1. Zn(Ⅱ)、Cd(Ⅱ)的配合物

在浓的 $ZnCl_2$ 水溶液中，会形成如下配合物：

$$ZnCl_2 \cdot 2H_2O = H[ZnCl_2(OH)]$$

这种配合物具有明显的酸性，能溶解金属氧化物，例如：

$$FeO + 2H[ZnCl_2(OH)] = Fe[ZnCl_2(OH)]_2 + H_2O$$

焊接金属时，常用 $ZnCl_2$ 作为焊药，它可清除金属表面的锈层，避免形成假焊。

锌一般是形成配位数为 4 的配合物，例如：

$$Zn^{2+} + 4NH_3(\text{过量}) \rightleftharpoons [Zn(NH_3)_4]^{2+}$$

除此之外，$Zn(OH)_2$ 在过量 OH^- 条件下的溶解，CdS 在浓盐酸中的溶解，也都形成了相应的配合物。

2. Hg(Ⅱ)的配合物与 Zn^{2+} 的鉴定

Hg^{2+} 能形成多种配合物，其配位数为 4 的占绝对多数，都是反磁性的。这种配合物常借加合反应生成。例如，难溶于水的白色 $Hg(SCN)_2$，能溶于浓的 KSCN 溶液中，生成可溶性的四硫氰合汞(Ⅱ)酸钾 $K_2[Hg(SCN)_4]$：

$$Hg(SCN)_2(s) + 2SCN^- \rightleftharpoons [Hg(SCN)_4]^{2-}$$

这属于前面提到过的配位溶解。

在中性或弱酸性溶液中，Zn^{2+}、Co^{2+} 能与$[Hg(SCN)_4]^{2-}$ 形成混晶。

$$Zn^{2+} + [Hg(SCN)]_4]^{2-} = Zn[Hg(SCN)_4]\downarrow \quad (\text{白色})$$

$$Co^{2+} + [Hg(SCN)_4]^{2-} = Co[Hg(SCN)_4]\downarrow \quad (\text{蓝色})$$

可用于 Zn^{2+} 的鉴定。

在溶液中 Hg^{2+} 与 Cl^- 存在着如下平衡：

$$Hg^{2+} \xrightleftharpoons{Cl^-} [HgCl]^+ \xrightleftharpoons{Cl^-} [HgCl_2] \xrightleftharpoons{Cl^-} [HgCl_3]^- \xrightleftharpoons{Cl^-} [HgCl_4]^{2-}$$

随着配位体浓度的不同而形成一系列中间型的配合物。实验证明，在存在过量 Cl^- 的情况下，主要是形成 $[HgCl_4]^{2-}$，在 Cl^- 浓度较小的溶液中，$HgCl_2$、$[HgCl_3]^-$、$[HgCl_4]^{2-}$ 都可能存在。

另外可以看到，$HgCl_2$ 可看作是配合分子，它在溶液中并不完全离解为 Hg^{2+} 和 Cl^-，而是以分子形式存在的 $HgCl_2$ 占绝对优势。

向 $HgCl_2$ 溶液中通入 H_2S，虽然在 $HgCl_2$ 的溶液中 Hg^{2+} 的浓度很小，但 HgS 极难溶于水，其溶度积极小，故仍能有 HgS 析出：

$$HgCl_2 + H_2S \longrightarrow HgS\downarrow + 2H^+ + 2Cl^-$$

HgS 难溶于水，但能溶于过量的浓的 Na_2S 溶液中并生成二硫合汞(Ⅱ)离子 $[HgS_2]^{2-}$：

$$HgS(s) + S^{2-} \rightleftharpoons [HgS_2]^{2-}$$

在实验室中通常用王水溶解 HgS：

$$3HgS(s) + 12Cl^- + 8H^+ + 2NO_3^- = 3[HgCl_4]^{2-} + 3S\downarrow + 2NO\uparrow + 4H_2O$$

这一反应除了 HNO_3 能把 HgS 中的 S^{2-} 氧化为 S 外，生成配离子 $[HgCl_4]^{2-}$ 也是促使 HgS 溶解的因素之一。可见，HgS 溶解是借氧化还原反应和配位反应共同作用的结果。

14.4 含汞废水处理

水体中汞的污染主要来源于有色金属冶炼厂、电解厂、化工厂、农药厂、造纸厂等排出的废水。

废水中的汞一般以化合态形式存在，分为有机汞和无机汞两大类。无机汞的存在形态为 Hg^{2+} 和 $Hg_2{}^{2+}$，Hg^{2+} 在一定的条件下如微生物作用下转化为甲基汞，进一步转化为二甲基汞

$$Hg^{2+} \xrightarrow{\text{微生物}} CH_3Hg^+ \xrightarrow{CH_3^-} (CH_3)_2Hg$$

汞的甲基化增强了汞的毒性。

消除水体中汞的污染有沉淀法、化学还原法、离子交换法、吸附法、电解法、溶剂萃取法、微生物收集法等。

1. 沉淀法

含汞废水中加入 Na_2S 或 NaHS，使 Hg^{2+} 或 $Hg_2{}^{2+}$ 生成硫化汞(HgS)沉淀而除去(如果渣量大可用焙烧法回收汞)。硫化物加入量要控制适当，若加过量会产生可溶性配合物，也会使处理后的出水中残余硫偏高，带来新的污染问题。生成的 HgS 沉淀与 Na_2S 的反应如下：

$$HgS + Na_2S \longrightarrow Na_2[HgS_2] \quad (\text{二硫合汞酸钠})$$

过量 S^{2-} 的处理办法是在废水中加入适量 $FeSO_4$，这时 Fe^{2+} 与 S^{2-} 生成 FsS 沉淀的同时与悬浮的 HgS 发生吸附作用共同沉淀下来。

如果用沉淀剂(Na_2S或NaHS)和混凝剂(如明矾)两步处理含汞废水，由于产生共沉淀，可提高沉降效率，含汞量降低。主要反应式如下：

$$Hg^{2+} + S^{2-} \longrightarrow HgS\downarrow$$

$$Hg_2^{2+} + S^{2-} \longrightarrow HgS\downarrow + Hg$$

$$Al^{3+} + 3OH^- \longrightarrow Al(OH)_3\downarrow$$

2. 化学还原法

化学还原法是将Hg^{2+}(或Hg_2^{2+})还原为Hg，加以回收。采用还原剂有铁粉、锌粉、铝粉、铜屑、硼氢化钠等。

据报道，采用铁粉时，pH值应控制适当，太高易生成氢氧化物沉淀，pH值太低产生氢气，使铁粉耗量大且不安全。用锌粉处理高pH值(9～11)的含汞废水效果最好。铝粉适宜于处理单一的含汞废水，当汞离子与铝粉接触时，汞即析出而和铝生成铝汞齐，附着于铝表面，再将此铝粉加热分解，即可得汞。$NaBH_4$将Hg^{2+}还原为Hg。

$$Hg^{2+} + BH_4^- + 2OH^- \longrightarrow Hg\downarrow + 3H_2\uparrow + BO_2^-$$

铜屑与Hg^{2+}的反应为

$$Cu + Hg^{2+} \longrightarrow Cu^{2+} + Hg$$

经还原法处理后的废水还需要其他更为有效的方法进行二级处理才能达到排放标准。

3. 离子交换法

用离子交换法处理氯碱厂含汞废水为例，先将$HgCl_2$转变成配阴离子，然后再与阴离子交换树脂发生吸附交换反应。

$$HgCl_2 + 2NaCl \longrightarrow Na_2[HgCl_4]$$

$$2R{-}Cl + Na_2[HgCl_4] \longrightarrow R_2{-}HgCl_4 + 2NaCl$$

若废水中汞是以Hg^{2+}形式存在，则通过阳离子交换树脂将其留在树脂上，然后用HCl溶液将汞淋洗下来，进行回收。

4. 活性炭法

活性炭能有效地吸附废水中的汞，适用于处理低浓度的含汞废水(含汞高时，先进行一级处理使浓度降低，如沉淀法)。

据报道，用二硫化碳溶液预处理活性炭可以大幅度提高去除汞的能力。活性炭的处理效果与汞的初始形态和浓度、活性炭的用量和种类、pH值的控制、反应的时间等因素有关。活性炭对有机汞的脱除率更高。

14.5 含镉废水处理

含镉废水主要来自电镀、采矿、有色金属冶炼和精制，合金、陶瓷和无机颜料的制造，碱性电池等工业。目前含镉废水的处理方法有沉淀法(氢氧化物或硫化物)、离子交换法、吸附法(如活性炭具有比表面积大，吸附性能强、去除率高等特点)、铁氧体法、化学还原法、膜分离法和生化法等。

1. 沉淀法

沉淀法是处理含镉废水常用的方法，本节将重点介绍。

在废水中镉主要以正二价形式存在：如 Cd^{2+}、$[Cd(CN)_4]^{2-}$ 等。

高碱性条件下，使 Cd^{2+} 生成 $Cd(OH)_2$ 沉淀。如用石灰处理含镉废水发生下列反应：

$$Cd^{2+} + Ca(OH)_2 \longrightarrow Cd(OH)_2 + Ca^{2+}$$

实验发现，如果在含镉废水中含有一定浓度的碳酸盐（或外加碳酸盐），Cd^{2+} 可以在较低的 pH 值下生成沉淀，能改善沉淀物性能（如脱水性、体积减小等）。

在含镉废水中，投入石灰和混凝剂（铁盐或铝盐）由于产生共沉淀可达到较好的除镉效果。若镉在废水中是以配离子形式存在，如$[Cd(CN)_4]^{2-}$，必须进行预处理，设法破坏这些配合。如加入漂白粉使 Cd^{2+} 形成 $Cd(OH)_2$ 沉淀，CN^- 被氧化为无毒的 N_2 和 HCO_3^-。

$$Ca(OCl)_2 + 2H_2O \longrightarrow Ca(OH)_2 + 2HOCl$$

$$Cd(CN)_4^{2-} \longrightarrow Cd^{2+} + 4CN^-$$

$$2CN^- + 5ClO^- + H_2O \longrightarrow 5Cl^- + N_2\uparrow + 2HCO_3^-$$

$$Cd^{2+} + Ca(OH)_2 \longrightarrow Cd(OH)_2\downarrow + Ca^{2+}$$

沉淀剂除石灰外还有 Na_2S、FeS 等，如

$$Cd^{2+} + S^{2-} \longrightarrow CdS\downarrow$$

$$Cd^{2+} + FeS \longrightarrow CdS\downarrow + Fe^{2+}$$

2. 铁氧体法处理含镉废水

首先在含镉废水中加入适当的 $FeSO_4$，然后加碱调节 pH 值，通入压缩空气生成含镉铁氧体。

流程：

$$含镉废水 \xrightarrow[NaOH, pH\geqslant 8]{FeSO_4} 黑色沉淀 \xrightarrow[加\ O_2]{通气} 含镉铁氧体 \xrightarrow[干燥]{磁分离} 回收镉铁氧体$$

反应式：

$$(3-x)Fe^{2+} + xCd^{2+} + 6OH^- \longrightarrow Fe_{(3-x)}Cd_x(OH)_6 \longrightarrow Cd_xFe_{(3-x)}O_4 \quad (x=1 或 2)$$

结论：①采用铁氧体法处理后的废水，镉、铜、锌均可达到排放标准；

②pH 值一般控制在 9～10；

③反应温度为 50～70 ℃时比室温反应效果好。

此外，吸附法处理低浓废水时，有较高的净化效率，操作简便，但不能通过再生来恢复吸附能力。除活性炭外，褐煤、泥炭等也可以用于处理含镉废水。

14.6　化学元素与人体健康

人体与大自然一样均是由化学元素组成的。各种元素在人体中具有不同的功能，与人类的生命活动密切相关，危害人类健康的疾病与体内某些元素平衡失调有一定的关系。我们把生物体中维持其正常的生物功能所不可缺少的那些化学元素称为生命元素。

14.6.1　生命元素的分类

在自然界中已发现了 90 多种元素，而在人体内也发现 60 多种，但最常见只有 20 多种。存在于生物体内的元素可分为：必需元素与非必需元素。

1. 必需元素

必需元素应具有以下特点：① 该元素存在于所有健康组织中，生命过程中的某一环节（一个或一组反应）需要该元素的参与；② 生物体可主动摄入该元素并调节其在体内的分布和水平；③ 在体内存在着含该元素的生物活性物质；④ 缺乏时可引起生理变化，补充后可恢复。

必需元素占人体总量的 99.95%，目前多数科学家比较一致的意见是：生命必需元素有 28 种。它们在人体中维持着一定的含量，每种元素的含量均根据生命活动的需要而定，含量相差悬殊。

有 11 种元素的含量超过体重 0.05%，通常称为常量元素。含量由高到低顺序依次为：O、C、H、N、Ca、P、S、K、Na、Cl、Mg，约占人体体重的 99.3%，其中 C、H、O 和 N 四种元素占人体体重的 96%。常量元素中 7 种为非金属元素。

另有一些元素含量低于体重的 0.01%，称为微量元素，到目前为止认为有 17 种：Zn、Cu、Co、Cr、Mn、Mo、Fe、I、Se、Ni、Sn、F、Si、V、As、B、Br。微量元素中 7 种为非金属，10 种为金属元素。

无论是常量元素还是微量元素，它们在人体中都有一个最佳浓度范围，高于或低于此范围可引起中毒或生命活动不正常甚至致死，表 14-1 给出了一些元素的标准。有的元素具有较大的体内恒定值，而有的元素在最佳浓度和中毒浓度之间只有一个狭窄的安全范围。

表 14-1 人体主要必需元素的标准含量（按体重 70 kg 计算）

元素	人体含量/g	占体重百分数/%	元素	人体含量/g	占体重百分数/%
O	45000	64.30	Cl	105	0.15
C	12600	18.00	Mg	35	0.05
H	7000	10.00	Fe	4.0	5.7×10^{-2}
N	2 100	3.00	Zn	2.3	3.3×10^{-3}
Ca	1 050	1.50	Cu	0.1	1.4×10^{-4}
P	700	1.00	I	0.03	4.3×10^{-5}
S	175	0.25	Mn	0.02	3.0×10^{-5}
K	140	0.20	Mo	<0.005	7.0×10^{-6}
Na	105	0.15	Co	<0.003	4.3×10^{-6}

2. 生命必需元素在周期表中的位置

由表 14-2 可见，绝大多数生命必需元素处在第 1～4 周期，几乎占满了周期表右上角的非金属区，而金属元素主要分布于ⅠA、ⅡA 族和第一过渡系，具有明显生物活性且原子序数大于 35 的元素，就目前所知只有 Mo、Sn、I。

表 14-2 生命元素在周期表中的分布

	ⅠA	ⅡA									ⅢA	ⅣA	ⅤA	ⅥA	ⅦA
1	H														
2											B	C	N	O	F
3	Na	Mg										Si	P	S	Cl
4	K	Ca	V	Cr	Mn	Fe	Co	Ni	Cu	Zn			As	Se	Br
5				Mo								Sn			I

3. 非必需元素

除必需元素之外，还有 20～30 种普遍存在于组织之中的元素统称为非必需元素。非必需元素又可分为两类：污染元素和有毒有害元素。

为什么会有非必需元素存在于人体？可能有两种情况：一是其生物效应和作用未被人们认识，二是因环境污染从食物进入人体。随着科学的发展，很可能今天认为是非必需的有毒元素实际上是必需的。例如，20 世纪 70 年代以前认为有毒的硒、镍，现已列为必需元素。

必需元素和非必需元素的界限也不是绝对的，许多元素是必需或有益，还是有害，和摄取量（即人体内的浓度）有关，在一定范围内对人体有益，超过此范围就变为有害元素。

14.6.2 生物利用无机元素的规则

为什么生命元素的含量差别如此之大？生物为什么利用一些元素而不利用另一些元素？这是由于生命是自然界长期进化的结果，在这样漫长的过程中必然打上环境的烙印，生命体“建筑材料”是从大自然摄取的。

当某一生物功能可以利用两种或更多的元素来完成时，生物体将选择自然界存在较多并易获得的那个元素。这有两层含义：生物体通常选择岩石圈、水圈和大气圈中含量最多的元素；生物体通常选择那些容易形成气体和水溶性化合物的元素。这就是丰度规则和生物可利用规则。

对于生命“建筑材料”来说，还要有小的原子半径和形成多价键的能力。

锶和钙化学性质相近，但钙的丰度比锶大得多，所以生命体选择钙，而没有选择锶。重金属很少被为生物利用，是因为地壳中含量稀少或有放射性。稀有气体因缺乏反应活性而不被生物体利用。

碳、氢、氧、氮、硫、磷是构成原生质的结构元素，这 6 种元素几乎占细胞的 98%。细胞的功能成分（壁、膜、基因、酶）基本上是由这 6 种元素形成的。它们均是较轻、挥发性大或可溶于水，可形成多价键，并且在地球表面到处可得到的。

碳和硅的化学性质相似，硅在地壳中的丰度比碳大得多，但硅的化合物大多难溶于水，—Si—O—Si—键十分不活泼，而碳的很多化合物可溶于水，并且碳原子之间可形成双键、叁键并且可结合形成长链或环状化合物，所以生命体大量利用碳而较少利用硅。

14.6.3 生命元素的功能

生命元素在生命体中的存在形式是多种多样的，而且与其生物功能密切相关。其存在形式大致可分为以下几种。

1. 无机结构材料

这里所说的结构材料是指组成骨骼、牙齿的结构材料。如 Ca、F、P、Si、Mg 常以难溶的无机化合物形态 SiO_2、$CaCO_3$、$Ca_5(PO_4)_3(OH)$等存在于硬组织中。

2. 有机大分子

C、H、O、N、P 主要以有机物的形式存在于人体中，是组成人体的最主要成分，如蛋白质、核酸、脂肪、糖等。

3. 离子状态

Na、Mg、K、Ca、Cl 等元素分别以游离的水合离子形式存在于细胞内外液、血液中；少量的 S、C、P 以 SO_4^{2-}、CO_3^{2-}、HCO_3^-、HPO_4^{2-}、$H_2PO_4^-$ 等形式存在于血液和其他体液中。

4. 小分子

小分子包括形成大分子的单体、离子载体、电子传递化合物等。

5. 配合物

作为中心金属离子与生物大分子或小分子形成配合物。如具有催化性能和储存、转换功能的各种酶类。必需微量元素通常以这种形式存在。

14.6.4 生命必需元素在生物体的作用

1. 氢(H)

以质量计，氢占人体质量的 10%；若以原子个数计，在组成人体的化学元素中，氢原子的个数最多。氢组成人体中的水和蛋白质、脂肪、核酸、糖类、酶等。而且，这些结构复杂的物质，主要靠氢键来维持，一旦氢键被破坏，这些物质的功能也就丧失了。氢元素在体内另外一个重要的功能是标志体内酸碱度的大小，唾液、胃液、血液等体液中均含有一定数量的氢原子。

2. 氧(O)

氧是“生命的生命”，占人体重量的 65%。主要以 H_2O、O_2 及有机物形式存在。一个体重 70 kg 的人，其中约 40 kg 水——氧占 36 kg。氧主要参与人体多种氧化过程，释放能量，供人体利用。

3. 钠 (Na)

饮食中钠的主要来源为食盐和酱油。钠参与体液的酸碱平衡，即与 Cl^- 或 HCO_3^- 离子结合，调节体液 pH 值，维持细胞外液一定的渗透压，使之与细胞内液的渗透压平衡，并和钾离子一样对骨骼、肌体有兴奋作用。当肾脏发生病变时，肾功能减弱，每天排出的钠量减少，使钠在体内存留。于是吸水增多，血液中的钠离子和水由于渗透压的改变，渗入到组织间隙中形成水肿，并使血压升高，甚至引起心力衰竭。因此，肾类病人在浮肿期间要严格忌盐。

4. 镁(Mg)

人体中 70%的镁存在于骨骼中，其余的 30%在其他软组织及体液中。镁除了是构成骨骼、牙齿的原料，在人体内还可以与钠、钾、钙共同维持心脏、神经、肌肉等的正常功能。镁是叶绿素的组成部分，而且在糖类的代谢作用中起着重要的作用。研究证明，在植物的结实过程中需要较多的镁。镁的存在对钙的吸收有密切关系，缺镁时会显著地影响钙的代谢作用。镁缺乏的症状是精神抑郁，肌肉软弱，易发生眩晕，幼儿还可能发生惊厥。含镁丰富的食品有小米、燕麦、大麦、小麦、豆类、肉类和动物的肝脏等。

5. 钙(Ca)

镁和钙是动植物必需的营养元素。钙是构成植物细胞壁和动物骨骼的重要成分，人体 99%的钙存在于骨骼和牙齿中，其余主要分布于体液内，参与某些重要的酶反应，对维持心脏正常收缩，抑制神经肌肉兴奋性，促进凝血和保持细胞壁完整性有重要作用。缺少钙时，将引起动植物发育和生长不良。人体对钙的吸收率低，而氨基酸与钙可形成可溶性钙盐，因此高蛋白膳食有利于钙的吸收。维生素 D 和乳糖都能促进钙的吸收。

人体缺钙的主要症状是生长缓慢，骨骼疏松，常出现不正常的姿态与步调，易发生内出血，尿量大增等。儿童补钙的途径主要有吃钙片、鱼肝油和吃钙质饼干等。尤为重要的是多晒太阳，以促进维生素 D 的合成，改善钙的吸收利用。

人体所需的钙，以奶及奶制品最好，不但含量丰富，而且吸收率高。此外，蛋黄、豆类、花生、蔬菜含钙也较高，小虾米皮含钙特别丰富，谷物中也含有钙。

6. 磷(P)

磷在人体中主要存在于骨骼、牙齿、脑、血液和神经组织中。体内的磷主要是以磷酸、无机磷酸盐的形式存在，形成骨骼，维持体液的 pH 值；少部分以有机磷酸盐的形式存在，如存在于细胞膜和神经组织之中的磷脂、DNA、RNA 以及辅酶等。三磷酸腺苷(ATP)水解时会放出相当多的能量，供生命活动之用。

$$ATP + H_2O \longrightarrow ADP + HPO_4^{2-} \quad \Delta rG = -30\ kJ \cdot mol^{-1}$$

因此磷的化学规律控制着核酸以及氨基酸、蛋白质的化学规律，从而控制着生命的化学进程。由于磷分布很广，因此人们在日常工作中很少缺乏磷元素。

7. 锌(Zn)

锌在人体中含量达 2～3 g，主要存在于骨骼和皮肤(包括头发)中。锌与多种酶、核酸、蛋白质的合成有着密切的关系。它能影响细胞的分裂、生长和再生。锌还对味觉和饮食有直接影响，缺锌可降低味觉的敏感性并使味觉、嗅觉异常，进而引起食欲减退，直接影响少年儿童的生长发育。近年相关部门已把食欲下降列为婴幼儿缺锌的早期表现。临床上也证明了缺锌是小儿厌食症的病因之一。

人体缺锌的临床表现有生长停滞，虽到了成熟阶段，却身材矮小，味觉和食欲减退、创伤愈合不良等。

含锌较多的是动物蛋白，如鱼、肉(尤其是瘦肉)、肝、肾和水产如蛤、蚌、牡蛎等。一般来说，动物性食物中的锌不但含量高，且活性大，较易吸收。对婴幼儿来说，母乳中的锌比牛奶中的锌易吸收，因此虽然牛奶含锌量高于母乳，但锌的利用效果却不如母乳好。

8. 铁(Fe)

铁在人体内含量约 3～5 g,其中 70%在血液中。铁与蛋白质结合成血红素——为红细胞主要成分,如若缺乏,血红素就无法形成,造成贫血。血红素可携带氧气和各种营养素在体内循环,供给各细胞之需要,然后将各细胞产生的二氧化碳与废物带至排泄器官,排出体外。铁为部分酶素的成分,亦可活化酶素的消化功能,植物体内的铁是形成叶绿素的必要条件,因此铁是生物体必需的元素之一。

膳食中铁的良好来源为动物肝脏、蛋黄、豆类和某些蔬菜,以及在红糖、葡萄、桃、梅等食物中。一般说来,动物性食物中的铁比植物性食物中的铁更易吸收。

9. 硒(Se)

硒是谷光甘肽过氧化酶的主要成分,其最重要的生物活性是抗氧化性。硒对预防癌症和心血管病也有重要作用,还具有抗衰老的功能,被称为延年益寿的元素。人们对 27 个国家和地区的调查发现癌症发病率与该地区饮用水含硒量成反比。现代科学研究表明缺硒与硒过量均会引起白内障。硒在动物内脏、海产品中含量丰富。

10. 碘(I)

碘是甲状腺素的重要成分,我国成人碘的供应量要达到 0.15 mg/天。如果每日摄入碘长期低于 0.1 mg,就易造成甲状腺机能减退,出现甲状腺肿大、智力低下,即大脖子病、呆小症等。碘主要存在于海产品中,因此生活在山区的人们常会缺碘。目前利用加碘盐(KI 或 KIO_3)来补充碘。如果以进食碘盐为主要摄入形式,每人每天 0.800 mg,则会导致甲状腺肿大和碘致甲亢。碘的摄入以每天 0.1～0.3 mg 为宜。衡量碘够不够,要通过测量 24 小时尿碘的排出量来判定。

11. 铬(Cr)

Cr(Ⅱ)、Cr(Ⅲ)主要参与糖和脂类代谢,作用在细胞膜上胰岛素的敏感部位。三价铬的缺乏已被证明与冠心病和动脉粥样硬化有关,人们还发现血清中铬含量的降低与糖尿病有关,美国纽约大学研究院贝兰博士发现体内缺铬与近视的形成有一定关系。虽然铬是必需元素,但六价铬对人体健康却是有害的。六价铬可引起染色体畸变,影响 DNA 复制,引发溃疡、接触性皮炎、呼吸道炎症,并有较强致癌作用。

14.6.5 有毒有害元素

随着资源的开发利用和工业发展,愈来愈多的元素通过大气、水和食物进入人体,成为人体的"污染元素"。这些元素有的无害,进入人体后不至于造成疾病。但不少元素是有害的,如 Cd、Hg、Pb、As 等,特别是重金属元素,他们在体内积累,干扰体内的代谢活动,对健康产生不良影响,引起病变。这些元素的毒性与人体摄入量、价态密切相关,例如,As、B 目前已被科学家认为是生命必需的微量元素,但是适宜范围十分狭窄,稍微过量则会带来较大毒性,Cr(Ⅲ)是人体必需的微量元素,而 Cr(Ⅵ)则毒性较大。

常见的有毒元素如下:

1. 铅(Pb)

铅及其化合物均有毒,其毒性随着溶解度增大而增大。铅引起的慢性中毒危害造血系统、心血管、神经系统和肾脏。由于儿童对铅排泄能力差，进入体内的铅约有 30%留在血液中，所以铅特别危害儿童健康和智力发育，甚至会引起痴呆。近年来报道，我国儿童铅中毒情况不容乐观，已有专家提出“当前我国儿童健康、智力的头号威胁是铅中毒”。环境中的铅不能被生物代谢，是持久性污染物。铅污染可能来自铅矿、冶炼厂、电池、电缆、印刷、涂料、颜料、焊接、陶瓷、塑料、橡胶、农药、化妆品等。植物的根部易从土壤中吸收铅，鱼类、贝类可从水中富集铅，从而带来食物的污染。含铅油漆在学习用品、玩具、住房装饰中的广泛使用，是铅摄入的主要来源之一。在膳食中增加瘦肉、牛奶、鸡蛋、胡萝卜等高蛋白和 VC 含量丰富的食物，可降低铅的毒性。因为蛋白质能与铅结合成一种不溶性化合物，牛奶中所含的钙可置换已沉着于骨骼上的铅，VC 可与铅形成抗坏血酸铅，不溶于水和脂肪，从而阻止人体对铅的吸收。

2. 汞(Hg)

汞及其大部分化合物均有毒，主要是积蓄性慢性中毒，危害中枢神经系统和肾脏。慢性汞中毒的症状主要是：胃口丧失、体重减轻、心跳增加、便秘、高血压和肌肉无力，严重时则会造成牙龈发炎、头发脱落、颤抖、步履不稳、舞蹈症、语言障碍、听力下降等。汞污染来源于化学工业、冶金工业、农药、杀菌剂、医药等。曾经震惊世界的日本“水俣病”，有上千人患病，死亡两百余人，就是因为工厂排放的含汞废水污染了水俣湾海域，使鱼贝受到污染，并在体内富集，人们食用了受到污染的鱼贝，也发生中毒。美国、瑞典也发生过类似的事故。我国松花江下游也出现过此种病。

3. 镉(Cd)

镉的毒性也较大，在体内可积蓄造成慢性中毒。镉可抑制体内多种酶的活性，并且易和磷结合而排挤钙，引起骨质软化和骨头疼痛。因此，最典型的是慢性中毒引起的骨痛病。在自然界，锌和镉共存，炼锌时会造成镉污染，各种合金材料、电镀、颜料、电池、电视、晶体光学、X 射线摄影都会造成镉污染。1955 年日本富山县神通川发生的骨痛病，患者全身骨骼疼痛，不能行走，多处骨折。1961 年才证明是因为当地的锌矿长年累月向河中排放含有镉的废水，居民多饮用了被污染的河水并食用污水灌溉的农作物，造成了慢性镉中毒。

4. 砷(As)

极微量的砷有促进新陈代谢的作用，可以使皮肤更加光润白嫩，所以近些年专家认为砷也是人体所必需的微量元素。但是 As(Ⅲ)的毒性很大，稍微过量就可能带来生命危险，其中毒性最大的是 As_2O_3，俗称砒霜，致死量为 0.1 g。As(Ⅴ)的毒性较小，但在体内可被还原成 As(Ⅲ)。砷可以在体内积蓄，造成慢性中毒，主要抑制酶的活性，引起糖代谢停止，危害中枢神经，引发癌症。砷污染主要来源于煤燃烧、冶炼厂黄铁矿焙烧、炼油、焦、炼钢等。

5. 铝(Al)

人体长期摄入过量的铝，会使胃酸降低，造成胃液分泌减少，出现腹胀、厌食和消化不良，并可加速衰老。铝化合物还可沉积在骨骼中，使骨组织密度增高，造成骨质疏松。铝过多沉积于大脑中使脑组织发生器质性病变，出现记忆力衰退、智力障碍，甚至于痴呆。

当发生重金属中毒时，可用螯合剂促其排出。也就是利用螯合剂从生物大分子金属配合物中夺取有毒的金属离子，从而达到排毒的作用。

习　题

1. 完成并配平反应方程式。

(1)$Cu_2O + HCl$(稀)$\longrightarrow$

(2)$Cu_2O + H_2SO_4$(稀)$\longrightarrow$

(3)$CuSO_4 + KI \longrightarrow$

(4)$CuSO_4 + KCN$(过)$\longrightarrow$

(5)$AgNO_3 + NaOH \longrightarrow$

(6)$Ag_2O + NH_3 + H_2O \longrightarrow$

(7)$AgBr + Na_2S_2O_3 \longrightarrow$

(8)$ZnSO_4 + NH_3$(过)$\longrightarrow$

(9)$Hg(NO_3)_2 + KI$(过)$\longrightarrow$

(10)$Hg(NO_3)_2 + NaOH \longrightarrow$

(11)$Hg_2Cl_2 + NH_3 \longrightarrow$

(12)$Hg(NO_3)_2 + NH_3 + H_2O \longrightarrow$

(13)$Hg_2Cl_2 + SnCl_2 \longrightarrow$

(14)$HgS + Na_2S \longrightarrow$

2. 选用适当的酸溶解下列硫化物：

Ag_2S　CuS　ZnS　CdS　HgS

3. 写出下列相关反应式，并解释反应现象。

(1)$ZnCl_2$ 溶液中加入适量 NaOH 溶液，再加入过量的 NaOH 溶液。

(2)$CuSO_4$ 溶液中加入少量氨水，再加入过量氨水。

(3)$HgCl_2$ 溶液中加入适量 $SnCl_2$ 溶液，再加入过量 $SnCl_2$ 溶液。

(4)$HgCl_2$ 溶液加入适量 KI 溶液，再加入过量 KI 溶液。

4. 在含有大量 NH_4F 的 1 mol·L^{-1}$CuSO_4$ 和 1 mol·L^{-1}$Fe_2(SO_4)_3$ 的混合溶液中，加入 1 mol·L^{-1}KI 溶液。有何现象发生？为什么？写出有关反应式。

5. 某一化合物 A 溶于水得浅蓝色溶液。在 A 溶液中加入 NaOH 溶液可得浅蓝色沉淀 B。B 能溶于 HCl 溶液，也能溶于氨水。A 溶液中通入 H_2S，有黑色沉淀 C 生成。C 难溶于 HCl 溶液而易溶于浓 HNO_3 中。在 A 溶液中加入 $Ba(NO_3)_2$ 溶液，无沉淀产生，而加入 $AgNO_3$ 溶液时有白色沉淀 D 生成，D 溶于氨水。试判断 A、B、C、D 各为何物？写出相关反应方程式。

6. 有一无色溶液。(1)加入氨水时有白色沉淀生成；(2)若加入稀碱有黄色沉淀生成；(3)若滴加 KI 溶液，先生成橘红色沉淀，当 KI 过量时，橘红色消失；(4)若在此无色溶液中加入数滴汞并振荡，汞逐渐消失，仍变为无色溶液，此时加入氨水得灰黑色沉淀。问无色溶液中含有哪种化合物？写出反应方程式。

7. 用适当的方法区别下列各组物质。

(1)$MgCl_2$ 和 $ZnCl_2$；

(2)$HgCl_2$ 和 Hg_2Cl_2；

(3)$ZnSO_4$ 和 $Al_2(SO_4)_3$；

(4)CuS 和 HgS；

(5)AgCl 和 Hg_2Cl_2；

(6)ZnS 和 Ag_2S；

(7)Pb^{2+} 和 Cu^{2+}；

(8)Pb^{2+} 和 Zn^{2+}；

(9)Cu^{2+} 和 Fe^{3+}。

8. 分离并鉴定下列离子。

$$Cu^{2+}、Ag^{+}、Zn^{2+}、Hg^{2+}$$

9. 通过计算说明 AgI 沉淀可溶于 NaCN 溶液，而难溶于氨水。

10. 已知下列电对的 $\varphi^{\ominus}$ 值：

$Cu^{2+} + e^- \rightleftharpoons Cu^+ \quad \varphi^{\ominus} = 0.17\ V$

$Cu^+ + e^- \rightleftharpoons Cu \quad \varphi^{\ominus} = 0.52\ V$

和 CuCl 的溶度积 $K_{sp}^{\ominus} = 1.2 \times 10^{-6}$，试计算：(1)$Cu^+$ 在水溶液中发生歧化反应的平衡常数；(2)反应 $Cu + Cu^{2+} + 2Cl^- \rightleftharpoons 2CuCl \downarrow$ 在 298 K 时的平衡常数。

11. 已知：$Ag^+ + e^- \rightleftharpoons Ag \quad \varphi^{\ominus} = 0.799\ V$

$AgI + e^- \rightleftharpoons Ag + I^- \quad \varphi^{\ominus} = -0.152\ V$

(1)写出由上述两个半反应组成的原电池符号；

(2)写出电池反应式；

(3)求 $K_{sp}^{\ominus}(AgI)$ 值。

12. 已知：$[AuCl_2]^- + e^- \rightleftharpoons Au + 2Cl^- \quad \varphi^{\ominus} = 1.15\ V$

$[AuCl_4]^- + 2e^- \rightleftharpoons [AuCl_2]^- + 2Cl^- \quad \varphi^{\ominus} = 0.93V$

结合有关电对的 $\varphi^{\ominus}$ 值，计算$[AuCl_2]^-$和$[AuCl_4]^-$的稳定常数。

第 15 章　常见离子的定性分析

15.1　无机定性分析概述

本章介绍常见离子和常用试剂的化学反应，以及无机分析中的系统分析方案、离子的鉴定反应。目的是使学生熟悉常见离子的共性和个性，以便为选择和设计离子的定性分析和定量分析方法提供方便。

15.1.1　定性分析的任务和方法

定性分析任务是鉴定物质中所含有的组分，也就是确定物质由哪些元素或原子团组成。

定性分析方法包括仪器分析法和化学分析法，后者又分为湿法分析和干法分析。湿法分析是指鉴定分析反应在溶液中进行。即先将试样制成溶液，再加入适当的试剂，依据溶液中发生的化学反应来确定物质组成的分析方法。而干法分析是指反应在固体之间进行。如焰色反应、熔珠反应等。

本章主要讨论湿法分析对常见离子的分析。在常见离子中，阳离子包括：Ag^+、Pb^{2+}、$Hg_2{}^{2+}$、Hg^{2+}、Cu^{2+}、Co^{2+}、Ni^{2+}、Mn^{2+}、Cr^{3+}、Fe^{3+}、Cd^{2+}、Ca^{2+}、Sr^{2+}、Ba^{2+}、Al^{3+}、Bi^{3+}、Fe^{2+}、As(Ⅲ，Ⅴ)、Sn(Ⅱ，Ⅳ)、Sb(Ⅲ，Ⅴ)、Zn^{2+}、Mg^{2+}、Na^+、K^+、NH_4^+ 共 25 种离子；阴离子包括：S^{2-}、SO_4^{2-}、SO_3^{2-}、$S_2O_3^{2-}$、CO_3^{2-}、PO_4^{3-}、AsO_4^{3-}、SiO_3^{2-}、CN^-、Cl^-、Br^-、I^-、NO_3^-、$NO_2{}^-$ 共 14 种离子。

15.1.2　鉴定反应进行的条件

直接用于鉴定试样中是否有某种离子存在的化学反应称为鉴定反应(或检出反应)。鉴定反应必须具有明显的外部特征。外部特征一般表现在：①溶液颜色有改变。如 Fe^{3+} 与 SCN^- 反应生成 $Fe(SCN)_n{}^{3-n}$ 血红色溶液，鉴定 Fe^{3+} 存在；②有沉淀的生成或溶解。如 Ba^{2+} 与 SO_4^{2-} 反应生成不溶于酸的 $BaSO_4$ 白色沉淀，鉴定 Ba^{2+} 或 SO_4^{2-} 的存在；③有特殊气体产生。如 S^{2-} 与 HCl 反应生成具有臭鸡蛋气味的 H_2S 气体，并能使 $Pb(AC)_2$ 试纸变黑(PbS)，鉴定 S^{2-} 存在。此外，鉴定反应还必须有进行完全、快速和有选择性的特点。

离子的鉴定反应和其他化学反应一样，只有在一定条件下才能进行，否则反应不能发生，或者得不到预期的效果。鉴定反应须具备如下的条件：

1. 溶液的酸度

许多鉴定反应都要求在一定的酸度下进行。例如鉴定 Pb^{2+}，常在中性或微酸性溶液中进行，此时 Pb^{2+} 与 CrO_4^{2-} 作用生成黄色的 $PbCrO_4$ 沉淀。若酸度过高，则由于 CrO_4^{2-} 大部分转化为 $HCrO_4^-$ 或 H_2CrO_4，降低了溶液中 CrO_4^{2-} 的浓度，得不到 $PbCrO_4$ 沉淀。如酸度过低，则可能析出 $Pb(OH)_2$ 沉淀，甚至转化为 $[Pb(OH)_4]^{2-}$（或 PbO_2^{2-}），也得不到 $PbCrO_4$ 沉淀。

2. 反应离子的浓度

根据平衡移动原理，增大反应物浓度，有利于鉴定反应向右进行。例如，鉴定 Ag^+，加入 HCl 时：

$$Ag^+ + Cl^- = AgCl$$

只有 $[Ag^+]\cdot[Cl^-] > K_{sp}^{\ominus}$，沉淀才能生成。同时，为便于观察，沉淀析出量要足够。但如果 HCl 浓度太大，则由于 Cl^- 与 AgCl 继续反应转化为 $[AgCl_2]^-$ 配离子，而得不到应有的效果。

3. 溶液的温度

温度对鉴定反应的影响较大。因温度对试剂、反应产物的稳定性和溶解度、某些反应进行的速率和反应完成的程度都有较大的影响。例如，$PbCl_2$ 沉淀的溶解度随温度的升高而迅速增大，因此用 HCl 沉淀 Pb^{2+} 时，不能在热溶液中进行；又如，NH_4^+ 的鉴定，需加强碱并加热才行。

4. 催化剂

某些鉴定反应还需在催化剂作用下进行。例如，Mn^{2+} 的鉴定，加入 $S_2O_8^{2-}$ 氧化 Mn^{2+} 的反应较慢，除了需要加热外，还需要加入 Ag^+ 作催化剂：

$$2Mn^{2+} + 5S_2O_8^{2-} + 8H_2O \xrightarrow[\triangle]{Ag^+ \text{催化剂}} 2MnO_4^- + 10SO_4^{2-} + 16H^+$$

5. 溶剂

溶剂会影响生成物的溶解度和稳定性。大部分无机微溶化合物在有机溶剂中的溶解度比在水中的小，故在水中加入适当的有机溶剂可降低其溶解度。例如：$CaSO_4$ 沉淀的溶解度较大，分离和鉴定 Ca^{2+} 时，向水溶液中加入乙醇，$CaSO_4$ 沉淀的溶解度就显著降低。又如，Cr^{3+} 鉴定，因蓝色的生成物 CrO_5 在水中极不稳定，往往来不及观察到蓝色就迅速分解而消失，但如果事先加入乙醚或戊醇，就较稳定，蓝色明显可见。

6. 干扰物质的影响

例如，用 H_2SO_4 鉴定 Pb^{2+}，生成 $PbSO_4$ 白色沉淀，若溶液中共存有 Ba^{2+}、Sr^{2+}、Hg_2^{2+}，它们也会生成白色沉淀，而影响 Pb^{2+} 的鉴定。又如，Co^{2+} 与 SCN^- 作用生成蓝色的配离子 $Co(SCN)_4^{2-}$。但若溶液中有 Fe^{3+} 存在，也会干扰 Co^{2+} 的鉴定。

15.1.3 鉴定反应的灵敏度和选择性

1. 鉴定反应的灵敏度

鉴定反应的灵敏度常用“最低浓度”和“检出限量”来表示。

检出限量是指在一定条件下，某鉴定反应所能检出离子的最小质量。常用符号 m 表示，单位为 μg。而最低浓度是指在一定条件下，某鉴定反应能检出离子并能得出肯定结果时该离子的最小浓度。以 $\rho(\mu g \cdot mL^{-1})$ 或 $1:G$ 表示。G 表示含有 1 g 被鉴定离子的溶剂的克数，由于水溶液很稀，也可视为溶液的克数或溶液的毫升数。

鉴定反应的灵敏度是采用逐步降低被测离子浓度的方法得到的实验值。例：$Na_3[Co(NO_2)_6]$鉴定 K^+，在中性或弱酸性溶液中：

$$2K^+ + Na^+ + [Co(NO_2)_6]^{3-} \rightleftharpoons K_2Na[Co(NO_2)_6]\downarrow \text{（黄色）}$$

K^+ 浓度稀释至 1∶12500（$1:G$，即 1 g K^+ 溶于 12500 g 水中），取试液 0.05 mL 还可得到肯定结果，如试液再稀释或取试液体积再小时，就观察不到任何现象。这个鉴定反应的灵敏度可表示为（由于溶液很稀，1 mL 溶液按 1 g 计）：

检出限量 $$1:12500 = m\times10^{-6}:0.05$$

$$m = 4\ \mu g$$

最低浓度 $$\rho = \frac{m}{V} = \frac{4\ \mu g}{0.05\ mL} = 80\ \mu g/mL$$

因此，检出限量、最低浓度和试液体积 V(mL)之间的关系为：

$$1:G = m\times10^{-6}:V$$

$$m = \rho\cdot V$$

$$1:G = \rho\times10^{-6}:1$$

检出限量越低，最低浓度越小，则鉴定反应越灵敏。

例 15－1 用 $K_4Fe(CN)_6$ 检出 Cu^{2+} 的最低浓度为 0.4 $\mu g\cdot mL^{-1}$，检出限量为 0.02 μg。试验时所取试液体积是多少毫升？

解：所取试液体积 $V=m/\rho=0.02/0.4=0.05$ mL 即一滴溶液。

例 15－2 用铬酸钾鉴定 Pb^{2+}，若试液稀释到 1∶200000 时，至少取 0.03 mL 才能观察到黄色的 $PbCrO_4$沉淀析出，那么此鉴定反应的灵敏度应如何表示？

解：检出限量 $1:200000=m\times10^{-6}:0.03$ $m=0.15\ (\mu g)$

最低浓度 $1:200000=\rho:10^6$ $\rho=5(\mu g\cdot mL^{-1})$

说明：① 对同一离子，不同鉴定反应具有不同的灵敏度。利用某一反应鉴定某一离子，若得到否定结果，只能说明此离子的存在量小于该反应所示的灵敏度，不能说明此离子一定不存在。② 文献上常用两种方式"检出限量"和"最低浓度"来表明一个鉴定反应的灵敏度，而不指明试液的体积。若不知道试液的体积，只用一种方式来表示是不全面的。

2. 鉴定反应的选择性及提高选择性的方法

在许多离子存在的条件下，一种试剂若只与其中某几种离子起反应，则这种反应称为选择性反应，所用试剂称为选择性试剂。与试剂起反应的离子愈少，反应的选择性愈高。

在一定条件下，若加入的试剂只与某一种离子起反应产生特殊的现象，这种反应称为该离子的特效反应或专属反应，所用试剂称为该离子的特效试剂或专属性试剂。例如，在含 NH_4^+ 的试液中，加入 NaOH 并微热，便有刺激性 NH_3 放出，可使湿润的红色石蕊试纸变蓝，通常认为这是无机试样中鉴定 NH_4^+ 的特效反应。NaOH 和红色石蕊试纸则是鉴定 NH_4^+ 的特效试剂。

但是，到目前为止，特效反应并不多，而且只有在一定条件下反应才有特效性。另外，特效试剂还比较少。提高鉴定反应选择性的途径主要有以下几种方法：

(1)控制溶液的酸度 如用 $BaCl_2$ 鉴定 SO_4^{2-}，在中性或弱碱性液中：Ba^{2+} 与 SO_4^{2-}、SO_3^{2-}、$S_2O_3^{2-}$、CO_3^{2-} 作用都能生成白色沉淀。但用 HNO_3 酸化，只有白色晶型 $BaSO_4\downarrow$ 生成，成为鉴定 SO_4^{2-} 的特效反应。又如，Cd^{2+}、Zn^{2+} 共存，控制溶液酸度为 0.3 $mol \cdot L^{-1}$，通入 H_2S 时，溶度积小的 CdS 生成沉淀，而溶度积大的 ZnS 不沉淀，从而提高了反应的选择性。

(2)加入掩蔽剂 例如，用 NH_4SCN 法鉴定 Co^{2+}，生成天蓝色的 $[Co(SCN)_4]^{2-}$，当有 Fe^{3+} 存在时，由于加入的 NH_4SCN 与 Fe^{3+} 生成血红色的 $[Fe(SCN)_n]^{3-n}$，干扰 Co^{2+} 的检验。如果加入 NaF(掩蔽剂)，可与 Fe^{3+} 反应生成无色的 $[FeF_6]^{3-}$，则可消除 Fe^{3+} 干扰。

(3)分离干扰离子 如果没有别的办法时，最基本的手段是用沉淀进行分离，利用生成沉淀或分解挥发来分离被测离子和干扰离子。

必须指出：选用鉴定反应时，应同时考虑反应的灵敏度和选择性，应在灵敏度能满足要求的条件下尽量采用选择性高的反应。

15.1.4 分别分析和系统分析

有其他离子共存时，不需要经过分组分离，利用特效反应，直接检测待检离子的方法称为分别分析法。需要采用专属试剂或创立专属反应的条件，即创立一种条件，在此条件下，所采用的试剂仅和一种离子发生作用。若对未知试液大体了解，只需确定其中某少数几种离子是否存在时，应用分别分析法最为适宜。

系统分析是指按照一定的顺序和步骤向试液中加入某种试剂，将离子分成若干组，然后再在组内分离与鉴定的分析方法。用来进行分组的试剂称为组试剂，组试剂一般为沉淀剂。采用组试剂将反应相似的离子整组分出，可以使复杂的分析任务大为简化。若在未知液中加入组试剂后，没有产生沉淀，说明该组离子不存在。

理想组试剂要符合以下要求：①分离完全；②沉淀与溶液要易于分离；③反应迅速；④组内离子种类不太多、以便于鉴定。

本书中阳离子主要采用系统分析法；阴离子则主要采用分别分析法。

15.1.5 空白试验和对照试验

由于溶剂、水、器皿或其他原因引入了痕量的某种离子，被误认为试样中有该离子存在，这种情况叫过度检出，简称过检。由于试剂失效或反应条件控制不当而使得某离子的鉴定反应现象不明显甚至得出否定结论，这种情况称为漏检。

用配制试液用的蒸馏水代替试液，用同样的方法和条件进行鉴定试验，称作空白试验。其作用在于检查试剂或蒸馏水中是否含有被鉴定的离子。其目的是防止过度检出。

例如，在试样的酸性溶液中，用 NH_4SCN 鉴定 Fe^{3+} 时，得到浅血红色溶液，说明有微量 Fe^{3+} 存在。但不知此 Fe^{3+} 是试样中原有的，还是试剂或水中带入的。为此，可作一空白试验：取少量配置试样溶液的蒸馏水，加入同量的 HCl 和 NH_4SCN 溶液，若得到同样的浅红色，说明试液并不含 Fe^{3+}；若得到的是更浅的红色或无色，说明试样中确有微量 Fe^{3+} 存在。

若用已知溶液代替试液，用同样方法进行鉴定实验，称作对照试验。对照试验的作用在于检查试剂是否变质、失效或反应条件是否控制正确。其目的是防止漏检。

例如，用 $SnCl_2$ 溶液鉴定 Hg^{2+} 时，没有出现灰黑色的沉淀，一般认为无 Hg^{2+} 存在。但是考虑到 $SnCl_2$ 溶液容易被空气氧化而失效，故可取少量已知 Hg^{2+} 溶液，加入 $SnCl_2$ 溶液，也未出现灰黑色沉淀，说明 $SnCl_2$ 溶液失效，应重新配置溶液。

空白试验和对照试验对于正确判断分析结果，及时纠正错误有重要意义。

15.2 常见阳离子分析

15.2.1 常见阳离子与常用试剂的反应

1. 与 HCl 反应

在常见阳离子中，只有 Ag^+、Pb^{2+}、$Hg_2{}^{2+}$ 能与 HCl 作用，生成氯化物沉淀：

$$\left.\begin{array}{l} Ag^+ \\ Pb^{2+} \\ Hg_2{}^{2+} \end{array}\right\} \xrightarrow{HCl} \left\{\begin{array}{ll} AgCl & \text{白，溶于氨水} \\ PbCl_2 & \text{白，溶于热水} \\ Hg_2Cl_2 & \end{array}\right.$$

2. 与 H_2SO_4 反应

在常见阳离子中，只有 Pb^{2+}、Ba^{2+}、Sr^{2+}、Ca^{2+}、$Hg_2{}^{2+}$ 与 H_2SO_4 形成硫酸盐沉淀：

$$\left.\begin{array}{l} Ba^{2+} \\ Sr^{2+} \\ Ca^{2+} \\ Pb^{2+} \end{array}\right\} \xrightarrow{H_2SO_4} \left\{\begin{array}{ll} BaSO_4 & \text{白} \\ SrSO_4 & \text{白} \\ CaSO_4 & \text{白，溶于饱和}(NH_4)_2SO_4\text{，生成}[Ca(SO_4)_2]^{2-} \\ PbSO_4 & \text{白，溶于 }NH_4Ac\text{，生成}[Pb(Ac)_3]^- \end{array}\right.$$

3. 与 NaOH 反应

(1)生成氢氧化物、氧化物沉淀，不溶于过量 NaOH 的有：

$$\left.\begin{array}{l} Mg^{2+} \\ Fe^{3+} \\ Fe^{2+} \\ Co^{2+} \\ Ni^{2+} \\ Mn^{2+} \\ Ag^+ \\ Hg^{2+} \\ Hg_2{}^{2+} \\ Cd^{2+} \\ Bi^{3+} \end{array}\right\} \xrightarrow{NaOH} \left\{\begin{array}{lll} Mg(OH)_2 & \text{白} & \\ Fe(OH)_3 & \text{红棕} & \\ Fe(OH)_2 & \text{白} & \xrightarrow{\text{空气中 }O_2\text{，较快}} Fe(OH)_3\ \text{红棕} \\ Co(OH)_2 & \text{粉红} & \xrightarrow{\text{空气中 }O_2\text{，较慢}} Co(OH)_3\ \text{棕褐} \\ Ni(OH)_2 & \text{粉红} & \\ Mn(OH)_2 & \text{浅粉红} & \xrightarrow{\text{空气中 }O_2} MnO(OH)_2\ \text{褐} \\ Ag_2O & \text{褐} & \\ HgO & \text{黄} & \\ Hg_2O & \text{黑} & \\ Cd(OH)_2 & \text{白} & \\ Bi(OH)_3 & \text{白} & \end{array}\right.$$

(2)生成两性氢氧化物沉淀，能溶于过量 NaOH 的有：

$$\begin{cases} Al^{3+} \\ Cr^{3+} \\ Zn^{2+} \\ Pb^{2+} \\ Sb^{3+} \\ Sn^{2+} \\ Sn^{4+} \\ Cu^{2+} \end{cases} \xrightarrow[\text{NaOH}]{\text{适量}} \begin{cases} Al(OH)_3 & \text{白} \\ Cr(OH)_3 & \text{灰绿} \\ Zn(OH)_2 & \text{白} \\ Pb(OH)_2 & \text{白} \\ SbO(OH) & \text{白} \\ Sn(OH)_2 & \text{白} \\ Sn(OH)_4 & \text{白} \\ \\ Cu(OH)_2 & \text{浅蓝} \end{cases}$$

$$\xrightarrow[\text{NaOH}]{\text{过量}} \begin{cases} [Al(OH)_4]^- & \text{无色} \\ [Cr(OH)_4]^- & \text{亮绿} \\ [Zn(OH)_4]^{2-} & \text{无色} \\ [Pb(OH)_4]^{2-} & \text{无色} \\ [Sb(OH)_4]^- & \text{无色} \\ [Sn(OH)_4]^{2-} & \text{无色} \\ [Sn(OH)_6]^{2-} & \text{无色} \end{cases}$$

$$Cu(OH)_2 \quad \text{浅蓝} \xrightarrow[\text{加热}]{\text{浓 NaOH}} \text{少量溶解,生成蓝色}[Cu(OH)_4]^{2-}$$

4. 与 NH$_3$ 反应

(1)生成氢氧化物、氧化物或碱式盐沉淀,能溶于过量氨水,生成配离子的有:

$$\begin{cases} Ag^+ \\ Cu^{2+} \\ Cd^{2+} \\ Zn^{2+} \\ Co^{2+} \\ Ni^{2+} \end{cases} \xrightarrow[\text{NH}_3]{\text{适量}} \begin{cases} Ag_2O & \text{褐色} \\ Cu(OH)_2 & \text{浅蓝} \\ Cd(OH)_2 & \text{白} \\ Zn(OH)_2 & \text{白} \\ Co(OH)_2 & \text{粉红色} \\ Ni(OH)_2 & \text{绿色} \end{cases}$$

$$\xrightarrow[\text{NH}_3]{\text{过量}} \begin{cases} [Ag(NH_3)_2]^+ \text{无色} \\ [Cu(NH_3)_4]^{2+} \text{深蓝} \\ [Cd(NH_3)_4]^{2+} \text{无色} \\ [Zn(NH_3)_4]^{2+} \text{无色} \\ [Co(NH_3)_6]^{2+} \text{土黄} \xrightarrow{\text{空气中 O}_2} [Co(NH_3)_6]^{2+} \text{粉红色} \\ [Zi(NH_3)_6]^{2+} \text{蓝色} \end{cases}$$

(2)生成氢氧化物等沉淀,不与过量的 NH$_3$ 生成配离子的有:

$$\begin{cases} Al^{3+} \\ Cr^{3+} \\ Fe^{3+} \\ Fe^{2+} \\ Mn^{2+} \\ Sn^{2+} \\ Sn^{4+} \\ Pb^{2+} \\ Mg^{2+} \\ Hg^{2+} \\ Hg_2^{2+} \end{cases} \xrightarrow{\text{NH}_3} \begin{cases} Al(OH_2)_3 & \text{白} \\ Cr(OH)_3 & \text{灰绿} \\ Fe(OH)_3 & \text{红棕} \\ Fe(OH)_2 & \text{白} \xrightarrow{\text{空气中 O}_2} Fe(OH)_3 \text{红棕色} \\ Mn(OH)_2 & \text{浅粉红色} \xrightarrow{\text{空气中 O}_2} MnO(OH)_2 \\ Sn(OH)_2 & \text{白} \\ Sn(OH)_4 & \text{白} \\ Pb(OH)_2 & \text{白} \\ Mg(OH)_2 & \text{白} \\ HgNH_2Cl & \text{白} \\ HgNH_2Cl & \text{白+Hg 黑色} \end{cases}$$

5. 与(NH$_4$)$_2$CO$_3$ 反应

(1)Ba^{2+}、Sr^{2+}、Ca^{2+}、Mn^{2+} 和 Ag$^+$ 与(NH$_4$)$_2$CO$_3$ 反应,生成白色的碳酸盐沉淀。

(2)Pb^{2+}、Bi^{3+}、Cu^{2+}、Cd^{2+}、Hg^{2+}、Fe^{3+}、Fe^{2+}、Zn^{2+}、Co^{2+}、Ni^{2+}、Mg^{2+} 与(NH$_4$)$_2$CO$_3$ 反应,生成碱式碳酸盐沉淀。其中 Zn^{2+}、Co^{2+}、Ni^{2+} 的碱式碳酸盐沉淀能溶于过量的(NH$_4$)$_2$CO$_3$ 中,生成可溶性的氨配合物。

(3)Al^{3+}、Cr^{3+}、Sn^{2+}、Sn^{4+}、Sb^{3+} 与(NH$_4$)$_2$CO$_3$ 反应,生成氢氧化物沉淀。

(4) Hg_2^{2+} 与 $(NH_4)_2CO_3$ 反应，先生成 Hg_2CO_3，迅速分解变黑，反应式如下：

$$Hg_2^{2+} + CO_3^{2-} \longrightarrow Hg_2CO_3 \text{ 浅黄色}$$

$$\llcorner\!\!\longrightarrow HgO \text{ 黄色} + Hg \text{ 黄色}$$

6. 与 H_2S 或 $(NH_4)_2S$ 反应

(1)在 0～0.3 mol · L^{-1} HCl 溶液中通入 H_2S，能生成沉淀的有：

离子	条件	沉淀	颜色	性质
Ag^+	～0.3 mol/L HCl, H_2S	Ag_2S	黑色	溶于热的 HNO_3
Pb^{2+}		PbS	黑色	溶于热的 HNO_3
Cu^{2+}		CuS	黑色	溶于热的 HNO_3
Cd^{2+}		CdS	黄色	溶于热的 HNO_3
Bi^{3+}		Bi_2S_3	褐色	溶于热的 HNO_3
Hg_2^{2+}		HgS	黑色＋Hg 黑色	溶于王水
Hg^{2+}		HgS	黑色	溶于王水
As(Ⅴ)		As_2S_5	黄色	溶于浓 HCl，溶于 NaOH
As^{3+}		As_2S_3	黄色	溶于浓 HCl，溶于 NaOH
Sb(Ⅴ)		Sb_2S_5	橙色	溶于浓 HCl，溶于 NaOH
Sb^{3+}		Sb_2S_3	橙色	溶于浓 HCl，溶于 NaOH
Sn^{4+}		SnS_2	黄色	溶于浓 HCl，溶于 NaOH
Sn^{2+}		SnS	褐色	溶于浓 HCl，不溶于 NaOH

(2)在 0～0.3 mol · L^{-1} HCl 溶液中通入 H_2S，上述沉淀分出后，再加 $(NH_4)_2S$ 或在氨性溶液中通入 H_2S，能生成沉淀的有：

离子	条件	沉淀	颜色	性质
Mn^{2+}	$(NH_4)_2S$ 或氨性溶液通 H_2S	MnS	肉色	溶于稀 HCl
Fe^{3+}		Fe_2S_3＋FeS	黑色	溶于稀 HCl
Fe^{2+}		FeS	黑色	溶于稀 HCl
Zn^{2+}		ZnS	白	溶于稀 HCl
Co^{2+}		CoS	黑色	不溶于稀 HCl，溶于 HNO_3
Ni^{2+}		NiS	黑色	不溶于稀 HCl，溶于 HNO_3
Al^{3+}		$Al(OH)_3$	白	溶于碱和稀 HCl
Cr^{3+}		$Cr(OH)_3$	灰绿	溶于碱和稀 HCl

15.2.2 常见阳离子分组方案

阳离子的反应有许多相似之处，同时又有相异之处。根据阳离子与各种试剂反应的相似性和差异性，选用适当的组试剂，将阳离子分成若干个组，使各组离子按顺序分批沉淀下来，然后在各组中进一步分离和鉴定每一种离子。采用不同的试剂组，可以提出多种分组方案，如两酸两碱系统分析和硫化氢系统分析。比较有意义的是硫化氢系统分组方案。

对离子种类不多的混合液，还可以根据离子和常用试剂的反应，选择更加灵活、简单的系统分析法。

1. 两酸两碱系统分析法分组方案

常用 HCl、H_2SO_4、$NH_3 \cdot H_2O$、NaOH 为组试剂将常见阳离子分为五组，如表 15－1 所

示。系统分析步骤见图 15－1。

表 15－1　阳离子两酸两碱分组方案

分别检出 NH_4^+、Na^+、Fe^{3+}、Fe^{2+}					
分组依据	氯化物难溶于水	氯化物易溶于水			
		硫酸盐难溶于水	硫酸盐易溶于水		
			氢氧化物难溶于水和氨水	氨性条件下不生成沉淀	
				氢氧化物难溶于过量 NaOH	NaOH 过量时不生成沉淀
组试剂	HCl	H_2SO_4 乙醇	NH_3+NH_4Cl　H_2O_2	NaOH	
组名和离子	Ⅰ组 盐酸组 Ag^+ $Hg_2{}^{2+}$ Pb^{2+}	Ⅱ组 硫酸组 Pb^{2+}、Ba^{2+} Sr^{2+}、Ca^{2+}	Ⅲ组氨组 Hg^{2+}、Al^{3+}、Bi^{3+}、Cr^{3+}、Mn^{2+}、Fe^{2+}、Fe^{3+}、Sn(Ⅱ,Ⅳ)、Sb(Ⅲ,Ⅳ)	Ⅳ组碱组 Cu^{2+}、Ni^{2+}、Cd^{2+}、Mg^{2+}、Co^{2+}	Ⅴ组可溶组 As(Ⅲ,Ⅴ)、Na^+、Zn^{2+}、NH_4^+、K^+

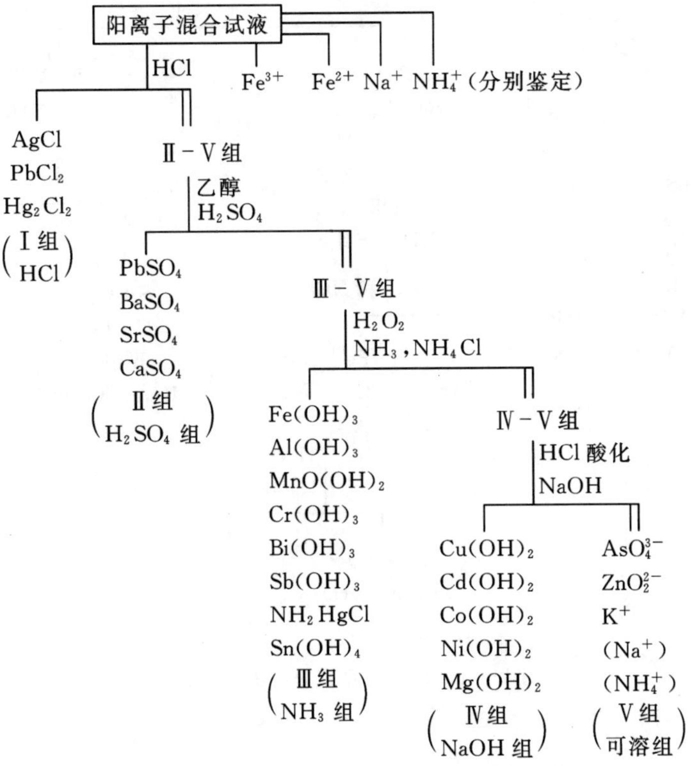

图 15－1　两酸两碱系统分组步骤示意图

由于两酸两碱系统中有较多的离子要生成氢氧化物沉淀，而这些氢氧化物沉淀都很容易形成胶体，其中有些离子（如 Co^{2+}、Zn^{2+} 等）很容易发生共沉淀现象，加上某些离子的两性和生成配离子的性质上的差异，使得组与组的分离条件不易控制，从而导致分离不完全，因此，这种方案在应用上受到较大局限。

2. H_2S 系统分析法分组方案

H_2S 系统分析主要是依据各离子硫化物溶解度差异为基础的系统分析法。以 HCl、H_2S、$(NH_4)_2S$ 和 $(NH_4)_2CO_3$ 为组试剂，将常见阳离子分为五组。硫化氢系统分组方案见表 15-2，系统分析步骤见图 15-2。

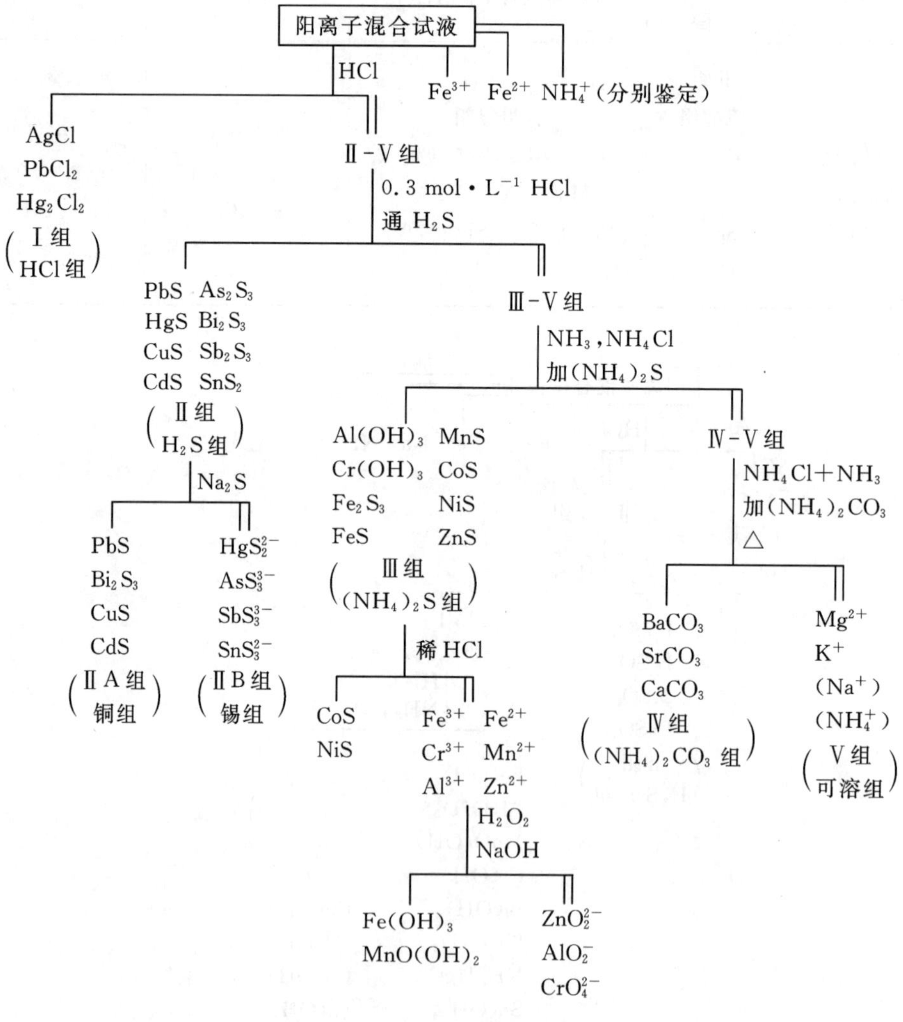

图 15-2 硫化氢系统分组步骤示意图

表 15-2 阳离子硫化氢系统分组方案

分组根据的特性	硫化物不溶于水				硫化物溶于水	
	在稀酸中生成硫化物沉淀			在稀酸中不生成硫化物沉淀	碳酸盐不溶于水	碳酸盐溶于水
	氯化物不溶于水	氯化物溶于水				
		硫化物不溶于硫化钠	硫化物溶于硫化钠			
组内离子	Ag^+ $Hg_2{}^{2+}$ (Pb^{2+})①	Pb^{2+}、Bi^{3+}、Cu^{2+}、Cd^{2+}	Hg^{2+}、As(Ⅲ,Ⅴ)、Sb(Ⅲ,Ⅴ)、Sn(Ⅱ,Ⅳ)	Al^{3+}、Mn^{2+}、Cr^{3+}、Zn^{2+}、Co^{3+}、Ni^{2+}	Ba^{2+}、Sr^{2+}、Ca^{2+}	Mg^{2+}、K^+、Na^+、NH_4^+
组的名称	Ⅰ组、银组、盐酸组	ⅡA组 Ⅱ组、铜锡组、硫化氢组	ⅡB组	Ⅲ组、铁组、硫化铵组	Ⅳ组、钙组、碳酸铵组	Ⅴ组、钠组、可溶组
组试剂	HCl	$0.3\ mol\cdot L^{-1}$ HCl H_2S 或 $0.6\sim0.2\ mol\cdot L^{-1}$ HCl TAA,△		NH_3+NH_4Cl $(NH_4)_2S$ 或 AA,△	NH_3+NH_4Cl $(NH_4)_2CO_3$	

注:① Pb^{2+} 浓度大时部分沉淀;② 系统分析中需要加入铵盐,故 NH_4^+ 需另行检出。

15.2.3 硫化氢系统分析法的详细讨论

主要讨论分组分离中的一些主要问题——沉淀的条件、沉淀的溶解、组内离子的分离和鉴定。

1. 第一组阳离子(盐酸组、银组)

(1)概述。本组包括离子有 Ag^+、Pb^{2+}、$Hg_2{}^{2+}$。在系统分析中它们从稀盐酸溶液中以氯化物形式沉淀出来,而与其他金属离子分离:

$$Ag^+ + Cl^- = AgCl\downarrow \text{(白色凝乳状,遇光变紫、变黑)}$$

$$Hg_2{}^{2+} + 2Cl^- = Hg_2Cl_2\downarrow \text{(白色粉末状)}$$

$$Pb^{2+} + 2Cl^- = PbCl_2\downarrow \text{(白色针状或片状结晶)}$$

$PbCl_2$ 的溶解度较大,故只有当 Pb^{2+} 浓度较大时才产生沉淀,而且沉淀不完全。在热溶液中 $PbCl_2$ 的溶解度相当大,利用此性质可使 $PbCl_2$ 与 AgCl 和 Hg_2Cl_2 分离。

AgCl 可溶于氨水,利用此性质可使 AgCl 与 Hg_2Cl_2 分离。但此时 Hg_2Cl_2 转变为 $HgNH_2Cl$(白色)和 Hg(黑色)混合物沉淀(呈灰黑色)。另外,在 AgCl 和 Hg_2Cl_2 氯化物沉淀中加入浓硝酸和稀盐酸,加热,AgCl 不溶解,而 Hg_2Cl_2 易溶于此混酸中,也可使 AgCl 和 Hg_2Cl_2 分离。

$$AgCl + 2NH_3 = [Ag(NH_3)_2]^+ + Cl^-$$

$$PbCl_2 + 2NH_3 + 2H_2O = Pb(OH)_2\downarrow\text{(白)} + 2Cl^- + 2NH_4^+$$

$$Hg_2Cl_2 + 2NH_3 = HgNH_2Cl\downarrow\text{(白)} + Hg\downarrow\text{(黑)} + NH_4^+ + Cl^-$$

(2)组试剂与本组离子的沉淀。为使本组离子沉淀完全,必须加入适当过量的 HCl,利用同离子效应降低沉淀的溶解度。但加入 HCl 量不能过大,否则,生成与 $[AgCl_2]^-$、$[HgCl_4]^{2-}$、$[PbCl_4]^{2-}$ 配离子,导致氯化物沉淀不完全:

$$AgCl + Cl^- = [AgCl_2]^-$$

$$Hg_2Cl_2+2Cl^- = [HgCl_4]^{2-}+Hg\downarrow$$

$$PbCl_2+2Cl^- = [PbCl_4]^{2-}$$

在系统分析中，考虑到Bi^{3+}、Sb^{3+}的水解，酸应过量，通常使沉淀后溶液中 HCl 的浓度约为 1 mol・L^{-1}。

(3)本组离子的鉴定。

①Ag^+的鉴定　向含Ag^+的溶液中加盐酸，有白色沉淀，再加氨水，沉淀溶解，再加HNO_3酸化，白色沉淀重新析出，表示有Ag^+存在。

$$AgCl+2NH_3 = [Ag(NH_3)_2]^+ +Cl^-$$

$$[Ag(NH_3)_2]^+ +Cl^- +2H^+ = AgCl+2NH_4^+ \quad m=0.5\ \mu g \quad \rho=10\ \mu g\cdot mL^{-1}$$

②Pb^{2+}的鉴定　向含Pb^{2+}的溶液中加入 HAc 和K_2CrO_4，有黄色$PbCrO_4$沉淀产生，表示有Pb^{2+}存在。

$$Pb^{2+}+CrO_4^{2-} = PbCrO_4\downarrow(黄色) \quad m=20\ \mu g \quad \rho=250\ \mu g\cdot mL^{-1}$$

③$Hg_2{}^{2+}$的鉴定　向含$Hg_2{}^{2+}$的溶液中加入 HCl 生成白色Hg_2Cl_2沉淀，加氨水后变为灰色或黑色沉淀，表示有$Hg_2{}^{2+}$存在。

$$Hg_2Cl_2+2NH_3 = HgNH_2Cl\downarrow(白)+Hg\downarrow(黑)+NH_4^+ +Cl^-$$

$$m=10\ \mu g \quad \rho=200\ \mu g\cdot mL^{-1}$$

2. 第二组阳离子(硫化氢组)

(1) 概述。本组包括Pb^{2+}、Bi^{3+}、Cu^{2+}、Cd^{2+}、Hg^{2+}、As(Ⅲ、Ⅴ)、Sb(Ⅲ、Ⅴ)、Sn(Ⅱ、Ⅳ)等离子。本组离子的共同特性是在稀的 HCl 溶液中与H_2S可生成硫化物沉淀。根据硫化物的酸碱性不同，把本组的 8 种离子分成两个小组：

ⅡA 组或铜组：PbS(黑)、Bi_2S_3(黑褐)、CuS(黑)、CdS(亮黄)，属碱性，不溶于Na_2S。

ⅡB 组或锡组：HgS(黑)、As_2S_3(淡黄)、Sb_2S_3(橙红)、SnS_2(黄)，具有酸性，能溶于Na_2S中，形成硫代酸盐：

$$HgS+S^{2-} = HgS_2^{2-}$$

$$As_2S_3+3S^{2-} = 2AsS_3^{3-}$$

$$Sb_2S_3+3S^{2-} = 2SbS_3{}^{3-}$$

$$SnS_2+S^{2-} = SnS_3^{2-}$$

ⅡB 组硫化物的溶解度仍有差别：SnS_2、SnS 可溶于稍浓的 HCl 中；Sb_2S_3、Sb_2S_5可溶于热的浓 HCl 中；AS_2S_3可溶于HNO_3中；HgS 可溶于王水或 KI－HCl 混合溶液中；ⅡA 组硫化物均可溶于稀HNO_3中。

(2)组试剂与本组离子的沉淀条件。

①调节溶液中 HCl 的浓度为 0.3 mol・L^{-1}。因为，第二组和第三组硫化物的溶解度相差较大，所以可根据分步沉淀的原理，通过调节溶液的H^+浓度来控制S^{2-}浓度，可使本组硫化物沉淀完全，而第三组离子不产生沉淀。例如

第二组硫化物溶解度最大的是 CdS，其$K_{sp}^\ominus=8.0\times10^{-27}$

第三组硫化物溶解度最小的是 ZnS，其$K_{sp}^\ominus=8.0\times10^{-22}$

设Cd^{2+}、Zn^{2+}浓度均为 0.1 mol・L^{-1}。溶液中S^{2-}浓度受H^+浓度的控制：

$$[S^{2-}]=K_{a_1}^\ominus\cdot K_{a_2}^\ominus\times\frac{[H_2S]}{[H^+]^2}$$

室温下，H_2S 饱和水溶液中 $[H_2S]=0.1\ mol\cdot L^{-1}$，故当 $[HCl]=0.3\ mol\cdot L^{-1}$ 时，

$$[S^{2-}]=K_{a_1}^{\ominus}\cdot K_{a_2}^{\ominus}\times\frac{[H_2S]}{[H^+]^2}=9.2\times10^{-22}\times\frac{0.1}{0.3^2}=1.02\times10^{-21}(mol\cdot L^{-1})$$

$[Cd^{2+}][S^{2-}]=0.1\times1.02\times10^{-21}=1.02\times10^{-22}>K_{sp}^{\ominus}(CdS)$　生成 CdS 沉淀

$[Zn^{2+}][S^{2-}]=0.1\times1.02\times10^{-21}=1.02\times10^{-22}<K_{sp}^{\ominus}(ZnS)$　不生成 ZnS 沉淀

体系中残留的 $[Cd^{2+}]$ 应为：

$$[Cd^{2+}]=\frac{K_{sp}^{\theta}(CdS)}{[S^{2-}]}=\frac{8.0\times10^{-27}}{1.02\times10^{-21}}=8.0\times10^{-6}<10^{-5}$$

显然，Cd^{2+} 沉淀完全，第二组离子全部沉淀完全；而 Zn^{2+} 不会沉淀，第三组其他离子不会沉淀。

②溶液中的 As（V）、Sb（V）可被 H_2S 或加入少许 NH_4I 还原为 As（Ⅲ）、Sb（Ⅲ）；由于 Sn^{2+} 的硫化物 SnS（碱性）不溶于 Na_2S。SnS 会留在铜组，会给分析带来很大不便。为此，可在通 H_2S 之前先加 H_2O_2，使 Sn（Ⅱ）氧化为 Sn（Ⅳ）。

（3）铜组（ⅡA 组）离子的鉴定。铜组硫化物 PbS、Bi_2S_3、CuS 和 CdS 可用 $6\ mol\cdot L^{-1}\ HNO_3$ 加热溶解，其反应如下：

$$3PbS+2NO_3^-+8H^+\Longrightarrow3Pb^{2+}+3S\downarrow+2NO\uparrow+4H_2O$$

$$Bi_2S_3+2NO_3^-+8H^+\Longrightarrow2Bi^{3+}+3S\downarrow+2NO\uparrow+4H_2O$$

溶解后，将析出的 S 分离除去，滤液用于铜组离子的鉴定。

①Pb^{2+} 的鉴定　向含 Pb^{2+} 的溶液中加入 HAC 和 K_2CrO_4，有黄色 $PbCrO_4$ 沉淀产生，在沉淀上加 $2\ mol\cdot L^{-1}$ NaOH，如沉淀溶解，表示 Pb^{2+} 的存在。

$$Pb^{2+}+CrO_4^{2-}\Longrightarrow PbCrO_4\downarrow（黄色）\quad m=20\ \mu g\quad \rho=250\ \mu g\cdot mL^{-1}$$

Ag^+、Ba^{2+}、Cu^{2+}、Hg^{2+}、Co^{2+}、Ni^{2+}、Bi^{3+}、Sn^{2+} 等离子也生成铬酸盐沉淀，存在干扰。

②Bi^{3+} 的鉴定。

方法 1：硫脲法。在酸性溶液中，硫脲与 Bi^{3+} 生成黄色配合物

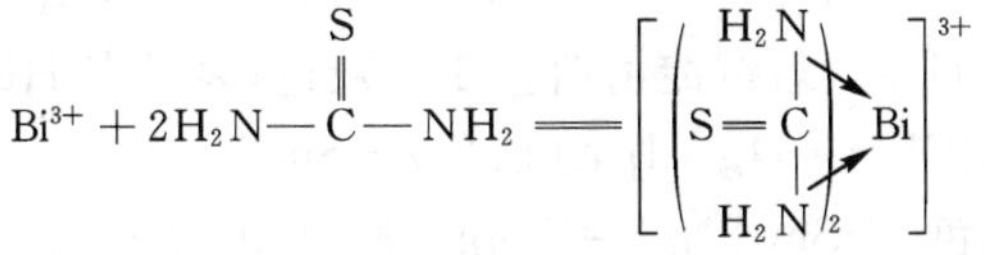

$$Bi^{3+}+2H_2N-\overset{\overset{\displaystyle S}{\|}}{C}-NH_2\Longrightarrow\left[\left(\overset{\displaystyle H_2N}{\underset{\displaystyle H_2N}{S=C}}\right)_2 Bi\right]^{3+}\quad m=0.5\ \mu g\quad \rho=10\ \mu g\cdot mL^{-1}$$

方法 2：与亚锡酸钠的反应　新配制的亚锡酸钠能迅速还原 Bi^{3+} 呈黑色金属 Bi

$$2Bi^{3+}+3SnO_2^{2-}+6OH^-\Longrightarrow2Bi\downarrow（黑）+3SnO_3^{2-}+3H_2O\quad m=5\ \mu g\quad \rho=100\ \mu g\cdot mL^{-1}$$

③Cu^{2+} 的鉴定　在中性或弱酸性溶液中，Cu^{2+} 与 $K_4[Fe(CN)_6]$ 反应，生成红棕色 $Cu_2[Fe(CN)_6]$ 沉淀

$$2Cu^{2+}+[Fe(CN)_6]^{4-}\Longrightarrow Cu_2[Fe(CN)_6]\downarrow（红棕色）\quad m=0.02\ \mu g\quad \rho=0.4\ \mu g\cdot mL^{-1}$$

Fe^{3+} 和大量 Co^{2+}、Ni^{2+} 的存在对 Cu^{2+} 鉴定有干扰。

④ Cd^{2+} 的鉴定　在弱酸性溶液中，Cd^{2+} 与 H_2S 反应生成黄色 CdS 沉淀

$$Cd^{2+}+H_2S\Longrightarrow CdS\downarrow（黄色）+2H^+\quad m=5\ \mu g\quad \rho=100\ \mu g\cdot mL^{-1}$$

Ag^+、Cu^{2+}、Ni^{2+}、Co^{2+}、Zn^{2+} 等的存在有干扰，必须注意。

（4）锡组（ⅡB 组）的鉴定。在用 Na_2S 溶出的锡组硫代酸盐溶液中，逐滴加入浓 HAc 至呈酸性，硫代酸盐即被分解，重新析出硫化物沉淀，并产生 H_2S 气体：

$$HgS_2^{2-}+2H^+\Longrightarrow HgS\downarrow+H_2S\uparrow$$

$$2AsS_3^{3-}+6H^+ \xlongequal{} As_2S_3\downarrow+3H_2S\uparrow$$
$$2SbS_3^{3-}+6H^+ \xlongequal{} Sb_2S_3\downarrow+3H_2S\uparrow$$
$$SnS_3^{2-}+2H^+ \xlongequal{} SnS_2\downarrow+H_2S\uparrow$$

①砷与锑、锡、汞的分离和砷的鉴定。在 As_2S_3、HgS、SnS_2、Sb_2S_3 硫化物中，硫化砷的酸性最强，用$(NH_4)_2CO_3$ 或氨水即可将其溶解，因而首先可将砷与锑、锡、汞的硫化物分离。反应式：

$$As_2S_3+3CO_3^{2-} \xlongequal{} AsS_3^{3-}+AsO_3^{3-}+3CO_2$$
$$As_2S_3+6NH_3+3H_2O \xlongequal{} AsS_3^{3-}+AsO_3^{3-}+6NH_4^+$$

砷的鉴定：

方法 1：取$(NH_4)_2CO_3$ 或氨水处理后的离心液，加稀盐酸酸化，如有黄色沉淀生成，显示砷存在

$$AsS_3^{3-}+AsO_3^{3-}+6H^+ \xlongequal{} As_2S_3\downarrow(\text{黄色})+3H_2O$$

方法 2：古蔡氏试砷法。在上述含砷的离心液中加入 NaOH 和锌粒，AsO_3^{3-} 即被还原为 AsH_3。AsH_3 与 $AgNO_3$ 试纸反应，试纸由黄色逐渐变为黑色表示砷的存在。

$$AsO_3^{3-}+3Zn+3OH^- \xlongequal{} AsH_3\uparrow+3ZnO_2^{2-}$$
$$AsH_3+6AgNO_3 \xlongequal{} Ag_3As\cdot 3AgNO_3\downarrow(\text{黄色})+3HNO_3$$
$$Ag_3As\cdot 3AgNO_3+3H_2O \xlongequal{} 6Ag\downarrow(\text{黑色})+H_3AsO_3+3HNO_3$$
$$m=1\ \mu g \quad \rho=20\ \mu g\cdot mL^{-1}$$

②汞与锑、锡的分离和 Hg^{2+} 的鉴定。在 HgS、SnS_2、Sb_2S_3 沉淀上，加浓盐酸并加热，HgS 不溶解，而锑和锡的硫化物则生成氯配离子而溶解：

$$SnS_2+4H^++6Cl^- \xlongequal{} [SnCl_6]^{2-}+2H_2S$$
$$Sb_2S_3+6H^++12Cl^- \xlongequal{} 2[SbCl_6]^{3-}+3H_2S$$

Hg^{2+} 的鉴定。把锑、锡与汞的硫化物沉淀 Sb_2S_3、SnS_2、HgS 用热浓 HCl 处理，如剩下黑色残渣，初步说明有汞存在，但还需进一步证实。把 HgS 沉淀溶于王水：

$$3HgS+2NO_3^-+12Cl^-+8H^+ \xlongequal{} 3[HgCl_4]^{2-}+3S\downarrow+2NO\uparrow+4H_2O$$

加热破坏过量的王水，再用 $SnCl_2$ 鉴定 Hg^{2+}，若沉淀由白色变为灰色，表示有 Hg^{2+} 存在：

$$HgCl_2+SnCl_2+2HCl \xlongequal{} Hg_2Cl_2\downarrow(\text{白色})+SnCl_4$$
$$Hg_2Cl_2+SnCl_2 \xlongequal{} Hg\downarrow(\text{黑色})+SnCl_4 \quad m=5\ \mu g \quad \rho=100\ \mu g\cdot mL^{-1}$$

凡能与 Cl^- 形成沉淀的金属离子如 Ag^+、Pb^{2+} 等，均干扰反应，应先除去。

③锑的鉴定。用浓盐酸处理 HgS、SnS_2、Sb_2S_3 沉淀并加热，锑和锡的硫化物生成氯配离子而溶解。取含 Sb(Ⅲ、Ⅴ)试液和锡箔(或锡粒)作用，则 Sb(Ⅲ、Ⅴ)已被 Sn 还原为金属 Sb 而出现黑斑：

$$2[SbCl_6]^{3-}+Sn \xlongequal{} 2Sb\downarrow(\text{黑色})+3[SnCl_4]^{2-} \quad m=20\ \mu g \quad \rho=400\ \mu g\cdot mL^{-1}$$

Ag^+、${Hg_2}^{2+}$、Hg^{2+}、Bi^{3+}、Pb^{2+} 对鉴定有干扰，应预先除去。

④ Sn^{2+}、Sn^{4+} 的鉴定。取用浓盐酸处理 HgS、SnS_2、Sb_2S_3 沉淀的清液，加铅粒(或锌粒)将 Sn(Ⅳ)还原为 Sn(Ⅱ)：

$$SnCl_6^{2-}+Pb \xlongequal{} SnCl_4^{2-}+Pb^{2+}+2Cl^-$$

在所得溶液中加入 $HgCl_2$ 溶液，锡存在时生成白色 Hg_2Cl_2 和黑色 Hg 沉淀：

$$SnCl_4^{2-}+2HgCl_2 \xlongequal{} Hg_2Cl_2\downarrow+SnCl_4$$
$$SnCl_4^{2-}+Hg_2Cl_2 \xlongequal{} 2Hg\downarrow+SnCl_4 \quad m=1\ \mu g \quad \rho=20\ \mu g\cdot mL^{-1}$$

3. 第三组阳离子(硫化铵组)

(1)概述。本组包括 Al^{3+}、Cr^{3+}、Fe^{3+}、Fe^{2+}、Mn^{2+}、Zn^{2+}、Co^{2+}、Ni^{2+} 八种离子,也称为铁组或铝镍组。其共同性质是它们的氯化物溶于水,在 0.3 mol/L HCl 溶液中不为 H_2S 所沉淀,只能在 NH_3-NH_4Cl 介质中,与 $(NH_4)_2S$ 作用时,Al^{3+}、Cr^{3+} 生成氢氧化物沉淀,其他离子形成下列硫化物:

$$2Fe^{3+}+3S^{2-} = Fe_2S_3\downarrow(\text{黑色})$$

$$Fe^{2+}+S^{2-} = FeS\downarrow(\text{黑色})$$

$$Mn^{2+}+S^{2-} = MnS\downarrow(\text{肉色})$$

$$Zn^{2+}+S^{2-} = ZnS\downarrow(\text{白色})$$

$$Co^{2+}+S^{2-} = CoS\downarrow(\text{黑色})$$

$$Ni^{2+}+S^{2-} = NiS\downarrow(\text{黑色})$$

$$2Al^{3+}+3S^{2-}+6H_2O = 2Al(OH)_3\downarrow(\text{白色})+3H_2S\uparrow$$

$$2Cr^{3+}+3S^{2-}+6H_2O = 2Cr(OH)_3\downarrow(\text{灰绿色})+3H_2S\uparrow$$

适当的 NaOH 或氨水与本组离子作用,都可生成相应的氢氧化物沉淀。但由于氢氧化物的溶解度、酸碱性以及金属离子形成配合物的能力不同,本组离子还可以在碱性介质中进一步分离。

(2)本组试剂与本组离子的沉淀。在 pH＝8～9(NH_3+NH_4Cl)的介质中通入 H_2S 或加入 $(NH_4)_2S$,本组离子分别生成硫化物和氢氧化物沉淀。

①酸度要适当。如酸度太高,本组离子沉淀不完全;酸度太低,第Ⅴ组的 Mg^{2+} 可能部分沉淀,而本组中具有两性的 $Al(OH)_3$、$Cr(OH)_3$ 沉淀有少量溶解。在 NH_3 溶液中加入足够的 NH_4Cl,可使溶液的 pH 值不会太高。

②防止硫化物形成胶体。一般硫化物都有形成胶体的倾向,特别是 NiS,它能形成暗褐色胶体溶液。为了防止这一现象,需要将溶液加热,促使胶体凝聚。

③加 NH_4Cl 的作用。控制溶液 pH 值,可防止 $Mg(OH)_2$ 的生成和 $Al(OH)_3$ 的溶解;促进硫化物和氢氧化物胶体的凝聚(因 NH_4Cl 是电解质)。

本组离子的沉淀条件是:在 NH_3+NH_4Cl 存在下,向热的试液中加入 $(NH_4)_2S$ 。

(3)本组离子的氢氧化物及分组。根据本组离子对过量 NaOH 有不同的反应进行分组。Mn^{2+}、Fe^{3+}、Co^{2+}、Ni^{2+} 与 NaOH 反应生成氢氧化物沉淀,将所得沉淀用硝酸处理,沉淀即可溶解;而 Al^{3+}、Cr^{3+}、Zn^{2+} 的氢氧化物具有两性,与过量的 NaOH 反应生成偏酸盐而溶解。以下采用分别鉴定。

注:Cr^{3+} 常部分被带下,使分离不完全。可在加碱的同时,加入 H_2O_2,将 CrO_2^- 氧化为 CrO_4^{2-}。这样可减小 $Cr(OH)_3$ 被带下的倾向,并能将 $Co(OH)_2$ 氧化为溶解度更小的 $Co(OH)_3$。$Mn(OH)_2$ 被氧化为 $MnO(OH)_2$。

(4)本组离子的鉴定。①Mn^{2+} 的鉴定。Mn^{2+} 在 HNO_3 溶液中能被强氧化剂(如固体铋酸钠、过硫酸铵、PbO_2)氧化成深紫色的 MnO_4^-:

$$2Mn^{2+}+5NaBiO_3+14H^+ = 2MnO_4^-+5Bi^{3+}+5Na^++7H_2O$$

$$m=0.8\ \mu g\quad \rho=20\ \mu g\cdot mL^{-1}$$

此法鉴定 Mn^{2+} 很灵敏。

②Al^{3+} 的鉴定。取一滴含 Al^{3+} 溶液,用茜素磺酸钠(茜素 S)与 Al^{3+} 形成红色螯合物沉淀的反应鉴定 Al^{3+}:

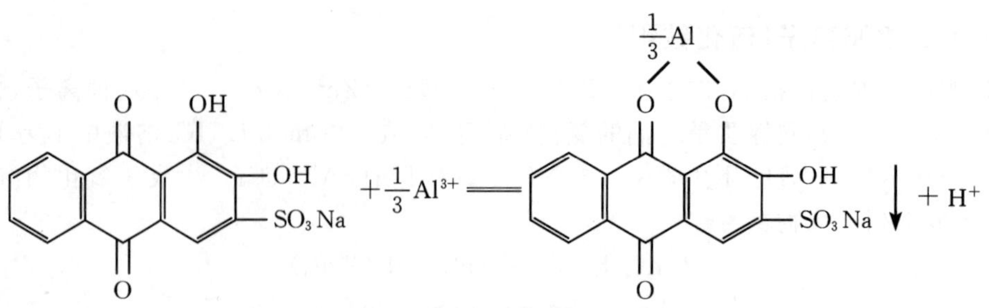

$m=0.15\ \mu g \quad \rho=3\ \mu g \cdot mL^{-1}$

Fe^{3+}、Cr^{3+}、Mn^{2+}及大量Cu^{2+}有干扰。

③Cr^{3+}的鉴定。在强碱性介质中，H_2O_2可将Cr^{3+}氧化为CrO_4^{2-}，再用H_2SO_4酸化至pH值为2～3，CrO_4^{2-}转变成$Cr_2O_7{}^{2-}$。$Cr_2O_7{}^{2-}$与H_2O_2作用，生成蓝色的过氧化铬CrO_5：

$$Cr^{3+}+4OH^- = CrO_2^- +2H_2O$$

$$2CrO_2^- +3H_2O_2+2OH^- = 2CrO_4^{2-}(黄)+4H_2O$$

$$2CrO_4^{2-}+2H^+ = Cr_2O_7^{2-}+H_2O$$

$$Cr_2O_7^{2-}+4H_2O_2+2H^+ = 2CrO_5+5H_2O \quad m=2.5\ \mu g \quad \rho=50\ \mu g \cdot mL^{-1}$$

CrO_5在水中不稳定，可在溶液中加入戊醇或乙醚，提高其稳定性。上述反应中无其他离子干扰。

④Ni^{2+}的鉴定。在中性、弱酸性(HAc)或氨性(pH＝5～10)溶液中，Ni^{2+}与丁二酮肟生成鲜红色螯合物沉淀，表示有Ni^{2+}存在：

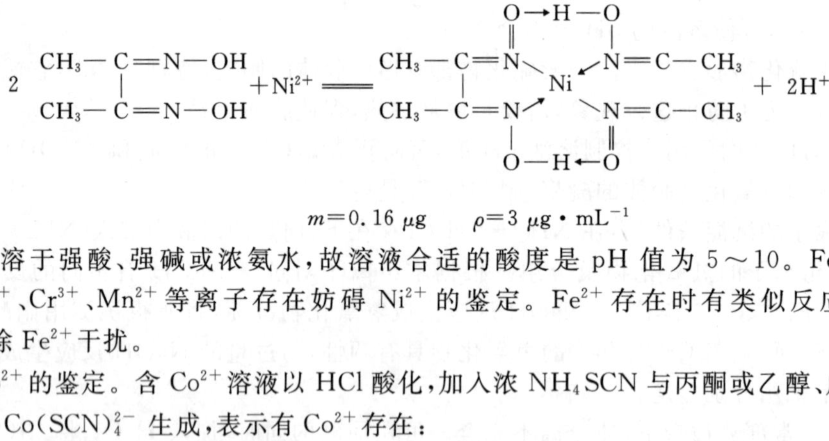

$m=0.16\ \mu g \quad \rho=3\ \mu g \cdot mL^{-1}$

此沉淀能溶于强酸、强碱或浓氨水，故溶液合适的酸度是pH值为5～10。Fe^{3+}、Fe^{2+}、Cu^{2+}、Ni^{2+}、Cr^{3+}、Mn^{2+}等离子存在妨碍Ni^{2+}的鉴定。Fe^{2+}存在时有类似反应，可先加H_2O_2消除Fe^{2+}干扰。

⑤Co^{2+}的鉴定。含Co^{2+}溶液以HCl酸化，加入浓NH_4SCN与丙酮或乙醇、戊醇，有蓝色配合物$Co(SCN)_4^{2-}$生成，表示有Co^{2+}存在：

$$Co^{2+}+2NH_4^+ +4SCN^- = [Co(SCN)_4]^{2-}(蓝色)+2NH_4^+$$

$$m=0.5\ \mu g \quad \rho=10\ \mu g \cdot mL^{-1}$$

Fe^{3+}因能与NH_4SCN生成血红色$Fe(SCN)_5{}^{2-}$有干扰，可加NaF将Fe^{3+}掩蔽。Cu^{2+}离子本身显蓝色有干扰，可加少许硫脲掩蔽。

⑥Zn^{2+}与Co^{2+}、Ni^{2+}的分离和Zn^{2+}的鉴定。Zn^{2+}与Co^{2+}、Ni^{2+}的分离：在鉴定Co^{2+}、Ni^{2+}后的剩余溶液中加入氨基乙酸NH_2CH_2COOH(简作Gl，在pH＝6～7时作缓冲剂和掩蔽剂)，通入H_2S，可使Zn^{2+}沉淀为白色ZnS，而Co^{2+}、Ni^{2+}等形成$Co(Gl)_2$、$Ni(Gl)_2$后，不能再生成硫化物沉淀，这样就可使Zn^{2+}与Co^{2+}、Ni^{2+}等离子分开。用HAc及H_2O_2加热溶解白色的ZnS沉淀，得Zn^{2+}试液。

Zn^{2+} 的鉴定：在中性或微酸性溶液中，Zn^{2+} 与 $(NH_4)_2[Hg(SCN)_4]$ 生成白色结晶形沉淀。向试剂及含 Co^{2+} 很稀（<0.02%）的溶液中加入 Zn^{2+} 的试液，在不断摩擦器壁的条件下，若迅速得到紫色的结晶，表示 Zn^{2+} 存在：

$$Zn^{2+} + [Hg(SCN)_4]^{2-} = Zn[Hg(SCN)_4] \downarrow \text{（白色）}$$

$$Co^{2+} + [Hg(SCN)_4]^{2-} = Co[Hg(SCN)_4] \downarrow \text{（深蓝）} \quad m=0.5\ \mu g \quad \rho=10\ \mu g \cdot mL^{-1}$$

⑦Fe^{2+} 的鉴定（取原液）。方法 1：$K_3[Fe(CN)_6]$ 法

$$Fe^{2+} + K^+ + [Fe(CN)_6]^{3-} = KFe[Fe(CN)_6] \downarrow \text{（深蓝色）} \quad m=0.1\ \mu g \quad \rho=2\ \mu g \cdot mL^{-1}$$

此沉淀易被碱所分解：

$$KFe[Fe(CN)_6] + 3OH^- = Fe(OH)_3 \downarrow + [Fe(CN)_6]^{4-} + K^+$$

所以反应须在非氧化性的稀酸溶液中进行。Ag^+、Cu^{2+}、Ni^{2+}、Co^{2+}、Zn^{2+}、Mn^{2+} 与试剂生成有色沉淀，但在一般含量的情况下，不足以掩盖该沉淀的深蓝色。但是当这些离子大量存在时影响 Fe^{2+} 的鉴定。

方法 2：邻二氮菲法

$$Fe^{2+} + 3phen = [Fe(phen)_3]^{2+} \text{（橙红色）} \quad m=0.025\ \mu g \quad \rho=0.5\ \mu g \cdot mL^{-1}$$

Fe^{3+} 对此反应无干扰。Cu^{2+}、Ni^{2+}、Cd^{2+}、Zn^{2+}、Co^{2+} 只生成无色或浅色配合物，不妨碍此鉴定反应。

⑧Fe^{3+} 的鉴定（取原试液）。方法 1：$K_4[Fe(CN)_6]$ 法

$$Fe^{3+} + K^+ + [Fe(CN)_6]^{4-} = KFe[Fe(CN)_6] \downarrow \text{（深蓝色）} \quad m=0.05\ \mu g \quad \rho=1\ \mu g \cdot mL^{-1}$$

此反应只能在稀酸溶液中进行。Ni^{2+}、Co^{2+} 与试剂生成浅绿至绿色沉淀，不要误认为是铁。Cu^{2+} 与试剂生成红棕色沉淀，含量不大时，不干扰此反应。

方法 2：NH_4SCN 法

$$Fe^{3+} + 5SCN^- = [Fe(SCN)_5]^{2-} \text{（血红色）} \quad m=0.25\ \mu g \quad \rho=5\ \mu g \cdot mL^{-1}$$

此反应只能在稀酸溶液中进行，但不能用 HNO_3，因其有氧化性，能破坏 SCN^-。

4. 第四组阳离子（碳酸铵组）

（1）概述。本组包括 Ba^{2+}、Sr^{2+}、Ca^{2+} 三种离子，又称为钙组。在 $NH_3 + NH_4Cl$ 存在下，由于它们能与 $(NH_4)_2CO_3$ 作用生成碳酸盐沉淀而与第五组离子分离。若不加 $NH_3 + NH_4Cl$，则 Mg^{2+} 会生成碱式碳酸盐沉淀，而影响本组离子的分离。分离后的混合沉淀再用酸溶解制得含 Ba^{2+}、Sr^{2+}、Ca^{2+} 离子的溶液。

Ba^{2+}、Sr^{2+}、Ca^{2+} 生成性质类似的微溶盐，但它们的溶解度相差较大。如表 15-3 所示。

表 15-3　钡、锶、钙微溶化合物的溶度积

	Ba^{2+}	Sr^{2+}	Ca^{2+}	应　用
CO_3^{2-}	5.1×10^{-9}	1.1×10^{-10}	2.9×10^{-9}	全组的沉淀
CrO_4^{2-}	1.2×10^{-10}	2.2×10^{-5}	2.3×10^{-2}	Ba^{2+} 与 Sr^{2+} 的分离
SO_4^{2-}	1.1×10^{-10}	3.2×10^{-7}	9.1×10^{-6}	Sr^{2+} 与 Ca^{2+} 的分离

$BaCrO_4$ 不溶于 HAc（与 $SrCrO_4$ 区别），不溶于 NaOH（与 $PbCrO_4$ 区别），不溶于 NH_3（与 Ag CrO_4 区别）。

(2)本组离子的鉴定。

①Ba^{2+}的分离和鉴定。Ba^{2+}的分离。$BaCrO_4$ 与 $SrCrO_4$ 的溶度积差别较大,可利用分步沉淀原理,使 Ba^{2+} 与 Sr^{2+} 分开。具体做法是:用 HAc－NaAc 溶液控制溶液的 pH≈4,加入适当过量的 0.01 mol·L^{-1} K_2CrO_4 或 $K_2Cr_2O_7$ 作沉淀剂,Ba^{2+} 沉淀为 $BaCrO_4$,而 Sr^{2+}、Ca^{2+} 不沉淀,使 Ba^{2+} 分离出来。

Ba^{2+} 的鉴定。方法 1:与玫瑰红酸钠反应 Ba^{2+} 与玫瑰红酸钠在中性溶液中生成红棕色沉淀,加入稀盐酸后沉淀不溶解,但变为鲜红色。

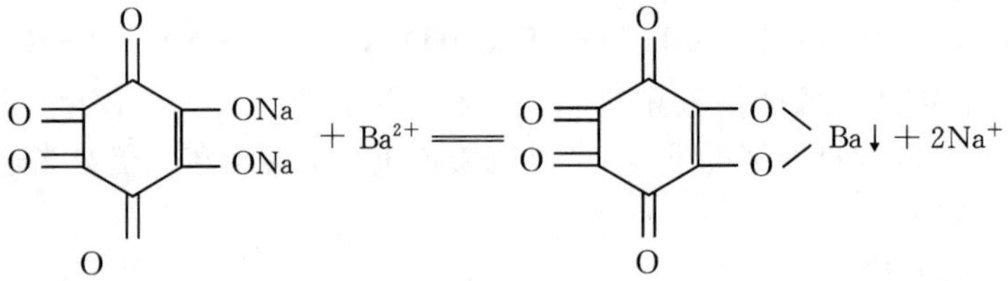

m=0.5 μg　　ρ=5 μg·mL^{-1}

方法 2:与 H_2SO_4 和 $KMnO_4$ 反应。Ba^{2+} 与 SO_4^{2-} 反应,生成 $BaSO_4$ 白色沉淀。当有 $KMnO_4$ 存在时,形成红色混晶。

②Sr^{2+}、Ca^{2+} 的分离和 Sr^{2+} 的鉴定。取含 Sr^{2+}、Ca^{2+} 溶液,加入饱和$(NH_4)_2SO_4$ 溶液,则 Sr^{2+} 沉淀为白色的 $SrSO_4$,而 Ca^{2+} 则生成配合物$(NH_4)_2[Ca(SO_4)_2]$进入溶液,使 Sr^{2+} 和 Ca^{2+} 得以分离。

Sr^{2+} 的鉴定。方法 1:与玫瑰红酸钠反应。玫瑰红酸钠与 Sr^{2+} 在中性溶液中生成红棕色沉淀,此沉淀可溶于稀 HCl 溶液中。

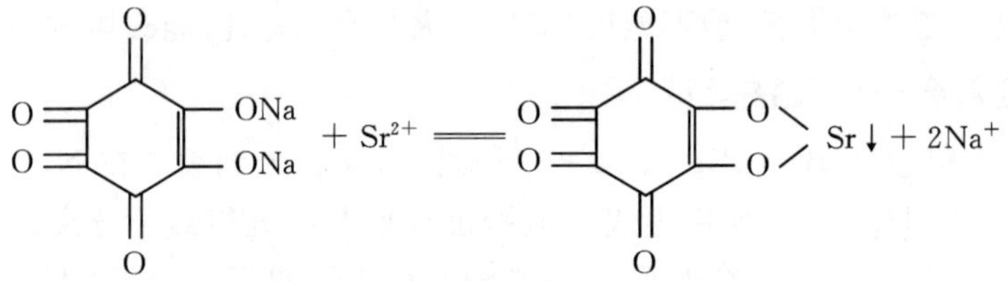

m=0.45 μg　　ρ=10 μg·mL^{-1}

方法 2:焰色反应。锶盐的焰色呈很深的猩红色。

③Ca^{2+} 的鉴定。$(NH_4)_2C_2O_4$ 法。在中性、氨性或醋酸中,Ca^{2+} 与$(NH_4)_2C_2O_4$ 生成白色 CaC_2O_4 沉淀:

$$Ca^{2+}+C_2O_4^{2-} = CaC_2O_4\downarrow \quad m=1\ \mu g \quad \rho=20\ \mu g\cdot mL^{-1}$$

CaC_2O_4 沉淀溶于强酸。Ba^{2+}、Sr^{2+} 有干扰,可用饱和$(NH_4)_2SO_4$ 溶液分离,消除干扰。

5. 第五组阳离子(可溶组)

(1)概述。本组包括 K^+、Na^+、NH_4^+、Mg^{2+} 等离子,称为钠组。本组没有组试剂。

(2)本组离子的鉴定。

① Mg^{2+} 的鉴定。在碱性溶液中,Mg^{2+} 与对硝基苯偶氮间苯二酚(简称镁试剂Ⅰ)生成天蓝色螯合物沉淀。

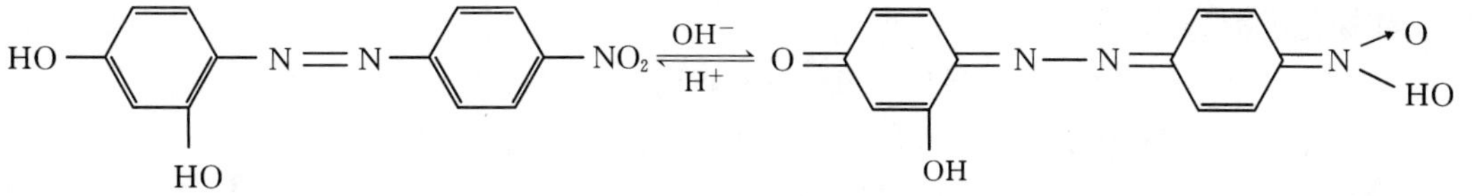

(Ⅰ)黄色　　　　(Ⅱ)紫红色

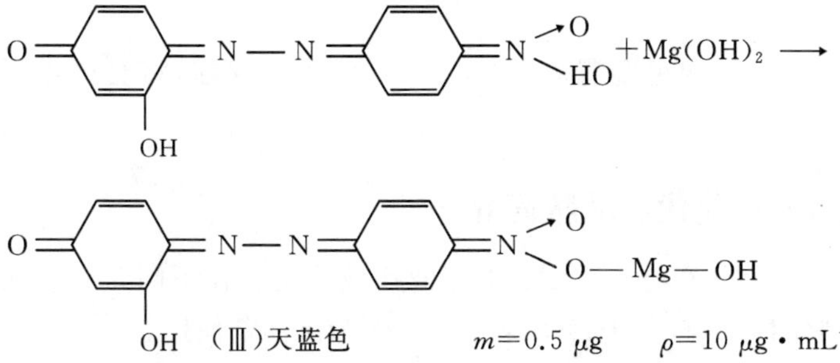

(Ⅲ)天蓝色　　$m=0.5\ \mu g$　　$\rho=10\ \mu g \cdot mL^{-1}$

镁试剂Ⅰ在酸性溶液中为黄色，在碱性溶液中为紫红色或红色。Ag^{+}、Hg_2^{2+}、Hg^{2+}、Cu^{2+}、Co^{2+}、Ni^{2+}、Mn^{2+}、Cr^{3+}、Fe^{3+} 及大量 NH_4^{+}、Ca^{2+} 干扰反应，应预先分离。

②Na^{+} 的鉴定。在中性或醋酸介质中，Na^{+} 与醋酸铀酰锌生成淡黄色结晶状醋酸铀酰锌钠沉淀：

$$Na^{+}+Zn^{2+}+3UO_2^{2-}+9Ac^{-}+9H_2O \longrightarrow NaAc\cdot Zn(Ac)_2\cdot 3UO_2(Ac)_2\cdot 9H_2O\downarrow\text{(黄色)}$$

$$m=12.5\ \mu g\quad \rho=250\ \mu g\cdot mL^{-1}$$

该沉淀的溶解度较大，故应加入过量的试剂。NH_4^{+} 和 20 倍量的许多金属离子不干扰此反应。大量 K^{+} 存在时有干扰。

③K^{+} 的鉴定。

方法 1：与亚硝酸钴钠反应。在中性或弱酸性溶液中进行，亚硝酸钴钠与 K^{+} 作用生成黄色沉淀：

$$2K^{+}+Na^{+}+Co(NO_2)_6^{3-} \longrightarrow K_2Na[Co(NO_2)_6]\downarrow\text{（组成随条件而变）}$$

$$m=4\ \mu g\quad \rho=80\ \mu g\cdot mL^{-1}$$

强酸、强碱破坏试剂：$Co(NO_2)_6^{3-}+3OH^{-} \longrightarrow Co(OH)_3\downarrow+6NO^{2-}$

$$2Co(NO_2)_6^{3-}+10H^{+} \longrightarrow 2Co^{2+}+5NO\uparrow+7NO_2\uparrow+5H_2O$$

另外，NH_4^{+} 有干扰，因 NH_4^{+} 与亚硝酸钴钠同样生成 $(NH_4)_2Na[Co(NO_2)_6]$ 黄色沉淀。所以，鉴定 K^{+} 前必须除净 NH_4^{+}。

方法 2：与四苯硼酸钠反应。在碱性、中性或稀酸溶液中，四苯硼酸钠与 K^{+} 反应生成白色沉淀：

$$K^{+}+[B(C_6H_5)_4]^{-} \longrightarrow K[B(C_6H_5)_4]\downarrow\text{(白)}\quad m=0.5\ \mu g\quad \rho=10\ \mu g\cdot mL^{-1}$$

NH_4^{+} 与试剂又同样反应，所以，鉴定 K^{+} 前必须除净 NH_4^{+}。

④NH_4^{+} 的鉴定。

方法 1：气室法。NH_4^{+} 与强碱一起加热时放出气体 NH_3，NH_3 遇潮湿的 pH 试纸显碱色，pH 值在 10 以上。通常认为这是 NH_4^{+} 的专属反应。

$$NH_4^{+}+OH^{-} \longrightarrow NH_3\uparrow+H_2O\quad m=0.05\ \mu g\quad \rho=1\ \mu g\cdot mL^{-1}$$

方法 2：与奈斯勒试剂反应。K_2HgI_4 的 NaOH 溶液称为奈斯勒试剂。它与 NH_3 反应，生成红棕色沉淀：

$$NH_4^+ + OH^- \xlongequal{} NH_3\uparrow + H_2O$$

$$NH_3 + 2HgI_4^{2-} + OH^- \xlongequal{} [Hg_2I_2NH_2]I\downarrow + 5I^- + H_2O$$

$$m=0.05\ \mu g \quad \rho=1\ \mu g\cdot mL^{-1}$$

Fe^{3+}、Co^{2+}、Ni^{2+}、Cr^{3+}、Ag^+ 等离子存在时生成有色氢氧化物沉淀，影响 NH_4^+ 的鉴定，因此必须预先将它们除去。

注意：系统分析中，分离出一、二、三、四组金属离子后，NH_4^+ 已大量存在，将会产生干扰，故必须在原始试液中检验 NH_4^+。

15.2.4 硫化氢气体的代用品——硫代乙酰胺简介

硫代乙酰胺：CH_3CSNH_2，简写为 TAA，易溶于水，水溶液比较稳定。在不同介质中加热能发生不同的水解反应，可分别代替 H_2S、$(NH_4)_2S$ 或 Na_2S 作为沉淀剂使用。

在酸性溶液中，TAA 水解生成 H_2S，因此可代替 H_2S 沉淀第Ⅱ组阳离子。水解反应如下：

$$CH_3CSNH_2 + H^+ + 2H_2O \xlongequal{} CH_3COOH + NH_4^+ + H_2S\uparrow$$

在碱性溶液中，TAA 水解生成 S^{2-}，故可以代替 Na_2S 使ⅡA 与ⅡB 分离。水解反应如下：

$$CH_3CSNH_2 + 3OH^- \xlongequal{} CH_3COO^- + NH_3 + H_2O + S^{2-}$$

在氨性溶液中，TAA 水解生成 HS^-，故可以代替 $(NH_4)_2S$ 沉淀第Ⅲ组阳离子。水解反应如下：

$$CH_3CSNH_2 + NH_3 + 2H_2O \xlongequal{} CH_3COO^- + 2NH_4^+ + HS^-$$

硫代乙酰胺代替 H_2S 作为组试剂的主要特点：

(1)可以减少有毒 H_2S 气体逸出，减低实验室中空气的污染程度；

(2)金属硫化物是以均匀沉淀的方式得到，硫化物沉淀一般具有良好的晶形。沉淀较纯净，不易形成胶体，且共沉淀较少，便于分离。

用硫代乙酰胺作沉淀剂时，应该注意以下几点：

(1)在加入 TAA 以前，应预先除去氧化性物质，以免部分 TAA 氧化成 SO_4^{2-}，使第Ⅳ组阳离子在此时沉淀；

(2)TAA 的用量应适当过量，使水解后溶液中有足够的 H_2S，以保证硫化物沉淀完全；

(3)沉淀作用应在沸水浴中加热进行，并在沸腾的温度下加热适当长的时间，以促进 TAA 的水解，保证硫化物沉淀完全；

(4)第Ⅲ阳离子沉淀以后，溶液中尚留有相当量的 TAA，为了避免它氧化成 SO_4^{2-} 而使第Ⅳ阳离子过早沉淀，应立刻进行第Ⅳ组阳离子分析。

15.3 常见阴离子的基本性质和鉴定

阴离子主要是由非金属元素构成的简单离子(如 S^{2-}、Cl^- 等)和复杂离子(如 NO_3^-、SO_4^{2-}、SO_3^{2-}、$S_2O_3^{2-}$ 等)。在阴离子中，由于同种元素可以组成多种离子，如 SO_4^{2-}、SO_3^{2-}、$S_2O_3^{2-}$，这几种离子所含的元素相同，但性质各不相同，所以分析结果不但要知道含什么元素，还要知道该元素存在的状态。由于阴离子的分析特性与阳离子有所不同，因此在分析方法上也有差异。

15.3.1　阴离子的分析特性

(1)与酸反应(易挥发性)

$$CO_3^{2-}+2H^+ \!=\!=\!= CO_2\uparrow+H_2O$$

$$S_2O_3^{2-}+2H^+ \!=\!=\!= S\downarrow+SO_2\uparrow+H_2O$$

$$SiO_3^{2-}+2H^+ \!=\!=\!= H_2SiO_3\downarrow(SiO_3^{2-}\text{ 浓度要大})$$

故这些阴离子一般应保持在碱性溶液中。在试样中加稀 H_2SO_4 或 HCl 并加热，生成气泡，表示可能含有 CO_3^{2-}、SO_3^{2-}、$S_2O_3^{2-}$、S^{2-}、NO_2^-、CN^- 等离子。根据气泡的性质，可以初步判断含有何种阴离子。

(2)氧化性和还原性。试液用 H_2SO_4 酸化，加入 KI 溶液，氧化性离子 NO_2^-、AsO_4^{3-} 能使 I^- 氧化为 I_2，加入淀粉，溶液显蓝色。

试液用 H_2SO_4 酸化，加入 0.03% $KMnO_4$ 溶液，$KMnO_4$ 的紫红色褪去。表明有 SO_3^{2-}、$S_2O_3^{2-}$、S^{2-}、Cl^-、Br^-、I^-、NO_2^- 存在。例如：

$$5SO_3^{2-}+2MnO_4^-+6H^+ \!=\!=\!= 5SO_4^{2-}+2Mn^{2+}+3H_2O$$

$$5S_2O_3^{2-}+8MnO_4^-+14H^+ \!=\!=\!= 10SO_4^{2-}+8Mn^{2+}+7H_2O$$

$$5NO_2^-+2MnO_4^-+6H^+ \!=\!=\!= 5NO_3^-+2Mn^{2+}+3H_2O$$

$$5S^{2-}+2MnO_4^-+16H^+ \!=\!=\!= 5S\downarrow+2Mn^{2+}+8H_2O$$

$$10Br^-+2MnO_4^-+16H^+ \!=\!=\!= 5Br_2+2Mn^{2+}+8H_2O$$

$$10I^-+2MnO_4^-+16H^+ \!=\!=\!= 5I_2+2Mn^{2+}+8H_2O$$

试液用 H_2SO_4 酸化，加含 KI 的 0.1%碘-淀粉溶液，还原性离子 SO_3^{2-}、$S_2O_3^{2-}$、S^{2-}、CN^- 能使碘-淀粉溶液的紫色褪去。

$$SO_3^{2-}+I_2+H_2O \!=\!=\!= 2H^++SO_4^{2-}+2I^-$$

$$2S_2O_3^{2-}+I_2 \!=\!=\!= S_4O_6^{2-}+2I^-$$

$$S^{2-}+I_2 \!=\!=\!= S\downarrow+2I^-$$

因阴离子的氧化性和还原性，使其中一些离子不能共存。在所研究的 13 种阴离子中不能共存的阴离子见表 15-4。

表 15-4　酸性溶液中不能共存的阴离子

阴离子	与左栏阴离子不能共存的阴离子
NO_2^-	S^{2-}、$S_2O_3^{2-}$、SO_3^{2-}、I^-
I^-	NO_2^-
SO_3^{2-}	NO_2^-、S^{2-}
$S_2O_3^{2-}$	NO_2^-、S^{2-}
S^{2-}	NO_2^-、$S_2O_3^{2-}$、SO_3^{2-}

利用该性质，在一定的酸碱环境中，只要不能共存的离子一方鉴定出来，则另一方就不

存在。

例如：

$$2NO_2^- + 2I^- + 4H^+ \longrightarrow 2NO\uparrow + I_2 + 2H_2O$$

$$SO_3^{2-} + 2S^{2-} + 6H^+ \longrightarrow 3S\downarrow + 3H_2O$$

一些阴离子如 PO_4^{3-}、$S_2O_3^{2-}$、CN^-、F^-、Cl^-、Br^-、I^-、NO_2^- 能与阳离子形成配合物，故对双方的分析鉴定均有干扰，因此制备阴离子分析试液时，需把碱金属以外的阳离子全部除去。阴离子在分析中主要采用分别分析法。

15.3.2 分析试液的制备

制备阴离子分析试液须满足三个条件：除去重金属离子；将阴离子全部转入溶液；保持阴离子原来的存在状态。

阴离子分析试液制备办法：试液经 Na_2CO_3 粉末处理，得到含 K^+、Na^+、NH_4^+、As(Ⅲ，Ⅴ)的溶液，称为碳酸钠提取液。各种沉淀称为残渣。残渣中的硫化物、卤化物用稀 H_2SO_4 和 Zn 粉处理，S^{2-} 和 X^- 转入溶液中；而残渣中的磷酸盐用稀 HNO_3 处理后，PO_4^{3-} 转入溶液中；不含重金属离子的试样，可直接水溶，加 NaOH 呈碱性后即可制得分析试液。

15.3.3 阴离子的初步检验

(1)分组试验。利用组试剂分组只起查明该组离子是否存在的作用，见表 15-5。

表 15-5 阴离子的分组

组别	组试剂	组的特性	组中包括的阴离子
Ⅰ	$BaCl_2$（中性或弱碱性）	钡盐难溶于水	SO_4^{2-}、SO_3^{2-}、$S_2O_3^{2-}$（浓度大）、SiO_3^{2-}、CO_3^{2-}、PO_4^{3-}
Ⅱ	$AgNO_3$（HNO_3 存在下）	银盐难溶于水和 HNO_3	CN^-、Cl^-、Br^-、I^-、S^{2-}（$S_2O_3^{2-}$ 浓度小）
Ⅲ	—	钡盐和银盐都溶于水	NO_3^-、NO_2^-、Ac^-

注意：①只有 $S_2O_3^{2-}$ 浓度>4.5 mg · mL^{-1}时，才析出 BaS_2O_3 沉淀，且易形成过饱和溶液，沉淀时需用玻棒摩擦器壁，若无沉淀，只能得出初步结论：$S_2O_3^{2-}$ 含量小或不存在，再用分别鉴定证实。

②当 $S_2O_3^{2-}$ 浓度较小时，则可能在第二组中检出：

$$Ag_2S_2O_3\downarrow \text{ 白—黄—棕—} Ag_2S\downarrow \text{黑}$$

$$Ag_2S_2O_3\downarrow + H_2O \longrightarrow Ag_2S\downarrow \text{黑} + H_2SO_4$$

15.3.4 常见阴离子的鉴定

(1)SO_4^{2-} 的检出。试液用 HCl 酸化，在所得清液里加 $BaCl_2$ 溶液，生成白色 $BaSO_4$ 沉淀，表示 SO_4^{2-} 存在。

$$SO_4^{2-} + Ba^{2+} \longrightarrow BaSO_4\downarrow \text{白} \quad m=5\ \mu g \quad \rho=100\ \mu g \cdot mL^{-1}$$

(2)SiO_3^{2-} 的鉴定。方法 1：在试液中加稀 HNO_3 至呈微酸性，加热除去 CO_2，冷却后，加稀氨水至溶液为碱性，加饱和 NH_4Cl 并加热，生成白色胶状的硅酸沉淀，表示有 SiO_3^{2-} 存在：

$$SiO_3^{2-}+2NH_4^+ = H_2SiO_3\downarrow+2NH_3$$

方法 2：SiO_3^{2-} 与 $(NH_4)_2MoO_4$ 在酸性溶液中生成可溶性的黄色硅钼酸铵：

$$SiO_3^{2-}+4NH_4^++12MoO_4^{2-}+22H^+ = (NH_4)_4[Si(Mo_3O_{10})_4](黄)+11H_2O$$

(3)PO_4^{3-} 与 AsO_4^{3-} 的鉴定。试液用 HNO_3 酸化，加热除去 CO_2，加稀氨水至碱性，加镁混合试剂($MgCl_2+NH_4Cl+NH_3$)，当有 PO_4^{3-}、AsO_4^{3-} 存在时，即生成 $MgNH_4PO_4$ 和 $MgNH_4AsO_4$ 沉淀。

AsO_4^{3-} 的鉴定。取少许含有 $MgNH_4PO_4$ 和 $MgNH_4AsO_4$ 的沉淀，加 HCl、KI 和 CCl_4，如 CCl_4 层变紫，初步表示 AsO_4^{3-} 存在。水层加 H_2S 饱和水溶液，如生成 As_2S_3 黄色沉淀，进一步证实 AsO_4^{3-} 存在。

PO_4^{3-} 的鉴定。取少许含有 $MgNH_4PO_4$ 和 $MgNH_4AsO_4$ 的沉淀，用 HAc 溶解，加酒石酸和钼酸铵溶液，在 60～70 ℃保温数分钟，析出黄色沉淀，证明 PO_4^{3-} 存在：

$$PO_4^{3-}+3NH_4^++12MoO_4^{2-}+24H^+ = (NH_4)_3[P(Mo_3O_{10})_4]\downarrow(黄)+12H_2O$$

(4)S^{2-} 的鉴定。在碱性试液中，加亚硝酰铁氰化钠 $Na_2[Fe(CN)_5NO]$溶液，S^{2-} 存在时，形成 $Na_4[Fe(CN)_5NOS]$，溶液显紫色：

$$S^{2-}+4Na^++[Fe(CN)_5NO]^{2-} = Na_4[Fe(CN)_5NOS](紫色)\quad m=1\ \mu g\quad \rho=20\ \mu g\cdot mL^{-1}$$

(5)$S_2O_3^{2-}$ 的鉴定。因 S^{2-} 妨碍 SO_3^{2-} 和 $S_2O_3^{2-}$ 的检出。因此，鉴定 SO_3^{2-} 和 $S_2O_3^{2-}$ 前，必须把 S^{2-} 除去。

在含有 S^{2-}、$SO_3{}^{2-}$、$S_2O_3^{2-}$ 的试液中，加入 $CdCO_3$ 固体，S^{2-} 与 $CdCO_3$ 作用，生成 CdS 沉淀，而 SO_3^{2-} 和 $S_2O_3^{2-}$ 仍留在溶液中。在除去 S^{2-} 的溶液中加入 $AgNO_3$，溶液由白色变为黄色再变为棕色最后变为黑色，表示 $S_2O_3^{2-}$ 存在：

$$S_2O_3^{2-}+2Ag^+ = Ag_2S_2O_3\downarrow(白)$$

$$Ag_2S_2O_3\downarrow+H_2O = Ag_2S\downarrow(黑)+H_2SO_4\quad m=2.5\ \mu g\quad \rho=25\ \mu g\cdot mL^{-1}$$

(6)SO_3^{2-} 的鉴定。$S_2O_3^{2-}$ 妨碍 SO_3^{2-} 的鉴定，利用 $SrSO_3$ 微溶而 SrS_2O_3 可溶于水的性质，先将 SO_3^{2-} 与 $S_2O_3^{2-}$ 分离。

在除去 S^{2-} 的溶液中，加 $SrCl_2$ 或饱和 $Sr(NO_3)_2$ 溶液，生成 $SrSO_3$ 和其他微溶于水的锶盐如 $SrCO_3$、$Sr_3(PO_4)_2$、$SrSO_4$ 等沉淀。沉淀用稀 HCl 溶解后，加碘-淀粉溶液，紫色褪去，表示 SO_3^{2-} 存在。

(7)CO_3^{2-} 的鉴定。在原试样中加稀 HCl，用 $Ba(OH)_2$ 或 $Ca(OH)_2$ 溶液检验反应中所产生的气体。若 $Ba(OH)_2$ 溶液变浑浊($BaCO_3$)，表示有 CO_3^{2-} 存在。$m=60\ \mu g$　$\rho=500\ \mu g\cdot mL^{-1}$

如果初步检验发现 SO_3^{2-} 或 $S_2O_3^{2-}$ 存在，则在加 HCl 前，加 3% H_2O_2 把它们氧化为 SO_4^{2-}，否则生成的 SO_2 也能使 $Ba(OH)_2$ 溶液变浑浊($BaSO_3$)。

(8)Cl^-、Br^-、I^- 的鉴定。在试液中加入 $AgNO_3$ 和 HNO_3，加热，所得沉淀为 AgCl、AgBr 和 AgI。

Cl^- 的鉴定：沉淀用 12% $(NH_4)_2CO_3$ 溶液处理，可使部分 AgCl 溶解，生成 $[Ag(NH_3)_2]^+$。在所得溶液中加入硝酸酸化，出现白色沉淀，表示有 Cl^- 存在；或在所得溶液中加 KBr，$[Ag(NH_3)_2]^+$ 即被破坏，得到浑浊的 AgBr 沉淀，表示 Cl^- 存在。

I^- 和 Br^- 鉴定：残渣（AgBr 和 AgI 混合物）用锌粉加水加热处理后，Br^-、I^- 即转入溶液中。

$$2AgBr + Zn = 2Ag\downarrow + Zn^{2+} + 2Br^-$$

$$2AgI + Zn = 2Ag\downarrow + Zn^{2+} + 2I^-$$

在此溶液中加 H_2SO_4 和 CCl_4（或苯），并逐滴加入新制得的氯水，I^- 首先被氧化。如果有 I^- 存在，则 CCl_4 层因有 I_2 而呈紫色。继续加氯水，Br^- 被氧化成 Br_2，I_2 被氧化成 IO_3^-。这时，CCl_4 层 I_2 的紫色消失。如果有 Br^- 存在，CCl_4 层因有 Br_2 而呈红褐色或黄色。

$$2I^- + Cl_2 = 2Cl^- + I_2\text{（有机层显紫红色或紫色）}$$

$$I_2 + 5Cl_2 + 6H_2O = 10HCl + 2HIO_3\text{（无色）}$$

$$2Br^- + Cl_2 = 2Cl^- + Br_2\text{（红棕色）}$$

$$Br_2 + Cl_2 = 2BrCl\text{（酒黄色）}$$

（9）CN^- 的鉴定。试液用 HAc 酸化，加饱和溴水至溶液呈淡黄色，振荡，放置数分钟，这时有 $(CN)_2$ 生成：

$$2CN^- + Br_2 = 2Br^- + (CN)_2$$

滴加硫酸联氨溶液至黄色褪去，以除去多余的 Br_2。加吡啶、联苯胺，如生成橘红色有机染料，表示 CN^- 存在。

（10）NO_2^- 的鉴定。

方法 1：试液用 HAc 酸化，加入 KI 溶液和 CCl_4 振动，如试液中含有 NO_2^-，则有 I_2 产生，CCl_4 层呈紫色：

$$2NO_2^- + 2I^- + 4H^+ = 2NO\uparrow + 2H_2O + I_2\text{（有机层显紫红色或紫色）}$$

方法 2：试液用 HAc 酸化，加对氨基苯磺酸和 α-萘胺，生成红色的偶氮染料，表示 NO_2^- 存在。反应的灵敏度高，选择性好。

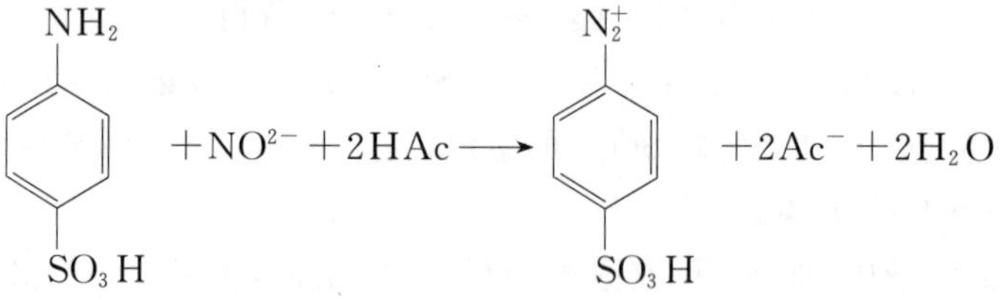

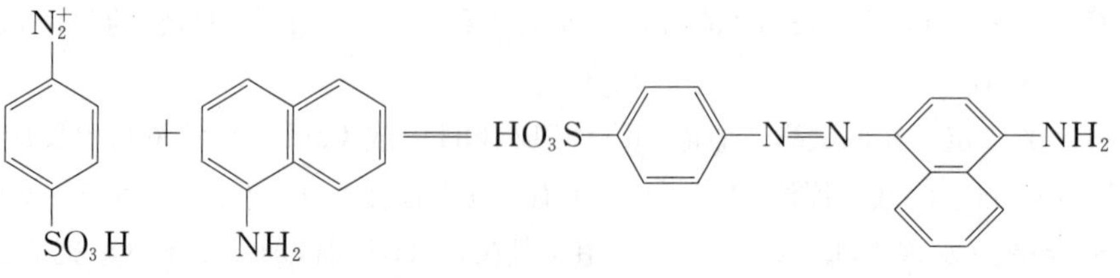

（11）NO_3^- 的鉴定。

方法 1：NO_2^- 不存在时，可以在 HAc 存在下，用 Zn 将 NO_3^- 还原为 NO_2^-

$$NO_3^- + Zn + 2HAc = NO_2^- + Zn^{2+} + 2Ac^- + H_2O$$

然后用对氨基苯磺酸和 α-萘胺检验 NO_2^-。

方法 2：NO_2^- 存在时，在约 12 $mol\cdot L^{-1}$ 的 H_2SO_4 溶液中，加入 α-萘胺，NO_3^- 存在时

生成淡红紫色化合物。

(12) Ac^- 的鉴定。试液中加硫酸酸化，再加戊醇后加热，生成有特殊的水果香味的乙酸戊酯：

$$2CH_3COONa + H_2SO_4 = Na_2SO_4 + 2CH_3COOH$$

$$CH_3COOH + C_5H_{11}OH = CH_3COOC_5H_{11} + H_2O$$

习　题

1. 什么叫空白试验和对照试验？它们在分析实验中有何重要意义？

2. 取含铁试样 0.01 g 制成 2 mL 试液，如用 1 滴 NH_4SCN 饱和溶液与 1 滴试液作用，仍可肯定检出 Fe^{3+}，试液再稀释，反应即不可靠，已知此反应的检出限量为 0.5 μg Fe^{3+}，最低浓度为 5 $\mu g \cdot mL^{-1}$，估计此试样中铁的质量分数。

3. 沉淀第1组阳离子为什么要在酸性溶液中进行？若在碱性条件下进行，将会发生什么后果？

4. 向未知试液中加入第1组试剂 HCl 时，未生成沉淀，是否表示第1组阳离子都不存在？如果以 KI 代替 HCl 作为第1组组试剂，将产生哪些后果？

5. 是否可用 NaCl、KCl 或 NH_4Cl 代替 HCl 作组试剂，为什么？

6. 在进行银组离子沉淀时，下列做法将产生什么后果？

(1)用浓盐酸作组试剂；

(2)在热溶液中进行沉淀；

(3)用过多的稀盐酸进行沉淀；

(4)沉淀后用冷水洗的次数太多。

7. 沉淀第二组硫化物时，在调节酸度上发生了偏高或偏低现象，将会引起哪些后果？

8. 第二组离子沉淀为硫化物之前，要用盐酸调节溶液的酸度，是否可用硫酸、硝酸或醋酸代替盐酸？

9. 在进行第二组离子沉淀时，下列作法将产生什么后果？

(1)在 3 mol/L HCl 条件下的试液中通入 H_2S。

(2)在 0.3 mol/L HNO_3 条件下的试液中通入 H_2S。

10. 用 TAA 作组试剂沉淀第二组离子，调节酸度时为什么要先调至 0.6 $mol \cdot L^{-1}$ HCl 酸度，然后再稀释1倍，使最后的酸度为 0.2 $mol \cdot L^{-1}$？

11. 已知某未知试液不含第3组阳离子，在沉淀第2组硫化物时是否还要调节酸度？

12. 设原试液中砷、锑、锡高低价态的离子均存在，试说明它们在整个系统分析过程中价态的变化。

13. 在系统分析中，沉淀第三组离子时可否用 Na_2S 代替 $(NH_4)_2S$？

14. 已知 NiS、CoS 在 0.3 $mol \cdot L^{-1}$ HCl 溶液中不被 H_2S 沉淀，但为什么生成的 NiS、CoS 又难溶于 1 $mol \cdot L^{-1}$ HCl？

15 怎样将下列每组中的物质分开？

(1) Zn^{2+} 和 Mn^{2+}

(2) NiS 和 FeS

(3)Cr^{3+}和 Ni^{2+}

(4)CoS 和 MnS

16. 在系统分析中,引起第 4 组中二价离子丢失的可能原因有哪些?

17. 以 K_2CrO_4 湿法鉴定 Ba^{2+} 时,为什么要加 HAc 和 NaAc?

18. 以镁试剂鉴定 Mg^{2+} 时,在以$(NH_4)_2S$ 消除干扰离子的步骤中,如果加得不足,将产生什么后果?

19. 用一种试剂分离下列各对离子和沉淀:

(1)Al^{3+} 与 Fe^{3+}

(2) Zn^{2+} 与 Cr^{3+}

(3) Fe^{3+} 与 Mn^{2+}

(4)Pb^{2+} 与 Cu^{2+}

(5) $Fe(OH)_3$ 与 $Zn(OH)_2$

(6)ZnS 与 Ag_2S

(7)$BaSO_4$ 与 $PbSO_4$

20. 如何分离和鉴定 Ag^+、Pb^{2+}、Fe^{3+}、和 Cu^{2+}。

21. 试用 6 种溶剂,把下列 6 种固体从混合物中逐一溶解,每种溶剂只能溶解一种物质,并说明溶解次序。$BaCO_3$、AgCl 、KNO_3、SnS_2、CuS 、$PbSO_4$。

22. 在阴离子分组试验中,(1)$BaCl_2$ 试验得出否定结果,能否将第 1 组阴离子整组排除?(2)$AgNO_3$ 试验得出肯定结果,能否认为第 2 组阴离子中至少有一种存在?

23. 在氧化性、还原性试验中,(1)以稀 HNO_3 代替稀 H_2SO_4 酸化试液是否可以?(2)以稀HCl 代替稀 H_2SO_4 是否可以?(3)以浓 H_2SO_4 作酸化试液是否可以?

24. 下列各组溶液,在各项初步试验中将有怎样的表现?说明之。

(1)SO_3^{2-},Cl^-,Ac^-

(2)SO_4^{2-},S^{2-},NO_3^-

(3)$S_2O_3^{2-}$,NO_3^-,Ac^-

25. 如何鉴别下列各对物质:

(1)Na_2CO_3 和 $Na_2S_2O_3$

(2)Na_2SO_4 和 Na_2SO_3

(3)$Na_2S_2O_3$和 Na_2SO_3

(4)KNO_3 和 KNO_2(5)$NaNO_3$ 和 NaAc

(5)Na_2CO_3 和 $NaHCO_3$

26. 有未知酸性溶液 5 种,定性分析结果报告如下,试指出其是否合理(不合理的要说明原因)。

(1)Fe^{3+}、K^+、Cl^-、SO_3^{2-}

(2)Cu^{2+}、Sn^{2+}、Cl^-、Br^-

(3)Na^+、Mg^{2+}、S^{2-}、SO_4^{2-}

(4) Ba^{2+}、NH_4^+、Cl^-、SO_4^{2-}

(5) Ag^+、K^+、NO_3^-、I^-

第 16 章　吸光光度法

16.1　吸光光度法概述

吸光光度法是基于被测物质的分子或离子对光具有选择性吸收的特点而建立起来的分析方法，它包括比色分析法、可见及紫外吸光光度法以及红外光谱法等。本章着重讨论可见光区的吸光光度法（又称分光光度法，简称光度法）。

16.1.1　吸光光度法的特点

吸光光度法同化学分析法中的滴定分析法、重量分析法相比，有以下特点：

(1)灵敏度高　吸光光度法测量物质的浓度下限(最低浓度)一般可达 10^{-5}～10^{-6} mol·L^{-1}，相当于含量低于 0.0001%～0.001%的微量组分。该方法适用于微量组分的测定。

(2)准确度较高　一般吸光光度法测定的相对误差为 2%～5%，完全可以满足微量组分测定的准确度要求。若采用精密分光光度计测量，相对误差可减小至 1%～2%。

(3)操作简便、测定速度快　吸光光度法虽然需要用到专门仪器，但与其他仪器分析法相比，比色分析法和分光光度法的仪器设备结构均不复杂，操作简便。近年来由于新的高灵敏度、高选择性的显色剂和掩蔽剂的不断出现，常常可以不经分离而直接进行比色或吸光光度测定，使测定显得更为方便和快捷。

(4)应用广泛　吸光光度法既可测定绝大多数无机离子，也能测定有机化合物。主要用于测定微量组分，也能测定含量高的组分(用示差光度法或光度滴定)。还可用于一些物质的反应机理及化学平衡研究，如测定配合物的组成和配合物的平衡常数，弱酸、弱碱的解离常数等。

16.1.2　物质的颜色和光的选择性吸收

如果我们把不同颜色的各种物体放置在黑暗处，则什么颜色也看不到。可见，物质呈现出颜色与光有着密切的关系。一种物质呈现何种颜色，是与光的组成和物质本身的结构有关。

光是一种电磁波，电磁波范围很大，波长从 10^{-1} nm～10^{3} m，可依次分为 X 射线、紫外光区、可见光区、红外光区、微波及无线电波，见表 16－1。

表 16－1　电磁波谱

λ/nm	10^{-1}～10	10～200	200～400	400～760	760～5×10^{4}	5×10^{4}～1×10^{6}	1×10^{6}～1×10^{9}	1×10^{9}～1×10^{12}
区域	X 射线	远紫外光	近紫外光	可见光	近红外光	远红外光	微波	无线电波

1. 光具有二象性——波动性和粒子性

光的波动性是指光按波的形式传播。例如：光的折射、衍射、偏振和干涉现象，明显地表现出其波动性。波的波长和振动频率之间的关系为：

$$\lambda \cdot \nu = c$$

式中：λ ——波长(m)；

ν ——频率(Hz)；

c ——光速($\approx 3\times10^{8}\ \mathrm{m\cdot s^{-1}}$)

光的粒子性：如光电效应就明显地表现其粒子性。光是由光量子或光子所组成。光量子的能量与波长的关系为：

$$E = h\nu = hc/\lambda$$

式中：E——光量子的能量(J)；

ν ——频率(Hz)；

h ——普朗克常数($6.6262\times10^{-34}\ \mathrm{J\cdot s}$)

2. 光色的互补关系

首先要明确什么叫单色光、复合光、可见光。

人眼能感觉到的光称为可见光(其波长范围为 400～750 nm)。在可见光区内，不同波长的光具有不同的颜色。理论上将具有单一波长的光称为单色光；由不同波长的光组合而成的光称为复合光。日常我们所看到的太阳光、白炽灯光等白光都是复合光，它是由 400～760 nm 波长范围内的红、橙、黄、绿、青、蓝、紫等各种颜色的光按一定比例混合而成的。

如果让一束白光(日光)通过棱镜，会发生折射作用，便分解为红、橙、黄、绿、青、蓝、紫等颜色的光。(注意：各色光之间没有明显的界限)。反之，这些颜色的光按一定强度比例混合便能形成白光。各种色光的近似波长见表 16-2。

表 16-2 物质颜色与吸收光颜色和波长的关系

物质颜色	吸收光(互补光)	
	颜色	波长/nm
黄绿	紫	400～450
黄	蓝	450～480
橙	青蓝	480～490
红	青	490～500
紫红	绿	500～560
紫	黄绿	560～580
蓝	黄	580～600
青蓝	橙	600～650
青	红	650～750

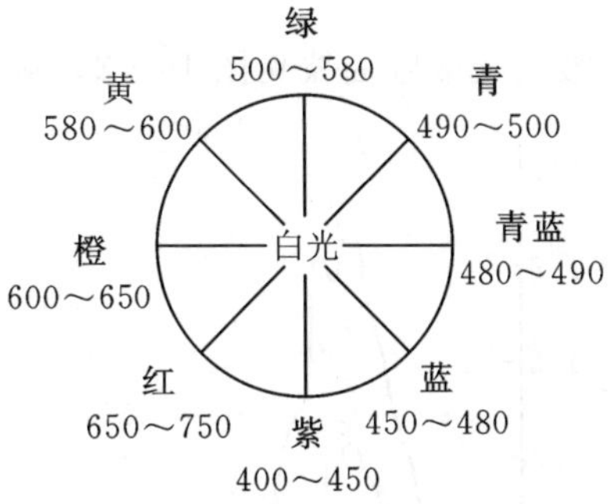

16－1 互补色光示意图(单位:nm)

实验证明,如果将两种适当颜色的单色光按一定强度比例混合,也可得到白光,我们常将这两种颜色的单色光称为互补色光,即按一定比例混合能够组成白光的两种光互称为互补色光。图 16－1 为互补色光示意图,图中处于直线关系的两种颜色的光是互补色光,它们彼此按一定比例混合即成为白光。

3. 物质对光的选择性吸收

对固体物质来说,当白光照射到物质上时,如果物质对各种波长的光完全吸收,则呈黑色;如果完全反射,则呈白色;如果对各种波长的光均匀吸收,则呈灰色;如果选择性地吸收某些波长的光,则呈反射或透射光的颜色。

对溶液来说,溶液呈现不同的颜色是由于溶液中的粒子(离子或分子)对不同波长的光具有选择性吸收而引起的。当白光通过某种溶液时,如果它选择性地吸收了白光中某种色光,则溶液呈现透射光的颜色,也就是说,溶液呈现的是它吸收光的互补色光的颜色,溶液的颜色由透过光的波长所决定。

例如:当一束白光通过硫氰酸铁($Fe(SCN)_3$)溶液时,它选择性地吸收了白光中的青色光,而使溶液呈红色,因青色光与红色光互补;硫酸铜溶液因选择地吸收了白光中的黄色光而呈现蓝色。黄色和蓝色是互补色。见表 16－2 或图 16－1。

物质对光产生选择性吸收的原因:当光通过物体时,光子是否被物质吸收,取决于:①光子所具有的能量;②物质的内部结构。

$$\text{价电子从基态}(E_1)\xrightarrow{\text{跃迁}}\text{激发态}(E_2)$$

$$\Delta E_A = E_2 - E_1 = h\nu = \frac{hc}{\lambda_A}$$

由于不同物质的分子其结构和组成不同,它们所具有的特征能级也不同,故能级差也不同。所以,物质对光的吸收具有选择性。

4. 吸收光谱

物质对光的吸收具有选择性,如果要知道某溶液对不同波长单色光的吸收程度,可让各种波长的单色光依次通过一定浓度的某溶液,测量该溶液对各种单色光的吸收程度(即吸光度 A),并记录每一波长处的吸光度,然后以波长为横坐标,吸光度为纵坐标作图,得一曲线,即为该物质的吸收曲线或吸收光谱。对应于吸光度最大处的波长称最大吸收波长,以 λ_{max} 表示,如图 16－2 所示。在 λ_{max} 处测定吸光度灵敏度最高,故吸收光谱是吸光光度法中选择入射光波长的重要依据。

四个不同浓度 $KMnO_4$ 溶液的光吸收曲线见图 16-2。从图上可以看到：

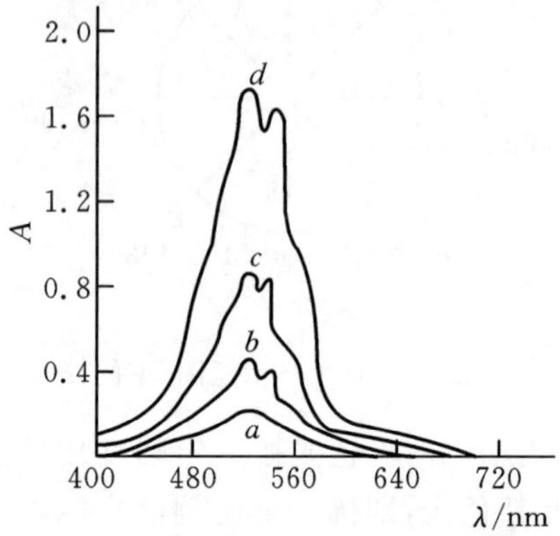

图 16-2 $KMnO_4$ 水溶液的吸收光谱

①$KMnO_4$ 溶液对不同波长的光吸收程度不同。

②不同浓度 $KMnO_4$ 溶液的吸收曲线形状相似，最大吸收波长不变。而不同物质，其内部结构不同，吸收光谱形状和最大吸收波长均不相同，各种物质均有它的特征吸收光谱，以此可作为定性分析的依据。λ_{max} 只与物质的种类有关，而与浓度无关。

③同一物质不同浓度的溶液，在一定波长处吸光度随浓度增加而增大（这个特性可作为物质定量分析的依据）。若在最大吸收波长处测定吸光度，吸光度随浓度变化的幅度最大，灵敏度最高。

16.2 光吸收的基本定律

16.2.1 朗伯-比耳定律

当一束平行单色光照射到任何均匀、非散射的有色液体时，光的一部分被吸收，一部分透过溶液，一部分被器皿的表面反射，如图 16-3 所示。

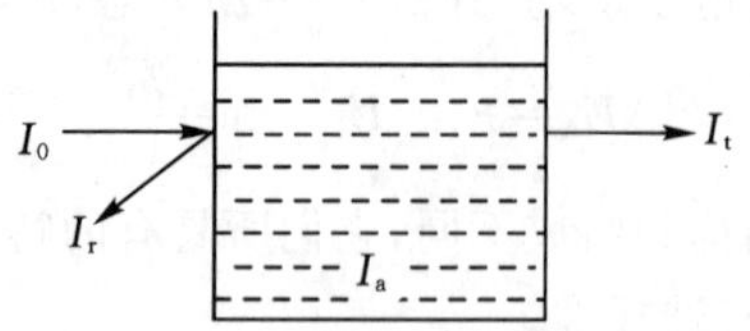

图 16-3 光通过溶液的情况

如果入射光的强度为 I_0，吸收光的强度为 I_a，透过光的强度为 I_t，反射光的强度为 I_r，则

$$I_0 = I_a + I_t + I_r \tag{16-1}$$

在吸光光度法中，盛溶液的比色皿都是采用相同材质的光学玻璃制成的，反射光的强度基本上是不变的（一般约为入射光强度的 4%），其影响可以互相抵消，于是（16-1）式可简化为：

$$I_0 = I_a + I_t \qquad (16-2)$$

透过光强度 I_t 与入射光强度 I_0 之比称为透光度或透光率或透射比，用 T 表示。即

$$T = \frac{I_t}{I_0} \qquad (16-3)$$

纯水对可见光的吸收极微，故有色溶液对光的吸收完全是由溶液中的有色粒子所造成的。

当入射光的强度 I_0 一定时，如果 I_a 越大，I_t 就越小，即透过光的强度越小，表明有色溶液对光的吸收程度就越大。或者说溶液的透光度愈大，说明对光的吸收愈小；相反，透光度愈小，则溶液对光的吸收愈大。

实践证明，溶液对光的吸收程度，与溶液的浓度、液层厚度以及入射光的波长等因素有关。如果保持入射光的波长不变，光吸收的程度则与溶液的浓度、液层厚度有关。朗伯和比耳分别于 1760 年和 1852 年研究了光的吸收与液层厚度及有色溶液浓度之间的关系。

1. 朗伯定律

当一束单色光通过溶液后，由于溶液吸收了一部分光能，光的强度就要减弱。如果溶液的浓度保持不变，当液层越厚时，光在溶液中通过的路程越长，则光被溶液吸收的程度就越大，透过光的强度就越小。也就是说：光的吸收程度与溶液液层厚度成正比。其数学表达式为：

$$A = \lg \frac{I_0}{I_t} = \lg \frac{1}{T} = k_1 b$$

式中：A 称吸光度（也称光密度 D 或消光度 E）；I_0 为入射光的强度；I_t 为透过光的强度；b 为液层厚度；k_1 为比例常数，与入射光波长及溶液的性质、温度有关。

2. 比耳定律

对于液层厚度一定而浓度不同的溶液（即颜色深浅不同的溶液）来说，光的吸收程度是与溶液的浓度（c）有关。也就是说：当入射光的波长、液层厚度和溶液温度一定时，溶液的吸光度与溶液的浓度成正比。其数学表达式为：

$$A = \lg \frac{I_0}{I_t} = \lg \frac{1}{T} = k_2 c$$

式中：c 为溶液浓度；k_2 为比例常数，与入射光波长及溶液的性质、温度有关。

3. 朗伯-比耳定律

如果要求同时考虑溶液浓度 c 和液层厚度 b 对光吸收的影响，可将朗伯和比耳定律合并为朗伯-比耳定律。即当一束平行单色光通过均匀的、非散射的吸光物质溶液时，溶液的吸光度与溶液的浓度和液层厚度的乘积成正比，此规律通常称为朗伯-比耳定律，也称光吸收定律。其数学表达式为：

$$A = \lg \frac{I_0}{I_t} = \lg \frac{1}{T} = kbc$$

式中：k 是比例常数，与入射光波长、物质的性质和溶液的温度等因素有关。此定律不仅适用于可见光，也适用于红外光和紫外光；不仅适用于均匀的、非散射性的溶液，也适用于气体和均质固体，是各类光吸收的基本定律，也是各类分光光度法进行定量分析的依据。

16.2.2 吸光系数、摩尔吸光系数

朗伯-比耳定律中的常数 k 随 c、b 所用单位不同而不同，有两种表示方式。

1. 吸光系数 a

当浓度 c 的单位为 $g \cdot L^{-1}$，液层厚度 b 用“cm”表示时，常数 k 以 a 表示，称为吸光系数，单位为 $L \cdot g^{-1} \cdot cm^{-1}$。此时，朗伯-比耳定律变为：

$$A=abc$$

2. 摩尔吸光系数 ε

当浓度 c 的单位为 $mol \cdot L^{-1}$，液层厚度 b 用“cm”表示时，则 k 用另一符号 ε 表示。ε 称为摩尔吸光系数或摩尔吸收系数，单位为 $L \cdot mol^{-1} \cdot cm^{-1}$。此时，朗伯-比耳定律为：

$$A=\varepsilon bc$$

摩尔吸光系数 ε 表示浓度为 1 $mol \cdot L^{-1}$的有色溶液在 1 cm 的比色皿中，在一定波长下溶液对光的吸收能力(即在一定波长下测得的吸光度数值)。ε 不仅反映吸光物质对某一波长光的吸收能力，也反映了用吸光光度法测定该吸光物质的灵敏度，ε 值越大，则该显色反应越灵敏。ε 值的大小取决于入射光的波长和吸光物质的吸光特性，也受溶剂和温度的影响，而与吸收物质的浓度和液层厚度无关。不同的吸光物质具有不同的 ε 值；同一吸光物质对不同波长的光具有不同的 ε 值。有色化合物的 ε 是衡量显色反应灵敏度的重要指标。一般 $\varepsilon<1\times10^4$，灵敏度较低；ε 在 $1\times10^4\sim6\times10^4$ 属中等灵敏度；ε 在 $6\times10^4\sim1\times10^5$ 属高灵敏度；$\varepsilon>1\times10^5$ 属超高灵敏度。例如 Fe^{2+} 与邻二氮菲生成红色配合物，$\varepsilon=1.1\times10^4$；$Fe^{3+}$ 与磺基水杨酸的配合物，$\varepsilon=5.8\times10^3$；双硫腙与 Pb^{2+} 的配合物，$\varepsilon=6.8\times10^4$，双硫腙与 Cu^{2+} 的配合物，$\varepsilon=4.5\times10^4$。

例 16-1 已知含 Fe^{2+} 浓度为 500 $\mu g \cdot L^{-1}$的溶液，用邻二氮菲比色测定，比色皿厚度为 2 cm，在波长 508 nm 处测得透光度为 0.645。计算摩尔吸光系数 ε。已知 Fe 的相对原子质量为 55.85。

解：$A=-\lg T=-\lg 0.645=0.190$　　$c_{Fe}=\dfrac{500\times10^{-6}}{55.85}=8.9\times10^{-6}$ mol/L

因 $A=\varepsilon bc$，所以有 $0.190=\varepsilon\times2\times8.9\times10^{-6}$。

解之得 $\varepsilon=1.1\times10^4\ L \cdot mol^{-1} \cdot cm^{-1}$。

例 16-2 有一浓度为 $1.6\times10^{-5}\ mol \cdot L^{-1}$的有色溶液，在 430 nm 处的摩尔吸光系数为 $3.3\times10^4\ L \cdot mol^{-1} \cdot cm^{-1}$，液层厚度为 1.0 cm，计算其吸光度和透光率。

解：$A=\varepsilon bc=3.3\times10^4\times1.0\times1.6\times10^{-5}=0.53$

$T=10^{-A}=10^{-0.53}=0.30=30\%$

16.2.3 吸光度的加和性及吸光度的测量

在含有多组分体系的吸光光度分析中，往往各组分都会对同一波长的光有吸收，如果各组分的吸光粒子没有相互作用，在入射光强度和波长都固定的前提下，体系的总吸光度等于各组分吸光度之和：

$$A=A_1+A_2+\cdots+A_n$$

这一规律称为吸光度的加和性。根据这一规律可进行多组分的测定。

在光度分析中，总是将待测溶液盛入可透过光的吸收池中测量吸光度，为抵消吸收池对入射光的吸收、反射以及溶剂、试剂等对入射光的吸收和散射等的影响，在实际测量有色溶液吸光度时，应选取光学性质相同、厚度相等的吸收池，分别盛待测溶液和参比溶液，先调整仪器，使透过参比溶液吸收池的 $T=100\%$(或 $A=0$)，从而消除吸收池和试剂对光吸收、反射的影响。然后再测量试液的吸光度。

16.3 吸光光度分析方法及仪器

16.3.1 目视比色法

有色溶液颜色的深浅与浓度有关，溶液愈浓，颜色愈深。直接用眼睛比较溶液颜色的深浅以确定被测组分含量的方法称为目视比色法。其中最常用的是标准系列法，即在一套材质相同、大小形状一样的玻璃比色管内，依次加入不同体积的含有已知浓度被测组分的标准溶液，并分别加入显色剂和其他试剂，稀释至相同体积，摇匀后得到一系列颜色深浅逐渐变化的标准色阶。在另一同样的比色管中加入一定量的被测试液，相同条件下显色。然后从管口垂直向下或从侧面观察，比较被测试液与标准色阶颜色的深浅。若被测试液与某标准溶液颜色深度一样，则表示二者浓度相等；若颜色介于两个相邻标准溶液之间，则被测液的含量也介于二者之间。

目视比色法所用仪器简单，操作简便，适于大批试样分析，并且是在复合光(白光)下进行测定，某些不符合光吸收定律的显色反应亦可用目视比色法测定，因其比较的是透过光的强度。其缺点是：由于许多有色溶液不够稳定，标准系列不能长期保存，常需临时配制标准色阶，比较费时。另外，人的眼睛对颜色的辨别能力有限，不同人看，结果不同，目视测定往往带有主观误差，测定的准确度低。

16.3.2 光电比色法

光电比色法是以光吸收定律为理论基础进行测定的，与目视比色法在原理上并不一样。目视比色法是比较透过光的强度，而光电比色法则是比较有色溶液对某一波长光的吸收程度。由光源发出的复合光，经过滤光片后，用出光狭缝截取光谱中波长很窄的一束近似的单色光，让其通过有色溶液，再将透过光转变为电流，所产生的光电流与透过光强度成正比，测量光电流强度，即可知道相应有色溶液的吸光度或透光率，从而确定其浓度。

16.3.3 吸光光度法

吸光光度法的作用原理和测定方法与光电比色法基本相同，即以光吸收定律(朗伯-比耳定律)为基础，但获得单色光的方法却不同。光电比色法采用滤光片为色散元件，而吸光光度法则采用棱镜或光栅等作单色器。另外，吸光光度法与目视比色法在原理上是有差别的，吸光光度法是比较有色溶液对某一波长光的吸收情况，目视比色法则是比较透过光的强度。

由于吸光光度法是借助于仪器进行测量，可消除主观误差，测定的灵敏度和准确度比目视法有很大提高。利用光电比色计或分光光度计测得吸光度后，可通过下列方法求得待测物质的含量。

1. 标准曲线法

此为最常用的方法。具体做法为：配制一系列浓度不同的标准溶液，显色后，用相同规格的比色皿，在相同条件下测定各标准溶液的吸光度，以吸光度为纵坐标，标准溶液浓度为横坐标作图，理论上应该得到一条过原点的直线，称为标准曲线，也称工作曲线。然后取被测试液在相同条件下显色、测定，根据测得的吸光度，在标准曲线上查出其相应浓度，从而计算出含量，如图 16-4 所示。

2. 比较法

取含有已知准确浓度被测组分的标准溶液，将标准溶液及被测试液在完全相同的条件下显色、测定吸光度，分别以 A_s 和 A_x 表示标准溶液和试液的吸光度，以 c_s 和 c_x 表示标准溶液和试液的浓度，根据朗伯-比耳定律可得：

$$A_s=\varepsilon_s \cdot b \cdot c_s \qquad A_x=\varepsilon_x \cdot b \cdot c_x$$

由于是在同样条件下测同种物质，所以 $\varepsilon_s=\varepsilon_x$　　$b_s=b_x$，则

$$\frac{A_x}{A_s}=\frac{c_x}{c_s} \qquad 即 \qquad c_x=\frac{A_x}{A_s}\times c_s$$

c_s已知，A_s和 A_x可以测得，c_x便很容易求得。

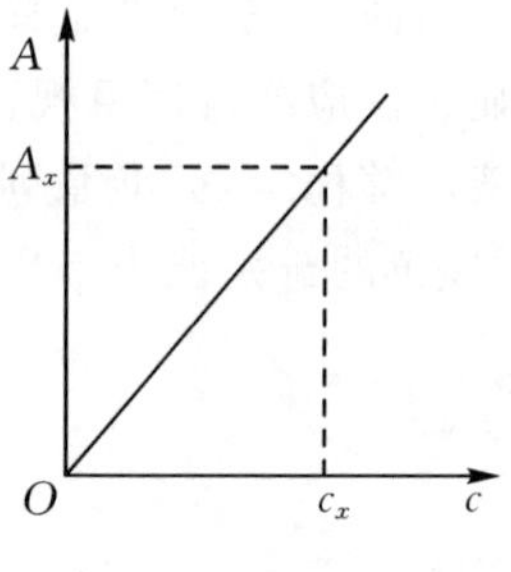

图 16-4　标准曲线

例 16-3　准确取含磷 30 μg 的标液，于 25 mL 容量瓶中显色定容，在 690 nm 处测得吸光度为 0.410。称取 10.0 g 含磷试样，在同样条件下显色定容，在同一波长处测得吸光度为 0.320。计算试样中磷的含量。

解：因定容体积相同，所以浓度之比等于质量之比，即

$$\frac{A_x}{A_s}=\frac{c_x}{c_s}=\frac{m_x}{m_s}$$

$$m_x=\frac{A_x}{A_s}\times m_s=\frac{0.320}{0.410}\times 30\ \mu g=23\ \mu g$$

$$w=\frac{m_x}{m}=\frac{23\ \mu g}{10.0\times 10^6\ \mu g}=2.3\times 10^{-6}$$

采用比较法时应注意，所选择的标准溶液浓度要与被测试液浓度尽量接近，以避免产生大的测定误差。测定的样品数较少，采用比较法较为方便，但准确度不甚理想。

16.3.4 仪器

光度分析仪器主要由光源、单色器、吸收池、检测器和显示记录系统五大基本部件组成。

1. 光源

在可见区、近红外区进行测定时，常采用6～12 V钨灯或碘钨灯作光源，它们的辐射使用范围为320～2500 nm。为了获得准确的测定结果，对光源要求是：电压稳定、光强足够。通常要配置稳压器提供稳定的电源电压；为了得到平行光，仪器中都装有聚光镜和反射镜等。

在近紫外区测定时，常采用氢灯或氘灯，它们在180～375 nm波长范围产生连续光谱。

2. 单色器

入射光为单色光是朗伯-比耳定律的前提条件之一，单色器就是将光源发出的连续光分解为单色光，并可从中分出任一波长单色光的装置，一般由狭缝、色散元件及透镜系统组成。单色器常用的色散元件是棱镜和光栅。

(1)棱镜。棱镜一般是由玻璃或石英材料制成。根据不同波长的光通过棱镜时，具有不同的折射率，从而将复合光按波长顺序分解为单色光的一种色散元件。

(2)光栅。它是利用光的衍射与干涉作用制成的一种色散元件。优点是适用波长范围宽、色散均匀、分辨本领高、便于保存和仪器的设计制造。缺点是各级光谱会有重叠而相互干扰、需选适当的滤光片以除去其他各级光谱。

3. 吸收池

吸收池也称比色皿，是用于盛装参比溶液和待测试液的容器，一般由无色透明、耐腐蚀的光学玻璃制成，也有的用石英玻璃制成(紫外光区必须采用石英池)。厚度有0.5 cm、1.0 cm、2.0 cm、3.0 cm、5.0 cm等数种规格，同一规格的吸收池间透光度的差应小于0.5%。

使用分光光度计要注意保护比色皿的透光面，要光洁，勿使其产生斑痕，特别要注意其透光面不受磨损。否则影响透光度。拿比色皿时只能捏住它的毛玻璃面。每次用完后，应用自来水冲洗，如洗不净时，可用盐酸或适当溶剂处理，然后用自来水冲洗，最后用纯水洗净，擦干，放回比色皿盒内。切不可用碱溶液和氧化剂洗，因它们能腐蚀玻璃或使比色皿粘结处脱胶。

4. 检测器

检测器是利用光电效应，将透过的光强度信号转变为电信号(如光电流)进行测量的装置。常用的有光电池、光电管、光电倍增管等。

光电池一般在光电比色计及72型分光光度计上采用，硒光电池对光敏感范围为300～800 nm，对500～600 nm的光最灵敏。光电池受强光照射或长久连续使用，会出现“疲劳”现象，即光电流逐渐下降，这时应将光电池置于暗处，使之恢复原有的灵敏度，严重时应更换新的硒光电池。

光电管是由一个阳极和一个光敏阴极构成的真空或充有少量惰性气体的二极管，阴极表面镀有碱金属或碱土金属氧化物等光敏材料，当被光照射时，阴极表面发射电子，电子流向阳极而产生电流，电流大小与光强度成正比。光电管的特点是灵敏度高，不易疲劳。

光电倍增管是在普通光电管中引入具有二次电子发射特性的倍增电极组合而成，比普通光电管灵敏度高200多倍，是目前高中档分光光度计中常用的一种检测器。

5. 显示记录系统

显示记录系统的作用是把电信号以吸光度或透光度的方式显示或记录下来。光电流的大小通常用检流计测量，吸光度或透光度可以从表头标尺上读取或采用数字显示。在检流计标尺上，有吸光度和透光度两种刻度，等刻度的是百分透光度 T，不均匀的刻度是吸光度 A。高档的分光光度计采用记录仪、数字显示器或电传打字机。

16.4 显色反应及其条件的选择

16.4.1 显色反应和显色剂

比色分析法及吸光光度法是利用有色溶液对光的选择性吸收来进行测定的。有些物质本身有明显的颜色，可用于直接测定，但大多数物质本身颜色很浅甚至是无色，这时就需加入某试剂，使原来颜色很浅或无色的被测物质转化为有色物质后再进行测定。将待测组分转变为有色化合物的反应叫显色反应。能与待测组分形成有色化合物的试剂称为显色剂。显色反应主要是配位反应，也有氧化还原反应。例如：邻二氮菲与 Fe^{2+} 配合使得本来颜色很浅的 Fe^{2+} 转变为红色邻二氮菲亚铁配合物；用过硫酸铵将接近无色的 Mn^{2+} 氧化为紫色的 MnO_4^-。此处，邻二氮菲和过硫酸铵都为显色剂。

1. 对显色剂和显色反应的要求

(1)选择性好。显色剂最好只与被测组分发生显色反应，如果其他干扰组分也显色，则要求被测组分所生成有色化合物与干扰组分所生成有色化合物的最大吸收峰相距较远，彼此互不干扰。

(2)灵敏度高。应选择能生成摩尔吸光系数大的有色化合物的显色反应，这样测定灵敏度高，有利于微量组分的测定。灵敏度高的显色反应 ε 一般要求在 $10^4 \sim 10^5\ cm^{-1} \cdot mol^{-1} \cdot L$。要注意，灵敏度高的反应，选择性不一定好，所以，二者应该兼顾。

(3)形成的有色配合物应组成恒定、性质稳定。显色反应应按确定的反应式进行，对于形成多种配位比的配位反应，应控制条件，使其组成固定，这样被测物质与有色化合物之间才有定量关系。

(4)有色化合物与显色剂之间的颜色差别要大。通常把两种吸光物质最大吸收波长之差的绝对值称为对比度，用 $\Delta\lambda$ 表示，要求有色化合物与显色剂的 $\Delta\lambda > 60$ nm。

(5)显色反应条件易于控制。如果条件要求过于严格，难以控制，测定结果的重现性就差。

2. 显色剂

显色剂主要分为无机显色剂和有机显色剂两大类。

(1)无机显色剂。许多无机试剂能与金属离子起显色反应，如 Cu^{2+} 与氨水形成深蓝色的配离子 $[Cu(NH_3)_4]^{2+}$，SCN^- 与 Fe^{3+} 形成红色的配合物 $[Fe(SCN)]^{2+}$ 或 $[Fe(SCN)_6]^{3-}$ 等。但是，多数无机显色剂生成的配合物不够稳定，灵敏度和选择性也不高。因此，无机显色剂在比色分析中应用得并不很多。其中性能较好，目前还有应用价值的主要有硫氰酸盐（测定 Fe、Mo(Ⅵ)、W(Ⅴ)、Nb 等）、钼酸铵（测定 Si、P、W 等）和过氧化氢（测定 Ti(Ⅳ)）。

(2)有机显色剂。大多数有机显色剂与金属离子生成极其稳定的螯合物，而且具有特征的颜色，其选择性和灵敏度都较高，是光度分析中研究最多、应用最广的一类显色剂。

有机显色剂大多是含有生色团和助色团的化合物。在有机化合物分子中，一些含有不饱和键的基团，它们能吸收大于 200 nm 波长的光，这种基团称为生色团。如 —N═N— 、—N═O 、$—NO_2$、对醌基、羰基、硫羰基等。

某些含有孤对电子的基团，它们与生色团上的不饱和键相互作用，可以影响有机化合物对光的吸收，使颜色加深，这些基团称为助色团。如胺基$—NH_2$、RHN—、R_2N—（具有一对未共用电子对），羟基—OH(具有两对末共用电子对)，以及卤代基—F、—Cl、—Br、—I 等。

有机显色剂的种类极其繁多，简单介绍几种：

①邻二氮菲属于 NN 型螯合显色剂，是目前测定 Fe^{2+} 较好的试剂。

②双硫腙（即二苯硫腙）属于含 S 的显色剂，是吸光光度分析中最重要的显色剂，是目前萃取比色测定 Cu^{2+}、Pb^{2+}、Zn^{2+}、Cd^{2+}、Hg^{2+} 等很多重金属离子的重要试剂。

③二甲酚橙（缩写为 XO）属三苯甲烷显色剂，是配位滴定中常用的指示剂，也是光度分析中良好的显色剂。在酸性溶液中能与多种金属离子生成红色或紫红色的配合物。

④偶氮胂Ⅲ（又称为铀试剂Ⅲ）属偶氮类螯合显色剂。它可以在强酸性溶液中，与 Th(Ⅳ)、Zr(Ⅳ)、U(Ⅳ)等生成特别稳定的有色配合物。在此酸度下金属离子的水解现象可不考虑，因而简化了操作手续，提高了测定结果的重现性和可靠性。目前偶氮胂Ⅲ已广泛用于矿石中铀、钍、锆以及钢铁和各种合金中稀土元素的测定。

⑤铬天蓝 S(也称铬天菁 S，简称为 CAS)属于三苯甲烷类螯合显色剂，是测量铝的很好试剂。

16.4.2 显色反应条件的选择

显色反应能否完全满足光度法的要求，除了与显色剂的性质有主要关系外，控制好显色反应的条件也是十分重要的，如果显色条件不合适，将会影响分析结果的准确度。

1. 显色剂用量

生成有色配合物的显色反应一般可用下式表示：

$$M(待测组分)+R(显色剂)══MR(有色配合物)$$

反应在一定程度上是可逆的。为了减少反应的可逆性，根据同离子效应，加入过量的显色剂是必要的。但对稳定性较高的配合物，只要加入稍过量的显色剂，显色反应即能定量进行。对于有些显色反应，显色剂如果加入太多，有时反而会引起副反应，对测定不利。

在实际工作中，显色剂的适宜用量可通过实验来确定，其方法是：将被测试液的浓度及其他条件固定，加入不同量的显色剂，在相同条件下测定吸光度，并以吸光度为纵坐标，显色剂用量（或浓度）为横坐标，绘制吸光度～显色剂用量关系曲线，通常有下列三种情况，如图 16－5 所示。

图 16－5(a)中曲线表示随着显色剂用量的增加，在某显色剂用量范围内所测得的吸光度达最大且恒定（曲线出现较平坦部分），表明显色剂用量已足够，就可在 ab 范围内确定显色剂的加入量。为节约药品，一般选比 a 处用量稍多些即可。

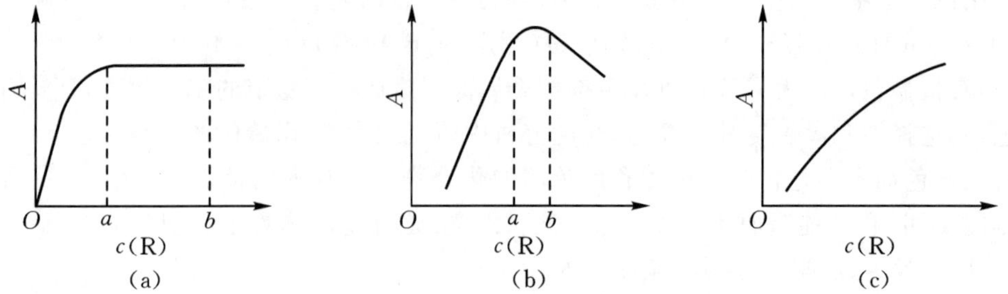

图 16-5 显色剂用量对吸光度的影响

图 16-5(b)中曲线出现的平坦部分较窄，当显色剂用量继续增加时，吸光度反而下降，这种情况显色剂用量选在 *ab* 范围内。

图 16-5(c)中曲线与前两种情况完全不同。无平坦部分出现，吸光度随显色剂用量增加不断在增加。像以 SCN^- 作显色剂测定 Fe^{3+} 时，随 SCN^- 浓度增大，逐步生成颜色更深的不同配位数的配合物，使吸光度值增大。再如：以 SCN^- 作显色剂测定 Mo^{5+} 时，是要求生成红色的$[Mo(SCN)_5]$配合物，当 SCN^- 浓度过高时，可生成浅红色的$[Mo(SCN)_6]^-$配合物，当 SCN^- 浓度过少时则生成浅红色的$[Mo(SCN)_3]^{2+}$，反而使其吸光度降低。对此情况，就必须严格控制显色剂的用量，才能得到准确的结果。

2. 溶液的酸度

酸度对显色反应的影响主要有以下几方面：

(1)影响显色剂的浓度和颜色。光度分析中所用的大部分显色剂都是有机弱酸。显色反应进行时，首先是有机弱酸发生离解，其次才是阴离子与金属离子配合。总反应为：

$$M + HR \longrightarrow MR + H^+$$

从反应式可看出，溶液的酸度影响着显色剂的离解，并影响着显色反应的完全程度。当然，溶液酸度对显色剂解离程度影响的大小，也与显色剂的解离常数有关，$K_a^\ominus$ 大时，允许的酸度可大；$K_a^\ominus$ 很小时，允许的酸度就要小些，故溶液的酸度不能太高。

举例：许多显色剂具有酸碱指示剂的性质，在不同的酸度条件下，显色剂本身的颜色不同。如二甲酚橙，当溶液的 pH<6.3 时，它主要以黄色的 H_3In^{3-} 形式存在；当 pH>6.3 时，它主要以红色的 H_2In^{4-} 形式存在。大多数金属离子与二甲酚橙生成紫红色配合物，因而应控制溶液 pH<6.3 时进行测定。如果在 pH>6 的酸度下进行光度测定，就会引入很大误差。

(2)影响被测金属离子的存在状态。多数金属离子因酸度的降低而发生水解，形成各种型体的多羟基配合物。随着水解的进行，最终将导致沉淀的生成。显然，金属离子的水解，对于显色反应的进行是不利的，故溶液的酸度不能太低。

(3)影响配合物的组成。对能形成多级配合物的显色反应，不同酸度条件下形成不同配位比的配合物。如 Fe^{3+} 与磺基水杨酸反应，在 pH=2～3 的溶液中，Fe^{3+} 与试剂生成 1∶1 的紫红色配合物；pH=4～7 时，生成 1∶2 的橙色配合物；pH=8～10 时，生成 1∶3 的黄色配合物。在这种情况下，必须控制合适的酸度，才可获得好的分析结果。

因此，显色反应的适宜酸度也必须由实验来确定。具体方法是：固定溶液中被测组分与显色剂浓度等条件，改变溶液的 pH，分别测定其吸光度，绘制 A～pH 曲线(见图 16-6)，从中找出适宜的酸度范围。

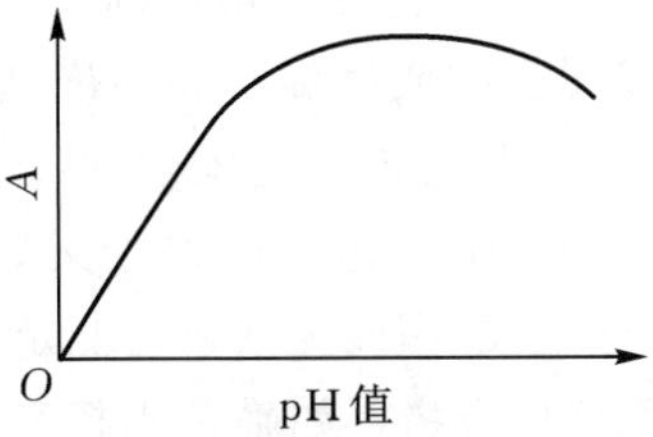

图16-6 吸光度与溶液酸度的关系

3. 显色时间

由于显色反应进行的速度不尽相同，溶液颜色达到稳定状态所需时间也不同。有些显色反应在瞬间即完成，而且颜色在较长时间内保持稳定。多数显色反应需一定时间才能完成。有些显色反应产物，由于受空气氧化等因素的影响而分解褪色，所以要根据具体情况，掌握适当的显色时间，在颜色稳定的时间内进行测定。

适宜的显色时间也是通过实验确定的。配制一份显色溶液，从加入显色剂开始计时，每隔一段时间测定一次吸光度，绘制一定温度下的 $A \sim t$ 关系曲线(见图16-7)，就可以找出适宜的显色时间和溶液颜色稳定时间。

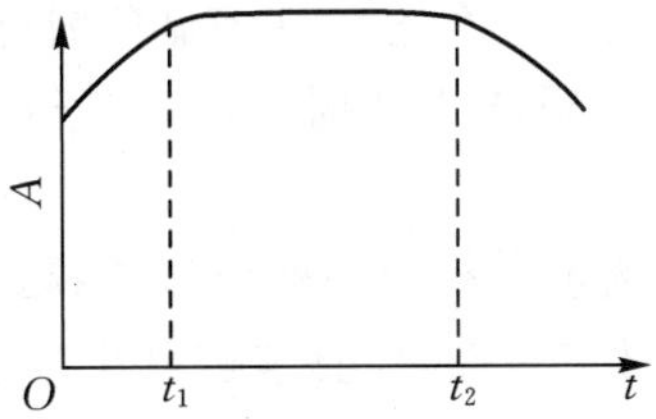

图16-7 吸光度与显色时间的关系

4. 温度的影响

显色反应一般在室温下进行，但有些显色反应受温度影响很大，室温下进行很慢，必须加热至一定温度才能迅速完成。但有些有色化合物当温度较高时会发生分解或褪色。合适的显色温度也要通过实验确定，绘制 $A \sim t$ 曲线，从中找出适宜的温度范围。

5. 溶剂的影响

许多有色化合物在水中解离度比较大，而在有机相中解离度小，故加入适量的有机溶剂，会降低有色化合物的离解度，从而提高显色反应的灵敏度。如在 $Fe(SCN)_3$ 溶液中加入可与水混溶的有机试剂(如丙酮)，由于降低了 $Fe(SCN)_3$ 的解离度，而使颜色加深，提高了测定的灵敏度。另外，溶剂影响显色反应的速度。例如，当用氯代磺酚S测定Nb时，在水溶液中显色需几小时，如果加入丙酮后，仅需30分钟。

6. 干扰离子的影响

干扰离子的存在对光度测定的影响大致有以下几种情况：

(1)干扰离子本身有颜色(如 Co^{2+}(红色)、Ni^{2+}(翠绿色)、Cu^{2+}(蓝色)等)，在被测物所选用的波长附近有明显的光吸收，但不因加入试剂而改变。

(2)干扰离子(不论本身有无颜色)能与显色剂生成有色化合物。如用 NH_4SCN 测定 Co^{2+} 时,干扰离子 Fe^{3+} 与 SCN^- 生成血红色配合物,从而引起正误差。

(3)干扰离子与被测组分生成配合物或沉淀。如用磺基水杨酸测定 Fe^{3+} 时,若溶液中存在 F^- 和 HPO_4^{2-},则 F^- 与 Fe^{3+} 生成稳定的无色配合物,HPO_4^{2-} 与 Fe^{3+} 生成磷酸盐沉淀,使被测离子浓度下降,不能充分显色,而引起负误差。又如由于 F^- 的存在,能与 Fe^{3+} 以 FeF_6^{3-} 形式存在,使 $Fe(SCN)_3$ 不会生成,因而无法进行测定。

(4)干扰离子与显色剂生成无色化合物。如磺基水杨酸测定 Fe^{3+} 时,干扰离子 Al^{3+} 与磺基水杨酸生成无色配合物,消耗了大量显色剂,使被测离子配位不完全,导致负误差。

消除干扰作用一般有以下几种方法:

①控制酸度。控制酸度是一种常用、简便而有效的消除干扰的方法。许多显色剂是有机弱酸或弱碱,并且与不同金属离子生成的配合物稳定性不同,因此控制显色溶液的酸度,就可控制显色剂各种型体的浓度,从而使某种金属离子显色,而另外一些金属离子不能生成稳定的有色化合物。如控制 pH=2~3 时,用磺基水杨酸测定 Fe^{3+},可消除 Cu^{2+}、Al^{3+} 的干扰,此法甚至可用于铜合金中微量铁的测定。

②选择适当的掩蔽剂,使之与干扰离子形成很稳定的无色配合物(或虽有颜色,但与被测有色化合物的颜色有较大差别,不影响测定),而不与被测离子形成配合物,因而消除了干扰离子的影响。如在 NH_4SCN 测定 Co^{2+} 时,加入 NaF 可消除 Fe^{3+} 的干扰。

③利用氧化还原反应改变干扰离子价态。许多显色剂对变价元素的不同价态离子的显色能力不同。如用铬天青 S 比色法测定 Al^{3+} 时,Fe^{3+} 有干扰,加入抗坏血酸将 Fe^{3+} 还原为 Fe^{2+} 后,干扰即可消除。

④选择适当的测量波长。在光度分析中一般应该选择最大吸收波长为测定波长,因为在最大吸收波长下测定,不但灵敏度较高,而且能够减少或消除由非单色光引起的对朗伯-比尔定律的偏离。但如果在最大吸收波长处存在其他物质干扰时,可适当降低灵敏度,选择干扰小的次级最大吸收波长为测定波长。

⑤选用适当的参比溶液。在光度分析中,用参比溶液来调节仪器的吸光度零点,可抵消某些因素对分析带来的误差,因此选择适当的参比溶液,在一定程度上可达到消除干扰的目的。

⑥分离。若上述方法均不能满足要求时,应采用沉淀、离子交换或溶剂萃取等分离方法消除干扰,其中以萃取分离应用较多。

16.5 吸光光度分析法的误差

吸光光度法的误差主要来自两个方面:一是偏离朗伯-比耳定律;二是光度测量误差。

16.5.1 对朗伯-比耳定律的偏离

由朗伯-比耳定律 $A=\lg\dfrac{I_0}{I_t}=\lg\dfrac{1}{T}=kbc$ 可知,吸光度与吸光物质的浓度成正比,绘制的标准曲线(或工作曲线)应是一条通过原点的直线。但是在实际工作中,尤其当吸光物质的浓度比较高时,直线常发生弯曲,此现象称为偏离朗伯-比耳定律,如图 16-8 所示,如果在弯曲部分测定，会引起较大的误差。

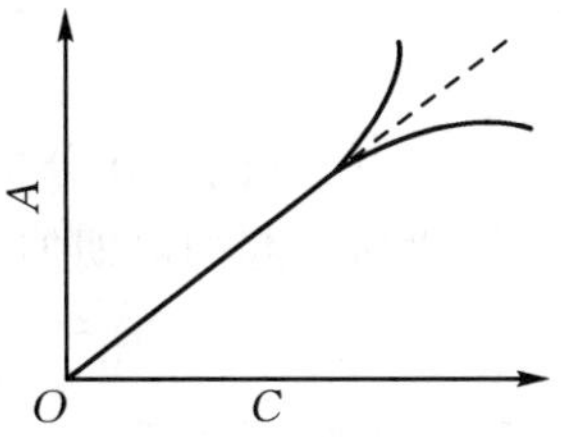

图 16-8　偏离朗伯-比耳定律

偏离朗伯-比耳定律的原因主要有以下三方面。

1. 非单色光引起的偏离

严格地说，朗伯-比耳定律只适用于单色光，但是，即使是现代高精度光度分析仪器所提供的入射光也不是纯的单色光，而是波长范围较窄的谱带，实质上都是复合光。当入射光为复合光时，由于吸光物质对不同波长光的吸收能力不同，导致标准曲线发生弯曲，偏离朗伯-比耳定律。

在实际工作中，通常选择吸光物质最大吸收波长的光为入射光，这不仅能提高光度分析的灵敏度，而且因为此处的吸收曲线较平坦，A 值相差不大，即吸光度随波长变化不大，故偏离朗伯-比耳定律的程度较小。

现假定入射光由 λ_1、λ_2 两种波长光组成，溶液吸光粒子对 λ_1 和 λ_2 光的吸收都遵从比尔定律。

对 λ_1，　$A_1 = \lg\dfrac{I_{01}}{I_1} = \varepsilon_1 bc \qquad I_1 = I_{01}\times 10^{-\varepsilon_1 bc}$

对 λ_2，　$A_2 = \lg\dfrac{I_{02}}{I_2} = \varepsilon_2 bc \qquad I_2 = I_{02}\times 10^{-\varepsilon_2 bc}$

总的入射光强度为 $I_{01}+I_{02}$，透射光强度为 I_1+I_2，该光通过溶液后的吸光度为

$$A_{总} = \lg\frac{I_{01}+I_{02}}{I_1+I_2} = \lg\frac{I_{01}+I_{02}}{I_{01}\times 10^{-\varepsilon_1 bc}+I_{02}\times 10^{-\varepsilon_2 bc}}$$

当 $\varepsilon_1=\varepsilon_2=\varepsilon$ 时，即入射光为单色光，则上式 $A=\varepsilon bc$，A 与 c 成线性关系。若 $\varepsilon_1\neq\varepsilon_2$，则 $A\neq\varepsilon bc$，A 与 c 不成线性关系。ε_1 与 ε_2 相差愈大，对比尔定律偏离愈严重，因此希望光度计的单色器质量尽量好。

2. 化学、物理因素引起的偏离

①朗伯-比耳定律只适用于稀溶液，因此时分子和离子是相互独立的吸光粒子。而在高浓度时，溶液中粒子间距离小，彼此相互影响，改变了光吸收能力，引起偏离。②溶液中吸光物质因离解、缔合、形成新化合物等化学变化而改变吸光物质的浓度和吸光特性，导致偏离。

离解：大部分有机酸碱的酸式、碱式对光有不同的吸收性质，溶液的 pH 值不同，酸碱离解程度不同，导致酸式与碱式的比例改变，使溶液的吸光度发生改变。

形成新化合物：某些配合物是逐级形成的，配合比不同的配合物形式对光的吸收性质不同。如在 Fe(Ⅲ)与 SCN^- 的配合物中，$FeSCN^{2+}$ 色最浅，$Fe(SCN)_3$ 色最深，所以 SCN^- 浓度越大溶液颜色越深，即 A 越大。

缔合：例如在不同酸性条件下，CrO_4^{2-} 与 $Cr_2O_7{}^{2-}$ 会发生转换。

$$\underset{\text{橙红}}{Cr_2O_7{}^{2-}} + H_2O \rightleftharpoons 2HCrO_4^- \rightleftharpoons 2H^+ + \underset{\text{黄}}{2CrO_4^{2-}}$$

可见两种不同形式对光的吸收有很大的不同。在分析测定中，控制溶液条件使被测组分以一种形式存在，就可以克服化学因素所引起的对朗伯-比尔定律的偏离。

3. 介质不均匀引起的偏离

朗伯-比耳定律要求被测试液是均匀的、非散射的，如果被测溶液不均匀，是胶体溶液、乳浊液或悬浊液，入射光有一部分被试液吸收，另一部分因反射、散射现象而损失，使透光度减少，因而实测吸光度增加。且随着浓度增加，这种影响增大，使标准曲线向吸光度轴弯曲。

以上只是引起朗伯-比耳定律发生偏离的几个主要原因。在实践中可能遇到的情况并不止这些。例如：显色剂的纯度、干扰离子的存在等，也会影响到应用朗伯-比耳定律的准确性，至于哪个因素起主要作用，尚须在实践中根据具体情况进行具体分析。

16.5.2 仪器测量误差

在光度法中，除了各种化学因素引入的误差外，仪器测量不准确也将引入误差。任何分光光度计都有一定的测量误差，它可能来源于光源不稳定、机械振动、光电池（或光电管）不灵敏、比色皿的透光率不一致、表头读数不准确等因素。但对于给定的仪器来说，读数误差是决定测定结果准确度的主要因素。

分光光度计的透光度标尺刻度是均匀的，故透光度的读数误差 ΔT（绝对误差）与 T 本身的大小无关，对于一台给定仪器它基本上是常数，一般在 0.002～0.01，仅与仪器自身的精度有关。但由于透光度与吸光度是负对数关系，吸光度的刻度不均匀，同样的 ΔT 在不同吸光度处引起的吸光度误差是不同的。如图 16－9 所示为检流计标尺上吸光度与透光度的关系。A 越大，读数的不准确性就越大。那么，A 在什么范围内读数误差最小？首先考虑吸光度的测量误差与浓度 c 测量误差之间的关系。设吸光度的读数误差为 dA，则相对误差

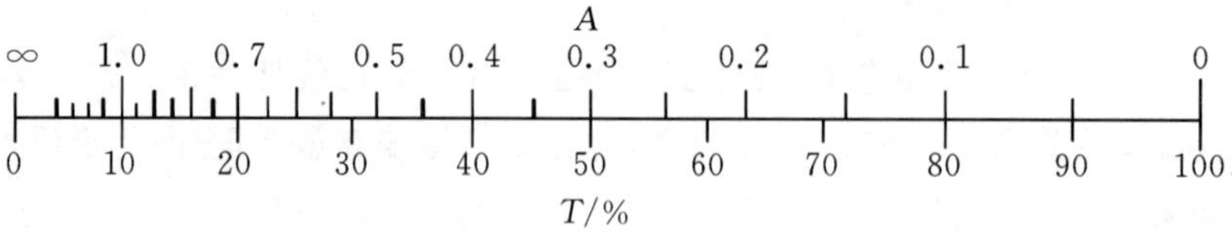

图 16－9 检流计标尺上吸光度与透光度的关系

$$E_r = \frac{dA}{A}$$

由
$$A = \varepsilon bc \qquad dA = \varepsilon b dc$$

$$A = -\lg T = -0.434\ln T \qquad dA = 0.434\,\frac{dT}{T}$$

代入上式整理得：$E_\gamma = \dfrac{dc}{c} \times 100\% = \dfrac{dA}{A} \times 100\% = \dfrac{dT}{T\ln T} \times 100\%$

用有限值表示为：$\dfrac{\Delta c}{c} = \dfrac{0.434}{T\lg T}\Delta T$

显然，浓度测量的相对误差与透光度的绝对误差（ΔT）成正比，但与 T 的大小关系较复杂。对于给定的光度计，前面讲过 T 的读数绝对误差是基本固定的，不随 T 的变化而改变，所以仪器的透光度读数误差带来的浓度相对误差不是均等的。不同的 T 值代入上式，可得到相对误差值。用浓度相对误差对 T 作图，如图 16－10 所示。

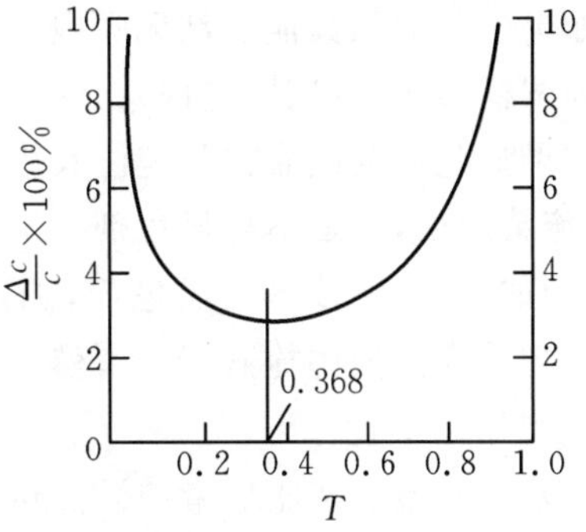

图 16－10 浓度相对误差与溶液透光度的关系

由图 16－10 可见，当 T 太大或太小时，浓度相对误差都较大。若分光光度计的透光度读数误差为 1%，并将相对误差控制在 4%以内时，则被测量溶液的 T 应在 0.1～0.7，即吸光度 A 在 0.8～0.1。并且当 $T=0.368$ 或 $A=0.434$ 时，浓度测量相对误差最小。可以看出，即使浓度测量的相对误差最小时，它的值也接近 3%，这就是光度分析法的测定误差一般在 2%～5%的原因。

16.6 测量条件的选择

要使吸光度分析有较高的灵敏度和准确度，在选择合适的显色反应条件的基础上，还必须注意选择适当的测量条件。

1. 入射光波长的选择

由于有色物质对光有选择性吸收，为了使测定结果有较高的灵敏度和准确度，必须选择溶液 λ_{max} 的光作为入射光。

如果在 λ_{max} 处有干扰时，应根据“吸收最大，干扰最小”的原则选择入射光波长，此时测定的灵敏度有所降低，但可以减少干扰。即选用灵敏度低一些，但能避免干扰的入射光，也能获得比较满意的测定结果。

2. 控制适当的吸光度范围

因为吸光度在 0.1～0.8 范围内时，测量的误差较小，所以，应尽量使吸光度读数控制在此范围内，为此可采取以下措施：①控制试液的浓度。含量大时，少取样或稀释试液；含量少时，可多取样或萃取富集。②选择不同厚度的比色皿。读数太大时，可改用厚度小的比色皿；读数太小时，改用厚度大的比色皿。

3. 选择适当的参比溶液

参比溶液是用来调节仪器零点的，即吸光度为零（或透光度为 100%），以此作为测量的相对标准来消除由比色皿、溶剂、试剂、干扰离子等对入射光的吸收、反射、散射等产生的误差。在可见光光度分析中，一般参照以下方法选择合适的参比溶液。

（1）当待测试液、显色剂及所有的其他试剂在测定波长处均无吸收时，可用纯溶剂（如去离子水）作参比溶液，简称溶剂参比（或溶剂空白）。

（2）如果显色剂或其他试剂在测定波长处有吸收，而样品溶液无色时，选不加样品的试剂、显色剂溶液作参比，称为试剂参比（或试剂空白）。

(3)如果显色剂和其他试剂无吸收,而待测试液有色时,应选不加显色剂的待测试液作参比,称为试样参比(或试样空白)。

(4)如果显色剂及试液在测定波长处都有吸收时,可将一份试液加入适当的掩蔽剂,将待测组分掩蔽起来,使之不与显色剂反应,然后加入显色剂及其他试剂,以此混合液作为参比溶液。例如,以铬天菁 S 为显色剂,测定 Al^{3+} 时,试液中的 Ni^{2+}、Co^{2+} 等离子有干扰,可加适量 F^- 到待测试液中掩蔽 Al^{3+},然后再加入显色剂和其他试剂,以此为参比便可消除 Ni^{2+}、Co^{2+} 离子的干扰。

总之,要求参比溶液能尽量使被测试液的吸光度真实反映待测物质的浓度。选好参比溶液后,可测定一系列标准溶液的吸光度,制作出工作曲线,然后测出待测试液的吸光度。再在工作曲线上找到其被测物的浓度。

16.7 吸光光度法的应用

16.7.1 定量分析

1. 单组分的测定

一般方法:当试液中只有一种被测组分在测量波长处产生吸收时,一般采用直接法或标准曲线法、比较法进行测定。

2. 多组分的测定

实际工作中所遇到的样品,往往是复杂的多组分体系。当溶液中含有不只一种吸光物质时,由于吸光度具有加和性,总吸光度为各组分单独存在时的吸光度之和,因此常有可能在同一试液中不经分离,测定一种以上组分的含量,现以含有两种组分的溶液为例加以说明。

设某溶液中含有 x 和 y 两种组分,其浓度分别为 $c(x)$ 和 $c(y)$,它们的吸收光谱可能会出现如图 16-11 所示的三种情况。

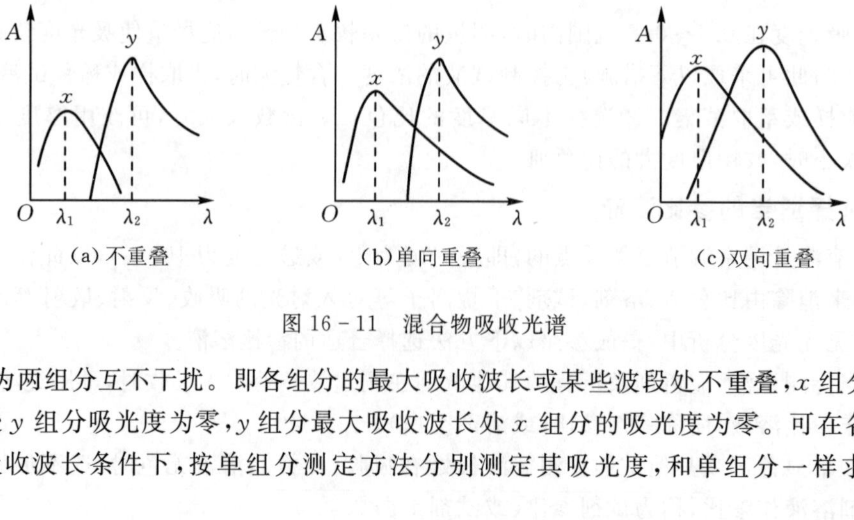

图 16-11 混合物吸收光谱

(a)为两组分互不干扰。即各组分的最大吸收波长或某些波段处不重叠,x 组分最大吸收波长处 y 组分吸光度为零,y 组分最大吸收波长处 x 组分的吸光度为零。可在各个组分的最大吸收波长条件下,按单组分测定方法分别测定其吸光度,和单组分一样求得分析结果。

(b)为组分 x 对组分 y 的吸光度测定有干扰，但组分 y 对 x 无干扰，这时可依据吸光度的加和性求得两组分的吸光度值，进而求得两组分的浓度。

(c)为两组分彼此相互干扰(即 x 和 y 二组分的吸收光谱相互重叠)。根据吸光度的加和性原则可列出方程：

$$A_{\lambda 1}^{x+y}=\varepsilon_{\lambda 1}^{x}\cdot b\cdot c_x+\varepsilon_{\lambda 1}^{y}\cdot b\cdot c_y$$

$$A_{\lambda 2}^{x+y}=\varepsilon_{\lambda 2}^{x}\cdot b\cdot c_x+\varepsilon_{\lambda 2}^{y}\cdot b\cdot c_y$$

式中，$\varepsilon_{\lambda 1}^{x}$、$\varepsilon_{\lambda 2}^{x}$分别为 x 在波长 λ_1、λ_2时的摩尔吸光系数；$\varepsilon_{\lambda 1}^{y}$、$\varepsilon_{\lambda 2}^{y}$分别为 y 在波长 λ_1、λ_2处的摩尔吸光系数。若测定时使用固定比色皿，并用 x、y 的纯溶液分别测定 x、y 的摩尔吸收系数，根据测定的 $A_{\lambda 1}^{x+y}$ 和 $A_{\lambda 2}^{x+y}$值，解联立方程组即可求得 x 和 y 两组分的浓度 c_x和 c_y。

3. 示差分光光度法

吸光光度法一般只适宜于微量组分的测定。当用于高含量组分测定时，既使没有偏离朗伯-比耳定律的现象，但吸光度超出了准确测量的读数范围，也会引起很大的误差。采用示差分光光度法(简称示差法)就可克服这一缺点。

示差分光光度法与普通光度法的主要区别在于所采用的参比溶液不同。普通光度法是以 $c=0$ 的试剂空白为参比。而示差光度法是以一个浓度比待测试液 c_x稍低的标准溶液 c_s为参比来调节仪器 $A=0(T=100\%)$，然后测 A。

在普通光度法中有： $A_s=-\lg T_s=kbc_s$ $A_x=-\lg T_x=kbc_x$

在示差中，测得的是相对吸光度 $\Delta A=A_f$

因 $c_x>c_s$，两式相减得 $\Delta A=A_x-A_s=kb(c_x-c_s)=kbc$

即用 c_s作参比调零($T=100\%$)，测得 c_x吸光度 A_f 是试液与参比溶液的吸光度差值 ΔA。由上式可知：两溶液吸光度之差 ΔA 与两溶液浓度之差 Δc 成正比。这就是示差法的基本原理。

制作 $A_f(\Delta A)\sim\Delta c$ 标准曲线，从中查得 Δc，即可求出其浓度：$c_x=c_s+\Delta c$

提高测量准确度的原理举例说明如下：

在普通光度法中，以试剂空白作参比时，测得

c_s $T_s=10\%$

c_x $T_x=7\%$

在示差法中，由于是用已知浓度的标准溶液 c_s作参比，即把原参比溶液透光度为 10%，现调至 100%($A=0$)，即意味着将仪器透光度标尺扩展了 10 倍，如图 16－12 所示。

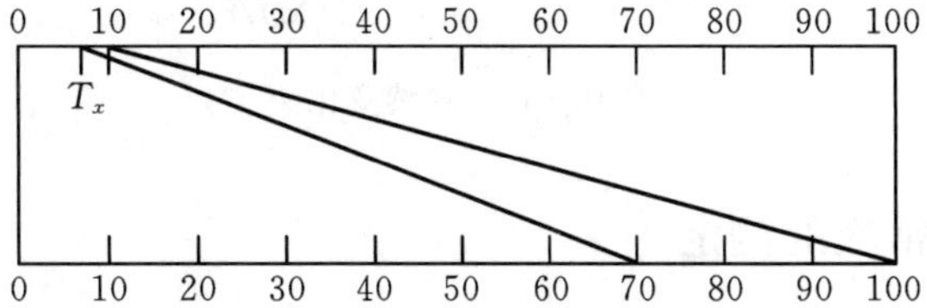

图 16－12 示差光度法标尺扩展原理

如待测试液的 T 原为 7%，测量误差较大，用示差法测量时 T 变为 70%，读数误差落到较小的区域，从而提高了 Δc 的测量准确度，也就是提高了 c_x 值的准确度。

16.7.2 配合物组成的测定

用分光光度法测定配合物组成的方法很多，这里介绍较简单的摩尔比法和连续变化法。

1. 摩尔比法

摩尔比法是利用金属离子同显色剂摩尔比的变化来测定配合物组成的。

设配位反应为：
$$M+nR \rightleftharpoons MR_n$$

在一定条件下，配制一系列金属离子 M 浓度固定而显色剂 R 浓度依次递增（或者相反）的溶液，在相同测量条件下分别测定吸光度，以吸光度 A 对 $c(R)/c(M)$ 作图，如图 16－13所示。

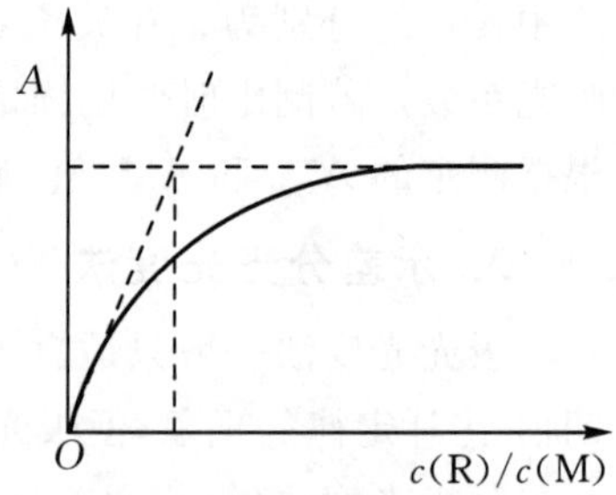

图 16－13　摩尔比法

当 $c(R)$较小时，金属离子没有完全配位，随着 $c(R)$的增大，吸光度不断增高；当 $c(R)$增加到一定程度时，金属离子配位完全，再增大 $c(R)$时，吸光度不再升高，曲线变得平坦，转折处所对应的摩尔比即是配合物的组成。若转折点不明显，则用外推法作出两条直线的交点，交点对应的比值即是配合物的配位比 n（即 $c_R/c_M=n$）。

2. 等摩尔连续变化法

设配合反应为：
$$M+nR \rightleftharpoons MR_n$$

M 为金属离子，R 为配位剂，并设 c_R 和 c_M 各为溶液中 R 和 M 两组分的浓度。

本法是在保持溶液中 $c_R+c_M=c$（定值）的前提下，连续改变 c_R和 c_M的相对量，制备一系列溶液，测量这一系列溶液的吸光度。然后以 $A \sim \dfrac{c_M}{c_M+c_R}$作图（见图 16－14），曲线转折点所对应的 c_R/c_M值，即为 n。

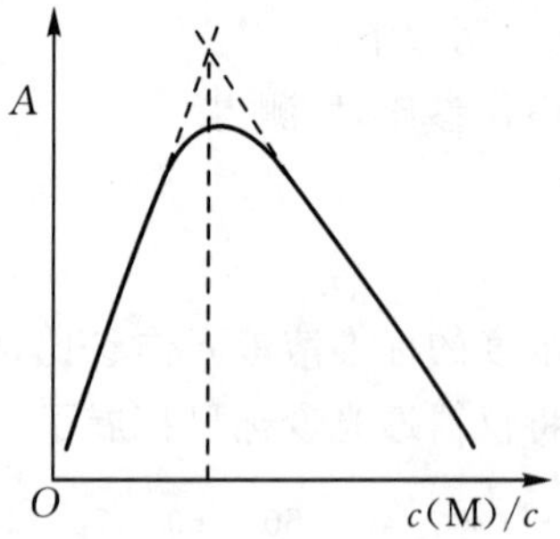

图 16－14　连续变化法

16.7.3 酸碱解离常数的测定

测定弱酸或弱碱的解离常数是分析化学研究工作中常遇到的问题。应用光度法测定弱酸、弱碱的解离常数，是基于弱酸（或弱碱）与其共轭碱（或共轭酸）对光的吸收情况不同。

例如：许多酸碱指示剂都是弱酸，常用 HIn 表示。HIn 及 In^- 分别表示指示剂的酸式和碱式。

$$HIn \rightleftharpoons In^- + H^+$$

平衡时有

$$\frac{[H^+] \cdot [In^-]}{[HIn]} = K^{\ominus}_{HIn}$$

上式可改写为

$$\frac{[In^-]}{[HIn]} = \frac{K^{\ominus}_{HIn}}{[H^+]}$$

比值受$[H^+]$的制约，当$[H^+]$小时，$[In^-]>[HIn]$，即碱式占优势；当$[H^+]$大时，$[In^-]<[HIn]$，则酸式占优势。可见指示剂两种形式的浓度比受$[H^+]$的影响，因此指示剂的吸收光谱应随 pH 值的变化而变化。

测定指示剂的 $K^{\ominus}_a$，首先应选择指示剂的酸式或碱式最大吸收的波长。如 1924 年 Brode 曾用溴甲酚紫，在它碱式最大吸收波长 590 nm 处观测在不同 pH 处的吸光度，如表 16－3，并绘制其相应的 pH～A 曲线(见图 16－15)。

表 16－3 溴甲酚紫的 pH－A 关系值

pH	4.8	5.0	5.2	5.4	5.6	5.8	6.0	6.2
A	0.000	0.057	0.143	0.229	0.363	0.486	0.672	0.887
pH	6.4	6.6	6.8	7.0	7.2	7.4	7.6	7.8
A	1.144	1.373	1.587	1.716	1.873	1.945	1.973	2.000

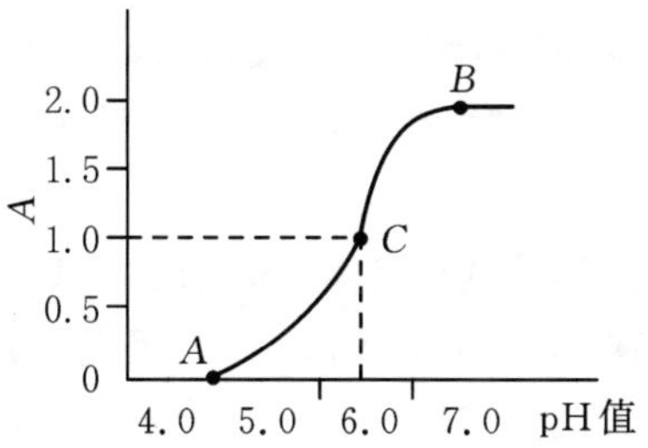

图 16－15 溴甲酚紫的 A－pH 曲线(590 nm)

(1)当 pH<4.8 时，A 点以前曲线为水平线，指示剂几乎全部以酸式(HIn)形式存在，测得的吸光度很小(等于 0)；

(2)当 pH>4.8 后，吸光度迅速增加；

(3)当 pH>7.6 时，B 点以后曲线呈水平线，指示剂几乎全以碱式(即 In^-)形式存在，其吸光度为 2.0，pH 值再增大，吸光度值不再增加。

(4)作图求 AB 的中点 C，在此 pH 值下，$[HIn]=[In^-]$。即吸光度从 2.0 降低到一半时，必然有一半的 In^- 变成 HIn，所以在 $A=1.00$ 时，$[HIn]=[In^-]$

所以 $pK^{\ominus}_a=$pH

从图 16－15 可知，溴甲酚紫的 $pK^{\ominus}_a=6.3$。

习　题

1. 朗伯-比耳定律的前提条件是什么？写出朗伯-比耳定律的数学表达式，并说明其物理意义。

2. 摩尔吸光系数的物理意义是什么？为什么它能衡量显色反应的灵敏度？

3. 光度分析对显色反应的要求是什么？影响显色反应的因素有哪些？

4. 酸度对显色反应的影响主要表现在哪些方面？

5. 分光光度计是由哪些部件组成的？各部件的作用如何？

6. 何谓“偏离朗伯-比耳定律”？讨论这个问题有何实际意义？

7. 在吸光光度法中，选择入射光波长的原则是什么？

8. 用双硫腙光度法测定 Pb^{2+}，已知 50 mL 溶液中含 Pb^{2+} 0.080 mg，用 2.0 cm 吸收池于波长 520 nm 测得 $T=53\%$，求吸光系数、摩尔吸光系数各为多少？

9. 光通过厚度为 1 cm 的某有色溶液后，强度减弱 20%，当它通过厚度为 5 cm 的相同溶液后，光的强度减弱多少？

10. 一种有色物质溶液，在一定波长下的摩尔吸光系数为 1 239 $L \cdot mol^{-1} \cdot cm^{-1}$，透过 1.0 cm 的比色皿，测得透光度为 75%，求该溶液的浓度。

11. 有一未知相对分子质量的苦味酸胺，其摩尔吸光系数为 1.35×10^4 $L \cdot mol^{-1} \cdot cm^{-1}$，称取该苦味酸胺 0.0250 g，用 95%的乙醇溶解后，准确配制成 1 L 95%的乙醇溶液，用 1.0 cm 的比色皿，在 380 nm 处测得吸光度为 0.760，求苦味酸胺的相对分子质量。

12. 测土壤全磷时，进行下列实验：称取 1.00 g 土壤，经消化处理后定容为 100 mL，然后吸取 10.00 mL，在 50 mL 容量瓶中显色定容，测得吸光度为 0.250。取浓度为 10.0 $mg \cdot L^{-1}$ 标准磷溶液 4.00 mL 于 50 mL 容量瓶中显色定容，在同样条件下测得吸光度为0.125，求该土壤中磷的百分含量。

13. 准确配制 1 L 某有色溶液，使其在稀释 200 倍后，用 1.0 cm 比色皿，在 480 nm 处测得吸光度为 0.600。已知该化合物相对分子质量为 125，摩尔吸光系数为 2.5×10^4 $L \cdot mol^{-1} \cdot cm^{-1}$。问应称取该化合物多少克？

14. 根据下列数据绘制磺基水杨酸光度法测定 Fe(Ⅲ)的工作曲线。标准溶液是由 0.432 g铁铵矾[$NH_4Fe(SO_4)_2 \cdot 12H_2O$]溶于水定容到 500.0 mL 配制成的。取下列不同量标准溶液于 50.0 mL 容量瓶中，加显色剂后定容，测量其吸光度。

V(Fe(Ⅲ)/mL)	1.00	2.00	3.00	4.00	5.00	6.00
A	0.097	0.200	0.304	0.408	0.510	0.618

测定某试液含铁量时，吸取试液 5.00 mL，稀释至 250.0 mL，再取此稀释溶液 2.00 mL 置于 50.0 mL 容量瓶中，与上述工作曲线相同条件下显色后定容，测得的吸光度为 0.450，计算试液中 Fe(Ⅲ)含量(以 $g \cdot L^{-1}$ 表示)。

15. 用吸光光度法测定含有两种配合物 x 与 y 的溶液的吸光度($b=1.0$ cm)，获得下列数据：

溶液	$c/(mol \cdot L^{-1})$	A_1(285 nm)	A_2(365 nm)
x	5.0×10^{-4}	0.053	0.430
y	1.0×10^{-3}	0.950	0.050
$x+y$	未知	0.640	0.370

计算未知溶液中 x 和 y 的浓度。

16. 用示差光度法测量某含铁溶液，用 5.4×10^{-4} mol · L^{-1} Fe^{3+} 溶液作参比，在相同条件下显色，用 1 cm 吸收池测得样品溶液和参比溶液吸光度之差为 0.300。已知 $\varepsilon=2.8\times10^3$ L · mol^{-1} · cm^{-1}，则样品溶液中 Fe^{3+} 的浓度有多大？

17. 取 1.00 mmol 的指示剂于 100 mL 容量瓶中溶解并定容。取该溶液 2.50 mL 5 份，分别调至不同 pH 并定容至 25.0 mL，用 1.0 cm 吸收池在 650 nm 波长下测得如下数据：

pH	1.00	2.00	7.00	10.00	11.00
A	0.00	0.00	0.588	0.840	0.840

计算在该波长下指示剂 In^- 的摩尔吸光系数和该指示剂的 $pK_a^\ominus$。

第 17 章　化学中常用的分离方法

在无机与分析化学中，实际分析对象往往比较复杂。测定某一组分时，常受到其他组分的干扰，势必影响测定结果的准确性，有时甚至无法测定。消除干扰最简便的方法是控制分析条件或使用掩蔽剂。当使用这些方法不能消除干扰时，就需要事先将被测组分与干扰组分分离。若被测组分含量很低，测定方法的灵敏度又不够高，在分离的同时往往还需要把微量或痕量被测组分浓缩和富集起来，以便于测定的进行。

对分离的要求是分离必须完全，即干扰组分减少到不再干扰的程度；而被测组分在分离过程中的损失要小至可忽略不计的程度。被测组分在分离过程中的损失，可用回收率来衡量。

$$\text{回收率}(R)=\frac{\text{分离后测得含量}}{\text{分离前含量}}\times 100\% \qquad (17-1)$$

回收率越高越好，但实际工作中随被测组分的含量不同对回收率有不同的要求。对质量分数为 1%以上的待测组分，一般要求 $R>99.9\%$；对质量分数为 0.01%～1%的待测组分，要求 $R>99\%$；质量分数小于 0.01%的痕量组分要求 R 为 90%～95%。

无机与分析化学中常用的分离方法有：沉淀分离法、溶剂萃取分离法、层析分离法、离子交换分离法以及挥发和蒸馏分离法。

17.1　沉淀分离法

沉淀分离是一种经典的分离方法。它是利用沉淀反应选择性地沉淀某些离子，而与可溶性的离子分离。方法的主要依据是溶度积原理。虽然沉淀分离需要经过过滤、洗涤等手续，操作较麻烦、费时，某些组分的沉淀分离选择性较差，分离不够完全，共沉淀、后沉淀现象严重，但由于分离操作的改进，加快了过滤、洗涤的速度，而且通过使用选择性较好的有机试剂，可提高分离的效率。因此，沉淀分离在化学分析中还是一种常用的分离方法。

17.1.1　无机沉淀剂沉淀分离法

无机沉淀剂及由无机沉淀剂生成的沉淀类型很多，本节只对形成氢氧化物和硫化物沉淀的分离作简要的讨论。

1. 氢氧化物沉淀分离法

大多数金属离子都能生成氢氧化物沉淀，如 $Fe(OH)_3$、$Mg(OH)_2$、$Al(OH)_3$ 和 $SiO_2\cdot xH_2O$、$MoO_3\cdot xH_2O$ 等，各种氢氧化物沉淀的溶解度有很大的差别。可根据溶度积原理求得某一金属离子开始生成氢氧化物沉淀和沉淀完全时的 pH 值，如表 17－1 所示。表中数据反映出不同金属离子生成氢氧化物沉淀和沉淀完全所要求的 pH 值是不同的，因此可以通过控制酸度，改变溶液中的$[OH^-]$，以达到选择沉淀分离的目的。常用的调节溶液 pH 值的试剂有 HCl、NaOH、氨水、ZnO、MgO 等。

表 17－1　常见金属离子氢氧化物开始沉淀和沉淀完全时的 pH 值

氢氧化物	开始沉淀时的 pH 值 $c(M^{n+})=0.010\ mol\cdot L^{-1}$	沉淀完全时的 pH 值 $c(M^{n+})=1.0\times10^{-5}\ mol\cdot L^{-1}$	$K_{sp}^{\ominus}$
$Mg(OH)_2$	9.63	11.13	1.8×10^{-11}
$Mn(OH)_2$	8.64	10.14	1.9×10^{-13}
$Ni(OH)_2$	7.65	9.15	2.0×10^{-15}
$Fe(OH)_2$	7.45	8.95	8.0×10^{-16}
$Cu(OH)_2$	5.17	6.67	2.2×10^{-20}
$Zn(OH)_2$	6.54	8.04	1.2×10^{-17}
$Cr(OH)_3$	4.60	5.60	6.3×10^{-31}
$Al(OH)_3$	3.70	4.70	1.3×10^{-33}
$Fe(OH)_3$	2.20	3.20	4.0×10^{-38}

(1)以 NaOH 作沉淀剂　一般来讲，对于氢氧化物，pH 值越高越易沉淀。上表中列举了多种金属离子的氢氧化物开始沉淀与沉淀完全时的 pH 值，因此可控制酸度使物质分离。但要注意两性物质的问题。当 pH 值高到一定程度后，某些氢氧化物又会溶解，例如 $Al(OH)_3$在 pH≥12 时溶解，而 $Fe(OH)_3$ 仍以沉淀的形式存在。这可用来分离两性离子与其他非两性的离子，如 Al^{3+}、Zn^{2+}和 Fe^{3+}、Mn^{2+}、Co^{2+}、Ni^{2+}、Mg^{2+}等离子的分离。

(2)氨水法　当用氨水来调节 pH 时，要考虑氨配离子的问题。在铵盐存在条件下，以 NH_3做沉淀剂，利用一些离子和氨生成氨配合物与氢氧化物沉淀分离，例如 Ag^+、Cd^{2+}、Cu^{2+}、Co^{2+}、Zn^{2+}、Ni^{2+}等离子和氨生成氨配合物，与 Fe^{3+}、Al^{3+}和 Ti(Ⅳ)等离子达到定量分离。

加 NH_{4+}的作用：可控制溶液的 pH 值为 8～9，防止 $Mg(OH)_2$沉淀生成；同时 NH_4^+ 作为抗衡离子，可减少氢氧化物对其他金属离子的吸附；促进胶状沉淀的凝聚。

(3)MgO、ZnO 悬浮液法　用难溶化合物悬浮液，尤其是氧化物悬浮液也可以控制 pH 值。例如，MgO 是一种常用的氧化物，它在水溶液中有如下平衡：

$$MgO+H_2O \rightleftharpoons Mg(OH)_2 \rightleftharpoons Mg^{2+}+2OH^-$$

$$[Mg^{2+}]\cdot[OH^-]^2=K_{sp}^{\ominus}$$

$$[OH^-]=\sqrt{\frac{K_{sp}^{\ominus}}{[Mg^{2+}]}}$$

在酸性溶液中，MgO 部分分解，形成饱和溶液而使$[Mg^{2+}]$达到一定值。设溶液中的$[Mg^{2+}]=0.01\ mol\cdot L^{-1}$时，则有：

$$[OH^-]=10\sqrt{K_{sp}^{\ominus}}$$

已知 $Mg(OH)_2$ 的 $K_{sp}^{\ominus}=1.8\times10^{-11}$，用 MgO 悬浮液控制 pH，溶液中的$[OH^-]$为：

$$[OH^-]=4.42\times10^{-5}(mol\cdot L^{-1})\qquad pH=8.63$$

在酸性溶液中加入 ZnO 悬浮液，使溶液 pH 值提高，可控制 pH 值为 6 左右，使部分氢氧化物沉淀。

此外，碳酸钡、碳酸钙、碳酸铅及氧化镁的悬浮液也有同样的作用，但所控制的 pH 值各不相同。在使用氢氧化物沉淀分离法时，可以加入掩蔽剂提高分离选择性。

氢氧化物沉淀分离法的优点是操作简便、使用范围广，缺点是大多数氢氧化物或含水氢氧化物的沉淀均是非晶形的，表面积很大，共沉淀现象严重，会使分析结果偏低或回收率偏低。

2. 硫化物沉淀分离法

能形成硫化物沉淀的金属离子约有四十余种，由于它们的溶解度相差悬殊，因此可以通过控制溶液中硫离子的浓度使金属离子彼此分离。

溶液中的$[S^{2-}]$与溶液的酸度有关。因此控制适当的酸度可进行硫化物沉淀分离。与氢氧化物沉淀法相似，硫化物沉淀法的选择性较差，是非晶形沉淀，吸附现象严重。若改用硫代乙酰胺为沉淀剂，利用它在酸性或碱性溶液中水解产生的 H_2S 或 S^{2-} 来进行均相沉淀，可使沉淀性能和分离效果有所改善。

$$CH_3CSNH_2+2H_2O+H^+\rightleftharpoons CH_3COOH+H_2S+NH_4^+$$

$$CH_3CSNH_2+3OH^-\rightleftharpoons CH_3COO^-+S^{2-}+NH_3+H_2O$$

由于硫化物共沉淀现象严重、分离效果不理想等原因，硫化物沉淀分离法的应用并不广泛。近年来有机沉淀剂的应用得到迅速的发展。

3. 其他无机沉淀剂

(1)硫酸　使钙、锶、钡、铅、镭等离子生成硫酸盐沉淀可与金属离子分离。

(2)HF 或 NH_4F　用于钙、锶、镁、钍、稀土金属离子与金属离子的分离。

(3)磷酸　利用 Zr(Ⅳ)、Hf(Ⅳ)、Th(Ⅳ)、Bi^{3+} 等金属离子能生成磷酸盐沉淀而与其他离子分离。

17.1.2 有机沉淀剂沉淀分离法

有机沉淀剂中有不同的官能团，因此它们的选择性和灵敏度较高，容易形成晶形沉淀，而且灼烧时共沉淀剂易除去。沉淀的颗粒大，表面积小，溶解度也小，共沉淀现象少，有的沉淀还可以溶解在有机溶剂中，几乎各种金属离子都有其特效试剂，因此优越性很多，在沉淀分离中有广泛应用。有机沉淀剂与金属离子形成的沉淀有三种类型：螯合物沉淀、缔合物沉淀和三元配合物沉淀。

1. 螯合物沉淀

一些有机沉淀剂常含有—COOH、—OH、—NOH、—SH、—SO_3H 等官能团，在一定的 pH 下，H^+ 可被金属离子置换，以共价键相连；沉淀剂分子中还含有另一些官能团，如—NH_2、>NH、>N—、>C═O、>C═S等，这些官能团具有 N、S、O 原子，能与金属离子以配位键相连形成螯合物。

例如，丁二酮肟在氨性溶液中，与镍的反应几乎是特效的。

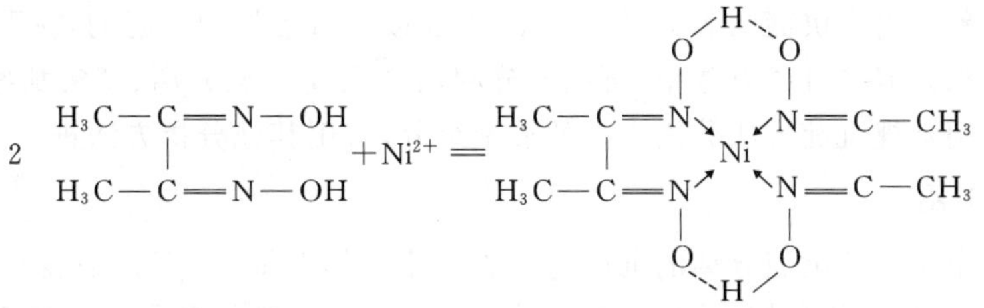

又如 8-羟基喹啉可与 Mg^{2+}、Al^{3+}、Zn^{2+} 等离子形成螯合物的沉淀。8-羟基喹啉与 Mg^{2+} 的沉淀反应如下：

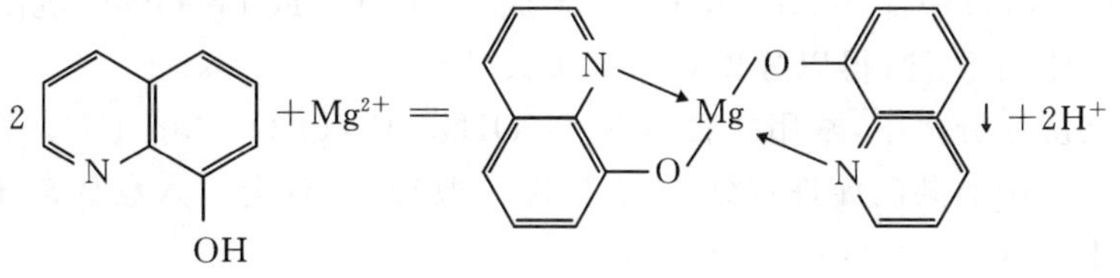

8-羟基喹啉　　　　8-羟基喹啉镁

这类螯合物不带电荷，含有较多的疏水性基团，难溶于水，控制酸度或加入掩蔽剂可以定量沉淀某种离子。

这类有机沉淀剂中疏水性基团的增大，能使沉淀的溶解度更小。若在 8-羟基喹啉芳环上引入一个甲基，形成 2-甲基-8-羟基喹啉，可选择沉淀 Zn^{2+}，而 Al^{3+} 不沉淀，达到 Al^{3+} 与 Zn^{2+} 的分离。

2. 离子缔合物沉淀

分子量较大的有机沉淀剂在水溶液中能离解成带正电荷或带负电荷的大体积离子，可与带异号电荷的金属离子或金属配离子缔合，形成不带电荷的分子量较大的难溶于水的中性缔合分子而沉淀，这类沉淀叫离子缔合物沉淀。例如，四苯硼酸钠易溶于水，是测定 K^+ 的良好沉淀剂，沉淀组成恒定，可烘干后直接称重。

$$B(C_6H_5)_4^- + K^+ \rightleftharpoons KB(C_6H_5)_4 \downarrow$$

生成的沉淀 $KB(C_6H_5)_4$ 溶度积很小，为 2.25×10^{-8}。

3. 利用胶体的凝聚作用进行沉淀

利用胶体的凝聚作用进行沉淀，如辛可宁、丹宁、动物胶等。

4. 三元配合物沉淀

被沉淀组分可以和两种不同的配位体形成三元混配配合物或三元离子缔合物，例如，$[(C_6H_5)_4As]_2HgCl_4$ 可以看作是三元配合物。再如在 HF 溶液中，BF_4^- 及二氨替比林甲烷及其衍生物所形成的三元离子缔合物也属于这一类。

三元配合物选择性好，有些是专属的反应，灵敏度高，沉淀组成稳定，相对分子质量大，作为重量分析的称量形式也较合适，近年来发展较快。

17.1.3　痕量组分的共沉淀分离和富集

利用共沉淀现象，以某种沉淀作载体，将痕量组分定量地沉淀下来，达到分离的目的。共沉淀分离一方面要求待测的痕量组分回收率高，另一方面要求共沉淀载体不干扰被测组分的测定。

共沉淀现象是由于沉淀的表面吸附作用、混晶或包藏等原因引起的，在重量分析法中对沉淀的纯净不利。但在分离方法中，可以充分利用共沉淀现象分离、富集那些含量极微、浓度极低和不能用常规沉淀方法分离出来的痕量组分，再用其他分析方法进行测试。

1. 吸附作用

利用吸附作用进行沉淀分离的沉淀物一般为非晶形沉淀，大多数是表面积很大的胶体状沉淀。例如，铜中微量的铝，可加入适量的 Fe^{3+}，再加入氨水使 Fe^{3+} 形成 $Fe(OH)_3$ 沉淀作为载体，则微量 Al^{3+} 被共沉淀，而 Cu^{2+} 不被沉淀。又如 Cr^{3+} 和 Cr(Ⅵ)共存时，可在 pH=5.7的微量氨溶液中加入 Al^{3+} 或 Fe^{3+}，形成 $Al(OH)_3$ 或 $Fe(OH)_3$ 沉淀，使得 Cr^{3+} 产生共沉淀而 Cr(Ⅵ)不沉淀，得以分离 Cr^{3+} 和 Cr(Ⅵ)。

在这一类共沉淀分离中，常用的载体有 $Al(OH)_3$、$Fe(OH)_3$、$Mg(OH)_2$、$Bi(OH)_3$ 和硫化物。利用吸附作用的共沉淀进行分离，选择性一般较差，且会引入载体离子，也许会对下一步的分析带来困难。

2. 混晶共沉淀

如果两种金属离子生成的沉淀晶格相同，就可能生成混晶析出，达到共沉淀的目的。例如，利用 Pb^{2+} 与 Ba^{2+} 生成硫酸盐混晶，用 $BaSO_4$ 共沉淀分离富集 Pb^{2+}。

3. 利用有机沉淀剂共沉淀

有机共沉淀剂的作用机理和无机共沉淀剂不同。一般认为有机共沉淀剂的共沉淀富集是由于形成了固溶体。例如，微量的 Zn^{2+} 在微酸性溶液中，加入 NH_4SCN 和甲基紫，则 $[Zn(SCN)_4]^{2-}$ 配位离子与甲基紫形成沉淀。甲基紫又可与 SCN^- 形成沉淀，则前者“溶”于后者的沉淀中，以固溶体的形式沉淀下来。

有机共沉淀剂的分子大，离子半径大，表面电荷密度小，吸附能力弱，所以选择性好。由于沉淀体积大，更有利于对痕量物质的富集。富集后，有机共沉淀剂还可通过灼烧而除去，对后一步的分析不造成影响。

17.2 溶剂萃取分离法

利用不同物质在选定溶剂中溶解度不同，达到分离混合物中组分的方法称为萃取法。萃取法通常有液-液萃取法和固-液萃取法两种方法。本节主要介绍液-液萃取法。

液-液萃取法又叫溶剂萃取分离法，它是将一种与水不相溶的有机溶剂同试液一起振荡，利用各组分在水相和有机溶剂（称有机相）中溶解度不同，达到分离的目的。

溶剂萃取分离法是一种分离、提纯与富集技术，可广泛用于稀土元素、生化物质、植物药用成分、无机与有机混合物的提取与富集。液-液萃取分离法的仪器设备简单、操作简易，易于实现自动化。但该法手工操作时，一般工作量较大，而且萃取溶剂有毒、易燃，以致使用条件受到限制。

17.2.1 萃取分离的基本原理

1. 萃取分离的本质

物质对水的亲疏性是可以改变的，为了将待分离组分从水相萃取到有机相，萃取过程通常也是将物质由亲水性转化为疏水性的过程。所以说，萃取过程的实质是完成由水相到有机相的变化，使亲水性的物质变成疏水性的物质。反之，由有机相到水相的转化，称为反萃取。

现以萃取 Ni^{2+} 为例，讨论在萃取过程中如何使它由亲水性转化为疏水性。

Ni^{2+} 在水溶液中以亲水性的 $Ni(H_2O)_6^{2+}$ 形式存在，要将它转变为疏水性，必须中和其电荷，并引入疏水性基团取代水分子，形成疏水性的、易溶于有机溶剂的化合物。为此可在 pH≈9 的氨性溶液中加入丁二酮肟，使之与 Ni^{2+} 形成螯合物，此螯合物具有疏水性，能被有机溶剂三氯甲烷萃取。

有时也需要采取相反的过程，即将有机相中的某个组分反萃取到水相中去。如上例中的三氯甲烷中的丁二酮肟镍螯合物，若加入盐酸，浓度达 0.5～1 $mol \cdot L^{-1}$ 时，则螯合物被破坏，Ni^{2+} 恢复亲水性，可从有机相返回到水相中去。萃取和反萃取配合使用，可提高萃取分离的选择性。

2. 分配系数、分配比

溶剂萃取过程是物质在互不相溶的两液相间的分配过程。在一定温度下，当物质在两相分配达到平衡时，物质在两相中的浓度（严格说是活度）比应为一个常数，该常数与物质的总浓度无关，但与溶质和溶剂的特性及温度等因素有关。例如，当用有机溶剂从水相中萃取溶质 A 达到平衡时，如果 A 在两相中的平衡浓度分别为 $[A]_{水}$、$[A]_{有}$，根据分配定律，其平衡浓度之比在一定温度条件下是一常数，即

$$\frac{[A]_{有}}{[A]_{水}}=K_D \tag{17-2}$$

K_D 是分配系数，它与溶质和溶剂的性质及温度等因素有关。

显然，K_D 大的物质，绝大部分进入有机相，K_D 小的物质仍留在水相，因而使物质彼此分离。式(17-2)称为分配定律，它是溶剂萃取法的原理。

实际上萃取体系是一个复杂的体系，常伴有离解、缔合和配合等多种化学作用，溶质 A 在两相中可能有多种型体存在，情况比较复杂，不能简单地用分配系数来说明整个萃取过程的平衡问题。在实验中可以直接测到的是被萃取物在两相中以各种型体存在的总浓度。可用溶质 A 在两相中各种型体的总浓度之比表示分配关系，则：

$$\frac{c_{有}}{c_{水}}=D \tag{17-3}$$

式中，D 称为分配比；D 值越大，说明萃取液中溶质 A 的总浓度越高，萃取效果越佳。分配比 D 与分配系数 K_D 不同，K_D 是常数，而 D 值与实验条件密切相关，随溶液 pH 值、萃取剂的种类、温度等变化而变化。只有当溶质以相同的单一形式存在于两相中时，才有 $D=K_D$。

17.2.2 萃取效率与分离因数

1. 萃取效率

当 $D>1$ 时，说明溶质在有机相中的浓度大于在水相的浓度。当 D 较大时，可使绝大部分的溶质或被萃取物进入有机相，这时萃取效率就高。在实际应用中萃取百分率 E 表示萃取效率。当溶质 A 的水相用有机溶剂萃取时，设水溶液的体积 $V_{水}$，有机相的体积为 $V_{有}$，则萃取百分率 E 可表示为：

$$E=\frac{\text{溶质 A 在有机相中的总含量}}{\text{溶质 A 在两相中的总含量}}\times 100\%$$

$$=\frac{c_{有} V_{有}}{c_{有} V_{有}+c_{水} V_{水}}\times 100\%$$

将分子分母同除以 $c_{水} V_{有}$，则得

$$E=\frac{D}{D+\frac{V_{水}}{V_{有}}}\times 100\% \tag{17-4}$$

显然，萃取效率由 D 和 $V_{水}/V_{有}$ 决定。D 越大，萃取效率越高；若 D 固定，减小 $V_{水}/V_{有}$ 体积比，增加有机溶剂的用量，也可以提高萃取效率，但效果不太明显。在实际工作中，对于分配比较小的溶质，常采用等量的有机溶剂少量多次连续萃取的办法，以提高萃取效率。

设 $V_{水}$ 溶液内含有被萃取物(A)m_0，用 $V_{有}$ 溶剂萃取一次，水相中剩余被萃取物 m_1，则进入有机相的量是(m_0-m_1)，此时分配比 D 为：

$$D=\frac{c_{有}}{c_{水}}=\frac{(m_0-m_1)/V_{有}}{m_1/V_{水}}$$

整理得

$$m_1=m_0\frac{V_{水}}{DV_{有}+V_{水}}$$

同理可得，每次用 $V_{有}$ 有机溶剂萃取 n 次，剩余在水相中的被萃取物 A 的量为 m_n g，则有

$$m_n=m_0\left(\frac{V_{水}}{DV_{有}+V_{水}}\right)^n \tag{17-5}$$

经过 n 次萃取后的萃取效率 E 为：

$$E=1-\left(\frac{V_{水}}{DV_{有}+V_{水}}\right)^n \tag{17-6}$$

例 17-1 在 pH=7.0 时，用 8-羟基喹啉氯仿溶液从水溶液中萃取 La^{3+}。已知 La^{3+} 在两相中的分配比 $D=43$，今取含 La^{3+} 的水溶液(1.00 mg·mL^{-1})20.0 mL，计算用萃取液 10.0 mL，一次萃取和用同量萃取液分两次萃取的萃取效率。

解：用 10.0 mL 萃取液一次萃取，则萃取效率为：

$$E=\frac{D}{D+\frac{V_{水}}{V_{有}}}\times 100\%=\frac{43}{43+2}\times 100\%=95.6\%$$

每次用 5.0 mL 萃取液连续萃取两次，则萃取效率为：

$$E=1-\left(\frac{V_{水}}{DV_{有}+V_{水}}\right)^n=1-\left(\frac{20}{43\times 5+20}\right)^2=0.993=99.3\%$$

可见，用同样数量的萃取液，分多次萃取，比一次萃取的效率高。但并不是萃取次数越多越好。因为增加萃取次数，会增加萃取操作的工作量，影响工作效率。对微量金属离子的分离，萃取次数通常不超过 3～4 次。

2. 分离因素

为了达到分离的目的，不但萃取效率要高，而且还要考虑共存组分间的分离要好，一般用分离因数 β 来表示分离效果。β 是两种不同组分 A、B 分配比的比值，即

$$\beta=\frac{D_A}{D_B} \tag{17-7}$$

如果 D_A 和 D_B 相差很大，分离因数就很大或很小，两种物质可以定量分离；反之 β 接近 1 时，两种物质就难以完全分离，必须多次连续萃取。

17.2.3　萃取分离操作步骤及应用

(1)萃取　常用的萃取操作是单效萃取法，通常用 60～125 mL 容积的梨形分液漏斗进行萃取。

萃取所需的时间决定于达到萃取平衡的速度。具体的萃取时间，要通过试验确定，一般为 30 秒到数分钟不等。

(2)分层　萃取后将溶液静置，待其分层，然后将两相分开。分开两项时要注意不使被测组分损失，也不使干扰组分混入。

在两相交界处，若出现一层乳浊液时，可采用增大萃取溶剂的用量、加入电解质、改变溶液酸度、不过于激烈震荡等方法消除。

(3)洗涤　在萃取分离过程中，随着被测组分进入有机相的同时，其他干扰组分也可能进入有机相。当这些干扰组分的分配比很小时，可用洗涤的方法除去。

洗涤液的基本组成与试液相同，但不含试样。将分出的有机相与洗涤液一起震荡，分配比小的杂质即转入水相。

(4)溶剂萃取法的应用　通过溶剂萃取法可以把待测组分与干扰组分分离；可以将含量极少或浓度很低的待测组分富集于小体积中，提高待测组分的浓度；当萃取分离时加入恰当的试剂以使被测组分形成有色化合物，可以在有机相中直接进行比色分析测定。

具体应用实例可查看有关分析化学书籍。

17.3　层析分离法

层析分离法又称色谱分离法，是一种物理化学分离方法。它是利用混合物各组分的物理化学性质的差异，使各组分不同程度地分布在两相中而得以分离的方法。本节只讨论简单的色层分离法即：柱层析、纸层析和薄层层析。

层析分离效率高，操作简便，不需要很复杂的设备，样品用量可多可少，适用于实验室的分离分析和工业产品的制备与提纯。如果与有关仪器结合，可组成各种自动的分离分析仪器。

17.3.1　柱层析

柱层析是把固体吸附剂如氧化铝、硅胶等装入柱内，将需要分离的溶液样品由柱顶加入，则溶液中的各组分将会被吸附在柱上端的固定相上，然后将流动相(又称洗脱剂或展开剂)从柱顶端加入、洗脱。随着展开剂由上而下的流动，被分离的组分将会在吸附剂表面不断产生吸附——解吸，再吸附——再解吸或溶解于固定液——溶解于流动相，再溶解于固定液——再溶解于流动相的过程。由于两个组分溶解、吸附的差异，因此，两组分在柱中的距离越来越大，而达分离的目的。在固定相中溶解度小的，被固定相吸附小的组分将先流出层析柱。

柱层析能不能分离两组分，主要取决于固定相和展开剂的选择。固定相吸附剂应具有较大的吸附面积和相当的吸附能力；不与展开剂和样品中的组分产生化学反应；不溶于展开剂；有一定粒度且均匀。

展开剂的选择与吸附剂吸附能力的强弱及被分离的物质的极性有关。用吸附能力较强的吸附剂来分离极性较强的物质时，应选择极性较大的展开剂，例如醇类、酯类；用吸附能力较强的吸附剂分离极性较弱的物质时，应选择极性较小的如石油醚、环乙烷等。常用的展开剂的极性的顺序为：石油醚＜环乙烷＜四氯化碳＜甲苯＜二氯甲烷＜氯仿＜乙醚＜乙酸乙酯＜正丙醇＜乙醇＜甲醇＜水。

17.3.2 纸层析

纸层析又称纸上色谱分离法。此法所用设备简单，易于操作，适合于微量组分的分离，其原理是根据不同物质在两相的分配比不同而进行分离。滤纸谱图上溶质点的移动，可以看成是溶质在固定相和流动相之间的连续作用，借分配系数不同达到分离的目的。这里以滤纸上吸附的水作为固定相，与水不相溶的有机溶剂作流动相（展开剂）。一般滤纸上的纤维能吸附 22％的水分，其中约 6％的水与纤维结合生成水合纤维素配合物。纸纤维上的羟基具有亲水性，与水的氢键相连，限制了水的扩展。因此，使得与水互溶的溶剂与水形成类似不相混合的两相。各组分在色谱图中的位置常用比移值（R_f）表示，

$$R_f=\frac{\text{原点到层析点中心的距离}}{\text{原点到溶剂前沿的距离}} \tag{17-8}$$

如图 17－1、图 17－2 所示，R_f 值在 0～1，若 $R_f \approx 0$，表明该组分基本上留在原点未动，即没被展开；若 $R_f \approx 1$，表明该组分随溶剂一起上升，待测组分在固定相中的组分浓度接近于零。

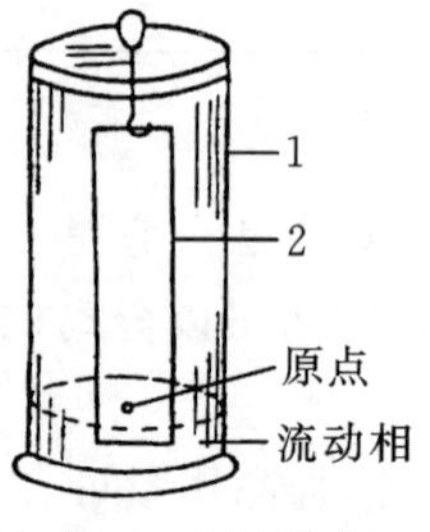

1—层析筒；2—层析滤纸。

图 17－1 纸色谱装置

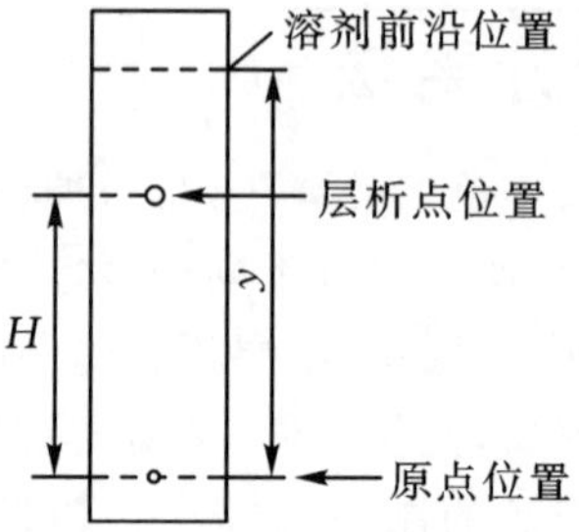

图 17－2 比移值的测量

在一定条件下 R_f 值是物质的特征值，可以利用 R_f 值鉴定各种物质。但影响 R_f 的因素很多，最好用已知的标准样品作对照。根据各物质的 R_f 值，可以判断彼此能否用色谱法分离。一般说，R_f 值只要相差 0.02 以上，就能彼此分离。

如果是有色物质的分离，各个斑点可以清楚看出来。如果分离的是无色物质，则在分离后需要用物理的或化学的方法处理滤纸而使各斑点显现出来。

纸层析是一种微量分离方法，是一项技术性很高的工作，要想得到良好的分离效果，必须严格控制分离条件。

17.3.3 薄层层析

薄层层析又称薄层色谱分离法，是在纸层析法的基础上发展起来的分离方法。与纸层

析比较，它具有速度快、分离清晰、灵敏度高以及采用各种方法显色等特点。因此近年来发展极为迅速，广泛应用于有机分析。

薄层层析法是把固定相的支持剂均匀地涂在玻璃板上，把样品点在薄层板的一端，放在密闭的容器中，用适当的溶剂展开。借助薄层板的毛细作用，展开剂由下向上移动。由于固定相相对不同物质的吸附能力不同，当展开剂流过时，不同物质在吸附剂与展开剂之间发生不断吸附、解吸、再吸附、再解吸等过程。易被吸附的物质移动的慢些，较难被吸附的物质移动的快些，经过一段时间的展开，不同物质彼此分开，最后形成相互分开的斑点。样品分离情况也可以用比移值 R_f 来衡量。

在薄层层析中，为了获得良好的分离，必须选择适当的吸附剂和展开剂。对展开剂的选择，仍以溶剂的极性为依据。一般地说，极性大的物质要选择极性大的展开剂，为了寻找适宜的展开剂，需要经过多次实验方能确定。吸附剂必须具有适当的吸附能力，而与溶剂、展开剂及欲分离的试样又不会发生任何化学反应。吸附剂都做成细粉状，一般以 150～250 目较为合适。其吸附能力的强弱，往往和所含的水分有关。含水较多的，吸附能力就大大减弱，因此需要把吸附剂在一定温度下烘干以除去水分，进行“活化”，在薄层层析中最广泛的吸附剂是氧化铝和硅胶。

17.4　离子交换法

离子交换法是利用离子交换树脂与溶液中离子发生交换反应而使离子分离的方法。此法分离效率高，不仅用于带相反电荷的离子之间的分离，还可用于带相同电荷或性质相似的离子之间的分离。分离对象一定是带电荷的离子或基团。离子交换法也可以用来进行微量元素的富集和高纯物质的制备。

17.4.1　离子交换树脂的结构和种类

离子交换树脂为具有网状结构的高分子聚合物。例如，常用的聚苯乙烯磺酸型阳离子交换树脂，就是以苯乙烯和二乙烯苯聚合后经磺化制得的聚合物。

在树脂的庞大结构中碳链和苯环组成了树脂的骨架，它具有可伸缩性的网状结构，其上的磺酸基是活性基团。当这种树脂浸泡在溶液中时，$—SO_3H$ 的 H^+ 与溶液中阳离子进行交换。在苯乙烯和二乙烯苯聚合成具有网状骨架结构树脂小球中，二乙烯苯在苯乙烯长链之间起到“交联”作用。因此，二乙烯苯称为交联剂。通过磺化，在树脂的网状结构上引入许多活性离子交换基团，如磺酸基团。磺酸根固定在树脂的骨架上，称为固定离子，而氢离子可被交换，称为交换离子。

目前分析中应用较多的离子交换树脂是一类高分子聚合物，其中含有许多活性基团，可被其他离子或基团交换。根据可以被交换的活性基团的不同，离子交换树脂可以分为如下几种。

(1)阳离子交换树脂。阳离子交换树脂的活性基团是酸性的，如$—SO_3H$、—COOH、$—C_6H_4—OH$，酸性基团上 H^+ 可以被阳离子所交换。

活性基团是 $-SO_3H$ 的树脂称为强酸型阳离子交换树脂(如国产＃732 树脂)。它在酸性、中性和碱性中都可使用，交换速度快、应用范围最广。活性基团是—COOH 或—

C_6H_4—OH 的树脂称之为弱酸型阳离子交换树脂(如国产＃724 树脂)。该树脂对 H^+ 的亲和力大,即活性基团的离解平衡常数小,在酸性溶液中一般不会发生交换反应,常在碱性条件下使用。如—COOH 的使用条件是 pH>4;—C_6H_4—OH 的使用条件是 pH>9.5。由于它们的选择性比强酸型的阳离子交换树脂好,也容易洗脱,常可用来分离不同的强度的碱性氨基酸、有机碱等。

(2)阴离子交换树脂。阴离子交换树脂的活性基团为碱性基团,如—$N^+(CH_3)_3OH^-$、—$N^+H(CH_3)_2OH^-$、—$N^+H(CH_3)OH$、—N^+H_3OH,碱性基团上的阴离子可被溶液中的阴离子所交换。和阳离子交换树脂的使用条件相对应,—$N^+(CH_3)_3OH^-$ 是强碱型阴离子交换树脂(如国产＃717 树脂),它可在各种 pH 下使用,而其他的树脂称之为弱碱型阴离子交换树脂(如国产＃707 树脂),它们都必须在较低的 pH 条件下才可发生交换反应。

(3)螯合树脂。这类树脂中引入了有高度选择性的特殊活性基团,可与某些金属离子形成螯合物,在交换过程中能选择性地交换某种金属离子。例如含有氨基二乙酸基团[—$N(CH_2COOH)_2$]为活性基团的树脂,它对 Cu^{2+}、Co^{2+}、Mn^{2+} 有很好的选择性。从有机试剂结构理论出发,可按需要设计和合成一些新的螯合树脂。

17.4.2 交换树脂的性质

强酸性阳离子交换树脂可以和溶液中的阳离子进行交换:

$$nR-SO_3H+M^{n+} \rightleftharpoons M(R-SO_3)_n+H^+$$

强碱性阴离子交换树脂可以和溶液中的阴离子进行交换:

$$R-N(CH_3)_3OH+Cl^- \rightleftharpoons RN(CH_3)_3Cl+OH^-$$

影响离子交换树脂的交换性能主要性质为离子亲和力、交换容量和交联度等。

1. 亲和力

树脂对离子的亲和力大小与离子的电荷数、水合离子半径及离子的电荷有关。离子的电荷数越高,水合离子半径越小,树脂对该离子的亲和力越强。

(1)强酸型阳离子交换树脂。

①不同价态的离子,电荷越高,亲和力越大。例如以下离子的亲和力大小顺序是:

$$Na^+<Ca^{2+}<Al^{3+}<Th^{4+}$$

②当离子价态相同时,亲和力随水合离子半径减小而增大,例如以下离子的亲和力大小顺序是:

$$Li^+<H^+<Na^+<NH_{4+}<K^+<Rb^+<Cs^+<Tl^+<Ag^+$$

$$Mg^{2+}<Zn^{2+}<Co^{2+}<Cu^{2+}<Cd^{2+}<Ni^{2+}<Ca^{2+}<Sr^{2+}<Pb^{2+}<Ba^{2+}$$

③稀土元素的亲和力随原子序数增大而减小,主要是由于镧系收缩现象所致。

(2)弱酸型阳离子交换树脂。H^+ 的亲和力比其他阳离子大,此外亲和力大小顺序与强酸型阳离子交换树脂相同。

(3)强碱型阴离子交换树脂。常见阴离子的亲和力顺序为:

$F^-<OH^-<CH_3COO^-<HCOO^-<Cl^-<NO_{2-}<CN^-<Br^-<C_2O_4^{2-}<NO_3^-<HSO_4^-<I^-<CrO_4^{2-}<SO_4^{2-}<$柠檬酸根

(4)强碱型阴离子交换树脂。常见阴离子的亲和力顺序为：

$F^- < Cl^- < Br^- < I^- < CH_3COO^- < MoO_4^{2-} < PO_4^{3-} < AsO_4^{3-} < NO_3^-$ <酒石酸根< $CrO_4^{2-} < SO_4^{2-} < CrO_4^{2-} < OH^-$

由于树脂对离子的亲和力不同,所以当混合离子经过树脂时,与树脂的交换会出现不同的交换次序。若混合离子中各组分离子的浓度相同,则与树脂亲和力越强的离子越易被交换上去,但洗脱时则越不易被洗脱下来,而与树脂亲和力小的离子先被洗脱下来,由此达到分离的目的。

2. 交换容量

交换容量是指单位质量的干树脂所能交换离子的数目,单位为 $mmol \cdot g^{-1}$ 或 $mol \cdot kg^{-1}$。交换容量由实验确定。当树脂实际交换量已达树脂交换容量的 80%时,树脂就应进行再生。

3. 交联度

交联度是指离子交换树脂中交联剂的含量,是树脂的重要性质之一,通常以质量分数 χ 表示：

$$\chi = \frac{\text{交联剂质量}}{\text{树脂总质量}} \times 100\% \tag{17-9}$$

一般离子交换树脂的交联度为 8%～12%。交联度越高,表明网状结构越紧密,网眼小,树脂孔隙度小,需交换的离子很难进入树脂,因此交换速度慢,对水的溶胀性能差。其优点是选择性高、机械强度大,不易破碎。

17.4.3　离子交换分离操作

离子交换分离法包括静态法和柱交换分离法。

静态法是将处理好的交换树脂放于样品溶液中,或搅拌或静止,反应一段时间后分离。该法非常简便,但分离效率低。常用于离子交换现象的研究。在分析上用于简单组富集或大部分干扰物的去除。

柱交换分离法是将树脂颗粒装填在交换柱上,让试液和洗脱液分别流过交换柱进行分离,如图 17-3 所示为离子交换装置图。以下介绍的是离子交换柱分离法。

(1)树脂的选择和预处理。

选择：根据待分离试样的性质与分离的要求,选择合适型号和粒度的离子交换树脂。

浸泡：让干树脂充分溶涨,除去树脂内部杂质。如强酸型阳离子交换树脂,先用乙醇洗去有机杂质,再用 2～4 $mol \cdot L^{-1}$ HCl 浸泡 1～2 天;然后用水和去离子水洗净离子交换树脂。

转型：根据分离需要进一步转型。如强酸型阳离子交换树脂,可用 NH_4Cl 溶液转化为铵型阳离子交换树脂;强碱型阴离子交换树脂可分别用 NaCl 溶液转化为氯型阴离子交换树脂。

(2)装柱。

交换柱的选择：交换柱的直径与长度主要由所需交换的物质的量和分离的难易程度所决定,较难分离的物质一般需要较长的柱子。

装柱：用处理好的离子交换树脂装柱。在柱管底部装填少量玻璃丝,柱管注满水,倒入一定量的湿树脂,让其自然沉降到一定高度。装柱时应防止树脂层中夹有气泡。要保证树脂颗粒浸泡在水中。

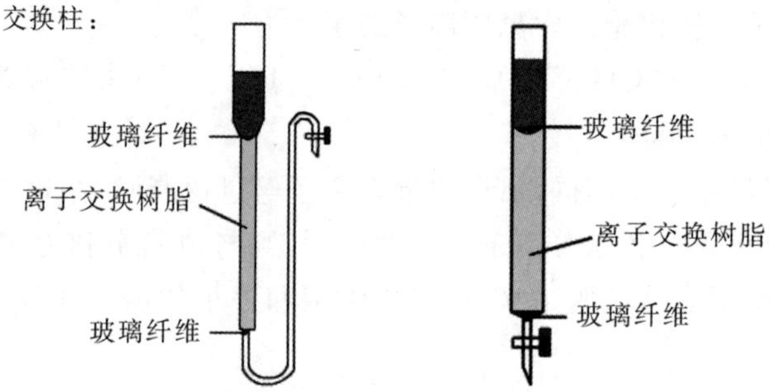

图 17-3 离子交换装置图

(3)交换。将试液按适当的流速，流经交换柱，试液中那些能与离子交换树脂发生交换的相同电荷的离子将保留在柱上，而那些带异性电荷的离子或中性分子不发生交换作用，随着液相继续向下流动，如图 17-4 所示。当试液不断地倒入交换柱，在交换层的上面一段树脂已全部被交换(已交换层)，下面一段树脂完全还没有交换(未交换层)，中间一段部分交换(交界层)。在不断的交换过程中，交界层逐渐向下移动。当交界层底部到达交换柱底部时，在流出液开始出现未被交换的样品离子，交换过程达到“始漏点”。此时，对应交换柱的有效交换容量称为“始漏量”。

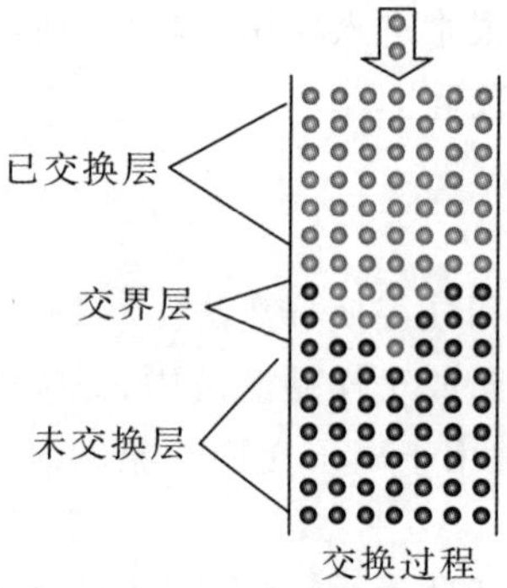

图 17-4 离子交换过程示意图

(4)淋洗(洗脱)。用适当的淋洗剂，以适当的流速，将交换上去的离子洗脱并分离。因此说洗脱过程是交换过程的逆过程。当洗脱液不断地注入交换柱时，已交换在柱上的样品离子就不断地被置换下来。置换下来的离子在下行过程中又与新鲜的离子交换树脂上的可交换离子发生交换，重新被柱保留。在淋洗过程中，待分离的离子在下行过程中反复地进行着“置换—交换—置换”的过程。洗脱过程可用洗脱曲线表示，如图 17-5 所示。

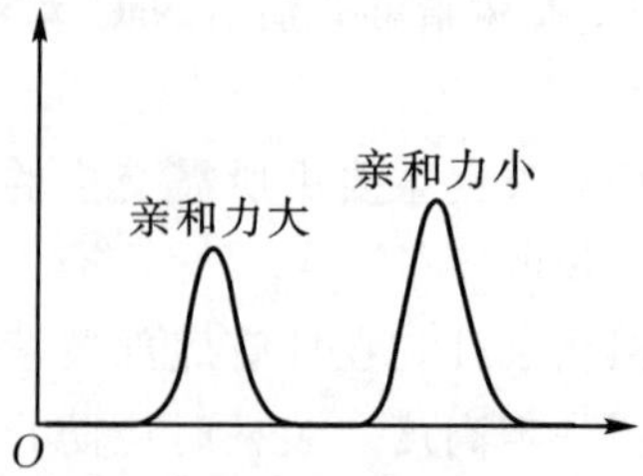

图 17-5 离子洗脱曲线

根据离子交换树脂对不同离子的亲和力差异，洗脱时，亲和力大的离子更容易被柱保留而难以置换。亲和力大的离子向下移动的速度慢，亲和力小的离子向下移动的速度快。因此可以将它们逐个洗脱下来。亲和力最小的离子最先被洗脱下来。因此，淋洗过程也就是分离过程。

(5)再生。使交换树脂上的可交换离子回复为交换前的离子，以使再次使用。有时洗脱过程就是再生过程。

17.4.4　离子交换法的应用

在应用离子交换法进行分离、提纯时，必须按操作步骤进行。离子交换法操作步骤可简单地概括为：树脂的选择和预处理、装柱、交换、洗脱和树脂再生等。

1. 制备去离子水

自来水含有许多杂质，可以用离子交换法除去，制成纯度很高的去离子水。当水流过树脂时，水中可溶性无机盐和一些有机物可能被树脂交换吸附而被除去。净化水多使用复柱法。首先按规定方法处理树脂和装柱，再把阴、阳离子交换柱串联起来，将水依次通过，若串联的柱数多一些，出来的水纯度也高一些。若再串联一根混合柱(阳离子树脂和阴离子树脂按 1∶2 混合装柱)，除去残留离子，这时交换出来的水称为“去离子水”，可代替蒸馏水使用。

2. 分离干扰离子

用离子交换法能方便地分离干扰离子。例如用重量法测定 SO_4^{2-} 时，由于试样中大量的 Fe^{3+} 会共沉淀，影响 SO_4^{2-} 的准确测定。若将待测酸性溶液通过阳离子交换树脂，可把 Fe^{3+} 分离掉，然后在流出液中测定 SO_4^{2-}，分析结果的准确度可得到较大提高。

3. 不同价态离子的分离测定

当同种元素有不同的氧化态时，可利用离子交换树脂对不同价态离子的亲和能力不同，将它们进行分离并测定。例如，Cr 常以 Cr(Ⅲ)与 Cr(Ⅵ)存在于自然界，在环境分析中，常要求分别测定两者的含量。由于 Cr(Ⅲ)以阳离子形式存在，而 Cr(Ⅵ)以阴离子形式存在，可选择阳离子交换树脂或阴离子交换树脂用离子交换分离法使之分离后再分别测定。

4. 痕量组分的富集

在试样中不含有大量的其他电解质时，可以用离子交换法富集试样中的痕量组分。如天然水中 K^+、Na^+、Ca^{2+}、Mg^{2+}、Cl^-、SO_4^{2-} 等痕量组分的测定，可使天然水流经 H－型阳离子交换柱和阴离子交换柱，使阳离子、阴离子分别交换于不同交换柱上，再分别用稀盐酸和氨水洗脱阳离子和阴离子，可使各种痕量组分得到富集而方便测定。

近年来，离子交换法在有机分析、药物分析和生物化学分析等方面均获得迅速发展和日益广泛应用。例如对氨基酸的分离，已进行了深入研究，并取得了较大的成果，据报道，在一根交换柱上已能分离出四十六种氨基酸和其他组分。

17.5　挥发和蒸馏分离法

挥发和蒸馏分离法是利用化合物的挥发性的差异来进行分离的方法。

蒸馏法是一种重要的分离方法，它是基于气-液平衡的原理将组分分离。蒸馏是对液态物质而言。挥发分离与蒸馏分离相类似，它是利用组分能挥发的特点，采用一定的方法使干扰组分借挥发除去以达纯化的目的，或利用挥发分离富集痕量组分。

在有机分析中，经常用到挥发和蒸馏分离法。例如有机化合物中C、H、O、N、S等元素的定量分析，就采用了这种分离方法。在无机分析中，挥发和蒸馏分离的应用虽不多，但由于方法的选择性比较高，容易掌握，故在某些情况下具有很重要的意义。例如，测定自来水、石油或食品中的微量砷时，可以用锌粒和稀硫酸将试样中的砷还原为砷化氢，经挥发和吸收后，可利用比色法进行测定。又如测定肥料或大豆中氮的含量，先将各种含氮化合物中的氮经适当处理后，全部转化为NH_4^+，然后加碱蒸馏出NH_3，用吸收液吸收后进行测定。

升华法常用作试剂的提纯，如用升华法提纯的碘可用作标准物质。

17.6 分离新技术

近年来发展的新分离技术很多，此处只简略介绍几种，其余的在后继课程中再作介绍。

17.6.1 固相微萃取分离法

固相微萃取分离法是20世纪90年代初发展起来的试样预分离富集方法，它集试样预处理和进样于一体，将试样纯化、富集后，可与各种分析方法相结合而特别适用于有机物的分析测定。固相微萃取分离法属于非溶剂型萃取法。

1. 直接固相微萃取分离法

将涂有高分子固相液膜的石英纤维直接插入试样溶液或气样中，对待分离物质进行萃取，经过一定时间在固相涂层和水溶液两相中达到分配平衡，即可取出进行色谱分析。

2. 顶空固相微萃取分离法

涂有高分子固相液膜的石英纤维停放在试样上方进行顶空萃取，这是三相萃取体系，要达到固相，气相和液相的分配平衡，由于纤维不与试样基体接触，避免了基体干扰，提高了分析速度。

3. 固相微萃取的影响因素

(1)液膜厚度及其性质的影响　液膜越厚，固相吸附量越大，有利于提高方法灵敏度。但由于被分离的物质进入固相液膜是扩散过程，液膜越厚，所需达到平衡的时间越长。

(2)搅拌速率的影响　在理想搅拌状态下，平衡时间主要由分析物在固相中的扩散速度决定。在不搅拌或搅拌不足状态下，被分离物质在液相扩散速度较慢，更主要的是由于固相表面附有一层静止水膜，难以破坏，被分离物质通过该水膜进入固相的速度很慢，使得萃取时间很长。

(3)温度的影响　升温有利于缩短平衡时间，加快分析速度，但是，升温会使被分离物质的分配系数减小，在固相的吸附量减小。所以在使用此方法时应寻找最佳工作温度。

(4)盐的作用和溶液酸度的影响　增强水溶液的离子强度，减小被分离有机物的溶解度，使分配系数增大，提高分析灵敏度。

4. 应用

固相微萃取分离法可用于环境污染物、农药、食品饮料及生物物质的分离与富集的分离分析。

17.6.2　超临界流体萃取分离法

1. 基本原理

利用超临界流体作萃取剂，从液体或固体中萃取出某些成分并进行分离的技术。超临界条件下的流体，是处于临界温度(T_c)和临界压力(P_c)以上，以流体形式存在的物质。通常有二氧化碳(CO_2)、氮气(N_2)、氧化二氮(N_2O)、乙烯(C_2H_4)、三氟甲烷(CHF_3)等。超临界的流体的密度很大，与液体相仿，很容易溶解其他的物质，另一方面，它的黏度很小，接近于气体，所以传质速率会很高；加上表面张力小，容易渗透固体颗粒，并保持很大的流速，可使萃取过程在高效快速又经济的条件下完成。

通常用二氧化碳作超临界萃取剂，分离萃取低极性和非极性的化合物；用氨或氧化二氮作超临界流体萃取剂分离萃取极性较大的化合物。

2. 应用

特别适用于烃类及非极性脂溶化合物。此法既有从原料中提取和纯化少量有效成分的功能，又能从粗制品中除去少量杂质，达到深度纯化的效果。

超临界流体萃取的另一个特点是它能与其他仪器分析方法联用，从而避免了试样转移时的损失，减少了各种人为的偶然误差，提高了方法的精密度和灵敏度。

17.6.3　液膜萃取分离法

1. 基本原理

液膜萃取分离法吸取了液-液萃取的特点，又结合了透析过程中可以有效去除基体干扰的长处，具有高效、快速、简便、易于自动化等优点。液膜萃取分离法的基本原理是由渗透了与水互不相溶的有机溶剂的多孔聚四氟乙烯膜把水溶液分隔成两相，即萃取相与被萃取相。试样水溶液的离子流入被萃取相与其中加入的某些试剂形成中性分子(处于活化态)。这种中性分子通过扩散溶入吸附在多孔聚四氟乙烯上的有机液膜中，再进一步扩散进入萃取相，一旦进入萃取相，中性分子受萃取相中化学条件的影响又分解为离子(处于非活化态)而无法再返回液膜中去。其结果使被萃取相中的物质-离子通过液膜进入萃取相中。

2. 影响因素

在液膜萃取分离中，被分离的物质在流动相的水溶液中只有转化为活化态(即中性分子)才进入有机液膜，因此提高液膜萃取分离技术的选择性主要取决于如何提高被分离物由非活化态转化为活化态的能力，而不使干扰物质或其他不需要的物质变为活化态。因此可采取：①改变被萃取相与萃取相的化学环境，如调节溶液的 pH 值就可以把各种 pK 不同的物质有选择的萃取出来；②改变聚四氟乙烯隔膜中有机液体极性的大小，从而提高对极性不同的物质萃取效率。

3. 应用

液膜萃取分离法广泛应用于环境试样的分离与富集。例如大气中微量有机胺的分离；

水中铜和钴离子的分离；水体中酸性农药的分离测定等。

17.6.4 毛细管电泳分离法

毛细管电泳分离法是在充有流动电解质的毛细管两端施加电压，利用电位梯度及离子淌度的差别，实现流体中组分的电泳分离。对于给定的离子和介质，淌度是该离子的特征常数，是由该离子所受的电场力与其通过介质时所受的摩擦力的平衡所决定的。带电量大的物质具有的淌度高，而带电量小的物质淌度低。离子的迁移度分别与电泳淌度和电场强度成正比。毛细管电泳分离法具有取样少，分离效率高，分离速度快，灵敏度高等特点。

习 题

1. 如果试液中含有 Fe^{3+}、Al^{3+}、Ca^{2+}、Mg^{2+}、Cu^{2+}、Mn^{2+}、Cr^{3+} 和 Zn^{2+} 等离子，加入 NH_4Cl 和氨水缓冲溶液，控制 pH＝9，哪些离子以什么形式形成于沉淀中？沉淀是否完全（假设各离子浓度均为 0.010 $mol \cdot L^{-1}$）？哪些离子以什么形式存在于溶液中？

2. 已知 $Mg(OH)_2$ 的 $K_{sp}^{\ominus}=5.6\times10^{-12}$，$Zn(OH)_2$ 的 $K_{sp}^{\ominus}=1.2\times10^{-17}$，试计算 MgO 和 ZnO 悬浊液所能控制溶液的 pH 值。

3. 分配系数 K_D 和分配比 D 的物理意义是什么？

4. 在含有 Fe^{3+}、Mg^{2+}（浓度均为 0.10 $mol \cdot L^{-1}$）的混合溶液中，若控制 $NH_3 \cdot H_2O$ 的浓度为 0.10 $mol \cdot L^{-1}$，NH_{4+} 的浓度为 1.0 $mol \cdot L^{-1}$，能使 Fe^{3+}、Mg^{2+} 分离完全吗？

5. 某溶液含 Fe^{3+} 10 mg，将它萃取入某有机溶剂中时，分配比 $D=0.90$，问用等体积溶液萃取一次、两次或三次，水相中 Fe^{3+} 量各是多少？若在萃取两次后，合并有机层，用等体积水洗一次，会损失 Fe^{3+} 多少 mg？

6. 某一弱酸 HA 的 $K_a^{\ominus}=2.0\times10^{-5}$，它在某种有机溶剂和在水中的分配系数为 30.0，当水溶液的①pH＝1.0；②pH＝5.0 时，分配比各为多少？用等体积的有机溶剂萃取，萃取效率各为多少？若是 99.5％的弱酸进入有机相，这样的萃取要进行多少次？若使萃取剂的总体积与水相体积相等，又要萃取多少次。

7. 现称取 KNO_3 0.2788 g 试样溶于水后，让溶液通过强酸型阳离子交换树脂，流出液用 0.1075 $mol \cdot L^{-1}$ NaOH 滴定，用甲基橙作指示剂，用去 NaOH 23.85 mL，计算 KNO_3 的纯度。

8. 石膏试样中 SO_3 的测定用下列方法：称取石膏试样 0.1747 g，加入沸水 50 mL，再加 10 g 强酸型氢型阳离子交换树脂，加热 10 min 后，用滤纸过滤并洗涤，然后用 0.1053 $mol \cdot L^{-1}$ NaOH的标准溶液滴定滤液，消耗该溶液 20.34 mL，计算石膏中三氧化硫的质量分数。

9. 用 OH 型阴离子交换树脂分离 9 $mol \cdot L^{-1}$ 的 HCl 溶液中的 Fe^{3+} 和 Al^{3+}，原理如何？哪种离子留在树脂上，哪些离子进入流出液中？如何检验进入流出液中的离子已全部进入了流出液？此过程完成后，如何将留在树脂上的另一种离子洗下来？

附　　录

表 1　基本物理常数表

电子的电荷	$e=1.6021917\times10^{-19}$ C
Palnck 常量	$h=6.626196\times10^{-34}$ J·S
光速(真空)	$c=2.9979250\times10^{8}$ m·s^{-1}
Boltzman 常量	$K=1.380622\times10^{-23}$ J·K^{-1}
摩尔气体常量	$R=8.31441$ J/(mol·k)
Avogadro 常量	$N=6.022169\times10^{23}$ mol^{-1}
Faraday 常量	$F=9.648670\times10^{4}$ C/mol
原子质量单位	$U=1.6605655\times10^{-27}$ kg
电子静止质量	$m_e=9.109558\times10^{-31}$ kg
Bohr 半径	$r_e=5.2917715\times10^{-11}$ m

表 2　单位换算

1 米(m)$=10^2$厘米(cm)$=10^3$毫米(mm)$=10^6$微米(μm)$=10^9$纳米(nm)

1 大气压(atm)=760 托(torr)=1.01325 巴(Bar)=101325 帕(Pa)

=1033.26 厘米水柱(cmH_2O)(4 ℃)=760 毫米汞柱(mmHg)(0 ℃)

1 热化学卡(cal)=4.1840 焦(J)

0 ℃=273.15 K

1 电子伏特(eV)=23.061 kJ/mol

1 p/m(一百万分之一)$=1\times10^{-6}$

1 p/t (一千万分之一)$=1\times10^{-9}$

表 3 一些物质的标准生成焓、标准生成 Gibbs 函数和标准熵(298 K)

物 质	$\Delta_f H_m^\ominus$/(kJ·mol^{-1})	$\Delta_f G_m^\ominus$/(kJ·mol^{-1})	$S^\ominus$/(J·mol^{-1}·K^{-1})
Ag(s)	0	0	42.702
AgBr(s)	−99.50	−95.94	107.11
AgCl(s)	−127.035	−109.721	96.11
AgI(s)	−62.38	−66.32	114.2
$AgNO_3$(s)	−123.14	−32.17	140.72
Ag_2SO_4(s)	−713.4	−615.76	200.0
Al(s)	0	0	28.321
$AlCl_3$(s)	−695.3	−631.18	167.4
Al_2O_3(s,刚玉)	−1669.79	−1576.41	50.986
$Al_2(SO_4)_3$(s)	−3434.98	−3091.93	239.3
Ba(s)	0	0	66.944
$BaCO_3$(s)	−1218.8	−1138.9	112.1
$BaCl_2$(s)	−860.06	−810.9	126
BaO(s)	−558.1	−528.4	70.3
$BaSO_4$(s)	−1465.2	−1353.1	132.2
Br_2(g)	30.71	3.142	245.346
Br_2(l)	0	0	152.3
C(金刚石)	1.8961	2.86604	2.4389
C(石墨)	0	0	5.6940
CO(g)	−110.525	−137.269	197.907
CO_2(g)	−393.514	−394.384	213.639
Ca(s)	0	0	41.63
$CaCO_3$(方解石)	−1206.87	−1128.76	92.88
$CaCl_2$(s)	−795.0	−750.2	113.8
CaO(s)	−635.5	−604.2	39.7
$Ca(OH)_2$(s)	−986.59	−896.76	76.1
$CaSO_4$(s)	−1432.69	−1320.30	106.7
Cl(g)	121.386	105.403	165.088
Cl_2(g)	0	0	222.949
Co(s)	0	0	28.5
Cr(s)	0	0	23.77
$CrCl_2$(s)	−395.64	−356.27	114.6

续表

物 质	$\Delta_f H_m^\ominus$/(kJ·mol^{-1})	$\Delta_f G_m^\ominus$/(kJ·mol^{-1})	$S^\ominus$/(J·mol^{-1}·K^{-1})
Cr_2O_3(3)	−1128.4	−1046.8	81.2
Cu(s)	0	0	33.30
CuO(s)	−155.2	−127.2	42.7
$CuSO_4$(s)	−769.86	−661.9	113.4
Cu_2O(s)	−116.69	−142.0	93.89
F_2(g)	0	0	203.3
Fe(s)	0	0	27.15
FeO(s)	−266.5	−256.9	59.4
FeS(s)	−95.06	−97.57	67.4
Fe_2O_3(赤铁矿)	−822.2	−741.0	90.0
Fe_3O_4(磁铁矿)	−1117.1	−1014.2	146.4
H(g)	217.94	203.26	114.60
H_2(g)	0	0	130.587
HBr(g)	−36.23	−53.22	198.24
HCl(g)	−92.31	−95.265	184.80
HNO_3(l)	−173.23	−79.91	155.60
HF(g)	−268.6	−270.7	173.51
HI(g)	25.94	1.30	205.60
H_2O(g)	−241.827	−228.597	188.724
H_2O(l)	−285.838	−237.191	69.940
H_2O(s)	−291.850	−234.08	39.4
H_2S(g)	−20.146	−33.020	205.64
H_2SO_4	−800.8	−687.0	156.86
H_3PO_4(l)	−1271.94	−1138.0	201.87
H_3PO_4(s)	−1283.65	−1139.71	176.2
Hg(1)	0	0	77.4
$HgCl_2$(s)	−223.4	−176.6	144.3
Hg_2Cl_2(s)	−264.93	−210.66	195.8
HgO(s.红色)	−90.71	−58.53	70.3
HgS(s.红色)	−58.16	−48.83	77.8
I_2(s)	0	0	116.7

续表

物　质	$\Delta_f H_m^\ominus/(kJ \cdot mol^{-1})$	$\Delta_f G_m^\ominus/(kJ \cdot mol^{-1})$	$S^\ominus/(J \cdot mol^{-1} \cdot K^{-1})$
$I_2(g)$	62.250	19.37	260.58
K(s)	0	0	63.6
KBr(s)	−392.17	−379.20	96.44
KCl(s)	−435.868	−408.325	82.68
KI(s)	−327.65	−322.29	104.35
$KNO_3(s)$	−492.71	−393.13	132.93
KOH(s)	−425.34	−374.2	(59.41)
Mg(s)	0	0	32.51
$MgCO_3(s)$	−1113.00	−1029	65.7
$MgCl_2(s)$	−641.83	−592.33	89.5
MgO(s)	−601.83	−569.57	26.8
$Mg(OH)_2(s)$	−924.7	−833.75	63.14
Mn(α,s)	0	0	31.76
$MnCl_2(s)$	−482.4	−441.4	117.2
MnO(s)	−384.9	−362.75	59.71
$N_2(g)$	0	0	191.489
$NH_3(g)$	−46.19	−16.636	192.50
$NH_4Cl-\alpha(s)$	−315.38	−203.89	94.6
$(NH_4)_2SO_4(s)$	−1191.85	−900.35	220.29
NO(g)	90.31	86.688	210.618
$NO_2(g)$	33.853	51.840	240.45
Na(s)	0	0	51.0
NaBr(s)	−359.95	−349.4	91.2
NaCl(s)	−411.002	−384.028	72.38
NaOH(s)	−426.8	−380.7	64.18
$Na_2CO_3(s)$	−1133.95	−1050.64	136.0
$Na_2O(s)$	−416.22	−376.6	72.8
$Na_2SO_4(s)$	−1384.49	−1266.83	149.49
Ni(α,s)	0	0	29.79
NiO(s)	−538.1	−453.1	79
$O_2(g)$	0	0	205.029
$O_3(g)$	142.3	163.43	238.78
P(红色)	−18.41	8.4	63.2

续表

物 质	$\Delta_f H_m^\ominus$/(kJ·mol^{-1})	$\Delta_f G_m^\ominus$/(kJ·mol^{-1})	$S^\ominus$/(J·mol^{-1}·K^{-1})
Pb(s)	0	0	64.89
$PbCl_2$(s)	−359.20	−313.97	136.4
PbO(s,黄)	−217.86	−188.49	69.5
S(斜方)	0	0	31.88
SO_2(g)	−296.90	−300.37	248.53
SO_3(g)	−395.18	−370.37	256.23
Si(s)	0	0	18.70
SiO_2(石英)	−859.4	−805.0	41.84
Ti(s)	0	0	30.3
TiO_2(金红石)	−912	−852.7	50.25
Zn(s)	0	0	41.63
ZnO(s)	−347.98	−318.19	43.9
ZnS(s)	−202.9	−198.32	57.7
$ZnSO_4$(s)	−978.55	−871.57	124.7
CH_4(g)	−74.848	−50.794	186.19
C_2H_2(g)	−226.731	−209.200	200.83
C_2H_4(g)	52.292	68.178	219.45
C_2H_6(g)	−84.667	−32.886	229.49
C_6H_6(g)	82.93	129.076	269.688
C_6H_6(l)	49.036	124.139	173.264
HCHO(g)	−115.9	−110.0	220.1
HCOOH(g)	−362.63	−335.72	246.06
HCOOH(l)	−409.20	−346.0	128.95
CH_3OH(g)	−201.17	−161.88	237.7
CH_3OH(l)	−238.57	−166.23	126.8
CH_3CHO(g)	−166.36	−133.72	265.7
CH_3COOH(l)	−487.0	−392.5	159.8
CH_3COOH(g)	−436.4	−381.6	293.3
C_2H_5OH(1)	−277.63	−174.77	160.7
C_2H_5OH(g)	−235.31	−168.6	282.0

表 4 一些水合离子的标准生成焓、标准生成 Gibbs 函数和标准熵

物质	$\Delta_f H_m^\ominus$/(kJ·mol^{-1})	$\Delta_f G_m^\ominus$/(kJ·mol^{-1})	$S^\ominus$/(J·mol^{-1}·K^{-1})
H^+	0.00	0.00	0.00
Na^+	−239.655	−261.872	60.2
K^+	−251.21	−282.278	102.5
Ag^+	105.90	77.111	73.93
$NH_4{}^+$	−132.80	−79.50	112.84
Ba^{2+}	−538.36	−560.7	13
Ca^{2+}	−534.59	−553.04	−55.2
Mg^{2+}	−461.96	−456.01	−118.0
Fe^{2+}	−87.9	−84.94	−113.4
Fe^{3+}	−47.7	10.54	−293.3
Cu^{2+}	64.39	64.98	−100
CO_3^{2-}	−676.26	−528.10	−53.1
Pb^{2+}	−1.63	−24.31	21.3
Mn^{2+}	−218.8	−223.4	−84
Al^{3+}	−524.7	−481.16	−313.4
OH^-	−229.940	−158.78	−10.539
F^-	−329.11	−276.48	−9.6
Cl^-	−167.456	−131.168	55.10
Br^-	−120.92	−102.818	80.71
I^-	−55.94	−51.67	109.37
HS^-	−17.66	12.59	61.1
$HCO_3{}^-$	−691.11	−587.06	95
$NO_3{}^-$	−206.572	−110.50	146.0
$AlO_2{}^-$	−918.8	−823.0	−21
S^{2-}	41.8	83.7	22.2
SO_4^{2-}	−907.5	−741.99	17.2
Zn^{2+}	−152.42	−147.210	−106.48

表 5　常见弱酸弱碱的离解常数

弱酸或弱碱	分子式	温度/℃	$K_a^\ominus$ 或 $K_b^\ominus$	$pK_a^\ominus$ 或 $pK_b^\ominus$
硼酸	H_3BO_3	20	$K_{a1}^\ominus=5.8\times10^{-10}$	9.24
苯甲酸	C_6H_5COOH	25	$K_a^\ominus=6.2\times10^{-5}$	4.21
邻苯二甲酸	$C_6H_4(COOH)_2$	25	$K_{a1}^\ominus=1.3\times10^{-3}$	2.89
			$K_{a2}^\ominus=2.9\times10^{-6}$	5.54
碳酸	H_2CO_3	25	$K_{a1}^\ominus=4.3\times10^{-7}$	6.37
			$K_{a2}^\ominus=4.8\times10^{-11}$	10.32
氢氰酸	HCN	25	$K_a^\ominus=6.2\times10^{-10}$	9.21
氢硫酸	H_2S	18	$K_{a1}^\ominus=1.3\times10^{-7}$	6.89
			$K_{a2}^\ominus=7.1\times10^{-15}$	14.15
过氧化氢	H_2O_2	25	$K_a^\ominus=1.8\times10^{-12}$	11.75
甲酸	$HCOOH$	20	$K_a^\ominus=1.77\times10^{-4}$	3.75
醋酸	CH_3COOH	20	$K_a^\ominus=1.8\times10^{-5}$	4.74
氯乙酸	$ClCH_2COOH$	25	$K_a^\ominus=1.38\times10^{-3}$	2.86
二氯乙酸	$Cl_2CHCOOH$	25	$K_a^\ominus=5.0\times10^{-2}$	1.30
亚硝酸	HNO_2	12.5	$K_a^\ominus=5.1\times10^{-4}$	3.29
磷酸	H_3PO_4	25	$K_{a1}^\ominus=7.5\times10^{-3}$	2.12
			$K_{a2}^\ominus=6.2\times10^{-8}$	7.21
			$K_{a3}^\ominus=4.8\times10^{-13}$	12.32
硅酸	H_2SiO_3	30	$K_{a1}^\ominus=2.2\times10^{-10}$	9.77
			$K_{a2}^\ominus=1.58\times10^{-12}$	11.80
亚硫酸	H_2SO_3	18	$K_{a1}^\ominus=1.29\times10^{-2}$	1.89
			$K_{a2}^\ominus=6.3\times10^{-8}$	7.20
硫酸	H_2SO_4	25	$K_{a2}^\ominus=1.0\times10^{-2}$	1.99
草酸	$H_2C_2O_4$	25	$K_{a1}^\ominus=5.9\times10^{-2}$	1.23
			$K_{a2}^\ominus=6.4\times10^{-5}$	4.19
氨水	$NH_3\cdot H_2O$	25	$K_b^\ominus=1.8\times10^{-5}$	4.74
羟胺	NH_2OH	20	$K_b^\ominus=9.1\times10^{-9}$	8.04
苯胺	$C_6H_5NH_2$	25	$K_b^\ominus=4.6\times10^{-10}$	9.34

表 6 难溶化合物溶度积常数(291～298 K)

化合物	$K_{sp}^{\ominus}$	$pK_{sp}^{\ominus}$	化合物	$K_{sp}^{\ominus}$	$pK_{sp}^{\ominus}$
卤化物			PbS	1.0×10^{-28}	28.00
AgCl	1.8×10^{-10}	9.75	SnS	1.0×10^{-25}	25.00
AgBr	5.2×10^{-13}	12.28	ZnS(α)	1.6×10^{-24}	23.80
AgI	8.3×10^{-17}	16.08	ZnS(β)	2.5×10^{-22}	21.60
BaF_2	1.0×10^{-6}	5.98	草酸盐		
CaF_2	2.7×10^{-11}	10.57	BaC_2O_4	1.6×10^{-7}	6.79
Hg_2Cl_2	1.3×10^{-18}	17.88	$CaC_2O_4\cdot 2H_2O$	2.6×10^{-9}	8.4
Hg_2I_2	4.5×10^{-29}	28.35	$MnC_2O_4\cdot 2H_2O$	1.1×10^{-15}	14.96
PbF_2	2.7×10^{-8}	7.57	$SrC_2O_4\cdot H_2O$	1.6×10^{-7}	6.80
$PbCl_2$	1.6×10^{-5}	4.79	碳酸盐		
$PbBr_2$	4.0×10^{-5}	4.41	Ag_2CO_3	8.1×10^{-12}	11.09
PbI_2	7.1×10^{-9}	8.15	$BaCO_3$	5.1×10^{-9}	8.29
SrF_2	2.5×10^{-9}	8.61	$CaCO_3$	2.8×10^{-9}	8.54
硫化物			$FeCO_3$	3.2×10^{-11}	10.50
Ag_2S	6.3×10^{-50}	49.2	$MgCO_3$	3.5×10^{-8}	7.46
As_2S_3	2.1×10^{-22}	21.68	$PbCO_3$	7.4×10^{-14}	13.13
Bi_2S_3	1×10^{-97}	97.0	$SrCO_3$	1.1×10^{-10}	9.96
CdS	8.0×10^{-27}	26.10	氢氧化物		
CoS(α)	4.0×10^{-21}	20.40	$Al(OH)_3$(无定形)	1.3×10^{-33}	32.9
CuS	6.3×10^{-36}	35.20	$Bi(OH)_3$	4.3×10^{-31}	30.37
FeS	6.3×10^{-18}	17.20	$Ca(OH)_2$	5.5×10^{-6}	5.26
Fe_2S_3	1.0×10^{-88}	88.00	$Cd(OH)_2$(新沉淀)	2.5×10^{-14}	13.60
Hg_2S	1.0×10^{-47}	47.00	$Co(OH)_2$(粉红,新)	1.6×10^{-15}	14.8
HgS(红)	4×10^{-53}	52.4	$Cr(OH)_3$	6.3×10^{-31}	30.20
HgS(黑)	1.6×10^{-52}	51.80	$Cu(OH)_2$	2.2×10^{-20}	19.66
MnS(晶,绿)	2.5×10^{-13}	12.60	$Fe(OH)_2$	8×10^{-16}	15.1
NiS(α)	3.2×10^{-19}	18.5	$Fe(OH)_3$	4×10^{-38}	37.4

续表

化合物	$K^{\ominus}_{sp}$	$pK^{\ominus}_{sp}$	化合物	$K^{\ominus}_{sp}$	$pK^{\ominus}_{sp}$
氢氧化物			$Cu_2(SCN)_2$	4.8×10^{-15}	14.32
$Hg_2(OH)_2$	2.0×10^{-24}	23.70	$Hg_2(CN)_2$	5×10^{-40}	39.3
$Mg(OH)_2$	1.8×10^{-11}	10.74	砷酸盐		
$Mn(OH)_2$	1.9×10^{-13}	12.72	Ag_3AsO_4	1.0×10^{-22}	22.00
$Ni(OH)_2$(新沉淀)	2.0×10^{-15}	14.70	$Ba_3(AsO_4)_2$	8.0×10^{-51}	50.11
$Pb(OH)_2$	1.2×10^{-15}	14.93	$Cu_3(AsO_4)_2$	7.6×10^{-36}	35.12
$Sn(OH)_2$	1.4×10^{-28}	27.85	$Pb_3(AsO_4)_2$	4.0×10^{-36}	35.39
$Sn(OH)_4$	1×10^{-56}	56.0	磷酸盐		
$Zn(OH)_2$(晶体,陈化)	1.2×10^{-17}	16.92	Ag_3PO_4	1.4×10^{-16}	15.84
硫酸盐			$Ba_3(PO_4)_2$	3×10^{-23}	22.5
Ag_2SO_4	1.4×10^{-5}	4.84	$BiPO_4$	1.3×10^{-23}	22.89
$BaSO_4$	1.1×10^{-10}	9.96	$Cd_3(PO_4)_2$	3×10^{-33}	32.6
$CaSO_4$	9.1×10^{-6}	5.04	$Co_3(PO_4)_2$	2×10^{-35}	34.7
$PbSO_4$	1.6×10^{-8}	7.79	$Cu_3(PO_4)_2$	1.3×10^{-37}	36.9
$SrSO_4$	3.2×10^{-7}	6.49	$FePO_4$	1.3×10^{-22}	21.89
铬酸盐			$Mg_3(PO_4)_2$	6×10^{-28}	27.2
Ag_2CrO_4	1.1×10^{-12}	11.95	$MgNH_4PO_4$	2.5×10^{-13}	12.60
$Ag_2Cr_2O_7$	2.0×10^{-7}	6.70	$Pb_3(PO_4)_2$	8.0×10^{-43}	42.10
$BaCrO_4$	1.2×10^{-10}	9.93	$Sr_3(PO_4)_2$	4.0×10^{-28}	27.40
$CaCrO_4$	2.3×10^{-2}	1.64	$Zn_3(PO_4)_2$	9.0×10^{-33}	32.04
$PbCrO_4$	2.8×10^{-13}	12.55	$BaHPO_4$	1×10^{-7}	7.0
$SrCrO_4$	2.2×10^{-5}	4.65	$CaHPO_4$	1×10^{-7}	7.0
氰化物及硫氰化物			$CoHPO_4$	2×10^{-7}	6.7
$AgCN$	1.2×10^{-16}	15.92	$PbHPO_4$	1.3×10^{-10}	9.9
$AgSCN$	1.0×10^{-12}	12.00	$Ba_2P_2O_7$	3.2×10^{-11}	10.50
$CuCN$	3.2×10^{-20}	19.49	$Cu_2P_2O_7$	8.3×10^{-16}	15.08

表 7 标准电极电位(298.2 K)

1. 在酸性溶液中

电极反应（氧化态＋电子＝还原态）	$\varphi_A^\ominus$/V	电极反应（氧化态＋电子＝还原态）	$\varphi_A^\ominus$/V
$Li^{+}+e=Li$	−3.04	$PbSO_4+2e=Pb+SO_4^{2-}$	−0.356
$Rb^{+}+e=Rb$	−2.925	$Cd^{2+}+2e=Cd(Hg)$	−0.351
$K^{+}+e=K$	−2.925	$Ag(CN)_2^{-}+e=Ag+2CN^{-}$	−0.31
$Cs^{+}+e=Cs$	−2.923	$Co^{2+}+2e=Co$	−0.277
$Ba^{2+}+2e=Ba$	−2.90	$PbBr_2+2e=Pb+2Br^{-}$	−0.274
$Sr^{2+}+2e=Sr$	−2.89	$PbCl_2+2e=Pb+2C^{-}$	−0.266
$Ca^{2+}+2e=Ca$	−2.87	$Ni^{2+}+2e=Ni$	−0.23
$Na^{+}+e=Na$	−2.714	$2SO_4^{2-}+4H^{+}+4e=S_2O_6^{2-}+2H_2O$	−0.22
$La^{3+}+3e=La$	−2.25	$AgI+e=Ag+I^{-}$	−0.151
$Mg^{2+}+2e=Mg$	−2.37	$Sn^{2+}+2e=Sn$	−0.136
$Ce^{3+}+3e=Ce$	−2.33	$Pb^{2+}+2e=Pb$	−0.126
$H_2+2e=2H^{-}$	−2.25	$Fe^{3+}+3e=Fe$	−0.036
$Sc^{3+}+3e=Sc$	−2.08	$2H^{+}+2e=H_2$	0.0000
$Al^{3+}+3e=Al$	−1.66	$P+3H^{+}+3e=PH_3(g)$	0.06
$Be^{2+}+2e=Be$	−1.85	$AgBr+e=Ag+Br^{-}$	0.071
$Ti^{2+}+2e=Ti$	−1.63	$S_4O_6^{2-}+2e=2S_2O_3^{2-}$	0.08
$V^{2+}+2e=V$	−1.18	$S+2H^{+}+2e=H_2S(aq)$	0.141
$Mn^{2+}+2e=Mn$	−1.18	$Sb_2O_3+6H^{+}+6e=2Sb+3H_2O$	0.152
$H_3BO_3+3H^{+}+3e=B+3H_2O$	−0.87	$Cu^{2+}+e=Cu^{+}$	0.153
$TiO_2(aq)+4H^{+}+4e=Ti+2H_2(g)$	−0.84	$Sn^{4+}+2e=Sn^{2+}$	0.15
$SiO_2+4H^{+}+4e=Si+2H_2(g)$	−0.84	$BiOCl+2H^{+}+3e=Bi+Cl^{-}+H_2O$	0.16
$Zn^{2+}+2e=Zn$	−0.7628	$AgCl+e=Ag+Cl^{-}$	0.2224
$Cr^{2+}+2e=Cr$	−0.74	$As_2O_3+6H^{+}+6e=2As+3H_2O$	0.234
$Ag_2S+2e=2Ag+S^{2-}$	−0.69	$Hg_2Cl_2+2e=2Hg+2Cl^{-}$	0.2676
$As+3H^{+}+3e=AsH_3(g)$	−0.60	$Cu^{2+}+2e=Cu$	0.337

续表

电极反应（氧化态＋电子＝还原态）	$\varphi_A^\ominus$/V	电极反应（氧化态＋电子＝还原态）	$\varphi_A^\ominus$/V
$Sb+3H^++3e=SbH_3(g)$	−0.51	$(CN)_2+H^++e=HCN$	0.37
$H_3PO_3+2H^++2e=H_3PO_2+H_2O$	−0.50	$2SO_2(aq)+2H^++4e=S_2O_3^{2-}+H_2O$	0.400
$2CO_2+2H^++2e=H_2C_2O_4$	−0.49	$Ag_2CrO_4+e=2Ag+CrO_4^{2-}$	0.446
$H_3PO_3+3H^++3e=P+3H_2O$	−0.49	$H_2SO_3+4H^++2e=S+3H_2O$	0.45
$S+2e=S^{2-}$	−0.48	$Fe(CN)_6{}^{3-}+e=Fe(CN)_6{}^{4-}$	0.356
$Fe^{2+}+2e=Fe$	−0.44	$4SO_2(aq)+4H^++6e=S_4O_6{}^{2-}+2H_2O$	0.51
$Cd^{2+}+2e=Cd$	−0.402	$Cu^++e=Cu$	0.522
$Se+2H^++2e=H_2Se(aq)$	−0.36	$I_2(s)+2e=2I^-$	0.535
$H_3AsO_4+2H^++2e=HAsO_2+2H_2O$	0.560	$MnO_2+4H^++2e=Mn^{2+}+H_2O$	1.208
$2HgCl_2+2e=Hg_2Cl_2+2Cl^-$	0.63	$ClO_3{}^-+3H^++2e=HClO_2+H_2O$	1.21
$Ag_2SO_4+2e=2Ag+SO_4^{2-}$	0.653	$O_2+4H^++4e=2H_2O$	1.229
$O_2+2H^++2e=H_2O_2$	0.682	$Cr_2O_7{}^{2-}+14H^++6e=2Cr^{3+}+7H_2O$	1.33
$Fe^{3+}+e=Fe$	0.771	$Cl_2(g)+2e=2Cl^-$	1.360
$Ag^++e=Ag$	0.7994	$Ce^{4+}+e=Ce^{3+}$	1.459
$NO_3{}^-+2H^++e=NO_2+H_2O$	0.80	$PbO_2+4H^++2e=Pb^{2+}+2H_2O$	1.46
$Hg^{2+}+2e=Hg$	0.851	$MnO_4{}^-+8H^++5e=Mn^{2+}+4H_2O$	1.491
$NO_3{}^-+3H^++2e=HNO_2+H_2O$	0.94	$2BrO_3{}^-+12H^++10e=Br_2+3H_2O$	1.52
$NO_3{}^-+4H^++3e=3NO+H_2O$	0.96	$2HClO_2+2H^++2e=Cl_2+2H_2O$	1.63
$HIO+H^++2e=I^-+H_2O$	0.99	$PbO_2+SO_4^{2-}+4H^++e=PbSO_4+2H_2O$	1.685
$HNO_2+H^++e=NO+H_2O$	0.99	$MnO_4{}^-+4H^++3e=MnO_2+2H_2O$	1.695
$NO_2+2H^++2e=NO+H_2O$	1.030	$H_2O_2+2H^++2e=2H_2O$	1.77
$Br_2(l)+2e=2Br^-$	1.0652	$Co^{3+}+e=Co^{2+}$	1.82
$NO_2+H^++e=HNO_2$	1.07	$S_2O_8{}^{2-}+2e=2SO_4^{2-}$	2.01
$Br_2(aq)+2e=2Br^-$	1.087	$O_3+2H^++2e=O_2+H_2O$	2.07
$ClO_3{}^-+2H^++e=ClO_2+H_2O$	1.15	$F_2+2e=2F^-$	2.87
$ClO_4{}^-+2H^++2e=ClO_3{}^-+H_2O$	1.19	$F_2+2H^++2e=2HF$	3.06
$2IO_3{}^-+12H^++10e=I_2+6H_2O$	1.195		

2. 在碱性溶液中

电极反应（氧化态＋电子＝还原态）	$\varphi_A^\ominus$/V	电极反应（氧化态＋电子＝还原态）	$\varphi_A^\ominus$/V
$Ca(OH)_2+2e=Ca+2OH^-$	−3.03	$2H_2O+2e=H^++2OH^-$	−0.8277
$La(OH)_3+3e=La+3OH^-$	−2.90	$Cd(OH)_2+2e=Cd+2OH^-$	−0.809
$Sr(OH)_2+2e=Sr+2OH^-$	−2.88	$HSnO_2^-+H_2O+2e=Sn+3OH^-$	−0.79
$Ba(OH)_2+2e=Ba+2OH^-$	−2.81	$Co(OH)_2+2e=Co+2OH^-$	−0.73
$Mg(OH)_2+2e=Mg+2OH^-$	−2.69	$AsO_4^{3-}+2H_2O+2e=AsO_2^-+4OH^-$	−0.71
$H_2AlO_3^-+H_2O+3e=Al+4OH^-$	−2.35	$AsO_2^-+2H_2O+3e=As+4OH^-$	−0.68
$SiO_3^{2-}+3H_2O+4e=Si+60H^-$	−1.73	$SO_3^{2-}+3H_2O+4e=S+6OH^-$	−0.66
$HPO_3^{2-}+2H_2O+2e=H_2PO_2^-+3OH^-$	−1.65	$2SO_3^{2-}+3H_2O+4e=S_2O_3^{2-}+6OH^-$	−0.58
$Mn(OH)_2+2e=Mn+2OH^-$	−1.55	$Fe(OH)_3+e=Fe(OH)_2+OH^-$	−0.56
$Cr(OH)_3+3e=Cr+3OH^-$	−1.3	$S+2e=S^{2-}$	−0.48
$Zn(OH)_2+2e=Zn+4CN^-$	−1.245	$NO_2^-+H_2O+e=NO+2OH^-$	−0.46
$Zn(CN)_4^{2-}+2e=Zn+4CN^-$	−1.26	$Cu_2O+H_2O+2e=2Cu+2OH^-$	−0.358
$As+3H_2O+3e=AsH_3+3OH^-$	−1.210	$Cu(OH)_2+2e=Cu+2OH^-$	−0.224
$CrO_2^-+2H_2O+3e=Cr+4OH^-$	−1.2	$CrO_4^{2-}+4H_2O+3e=Cr(OH)_3+5OH^-$	−0.13
$2SO_3^{2-}+2H_2O+2e=S_2O_4^{2-}+4OH^-$	−1.12	$2Cu(OH)_2+2e=Cu_2O+2OH^-+H_2O$	−0.08
$PO_4^{3-}+2H_2O+2e=HPO_3^{2-}+3OH^-$	−1.12	$NO_3^-+H_2O+2e=NO_2^-+2OH^-$	0.01
$Sn(OH)_6^{2+}+2e=HSnO_2^-+3OH^-+H_2O$	−0.96	$HgO+H_2O+2e=Hg+2OH^-$	0.098
$SO_4^{2-}+H_2O+2e=SO_3^{2-}+2OH^-$	−0.93	$Co(NH_3)_6^{3+}+e=Co(NH_3)_6^{2+}$	0.1
$P(白)+3H_2O+3e=PH_3(g)+3OH^-$	−0.89	$IO_3^-+H_2O+6e=I^-+60H^-$	0.26
$PbO_2+H_2O+2e=PbO+2OH^-$	0.28	$MnO_4^-+2H_2O+3e=MnO_2+4OH^-$	0.588
$ClO_3^-+H_2O+2e=ClO_2^-+2OH^-$	0.33	$ClO_2^-+H_2O+2e=ClO^-+2OH^-$	0.66
$ClO_4^-+H_2O+2e=ClO_3^-+2OH^-$	0.36	$BrO_3^-+3H_2O+6e=Br^-+6OH^-$	0.61
$Ag(NH_3)_2^++e=Ag+2NH_3$	0.373	$ClO_3^-+3H_2O+6e=Cl^-+6OH^-$	0.62
$O_2+2H_2O+4e=4OH^-$	0.401	$BrO^-+H_2O+2e=Br^-+2OH^-$	0.70
$IO^-+H_2O+2e=I^-+2OH^-$	0.49	$ClO^-+H_2O+2e=Cl^-+2OH^-$	0.89
$IO_3^-+2H_2O+4e=IO^-+4OH^-$	0.56	$O_3+H_2O+2e=O_2+2OH^-$	1.24
$MnO_4^-+e=MnO_4^{2-}$	0.564	—	—

表 8 一些氧化还原电对的条件电位(298.2 K)

电极反应	条件电位/V	介质
$Ag^{2+} + e = Ag^+$	2.00	$4\ mol \cdot L^{-1}\ HClO_4$
	1.927	$4\ mol \cdot L^{-1}\ HNO_3$
$Ce^{4+} + e = Ce^{3+}$	1.70	$1\ mol \cdot L^{-1}\ HClO_4$
	1.61	$1\ mol \cdot L^{-1}\ HNO_3$
	1.28	$1\ mol \cdot L^{-1}\ HCl$
	1.44	$0.5\ mol \cdot L^{-1}\ H_2SO_4$
$Co^{3+} + e = Co^{2+}$	1.85	$4\ mol \cdot L^{-1}HClO_4$
	1.85	$4\ mol \cdot L^{-1}\ HNO_3$
$Cr_2O_7^{2} + 14H^+ + 6e = 2Cr^{3+} + 7H_2O$	1.025	$1\ mol \cdot L^{-1}\ HClO_4$
	1.15	$4\ mol \cdot L^{-1}\ H_2SO_4$
	1.00	$1\ mol \cdot L^{-1}\ HCl$
	1.05	$2\ mol \cdot L^{-1}\ HCl$
	1.08	$3\ mol \cdot L^{-1}\ HCl$
$Fe^{3+} + e = Fe^{2+}$	0.73	$1\ mol \cdot L^{-1}\ HClO_4$
	0.68	$1\ mol \cdot L^{-1}\ H_2SO_4$
	0.71	$0.5\ mol \cdot L^{-1}\ HCl$
	0.68	$1\ mol \cdot L^{-1}HCl$
	0.46	$2\ mol \cdot L^{-1}\ H_3PO_4$
	0.51	$1\ mol \cdot L^{-1}\ HCl-0.25\ mol \cdot L^{-1}\ H_3PO_4$
$I^{3-} + 2e = 3I^-$	0.545	$1\ mol \cdot L^{-1}L\ H^+$
$Sn^{4+} + 2e = Sn^{2+}$	0.14	$1\ mol \cdot L^{-1}\ HCl$

表 9 金属配合物的稳定常数

一些常见配离子的稳定常数(298.2 K)

配离子	$\lg K^{\ominus}_{稳}$	配离子	$\lg K^{\ominus}_{稳}$
$[Cd(NH_3)_4]^{2+}$	6.92	$[Hg(CN)_4]^{2-}$	41.5
$[Co(NH_3)_6]^{2+}$	4.75	$[Ni(CN)_4]^{2-}$	31.3
$[Cu(NH_3)_4]^{2+}$	12.59	$[Zn(CN)_4]^{2-}$	16.7
$[Ni(NH_3)_4]^{2+}$	7.79	$[Cr(OH)_4]^{-}$	18.3
$[Ag(NH_3)_2]^{+}$	7.40	$[Cd(OH)_4]^{2-}$	12.0
$[Zn(NH_3)_4]^{2+}$	9.06	$[CdI_4]^{2-}$	6.15
$[Cd(CN)_4]^{2-}$	18.9	$[Hg(SCN)_4]^{2-}$	20.9
$[Au(CN)_2]^{-}$	38.3	$[Ag(SCN)_2]^{-}$	9.1
$[Cu(CN)_2]^{-}$	24.0	$[Ag(S_2O_3)_2]^{2-}$	13.5
$[Fe(CN)_6]^{4-}$	35.4	$[AlF_6]^{3-}$	19.7
$[Fe(CN)_6]^{3-}$	43.6	$[FeF_6]^{3-}$	12.1

表 10 一些金属离子的 $\lg\alpha_{M(OH)}$ 值

金属离子	离子强度	pH 值											
		3	4	5	6	7	8	9	10	11	12	13	14
Al^{3+}	2	—	—	0.4	1.3	5.3	9.3	13.3	17.3	21.3	25.3	29.3	33.3
Bi^{3+}	3	1.4	2.4	3.4	4.4	5.4	—	—	—	—	—	—	—
Ca^{2+}	0.1	—	—	—	—	—	—	—	—	—	—	0.3	1.0
Cd^{2+}	3	—	—	—	—	—	—	0.1	0.5	2.0	4.5	8.1	12.0
Co^{2+}	0.1	—	—	—	—	—	0.1	0.4	1.1	2.2	4.2	7.2	10.2
Cu^{2+}	0.1	—	—	—	—	—	0.2	0.8	1.7	2.7	3.7	4.7	5.7
Fe^{2+}	1	—	—	—	—	—	—	0.1	0.6	1.5	2.5	3.5	4.5
Fe^{3+}	3	0.4	1.8	3.7	5.7	7.7	9.7	11.7	13.7	15.7	17.7	19.7	21.7
Hg^{2+}	0.1	0.5	1.9	3.9	5.9	7.9	9.9	11.9	13.9	15.9	17.9	19.9	21.9
La^{3+}	3	—	—	—	—	—	—	—	0.3	1.0	1.9	2.9	3.9
Mg^{2+}	0.1	—	—	—	—	—	—	—	—	0.1	0.5	1.3	2.6
Mn^{2+}	0.1	—	—	—	—	—	—	—	0.1	0.5	1.4	2.4	3.4
Ni^{2+}	0.1	—	—	—	—	—	—	0.1	0.7	1.6	—	—	—
Pb^{2+}	0.1	—	—	—	—	0.1	0.5	1.4	2.7	4.7	7.4	10.4	13.4
Th^{4+}	1	—	0.2	0.8	1.7	2.7	3.7	4.7	5.7	6.7	7.7	8.7	9.7
Zn^{2+}	0.1	—	—	—	—	—	—	0.2	2.4	5.4	8.5	11.8	15.5

表 11 配合物的累积稳定常数

金属离子	离子强度	n	$\lg\beta_n$
氨配合物			
Ag^+	0.1	1,2	3.40, 7.40
Cd^{2+}	0.1	1, …, 6	2.60, 4.65, 6.04, 6.92, 6.6, 4.9
Co^{2+}	2	1, …, 6	2.11,3.74, 4.79, 5.55, 5.73,5.11
Co^{3+}	2	1, …, 6	6.7,14.0,20.1,25.7,30.8,35.2
Cu^+	2	1,2	5.93,10.86
Cu^{2+}	2	1, …, 4	4.13, 7.61, 10.48, 12.59
Ni^{2+}	0.1	1, …, 6	2.75, 4.95, 6.64, 7.79, 8.50, 8.49
Zn^{2+}	0.1	1, …, 4	2.27, 4.61, 7.01, 9.06
氟配合物			
Al^{3+}	0.53	1, …, 6	6.1, 11.15, 15.0, 17.7, 19.4, 19.7
Fe^{3+}	0.5	1, 2, 3	5.2, 9.2, 11.9
Th^{4+}	0.5	1, 2, 3	7.7, 13.5, 18.0
TiO^{2+}	3	1, …, 4	5.4, 9.8, 13.7, 17.4
Sn^{4+}	*	6	25
Zr^{4+}	2	1, 2, 3	8.8, 16.1, 21.9
氯配合物			
Ag^+	0.2	1, …, 4	2.9, 4.7, 5.0, 5.9
Hg^{2+}	0.5	1, …, 4	6.7, 13.2, 14.1, 15.1
碘配合物			
Cd^{2+}	*	1, …, 4	2.4, 3.4, 5.0, 6.15
Hg^{2+}	0.5	1, …, 4	12.9, 23.8, 27.6, 29.8
硫氰酸配合物			
Fe^{3+}	*	1, …, 5	2.3, 4.2, 5.6, 6.4, 6.4
Hg^{2+}	1	1, …, 4	-, 16.1, 19.0, 20.9
硫代硫酸配合物			
Ag^+	0	1, 2	8.82, 13.5
Hg^{2+}	0	1, 2	29.86, 32.26
氰配合物			
Ag^+	0～0.3	1, …, 4	- - -, 21.1, 21.8, 20.7
Au^+	*	2	38.3
Cd^{2+}	3	1, …, 4	5.5, 10.6, 15.3, 18.9
Cu^+	0	1, …, 4	- - -, 24.0, 28.6, 30.3
Fe^{2+}	0	6	35.4
Fe^{3+}	0	6	43.6
Hg^{2+}	0.1	1, …, 4	18.0, 34.7, 38.5, 41.5
Ni^{2+}	0.1	4	31.3
Zn^{2+}	0.1	4	16.7

续表

金属离子	离子强度	n	$\lg\beta_n$
磺基水杨酸配合物			
Al^{3+}	0.1	1，2，3	12.9，22.9，29.0
Fe^{3+}	3	1，2，3	14.4，25.2，32.2
乙酰丙酮配合物			
Al^{3+}	0.1	1，2，3	8.1，15.7，21.2
Cu^{2+}	0.1	1，2	7.8，14.3
Fe^{3+}	0.1	1，2，3	9.3，17.9，25.1
草酸配合物			
Al^{3+}	0	1,2,3	7.26,13.0,16.3
Cd^{2+}	0.5	1,2	2.9,4.7
Co^{2+}	0.5	CoNL	5.5
Cu^{2+}	0.5	CuHL	6.25
Fe^{2+}	0.5～1	1,2,3	2.9,4.5,5.22
Fe^{3+}	0	1,2,3	9.4,16.2,20.2
Ni^{2+}	0.1	1,2,3	5.3,7.64,8.5
Zn^{2+}	0.5	ZnH_2L	5.6
邻二氮菲配合物			
Ag^{+}	0.1	1，2	5.02，12.07
Cd^{2+}	0.1	1，2，3	6.4，11.6，15.8
Co^{2+}	0.1	1，2，3	7.0，13.7，20.1
Cu^{2+}	0.1	1，2，3	9.1，15.8，21.0
Fe^{2+}	0.1	1，2，3	5.9，11.1，21.3
Hg^{2+}	0.1	1，2，3	---，19.65，23.35
Ni^{2+}	0.1	1，2，3	8.8，17.1，24.8
Zn^{2+}	0.1	1，2，3	6.4，12.15，17.0
乙二胺配合物			
Ag^{+}	0.1	1，2	4.7，7.7
Cd^{2+}	0.1	1，2	5.47，10.02
Cu^{2+}	0.1	1，2	10.55，19.60
Co^{2+}	0.1	1，2，3	5.89，10.72，13.82
Hg^{2+}	0.1	2	23.42
Ni^{2+}	0.1	1，2，3	7.66，14.06，18.59
Zn^{2+}	0.1	1，2，3	5.71，10.37，12.08
柠檬酸配合物			
Al^{3+}	0.5	1	20.0
Cu^{2+}	0.5	1	18
Fe^{3+}	0.5	1	25
Ni^{2+}	0.5	1	14.3
Pb^{2+}	0.5	1	12.3
Zn^{2+}	0.5	1	11.4

* 离子强度不定。

表 12 金属离子与氨羧螯合剂形成的配合物的稳定常数($\lg K_{MY}^{\ominus}$)

$I=0.1$ $t=20\sim25$ ℃

金属离子	EDTA	EGTA	DCTA	DTPA	TTHA
Ag^{+}	7.3	6.88	—	—	8.67
Al^{3+}	16.1	13.90	17.63	18.60	19.70
Ba^{2+}	7.76	8.41	8.00	8.87	8.22
Bi^{3+}	27.94	—	24.1	35.60	—
Ca^{2+}	10.69	10.97	12.5	10.83	10.06
Ce^{3+}	15.98	—	—	—	—
Cd^{2+}	16.46	15.6	19.2	19.20	19.80
Co^{2+}	16.31	12.30	18.9	19.27	17.10
Cr^{3+}	23.0	—	—	—	—
Cu^{2+}	18.80	17.71	21.30	21.55	19.20
Fe^{2+}	14.33	11.87	18.2	16.50	—
Fe^{3+}	25.1	20.50	29.3	28.00	26.80
Hg^{2+}	21.8	23.20	24.3	26.70	26.80
Mg^{2+}	8.69	5.21	10.30	9.30	8.43
Mn^{2+}	14.04	12.28	16.8	15.60	14.65
Na^{+}	1.66	—	—	—	—
Ni^{2+}	18.67	17.0	19.4	20.32	18.10
Pb^{2+}	18.0	15.5	19.68	18.00	17.10
Sn^{2+}	22.1	—	—	—	—
Sr^{2+}	8.63	6.8	10.0	9.77	9.26
Th^{4+}	23.2	—	23.2	28.78	31.90
Ti^{3+}	21.3	—	—	—	—
TiO^{2+}	17.3	—	—	—	—
U^{4+}	25.5	—	—	7.69	—
Y^{3+}	18.1	—	—	22.13	—
Zn^{2+}	16.50	14.50	18.67	18.40	16.65

表中EDTA:乙二胺四乙酸

EGTA:乙二醇二乙醚二胺四乙酸

DCTA:1,2-二胺基环已烷四乙酸

DTPA:二乙基三胺五乙酸

TTHA:三乙基四胺六乙酸

表 13 一些物质的相对分子质量

化合物	分子量	化合物	分子量
Ag_2AsO_4	462.52	CO	28.01
$AgBr$	187.78	CO_2	44.01
$AgCN$	133.84	$CO(NH_2)_2$	60.0556
$AgCl$	143.32	$CaCO_3$	100.09
Ag_2CrO_4	331.73	CaC_2O_4	128.10
AgI	234.77	$CaCl_2$	110.99
$AgNO_3$	169.87	$CaCl_2 \cdot 6H_2O$	219.075
$AgSCN$	165.95	CaO	56.08
$AlCl_3$	133.341	$Ca(OH)_2$	74.09
$AlCl_3 \cdot 6H_2O$	241.433	$Ca_3(PO_4)_2$	310.18
$Al(C_9H_6N)_3$(8-羟基喹啉铝)	459.444	$CaSO_4$	136.14
$Al(NO_3)_3$	212.996	$CaSO_4 \cdot 2H_2O$	172.17
$Al(NO_3)_3 \cdot 9H_2O$	375.13	$Ce(NH_4)_2(NO_3)_6 \cdot 2H_2O$	584.25
Al_2O_3	101.96	$Ce(NH_4)_4(SO_4)_4 \cdot 2H_2O$	632.55
$Al_2(OH)_3$	78.004	$Co(NO_3)_2$	182.94
$Al_2(SO_4)_3$	342.15	$Co(NO_2)_2 \cdot 6H_2O$	291.03
$Al_2(SO_4)_3 \cdot 18H_2O$	666.43	CoS	91.00
As_2O_3	197.84	$CoSO_4$	154.99
As_2O_5	229.84	$CrCl_3$	158.355
As_2S_3	246.04	$CrCl_3 \cdot 6H_2O$	266.45
$BaCO_3$	197.34	Cr_2O_3	151.99
BaC_2O_4	225.35	$CuSCN$	121.63
$BaCl_2$	208.24	CuI	190.45
$BaCl_2 \cdot 2H_2O$	244.27	$Cu(NO_3)_2$	187.56
$BaCrO_4$	253.32	$Cu(NO_3)_2 \cdot 3H_2O$	241.60
BaO	153.33	$Cu(NO_3)_2 \cdot 6H_2O$	295.65
$Ba(OH)_2$	171.35	CuO	79.54
$BaSO_4$	233.39	Cu_2O	143.09
$Bi(NO_3)_3$	395.00	CuS	95.61
$Bi(NO_3)_3 \cdot 5H_2O$	485.07	$CuSO_4$	159.61
		$CuSO_4 \cdot 5H_2O$	249.69

续表

化合物	分子量	化合物	分子量
$FeCl_2$	126.75	CH_3COOH	60.053
$FeCl_3 \cdot 6H_2O$	270.30	$HC_7H_5O_2$(苯甲酸)	122.12
$FeNH_4(SO_4)_2 \cdot 12H_2O$	482.20	H_2CO_3	62.02
$Fe(NH_4)_2(SO_4)_2 \cdot 6H_2O$	392.14	$H_2C_2O_4$	90.04
$Fe(NO_3)_3$	241.86	$H_2C_2O_4 \cdot 2H_2O$	126.07
$Fe(NO_3)_3 \cdot 6H_2O$	349.95	HCl	36.46
FeO	71.85	HF	20.01
Fe_2O_3	159.69	HI	127.91
Fe_3O_4	231.54	HNO_2	47.01
$Fe(OH)_3$	106.87	HNO_3	63.01
FeS	87.913	H_2O	18.02
$FeSO_4$	151.91	H_2O_2	34.02
$FeSO_4 \cdot 7H_2O$	278.02	$KAl(SO_4)_2 \cdot 12H_2O$	474.39
H_3AsO_4	141.94	KBr	119.01
H_3BO_3	61.83	$KBrO_3$	167.01
H_3AsO_3	125.94	KCl	74.56
H_3PO_4	98.00	$KClO_3$	122.55
H_2S	34.08	$KClO_4$	138.55
H_2SO_3	82.08	K_2CO_3	138.21
H_2SO_4	98.08	$K_2Cr_2O_7$	294.19
$HgCl_2$	271.50	K_2CrO_4	194.20
Hg_2Cl_2	472.09	$KFe(SO_4)_2 \cdot 12H_2O$	503.26
HgI_2	454.40	$K_3[Fe(CN)]_6$	329.25
HgS	232.66	$K_4[Fe(CN)]_6$	368.35
$HgSO_4$	296.65	$KHC_8H_4O_4$(邻苯二甲酸氢钾)	204.22
Hg_2SO_4	497.24	$KHC_4H_4O_6$(酒石酸氢钾)	188.18
$Hg_2(NO_3)_2$	525.19	$KHC_2O_4 \cdot H_2O$	146.14
$Hg_2(NO_3)_2 \cdot 2H_2O$	561.22	$KHC_2O_4 \cdot H_2C_2O_4 \cdot 2H_2O$	254.19
$Hg(NO_3)_2$	324.60	$KHSO_4$	136.17
HgO	216.59	KI	166.01
HBr	80.91	KIO_3	214.00
HCN	27.02	$KIO_3 \cdot HIO_3$	389.92
$HCOOH$	46.0257	$KMnO_4$	158.04

续表

化合物	分子量	化合物	分子量
$KNaC_4H_4O_6 \cdot 4H_2O$(酒石酸盐)	382.22	$(NH_4)_2SO_4$	132.14
KNO_2	85.10	NH_4VO_3	116.98
KNO_3	101.10	NO	30.006
K_2O	92.20	NO_2	45.00
KOH	56.11	$Na_2B_4O_7 \cdot 10H_2O$	381.37
KSCN	97.18	$NaBiO_3$	279.97
K_2SO_4	174.26	$NaC_2H_3O_2$(醋酸钠)	82.03
$MgCO_3$	84.32	$NaC_2H_3O_2 \cdot 3H_2O$	136.08
$MgCl_2$	95.21	NaCN	49.01
$MgCl_2 \cdot 6H_2O$	203.30	Na_2CO_3	105.99
$MgNH_4PO_4$	137.33	$Na_2CO_3 \cdot 10H_2O$	286.14
$MgNH_4PO_4 \cdot 6H_2O$	245.41	$Na_2C_2O_4$	134.00
MgO	40.31	NaCl	58.44
$Mg(OH)_2$	58.320	$NaHCO_3$	84.01
$Mg_2P_2O_7$	222.60	NaH_2PO_4	119.98
$MgSO_4 \cdot 7H_2O$	246.48	Na_2HPO_4	141.96
$MnCO_3$	114.95	$Na_2HPO_4 \cdot 2H_2O$	177.99
$MnCl_2 \cdot 4H_2O$	197.90	$Na_2HPO_4 \cdot 12H_2O$	358.14
$Mn(NO_3)_2 \cdot 6H_2O$	287.04	$Na_2H_2Y \cdot 2H_2O$	372.26
MnO	70.94	$NaNO_3$	84.99
MnO_2	86.94	Na_2O	61.98
MnS	87.00	Na_2O_2	77.98
$MnSO_4$	151.00	NaOH	40.01
NH_3	17.03	Na_3PO_4	163.94
$NH_4C_2H_3O_2$(醋酸铵)	77.08	Na_2S	78.05
$(NH_4)_2C_2O_4 \cdot H_2O$	142.11	NaSCN	81.07
NH_4Cl	53.49	Na_2SO_3	126.04
NH_4F	37.037	Na_2SO_4	142.04
$(NH_4)_2HPO_4$	132.05	$Na_2S_2O_3$	158.11
$(NH_4)_3PO_4$	140.02	$Na_2S_2O_3 \cdot 5H_2O$	248.19
$(NH_4)_6Mo_7O_{24} \cdot 4H_2O$	1235.9	$NiCl_2 \cdot 6H_2O$	237.69
NH_4CO_3	79.056	NiO	74.69
NH_4SCN	76.122	$Ni(NO_3)_2 \cdot 6H_2O$	290.79

续表

化合物	分子量	化合物	分子量
NiS	90.76	Sb_2O_3	291.50
$NiSO_4 \cdot 7H_2O$	280.86	SiO_2	60.08
P_2O_5	141.95	$SnCl_2 \cdot 2H_2O$	225.65
$Pb(C_2H_3O_2)_2$（醋酸铅）	325.28	SnO_2	150.71
$Pb(C_2H_3O_2)_2 \cdot 3H_2O$	379.34	SnS	150.78
$PbCrO_4$	323.18	$Sr(NO_3)_2$	211.63
$PbMoO_4$	367.14	$Sr(NO_3)_2 \cdot 4H_2O$	283.69
$Pb(NO_3)_2$	331.21	$Zn(NO_3)_2 \cdot 6H_2O$	297.49
PbO	223.19	ZnO	81.39
PbO_2	239.19	$Zn(OH)_2$	99.40
PbS	239.27	ZnS	97.43
$PbSO_4$	303.26	$ZnSO_4$	161.45
SO_2	64.06	$ZnSO_4 \cdot 7H_2O$	287.56
SO_3	80.06		

参考文献

[1] 北京师范大学. 无机化学(上、下册)[M]. 4 版. 北京:高等教育出版社,2002.
[2] 武汉大学,吉林大学. 无机化学(上、下册)[M]. 3 版. 北京:高等教育出版社,1994.
[3] 武汉大学. 分析化学[M]. 4 版. 北京:高等教育出版社,2000.
[4] 倪静安. 无机及分析化学[M]. 北京:化学工业出版社,1998.
[5] 董元彦,左贤云. 无机及分析化学[M]. 北京:科学出版社出版,2000.
[6] 戴安邦. 无机化学丛书第十二卷配位化学[M]. 北京:科学出版社,1987.
[7] 浙江大学普通化学教研组. 普通化学[M]. 5 版. 北京:高等教育出版社,2002.
[8] 叶常明,王春霞,金龙珠. 21 世纪的环境化学[M]. 北京:科学出版社,2004.
[9] 彭崇慧. 定量化学分析简明教程[M]. 2 版. 北京:北京大学出版社,1997.
[10] 王晓蓉. 环境化学[M]. 南京:南京大学出版社,1993.
[11] 大连理工大学. 无机化学[M]. 4 版. 北京:高等教育出版社,2001.
[12] 黄孟健. 无机化学答疑[M]. 北京:高等教育出版社,1989.
[13] 王志林,黄孟健. 无机化学学习指导[M]. 北京:科学出版社,2002.
[14] 傅献彩. 大学化学(上、下册)[M]. 北京:高等教育出版社,1999.